VORLESUNGEN
ÜBER
TECHNISCHE MECHANIK

VON

DR. PHIL. Dr.-Jng. AUG. FÖPPL
WEILAND PROF. A. D. TECHN. HOCHSCHULE IN MÜNCHEN, GEH. HOFRAT

SECHSTER BAND

DIE WICHTIGSTEN LEHREN
DER HÖHEREN DYNAMIK

FÜNFTE AUFLAGE

MIT 33 ABBILDUNGEN IM TEXT

MÜNCHEN UND BERLIN 1943
VERLAG VON R. OLDENBOURG

Aus dem Vorworte zur ersten Auflage.

Im Jahre 1900 lagen meine „Vorlesungen" zum ersten Male fertig in vier Bänden vor. Als ich dann aber später neue Auflagen für die einzelnen Bände zu bearbeiten hatte, drängte sich mir immer mehr die Notwendigkeit auf, den in den beiden letzten Bänden vorgetragenen Lehrstoff erheblich zu ergänzen, um den häufig noch weiter gehenden Ansprüchen des Leserkreises, für den das Werk von vornherein bestimmt war, vollständig genügen zu können. Da mir aber eine Vergrößerung des Umfanges der beiden letzten Bände durchaus nicht ratsam erschien, blieb mir nur übrig, jeden dieser beiden Bände in zwei selbständige Teile zu zerlegen. Die Neubearbeitung, die sich dadurch erforderlich machte, ist jetzt abgeschlossen. Der dritte und vierte Band umfassen nur noch die einfacheren Lehren, mit denen sich jeder Ingenieur begnügen kann, solange er nicht durch äußere Umstände oder auch durch inneren Trieb veranlaßt wird, über das gewöhnliche Maß einer tüchtigen wissenschaftlichen Ausbildung hinausgehende Studien zu machen, während der fünfte und sechste Band weitergehende Bedürfnisse zu befriedigen bestimmt sind.

Von diesem Schlußbande des ganzen Werkes enthält der erste Abschnitt eine ziemlich ausführliche Darstellung der Lehre von der relativen Bewegung. Davon werden zunächst die grundlegenden Fragen der ganzen Dynamik betroffen. Früher war es freilich nicht Brauch, in einem Lehrbuche der Technischen Mechanik auf diese Dinge näher einzugehen. Aber ich hielt es für nötig, sie genauer zu besprechen, weil sich ein wissenschaftlich gebildeter und selbständig denkender Ingenieur, wenn er sich auch sonst mit Recht mehr an die unmittelbar praktisch verwendbaren Lehren der Mechanik hält, bei vielen Anlässen dazu gedrängt fühlen wird, sich auch über diese letzten und tiefsten Fragen der Mechanik ein klares Urteil zu bilden.

a*

Der Rest des ersten Abschnitts bildet eine Fortsetzung des gleichbezeichneten Abschnitts im vierten Bande. Ich nehme an, daß er einem Ingenieur, der mit der Untersuchung von Relativbewegungen in praktischen Fällen zu tun bekommt, eine brauchbare Anleitung dazu geben kann.

Der zweite Abschnitt behandelt die „mehrläufigen Verbände", also das, was man sonst häufig als „System Mechanik" bezeichnet. Hierbei war ich namentlich darauf bedacht, das Verfahren von Lagrange zur Aufstellung der Bewegungsgleichungen nicht nur kurz zu besprechen, wie dies früher schon in den älteren Auflagen des vierten Bandes geschehen war, sondern es auch so eingehend zu erläutern, daß der Leser dadurch in den Stand gesetzt werden kann, dieses Verfahren auf neue Aufgaben selbständig und mit Sicherheit anzuwenden. Dazu soll besonders die ausführliche Durchsprechung einiger geeigneter Beispiele verhelfen, von denen übrigens das „Doppelpendel" und das „rollende Rad" auch schon ihrem Gegenstande nach die Aufmerksamkeit des Technikers herausfordern dürften.

Auch das Verfahren von Lagrange hat früher in den Lehrbüchern der Technischen Mechanik keinen Platz gefunden. Es verdient ihn aber meiner Ansicht nach zweifellos. Ich halte es zwar keineswegs für nötig, daß sich die Mehrzahl der Studierenden der Ingenieurwissenschaften damit schon auf der Hochschule vertraut macht, und halte dies auch nicht für möglich. Nicht etwa weil der Gegenstand zu schwierig wäre, denn das ist er bei einer verständigen Darstellung durchaus nicht; sondern wegen des Zeitmangels, der es mit Rücksicht auf andere Lehren, die eben doch noch wichtiger sind, verbietet, in den regelmäßigen Vorlesungen über Technische Mechanik darauf einzugehen. Wer aber später durch seine Berufsaufgaben in die Lage kommt, von den Lehren der Dynamik zuweilen auch bei etwas schwierigeren Untersuchungen Gebrauch zu machen, sollte den Versuch nicht unterlassen, sich mit diesem oft sehr nützlichen Hilfsmittel bekannt zu machen. Ich glaube ihm auch in Aussicht stellen zu dürfen, daß ihm dies an der Hand der hier gegebenen Darstellung kaum besonders schwer fallen kann.

Der dritte Abschnitt ist der Lehre vom Kreisel gewidmet, also einem Gegenstande, der durch mancherlei Anwendungen, die davon teils gemacht, teils geplant wurden, neuerdings auch in der praktischen Technik immer mehr in den Vordergrund

getreten ist, während er in der analytischen Mechanik schon von
jeher eine wichtige Rolle gespielt hat. Besonders eingehend habe
ich dabei den Schlickschen Schiffskreisel besprochen: nicht nur
wegen der Bedeutung, die dieser Einrichtung an sich schon zukommt, sondern auch als ein Musterbeispiel für die genauere
Untersuchung der Eigenschaften von „Kreiselverbänden" überhaupt.

Der vierte Abschnitt enthält verschiedene Anwendungen der
Dynamik: auf die Schwingungen der Regulatoren von Kraftmaschinen, das „Pendeln" von elastisch gekuppelten Maschinen,
sowie auf die Planetenbewegung.

Der fünfte und letzte Abschnitt gilt der Hydrodynamik. Der
größte Teil seines Inhalts ist aus der zweiten Auflage des vierten
Bandes übernommen. Bei der dritten Auflage war nämlich der
die Hydrodynamik behandelnde Abschnitt besonders stark ge-
kürzt worden, und was damals wegfiel, findet man jetzt hier wieder. Indessen sind auch verschiedene Gegenstände in zum Teil
ziemlich ausführlicher Behandlung neu aufgenommen; so wurde
namentlich die neuere Theorie der Wasserbewegung in den Turbinen, die sich auf die in Zylinderkoordinaten ausgedrückten
Eulerschen Gleichungen stützt, ihren Grundzügen nach dargestellt.

Aus diesen Inhaltsangaben geht übrigens zugleich hervor,
was ich unter den „wichtigsten Lehren der höheren Dynamik"
verstehe. Eine Erläuterung des für diesen Band gewählten Titels
ist ja in der Tat nötig, da verschiedene Beurteiler, namentlich
wenn sie verschiedenen Fachrichtungen angehören, wie etwa ein
Ingenieur, ein Physiker und ein Mathematiker, sehr verschiedener Ansicht darüber sein können, welche Lehren der Dynamik
als die „wichtigsten" anzusehen oder auch nur, welche zu den
„höheren" Teilen der Dynamik zu rechnen sind. Ich brauche indessen kaum noch besonders hervorzuheben, daß ich diese Bezeichnungen im Sinne des Ingenieurs verstanden wissen will und
daß ich mich bemüht habe, bei der Auswahl des Stoffes vor
allem auf die Bedürfnisse der Technik zu achten.

München, im Oktober 1909.

A. Föppl.

Vorwort zur vierten Auflage.

Der fünfte und der sechste Band meiner „Vorlesungen" waren
vor dem Kriege noch nicht zu neuen Auflagen gekommen. Als
aber nach der Beendigung des Krieges die große Nachfrage nach
allen Lehrbüchern einsetzte, wurden auch von diesen beiden Bänden die inzwischen spärlich gewordenen Auflagenreste schnell
vergriffen. Die ersten vier Bände meines Lehrbuchs wurden freilich noch weit mehr begehrt und für sie mußte daher in erster
Linie durch die Herausgabe von Neuauflagen gesorgt werden.
Es wäre mir nicht möglich gewesen, alle sechs Bände zu
gleicher Zeit neu für den Druck zu bearbeiten. Daher verein-
barte ich mit der Verlagsbuchhandlung, daß von den beiden
Schlußbänden, deren Bearbeitung andernfalls am meisten Zeit
erfordert hätte, für den nächsten Bedarf vorläufig kleinere un-
veränderte Neuauflagen nach dem „anastatischen" Herstellungs-
verfahren herausgegeben werden sollten. Hierbei wurde freilich
der Bedarf unterschätzt und es erwies sich daher bald darauf als
nötig, den Nachdruck nochmals zu wiederholen. Auf diese Weise
ist es gekommen, daß dieser Band jetzt schon in „vierter" Auflage erscheint, obschon es erst die zweite Ausgabe ist, an die
ich selbst die Hand angelegt habe
Bei dieser Bearbeitung habe ich das Buch an vielen Stellen
in den Einzelheiten ziemlich stark umgeändert. In der Gesamt-
anlage wird man es aber fast genau wieder so finden, wie es auch
vorher schon war. Das hängt zum Teile damit zusammen, daß
das Buch den Bestandteil eines mehrbändigen Werkes bildet, so
daß es auf die einmal gewählte Stoffverteilung über die verschiedenen Bände von vornherein mehr oder weniger festgelegt
war. Andererseits sah ich auch keinen zwingenden Grund zu
größeren Änderungen. An einem Beispiele möge dies noch etwas
näher dargelegt werden.
Ich wähle dazu das Beispiel der Hydrodynamik, weil gerade
deren Behandlung in meinem Lehrbuche schon öfters getadelt
wurde und zwar, wie ich sofort hinzufügen möchte, vom Standpunkte mancher Beurteiler aus sicherlich nicht ohne Grund. Es
bedarf daher einer Rechtfertigung dafür, daß ich hierin auch
diesmal nichts Wesentliches geändert habe.
Wer mein Lehrbuch zur Hand nimmt, um gerade nur die
Hydrodynamik zu studieren, ohne sich um die anderen Teile

viel zu kümmern, wird es als lästig empfinden, daß dieser Gegenstand über drei verschiedene Bände verteilt ist, von denen jeder
ein Stück davon bringt, ohne daß er damit annähernd vollständig
erschöpft würde. Außerdem wird wohl auch mancher Leser un-
zufrieden damit sein, daß ich in dieser neuen Auflage auf die
zahlreichen Arbeiten und Forschungsergebnisse nicht näher eingegangen bin, die mit der heutigen Theorie des Flugzeugs zusammenhängen. Aber ein Buch, wie ich es herausgegeben habe,
kann es nicht allen recht machen. Dagegen soll zugegeben werden, daß ein Band, der ausschließlich die Hydrodynamik in dem
ganzen hierbei in Frage kommenden Umfange und in etwas
größerer Vollständigkeit als in meinem Lehrbuche behandelte,
unter sonst gleichen Umständen in mancher Hinsicht meiner
Darstellung dieses Zweiges der Mechanik vorzuziehen wäre.

Aber ich bin der Meinung, daß die von mir gewählte und
jetzt abermals beibehaltene Stoffeinteilung auch ihre Vorzüge
hat, die mir immer noch wichtiger erscheinen, als die Nachteile,
die unleugbar mit der Zersplitterung und mit der Beschränkung
des Stoffes in meinem Werke verbunden sind. Diese Vorzüge
kommen zwar nicht bei einem Leser zur Geltung, der mit dem
Gegenstande vorher schon besser vertraut ist, wohl aber bei dem
Anfänger, der in die Wissenschaft der Mechanik durch mein
Buch erst eingeführt zu werden wünscht. Der erste Band meines
Werkes macht nämlich nur geringe Ansprüche an die Vorbil-
dung des Lesers und er bringt trotzdem in seinem letzten Abschnitte, der die Mechanik der flüssigen Körper behandelt, schon
viele wichtige Dinge und darunter auch manche, die man nicht
überall findet. Auf einer etwas höheren Stufe der Ausbildung,
wie sie durch das Studium der vorausgehenden Bände erlangt
werden kann, muß ein Leser bereits angelangt sein, um den Ausführungen des vierten Bandes mit vollem Verständnisse folgen
zu können und beim sechsten Bande endlich steigen diese Anforderungen noch weiter.

Wer sich der Reihe nach durch diese drei aufeinander folgenden und einander ergänzenden Lehrgänge hindurch gearbeitet
und sich mit ihrem Inhalte genügend vertraut gemacht hat, kennt
zwar immer noch nicht die ganze für die technischen Anwendungen überhaupt in Betracht kommende Hydrodynamik, wohl
aber ihre hauptsächlichsten Lehren. Auf dieser Grundlage kann
es ihm nicht mehr schwer fallen, auch in das Verständnis von

anderen Werken einzudringen, die den Stoff vollständiger behandeln, sobald sich ihm dies als nötig oder wünschenswert erweist.

Hierzu bemerke ich noch, daß ich eine Vollständigkeit von ähnlichem Umfange, wie man sie etwa von einem Handbuche erwartet, in meinem Lehrbuche überhaupt niemals angestrebt habe. Ein Handbuch wendet sich an Leser, die von vornherein schon auf einer ansehnlichen wissenschaftlichen Höhe stehen und befindet sich damit in ganz anderer Lage. Es darf in den Einzelausführungen viel knapper gefaßt sein und gewinnt dadurch den Raum für den weiteren Stoff. Ein Lehrbuch dagegen muß sich in der Stoffauswahl beschränken, um in aller Ausführlichkeit auf die Dinge eingehen zu können, die es überhaupt in Betracht zieht.

Daß meine Art der Behandlung der Mechanik, die ich am Beispiele der Hydrodynamik hier nochmals näher zu begründen versuchte, den Beifall vieler Leser gefunden hat, beweist übrigens der große buchhändlerische Erfolg, der diesem Lehrbuche beschieden gewesen ist. Möge es auch in Zukunft noch zahlreichen Ingenieuren dienen, die sich in Büchern mit strengerer oder knapperer Fassung nicht so leicht zurecht finden würden!

Der fünfte Band meiner „Vorlesungen", der auch schon mehrmals in unveränderter Fassung neu gedruckt wurde, wird voraussichtlich im Laufe des nächsten Jahres ebenfalls in neuer Bearbeitung erscheinen können.

München, im Juni 1921.

A. Föppl.

Vorwort zur fünften Auflage.

Abgesehen von offenkundigen Druckfehlern wurde gegenüber der alten Auflage nur § 36 „Reguläre und pseudoreguläre Präzession" umgearbeitet, da sich hier ein Abschätzungsfehler eingeschlichen hatte, worauf mich Herr Dr.-Ing. Eberhard Schneller-Darmstadt in dankenswerter Weise aufmerksam gemacht hat.

München, Februar 1943.

L. Föppl

Inhaltsübersicht.

Vierter Abschnitt.
Verschiedene Anwendungen.

Erster Abschnitt.

Die relative Bewegung.

§ 1. Die Grundlagen der Dynamik.

Eine Aufgabe der Dynamik nach vorhandenen Mustern zu lösen ist keine besondere Kunst. Dazu gehört neben einer allgemeinen Kenntnis der dabei anzuwendenden Sätze nur eine entsprechende Rechenfertigkeit. Wo aber ein Muster fehlt, an das man sich entweder unmittelbar oder mit geringen Abweichungen anlehnen kann, werden sofort höhere Ansprüche an die Urteilskraft gestellt. Der Bearbeiter sieht sich in solchen Fällen häufig genötigt, über den Ursprung der Sätze, auf die er sich stützen will, schärfer nachzudenken, um den genauen Sinn festzustellen, der mit ihnen zu verbinden ist. Erst wenn darüber kein Zweifel mehr möglich ist, darf er sicher sein, sie im gegebenen Falle richtig anzuwenden. Insbesondere gilt dies auch bei allen Betrachtungen, die sich auf die relative Bewegung beziehen.

Im ersten und auch im vierten Bande dieses Werkes sind die Grundlagen, auf denen die Dynamik beruht, zwar schon ziemlich ausführlich besprochen worden. Aber wer es genau nimmt und in Zweifel darüber gerät, wie diese oder jene Aussage gemeint war und wie sie begründet werden kann, hat ein Recht, von dem Lehrbuche, dessen Führung er sich anvertraut, noch weitere Aufschlüsse von grundsätzlicher Art zu verlangen.

Man muß heute unterscheiden zwischen der alten oder „klassischen" Dynamik, die auf den Arbeiten von Galilei und von Newton beruht, und der neueren „Relativitäts-Mechanik",

in der der Nachweis dafür erbracht wird, daß der Begriff der
,,absoluten Zeit", wie er von Newton zum Aufbau der Mechanik verwendet worden war, einer strengen Kritik nicht standzu
halten vermag. Daß von einem ,,absoluten Raum" oder einer
,,absoluten Bewegung" im strengen Sinne, also in dem von
Newton gemeinten Sinne dieser Bezeichnungen keine Rede sein
kann, daß vielmehr alle Ortsveränderungen im Raume nur als
relative aufzufassen und nur als solche verständlich zu machen
sind, hatte man schon lange zuvor erkannt. Diese Erkenntnis ist
auch für den Techniker sehr wichtig und im 1. und 4. Bande dieses
Werkes liegt sie schon überall zugrunde.

Aber erst in der Relativitäts-Mechanik wird gezeigt, daß das
Gleiche auch von der Zeit gilt. Auch die Zeit hat, wie wir heute
anerkennen müssen, nur relative Bedeutung. Alle Zeitangaben
stehen nämlich ihrem Wesen nach in notwendiger Abhängigkeit
von der Art der Aufstellung und von der damit verbundenen
Bewegung des Beobachters. Die Aussage, daß zwei Ereignisse,
die an verschiedenen Stellen des Raumes geschehen,
gleichzeitig erfolgt seien, hat nur dann einen bestimmten Sinn, wenn hinzugefügt wird, von wo aus und mit welchen
Mitteln die Gleichzeitigkeit festgestellt wurde.

Zwei Ereignisse im Weltalle, die sich durch Lichterschei-
nungen verraten und die den Astronomen unserer Erde als gleichzeitig erscheinen, können für die Bewohner eines anderen Welt-
körpers durch lange Zeiträume getrennt sein. Das hängt damit
zusammen, daß das Licht, das von diesen Ereignissen Kunde
bringt, Zeit braucht, um zu den verschiedenen Beobachtern zu
gelangen. Diese Zeit wird auch offenbar nicht nur von der verschiedenen Entfernung der Beobachter, sondern auch von der
Geschwindigkeit abhängen, mit der sich die Aufstellungsorte der
Beobachter selbst bewegen.

Über diese Umstände ist man sich nun freilich schon seit
langem klar gewesen. Man war aber früher immer bei dem Gedanken stehen geblieben, daß es möglich sein müsse, durch eine
geeignete Umrechnung der von den Beobachtern gemachten
Zeitangaben unter Berücksichtigung der genannten Umstände
eine ,,absolute Zeit" dieses oder jenes Ereignisses festzustellen
und daher namentlich auch zu entscheiden, ob zwei Ereignisse
gleichzeitig erfolgten oder welches von beiden früher eintrat.

Es ist nun aber nachgewiesen worden, daß dies grundsätzlich nicht möglich ist, sobald man den Begriff des absoluten Raumes aufgegeben hat und daß daher der Zeitbegriff für alle Fälle, in denen die Lichtgeschwindigkeit nicht als unendlich groß anzusehen ist, einer ganz neuen Fassung bedarf.

Diese Erkenntnis bildete den logischen Ausgangspunkt der neueren „relativistischen" Mechanik. Dazu kam aber noch als weitere Grundlage der Mißerfolg aller früheren Versuche, die man bis dahin angestellt hatte, um einen Einfluß der Bewegung des Beobachtungsortes gegen den Fixsternhimmel nachzuweisen, so daß sich daraus auf die Bewegung relativ zu einem „Lichtäther" hätte schließen lassen. Diese wiederholten Mißerfolge führten zur Vermutung, daß alle Naturgesetze in der gleichen Weise für jede Aufstellung des Beobachters gültig seien, unabhängig von der Geschwindigkeit, mit der sich der Aufstellungsort bewegt, und daß sich insbesondere das Licht im leeren Raume stets mit derselben Geschwindigkeit fortpflanzt, unabhängig zugleich von der Geschwindigkeit jedes Körpers, von dem es ausgesendet wird. Diese Vermutung nähert sich um so mehr einer Gewißheit, je länger es dauert, seit sie aufgestellt werden konnte, ohne daß sich bis dahin eine Erfahrungstatsache hätte ausfindig machen lassen, die ihr widerspricht. Sie erschien aber auch damals schon wohlbegründet und in der Relativitätstheorie wird sie unter der Bezeichnung des „Prinzips der Relativität" zum Hauptausgangspunkte der neueren Mechanik und der Physik überhaupt erhoben.

Die Relativitäts-Mechanik und die alte Galilei-Newtonsche Mechanik widersprechen sich praktisch nicht, sondern sie führen zu den gleichen Ergebnissen in allen Fällen, in denen die Geschwindigkeiten der Körper, mit denen man zu tun hat, als sehr klein gegenüber der Lichtgeschwindigkeit angesehen werden können. Dagegen bewegen sich die Elektronen in den Entladungsröhren mit Geschwindigkeiten, die nicht viel hinter der Lichtgeschwindigkeit zurückstehen oder die wenigstens von gleicher Größenordnung mit ihr sind. Die Aufgabe, zu einer Theorie dieser Elektronenbewegungen zu gelangen, hat den ersten Anstoß zur Aufstellung der Relativitäts-Mechanik gegeben.

Ein anderer Fall, in dem die alte und die neue Mechanik zu merklich verschiedenen Ergebnissen gelangen, liegt bei den Be-

wegungen der Himmelskörper vor. Die Relativgeschwindigkeiten, mit denen sich zwei Himmelskörper gegeneinander bewegen, ist zwar in allen Fällen, die man aus der Beobachtung
kennt, sehr klein gegenüber der Lichtgeschwindigkeit, sie steigt
aber doch auf ungefähr 50 Kilometer in der Sekunde oder auch
noch etwas darüber hinaus. Jedenfalls sind diese Geschwindigkeiten weit höher, als sie jemals bei den irdischen Körpern vorkommen, die etwa als Maschinenteile oder als Geschosse den
Gegenstand einer Untersuchung der technischen Mechanik bilden
können. Gegenüber der Lichtgeschwindigkeit von 300000 Kilo-
metern in der Sekunde erscheinen sie freilich immer noch recht
klein, um so mehr als die Abweichungen zwischen den Voraussagen der alten und der neuen Dynamik mit dem Quadrate des
Verhältnisses beider Geschwindigkeiten zueinander wachsen. Die
Folge ist daher auch, daß es zunächst sehr schwer erschien, aus
den astronomischen Messungen den bündigen Nachweis für die
Richtigkeit der Relativitäts-Mechanik gegenüber der Newtonschen zu erbringen.

Andererseits sind aber die astronomischen Messungen außer-
ordentlich genau und die Zeiträume, die sie umfassen, reichen
um Jahrhunderte zurück. Hierdurch ist es eben doch möglich
geworden, wenigstens in einem ganz bestimmten Falle zu einem
Vergleiche zwischen den Ergebnissen der Relativitäts-Mechanik
und der Newtonschen Mechanik zu gelangen, der zugunsten der
neuen Theorie ausfiel. Dieser Fall liegt bei der Bewegung des
Planeten Merkur vor. Von allen Planeten hat Merkur den kleinsten
Abstand von der Sonne und er umkreist sie daher auch mit der
größten Geschwindigkeit, so daß bei ihm die Bedingungen für
eine Abweichung zwischen den Ergebnissen der alten und der
neuen Theorie von vornherein am günstigsten lagen.

Ein Planet beschreibt überhaupt nicht genau eine elliptische
Bahn um die Sonne, wie sie von den Keplerschen Gesetzen gefordert wird, sondern es treten kleine Abweichungen davon ein,
die sich in der Hauptsache auf die Anziehungskräfte zurückführen lassen, die von den übrigen Planeten auf den beobachteten
nach dem Newtonschen Gesetze ausgeübt werden. Die Astronomen haben es verstanden, eine „Störungstheorie" auszuarbeiten,
die jene Abweichungen nicht nur zu erklären, sondern sie auch
genau vorauszuberechnen gestattet. Die Ergebnisse waren sonst

in guter Übereinstimmung mit der Beobachtung, mit der einzigen Ausnahme des Planeten Merkur, bei dem ein Bewegungsanteil blieb, der sich mit der auf das Newtonsche Gesetz gestützten Theorie nicht erklären ließ.

Jener Punkt der Planetenbahn, in dem sich der Planet der Sonne am nächsten befindet, wird das Perihel genannt, und nach der Galilei-Newtonschen Mechanik wäre zu erwarten, daß der von der Sonne nach dem Perihel gezogene Radiusvektor bei jedem neuen Umlaufe stets wieder dieselbe Richtung in dem gegen den Fixsternhimmel festgelegten Inertialsysteme einnehmen müßte. Bei den übrigen Planeten trifft dies auch tatsächlich zu, so weit, als die Genauigkeit der Beobachtung reicht. Beim Merkur dreht sich aber dieser Radiusvektor ein wenig, und zwar so, daß er im Laufe eines Jahrhunderts einen Winkel von etwa 43 Bogensekunden beschreibt. Das scheint zwar nur wenig, aber es ist doch weit mehr, als sich etwa durch Beobachtungsfehler erklären ließe, und diese aus dem sonst so wohl geordneten Bilde herausfallende Perihel-Bewegung des Merkur hat den Astronomen schon von jeher viel zu schaffen gemacht.

Da war es zweifellos ein großer Erfolg der Relativitätstheorie, daß sie ohne jede für diesen besonderen Zweck neu eingeführte Annahme eine Perihel-Bewegung jedes Planeten zu berechnen gestattete, die im Falle des Merkur der Größe nach mit der beobachteten übereinstimmt, während sie für die anderen Planeten nach derselben Theorie so klein ausfällt, daß sie sich in den vorhandenen Beobachtungsergebnissen nicht mehr auszusprechen vermag. Das war der erste große Erfolg, der die Richtigkeit der Relativitätstheorie sehr wahrscheinlich machte.

In jüngster Zeit kam noch ein anderer hinzu. Die Relativitätstheorie ist nicht auf die Mechanik beschränkt, sondern sie umfaßt das ganze Gebiet der Physik und besonders auch die Optik. In dieser Hinsicht gelangte die Relativitätstheorie zu dem Schlusse, daß sich ein Lichtstrahl in einem Gravitationsfelde nicht genau gradlinig fortpflanzt, sondern daß er ein wenig gekrümmt wird. Die Krümmung kann sich für einen Beobachter auf der Erde bemerklich machen, wenn das von einem Fixsterne ausgesendete Licht durch das starke Gravitationsfeld in der nächsten Umgebung der Sonne hindurchgeht und von da aus weiter zur Erde gelangt. Die Rechnungen führten zu dem

Schlusse, daß dabei eine Richtungsablenkung des Lichtstrahls von nahezu 2 Bogensekunden herauskommen könne. Das ist aber eine Größe, die sich unter günstigen Umständen durch Messung nachweisen läßt.

Gelegenheit zu einem solchen Versuche bietet jede totale Sonnenfinsternis, indem man nach Eintritt der Finsternis die in der Umgebung der Sonne stehenden Fixsterne auf photographischen Platten aufnimmt. Eine Reihe solcher Aufnahmen, bei deren jeder die Sonnenscheibe eine etwas gegen die vorige verschobene Stellung einnimmt, läßt sich später in aller Muße ausmessen, und die Genauigkeit, mit der dies geschehen kann, reicht aus, um Verschiebungen eines Sternes gegen die anderen von der Größenordnung einer Bogensekunde, die etwa bei der Annäherung an den Sonnenrand im Verlaufe des ganzen Vorganges hervorgebracht wurden, mit Sicherheit nachzuweisen. Nach den Berichten über die Ergebnisse der Beobachtungen bei einer im Jahre 1919 vorgekommenen Sonnenfinsternis, die von englischen Astronomen mit großem Aufwande von Mitteln zur Prüfung der Relativitätstheorie angestellt wurden, hat sich die vorausgesagte Verschiebung der Sternorte auf der photographischen Platte in der Tat nachweisen lassen. Sollte sich dies noch weiterhin endgültig bestätigen, so würde man darin den sicheren Beweis für die Richtigkeit der Relativitätstheorie zu erblicken haben, zum mindesten ihren allgemeinen Umrissen nach und mit dem Vorbehalte, daß in den Einzelheiten später vielleicht noch manches zu ändern sein könnte.

Wie aus alledem hervorgeht, handelt es sich bei der Relativitätstheorie um einen wissenschaftlichen Fortschritt von einer Größe und von einem Umfange, der fast alles in den Schatten stellt, was etwa seit den Tagen von Newton zum Ausbau unserer Naturerkenntnis geleistet wurde. Es ist heute durchaus noch nicht abzusehen, wie weit die Gebiete sein werden, auf die sich die Folgerungen erstrecken können, die sich weiterhin noch aus der Relativitätstheorie werden ziehen lassen. Es soll auch hier nicht versucht werden, Vermutungen darüber auszusprechen, welche praktische Folgen sich etwa noch daran knüpfen könnten, oder einen Abriß von dem zu geben, was sonst an neuen Gedanken hinsichtlich des Zusammenhanges zwischen Masse und Energie oder über die Eigenschaften des Gravitationsfeldes bis-

her dabei herausgekommen ist und noch einer weiteren Ausarbeitung harrt.

Ein Lehrbuch wie meine „Vorlesungen" darf an einer solchen
Entwicklung nicht stillschweigend vorübergehen, sondern muß
irgendwie Stellung dazu nehmen. Aber es wäre meines Erachtens
verfehlt, wenn ich hier den Versuch machen wollte, einen Abriß
zur Einführung in die Relativitätstheorie für den damit bisher noch
nicht bekannten Leser zu geben. Wer sich aus Lernbegierde und
Forschungstrieb damit beschäftigen möchte, muß auf große gei-
stige Anstrengungen gefaßt sein, die erheblich über jene hinaus-
gehen, die dem Leser meiner „Vorlesungen" sonst zugemutet
werden. Er mag sich dazu an die Bücher halten, die eigens für
diesen Zweck bestimmt sind. Ich kann mich selbst nicht als
einen geeigneten Führer in dieses neue Gebiet betrachten. Ich
fühle mich dafür schon zu alt und glaube daher die volle An-
passungs- und Einfühlungsfähigkeit in die neue Begriffswelt bereits verloren zu haben.

Hierbei möchte ich nicht unerwähnt lassen, daß ich früher
selbst mich wiederholt bemüht habe, in der gleichen Richtung
zu einem Fortschritte zu gelangen, daß ich aber daran gescheitert
bin, die Relativität des Zeitbegriffes zu erkennen, wie sie später
in der Relativitätstheorie dargelegt wurde. Veröffentlicht habe
ich über meine früheren Bestrebungen freilich nicht viel, da ich
selbst herausfühlte, daß sie unfertig und unvollständig sein
mußten. Aus meiner Akademieabhandlung vom Jahre 1904
„Über absolute und relative Bewegung" kann man aber erkennen,
nach welcher Richtung sie ungefähr hinausgingen.

In der ersten Auflage dieses Buches, deren Bearbeitung schon
in die Zeit nach der Relativitätstheorie in ihrer ursprünglichen
Fassung fiel, habe ich in den ersten sechs Paragraphen eine
Theorie der Relativbewegung vom rein geometrischen Standpunkte aus gegeben, ohne auf die Relativität des Zeitbegriffes
näher einzugehen, die dabei nur eine flüchtige Erwähnung fand.
Auch heute scheint es mir noch zweckmäßig, an dieser Behand-
lungsweise festzuhalten. Denn bei allen technischen Anwendungen der Dynamik, die heutzutage überhaupt in Frage kommen können, genügt es, die Lichtgeschwindigkeit als unendlich
groß anzusehen, womit jede Notwendigkeit wegfällt, auf die
Relativität des Zeitbegriffs zu achten. Die Relativität der Be-

wegung vom geometrischen Standpunkte aus ist dagegen auch
für das Verständnis der alten Dynamik so wichtig und geradezu
unentbehrlich, daß sie einer gründlichen Besprechung in jedem
Falle bedarf. Wer sich mit der Dynamik nur in jenem Umfange
bekannt zu machen wünscht, der bei irgendeiner technisch wichtigen Untersuchung allenfalls in Betracht kommen kann, darf sich
daher mit dem begnügen, was er hier finden kann. Aber auch
für den, der seinen Studien später noch eine weitere Ausdehnung
zu geben beabsichtigt, wird es eine gute Vorschule sein, wenn er
sich zunächst einmal mit einer Darstellung der Dynamik bekannt macht, die auf die Relativität im Raume genügend achtet,
ohne auf die aus der zeitlichen Relativität fließenden Folgerungen näher einzugehen.

§ 2. Ein Punkthaufen als Welt für sich.

Der Begriff des Punkthaufens wurde schon im ersten und
auch im vierten Bande dieses Werkes aufgestellt und ausführlich besprochen. Darauf muß ich mich hier stützen. Für die dynamische Betrachtung kann man hiernach einen Körper oder
mehrere Körper und schließlich auch das ganze Weltall oder
einen bestimmt abgegrenzten Teil davon unter dem Bilde eines
Punkthaufens auffassen.

Wir betrachten einen Haufen, der aus n materiellen Punkten
besteht, die sich in beliebiger Weise gegeneinander bewegen
mögen. Die Massen dieser Punkte $m_1, m_2 \ldots m_n$ sehen wir als
gegeben an. Dagegen soll über die Kräfte, die an den Punkten
angreifen und die ihre Bewegungen bestimmen von vornherein
nichts bekannt sein.

Außer den Punkten seien noch verschiedene Beobachter vorhanden, die ihren Standpunkt nach Belieben zu wählen und sich
gegenseitig zu verständigen vermögen. Die Zeichen, die sie sich
zu diesem Zwecke geben, sollen in unmeßbar kurzer Zeit von
einem Orte zum anderen gelangen. Die Beobachter sollen mit
allen erforderlichen Meßwerkzeugen zur Feststellung der gegenseitigen Lage der verschiedenen materiellen Punkte und auch
mit Uhren versehen sein, die dauernd in übereinstimmendem
Gange gehalten werden, so etwa, daß eine von ihnen als Normaluhr angesehen und die anderen nach ihr gestellt werden.

Dagegen soll es den Beobachtern an jeder Orientierung nach außen hin fehlen. Von anderen Massen als von den zu dem Punkthaufen gehörigen sollen sie überhaupt nichts wahrnehmen. Es soll ihnen auch jede Möglichkeit fehlen, den Gang ihrer Normaluhr mit den für die außerhalb liegenden Teile der Welt gültigen Zeitfestsetzungen zu vergleichen. Unter solchen Umständen bildet der Punkthaufen für die Beobachter, die zu ihm gehören und die nichts außer ihm bemerken können, eine für sich abgeschlossene Welt und wir wollen ihnen dieselbe Aufgabe stellen, die unseren Astronomen und Naturforschern obliegt, zunächst einmal eine geeignete Beschreibung der von ihnen wahrgenommenen Bewegungen für einen längeren Zeitabschnitt zu geben.

Zu diesem Zwecke müssen die verschiedenen Beobachter eine Verabredung darüber treffen, welches Koordinatensystem sie bei der Beschreibung der Bewegungen zugrunde legen wollen. Zunächst ist es ziemlich gleichgültig, wie sie diese Wahl treffen, wenn nur kein Zweifel darüber bleibt, wie jeder Beobachter seine Angaben dementsprechend einzurichten oder umzurechnen hat, so daß sich alle Angaben auf die gleiche Art der Aufstellung eines dieser Beobachter beziehen lassen. Diese beliebig zu wählende Normalaufstellung muß jedenfalls genau beschrieben werden, so daß sie sich jederzeit wiederfinden läßt, wenn sie einmal verloren gegangen war. Das kann etwa dadurch geschehen, daß man den Ursprung eines rechtwinkligen Achsenkreuzes fortwährend mit einem der materiellen Punkte des ganzen Haufens zusammenfallen, ferner die X-Achse stets durch einen zweiten und außerdem die XY-Ebene noch durch einen dritten Punkt des Haufens gehen läßt. Falls die Punkte so ausgewählt wurden, daß während der Beobachtungszeit niemals alle drei in eine Gerade fallen, genügen diese Festsetzungen, um für jeden Beobachter das Koordinatensystem, auf das er seine Angaben zu beziehen hat, jederzeit kenntlich zu machen.

Nun steht der Ausführung der Beobachtungen und der Aufzeichnung ihrer Ergebnisse nichts mehr im Wege. Die zunächst gestellte Aufgabe ist gelöst, sobald die Koordinaten aller Punkte als Funktionen der Zeit in Gestalt von Tabellen oder durch Zeichnungen wiedergegeben sind.

Nachdem dies geschehen ist, wird man sich die Frage vorzulegen haben, inwiefern man das bisher gehandhabte Verfahren verbessern kann. Das zuerst beliebig gewählte Bezugssystem

wird nicht zur möglichst einfachen Beschreibung des ganzen
Geschehens geführt haben; es wird sich vielmehr empfehlen,
nachträglich eine Umrechnung auf ein anderes Bezugssystem
vorzunehmen, das eine möglichst einfache Darstellung gestattet.
Die früheren Beobachtungen werden dadurch nicht wertlos, da
sie durch bloße Koordinatenumformungen sofort wieder nutzbar
gemacht werden können. Auch Abweichungen im Gange der
Normaluhr, die bei den ursprünglichen Beobachtungen als maßgebend angesehen wurde, gegenüber einer in anderer Weise fest-
zusetzenden Zeitfolge, die sich etwa mehr empfehlen sollte, kann
man nachträglich leicht Rechnung tragen.

Gegen das zuerst gewählte Koordinatensystem beschreibt der
Massenmittelpunkt des Punkthaufens irgend eine Bahn, die sich
aus den bereits vorgenommenen Beobachtungen leicht ermitteln
läßt. Daran werden die Beobachter, die wir uns mit allen Kennt-
nissen ausgerüstet denken müssen, die uns zu Gebote stehen,
zweifellos Anstoß nehmen und sie werden daher einem Vorschlage
allgemein zustimmen, die Willkür, die ihnen bei der Wahl des
Bezugssystems offen gelassen ist, zur Festlegung eines neuen
Koordinatensystems zu benutzen, in dem der Massenmittelpunkt
des ganzen Punkthaufens dauernd in Ruhe bleibt. Das geschieht,
indem verabredet wird, daß der Ursprung des künftighin zu be-
nutzenden Koordinatensystems stets mit dem Massenmittelpunkt
zusammenfallen soll. Die Richtungen der Koordinatenachsen
mögen dabei zunächst in beliebiger Weise, etwa so wie vorher
festgelegt werden.

Bei dieser ersten Verbesserung wird man es aber nicht be-
wenden lassen. Man bilde für das jetzt gültige zweite Koordinatensystem den Drall des ganzen Punkthaufens, also die Summe
der statischen Momente der Bewegungsgrößen aller materiellen
Punkte. Da der Schwerpunkt gegen das zweite Koordinatensystem in Ruhe ist, bleibt es gleichgültig, welchen Punkt man
dabei als Momentenpunkt annimmt: man kann dazu den Ursprung wählen. Der Drall ist eine gerichtete Größe, die sich für
jeden Augenblick auf Grund der vorhergegangenen Feststellungen
nach Größe und Richtung, bezogen auf das zweite Koordinatensystem ermitteln läßt. Die Beobachter wissen, welche wichtige
Rolle der Drall in der für unsere Welt gültigen Dynamik spielt
und sie werden auf Grund dieser Kenntnis vermuten, daß es sich
auch für die Lösung der ihnen innerhalb ihres Punkthaufens ge-

stellten Aufgabe empfehlen wird, vom zweiten Bezugssysteme nunmehr zu einem dritten überzugehen, in dem der Drall dauernd gleich Null bleibt.

Das steht ihnen jedenfalls frei und das ist auch sofort ausführbar. Das dritte Koordinatensystem, dessen Ursprung natürlich immer noch mit dem Massenmittelpunkt zusammenfallen soll, muß sich dazu in jedem Augenblicke gegen das zweite mit solcher Geschwindigkeit und um eine solche Achse drehen, daß der Drall eines starren Körpers, der aus den materiellen Punkten in ihren augenblicklichen Lagen gebildet ist, für diese Winkelgeschwindigkeit, bezogen auf das zweite Koordinatensystem, mit dem vorher ermittelten Dralle für die tatsächlich festgestellten Bewegungen des Punkthaufens übereinstimmt.

Durch diese Betrachtungen ist der Weg gewiesen, auf dem der Beobachter zu einer Aufstellung gelangen kann, für die der Schwerpunkt des ganzen Punkthaufens ruht und der Drall der Bewegung dauernd gleich Null ist. Welchen Vorteil bietet aber nun diese Wahl des Bezugssystems? Das zeigt sich, wenn wir nach der Erledigung der geometrischen Beschreibung der Bewegungen dazu übergehen, nach ihren Ursachen, d. h. nach einem festen gesetzmäßigen Zusammenhang zu suchen, auf Grund dessen die weitere Bewegung in Übereinstimmung mit dem Ergebnisse der Beobachtung vorausgesagt werden kann. Wir wissen schon, daß die Einführung des Kraftbegriffes sich dazu sonst sehr geeignet erwiesen hat. Wenn nun auch bei der Aufgabe, mit der wir uns hier zu beschäftigen haben, von vornherein keineswegs feststeht, ob der Kraftbegriff hier ebenfalls so wie in anderen Fällen, die sich auf tatsächlich von uns beobachtete Naturvorgänge beziehen, zu einer einfachen gesetzmäßigen Darstellung zu führen vermag, so werden unsere Beobachter, die von den früheren Fällen Kenntnis haben, jedenfalls den Versuch dazu machen.

Man wird also das Produkt aus der von vornherein gegebenen Masse jedes materiellen Punktes und der auf das soeben angenommene Koordinatensystem bezogenen Beschleunigung als eine Kraft deuten, die an dem Punkte angreift. Der Vorteil des gewählten Bezugssystems zeigt sich dann darin, daß nach dem Satze von der Bewegung des Schwerpunkts und nach dem Flächensatze keine äußeren Kräfte an dem Punkthaufen anzubringen sind, sondern alle Kräfte nur als innere betrachtet wer-

den können, die zwischen den einzelnen Punkten des Haufens
übertragen werden. Die beiden genannten Sätze sind nämlich
ohne weiteres anwendbar, da sie nur mathematische Folgerungen
der dynamischen Grundgleichung bilden, also aus einer Gleichung
hervorgehen, die im Falle unseres Punkthaufens infolge der Definition für die an einem materiellen Punkte angreifende Kraft
ohne weiteres erfüllt ist.

Zugleich ist ferner durch die Wahl des Bezugssystems erreicht, daß für die in der angegebenen Weise definierten Kräfte
das Wechselwirkungsgesetz in seiner allgemeinsten Fassung erfüllt ist. Da nämlich gemäß den getroffenen Festsetzungen jeder-
zeit $\Sigma m \mathfrak{r} = 0$ ist, folgt, daß auch $\displaystyle\sum m \frac{d^2 \mathfrak{r}}{d t^2} = 0$ und daher $\Sigma \mathfrak{P} = 0$
ist, wenn wir diese Buchstaben in der von früher her bekannten
Bedeutung gebrauchen, nämlich unter $\mathfrak{r}$ den Radiusvektor von
m in dem zuletzt gewählten Bezugssysteme und unter $\mathfrak{P}$ die an
dem zugehörigen Punkte angreifende Kraft verstehen. Ebenso
folgt aus der durch die Wahl des Koordinatensystems erfüllten
Bedingung, daß zu jeder Zeit

$$\Sigma V\, m\, \mathfrak{v}\, \mathfrak{r} = 0$$

oder, wenn wir die äußeren Produkte durch eckige Klammern
bezeichnen, $$\Sigma m\, [\mathfrak{v}\, \mathfrak{r}] = 0$$

wird, durch Differentiation auch

$$\sum V\, m\, \frac{d\, \mathfrak{v}}{d t}\, \mathfrak{r} = 0 \quad \text{oder} \quad \Sigma V\, \mathfrak{P}\, \mathfrak{r} = 0,$$

oder in anderer Schreibweise

$$\sum m \left[\frac{d\, \mathfrak{v}}{d t}\, \mathfrak{r} \right] = 0 \quad \text{und} \quad \Sigma [\mathfrak{P}\, \mathfrak{r}] = 0.$$

Die beiden Gleichungen $\Sigma \mathfrak{P} = 0$ und $\Sigma [\mathfrak{P}\, \mathfrak{r}] = 0$ bilden
aber zusammen den analytischen Ausdruck für die Gültigkeit
des Wechselwirkungsgesetzes in der aus Band I, § 21 bekannten
allgemeineren Form.

Man sieht leicht die Wichtigkeit dieser Betrachtungen für
eine kritische Würdigung der Grundlagen der Mechanik ein.
Denn es folgt daraus, daß auch in einer Welt, die ganz anderen
Gesetzen unterworfen wäre, als die uns aus der Erfahrung bekannte wirkliche Welt, ein Beobachter trotzdem eine Dynamik
aufstellen könnte, die sich mit der unsrigen in den Grundzügen

deckt. Durch passende Wahl des Bezugssystems in Verbindung mit der vorher angegebenen Definition des
Kraftbegriffes könnte er es immer erreichen, daß die
dynamische Grundgleichung mit allen aus ihr gezogenen
Folgerungen, sowie das Wechselwirkungsgesetz erfüllt
sind. Die Abweichung der Gesetze jener anderen Welt gegenüber der unsrigen würde sich erst herausstellen, wenn der Beobachter untersuchte, was für Kräfte unter gegebenen Umständen
an den einzelnen materiellen Punkten angreifen.

Daraus folgt zugleich, daß auch bei dem Aufbau unserer
Mechanik die Erfahrung erst an dieser Stelle einsetzt, während
alles, was vorausgeht, nicht aus der Erfahrung entspringt, sondern durch die von uns gewählte besondere Darstellungsmethode
hineingetragen wird. Das gilt auch für die sogenannte „absolute" Bewegung, nämlich ·von den Bewegungen der materiellen Punkte unserer wirklichen Welt gegen das in der vorher
beschriebenen Weise für sie konstruierte Koordinatensystem, das
wir auch als das Hauptbezugssystem bezeichnen wollen.
Ein Gegensatz zur relativen Bewegung soll damit nicht hervorgehoben werden, wenn hier von der absoluten Bewegung gesprochen wird. Vielmehr wird nur unter allen an sich möglichen und geometrisch sonst ganz gleichberechtigten Arten, die
Bewegungen innerhalb unserer Welt zu beschreiben, eine besonders hervorgehoben, weil sie zu der einfachsten Fassung der
Kraftgesetze führt, und ihr ein besonderer Namen gegeben, der
darauf hinweisen soll.

Man kann auch umgekehrt verlangen, zu einem in beliebiger
Weise bewegten isolierten Punkthaufen ein Bezugssystem auf-
zusuchen, für das das Wechselwirkungsgesetz für die zwischen
den Punkten des Haufens auftretenden inneren Kräfte erfüllt
ist, und zwar natürlich so, daß äußere Kräfte dabei nicht zu
Hilfe genommen werden müssen. Das vorher besprochene Bezugssystem, für das der Schwerpunkt ruht und der Drall stets
gleich Null bleibt, genügt, wie wir schon wissen, den Bedingungen dieser Aufgabe: aber es ist nicht das einzige. Man kann
auch Koordinatensysteme angeben, deren Ursprung ebenfalls mit
dem Schwerpunkt zusammenfällt, die sich aber gegen das vorige
stets so drehen, daß der Drall dauernd irgend einen Vektor von
beliebig angenommener Größe und Richtung darin bildet. Für
diese ist dann $\Sigma[m\mathfrak{v}\mathfrak{r}] = \mathfrak{C}$, worin $\mathfrak{C}$ eine Konstante bedeutet.

Durch Differentiation nach der Zeit findet man aber daraus, wie vorher, $\Sigma[\mathfrak{P}\mathfrak{r}] = 0$, d. h. das Wechselwirkungsgesetz ist auch in allen diesen Fällen erfüllt. Die bloße Forderung, das Wechselwirkungsgesetz zu erfüllen, reicht daher nicht aus, um das Bezugssystem eindeutig festzulegen. Das Hauptbezugssystem zeichnet sich indessen vor den übrigen, die die genannte Eigenschaft mit ihm teilen, auch noch dadurch aus, daß die lebendige Kraft darin den angemessensten Wert erhält, wie ich sofort näher ausführen werde.

§ 3. Die lebendige Kraft bei der relativen Bewegung.

Wir kehren zurück zu dem im Anfange des vorigen Paragraphen besprochenen Falle eines isolierten Punkthaufens, dessen Bewegung relativ zu einem in beliebiger Weise festgelegten Koordinatensystem bereits dargestellt sein soll. Wir berechnen die über alle Punkte des Haufens erstreckte Summe

$$L = \tfrac{1}{2}\Sigma m \mathfrak{v}^2$$

und bezeichnen sie als die lebendige Kraft des Punkthaufens in bezug auf das gewählte Koordinatensystem.

Zunächst ist leicht einzusehen, daß der Satz von der lebendigen Kraft für diese relative Bewegung seine Gültigkeit in der gewöhnlichen Form behält, obschon ihm jetzt keineswegs die Bedeutung eines Naturgesetzes, sondern nur eine formale Bedeutung zukommt, weil wir uns die Kräfte an den materiellen Punkten nicht besonders gegeben denken, sondern sie erst aus den beobachteten Beschleunigungen ableiten. Bezeichnen wir nämlich die Kraft am Punkt i mit $\mathfrak{P}_i$ und das im Zeitelemente dt relativ zu dem gewählten Koordinatensystem zurückgelegte Wegelement mit $d\mathfrak{s}_i$, so hat man

$$\mathfrak{P}_i\, d\mathfrak{s}_i = m_i \frac{d\mathfrak{v}_i}{dt} \cdot \mathfrak{v}_i\, dt = m_i \mathfrak{v}_i\, d\mathfrak{v}_i = \tfrac{1}{2} m_i d(\mathfrak{v}_i^2),$$

woraus bei Summation über alle Punkte

$$\Sigma \mathfrak{P}\, d\mathfrak{s} = dL \qquad (1)$$

folgt. Diese Gleichung spricht aber den Satz von der lebendigen Kraft aus, der somit auch für die relativen Bewegungen gilt, falls man nur die Kräfte an jedem Punkte proportional mit den relativen Beschleunigungen wählt.

Wir fragen ferner, wie sich die lebendige Kraft ändert, wenn man von einem Koordinatensystem zu einem anderen übergeht. Zu diesem Zwecke gehen wir zuerst aus von dem Hauptbezugssysteme, das im vorigen Paragraphen eingeführt war, also von jenem, in dem der Schwerpunkt ruht und der Drall jederzeit gleich Null ist. Die Geschwindigkeit von m_1 relativ zu diesem sei zum Unterschiede mit $\mathfrak{v}_1$ bezeichnet. Die zugehörige lebendige Kraft ist dann

$$L' = \tfrac{1}{2}\Sigma m\mathfrak{v}'^2. \tag{2}$$

Nun sei ein anderes Koordinatensystem betrachtet, das mit dem Hauptbezugssysteme im Ursprung zusammenfällt und sich dagegen mit einer Winkelgeschwindigkeit $\mathfrak{u}$ dreht, die irgend eine Funktion der Zeit sein kann. Auf dieses System beziehe sich die Geschwindigkeit $\mathfrak{v}_i$; dann kann

$$\mathfrak{v}_i = \mathfrak{v}'_i + [\mathfrak{u}\,\mathfrak{r}_i] \tag{3}$$

gesetzt werden, und für die lebendige Kraft L, bezogen auf das neue Koordinatensystem, erhält man

$$L = \tfrac{1}{2}\Sigma m\mathfrak{v}^2 = \tfrac{1}{2}\Sigma m\mathfrak{v}'^2 + \Sigma m\mathfrak{v}'[\mathfrak{u}\,\mathfrak{r}] + \tfrac{1}{2}\Sigma m[\mathfrak{u}\,\mathfrak{r}]^2.$$

Das erste Glied dieses Ausdruckes ist gleich L'. Das zweite Glied wird zu Null. Um dies zu zeigen, machen wir von dem Satze der Vektoranalysis

$$\mathfrak{A}[\mathfrak{B}\mathfrak{C}] = \mathfrak{B}[\mathfrak{C}\mathfrak{A}] \tag{4}$$

Gebrauch, der in den früheren Bänden dieses Werkes noch nicht angewendet wurde und daher hier zuerst zu beweisen ist.

Nach der Definition des äußeren Produktes (Band I, Gl. 53) hat man

$$[\mathfrak{B}\mathfrak{C}] = \mathfrak{i}(B_2C_3 - B_3C_2) + \mathfrak{j}(B_3C_1 - B_1C_3) + \mathfrak{k}(B_1C_2 - B_2C_1),$$

und daher wird

$$\mathfrak{A}[\mathfrak{B}\mathfrak{C}] = A_1(B_2C_3 - B_3C_2) + A_2(B_3C_1 - B_1C_3) \\ + A_3(B_1C_2 - B_2C_1).$$

Der Ausdruck auf der rechten Seite läßt sich aber durch andere Zusammenfassung der Glieder auch in der Form

$$B_1(C_2A_3 - C_3A_2) + B_2(C_3A_1 - C_1A_3) + B_3(C_1A_2 - C_2A_1)$$

schreiben, was mit der Entwicklung von $\mathfrak{B}[\mathfrak{C}\mathfrak{A}]$ zusammenfällt. Damit ist der Satz bewiesen.

Wir erhalten nun durch Anwendung dieses Satzes

$$\Sigma m\mathfrak{v}'[\mathfrak{u}\mathfrak{r}] = \Sigma m\mathfrak{u}[\mathfrak{r}\mathfrak{v}'] = \mathfrak{u}\Sigma m[\mathfrak{r}\mathfrak{v}'] = -\mathfrak{u}\Sigma[m\mathfrak{v}'\mathfrak{r}],$$

wobei der konstante Faktor $\mathfrak{u}$ herausgehoben werden konnte. Der zuletzt vorkommende Summenausdruck gibt aber den Drall des Punkthaufens für das Hauptbezugssystem an, der nach Definition gleich Null ist. In der Tat verschwindet daher das zweite Glied in dem Ausdrucke für L.

Auch für die Umformung des dritten Gliedes stützen wir uns auf einen Satz der Vektor-Algebra. Nach dem vorhergehenden Satze hat man nämlich, indem man $\mathfrak{A}$ in Gl. (4) durch $[\mathfrak{B}\mathfrak{C}]$ ersetzt,

$$[\mathfrak{B}\mathfrak{C}] \cdot [\mathfrak{B}\mathfrak{C}] = \mathfrak{B}[\mathfrak{C}[\mathfrak{B}\mathfrak{C}]]$$

und andererseits ist nach einem schon in Band IV (Gl. 118 der 6. Aufl.) bewiesenen Satze

$$[\mathfrak{C}[\mathfrak{B}\mathfrak{C}]] = \mathfrak{B} \cdot \mathfrak{C}^2 - \mathfrak{C} \cdot \mathfrak{B}\mathfrak{C}.$$

Im Ganzen wird daher

$$[\mathfrak{B}\mathfrak{C}]^2 = \mathfrak{B}^2\mathfrak{C}^2 - (\mathfrak{B}\mathfrak{C})^2. \tag{5}$$

Wenden wir diesen Satz auf das dritte Glied in dem Ausdrucke für L an, so erhalten wir

$$\Sigma m[\mathfrak{u}\mathfrak{r}]^2 = \mathfrak{u}^2\Sigma m\mathfrak{r}^2 - \Sigma m(\mathfrak{u}\mathfrak{r})^2.$$

Setzen wir hierin $\mathfrak{u} = u\mathfrak{u}_1$, verstehen also unter $\mathfrak{u}_1$ den in der Richtung von $\mathfrak{u}$ gezogenen Einheitsvektor, so geht dies über in

$$u^2\Sigma m(\mathfrak{r}^2 - (\mathfrak{u}_1\mathfrak{r})^2).$$

Nun ist $\mathfrak{u}_1\mathfrak{r}$ die Projektion von $\mathfrak{r}$ auf die Richtung von $\mathfrak{u}$, und nach dem Pythagoreischen Satze stellt daher die Summe das Trägheitsmoment des Punkthaufens in bezug auf die Achse $\mathfrak{u}$ dar. Schreiben wir dafür Θ, so wird schließlich

$$L = L' + \tfrac{1}{2}u^2\Theta. \tag{6}$$

Da die Punkte nicht alle in einer einzigen Geraden liegen sollten, ist Θ für alle Achsen, die man ziehen mag, eine von Null verschiedene positive Größe. Es ist daher bewiesen, daß die lebendige Kraft für das Hauptbezugssystem kleiner ist als für jedes andere Koordinatensystem, das mit jenem den Ursprung gemeinsam hat.

Dieser Satz läßt sich sofort auch auf jedes andere Koordinatensystem übertragen, bei dem die angegebene Beschränkung wegfällt. Zu jedem beliebig festgelegten Koordinatensysteme läßt

sich nämlich ein zweites angeben, das ihm jederzeit parallel
bleibt, dessen Ursprung aber wie vorher mit dem Schwerpunkt
des Punkthaufens zusammenfällt. Die Geschwindigkeiten relativ
zu dem einen unterscheiden sich dann von denen relativ zu dem
andern um ein konstantes Glied $\mathfrak{a}$, das die augenblickliche Geschwindigkeit der Translationsbewegung beider Koordinatensysteme gegeneinander angibt. Bildet man nun von neuem die
lebendige Kraft, so erhält man

$$\tfrac{1}{2}\Sigma m(\mathfrak{v} + \mathfrak{a})^2 = \tfrac{1}{2}\Sigma m\mathfrak{v}^2 + \Sigma m\mathfrak{v} \cdot \mathfrak{a} + \tfrac{1}{2}\Sigma m\mathfrak{a}^2.$$

Für das dauernd mit dem Schwerpunkt zusammenfallende
Koordinatensystem ist aber $\Sigma m\mathfrak{v} = 0$. Die lebendige Kraft in
bezug auf ein beliebiges Koordinatensystem läßt sich daher, wenn
wir den Buchstaben L jetzt darauf beziehen, in der aus Gl. (6)
hervorgehenden Form

$$L = L' + \tfrac{1}{2}u^2\Theta + \tfrac{1}{2}a^2 M \qquad (7)$$

anschreiben und daraus folgt, daß in der Tat die lebendige
Kraft für das Hauptbezugssystem kleiner ist als für
jedes andere mögliche Bezugssystem. Unter M ist in der
vorhergehenden Formel natürlich die Gesamtmasse des ganzen
Haufens und unter a der Absolutbetrag der Translationsge-
schwindigkeit $\mathfrak{a}$ zu verstehen.

Ein mit unserer Wissenschaft vertrauter Beobachter, der
jetzt nur mit dem ihm gegebenen isolierten Punkthaufen zu tun
hat, der unbekannten und erst noch zu erforschenden Wirkungsgesetzen unterworfen ist, wird bei der ihm freistehenden Wahl
des Bezugssystems Rücksicht darauf nehmen, was sich in einer
anderen, nämlich in unserer wirklichen Welt schon bewährt hat.
Er wird daher dafür sorgen, daß ein Begriff, der für unsere
Physik von so großer Bedeutung geworden ist, wie der Energiebegriff, womöglich auch für ihn anwendbar bleibt. Wenn die
lebendige Kraft des Punkthaufens aber als eine „Energie" angesehen werden soll, muß sie einen nur durch die relativen Bewegungen der Massen zueinander eindeutig bestimmten Wert
haben. Durch diese Forderung wird die vorher noch bestehende
Willkür in der Wahl des Bezugssystems aufgehoben; nur für
das Hauptbezugssystem, wie wir es vorher schon genannt haben,
erhält die lebendige Kraft einen solchen ausgezeichneten und
hiermit zugleich eindeutig bestimmten Wert. Ob sich in einer
anderen, uns ganz fremden Welt, wie sie durch den isolierten

Punkthaufen angedeutet werden soll, der Energiebegriff auch noch als ein so weit reichendes Hilfsmittel zur einfachen Darstellung der vorkommenden Gesetzmäßigkeiten bewähren würde, wie bei uns, ist natürlich ganz ungewiß. Aber der Beobachter, der, aus unserer Welt kommend, sich in der ihm fremden zurecht finden soll, kann gar nicht anders handeln, als auf Grund der vorhergehenden Erwägungen das Hauptbezugssystem als das vor allen anderen ausgezeichnete zu wählen. Es steht ihm dann auch frei, die darauf bezogenen Bewegungen als die für ihn „absoluten" zu bezeichnen.

§ 4. Zeit und Masse.

Wir müssen jetzt auf einige Fragen zurückkommen, über die wir bisher stillschweigend hinweggegangen sind. Von dem Beobachter des isolierten Punkthaufens war vorausgesetzt, daß er sich im Besitze einer Uhr befinde, mit der er seine Zeitmessungen vornehme. Ob die Uhr richtig gehe oder nicht, blieb dahingestellt. Wir können jetzt noch hinzufügen, daß, selbst wenn die Uhr in unserem Sinne richtig gehen sollte, dies für den isolierten Punkthaufen, der eine Welt für sich bilden soll, ganz ohne Bedeutung ist. Welches Zeitmaß das für ihn angemessenste ist, muß der Beobachter erst selbst herausfinden, gerade so wie er sich auch das angemessenste Bezugssystem erst selbst schaffen mußte. Die Uhr, gleichgültig ob sie richtig oder falsch ging, hatte nur den Zweck, zunächst einmal einen Satz von Beobachtungen zu ermöglichen, der dann später, wenn die Abweichungen des Uhrganges von einem besser geeigneten Zeitmaße festgestellt sind, auf diese neue besser gewählte Zeit umgerechnet werden kann.

Bezeichnen wir die von der Uhr abgelesene Zeit mit t, die „wahre" Zeit, wie wir der Kürze halber sagen wollen, mit T, so wird zwischen beiden irgend ein Zusammenhang bestehen, den wir in der Form

$$t = \varphi(T)$$

zum Ausdruck bringen wollen.

Hatten wir nun ein Koordinatensystem in beliebiger Weise festgelegt, so ergaben sich die Relativgeschwindigkeiten der materiellen Punkte gegen dieses Koordinatensystem als die Differentialquotienten der darauf bezogenen Radienvektoren nach der Zeit. Die Zeit aber kann entweder die Uhrzeit t oder die wahre Zeit T sein, und je nachdem wir die eine oder die andere wählen, erhält die Gesenwindigkeit verschiedene Werte. Zwischen beiden Werten besteht indessen der einfache Zusammenhang

$$\frac{d\mathfrak{r}}{dT} = \frac{d\mathfrak{r}}{dt} \cdot \frac{dt}{dT} = \varphi' \frac{d\mathfrak{r}}{dt} \qquad (8)$$

Um von der Uhrzeit zur wahren Zeit überzugehen, genügt es daher, die Geschwindigkeit jedes Punktes mit dem für alle Punkte gleichen Faktor φ' zu multiplizieren, der selbst freilich im Laufe der Zeit seinen Wert ebenfalls ändern kann. Zu irgend einer bestimmten Zeit finden wir aber z. B. den auf die wahre Zeit bezogenen Drall aus der früheren Darstellung durch einfache Multiplikation mit dem Faktor φ', während die lebendige Kraft mit dem Quadrat von φ' zu multiplizieren ist.

Daraus folgt aber sofort, daß es für die früheren Betrachtungen, die zur Festsetzung des Hauptbezugssystems für den Punkthaufen führten, überhaupt ganz gleichgültig ist, ob dabei eine richtig- oder eine falschgehende Uhr gebraucht wurde. Denn die Bedingung, daß der Drall für das Hauptbezugssystem jederzeit verschwinden soll, bleibt immer noch erfüllt, wenn man auch jedes darin auftretende Glied mit einem konstanten Faktor multipliziert, und ebenso bleibt auch Gl. (7) immer noch bestehen, wenn auch jeder Beitrag zur lebendigen Kraft des Punkthaufens mit dem Quadrat von φ' multipliziert wird.

Anders ist es freilich mit den Kräften, denen wir, wenn die Zeitmessung geändert wird, ganz andere Werte beilegen müssen als vorher. Für die Beschleunigung im neuen Zeitmaße erhält man nämlich, wenn die Differentialquotienten von φ wieder durch Striche bezeichnet werden,

$$\frac{d^2\mathfrak{r}}{dT^2} = \frac{d^2\mathfrak{r}}{dt^2} \cdot \varphi'^2 + \frac{d\mathfrak{r}}{at} \varphi''. \qquad (9)$$

Die Kräfte an den verschiedenen Punkten werden daher nicht nur der Größe, sondern auch der Richtung nach geändert und zwar in verschiedenem Maße.

Da nun der Beobachter durch andere zwingende Rücksichten nicht genötigt wird, eine Art der Zeitzählung vor einer anderen zu bevorzugen, so bleibt ihm nur übrig, die Wahl danach einzurichten, daß die Ausdrücke für die lebendige Kraft einerseits und die beschleunigenden Kräfte andererseits möglichst einfache, für den weiteren Gebrauch dienliche Werte erlangen. Es hängt

2 *

daher von Umständen ab, über die wir bei unserem isolierten
Punkthaufen keine Voraussetzungen gemacht haben, wie die Zeitskala zu wählen ist, die für den Beobachter als die angemessenste
erscheint und die er aus diesem Grunde dann als die für ihn
„wahre" Zeit bezeichnen wird.

Ferner haben wir angenommen, daß für den Beobachter des
isolierten Punkthaufens alle Massen von vornherein gegeben
seien. Wenn man sich die Körper, die wir als materielle Punkte
betrachteten, alle aus demselben Stoffe bestehend denkt, kann
man dies damit rechtfertigen, daß die Massen dann einfach dem
aus der Beobachtung zu entnehmenden Volumen proportional
zu setzen sind. Im anderen Falle freilich würde für den Beobachter, wenn wir ihn ganz unabhängig von uns machen wollen,
die weitere Aufgabe zufallen, die Verhältnisse der einzelnen
Massen zueinander erst selbst noch in geeigneter Weise festzustellen. Für die Lösung dieser Aufgabe vermögen wir ihm ohne
eine nähere Kenntnis des besonderen Verhaltens des Punkthaufens
keine Anweisung mit auf den Weg zu geben. Man kann nur
sagen, daß die Wahl jedenfalls so zu treffen ist, daß die Kraftgesetze, zu denen er bei dieser Wahl gelangt, möglichst einfach
und leicht übersehbar ausfallen.

§ 5. Trägheitsgesetz und absolute Bewegung.

Der Zweck der vorhergehenden Betrachtungen besteht selbstverständlich darin, durch möglichst weitgehende Verallgemeine-
rung der Aufgabe, sich in einem isolierten Punkthaufen zurecht
zu finden, einen Maßstab für die Lösung zu finden, die wir selbst
davon für die Vorgänge in unserer wirklichen Welt im Laufe
der geschichtlichen Entwicklung der Wissenschaft gegeben haben.
Wir müssen daher jetzt zusehen, was zu dem, was ganz allgemein
gültig ist, in unserem besonderen Falle, und zwar nicht mehr als
Folge einer bloß logischen Verstandestätigkeit, sondern auf Grund
der Verwertung von Beobachtungsergebnissen in unserer wirklichen Welt hinzugetreten ist.

Da steht voran das Trägheitsgesetz, und wir werden uns vor
allem danach zu fragen haben, welche Bedeutung ihm im Sinne
der vorhergehenden Ausführungen zukommt.

Wenn man sagt, ein materieller Punkt, an dem keine Kraft
angreift, bleibe entweder in Ruhe oder er setze seine Bewegung

mit unveränderter Geschwindigkeit in der gleichen Richtung
fort, so ist diese Aussage ohne weitere ergänzende Zusätze ganz
bedeutungslos. Zunächst kommt es ganz darauf an, welches
Bezugssystem wir für die Beschreibung der Bewegung zugrunde
legen. In jedem isolierten Punkthaufen können wir es durch
geeignete Festlegung des Koordinatensystems erreichen, daß ein
beliebiger materieller Punkt entweder ruht oder eine gleichförmig
geradlinige Bewegung beschreibt. Nun haben wir freilich gesehen, daß sich in jedem isolierten Punkthaufen, wenn wir die
Massen darin als gegebene Größen ansehen dürfen, ein Hauptbezugssystem angeben läßt, das wir ohnehin notwendig wählen
müssen, wenn wir die wichtigsten Begriffe, die wir zur Beschreibung
der Naturvorgänge ausgebildet haben, darauf anwenden wollen.
Wir können daher unbedenklich sagen, daß die Aussage des
Trägheitsgesetzes auf dieses Hauptbezugssystem gemünzt ist.

Aber auch, wenn sie so gedeutet wird, bleibt die Aussage
des Trägheitsgesetzes zunächst noch inhaltsleer. Gewiß dürfen
wir im Sinne der früheren Ausführungen sagen, daß an einem
materiellen Punkte, dessen Bewegung relativ zu dem Hauptbezugssysteme oder (wie wir dafür kürzer sagen können) dessen
absolute Bewegung geradlinig und gleichförmig ist, keine Kraft
angreift. Aber das ist dann keine Erfahrungstatsache, sondern
eine Folge der Definition des Begriffes der Kraft. In der Tat
haben wir ja gar kein anderes Mittel, um die Kräfte festzustellen,
die zwischen den Himmelskörpern auftreten, als sie aus den
beobachteten Beschleunigungen abzuleiten.

Und doch spricht das Trägheitsgesetz eine grundlegende Erfahrungstatsache aus, wie wir auch ohne eingehendere Analyse
von vornherein schon fühlen. Sie besteht in folgendem. Die
Forschung hat uns dazu geführt, zwischen den Körpern bestimmte
Kräfte anzunehmen, die von verhältnismäßig leicht übersehbaren
Umständen abhängen und die einfachen Wirkungsgesetzen unterliegen. Die Physik liefert uns ein Verzeichnis dieser Kräfte und
die Erfahrung zeigt uns, daß dieses Verzeichnis in der Tat ziemlich vollständig sein muß. Wir können uns nun auf Grund dieser
Kenntnis sehr wohl einen materiellen Punkt in unserer Welt vorstellen, der sich unter solchen Umständen befindet, daß die in
jenem Verzeichnis aufgeführten Kräfte entweder überhaupt (ganz
oder nahezu) wegfallen oder sich gegenseitig aufheben. Das
Trägheitsgesetz sagt uns dann aus, daß der materielle Punkt

unter diesen Umständen (entweder ganz oder nahezu) eine geradlinig gleichförmige Bewegung beschreibe oder daß andernfalls
das Verzeichnis der Kräfte noch nicht vollständig sei. In diesem
Falle läge eine Entdeckung vor, und es würde dann die Aufgabe
einer näheren Erforschung des Sachverhalts sein, das Verzeichnis
der aus der Erfahrung bekannten Kräfte entsprechend zu ergänzen.

Als Inhalt des Trägheitsgesetzes ist daher der Ausdruck der
Überzeugung der Naturforschung anzusehen, daß sie mit den von
ihr aufgestellten Gesetzen über das Auftreten besonderer Kräfte
die Bewegungsvorgänge im Hauptbezugssysteme (abgesehen von
geringfügigen Ausnahmen, die noch ihrer Eingliederung in das
bestehende System harren mögen) vollständig darzustellen vermag.
Oder mit anderen Worten: Bei der Aussage des Trägheitsgesetzes ist der Ton auf das Wort „Kraft“ zu legen und
darunter eine von jenen Kräften zu verstehen, die von
der Physik anerkannt und näher besprochen sind. Das
sind also die Oberflächenkräfte, die zwischen Körpern übertragen
werden, die in Berührung miteinander stehen, dann die Newtonsche
Gravitationskraft und die elektrischen und magnetischen Fernkräfte. Daß eine Kraft eine Beschleunigung hervorbringt,
ist also nach unserer Darstellung die Folge der Definition des Wortes Kraft; daß aber die in der wirklichen
Welt zu beobachtenden Kräfte, diese bezogen auf das
Hauptbezugssystem, sich alle in diese kurze Liste ein-
reihen lassen, ist ein Ergebnis der experimentellen
Forschung, und nichts anderes als dieses Ergebnis
kommt im Trägheitsgesetze zum Ausdrucke.

Wenn eine solche theoretische Darstellung der Bewegungsvorgänge möglich sein soll, muß sie mit einer bestimmten Art
der Zeitmessung verbunden sein. Wir sahen vorher, daß im
isolierten Punkthaufen die Zeitskala von vornherein willkürlich
ist und daß die Entscheidung über die angemessenste Art der
Zeitzählung erst aus besonderen Erfahrungen über die Einzelheiten der Bewegungsvorgänge abgeleitet werden kann. In unserem
Falle wird durch das Trägheitsgesetz darüber entschieden. Ein
materieller Punkt, an dem keine der allgemein anerkannten
Kräfte wirkt, beschreibt gegen das Hauptbezugssystem nach dem
Trägheitsgesetze eine geradlinige, gleichförmige Bewegung. Damit
ist die Zeitskala festgelegt. Wir müssen unsere Uhren so ein-
richten oder ihre Angaben nötigenfalls derart verbessern, daß

sie um gleich viel fortschreiten, während ein zu unserer Welt
gehöriger materieller Punkt unter den angegebenen Umständen
gleiche Wege durchlaufen hat. Gleichbedeutend damit ist auch
die Forderung, daß ein materieller Punkt, der einer Zentralkraft
unterworfen ist, in gleichen Zeiten gleiche Sektorenflächen beschreibt, oder daß sich ein starrer Körper, der um eine Hauptträgheitsachse rotiert, in gleichen Zeiten um gleiche Winkel
dreht, wenn keine Kräfte an ihm wirken, oder nur solche, die
sich zu einer durch den Massenmittelpunkt gehenden Resultierenden zusammensetzen lassen. Denn daß dies so sein muß,
bildet eine notwendige Folgerung aus dem Trägheitssatze, wie
schon aus den Lehren des vierten Bandes bekannt ist.[1])

Die früheren Ausführungen über die Bedeutung des
Trägheitsgesetzes sind daher noch dahin zu ergänzen,
daß es zugleich eine Anweisung dafür liefert, wie die
Zeiten zu zählen sind, oder mit anderen Worten, was
wir in unserer Welt unter der „wahren" Zeit zu verstehen haben.

Ähnlich ist es auch mit den Massen. Wenn wir einen Vorgang zu beobachten vermögen, bei dem nur zwei Körper, die
wir als materielle Punkte ansehen können, Kräfte aufeinander
ausüben, während alle anderen Kräfte davon ausgeschlossen sind,
folgt das Verhältnis der Massen der beiden Punkte aus dem Verhältnisse ihrer Beschleunigungen gegen das Hauptbezugssystem.
Denn das Gesetz der Wechselwirkung ist, wie wir schon früher
erkannten, bereits durch die Wahl des Hauptbezugssystems für
die Gesamtheit aller Kräfte erfüllt und muß auch noch erfüllt

---

1) An dieser Stelle muß nochmals daran erinnert werden, daß alle
vorhergehenden Betrachtungen auf der Annahme einer unendlich großen
Lichtgeschwindigkeit beruhen. Nur unter dieser Voraussetzung kann
überhaupt von der Festsetzung einer allgemein anwendbaren „Zeitskala"
die Rede sein. Das ist der Standpunkt der Galilei-Newtonschen Mechanik,
der an sich berechtigt ist, wenn er auch nur als eine Vorstufe zur heutigen
Relativitätsmechanik anzusehen ist. Er ist berechtigt, weil er mit den
einfachsten Mitteln zu einer sehr genauen Darstellung des erfahrungs-
mäßigen Geschehens führt. Für die Relativitätsmechanik fällt mit der
„wahren" Zeit zugleich auch das Trägheitsgesetz.

Aber auch in Zukunft wird der Zugang zur allgemeinen Dynamik
über das Trägheitsgesetz und die Galilei-Newtonsche Lehre erfolgen
müssen. Mit dieser einfacheren Lehre wird man sich zuerst vertraut
machen müssen, ehe man das Verständnis für die Relativitätstheorie
aufbringen kann.

bleiben, wenn die Kräfte zwischen diesen Punkten neu hinzutreten, woraus hervorgeht, daß auch die beiden Kräfte für sich
dem Wechselwirkungsgesetze genügen.

Natürlich ist es nicht möglich, alle Massen, mit denen wir
zu tun haben, auf diesem Wege miteinander zu vergleichen. Hier
tritt vielmehr noch die Erfahrung ergänzend hinzu, daß, so oft
wir einen solchen Versuch auch erneuern mögen, sich dabei
immer wieder herausstellt, daß gleiche Rauminhalte von chemisch
und physikalisch gleichen Stoffen auch gleiche Massen besitzen.

An sich sind die Kräfte ihrer Definition nach von dem
Koordinatensystem abhängig, auf das wir die Beschreibung der
Bewegungen innerhalb des Punkthaufens beziehen. Es war daher
schon von vornherein darauf hinzuweisen, daß jede Aussage über
eine Kraft ein bestimmtes Bezugssystem fordert und daß insbesondere das Trägheitsgesetz dahin zu erläutern ist, daß das
Hauptbezugssystem unseres Weltalls dabei zugrunde gelegt werden
muß. Auch alle Aussagen der Experimentalphysik über die unter
besonderen Umständen auftretenden Kräfte sind in diesem Sinne
zu verstehen. Hierbei ist jedoch zu bemerken, daß es bei den
Kräften nur auf die Beschleunigungen ankommt und daß es daher
für sie nichts ausmacht, wenn man das Hauptbezugssystem mit
einem anderen Koordinatensystem vertauscht, in dem die Beschleunigungen dieselben Werte behalten. Das trifft bei jedem
Koordinatensysteme zu, das gegen das Hauptbezugssystem eine
geradlinige gleichförmige Translationsbewegung beschreibt. Jedes
Bezugssystem, von dem dies zutrifft, vermag daher bei der Aussage
des Trägheitsgesetzes das Hauptbezugssystem zu ersetzen und
wird aus diesem Grunde als ein Inertialsystem bezeichnet.
Ferner ist auch zu bedenken, daß es bei der experimentellen Bestimmung von Kräften, die stets mit unvermeidlichen Versuchs-
fehlern behaftet ist, gewöhnlich gar nichts ausmacht, wenn man
die Kräfte anstatt auf ein Inertialsystem auf ein anderes Koordinatensystem, das etwa mit der Erde fest verbunden ist, bezieht,
falls darin die Beschleunigungen so wenig von denen gegen ein
Inertialsystem abweichen, daß die Abweichungen gegenüber den
Messungsfehlern unerheblich sind.

Die im Hauptbezugssysteme oder in einem Inertialsysteme
festgestellten Kräfte kann man der kürzeren Ausdrucksweise
wegen als die „wirklich vorhandenen" oder die „physikalisch existierenden" Kräfte bezeichnen. Zu ihnen kommen,

sobald man auf ein anderes Koordinatensystem übergeht, die „Ergänzungskräfte der Relativbewegung", wie dies schon im vierten Bande ausführlich besprochen wurde. Nachdem sie beigefügt sind, ist für diese neue Aufstellung des Beobachters wieder die dynamische Grundgleichung mit den bereits bestimmten Kräften, ferner auch der Flächensatz, der Satz von der lebendigen Kraft usf. erfüllt. Dagegen ist das Wechselwirkungsgesetz nicht mehr allgemein erfüllt und auch die relative lebendige Kraft kann nicht mehr allgemein als eine Energiegröße gedeutet werden, in dem Sinne etwa, daß die Umwandlung von lebendiger Kraft in Wärme unter allen Umständen nach einem festen Verhältnisse erfolgen müßte. Darauf wird noch zurückzukommen sein. In der zuletzt genannten Hinsicht zeichnet sich das Hauptbezugssystem in der Tat vor allen anderen und zwar auch vor den übrigen Inertialsystemen in sehr vorteilhafter Weise aus, so daß wir alle Ursache haben, dies durch einen besonderen Namen hervorzuheben, indem wir die darauf bezogenen Bewegungen als die absoluten Bewegungen bezeichnen.

Das „Hauptbezugssystem" bildet eine Forderung der von uns gewählten Darstellung der Bewegungsvorgänge im Weltall. Die Anweisung, die ursprünglich zu seiner Ermittlung aufgestellt wurde, läßt sich aber praktisch nicht ausführen, da wir nicht über alle Massen und ihre Verteilung im ganzen Weltraume unterrichtet sind. Nimmt man jedoch an, daß die Hauptmassen mit den sichtbaren Fixsternen verbunden sind, so folgt, daß es diesen gegenüber festzulegen ist. Ein Koordinatensystem, das in geeigneter Weise gegen den Fixsternhimmel orientiert ist, kann daher keine merkliche Drehbewegung gegen das geforderte Hauptbezugssystem mehr ausführen. Als eine Aufgabe der Astronomie ist es zu betrachten, diese Orientierung so genau als möglich zu bewirken.

Um die Betrachtungen über das Trägheitsgesetz nochmals kurz zusammenzufassen, können wir sagen, daß es sich durch einen einfachen Satz ebensowenig vollständig wiedergeben läßt, wie etwa der Inhalt eines Buches durch die Angabe des Titels. Das Trägheitsgesetz ist nicht ein einfacher Erfahrungssatz, sondern es bildet das Programm, nach dem wir unsere Naturbeschreibung durchzuführen entschlossen sind: freilich ein Programm, das nicht willkürlich gewählt ist, für das wir uns vielmehr nur deshalb entscheiden, weil die Erfahrung uns bereits gelehrt hat, daß es zu einer einfachen und fruchtbringenden Auffassung der Naturvorgänge führt.

Freilich sind alle vorhergehenden und auch die weiterhin noch folgenden Ausführungen nur insoweit gültig, als die Voraussetzung zutrifft, auf denen sie beruhen, nämlich die Voraussetzung, daß die Lichtgeschwindigkeit als unendlich groß angesehen werden kann. Im anderen Falle sind sie durch die Relativitätstheorie zu ersetzen. Für diese bildet das Trägheitsgesetz kein streng gültiges Naturgesetz und auch alle anderen Aussagen, die damit zusammenhängen, sind entsprechend zu ändern. Das hindert aber nicht, daß wir hier zu einer Darstellung gelangen, die als Grenzfall der Relativitätstheorie angesehen werden kann und die daher ihren Wert behält für die Beurteilung aller Fragen, bei denen sich ein Einfluß der endlichen Lichtgeschwindigkeit nicht bemerklich machen kann.

§ 6. Zwei Punkthaufen.

Wir wollen jetzt die allgemeinen Betrachtungen über den isolierten Punkhaufen noch etwas weiter führen. Dabei nehmen wir an, daß der Beobachter die ihm früher gestellte Aufgabe für einen ihm beliebig gegebenen isolierten Punkthaufen bereits gelöst, insbesondere also dessen Hauptbezugssystem festgestellt und sich für ein geeignetes Zeitmaß entschieden habe. Außerdem möge es ihm auch bis zu einem gewissen Grade schon gelungen sein, durch die Aufstellung von besonderen Kraftgesetzen, die von den unsrigen natürlich vollständig abweichen können, eine ausreichende Beschreibung von den nun für ihn als „absolute" zu bezeichnenden Bewegungen zu geben. Nachdem er so weit gekommen ist, möge er plötzlich bemerken, daß außer dem ersten Punkthaufen in einiger Entfernung davon noch ein zweiter vorhanden ist, der seiner Beobachtung bis dahin ganz entgangen war. Wie wird er sich nun dieser Entdeckung gegenüber zu verhalten haben?

Die nächsten Schritte sind klar vorgezeichnet. Der Beobachter wird vorerst die Bewegungen innerhalb des zweiten Punkthaufens feststellen, und wir setzen voraus. daß ihm hierzu wie im früheren Falle die Mittel ohne weiteres zu Gebote stehen. Welches Koordinatensystem er anfänglich dazu benutzt, ist ziemlich gleichgültig, obschon es ihm am nächsten liegt, vorläufig das ihm bereits gewohnt gewordene Hauptbezugssystem des ersten Punkt-

haufens zu wählen. Dann wird er aber ferner auch für den zweiten
Punkthaufen nach denselben Grundsätzen wie früher für den ersten
das für diesen für sich gültige Hauptbezugssystem ableiten. Und
endlich wird er erwägen, ob es nicht vorteilhafter für ihn ist,
beide Punkthaufen zusammen als ein Ganzes zu betrachten und
für den vereinigten Punkthaufen ebenfalls dessen Hauptbezugssystem aufsuchen. Dadurch gewinnt er drei verschiedene Auf-
stellungen, die wir in der angegebenen Reihenfolge als die erste,
zweite und dritte bezeichnen wollen und deren Bedeutung nun
gegeneinander abzuwägen ist.

Je nach der Aufstellung wirken an den einzelnen materiellen
Punkten verschiedene Kräfte. Wir hatten angenommen, daß für
die erste Aufstellung die Kräfte im ersten Punkthaufen schon
durch einfache, aus den Beobachtungen abgeleitete Kraftgesetze
in befriedigender Weise dargestellt worden seien. Daraus folgen
dann die auf die dritte Aufstellung bezogenen Kräfte durch Beifügung der Ergänzungskräfte nach dem Satze von Coriolis, denn
die Bewegung des ersten und des dritten Bezugssystem gegeneinander ist auf Grund der vorgenommenen Beobachtungen als
bereits bekannt anzusehen. Die Mühe, die vorher darauf verwendet worden war, die Kraftgesetze innerhalb des ersten Punkthaufens aufzustellen, ist also durch die jetzt eingetretene Erweiterung der Aufgabe nicht verloren gegangen, sondern ihr
Ergebnis kann nach einfacher Umrechnung mittels des Satzes
von Coriolis sofort übernommen werden. Dasselbe trifft auch
für den zweiten Punkthaufen zu, falls sich herausstellen sollte,
daß sich auch für die in ihm vorkommenden Bewegungen, bezogen auf die zweite Aufstellung, ähnlich einfache Kraftgesetze
angeben lassen wie vorher für den ersten.

Aber nun entsteht die Frage, welche Aufstellungsart weiterhin den Vorzug verdient oder welche, wie man in solchen Fällen
zu sagen pflegt, die naturgemäße ist. Denn unter der Voraussetzung, daß beide Punkthaufen stets so weit entfernt voneinander bleiben, daß sie stets deutlich voneinander getrennt werden
können, ist es offenbar ganz dem Gutdünken des Beobachters
überlassen, ob er jeden Punkthaufen unter Zugrundelegung der
ersten und zweiten Aufstellung für sich als isolierten Punkthaufen
behandeln, oder ob er beide von vornherein zu einer höheren
Einheit zusammenfassen, also sich für die dritte Aufstellung entscheiden will.

Ihre Rechtfertigung kann die zu treffende Entscheidung nur
darin finden, daß für sie die Kraftgesetze einfacher und namentlich
auch genauer in Übereinstimmung mit den Beobachtungen ausfallen, als im andern Falle. Es könnte sich z. B. zeigen, daß die
Ergänzungskräfte der Relativbewegung beim Übergange von der
ersten zur dritten Aufstellung im Verhältnisse zu den auf die
erste Aufstellung bezogenen Kräften nur sehr geringfügig sind,
daß aber bei ihrer Zufügung ein genauerer Anschluß an die
Beobachtungen gewonnen wird als er vorher bestand. Das trifft
z. B. zu, wenn man unsere Erde unter dem ersten Punkthaufen
versteht und unter dem zweiten die ganze übrige Welt. Bei der
ersten Aufstellung genügen die in der Physik aufgestellten Kraftgesetze in den meisten Fällen von irdischen Bewegungserscheinungen zu einer befriedigenden Erklärung. Aber die seitliche
Ablenkung fallender Körper oder, um ein anderes Beispiel zu
nennen, die Ebbe- und Flutbewegung lassen sich damit nicht
erklären und man müßte daher, um sie mit zu umfassen, die
Liste der Kraftgesetze erweitern, wenn man an der ersten Aufstellung festhalten wollte. Diese Nötigung fällt dagegen weg,
wenn man sich für die andere Aufstellung entscheidet.

Von besonderer Bedeutung ist ferner auch der Ausdruck für
die lebendige Kraft. Für die erste Aufstellung sei die lebendige
Kraft innerhalb des ersten Punkthaufens bereits berechnet und
wie in § 3 mit L' bezeichnet. Dann liefert für die dritte Aufstellung der erste Punkthaufen zu der darauf bezogenen lebendigen
Kraft nach Gl. (7) S. 17 den Beitrag

$$L = L' + \tfrac{1}{2} u^2 \Theta + \tfrac{1}{2} a^2 M,$$

und ein entsprechender Ausdruck gilt auch für den Beitrag des
zweiten Punkthaufens. Die beiden letzten Glieder auf der rechten
Seite geben zusammen die lebendige Kraft eines starren Körpers
an von derselben Masse und derselben Gestalt, die der erste
Punkthaufen zur Zeit gerade besitzt, wenn er sich mit der Winkelgeschwindigkeit u und der Schwerpunktsgeschwindigkeit a gegen
die dritte Aufstellung des Beobachters bewegt.

Diesem Ergebnisse kommt eine einfache Bedeutung zu. Die
gesamte lebendige Kraft L des ersten Punkthaufens setzt sich
jetzt aus zwei Teilen zusammen, von denen der erste, L', nur
von den Vorgängen innerhalb dieses Punkthaufens selbst abhängt,
während der andere Teil, der durch die Summe der beiden

letzten Glieder gebildet wird, daher rührt, daß noch ein zweiter Punkthaufen besteht, mit dem er zu einer Einheit zusammengefaßt werden kann.

Stellen wir uns einmal vor, es wäre ein Eingriff möglich in der Art, daß die Bewegungen innerhalb des ersten Punkthaufens durch eine Herstellung starrer Verbindungen plötzlich gehemmt würden. Durch den unelastischen Stoß, der damit verbunden ist, würde die lebendige Kraft L' vernichtet und, wie wir annehmen wollen, in Wärme verwandelt. Das gilt zunächst für die erste Aufstellung; aber man erkennt leicht, daß sich auch für die dritte Aufstellung die lebendige Kraft um denselben Betrag vermindert. Der auf die dritte Aufstellung bezogene Drall des ersten Punkthaufens kann sich nämlich durch den Stoßvorgang innerhalb des ersten Punkthaufens nicht geändert haben; ebenso muß auch die Schwerpunktsgeschwindigkeit unverändert bleiben. Aus den schon in § 2 angestellten Überlegungen folgt aber, daß der Drall vor Herstellung der starren Verbindungen gleich war der geometrischen Summe aus dem Drall in bezug auf die erste Aufstellung und dem Drall eines starren Körpers, der sich mit der Winkelgeschwindigkeit u und der Schwerpunktsgeschwindigkeit a gegen die dritte Aufstellung bewegte. Da nun die erste Aufstellung auf dem Hauptbezugssysteme für den ersten Punkthaufen genommen wurde, so ist der zugehörige Drall gleich Null und es bleibt nur das andere Glied übrig. Aus dieser Betrachtung folgt, daß sich der starre Körper, der durch die Herstellung der starren Verbindungen aus dem ersten Punkthaufen hervorgegangen ist, unmittelbar nachher mit derselben Winkelgeschwindigkeit u und derselben Schwerpunktsgeschwindigkeit a gegen die dritte Aufstellung bewegt, wie vor dem Stoße das Hauptbezugssystem des ersten Punkthaufens. Wenn wir also nach dem Stoße die lebendige Kraft für die dritte Aufstellung von neuem berechnen, so fällt aus dem Ausdrucke für L nur das Glied L' heraus, während die beiden anderen Glieder ihre Werte unverändert behalten.

Damit ist bewiesen, daß es für die Berechnung des Verlustes an lebendiger Kraft durch den Stoß gleichgültig ist, ob wir dabei die erste oder die dritte Aufstellung zugrunde legen. Es ist daher in beiden Fällen die Umwandlung von lebendiger Kraft in Wärme nach demselben festen Verhältnisse zu erwarten. Das ist aber als Vorbedingung dafür zu betrachten, daß man die in der einen oder anderen Weise berechnete lebendige Kraft in jedem Falle als eine Energiegröße ansehen kann.

Aus dem jetzt betrachteten Zusammenhange heraus läßt sich daher kein zwingender Grund für die Wahl der einen oder anderen Aufstellung ableiten.

Zu einem etwas anderen Ergebnisse gelangt man dagegen, wenn man den Flächensatz heranzieht. Für die dritte Aufstellung bleibt ihrer Definition nach der Drall für die Gesamtheit beider Punkthaufen dauernd gleich Null. Der Drall für den ersten Punkthaufen allein wird dagegen in bezug auf die dritte Aufstellung in allgemeinen von Null verschieden sein. Zeigt es sich nun, daß sich dieser Drall im Laufe der Zeit weder der Größe noch der Richtung nach ändert, so sind wir auch bei der dritten Aufstellung, obschon sie von vornherein das Zusammenwirken beider Punkthaufen ins Auge faßt, nicht veranlaßt, das Bestehen von Kräften zwischen beiden Punkthaufen anzunehmen. Wir können vielmehr auch dann noch alle Bewegungen innerhalb jedes Punkthaufens ausschließlich auf innere Kräfte zurückführen. Die Zusatzkräfte, die beim Übergange von der ersten zur dritten Aufstellung beizufügen sind, lassen sich also dann ebenfalls durch innere Kräfte innerhalb des ersten Punkthaufens erklären.

Im anderen Falle muß man dagegen, sobald man sich nur überhaupt einmal für die dritte Aufstellung entschieden hat, auch „physikalisch existierende" Kräfte (in dem früher besprochenen Sinne) zwischen beiden Punkthaufen annehmen. Unter diesen Umständen wird man viel mehr geneigt sein, den partikularistischen Standpunkt aufzugeben und sich für den unitarischen zu entscheiden.

Immerhin muß aber betont werden, daß dieser Grund keineswegs zwingend ist. Entscheidend wird es immer bleiben, bei welcher Auffassung man zur einfachsten, dabei aber immer ausreichend genau mit den Beobachtungen innerhalb jedes einzelnen Punkthaufens übereinstimmenden Erklärung der Erscheinungen gelangt, d. h. unter welchen Umständen die besonderen Kraftgesetze, die man nach dem Vorbilde der in unserer Physik aufgestellten Liste zur Ableitung der Bewegungserscheinungen anzunehmen hat, am einfachsten ausfallen. Nur die Vermutung kann ausgesprochen werden, daß der unitarische Standpunkt in dem zuletzt besprochenen Falle die besseren Aussichten bietet;

aber erst die Einzeluntersuchung kann lehren, ob dies auch zutrifft. Dabei kann hinzugefügt werden, daß die Erfahrung in
unserer Welt allerdings bereits in diesem Sinne entschieden hat,
insofern als man mit einfacheren Kraftgesetzen auskommt, wenn
man nicht die Erde für sich als isolierten Punkthaufen betrachtet,
sondern sie mit der ganzen übrigen Welt zu einer einzigen Einheit zusammenfaßt. Und zwar, wie wohl zu beachten ist, auch
dann, wenn man sich auf die Untersuchung irdischer Bewegungsvorgänge allein zu beschränken beabsichtigt.

Es bedarf kaum der Bemerkung, daß das, was hier für zwei
Punkthaufen besprochen wurde, auch auf das Zusammensein von
drei oder mehr Punkthaufen sinngemäß übertragen werden kann.

§ 7. Ein Punkthaufen und ein einzelner materieller Punkt.

Die Überlegungen des vorigen Paragraphen sollen jetzt auf
den damit schon umfaßten besonderen Fall angewendet werden,
daß der zweite Punkthaufen, von dem die Rede war, durch einen
einzigen materiellen Punkt ersetzt wird. Die vorher als „zweite"
bezeichnete Aufstellung des Beobachters verliert in diesem Falle
ihre Bedeutung; dagegen sollen die beiden anderen in demselben
Sinne wie vorher immer noch als die „erste" und „dritte" bezeichnet werden.

Wenn der neu hinzutretende Einzelpunkt gegen das Hauptbezugssystem des ersten Punkthaufens eine geradlinige gleichförmige Bewegung beschreibt, liegt der Fall vor, von dem wir
vorher zuerst sprachen, nämlich der Fall, in dem man zunächst
geneigt sein wird, an der vor der Entdeckung des Einzelpunktes
aufgestellten Theorie festzuhalten, also den Punkthaufen und den
Einzelpunkt so zu behandeln, als wenn sie sich gar nichts an-
gingen. Das ist jedenfalls zulässig; ob es aber zweckmäßig ist,
kann sich erst durch den Versuch herausstellen, ob man durch
die Hereinziehung des Einzelpunktes zu einer entweder einfacheren oder noch genauer mit der Beobachtung übereinstimmenden „Kraftliste" gelangt.

Sieht man den Einzelpunkt als gleichberechtigten Bestandteil des Ganzen an, so muß man von der ersten zur dritten Aufstellung des Beobachters übergehen. Das dritte Koordinatensystem führt gegen das erste außer einer gleichförmigen gerad-
linigen Translationsbewegung auch noch eine Drehung aus. Die

Winkelgeschwindigkeit der Drehbewegung ist aber sowohl der
Richtung als der Größe nach veränderlich. Für irgend einen bestimmten Augenblick kann die Winkelgeschwindigkeit aus den
als bekannt anzusehenden Stellungen und Geschwindigkeiten
gegen das erste Bezugssystem nach den bekannten Lehren des
vierten Bandes berechnet werden. Nachdem dies geschehen ist
folgen dann auch nach dem Satze von Coriolis die an jedem
Punkte des Haufens anzubringenden Ergänzungskräfte, die zu
den vorher relativ zum ersten Bezugssysteme ermittelten Kräften
hinzutreten. Da weiterhin die Bewegungen gegen das dritte Bezugssystem als die absoluten zu bezeichnen sind, müssen dann
auch die auf die angegebene Art berechneten Ergänzungskräfte
nachträglich als „physikalisch existierende" betrachtet werden.
Diese hängen aber von der Geschwindigkeit des neu hinzuge-
tretenen Einzelpunktes gegen das erste und somit auch gegen
das dritte Bezugssystem ab.

Diese Überlegungen reichen aus, um die Vermutung zu begründen, daß man zu einer logisch besser als die uns geläufige
befriedigenden Darstellung der Bewegungen im Weltraume gelangen könnte, indem man Kräfte zwischen den Weltkörpern ein-
führte, die von den Geschwindigkeiten abhängen und die ich aus
diesem Grunde bei einer früheren Gelegenheit, als ich mich zum
erstenmal mit diesen Dingen beschäftigte, als „Geschwindigkeitskräfte" bezeichnete. Ich wurde dadurch auch veranlaßt,
einen Versuch anzustellen, ob sich solche Kräfte etwa unmittelbar nachweisen ließen. Dazu verwendete ich ein schnell rotierendes Schwungrad, das luftdicht eingekapselt war und in dessen
Nähe ich ein Pendel oder eine Torsionswaage aufhängte. Ich
dachte, daß es vielleicht möglich sein würde, an einem Ausschlage
des Pendels oder der Torsionswaage eine auf die Rotation des
Schwungrads zurückzuführende Kraft nachzuweisen. Dieser Versuch ist mißlungen. Als entscheidend kann dieser Mißerfolg aber
schon deshalb nicht angesehen werden, weil es ja sehr wohl möglich wäre, daß die Kraft bei meiner Versuchsanordnung nur zu
klein gewesen wäre, um sie beobachten zu können.

Ich habe ausdrücklich nur von einer „Vermutung" gesprochen, die uns veranlassen könnte, nach Geschwindigkeitskräften
zu suchen. Welche Darstellung unter allen, die an sich als möglich erkannt sind, tatsächlich den Vorzug für unsere wirkliche
Welt verdient, kann dagegen nur die Erfahrung lehren.

Immerhin glaube ich, daß die hier entwickelte Anschauung einige Beachtung verdient, da es mir keineswegs ausgeschlossen erscheint, daß sie noch zu fruchtbaren Folgerungen führen könnte. Ich verzichte jedoch darauf, die vorher angedeutete Rechnung über die Ergänzungskräfte hier anzuschreiben, da sie mich bisher wenigstens nur zu langen Formeln geführt hat, aus denen es mir nicht gelungen ist, ein einfaches Ergebnis abzuleiten. Der schönste Erfolg würde natürlich darin bestehen, wenn es etwa gelingen sollte, die Newtonsche Gravitationskraft durch Geschwindigkeitskräfte zu ersetzen oder, was auf dasselbe hinauskommt, sie aus solchen herzuleiten. Für unmöglich halte ich dies nicht und auch nicht einmal für unwahrscheinlich. Die Zukunft allein wird lehren können, ob ich damit recht habe.

Zum mindesten aber hoffe ich, daß es mir gelungen sein möge, den Leser, der sich die Mühe genommen hat, über alle vorhergehenden Ausführungen ernstlich nachzudenken, von den Zweifeln und logischen Schwierigkeiten zu befreien, zu denen der Begriff der absoluten Bewegung so leicht zu führen vermag.

Hierauf verlasse ich diesen Gegenstand und wende mich zu mehr praktischen Dingen.

Anmerkung. Die letzten beiden Paragraphen sind aus der ersten Auflage dieses Bandes ohne die geringste Änderung des Wortlautes wieder übernommen worden. Die Folgerungen, zu denen sie gelangten, insbesondere die, daß als möglich hingestellt wurde, die Newtonsche Gravitationskraft mit Relativitätsbetrachtungen in Zusammenhang zu können, dürften zur damaligen Zeit neu gewesen sein. Inzwischen hat sich herausgestellt, daß die einseitige Beschränkung auf die bloß räumliche Relativität freilich nicht genügt, um das aufgesteckte Ziel tatsächlich zu erreichen, daß dies aber gelingt, sobald auch die zeitliche Relativität mit hinzugenommen wird.

In der allgemeinen Relativitätstheorie ist gelungen, was ich damals zwar angestrebt hatte, aber nicht durchzuführen vermochte. Immerhin dürfte manchem Leser lehrreich und beachtenswert erscheinen, daß man schon auf Grund der rein geometrischen Relativitäts-Betrachtungen zu Schlußfolgerungen geführt wird, die wenigstens in der gleichen Richtung gehen wie die Relativitätstheorie. Aus diesem Grunde halte ich mich für berechtigt, die beiden letzten Paragraphen unverändert wieder beizubehalten, wenn sie auch durch die inzwischen erfolgte Entwicklung der Wissenschaft überholt und dadurch in den Schatten gestellt sind.

§ 8. Relativbewegungen im gleichförmig rotierenden Raum.

Bei den praktischen Anwendungen der Lehre von der Relativbewegung handelt es sich meistens um Bewegungen gegen ein
Fahrzeug (ein Gefäß u. dgl.), das eine Drehbewegung um eine
feststehende Achse mit gleichförmiger Winkelgeschwindigkeit
beschreibt. Bezogen ist diese Fahrzeugbewegung zunächst auf
den „absoluten" Raum im Sinne der vorhergehenden Darle-
gungen. Wenn das Fahrzeug sehr schnell umläuft im Verhältnisse zur Winkelgeschwindigkeit der Erde, die sich in jedem
Sterntage nur einmal gegen den Fixsternhimmel dreht, macht
es aber praktisch keinen Unterschied, wenn man von der Bewegung der Erde ganz absieht und die Bewegung des Fahrzeugs
gegen die Erde so behandelt, als wenn sie eine absolute Bewegung wäre. Das soll hier geschehen.

Die allgemeine Aussage des Satzes von Coriolis vereinfacht
sich in diesem Falle erheblich, insofern als sich für die Beschleunigung der Fahrzeugbewegung ein sehr einfacher Ausdruck
angeben läßt. In Band IV wurde dieser Satz durch Gl. (215)
der 6. Aufl.

$$\frac{d^2\mathfrak{s}}{dt^2} = \frac{d^2\mathfrak{p}}{dt^2} + \frac{d^2\mathfrak{r}}{dt^2} + 2\left[\frac{d\mathfrak{r}}{dt}\mathfrak{u}\right] \tag{10}$$

ausgesprochen. Darin bedeutete $\frac{d^2\mathfrak{s}}{dt^2}$ die absolute, $\frac{d^2\mathfrak{r}}{dt^2}$ die relative Beschleunigung eines bewegten materiellen Punktes, $\frac{d^2\mathfrak{p}}{dt^2}$
die absolute Beschleunigung des Fahrzeugpunktes, mit dem der
bewegte materielle Punkt zur Zeit t zusammenfällt, und $\mathfrak{u}$ die
Winkelgeschwindigkeit, mit der sich das Fahrzeug dreht. In
unserem besonderen Falle ist zunächst $\mathfrak{u}$ konstant und die Fahrzeugbeschleunigung $\frac{d^2\mathfrak{p}}{dt^2}$ besteht in einer einfachen Zentripetal-
beschleunigung, von der schon in Band 1, § 14 der 10. Aufl. ge-
zeigt wurde, daß sie in die Richtung der von dem Punkte auf
die Drehachse gezogenen Senkrechten fällt und gleich $u^2 R$ gesetzt werden kann, wenn unter R die Länge dieser Senkrechten
oder der Halbmesser des von dem Fahrzeugpunkte beschriebenen
Kreises und unter u der Absolutbetrag der Winkelgeschwindigkeit verstanden wird.

Multipliziert man Gl. (10) mit der Masse m des materiellen
Punktes, so folgt

$$m\,\frac{d^2\mathfrak{r}}{dt^2} = m\,\frac{d^2\mathfrak{s}}{dt^2} - m\,\frac{d^2\mathfrak{p}}{dt^2} - 2m\left[\frac{d\mathfrak{r}}{dt}\mathfrak{u}\right]$$

oder, wenn wir mit $\mathfrak{P}$ die physikalisch bestehende, d. h. also die auf den absoluten Raum bezogene, an dem materiellen Punkte angreifende Kraft und mit $\mathfrak{C}$ die Zentrifugalkraft bezeichnen, von der wir bereits wissen, wie sie in einfacher Weise angegeben werden kann,

$$m \frac{d^2\mathfrak{r}}{dt^2} = \mathfrak{P} + \mathfrak{C} - 2m\left[\frac{d\mathfrak{r}}{dt}\,\mathfrak{u}\right]. \tag{11}$$

Alle Sätze der Dynamik bleiben daher auf die Relativbewegung des materiellen Punktes anwendbar, wenn wir an diesem Punkte eine Kraft annehmen, die sich in der auf der rechten Seite der Gleichung angegebenen Weise aus drei Gliedern zusammensetzt. Das erste Glied $\mathfrak{P}$ ist aus der „Kraftliste" der Physik zu entnehmen und daher durch die näheren Umstände des einzelnen Falles bestimmt und hiermit als bekannt zu betrachten. Die beiden anderen Glieder liefern die Ergänzungskräfte der Relativbewegung, die in der weiteren Behandlung dieselbe Rolle spielen, als wenn sie ebenfalls physikalisch bestehende Kräfte wären, die als Fernkräfte an dem materiellen Punkte angriffen.

Die Kraft $\mathfrak{P}$ bedarf noch einer näheren Besprechung. Zunächst war die Anweisung gegeben, sie aus den im absoluten Raume festgestellten Verhältnissen zu entnehmen. Wir müssen aber darnach trachten, uns von dieser Beziehung auf den absoluten Raum so weit als möglich frei zu machen. Gehört die Kraft $\mathfrak{P}$ zu einem im absoluten Raume feststehenden zeitlich unveränderlichen Kraftfelde, so ist das Kraftfeld relativ zum Fahrzeuge im allgemeinen nicht mehr unveränderlich, sondern nur dann, wenn das Kraftfeld im absoluten Raume um die Drehachse des Fahrzeugs herum symmetrisch war. Rotiert also das Fahrzeug z. B. um eine lotrechte Achse, so darf man gewöhnlich genau genug annehmen, daß das Schwerefeld der Erde um die Achse herum symmetrisch und überdies gleich gerichtet und gleich stark ist, und dann kann jener Anteil von $\mathfrak{P}$, der von dem Gewichte des materiellen Punktes herrührt, auch relativ zum Fahrzeuge als der Größe und Richtung nach konstant betrachtet werden. Bei der Rotation um eine anders gerichtete Achse würde dagegen das Gewicht als eine der Richtung relativ zum Fahrzeuge nach veränderliche Kraft einzuführen sein.

Außer dem Gewichte tragen zu $\mathfrak{P}$ bei den gewöhnlichen An-

3*

wendungen nur noch die Oberflächenkräfte bei, die von anderen Körpern herrühren, deren Bewegung ebenfalls relativ zum Fahrzeuge betrachtet wird. Diese Kräfte hängen aber ausschließlich von Umständen ab, die mit der Bewegung selbst unmittelbar nichts zu tun haben, also bei den elastisch-festen Körpern von ihrer elastischen Formänderung, bei den Gasen von der Temperatur und dem spezifischen Volumen usf., so daß es gleichgültig ist, ob wir bei ihrer Feststellung vom absoluten Raume oder vom Fahrzeuge ausgehen.

Es wird daher in der Regel leicht möglich sein, bei der Behandlung einer bestimmten Aufgabe die Kraft $\mathfrak{P}$ derart anzugeben, daß dabei der absolute Raum weiterhin außer Betracht bleiben kann, sondern alle Angaben nur auf den Fahrzeugraum bezogen sind. Erst wenn dies geschehen ist, haben wir es bei der Untersuchung der Bewegungen innerhalb des Fahrzeugs mit einer Aufgabe zu tun, die nach Zufügung der Ergänzungskräfte genau so behandelt werden kann, als wenn es sich dabei um eine absolute Bewegung handelte.

Für die weitere Durchführung der Rechnung wird sich häufig die Benutzung eines Zylinder-Koordinatensystems empfehlen, das im Fahrzeuge so festgelegt ist, daß die Zylinderachse mit der Umdrehungsachse des Fahrzeugs zusammenfällt. Die Lage des bewegten Punktes relativ zum Fahrzeuge wird dann durch Angabe der drei Koordinaten z, R und φ beschrieben, von denen z den Abstand des Punktes von einer senkrecht zur Zylinderachse gelegten Ebene, R den Abstand von der Zylinderachse und φ den Winkel bedeutet, den eine durch die Zylinderachse und den Punkt gelegte Ebene mit einer im Fahrzeug festgelegten Ebene $\varphi = 0$ bildet. Die Abstände z sollen positiv gerechnet werden, wenn sie in jener Richtung gehen, nach der hin der Winkelgeschwindigkeitsvektor $\mathfrak{u}$ gemäß den dafür getroffenen Festsetzungen abzutragen ist. Ebenso soll der Winkel φ nach jener Richtung herum positiv gezählt werden, in der die Drehung des Fahrzeugs erfolgt. Abgesehen davon, daß es nichts ausmacht, wenn der Winkel φ um 2π oder ein Vielfaches davon vermehrt oder vermindert wird, wird die Lage des Punktes durch die Angabe der drei Zylinderkoordinaten z, R und φ in eindeutiger Weise beschrieben; der Abstand R ist dabei stets als eine positive Größe zu betrachten.

Um die Vektorgleichung (11) in drei Komponentengleichungen

zu zerlegen, die sich auf das in dieser Weise eingeführte Koordinatensystem beziehen, setze ich zunächst den Vektor $\mathfrak{r}$, dessen Anfangspunkt mit dem Ursprung dieses Koordinatensystems, also mit dem Punkte $z = 0$ der Achse zusammenfällt,

$$\mathfrak{r} = \mathfrak{k} z + \mathfrak{m} R. \tag{12}$$

so daß also $\mathfrak{k}$ einen mit der Zylinderachse und mit $\mathfrak{u}$ gleichgerichteten und $\mathfrak{m}$ einen anderen Einheitsvektor bedeutet, der in der Richtung von R und zwar von der Achse auf den bewegten Punkt hin geht. Dann erhält man für die relative Geschwindigkeit

$$\frac{d\mathfrak{r}}{dt} = \mathfrak{k}\frac{dz}{dt} + \mathfrak{m}\frac{dR}{dt} + R\frac{d\mathfrak{m}}{dt}. \tag{13}$$

Hierbei ist nämlich zu beachten, daß sich mit der Lage des Punktes gegen das Fahrzeug auch die Richtung von $\mathfrak{m}$ ändert, während $\mathfrak{k}$ konstant ist. Bezeichnet man einen dritten Einheitsvektor, der senkrecht zu $\mathfrak{m}$ und zu $\mathfrak{k}$ und zwar nach jener Richtung hin gezogen ist, in der der Winkel φ wächst, mit $\mathfrak{n}$, so hat man

$$\frac{d\mathfrak{m}}{dt} = \mathfrak{n}\frac{d\varphi}{dt}, \tag{14}$$

da $\mathfrak{m}$ dauernd ein Einheitsvektor bleibt und daher der Zuwachs $d\mathfrak{m}$, den $\mathfrak{m}$ erfährt, zur Richtung von $\mathfrak{m}$ senkrecht stehen muß. Die Geschwindigkeit

$$\frac{d\mathfrak{r}}{dt} = \mathfrak{k}\frac{dz}{dt} + \mathfrak{m}\frac{dR}{dt} + \mathfrak{n}R\frac{d\varphi}{dt} \tag{15}$$

wird hierdurch in drei Komponenten zerlegt, die man der Reihe nach als achsial, radial und tangential bezeichnen kann.

Die relative Beschleunigung erhält man daraus durch nochmalige Differentiation nach der Zeit zu

$$\frac{d^2\mathfrak{r}}{dt^2} = \mathfrak{k}\frac{d^2z}{dt^2} + \mathfrak{m}\frac{d^2R}{dt^2} + \frac{d\mathfrak{m}}{dt}\frac{dR}{dt}$$
$$+ \mathfrak{n}\left(R\frac{d^2\varphi}{dt^2} + \frac{dR}{dt}\frac{d\varphi}{dt}\right) + \frac{d\mathfrak{n}}{dt}R\frac{d\varphi}{dt}.$$

Der Vektor $\mathfrak{n}$ ist ein Einheitsvektor, der stets senkrecht zu $\mathfrak{m}$ und $\mathfrak{k}$ bleibt und sich mit $\mathfrak{m}$ zusammen und mit derselben Winkelgeschwindigkeit um die $\mathfrak{k}$-Achse dreht. Aus Abb. 1, die dies verdeutlicht, folgt

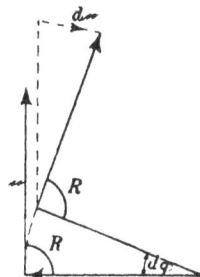

Abb. 1.

$$\frac{d\mathfrak{n}}{dt} = -\mathfrak{m}\frac{d\varphi}{dt}, \tag{16}$$

und für die Beschleunigung erhält man daher

$$\frac{d^2\mathfrak{r}}{dt^2} = \mathfrak{k}\frac{d^2z}{dt^2} + \mathfrak{m}\left(\frac{d^2R}{dt^2} - R\left(\frac{d\varphi}{dt}\right)^2\right) + \mathfrak{n}\left(R\frac{d^2\varphi}{dt^2} + 2\frac{dR}{dt}\frac{d\varphi}{dt}\right), \tag{17}$$

wodurch sie ebenfalls in eine achsiale, eine radiale und eine tangentiale Komponente zerlegt ist.

Auch alle anderen Glieder in Gl. (11) zerlegen wir in derselben Weise in Komponenten. Die von $\mathfrak{P}$ seien mit P_1, P_2, P_3 bezeichnet. Die Zentrifugalkraft $\mathfrak{C}$ geht selbst in radialer Richtung und kann

$$\mathfrak{C} = \mathfrak{m}\, m\, u^2 R$$

gesetzt werden. Ferner erhält man

$$\left[\frac{d\mathfrak{r}}{dt}\mathfrak{u}\right] = \begin{vmatrix} \mathfrak{n} & \mathfrak{m} & \mathfrak{k} \\ R\dfrac{d\varphi}{dt} & \dfrac{dR}{dt} & \dfrac{dz}{dt} \\ 0 & 0 & u \end{vmatrix} = \mathfrak{n}\, u\frac{dR}{dt} - \mathfrak{m}\, u R\frac{d\varphi}{dt},$$

da die Einheitsvektoren $\mathfrak{n\,m\,k}$ in dieser Reihenfolge ein Rechtssystem im Raume bilden, wie aus Abb. 1 hervorgeht, wenn man bedenkt, daß $\mathfrak{u}$ und daher $\mathfrak{k}$ in dieser Zeichnung nach unseren Vorzeichenfestsetzungen senkrecht zur Papierfläche auf den Beschauer hin geht.

Setzt man diese Worte in Gl. (11) ein, so enthält sie nur noch Glieder, die in den Richtungen der $\mathfrak{n}$, $\mathfrak{m}$, $\mathfrak{k}$ gehen. Damit zerfällt sie in die drei folgenden Komponentengleichungen

$$\left.\begin{aligned} m\frac{d^2z}{dt^2} &= P_1 \\ m\left(\frac{d^2R}{dt^2} - R\left(\frac{d\varphi}{dt}\right)^2\right) &= P_2 + m u^2 R + 2 m u R\frac{d\varphi}{dt} \\ m\left(R\frac{d^2\varphi}{dt^2} + 2\frac{dR}{dt}\frac{d\varphi}{dt}\right) &= P_3 - 2 m u\frac{dR}{dt} \end{aligned}\right\} \tag{18}$$

die sich jetzt wieder der Reihe nach auf die achsiale, radiale und tangentiale Richtung beziehen.

Die Bewegungskomponente parallel zur Zylinderachse erfolgt genau so, als wenn das Gefäß nicht rotierte. Setzt man in den Gleichungen nachträglich $u = 0$, so sprechen sie zusammen die dynamische Grundgleichung für die absolute Bewegung mit den Ausdrucksmitteln der Zylinderkoordinaten aus. Dieser Zusammenhang geht noch deutlicher hervor, wenn man durch geeignete Zusammenfassung der Glieder die Gleichungen (18) auf die folgende Form bringt

$$m \frac{d^2 z}{dt^2} = P_1$$

$$m \left(\frac{d^2 R}{dt^2} - R \left(u + \frac{d\varphi}{dt} \right)^2 \right) = P_2 \qquad (19)$$

$$m \left(R \frac{d^2 \varphi}{dt^2} + 2 \frac{dR}{dt} \left(u + \frac{d\varphi}{dt} \right) \right) = P_3$$

In der Tat unterscheiden sich die Gleichungen für die relative Bewegung von denen für die absolute Bewegung nur durch die Zufügung des konstanten Summanden u zur relativen Winkelgeschwindigkeit $\frac{d\varphi}{dt}$. Die Summe $u + \frac{d\varphi}{dt}$ gibt aber zugleich die Winkelgeschwindigkeit an, mit der sich der vorher mit $\mathfrak{m}$ bezeichnete Vektor gegen den absoluten Raum dreht. Bei dieser Deutung gelten daher die Gleichungen (19) auch für die absolute Bewegung des materiellen Punktes. Aus dieser Überlegung heraus hätte man die Gleichungen (19) in der Tat sofort ableiten können, ohne von dem Satze von Coriolis Gebrauch zu machen. Die Koordinatentransformation von dem bewegten auf das ruhende Koordinatensystem, aus der sich der Satz von Coriolis stets ableiten läßt, gestaltet sich in dem vorliegenden Falle eben besonders einfach.

Um hier sofort wenigstens an einem Beispiele die Anwendung der vorhergehenden Gleichungen zu zeigen, betrachte ich die geradlinige harmonische Schwingung eines materiellen Punktes längs eines Halbmessers im rotieren-den Fahrzeuge. Der Körper, der als ma-terieller Punkt angesehen wird, sei durch eine in radialer Richtung gehende Stange geführt, so daß er sich nur in dieser Richtung bewegen kann. Als physika-lisch existierende Kraft wirke nur noch ein Federzug auf ihn ein, der in der Lage A gleich Null und bei der Ent-fernung x von A gleich cx ist (Abb. 2). In diesem Falle fällt die erste der Glei-

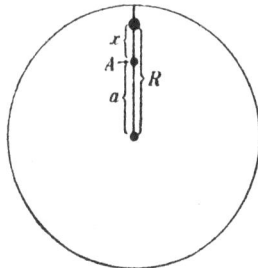

Abb. 2.

chungen (19) fort. In den beiden anderen ist $\frac{d\varphi}{dt} = 0$ und

$$P_2 = -cx = -c(R - a)$$

zu setzen. Die zweite Gleichung geht damit über in

$$m\frac{d^2R}{dt^2} = mRu^2 - cR + ca.$$

Die Lösung der Gleichung hängt davon ab, ob mu^2 größer oder kleiner als c ist. Im ersten Falle wird die Gleichung durch Exponentialfunktionen gelöst. Im zweiten Falle, der allein zu Schwingungen führen kann, ist die Lösung

$$R = A\sin\alpha t + B\cos\alpha t + \frac{ca}{c - mu^2},$$

wenn unter α der Wert

$$\alpha = \sqrt{\frac{c}{m} - u^2}$$

verstanden wird. Daraus ergibt sich auch sofort die Schwingungsdauer und aus der Formel für R die Gleichgewichtslage, um die sich die Schwingung vollzieht. Aus der dritten der Gleichungen (19) folgt hierauf die Kraft P_3, d. h. der Führungsdruck zwischen dem bewegten Körper und der Führungsstange.

Von anderen Anwendungen der Gleichungen (19) wird später die Rede sein.

§ 9. Relativbewegungen im ungleichförmig rotierenden Raum, Planetenbewegung als Beispiel.

Wir erweitern jetzt die vorhergehenden Betrachtungen, indem wir die Voraussetzung fallen lassen, daß die Winkelgeschwindigkeit u auch der Größe nach konstant sei. Dagegen soll immer noch u der Richtung nach konstant sein und das Fahrzeug stets um dieselbe Achse rotieren. Die Fahrzeugbeschleunigung $\frac{d^2\mathfrak{p}}{dt^2}$ in Gl. (10) setzt sich dann aus zwei Komponenten, einer radialen und einer tangentialen, zusammen. Die radiale Komponente ist ebenso groß wie im vorhergehenden Falle, während die tangentiale Komponente die Größe $R\frac{du}{dt}$ hat. Das folgt schon aus den in Band I, § 14 angestellten Betrachtungen über die kreisförmige Bewegung eines materiellen Punktes. In Gl. (11) ist daher dementsprechend ein weiteres Glied beizufügen.

Die Gleichungen (12) bis (17) des vorhergehenden Paragraphen können dagegen ohne Änderung übernommen werden, weil bei ihrer Ableitung von der Voraussetzung, daß u konstant

sei, kein Gebrauch gemacht wurde. Die einzige Änderung in den
Gleichungen (18) besteht daher darin, daß in der letzten von
ihnen noch ein Glied hinzutritt, das von der tangentialen Komponente der Fahrzeugbeschleunigung herrührt. Die Gleichungen
lauten daher jetzt, wenn wir sie sofort in der ihnen in (19) gegebenen Form anschreiben,

$$\left. \begin{aligned} & m\frac{d^2 z}{dt^2} = P_1 \\ & m\left(\frac{d^2 R}{dt^2} - R\left(u + \frac{d\varphi}{dt}\right)^2\right) = P_2 \\ & m\left(R\frac{d^2\varphi}{dt^2} + 2\frac{dR}{dt}\left(u + \frac{d\varphi}{dt}\right) + R\frac{du}{dt}\right) = P_3 \end{aligned} \right\} . \qquad (20)$$

Wir können nun zu einer Anwendung dieser Gleichungen
übergehen, die der am Schlusse des vorigen Paragraphen besprochenen sehr ähnlich ist, dabei aber zu einem erheblich wichtigeren
Ergebnisse, nämlich zur Theorie der Bewegung eines Planeten um den ihn nach dem Newtonschen Gesetze anziehenden
Zentralkörper führt. Wir betrachten hierzu wiederum eine in
radialer Richtung vor sich gehende geradlinige Bewegung des bewegten materiellen Punktes relativ zu einem Fahrzeuge, verfügen
aber über die veränderliche Winkelgeschwindigkeit u in der Art,
daß der Führungsdruck, der vorher nötig war, um die geradlinige
Bewegung zu erzwingen, jetzt zu Null wird. Das hat zur Folge,
daß die Bewegung des materiellen Punktes von dem Fahrzeuge
überhaupt nicht mehr beeinflußt wird. Das Fahrzeug dient nur
noch dazu, die Gesamtbewegung des Punktes in zwei Anteile
zu zerlegen, von denen der eine geradlinig ist, während der andere in einer Drehbewegung um den Ursprung besteht. Auch
jetzt fällt wieder die erste Gleichung ganz fort und die beiden
anderen lauten, nachdem sowohl $\frac{d\varphi}{dt}$ als P_3 gleich Null gesetzt ist,

$$\left. \begin{aligned} & m\frac{d^2 R}{dt^2} = mRu^2 + P_2 \\ & 2\frac{dR}{dt}u + R\frac{du}{dt} = 0 \end{aligned} \right\} . \qquad (21)$$

Über die radiale Kraft P_2 machen wir einstweilen keine be-
stimmte Voraussetzung; sie kann entweder wie früher von einem
Federzuge herrühren oder auch einem anderen Gesetze folgen.
Die letzte der Gleichungen (21) wird sofort integrabel, wenn

man sie in der Form

$$2\frac{dR}{R} + \frac{du}{u} = 0$$

anschreibt. Die Integration liefert

$$2\lg R + \lg u = \text{const}$$

oder in anderer Form $uR^2 = C_1.$ (22)

Entnimmt man hieraus u und setzt den Wert in die erste der Gleichungen (21) ein, so erhält man

$$m\frac{d^2R}{dt^2} = m\frac{C_1^2}{R^3} + P_2.$$ (23)

Multiplizieren wir diese Gleichung mit $\frac{dR}{dt}$, so geht sie über in

$$\frac{m}{2}\frac{d}{dt}\left(\frac{dR}{dt}\right)^2 = m\frac{C_1^2}{R^3}\frac{dR}{dt} + P_2\frac{dR}{dt},$$

woraus durch eine Integration nach t folgt

$$\frac{m}{2}\left(\frac{dR}{dt}\right)^2 = -\frac{m}{2}\frac{C_1^2}{R^2} + \int P_2\,dR.$$ (24)

Die Integrationskonstante ist in dem unbestimmten Integrale von P_2 mit enthalten.

Aus diesen Formeln lassen sich nun verschiedene wichtige Folgerungen ziehen, indem man für das bisher unbestimmt gelassene Gesetz, dem die radiale Kraft P_2 folgen soll, verschiedene Annahmen macht. Setzen wir zunächst noch allgemeiner voraus, daß

$$P_2 = KR^n$$ (25)

ist, worin n irgend eine positive oder negative Zahl bedeutet, so läßt sich, wenn wir dabei der Einfachheit halber von dem besonderen Falle $n = -1$ absehen, Gl. (24) ersetzen durch

$$\frac{m}{2}\left(\frac{dR}{dt}\right)^2 = -\frac{m}{2}\frac{C_1^2}{R^2} + \frac{K}{n+1}R^{n+1} + C_2,$$ (26)

und man sieht leicht ein, wie die Gleichung nochmals integriert werden kann.

Die Bedeutung dieser Betrachtungen ergibt sich, wenn man die absolute Bewegung des materiellen Punktes, der diese relative Bewegung ausführt, ins Auge faßt. Gegen den absoluten Raum bewegt sich der materielle Punkt in einer Kurve und zwar unter dem alleinigen Einflusse der „physikalisch existierenden" Kraft P_2. Wir sind daher nach Ausführung der vorher besprochenen

Integrationen in den Stand gesetzt, auch die krummlinige Bewegung eines materiellen Punktes anzugeben, der dem Einflusse einer Zentralkraft ausgesetzt ist, die eine beliebige Funktion der Entfernung sein kann.

Die Betrachtung der relativen Bewegung hat also in der Tat bei dieser Anwendung nur die Bedeutung eines Kunstgriffes zur einfacheren Ausführung der Integration der dynamischen Grundgleichung für eine solche Zentralbewegung, wie das vorher schon bemerkt worden war. Gl. (22) kann dahin gedeutet werden, daß die veränderliche Winkelgeschwindigkeit des rotierenden Koordinatensystems so zu wählen ist, wie es durch den Flächensatz gefordert wird, denn $u^2 R$ gibt ja in der Tat das Doppelte der Sektorengeschwindigkeit der zu untersuchenden Zentralbewegung an. Die damit erreichte Zurückführung der krummlinigen absoluten Bewegung auf eine geradlinige Bewegung relativ zum rotierenden Koordinatensysteme bildet aber eine erhebliche Erleichterung für die Ausführung der Integrationen.

Nehmen wir zunächst einmal an, die Kraft P_2 sei eine Anziehung, die umgekehrt proportional der dritten Potenz der Entfernung von dem auf der Achse gelegenen Anziehungszentrum ist. Dann haben wir

$$P_2 = - \frac{K}{R^3}$$

zu setzen und an Stelle von Gl. (26) erhalten wir

$$\frac{dR}{dt} = \sqrt{\frac{1}{R^2}\left(\frac{K}{m} - C_1{}^2\right) + \frac{2\,C_2}{m}}\,.$$

Die Integration der Gleichung, die nach Trennung der Variabeln leicht vorgenommen werden kann, liefert

$$\frac{m}{2\,C_2}\,\sqrt{\frac{K}{m} - C_1{}^2 + \frac{2\,C_2}{m}\,R^2} = t + C_3,$$

woraus man R sofort als Funktion von t erhalten kann. Nachdem dies geschehen ist, folgt auch u aus Gl. (22). Die Integrationskonstanten C_1, C_2, C_3 ergeben sich aus den Anfangsbedingungen, indem für $t = 0$ sowohl u als R und $\frac{dR}{dt}$ gegeben sein müssen, wenn man den weiteren Verlauf der Bewegung voraussagen soll. Hierauf ist die Bewegung durch die vorhergehenden Formeln vollständig beschrieben.

In derselben Weise ist auch für jedes andere Gesetz zu verfahren, dem die Zentralkraft P_2 unterworfen ist. Schwierigkeiten können sich dabei nur insofern ergeben, als die Quadratur, die zur Integration der Gl. (24) erforderlich ist, nicht immer in geschlossener Form ausgeführt oder nicht in den gewöhnlichen einfachen Funktionen ausgedrückt werden kann.

Von besonderer Bedeutung ist natürlich wegen der Anwendung, die davon auf die Planetenbewegung gemacht werden kann, der Fall, daß P_2 umgekehrt proportional mit der zweiten Potenz der Entfernung vom Anziehungszentrum ist. In diesem Falle ist

$$P_2 = - \frac{K}{R^2}$$

zu setzen und Gl. (26) geht damit über in

$$\frac{dR}{dt} = \sqrt{\frac{2K}{mR} - \frac{C_1{}^2}{R^2} + \frac{2C_2}{m}} \, . \qquad (27)$$

Setzen wir den Wert auf der rechten Seite gleich Null und lösen die dadurch entstehende quadratische Gleichung nach R auf, so erhalten wir, unter der Voraussetzung, daß die Wurzeln reell sind, den größten und den kleinsten Wert, die R während der Bewegung annimmt. Wir können aber auch umgekehrt verfahren, nämlich mit Rücksicht auf das Ziel unserer Untersuchung die beiden Extremwerte R_1 und R_2 von R als gegeben ansehen und die bisher unbestimmt gebliebenen Integrationskonstanten C_1 und C_2 in ihnen ausdrücken. Die beiden Gleichungen

$$\frac{2K}{mR_1} - \frac{C_1{}^2}{R_1{}^2} + \frac{2C_2}{m} = 0,$$

$$\frac{2K}{mR_2} - \frac{C_1{}^2}{R_2{}^2} + \frac{2C_2}{m} = 0$$

liefern durch Auflösen nach $C_1{}^2$ und C_2

$$C_1{}^2 = \frac{2K}{m} \cdot \frac{R_1 R_2}{R_1 + R_2} \, ; \qquad C_2 = - \frac{K}{R_1 + R_2}, \qquad (28)$$

und wenn man dies einsetzt, geht Gl. (27) über in

$$\frac{dR}{dt} = \sqrt{\frac{2K}{m} \left(\frac{1}{R} - \frac{R_1 R_2}{R^2(R_1 + R_2)} - \frac{1}{R_1 + R_2} \right)} \, . \qquad (29)$$

Wir trennen die Variabeln und bringen die Gleichung auf die Form

$$\frac{R \, dR}{\sqrt{\dfrac{2K}{m} \left(R - \dfrac{R_1 R_2}{R_1 + R_2} - \dfrac{R^2}{R_1 + R_2} \right)}} = dt.$$

Die Integration kann jetzt leicht ausgeführt werden. Sie liefert

$$-\sqrt{(R_1 + R_2)(R(R_1 + R_2) - R_1 R_2 - R^2)}$$
$$-\frac{1}{2}(R_1 + R_2)^{\frac{3}{2}} \arcsin \frac{R_1 + R_2 - 2R}{R_1 - R_2} = t\sqrt{\frac{2K}{m}} + C_3. \tag{30}$$

Da arcsin eine unendlich vieldeutige Funktion ist, gehören zu einem bestimmten Werte von R unendlich viele Werte von t. Wenn die Gleichung für zwei Werte von R und t erfüllt war, bleibt sie auch noch erfüllt, wenn man bei demselben Werte von R die Zeit t um ein ganzes Vielfaches des Betrages T vermehrt oder vermindert, der einer Änderung des arcsin auf der linken Seite der Gleichung um 2π entspricht. Die Bewegung ist damit als eine periodische erkannt. Die Schwingungsdauer T erhalten wir aus der Gleichung

$$T\sqrt{\frac{2K}{m}} = \frac{1}{2}(R_1 + R_2)^{\frac{3}{2}} \cdot 2\pi,$$

also, wenn wir an Stelle von $R_1 + R_2$ kürzer $2a$ schreiben,

$$T = 2\pi\sqrt{\frac{ma^3}{K}}. \tag{31}$$

Bei der absoluten Bewegung beschreibt, wie sich alsbald zeigen wird, der materielle Punkt während der Zeit T eine geschlossene Bahn, und es kann daher schon jetzt darauf hingewiesen werden, daß Gl. (31) das dritte Keplersche Gesetz für die Umlaufdauer eines Planeten um die Sonne ausdrückt.

Um die Bahnkurve der absoluten Bewegung zu erhalten, bezeichnen wir mit ψ den Winkel, den der nach dem bewegten Punkt gezogene Radiusvektor R zur Zeit t mit einer im absoluten Raum festgehaltenen Anfangslage bildet. Unsere Aufgabe besteht dann darin, R als Funktion des Winkels ψ darzustellen. Zunächst ist die Winkelgeschwindigkeit u, mit der sich das bewegte Koordinatensystem gegen den absoluten Raum dreht,

$$u = \frac{d\psi}{dt}$$

zu setzen. Ferner läßt sich jetzt, wenn R als Funktion von ψ angesehen wird, $\dfrac{dR}{dt} = \dfrac{dR}{d\psi} \cdot \dfrac{d\psi}{dt} = u\dfrac{dR}{d\psi}$

schreiben oder auch, wenn man u aus Gl. (22) und C_1 aus

Gl. (28) entnimmt

$$\frac{dR}{dt} = \frac{C_1}{R^2}\frac{dR}{d\psi} = \frac{1}{R^2}\frac{dR}{d\psi}\sqrt{\frac{2K}{m}\frac{R_1 R_2}{R_1 + R_2}}.$$

Diesen Wert führen wir in Gl. (29) ein. Sie geht damit über in

$$\frac{1}{R^2}\frac{dR}{d\psi}\sqrt{\frac{2K}{m}\frac{R_1 R_2}{R_1 + R_2}} = \sqrt{\frac{2K}{m}\left(\frac{1}{R} - \frac{R_1 R_2}{R^2(R_1 + R_2)} - \frac{1}{R_1 + R_2}\right)}.$$

Durch einfache Umformungen und mit Benutzung der vorher schon eingeführten Abkürzung $2a$ für $R_1 + R_2$ wird daraus

$$\frac{dR}{R\sqrt{R\dfrac{2a}{R_1 R_2} - 1 - \dfrac{R^2}{R_1 R_2}}} = d\psi.$$

Die Integration läßt sich mit Hilfe bekannter Integralformeln sofort ausführen und liefert, wie man sich auch durch Ausführung einer Differentiation an der nachfolgenden Formel nachträglich leicht überzeugen kann,

$$\arcsin \frac{aR - R_1 R_2}{R\sqrt{a^2 - R_1 R_2}} = \psi + C_4.$$

Das ist gleichbedeutend mit

$$\frac{aR - R_1 R_2}{R\sqrt{a^2 - R_1 R_2}} = \sin(\psi + C_4).$$

Um die Integrationskonstante C_4 zu bestimmen, wollen wir festsetzen, daß der Winkel ψ von jener Lage an gerechnet werden soll, in der $R = R_1$ war. Für diesen Wert von R nimmt die linke Seite der Gleichung den Wert 1 an, wie man erkennt, wenn man sich der Bedeutung von a erinnert. Da für diesen Fall $\psi = 0$ sein soll, ist daher C_4 ein rechter Winkel, d. h. gleich $\frac{\pi}{2}$. Der sin auf der rechten Seite der Gleichung läßt sich, wenn man dies beachtet, durch cos ψ ersetzen. Die Auflösung der Gleichung nach R liefert hierauf

$$R = \frac{R_1 R_2}{a - \cos\psi \cdot \sqrt{a^2 - R_1 R_2}}, \tag{32}$$

und damit ist die Gleichung der Bahnkurve in Polarkoordinaten gefunden. Das ist aber die Gleichung einer Ellipse, von der ein Brennpunkt mit dem Koordinatenursprunge zusammenfällt. Um sie auf die übliche Form zu bringen, braucht man nur

$$R_1 = a + e; \quad R_2 = a - e \quad \text{und} \quad b^2 = a^2 - e^2$$

zu setzen, womit die neu eingeführten Konstanten e und b definiert sind. Die Gleichung geht dann über in

$$R = \frac{b^2}{a - e \cos \psi} \tag{33}$$

und der Vergleich mit der in der analytischen Geometrie abgeleiteten Ellipsengleichung zeigt uns, daß a die große, b die kleine Halbachse der Ellipse und e die Exzentrizität, d. h. die Entfernung des Brennpunktes von dem Mittelpunkte der Ellipse ist.

Nachdem die Bahnkurve ermittelt ist, kehren wir nochmals zu Gl. (30) zurück, um die Zeit t als Funktion des Winkels ψ darzustellen, der von $t = 0$ an durchlaufen wurde. Durch Einsetzen der inzwischen bestimmten Werte erhalten wir zunächst

$$R(R_1 + R_2) - R_1 R_2 - R^2 = 2aR - b^2 - R^2 = e^2 - (R - a)^2$$

$$= e^2 - e^2 \left(\frac{a \cos \psi - e}{a - e \cos \psi} \right)^2 = e^2 \frac{(a - e \cos \psi)^2 - (a \cos \psi - e)^2}{(a - e \cos \psi)^2}$$

$$= e^2 \frac{(a^2 - e^2) \sin^2 \psi}{(a - e \cos \psi)^2} = e^2 \frac{b^2 \sin^2 \psi}{(a - e \cos \psi)^2}.$$

Gl. (30) läßt sich daher auch auf die Form bringen

$$-\sqrt{2a} \left\{ \frac{e b \sin \psi}{a - e \cos \psi} - a \cdot \arcsin \frac{e - a \cos \psi}{a - e \cos \psi} \right\} = t \sqrt{\frac{2K}{m}} + C_3.$$

Wenn wir die Zeit t von dem Augenblick an zählen, in dem $\psi = 0$ war, folgt für C_3

$$C_3 = - a \frac{\pi}{2} \sqrt{2a}.$$

Für die Zeit t erhält man daher

$$t = \sqrt{\frac{a m}{K}} \left\{ a \frac{\pi}{2} - \frac{e b \sin \psi}{a - e \cos \psi} + a \arcsin \frac{e - a \cos \psi}{a - e \cos \psi} \right\} \tag{34}$$

mit dem Vorbehalte, daß für die unendlich vieldeutige Funktion arcsin jener Wert einzusetzen ist, der bei stetigem Wachstum von ψ aus dem Werte $-\frac{\pi}{2}$ für $\psi = 0$ hervorgeht. Daß der Ausdruck, von dem der arcsin zu nehmen ist, für alle Werte von ψ zwischen -1 und $+1$ liegt, wie es sein muß, damit der Ausdruck reell bleibt, läßt sich leicht zeigen. Da a größer ist als e, wird bei von Null an wachsenden ψ der Bruch, der zuerst den Wert -1 hatte, dem Absolutbetrage nach zunächst kleiner, bis er bei einem gewissen spitzen Winkel zu Null wird, worauf er bei weiterem Wachsen von ψ positiv und immer größer und für $\psi = \pi$ zu $+1$ wird. Der hierzu gehörige arcsin ist gleich $+\frac{\pi}{2}$ zu setzen. Wächst jetzt ψ noch weiter, so durchläuft der Bruch, von dem der arcsin zu nehmen ist, die vorige Wertreihe von neuem in umgekehrter Richtung, während der arcsin selbst weiter wächst. Wenn endlich ψ den Wert 2π erreicht, wird der Bruch wieder wie zu Anfang gleich -1, der arcsin davon ist aber jetzt nicht gleich $-\frac{\pi}{2}$, sondern gleich $\frac{3\pi}{2}$ zu setzen. Ebenso wäre, wenn man das Wachsen des Winkels ψ noch über 2π hinaus verfolgen wollte, bei $\psi = 4\pi$ der arcsin (-1) gleich $\frac{7\pi}{2}$ zu setzen usf.

Für einen vollen Umlauf des bewegten Punktes längs der elliptischen Bahn findet man daher

$$T = 2a\pi\sqrt{\frac{am}{K}}$$

in Übereinstimmung mit Gl. (31), womit die an diese Gleichung vorläufig als Behauptung angeschlossene Bemerkung nachträglich bewiesen ist.

Endlich soll noch als drittes Beispiel die Bewegung besprochen werden, die der materielle Punkt ausführt, wenn die Kraft P_2 eine Anziehung ist, die proportional mit dem Abstande R von der Achse wächst. Wir haben dann

$$P_2 = -KR,$$

womit Gl. (26) übergeht in

$$\frac{dR}{dt} = \sqrt{-\frac{C_1{}^2}{R^2} - \frac{K}{m}R^2 + \frac{2C_2}{m}}.$$

Drücken wir auch jetzt wieder die Integrationskonstanten C_1 und C_2 in den beiden Extremwerten R_1 und R_2 von R aus, so wird daraus

$$R\frac{dR}{dt} = \sqrt{\frac{K}{m}(R^2(R_1{}^2 + R_2{}^2) - R^4 - R_1{}^2 R_2{}^2)}. \tag{35}$$

Betrachtet man R^2 als die Integrationsvariable, so läßt sich die Gleichung wie in den vorhergehenden Fällen sofort integrieren. Man erhält dann

$$\arcsin \frac{2\,R^2 - R_1{}^2 - R_2{}^2}{R_1{}^2 - R_2{}^2} = 2t\sqrt{\frac{K}{m}} + C_3,$$

oder auch, wenn man diese Gleichung nach R^2 auflöst,

$$R^2 = \frac{R_1{}^2 + R_2{}^2}{2} + \frac{R_1{}^2 - R_2{}^2}{2}\sin\left(2t\sqrt{\frac{K}{m}} + C_3\right). \quad (36)$$

Zählt man die Zeit von einem Augenblicke an, in dem $R = R_1$ war, so folgt aus dieser Grenzbedingung $C_3 = \frac{\pi}{2}$, und die Gleichung läßt sich daher auch schreiben

$$R^2 = \frac{R_1{}^2 + R_2{}^2}{2} + \frac{R_1{}^2 - R_2{}^2}{2}\cos 2t\sqrt{\frac{K}{m}}.$$

Um die Bahnkurven im absoluten Raume zu finden, setzen wir wie früher

$$\frac{dR}{dt} = \frac{C_1}{R^2}\frac{dR}{d\psi},$$

oder, wenn wir den hier zutreffenden Wert von C_1 einführen.

$$\frac{dR}{dt} = \frac{1}{R^2}\frac{dR}{d\psi} \cdot R_1 R_2 \sqrt{\frac{K}{m}}.$$

Hiermit geht die Gl. (35) über in

$$R_1 R_2 \frac{R\,dR}{R^2\sqrt{R^2(R_1{}^2 + R_2{}^2) - R^4 - R_1{}^2 R_2{}^2}} = d\psi.$$

Auch hier läßt sich die Integration ausführen, wenn man R^2 als Variable betrachtet und man erhält

$$\arcsin \frac{R^2(R_1{}^2 + R_2{}^2) - 2\,R_1{}^2 R_2{}^2}{R^2(R_1{}^2 - R_2{}^2)} = 2\psi + C_4.$$

Wird der Winkel ψ von jener Lage aus gezählt, in der $R = R_1$ war, so folgt $C_4 = \frac{\pi}{2}$, und durch Auflösen der Gleichung nach R^2 erhält man daher

$$R^2 = \frac{2\,R_1{}^2 R_2{}^2}{R_1{}^2 + R_2{}^2 - (R_1{}^2 - R_2{}^2)\cos 2\psi},$$

wofür man auch nach Entwicklung von $\cos 2\psi$

$$R^2 = \frac{R_1{}^2 R_2{}^2}{R_1{}^2 \sin^2\psi + R_2{}^2 \cos^2\psi} \quad (37)$$

schreiben kann. Man überzeugt sich leicht, daß dies die Gleichung einer Ellipse in Polarkoordinaten ist, deren Mittelpunkt mit dem Pole zusammenfällt.

Damit hat man nur ein früher schon (in Band IV) auf viel
einfacherem Wege abgeleitetes Ergebnis wiedergefunden. Bei
dem letzten Beispiele bringt daher die Behandlung mit Hilfe der
Relativbewegung keine Erleichterung, sondern vielmehr eine
Erschwerung der Lösung, ganz im Gegensatz zu dem vorhergehenden Beispiele, das sich auf die Planetenbewegung bezog.
Es schien indessen wünschenswert, trotz der dadurch bedingten
umständlicheren Rechnung, zur besseren Erläuterung des ganzen
Verfahrens, auch die elliptische harmonische Schwingung auf
diesem Wege zu behandeln.

§ 10. Fadenpendel im ungleichförmig rotierenden Raum.

In Band IV habe ich die Bewegung des gewöhnlichen Fadenpendels für größere Ausschläge nur unter der Voraussetzung behandelt, daß es ebene Schwingungen ausführe. Im allgemeinen
Falle beschreibt aber der materielle Punkt des Fadenpendels eine
doppelt gekrümmte sphärische Kurve. Darauf werde ich später
bei der Theorie der Kreiselbewegung, mit der die Pendelbewegung
sehr eng verwandt ist, nochmals zurückkommen. An dieser
Stelle soll aber gezeigt werden, wie man die Differentialgleichungen
für die allgemeine Bewegung des Fadenpendels nach der Methode
der Relativbewegung, also nach dem schon im vorigen Paragraphen
angewandten Verfahren, unabhängig von allen anderen Betrachtungen aufstellen kann.

Wir lassen also ein Koordinatensystem um die durch den
Aufhängungspunkt gezogene Lotrechte derart rotieren, daß das
Pendel relativ zu diesem Koordinatensystem ebene Schwingungen
ausführt. Wir können dann die Aufgabe dadurch lösen, daß wir
nach Einführung der Ergänzungskräfte der Relativbewegung das
Gesetz aufsuchen, dem diese ebenen Schwingungen gehorchen.

Zunächst überzeugt man sich leicht, daß die Winkelgeschwindigkeit des rotierenden Raumes auch in diesem Falle, wie
schon in Gl. (22), der Gleichung

$$u R^2 = C_1 \qquad (38)$$

genügen muß, wenn die Buchstaben die frühere Bedeutung behalten. Anstatt die frühere Betrachtung auf die Pendelbewegung
zu übertragen, genügt es zum Beweise für die aufgestellte Behauptung auch, den Flächensatz in bezug auf die durch den Aufhängepunkt gezogene Lotrechte als Achse für die absolute Be-

wegung des Pendels anzuwenden. Die beiden einzigen Kräfte, die an dem materiellen Punkte angreifen, das Gewicht und die Fadenspannung haben beide das Moment Null für diese Achse, und daher muß auch das statische Moment der Bewegungsgröße für diese Achse konstant bleiben. Zerlegt man nun die Geschwindigkeit in zwei Komponenten, von denen die eine in der durch den Faden gelegten Lotebene enthalten ist, während die andere dazu senkrecht steht, so trägt die erste Bewegungskomponente zum Drall nichts bei, weil die Richtungslinie der Geschwindigkeit die Momentenachse schneidet, und die andere Bewegungskomponente mit der Geschwindigkeit uR liefert den Drall muR^2, womit Gl. (38) von neuem bewiesen ist.

Gehen wir jetzt zur Betrachtung der Relativbewegung über, so sind an dem bewegten Punkte zum Gewichte und der Fadenspannung noch die Ergänzungskräfte anzubringen. Die zweite Ergänzungskraft steht stets senkrecht zur Relativgeschwindigkeit, also hier senkrecht zur Bewegungsebene. Die erste Ergänzungskraft können wir, wie es schon im vorigen Paragraphen geschehen war, in zwei Komponenten zerlegen. Eine davon ist die der Fahrzeugbewegung um die lotrechte Achse entsprechende Zentrifugalkraft und sie liegt daher in der Bewegungsebene, während die andere senkrecht zu dieser Ebene steht. Wir wissen aber schon, daß diese Komponente mit der zweiten Ergänzungskraft im Gleichgewicht stehen muß, da das Pendel nicht aus der Bewegungsebene heraustritt und die anderen Kräfte alle in dieser Ebene enthalten sind. Die ebene Pendelbewegung erfolgt daher unter der Einwirkung von den drei Kräften: Gewicht, Fadenspannung und Zentrifugalkraft.

In Abb. 3 sind die drei Kräfte eingezeichnet. Die Bewegungsgleichungen können jetzt in derselben Weise aufgestellt

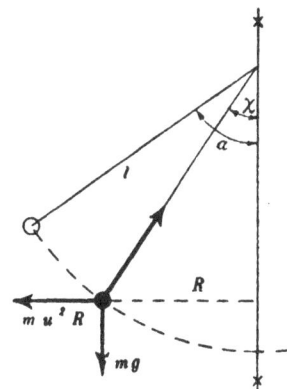

Abb. 3.

werden wie früher bei der Theorie der ebenen Pendelschwingungen. Wir wenden dazu den Satz von der lebendigen Kraft an. Der größte Pendelausschlag sei mit α bezeichnet. Die lebendige Kraft des materiellen Punktes relativ zum rotierenden Raume ist an dieser Stelle gleich Null. Die lebendige Kraft in der durch den Winkel χ

4*

bezeichneten Lage ist daher gleich der Arbeit der Kräfte beim Übergange aus der einen in die andere Lage zu setzen. Die Fadenspannung leistet keine Arbeit, da sie stets senkrecht zum Wege steht. Die Arbeit des Gewichtes mg läßt sich sofort angeben. Die Arbeit der Zentrifugalkraft muß dagegen erst noch berechnet werden. Mit Rücksicht auf Gl. (38) erhält man für die Zentrifugalkraft den Ausdruck

$$m u^2 R = m \frac{C_1{}^2}{R^3} = m \cdot \frac{C_1{}^2}{l^3 \sin^3 \chi},$$

und die Arbeit beim Übergange aus einer Lage in die benachbarte wird daraus durch Multiplikation mit dR gefunden. Geht daher das Pendel aus der Lage χ in die Lage α über, so wird die Arbeit der Zentrifugalkraft gleich

$$m C_1{}^2 \int_{\chi}^{\alpha} \frac{dR}{R^3} = m C_1{}^2 \left[-\frac{1}{2 R^2} \right]_{\chi}^{\alpha} = \frac{m C_1{}^2}{2 l^2} \left(\frac{1}{\sin^2 \chi} - \frac{1}{\sin^2 \alpha} \right)$$

gefunden. Bei der Bewegung in der entgegengesetzten Richtung ist das Vorzeichen umzukehren. Die Gleichung von der lebendigen Kraft liefert daher, mit Weglassung des allen Gliedern gemeinsamen Faktors m

$$\frac{1}{2} \left(l \frac{d\chi}{dt} \right)^2 = gl (\cos \chi - \cos \alpha) - \frac{C_1{}^2}{2 l^2} \left(\frac{1}{\sin^2 \chi} - \frac{1}{\sin^2 \alpha} \right). \quad (39)$$

Eine Lösung der Gleichung ist zunächst $\chi = \alpha$; aber dann darf α nicht ein beliebig gegebener Wert sein, sondern es muß der Gleichgewichtslage des Pendels im rotierenden Raume entsprechen. Bei dieser Gleichgewichtslage geht die Resultierende aus dem Gewichte und der Zentrifugalkraft in der Richtung des Fadens, oder mit anderen Worten: das statische Moment des Gewichtes in bezug auf den Aufhängepunkt muß gleich dem statischen Moment der Zentrifugalkraft sein. Bezeichnet man den der Gleichgewichtslage entsprechenden Winkel mit β, so folgt β aus der Momentengleichung

$$m \frac{C_1{}^2}{R^3} l \cos \beta = mg R,$$

wenn darin $R = l \sin \beta$ gesetzt wird. Die Gleichung geht dann über in

$$\operatorname{tg} \beta \sin^3 \beta = \frac{C_1{}^2}{g l^3}. \quad (40)$$

Wenn C_1 fest gegeben ist, kann man immer einen und nur

einen spitzen Winkel angeben, der dieser Gleichung genügt, da sowohl $\sin\beta$ als $\operatorname{tg}\beta$ bei wachsendem β innerhalb des Quadranten fortwährend von 0 an und zwar $\operatorname{tg}\beta$ bis zu ∞ zunehmen. Das gilt allgemein; in dem besonderen Falle, daß $\chi = \beta$ bleibt, läßt sich aber die Gleichung erheblich vereinfachen, indem dann nach Gl. (38) u konstant ist. Man kann dann C_1 in u ausdrücken und erhält an Stelle von Gl. (40)

$$\cos\beta = \frac{g}{u^2 l}\,. \tag{41}$$

Im absoluten Raume beschreibt das Pendel in diesem Falle eine Kreiskegelfläche, d. h. es handelt sich dann um das schon im ersten Bande behandelte Zentrifugalpendel. Damit diese Bewegung möglich ist, muß, wie schon damals besprochen wurde, u groß genug sein, um den auf der rechten Seite stehenden Bruch zu einem echten zu machen.

Eine besondere Beachtung verdient aber ferner eine **Pendelbewegung**, die der soeben besprochenen stets eng benachbart bleibt, so also, daß die ebenen Pendelschwingungen im rotierenden Raume kleine Schwingungen um die jetzt aus Gl. (40) zu berechnende Gleichgewichtslage β bilden. In diesem Falle vereinfacht sich Gl. (39) erheblich, wenn wir

$$\chi = \beta + \chi_1$$

setzen und χ_1 als eine kleine Größe ansehen, deren höhere Potenzen gegenüber der ersten und zweiten vernachlässigt werden dürfen. Auch α wird dann

$$\alpha = \beta + \alpha_1,$$

und α_1 ist ebenfalls eine kleine Größe, von der dasselbe gilt wie von χ_1. Man hat dann, wenn man bis auf Glieder, die von der zweiten Ordnung klein sind, nach dem Taylorschen Satze entwickelt,

$$\cos\chi = \cos\beta - \chi_1\sin\beta - \frac{\chi_1^2}{2}\cos\beta$$

$$\cos\chi - \cos\alpha = (\alpha_1 - \chi_1)\sin\beta + \tfrac{1}{2}(\alpha_1^2 - \chi_1^2)\cos\beta$$

$$\frac{1}{\sin^2\chi} = \frac{1}{\sin^2\beta} - \chi_1\frac{2\cos\beta}{\sin^3\beta} + \frac{\chi_1^2}{2}\left(\frac{2}{\sin^3\beta} + \frac{6\cos^2\beta}{\sin^4\beta}\right)$$

$$\frac{1}{\sin^2\chi} - \frac{1}{\sin^2\alpha} = \frac{2\cos\beta}{\sin^3\beta}(\alpha_1 - \chi_1) + (\chi_1^2 - \alpha_1^2)\left(\frac{1}{\sin^2\beta} + \frac{3\cos^2\beta}{\sin^4\beta}\right).$$

Diese Werte setzen wir in Gl. (39) ein und ebenso den aus Gl. (40) folgenden Wert von C_1^2. Es zeigt sich dann, daß sich

auf der rechten Seite der Gleichung die von der ersten Ordnung
kleinen Glieder gegeneinander wegheben. Das war von vornherein zu erwarten, da ja auch die linke Seite von der zweiten
Ordnung klein ist, und darin besteht auch der Grund, aus dem
es nötig war, vorher die Entwicklung nach dem Taylorschen
Satze bis zu den Gliedern von der zweiten Ordnung fortzusetzen.
Nach einfachen Umformungen geht Gl. (39) über in

$$\left(\frac{d\chi_1}{dt}\right)^2 = (\alpha_1{}^2 - \chi_1{}^2) \cdot \frac{g}{l} \cdot \frac{1 + 3\cos^2\beta}{\cos\beta} . \tag{42}$$

Die Integration läßt sich nun leicht ausführen, indem man zunächst

$$\frac{d\chi_1}{\sqrt{\alpha_1{}^2 - \chi_1{}^2}} = dt \sqrt{\frac{g}{l} \cdot \frac{1 + 3\cos^2\beta}{\cos\beta}}$$

schreibt, worauf man

$$\arcsin\frac{\chi_1}{\alpha_1} = C + t \sqrt{\frac{g}{l} \cdot \frac{1 + 3\cos^2\beta}{\cos\beta}}$$

erhält. Zählen wir die Zeit von einem Augenblicke an, in dem
$\chi_1 = 0$ war, so folgt für die Integrationskonstante $C = 0$. Die
Gleichung läßt sich dann schreiben

$$\chi_1 = \alpha_1 \sin t \sqrt{\frac{g}{l} \cdot \frac{1 + 3\cos^2\beta}{\cos\beta}} . \tag{43}$$

Daraus schließen wir zunächst, daß χ_1 zwischen den Grenzen
$-\alpha_1$ und $+\alpha_1$ schwankt. Das Pendel schlägt also nach der einen
Seite von der Gleichgewichtslage β um ebensoviel aus als nach
der anderen. Die Amplitude α_1 ist im übrigen beliebig, abgesehen
natürlich davon, daß sie als klein anzusehen war. Für die Dauer T
einer vollen Schwingung erhält man

$$T = 2\pi \sqrt{\frac{l}{g} \cdot \frac{\cos\beta}{1 + 3\cos^2\beta}} . \tag{44}$$

Bezeichnet man mit u_0 die Winkelgeschwindigkeit des rotierenden Raumes in dem Augenblicke, in dem das Pendel durch die
Gleichgewichtslage β hindurchgeht, so ist nach Gl. (38)

$$C_1 = u_0 l^2 \sin^2\beta ,$$

und hiermit folgt aus Gl. (40), ganz wie früher in Gl. (41),

$$\cos\beta = \frac{g}{u_0{}^2 l} , \tag{45}$$

so daß Gl. (44) auch auf die Form

$$T = \frac{2\pi u_0 l}{\sqrt{u_0^2 l^2 + 3 g^2}} \qquad (46)$$

gebracht werden kann.

Dabei ist jedoch zu beachten, daß diese Formel nur unter der Voraussetzung gilt, daß u_0 groß genug ist, um den auf der rechten Seite von Gl. (45) stehenden Bruch nicht größer als die Einheit werden zu lassen, da andernfalls die hier betrachtete Schwingung überhaupt nicht möglich ist.

Für u findet man aus Gl. (38)

$$u = u_0 \frac{\sin^2\beta}{\sin^2(\beta + \chi_1)} = u_0(1 - 2\chi_1 \cotg\beta),$$

und hiermit kann der ganze Bewegungsvorgang bereits als genügend beschrieben angesehen werden. Es mag nur noch darauf hingewiesen werden, daß T nach Gl. (46) kleiner ist als die Dauer eines Umlaufs des rotierenden Raumes, die gleich $\frac{2\pi}{u_0}$ gesetzt werden kann. Da beide Zeiten im allgemeinen nicht kommensurabel miteinander sind, beschreibt der materielle Punkt im absoluten Raume auch keine in sich zurücklaufende Bahn.

Um Gl. (39) allgemein zu integrieren, bringt man sie auf die Form

$$t = \int^t \frac{d\chi}{\sqrt{2\frac{g}{l}(\cos\chi - \cos\alpha) - \frac{C_1^2}{l^4}\left(\frac{1}{\sin^2\chi} - \frac{1}{\sin^2\alpha}\right)}} + C_2. \qquad (47)$$

Das Integral ist ein elliptisches, von dessen weiterer Behandlung hier abzusehen ist.

§ 11. Zwangläufige Pendelschwingungen im gleichförmig rotierenden Raum.

Hier betrachten wir ein Pendel, das an einer vertikal stehenden Welle derart aufgehängt ist, daß es die mit gleichförmiger Winkelgeschwindigkeit vor sich gehende Rotation der Welle mitmachen muß und daneben relativ zur Welle Schwingungen in einer durch die Umdrehungsachse gelegten Ebene ausführen kann. Außer den Auflagerkräften an der Aufhängung, die das Pendel zu der ihm geometrisch vorgeschriebenen Bewegungsart zwingen, soll von physikalisch existierenden Kräften nur noch das Eigengewicht an ihm angreifen. Reibungen in der Aufhängung und der damit verbundenen Führung sind zwar nicht zu vermeiden; wir wollen uns aber damit begnügen, die Bewegung unter der Voraussetzung zu untersuchen, daß sie vernachlässigt werden können. Von der Dämpfung der Pendelschwingungen, die durch die Reibungen hervorgebracht wird, soll also der Einfachheit wegen abgesehen werden; obschon hinzugefügt werden muß, daß es keine besonderen Schwierigkeiten macht, sondern nur erheblich längere Rechnungen verursacht, wenn man die Reibungen und die von ihnen herbeigeführte Dämpfung ebenfalls berücksichtigen will.

Außerdem wollen wir für den Anfang die Untersuchung dadurch noch weiter vereinfachen, daß wir das Pendel aus einer Stange und einer daran befestigten Kugel bestehend annehmen, das Gewicht und die Masse der Stange gegenüber denen der Kugel vernachlässigen und die Kugel als einen einzigen materiellen Punkt auffassen. Das Pendel gleicht dann im übrigen dem im vorhergehenden Paragraphen betrachteten Fadenpendel, jedoch mit dem Unterschiede, daß die Stange infolge ihrer Biegungssteifigkeit den an ihr befestigten materiellen Punkt zur Einhaltung der ebenen Pendelschwingungen relativ zu dem gleichförmig rotierenden Raume zwingt, während wir beim Fadenpendel, bei dem dieser Zwang fehlte, zur Erzielung ebener Schwingungen eine ungleichförmige Drehbewegung des Koordinatensystems annehmen mußten. Wir wollen ferner noch annehmen, daß die Biegungssteifigkeit der Stange groß genug ist, um merkliche Verbiegungen auszuschließen. Späterhin werden wir diese Voraussetzungen jedoch fallen lassen.

Um den zunächst zu untersuchenden Fall nicht gar zu weit einzuschränken, wollen wir aber nicht voraussetzen, daß der Drehpunkt des Pendels auf der Drehachse des rotierenden Raumes liege, sondern zulassen, daß er in einem Abstande a von dieser angebracht sei. Um auf den engeren Fall zu kommen, braucht man in den folgenden Entwickelungen nur a nachträglich gleich Null zu setzen.

In Abb. 4 ist das Pendel in der durch den Winkel χ gekennzeichneten Lage zur Zeit t angegeben. Die erste Ergänzungskraft der Relativbewegung besteht jetzt ausschließlich aus der Zentrifugalkraft C, während die früher durch die ungleichförmige Rotation hervorgebrachte Komponente senkrecht zur Bewegungsebene jetzt wegfällt. Die zweite Ergänzungskraft ist daher die einzige senkrecht zur Bewegungsebene stehende äußere Kraft, die wir bei der Untersuchung der Relativbewegung an dem Pendel anzubringen haben. Sie ist es, die zur Verbiegung der Pendelstange führt. In Abb. 4 projiziert sie sich als Punkt und brauchte daher nicht angegeben zu werden.

Auch hier wollen wir uns zur Aufstellung der Bewegungsgleichung des Satzes von der lebendigen Kraft bedienen. Bezeichnen wir den größten Ausschlag, den das Pendel während der Schwingung erreicht, mit α, so ist die lebendige Kraft in der Lage χ gleich der Arbeit der Kräfte Q und C bei der Bewegung aus der Lage α in die Lage χ zu setzen. Die Arbeit sowohl der zweiten Ergänzungskraft als auch der Auflagerkräfte

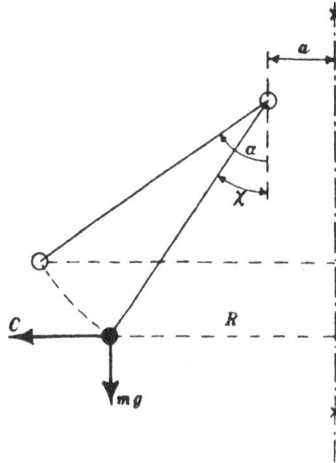

Abb. 4.

ist nämlich gleich Null, weil diese Kräfte senkrecht zu den Wegen ihrer Angriffspunkte stehen. Von den Kräften an der Aufhängung gilt dies deshalb, weil wir die Reibungen vernachlässigen wollten; im andern Falle wäre die Arbeit der Reibungen ebenfalls in Ansatz zu bringen.

Die Arbeit der Zentrifugalkraft bei der Bewegung aus der Lage χ in die Lage α ist gleich

$$\int_{\chi}^{\alpha} m u^2 R\, dR = \frac{m u^2}{2}[R^2]_\chi^\alpha = m \frac{u^2}{2}((a + l\sin\alpha)^2 - (a + l\sin\chi)^2)$$

$$= \frac{m u^2}{2}(2 a l(\sin\alpha - \sin\chi) + l^2(\sin^2\alpha - \sin^2\chi)).$$

Bei der Bewegung in der entgegengesetzten Richtung ist das Vorzeichen umzukehren.

Die Arbeit des Gewichtes mg folgt wie früher durch Multiplikation von mg mit dem Höhenunterschiede. Der Satz von der lebendigen Kraft liefert daher mit Weglassung des allen Gliedern gemeinsamen Faktors m die Bewegungsgleichung

$$\frac{1}{2}\left(l\,\frac{d\chi}{dt}\right)^2 = gl(\cos\chi - \cos\alpha)$$

$$- \frac{u^2}{2}\left\{2\,al(\sin\alpha - \sin\chi) + l^2(\sin^2\alpha - \sin^2\chi)\right\}.$$

Sie läßt sich sofort in die integrable Form

$$\frac{d\chi}{\sqrt{\dfrac{2g}{l}(\cos\chi - \cos\alpha) - u^2\dfrac{2a}{l}(\sin\alpha - \sin\chi) - u^2(\sin^2\alpha - \sin^2\chi)}} = dt \quad (48)$$

bringen. Wenn $a = 0$ ist, läßt sich die Integration auf der linken Seite in verhältnismäßig einfacher Weise mit Hilfe von elliptischen Integralen ausführen, obschon die Reduktion auf die Normalform auch schon etwas umständliche Rechnungen erfordert. Im allgemeineren Falle, bei dem a von Null verschieden ist, ist die Integration erheblich schwieriger, und wir wollen daher von vornherein darauf verzichten, die Integration für endliche Schwingungswege auszuführen. Wie man sich schon bei den gewöhnlichen einfachen Pendelschwingungen meist auf die Anwendung der für kleine Ausschläge gültigen Näherungsformeln beschränken kann, wird man auch in unserem Falle mit der Untersuchung kleiner Schwingungen um die Gleichgewichtslage für die praktische Anwendung gewöhnlich vollständig ausreichen.

Die Gleichgewichtslage des Pendels, die zur Winkelgeschwindigkeit u gehört, sei mit β bezeichnet. Man findet sie aus der Bedingung, daß das Moment des Gewichts für den Drehpunkt gleich dem Momente der Zentrifugalkraft ist, also durch Auflösung der Gleichung

$$- gl\sin\beta + u^2(a + l\sin\beta)\,l\cos\beta = 0. \quad (49)$$

Die Gleichung ist, wenn man darin $\sin\beta$ als Unbekannte ansieht, vom vierten Grade. Auf eine nähere Untersuchung ihrer Wurzeln können wir verzichten und uns mit der Bemerkung begnügen, daß jedenfalls immer zwei reelle Lösungen möglich sein müssen, die zu einem Werte von $\sin\beta$ führen, der zwischen -1 und $+1$ liegt, da ohne weiteres klar ist, daß mindestens zwei Gleichgewichtslagen bestehen: eine, bei der das Pendel in Abb. 4 nach links, und eine, bei der es nach rechts hin ausschlägt. Wir kümmern uns jetzt nur um eine Gleichgewichtslage β, in der β positiv ist, und betrachten diese weiterhin als gegeben, oder durch Auflösung von Gl. (49) durch Probieren ermittelt.

Wie schon im vorigen Paragraphen können wir auch jetzt wieder
$$\chi = \beta + \chi_1 \quad \text{und} \quad \alpha = \beta + \alpha_1$$
setzen und χ_1 und α_1 als kleine Größen ansehen, worauf der Ausdruck unter dem Wurzelzeichen in Gl. (48) in der schon früher benutzten Weise bis auf Größen, die von der zweiten Ordnung klein sind, entwickelt werden kann. Es zeigt sich dabei, daß die Glieder von der ersten Ordnung mit Rücksicht auf die Bedingungsgleichung (49) für β gegeneinander wegfallen. Die Gleichung (48) geht dann über in

$$\frac{d\chi_1}{\sqrt{(\alpha_1{}^2 - \chi_1{}^2)\left\{\dfrac{g}{l}\cos\beta + u^2\dfrac{a}{l}\sin\beta - u^2\cos 2\beta\right\}}} = dt. \quad (50)$$

Zur Abkürzung schreiben wir für den konstanten Faktor

$$\frac{g}{l}\cos\beta + u^2\frac{a}{l}\sin\beta - u^2\cos 2\beta = A^2, \quad (51)$$

womit aus der vorhergehenden Gleichung durch Integration folgt

$$\arcsin\frac{\chi_1}{\alpha_1} = At + C,$$

oder bei Auflösung nach χ_1

$$\chi_1 = \alpha_1\sin(At + C).$$

Rechnen wir die Zeit t von einem Augenblicke an, in dem $\chi_1 = 0$ war, so ist die Integrationskonstante $C = 0$ zu setzen und man erhält
$$\chi_1 = \alpha_1\sin At. \quad (52)$$

Die Schwingungsdauer T für eine volle Schwingung folgt daraus, wenn man für A wieder seinen Wert einsetzt

$$T = \frac{2\pi}{\sqrt{\dfrac{g}{l}\cos\beta + u^2\dfrac{a}{l}\sin\beta - u^2\cos 2\beta}} \cdot \quad (53)$$

Das Pendel führt daher, solange man die Schwingungen als klein betrachten darf, einfache harmonische und isochrone Schwingungen um die Gleichgewichtslage aus.

Setzt man $a = 0$, so vereinfachen sich die Gleichungen wie folgt. Aus Gl. (49) erhält man entweder

$$\sin\beta = 0 \quad \text{oder} \quad \cos\beta = \frac{g}{u^2 l} \cdot$$

Wenn u^2l größer ist als g, kommt nur die zweite Lösung in Betracht, da dann die erste einer instabilen Gleichgewichtslage entspricht. Gl. (53) geht, wenn man diesen Wert von $\cos\beta$ einsetzt, über in

$$T = \frac{2\pi u l}{\sqrt{u^4 l^2 - g^2}} .$$

Ist dagegen u^2l kleiner als g, so ist $\beta = 0$ zu setzen und Gl. (53) geht damit über in

$$T = 2\pi \sqrt{\frac{l}{g - u^2 l}} .$$

Für $u^2l = g$ wird $T = \infty$ und die Lage $\beta = 0$ entspricht einer indifferenten Gleichgewichtslage.

Soweit es für die praktischen Anwendungen erforderlich scheint, kann die zuerst gestellte Aufgabe hiermit als gelöst betrachtet werden.

Wir erweitern jetzt die Betrachtung auf ein Pendel, das als eine in der Bewegungsebene liegende Scheibe angesehen werden kann. Die Dicke der Scheibe oder die Massendichte innerhalb der Scheibenebene kann dabei für verschiedene Stellen verschieden und beliebig gegeben sein. Im übrigen halten wir an den Voraussetzungen fest, die wir bei dem einfacheren Beispiele zugrunde gelegt hatten.

An Stelle von Abb. 4 tritt jetzt Abb. 5, in der S den Schwerpunkt der Scheibe bedeutet. Das Gewicht der ganzen Scheibe sei jetzt mit Mg bezeichnet, während unter m die Masse eines Scheibenelements verstanden werden soll.

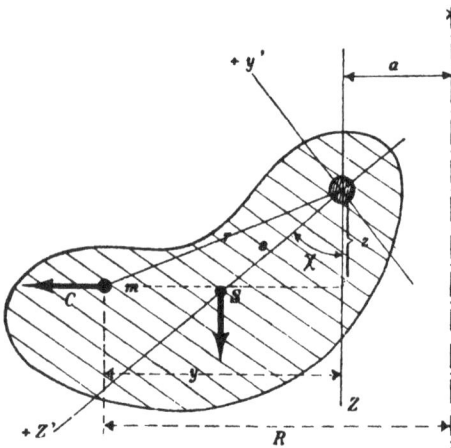

Abb. 5.

Um die Bewegungsgleichung aufzustellen, verfahren wir genau wie im vorhergehenden Falle, berechnen also zuerst, wie groß die Arbeit der Zentrifugalkräfte für den Übergang aus der

Lage χ in die Lage α ist, womit wir wie früher den größten Ausschlag bezeichnen wollen, den das Pendel während seiner Schwingung erreicht. Die Zentrifugalkraft an dem beliebig herausgegriffenen Massenteilchen m ist

$$C = m u^2 R = m u^2 (a + y).$$

Wenn χ um $d\chi$ anwächst, beschreibt der Angriffspunkt von
C ein Bogenelement $r d\chi$, dessen Projektion auf die horizontale
Richtung von C gleich $z d\chi$ gesetzt werden kann. Die Bedeutung
der Buchstaben ist aus der Abbildung zu entnehmen.

Die Arbeit von C ist daher gleich

$$m u^2 (a z + y z) d\chi,$$

und die Arbeit aller Zentrifugalkräfte an allen Massenteilchen
folgt daraus zu

$$u^2 \cdot d\chi \{ a \cdot M s \cos \chi + \Sigma m y z \}.$$

Hierbei konnte nach dem Schwerpunktssatze $\Sigma m z$ gleich
$M s \cos \chi$ gesetzt werden. Das zweite Glied in der Klammer
gibt das Zentrifugalmoment der ebenen Massenverteilung in
bezug auf die durch den Drehpunkt gezogene y- und z-Achse
an. Um dieses Zentrifugalmoment ebenfalls als Funktion des
Winkels χ darzustellen, ziehen wir zwei zueinander senkrechte
Achsen durch den Drehpunkt, von denen die eine durch den
Schwerpunkt S geht und die wir als die y'- und z'-Achse bezeichnen wollen, derart, daß für $\chi = 0$ die y- und z-Achse damit
zusammenfallen. Nach den Untersuchungen über die Trägheits-
und Zentrifugalmomente von Querschnittsflächen in Band III,
die sich auf den vorliegenden Fall ohne weiteres übertragen
lassen, können wir nach Gl. (53) S. 104 der 11. Aufl. dieses Bandes

$$\Sigma m u z = \frac{\theta_{y'} - \theta_{z'}}{2} \sin 2\chi + \Phi_{y'z'} \cos 2\chi \qquad (54)$$

setzen. Sollte die durch den Schwerpunkt geführte z'-Achse
eine Hauptträgheitsachse sein, was oft zutreffen wird, so fällt
$\Phi_{y'z'}$ weg. Wir wollen aber an dem allgemeinen Falle festhalten
und mit Einführung der Abkürzungen p und q die vorhergehende
Gleichung in der Form

$$\Sigma m y z = p \sin 2\chi + q \cos 2\chi$$

anschreiben. Die Koeffizienten p und q hängen nur von der
Gestalt und Massenverteilung des Pendelkörpers und nicht von

der durch den Winkel χ beschriebenen augenblicklichen Lage ab; sie können weiterhin als gegebene konstante Größen betrachtet werden.

Die Arbeit der Zentrifugalkräfte für die Bewegung aus der Lage χ in die Lage α berechnet sich hiermit zu

$$u^2 \int_{\chi}^{\alpha} \{ a\,Ms \cos\chi + p \sin 2\chi + q \cos 2\chi \}\, d\chi$$

oder, wenn man die Integration ausführt, zu

$$u^2 \{ a\,Ms\,(\sin\alpha - \sin\chi) - \tfrac{1}{2} p\,(\cos 2\alpha - \cos 2\chi)$$
$$+ \tfrac{1}{2} q\,(\sin 2\alpha - \sin 2\chi) \}.$$

Bezeichnen wir das polare, d. h. das auf die Drehachse der Scheibe bezogene Trägheitsmoment mit θ_p, wobei zu beachten ist, daß

$$\theta_p = \theta_{y'} + \theta_{z'}$$

gesetzt werden kann, so erhält man nach dem Satze von der lebendigen Kraft die Bewegungsgleichung

$$\tfrac{1}{2}\theta_p \left(\frac{d\chi}{dt}\right)^2 - Mgs\,(\cos\chi - \cos\alpha) - u^2\{ a\,Ms\,(\sin\alpha - \sin\chi)$$
$$+ p\,(\sin^2\alpha - \sin^2\chi) + \tfrac{1}{2} q\,(\sin 2\alpha - \sin 2\chi)\}, \tag{55}$$

die genau wie früher auf eine integrale Form gebracht werden kann. Wir wissen schon, daß die Ausführung der Integration für endliche Pendelschwingungen zu viel Schwierigkeiten machen würde, und beschränken uns daher auf die Betrachtung kleiner Schwingungen um die durch den Winkel β angegebene Gleichgewichtslage des Pendels. Der Winkel β ist durch die auf den Drehpunkt bezogene Momentengleichung

$$- Mgs \sin\beta + u^2(a\,Ms \cos\beta + p \sin 2\beta + q \cos 2\beta) = 0 \tag{56}$$

bestimmt, die hier an die Stelle von Gl. (49) tritt. Setzen wir nun wieder

$$\chi = \beta + \chi_1 \quad \text{und} \quad \alpha = \beta + \alpha_1$$

und entwickeln bis auf Größen, die von der zweiten Ordnung klein sind, so geht die Bewegungsgleichung über in

$$\tfrac{1}{2}\theta_p \left(\frac{d\chi_1}{dt}\right)^2 = (\alpha_1{}^2 - \chi_1{}^2)\left\{ \tfrac{1}{2} Mgs \cos\beta + \tfrac{1}{2} u^2 a\,Ms \sin\beta \right.$$
$$\left. - u^2 p \cos 2\beta + u^2 q \sin 2\beta \right\}. \tag{57}$$

Die Gleichung kann nun in derselben Weise weiter behandelt werden wie vorher Gl. (50). Ich begnüge mich damit, die Schwingungsdauer T anzuschreiben, zu der man dabei an Stelle von Gl. (53) geführt wird:

$$T = 2\pi \sqrt{\frac{\theta_p}{Mgs\cos\beta + u^2 a Ms\sin\beta - 2u^2 p\cos 2\beta + 2u^2 q\sin 2\beta}}. \quad (58)$$

Besonders zu beachten ist, daß man eine reduzierte Pendellänge, wie sie bei den gewöhnlichen Pendelschwingungen zur Zurückführung der Schwingungen des physischen Pendels auf die des einfachen Fadenpendels benutzt wird, bei den Pendelschwingungen im rotierenden Raume nicht anzugeben vermag. Vielmehr wird für jeden anderen Ausschlagwinkel β des physischen Pendels die Länge des gleichschwingenden, aus einer gewichtslosen Stange und einem materiellen Punkte bestehenden einfachen Pendels verschieden gefunden. Nur in dem besonderen Falle, daß die Scheibe durch einen Stab ersetzt wird, über dessen Länge sich die Massen in beliebiger Weise verteilen können, läßt sich eine für alle Winkelgeschwindigkeiten u und hiermit für alle Gleichgewichtslagen β gleichbleibende reduzierte Pendellänge angeben. In diesem Falle wird nämlich

$$\theta_{z'} = 0; \quad \Phi_{y'z'} = 0; \quad \theta_p = \theta_{y'} = Mi^2,$$

und Gl. (58) schreibt sich daher mit Benutzung der Bezeichnung i für den Trägheitshalbmesser

$$T = 2\pi \sqrt{\frac{i^2}{gs\cos\beta + u^2 a s\sin\beta - u^2 i^2 \cos 2\beta}}.$$

Der Vergleich mit Gl. (53) liefert für die reduzierte Pendellänge l_{red} in diesem Falle den Ausdruck

$$l_{red} = \frac{i^2}{s}$$

genau wie bei den gewöhnlichen Pendelschwingungen im ruhenden Raume. Es muß aber ausdrücklich betont werden, daß diese einfache Beziehung nur für das stabförmige Pendel und nicht für das scheibenförmige gültig ist.

Endlich soll noch der Fall betrachtet werden, daß der Pendelkörper eine beliebige Gestalt und Massenverteilung besitzt. Durch den Schwerpunkt S und die Umdrehungsachse des rotierenden Raumes sei eine Ebene gelegt und Abb. 5 stelle jetzt die Projektion des Pendelkörpers auf

diese Ebene dar. Von der Aufhängeachse des Pendels nehme
ich an, daß sie auf dieser Ebene senkrecht stehe, sich also in
Abb. 5 wiederum als Punkt projiziere. Ein beliebiges Massenteilchen m hat dann einen Abstand R von der Umdrehungsachse
des Raumes, der nicht in der Projektionsebene enthalten ist,
dessen Projektion aber wiederum gleich $a + y$ gesetzt werden
kann, wenn diese beiden Buchstaben die in Abb. 5 ausgewiesene
Bedeutung beibehalten. Die Zentrifugalkraft C liegt ebenfalls
nicht in der Projektionsebene; ich zerlege sie in eine Komponente, die zu dieser Ebene senkrecht steht, und eine, die parallel
zu ihr geht. Die letztgenannte Komponente hat dann die Größe
$m u^2(a + y)$. Auf die senkrecht zur Projektionsebene stehende
Komponente kommt es nicht an, da sie senkrecht zur Bewegungsrichtung bei der Relativbewegung des Pendels steht und daher
keine Arbeit leistet. Aus demselben Grunde leistet auch die
zweite Ergänzungskraft der Relativbewegung keine Arbeit.

Aus diesen Betrachtungen folgt, daß die Bewegungsgleichung für das dreifach ausgedehnte Pendel genau
mit der Bewegungsgleichung für das scheibenförmige
Pendel übereinstimmt, das man durch Verlegung aller
Massen nach ihren Projektionen in der Projektionsebene erhält. Dieser Fall ist daher durch die vorhergehende
Untersuchung schon zugleich mit erledigt.

Anders wäre es freilich, wenn die Aufhängeachse des Pendels zu der durch den Schwerpunkt und die Umdrehungsachse
des rotierenden Raumes gelegten Projektionsebene nicht senkrecht stehen sollte. Es würde keine besonderen Schwierigkeiten
machen, die Bewegungsgleichung auch für diesen Fall auf dem
vorher benutzten Wege abzuleiten. Ich sehe aber davon ab, weil
sich bei den praktischen Anwendungen schwerlich ein Bedürfnis
nach einer näheren Untersuchung dieses allgemeineren Falles
herausstellen dürfte.

Hierzu bemerke ich noch, daß man nach dem hier gegebenen
Muster auch eine Pendelbewegung untersuchen kann, bei der
neben dem Gewichte oder auch an Stelle des Gewichtes ein
Federzug an dem Pendelkörper angreift, der ihn in die Lage
$\chi = 0$ zurückzuführen sucht. Anordnungen dieser Art kommen
bei den Regulatoren der Kraftmaschinen sehr häufig vor. Es
würde mich aber zu weit führen, die verschiedenen hierbei möglichen Fälle im einzelnen durchzusprechen; es muß vielmehr

genügen, daß durch die vorhergehenden Betrachtungen eine Anleitung dafür gegeben ist, wie man solche Aufgaben zu behandeln hat.

§ 12. Schwingungen von schnell umlaufenden Hängespindeln.

Unter einer Hängespindel soll hier ein Pendel verstanden werden von derselben Art, wie es im Anfange des vorigen Paragraphen betrachtet war: also ein Pendel, das aus einer als gewichtslos zu betrachtenden Stange und einem daran befestigten materiellen Punkt zusammengesetzt ist und dessen horizontale Aufhängeachse gezwungen ist, die mit gleichförmiger Winkelgeschwindigkeit erfolgende Rotation um die vertikale Achse mitzumachen, während das Pendel zugleich Schwingungen relativ zum rotierenden Raume um die Aufhängeachse auszuführen vermag. Überdies soll hier der in Abb. 4, S. 57 mit a bezeichnete Abstand gleich Null sein, der Aufhängepunkt der Pendelstange also auf der Umdrehungsachse des rotierenden Raumes liegen.

Dagegen lasse ich jetzt die früher gemachte Voraussetzung fallen, daß man die Pendelstange als starr betrachten könne. Diese Voraussetzung ist nämlich nur so lange zulässig, als die Winkelgeschwindigkeit des rotierenden Raumes nicht zu groß wird. Mit der Winkelgeschwindigkeit wachsen die Corioliskräfte, die von der Stange aufgenommen werden müssen, um die früher betrachteten ebenen Pendelschwingungen relativ zum rotierenden Raume zu erzwingen, und wenn diese Kräfte groß genug werden, bringen sie eine Verbiegung der Stange hervor, die nicht mehr vernachlässigt werden darf, wenn man eine befriedigende Erklärung des Verhaltens einer schnell umlaufenden Hängespindel liefern will.

Die Hängespindeln zeigen nämlich eine Erscheinung, die als sehr merkwürdig bezeichnet werden darf. Bei kleinen Winkelgeschwindigkeiten bildet die lotrechte Lage eine stabile Gleichgewichtslage des Pendels, die aber zu einer labilen wird, sobald die Winkelgeschwindigkeit einen gewissen verhältnismäßig niedrigen Wert, der aus den früheren Betrachtungen bereits bekannt ist, überschritten hat. Wenn aber die Winkelgeschwindigkeit noch bedeutend größer wird, zeigt sich, daß die lotrechte Lage des Pendels wiederum zu einer stabilen Gleichgewichtslage wird, um die das Pendel Schwingungen auszuführen vermag

die keineswegs zu einer fortwährenden Vergrößerung des Pen-
delausschlags führen, wie es bei einer starren Pendelstange sein
müßte, sondern dauernd in mäßigen Grenzen bleiben. Durch die
Bewegungswiderstände, die in der Rechnung nicht berücksichtigt werden, erlöschen diese Schwingungen vielmehr allmählich
wieder, wenn sie vorher durch irgendeinen Anstoß angeregt
waren. Diese auch für manche praktische Anwendungen recht
wichtige Erscheinung ist eng verwandt mit den schon im
vierten Bande behandelten Biegungsschwingungen von schnell
umlaufenden schwanken Wellen, wie sie bei den Dampfturbinen
vorkommen.

Die Theorie des Vorgangs habe ich schon vor langer Zeit
veröffentlicht. Dabei ging ich von der Betrachtung der absoluten
Bewegung des schwingenden materiellen Punktes aus. Von anderer Seite (ich weiß nicht genau von wem zuerst) wurde dann
darauf hingewiesen, daß man die Rechnung erheblich abkürzen
kann, wenn man die Schwingungen relativ zum rotierenden
Raume untersucht. Das ändert an dem Ergebnisse selbst natürlich nichts; da aber in der Tat eine Vereinfachung der Ableitung damit verbunden ist, schließe ich mich dieser Art der
Behandlung jetzt ebenfalls an.

Wenn wir uns auf die Betrachtung von kleinen Schwingungen
um die lotrechte Gleichgewichtslage beschränken, brauchen wir
auf die von höherer Ordnung kleinen Bewegungskomponenten
in vertikaler Richtung nicht zu achten. Wir können vielmehr,

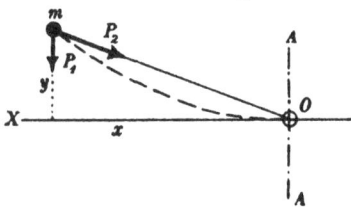

Abb. 6.

wie schon in der gewöhnlichen
Näherungstheorie für das einfache Pendel (Band IV, § 12,
S. 75 der 6. Aufl.), die Bewegung
als eine ebene ansehen. Abb. 6
zeigt eine Projektion des Pendels
auf die horizontale Bewegungsebene des materiellen Punktes in
der Stellung des Pendels zur Zeit t. Punkt O ist die Projektion
der Umdrehungsachse des rotierenden Raumes, AA die Projektion der Aufhängeachse des Pendels, die ihre Richtung auch
weiterhin beibehält, wenn wir die Bewegungen relativ zum rotierenden Raume untersuchen. Wenn die Pendelstange nicht
verbogen wäre, müßte der materielle Punkt m auf der zu AA
senkrecht gezogenen X-Achse liegen. Die Ordinate y gibt daher

den Biegungspfeil der Pendelstange zur Zeit t an. Die gestrichelt gezeichnete Linie von O nach m soll die Projektion der elastischen Linie der gebogenen Pendelstange andeuten.

Wir fragen uns zunächst, was für Kräfte an m angreifen müßten, um die Pendelstange dauernd in der angegebenen Lage festzuhalten, wenn keine Rotation um die Achse O hinzukäme. Die Verbiegung wird durch eine horizontale Kraft P_1 aufrecht erhalten, die parallel zur Achse AA gehen muß, wenn sie keine Drehung des Pendels hervorbringen soll. Sie kann gleich cy gesetzt werden, wenn man unter c jene Kraft versteht, die eine Ausbiegung der bei AA eingespannten Stange von der Längeneinheit hervorbringt. Kommt nun weiter das Gewicht mg an m hinzu, so muß noch eine zweite Kraft P_2 angebracht werden, die eine Drehung des Pendels durch das Gewicht verhindert. Da nur eine horizontale Bewegung des materiellen Punktes bei einer Gleichgewichtsstörung in Betracht kommt, haben wir P_2 in horizontaler Richtung anzunehmen. Dagegen kann man zunächst im Zweifel sein, ob P_2 parallel zur X-Achse oder in der Richtung Om in Abb. 6 anzunehmen ist. Um uns darüber Klarheit zu verschaffen, bedenken wir, daß unsere Betrachtung für jeden Wert der Biegungssteifigkeit der Stange Gültigkeit behalten soll, also in der Grenze auch für den Fall, daß die Biegungssteifigkeit gleich Null ist, womit das Pendel in ein Fadenpendel übergeht. In diesem Falle muß aber die Kraft P_2 in der durch den Faden gelegten Lotebene enthalten sein, also in die Richtung Om im Grundrisse fallen. Wir nehmen daher die Kraft P_2 von vornherein in dieser Richtung an.

Zerlegen wir die Kraft P_2 in zwei Komponenten parallel zu den beiden Koordinatenrichtungen, so folgt für die parallel zur X-Richtung gehende Komponente aus einer Momentengleichung für die Aufhängeachse AA der Wert

$$m g \frac{x}{l},$$

woraus weiter für die andere Komponente, die mit der ersten zusammen, eine in der Richtung Om gehende Resultierende bilden soll,

$$m g \frac{y}{l}$$

folgt. Hierbei ist die Pendellänge mit l bezeichnet und zu beachten, daß der Höhenunterschied von AA und m bei kleinen

Pendelausschlägen bis auf Größen höherer Ordnung genau gleich l gesetzt werden kann.

Fehlen die beiden horizontalen Kräfte P_1 und P_2, die nötig wären, um das Pendel in der betrachteten Lage im Gleichgewicht zu halten, so setzen sich die an m angreifenden physikalisch existierenden Kräfte, also das Gewicht und die von der verbogenen Stange auf m übertragene Kraft zu einer Resultierenden zusammen, die mit den in entgegengesetzter Richtung genommenen Kräften P_1 und P_2 gleichwertig ist. In Abb. 6 sind die Kräfte P_1 und P_2 schon mit den Pfeilen eingetragen, die ihnen zukommen, wenn man sie als Ersatz der Resultierenden der an m angreifenden physikalisch existierenden Kräfte betrachtet.

Gehen wir jetzt zu den Schwingungen des Pendels relativ zum rotierenden Raume über, so bleiben die physikalisch existierenden Kräfte davon unberührt. Außerdem haben wir aber, um die Bewegungsgleichungen anschreiben zu können, noch die beiden Zusatzkräfte an m anzubringen. Die erste Zusatzkraft ist die Zentrifugalkraft, die wir nach den Koordinatenrichtungen in zwei Komponenten von den Größen

$$m u^2 x \quad \text{und} \quad m u^2 y$$

zerlegen können. Auch die Geschwindigkeit des materiellen Punktes zerlegen wir in zwei Komponenten $\dfrac{dx}{dt}$ und $\dfrac{dy}{dt}$, womit die zweite Zusatzkraft in die Komponenten

$$2 m u \frac{dy}{dt} \quad \text{in der } x\text{-Richtung und}$$

$$-2 m u \frac{dx}{dt} \quad \text{in der } y\text{-Richtung}$$

zerfällt. Bei der Bestimmung der Vorzeichen ist vorausgesetzt, daß sich der rotierende Raum so dreht, daß die Drehrichtung in Abb. 6 mit dem Uhrzeigersinne übereinstimmt. Bei entgegengesetzter Drehung lassen sich jedoch dieselben Ausdrücke benutzen, wenn man darin u einen negativen Wert beilegt.

Nachdem die Komponenten aller Kräfte festgestellt sind, erhalten wir die Bewegungsgleichungen in rechtwinkligen Koordinaten nach dem dynamischen Grundgesetze. Dividieren wir sofort mit m, so lauten die Gleichungen

$$\left.\begin{aligned}
\frac{d^2 x}{dt^2} &= -\frac{g}{l} x + u^2 x + 2u \frac{dy}{dt} \\
\frac{d^2 y}{dt^2} &= -\frac{c}{m} y - \frac{g}{l} y + u^2 y - 2u \frac{dx}{dt}
\end{aligned}\right\} \quad (59)$$

Um die Unbekannte y daraus zu eliminieren, differentiieren wir die zweite Gleichung nach t und setzen darauf den aus der ersten Gleichung zu entnehmenden Ausdruck für $\frac{dy}{dt}$ in sie ein. Dadurch erhält man

$$\frac{d^4 x}{dt^4} + \left(2u^2 + \frac{2g}{l} + \frac{c}{m}\right)\frac{d^2 x}{dt^2} + \left(\frac{g}{l} - u^2\right)\left(\frac{c}{m} + \frac{g}{l} - u^2\right) x = 0. \quad (60)$$

Eliminiert man umgekehrt x, was in derselben Weise geschehen kann, so überzeugt man sich, daß y ebenfalls der Differentialgleichung (60) genügen muß.

Differentialgleichungen dieser Art sind schon im vierten Bande bei der Untersuchung von Schwingungen von Körpern mit zwei Freiheitsgraden wiederholt vorgekommen. Wir wissen daher schon, daß es nur von den Werten der in der Gleichung auftretenden konstanten Koeffizienten abhängt, ob dadurch zwei übereinander gelagerte einfache harmonische Schwingungen oder eine aperiodische Bewegung mit fortdauernd wachsendem Ausschlage dargestellt wird. Eine periodische Bewegung entsteht, wenn sich die Lösung von Gl. (60) in der Form

$$x = A_1 \sin\lambda_1 t + B_1 \cos\lambda_1 t + A_2 \sin\lambda_2 t + B_2 \cos\lambda_2 t \quad (61)$$

mit reellen Werten der Konstanten λ_1 und λ_2 ansetzen läßt. Unter $A_1 B_1 A_2 B_2$ sind die von den Grenzbedingungen abhängigen Integrationskonstanten zu verstehen, während λ_1 und λ_2 die beiden positiven Wurzeln der charakteristischen Gleichung

$$\lambda^4 - \left(2u^2 + \frac{2g}{l} + \frac{c}{m}\right)\lambda^2 + \left(\frac{g}{l} - u^2\right)\left(\frac{c}{m} + \frac{g}{l} - u^2\right) = 0 \quad (62)$$

sind. Es kommt also nun darauf an, ob diese Wurzeln beide reell sind.

Schreiben wir zur Abkürzung Gl. (62) in der Form

$$\lambda^4 - a\lambda^2 + b = 0,$$

so liefert die Auflösung

$$\lambda^2 = \frac{a}{2} \pm \frac{1}{2}\sqrt{a^2 - 4b}.$$

Dabei ist der mit a bezeichnete Koeffizient in Gl. (62) auf jeden Fall eine positive Größe, während b sowohl positiv als negativ sein kann, je nach dem Werte der Winkelgeschwindigkeit u. Wird b negativ, so fällt der mit dem unteren Wurzelvorzeichen versehene Wert von λ^2 negativ aus und die Wurzel daraus wird imaginär. In diesem Falle ist daher die in Gl. (61) angeschriebene Lösung in reeller Form nicht möglich; an ihre Stelle tritt vielmehr eine Lösung mit Exponentialfunktionen. Periodische Bewegungen der Hängespindel um die lotrechte Gleichgewichtslage sind alsdann ausgeschlossen, d. h. die lotrechte Lage ist eine labile Gleichgewichtslage.

Wenn b positiv ist, bleibt dagegen die Lösung in Gl. (61) zu Recht bestehen und die lotrechte Lage der Hängespindel ist eine stabile Gleichgewichtslage. Freilich darf bei einem positiven Werte von b der Ausdruck unter dem Wurzelzeichen $a^2 - 4b$ nicht negativ werden, weil sonst λ^2 imaginär würde. Setzt man aber die Werte ein, für die zur Abkürzung a und b geschrieben war, so erhält man nach einfachen Umformungen

$$a^2 - 4b = \left(2u^2 + \frac{2g}{l} + \frac{c}{m}\right)^2 - 4\left(\frac{g}{l} - u^2\right)\left(\frac{c}{m} + \frac{g}{l} - u^2\right)$$
$$= 8u^2\left(\frac{2g}{l} + \frac{c}{m}\right) + \frac{c^2}{m^2},$$

und das ist, da g, l, c, m nur positive Werte haben können, auf jeden Fall ein positiver Betrag. Imaginäre Lösungen für λ^2 sind daher tatsächlich ausgeschlossen.

Setzen wir

$$u_1 = \sqrt{\frac{g}{l}} \quad \text{und} \quad u_2 = \sqrt{\frac{g}{l} + \frac{c}{m}}, \qquad (63)$$

so sind Schwingungen von der betrachteten Art möglich, solange u dem Absolutbetrage nach (auf das Vorzeichen kommt es, wie aus Gl. (62) hervorgeht, nicht an) entweder unter u_1 oder über u_2 liegt. Dagegen sind diese Schwingungen nicht möglich und die lotrechte Lage ist daher eine labile Gleichgewichtslage der Hängespindel, wenn u zwischen u_1 und u_2 liegt.

Damit sind die vorher aufgestellten Behauptungen über das Verhalten der Hängespindel bei großen Umlaufsgeschwindigkeiten, die über u_2 liegen, bewiesen. Auch die Schwingungsdauern T_1 und T_2 der beiden harmonischen Schwingungen, in die sich die Bewegung des materiellen Punktes zerlegen läßt, lassen sich sofort angeben, wenn c, l, m und u gegeben sind, denn man hat dafür

$$T_1 = \frac{2\pi}{\lambda_1} \quad \text{und} \quad T_2 = \frac{2\pi}{\lambda_2}.$$

Besondere Beachtung verdient noch der Grenzfall $c = 0$, bei dem die Hängespindel in ein einfaches Fadenpendel übergeht. Dann werden u_1 und u_2 einander gleich. Daß für das Fadenpendel die lotrechte Lage immer eine stabile Gleichgewichtslage ist, sieht man ohne weiteres ein, wenn man bedenkt, daß bei ihm überhaupt kein Zwang von der rotierenden Welle ausgeübt werden kann, die Rotation mitzumachen; die absolute Bewegung erfolgt daher genau so, als wenn die Welle nicht rotierte. Da nun die absolute Bewegung nicht zu großen Ausschlägen führen kann, wenn sie mit kleinen Geschwindigkeiten in der Nähe der lotrechten Lage begonnen hatte, folgt sofort, daß auch die Ausschläge relativ zum rotierenden Raume nicht fortdauernd wachsen können.

Dies folgt auch aus den hier aufgestellten Formeln mit $c = 0$ für alle Geschwindigkeiten, die von u_1 verschieden sind. Setzt man aber ferner noch $u = u_1$, so gehen die Gleichungen (59) über in

$$\frac{d^2x}{dt^2} = 2u_1\frac{dy}{dt} \quad \text{und} \quad \frac{d^2y}{dt^2} = -2u_1\frac{dx}{dt}$$

und die Elimination von y liefert an Stelle von Gl. (60)

$$\frac{d^3x}{dt^3} + 4u_1{}^2\frac{dx}{dt} = 0,$$

woraus durch Integration nach t

$$\frac{d^2x}{dt^2} = -4u_1{}^2 x + C,$$

also die Differentialgleichung der einfachen harmonischen Schwingung erhalten wird, woraus dann folgt, daß auch für $u = u_1$ die lotrechte Lage bei $c = 0$ eine stabile Gleichgewichtslage ist.

Gerade der Umstand, daß das Fadenpendel als Grenzfall der Hängespindel mit biegsamer Pendelstange betrachtet werden kann, erleichtert das Verständnis dafür, daß auch für ein von Null verschiedenes c bei sehr großen Umlaufgeschwindigkeiten die lotrechte Lage wieder zu einer stabilen Gleichgewichtslage wird.

Zweiter Abschnitt.

Die Bewegungsgleichungen für mehrläufige Verbände.

§ 13. Stellung der Aufgabe.

Der Hauptinhalt des vierten Bandes wird von der Dynamik des materiellen Punktes und des starren Körpers gebildet. Dabei konnte der starre Körper entweder völlig frei oder gewissen Bewegungsbeschränkungen unterworfen sein, die durch eine teilweise Stützung oder eine Auflagerung in einem unbeweglich festgehaltenen Gestell herbeigeführt wurden. In diesem Falle bildete bereits, wie wir jetzt sagen wollen, der starre Körper zusammen mit dem Gestell einen „Verband", dem bestimmte geometrische Bedingungen vorgeschrieben sind. Ich gebrauche hier das Wort „Verband" für den gleichen Begriff, der sonst gewöhnlich in der Mechanik mit dem Worte „System" bezeichnet wird.

Einem freien starren Körper kommen, wie schon im ersten Bande näher besprochen wurde, sechs Freiheitsgrade der Bewegung zu. Durch die Herstellung des Verbandes wird diese Zahl herabgesetzt, je nach dem Grade der damit verbundenen Fesselung. Wenn die Verbindung so eng ist, daß nur noch ein Freiheitsgrad der Bewegung übrig bleibt, wird der Verband als „zwangläufig" bezeichnet. Um zu einer bequemeren Ausdrucksweise zu gelangen, wollen wir einen zwangläufigen Verband auch einen „einläufigen" nennen, im Gegensatz zu einem „mehrläufigen" Verbande, bei dem die Zahl der Freiheitsgrade größer ist als Eins, und zwar nennen wir den Verband n-läufig, wenn n voneinander unabhängige Bewegungsmöglichkeiten vorhanden sind.

Wir wollen uns aber jetzt nicht auf die Betrachtung von Verbänden beschränken, in denen außer dem festgehaltenen Gestell nur noch ein einziger bewegter starrer Körper vorkommt, sondern die Zahl der Glieder, aus denen sich der Verband zusammensetzt, kann beliebig groß sein. Bei der Aufstellung des Begriffes

„Verband" oder „System" hat als Vorbild die Betrachtung der
Maschinen geführt, in denen die Zahl der bewegten Glieder ebenfalls beliebig groß sein kann. Freilich bilden die Maschinen
meistens zwangläufige Verbände oder sie lassen sich wenigstens
in erster Annäherung als solche ansehen. Doch gilt das nicht
immer. So bildet z. B. eine einfache, mit einem Regulator aus-
gerüstete Dampfmaschine bereits einen zweiläufigen Verband, da
der Hub des Regulators nicht durch geometrische Bedingungen
von der augenblicklichen Stellung des Kurbelgestänges abhängig ist.

Außerdem kann es aber auch nötig werden, eine Maschine, die
in erster Annäherung als zwangläufig erscheint, für den Zweck
einer genaueren Untersuchung als einen mehrläufigen Verband
zu betrachten, um nämlich den elastischen Formänderungen ihrer
Glieder, sobald sich ein Bedürfnis dazu herausstellen sollte, in
ausreichender Weise Rechnung tragen zu können.

Wenn man eine Definition des Verbandes haben will, wird
man zu sagen haben, daß darunter eine Vereinigung von Körpern oder Massen zu verstehen ist, zwischen denen geometrische
Bedingungen bestehen, die zu Bewegungsbeschränkungen führen.
Wir wollen aber absichtlich den Begriff so weit als möglich
fassen und auch einen einzelnen freien starren Körper nicht davon ausschließen. In der Tat können wir ihn, ohne dem Worte
Verband Gewalt anzutun, als einen sechsläufigen Verband auffassen, da der starre Körper eine Vereinigung von Massen bildet,
zwischen denen die geometrische Bedingung besteht, daß sie
ihre gegenseitigen Abstände nicht ändern können, wobei, wie
schon aus dem ersten Bande bekannt ist, nur noch sechs Freiheitsgrade übrig bleiben.

Bei den praktischen Anwendungen, die man von den Lehren
dieses Abschnitts zu machen wünscht, wird die Art der geometrischen Bedingungen und hiermit auch die Zahl der Freiheitsgrade, d. h. die Zahl der voneinander unabhängigen Bewegungsmöglichkeiten, in der Regel von vornherein als gegeben zu betrachten sein. Freilich kann es vorkommen, daß man zunächst
zweifelhaft darüber ist, wie groß die Zahl der Freiheitsgrade
sein muß, auf die man zu achten hat, um einen bestimmten physikalischen Vorgang mit hinlänglicher Genauigkeit darzustellen.
Das gilt namentlich in dem vorher schon erwähnten Falle, daß
man die elastische Formänderung eines Verbandgliedes berück-

sichtigen muß, weil sich auf Grund einer vorher mit Vernachlässigung dieser Formänderung angestellten Berechnung herausgestellt hat, daß diese Annäherung nicht ausreichend ist, um das
tatsächliche Verhalten einer Maschine genügend wiederzugeben.
Aber dabei handelt es sich um Vorerwägungen, bei denen man
zunächst schätzungsweise vorgehen muß und die bereits zu einem
mindestens vorläufigen Abschlusse geführt haben müssen, ehe
man dazu übergehen kann, für den damit näher bezeichneten,
mehr oder weniger vereinfachten Verband die Bewegungsgleichungen aufzustellen.

Die Aufgabe, mit der wir es hier allein zu tun haben, besteht
demnach darin, für einen in dieser Weise mit bestimmten einfachen Eigenschaften ausgestatteten Verband, der mit dem physikalisch gegebenen nicht in allen Stücken, sondern nur in den
Hauptzügen übereinzustimmen braucht, die Bewegungsgleichungen aufzustellen, d. h. Gleichungen, die ausreichen, um
zusammen mit den gegebenen Anfangsbedingungen die weitere
Bewegung, die der Verband ausführt, daraus ermitteln zu können.
Selbstverständlich muß man, um diese Aufgabe lösen zu können,
über die Kräfte, unter deren Einfluß die Bewegung erfolgt, genügend unterrichtet sein.

Aufgaben dieser Art haben wir schon im vierten Bande wiederholt gelöst, so z. B. bei der Pendelbewegung oder bei der
Kreiseltheorie. Die Bewegungsgleichungen wurden in diesen
Fällen mit Hilfe der dynamischen Grundgleichung und der aus
ihr abgeleiteten Folgerungen, insbesondere des Satzes von der
lebendigen Kraft und des Flächensatzes gefunden. Diese Hilfsmittel reichen auch in erheblich verwickelteren Fällen in der
Regel vollständig aus, wenn man sie geschickt anzuwenden versteht. Aber der glückliche Gedanke, der nötig ist, um damit zum
Ziele zu kommen, stellt sich manchmal nicht zur rechten Zeit
ein. Es ist daher von Vorteil, daß man allgemeine Verfahren gefunden hat, nach denen die Bewegungsgleichungen stets gebildet
werden können, ohne daß dabei ein besonderer erfinderischer
Gedanke für die Behandlung jedes einzelnen Falles erforderlich
wäre. Die wichtigste dieser Methoden ist die von Lagrange angegebene, und von ihr wird daher in diesem Abschnitte auch
vorwiegend die Rede sein.

Die Bewegungsgleichungen, zu denen man entweder durch die
von früher her bekannten Hilfsmittel oder auch durch das Ver-

fahren von Lagrange gelangt, sind Differentialgleichungen nach
der Zeit, und zwar gewöhnlich von der zweiten Ordnung. Nur
bei der Anwendung des Satzes von der lebendigen Kraft erhält
man sofort eine Gleichung von der ersten Ordnung. Auf jeden
Fall müssen diese Gleichungen nachher noch integriert werden,
um die Bewegung des Verbandes vollständig angeben zu können.
Aber diese weitere Behandlung der Differentialgleichungen wollen
wir als eine Aufgabe für sich betrachten, die mit dem, was hier
zu besprechen ist, unmittelbar nichts zu tun hat. Als die Aufgabe dieses Abschnittes betrachten wir vielmehr nur die Aufstellung der Differentialgleichungen der Bewegung oder kurz gesagt der Bewegungsgleichungen. Bei den Beispielen zur Erläuterung der Theorie werde ich freilich auch die Lösung der aufgestellten Bewegungsgleichungen geben, soweit dies möglich ist;
aber diese bildet nicht die Hauptsache, um die es uns hier zu
tun ist. Das Wichtigste bleibt vielmehr stets, die Differentialgleichungen selbst zu finden; denn wenn es sich
nachher auch als unmöglich herausstellen sollte, sie streng zu
integrieren, so wird man trotzdem eine Reihe wertvoller Schlüsse
aus ihnen ziehen oder Näherungslösungen aus ihnen ableiten
können, mit denen man sich für die praktische Anwendung zufrieden geben kann.

§ 14. Freiheitsgrade und allgemeine Koordinaten.

Um die augenblickliche Stellung eines Verbandes zu beschreiben, wird es genügen, eine gewisse Zahl von richtungslosen
Größen $q_1 q_2 \ldots q_n$ anzugeben. Diese Größen kann man in verschiedener Weise auswählen. Im einzelnen Falle wird man die
Wahl so treffen, daß sie zu einer möglichst einfachen Beschreibung führt. Gewöhnlich werden sich dazu bestimmte Winkel
oder Längen am besten eignen. Jedenfalls muß aber die Wahl
so getroffen werden, daß alle q voneinander unabhängig sind,
also so, daß man wiederum zu geometrisch möglichen Stellungen
des Verbandes gelangt, wenn man alle übrigen q ungeändert läßt,
während eine der Größen q innerhalb gewisser Grenzen beliebige
Werte annehmen kann. Diese Größen q nennt man die allgemeinen Koordinaten des Verbandes.

In den meisten Fällen ist die zur eindeutigen Beschreibung
einer bestimmten Stellung des Verbandes notwendige und hinreichende Zahl der allgemeinen Koordinaten q gleich der Zahl

der Freiheitsgrade des Verbandes. Doch ist dies nicht unbedingt notwendig. Wenn es zutrifft, kann man den Verband aus einer allgemeinen Stellung $q_1 q_2 \ldots q_n$ in eine Nachbarstellung, für die nur ein q, etwa q_i, um einen unendlich kleinen Betrag δq_i geändert ist, unmittelbar überführen, d. h. die durch die angegebene Anfangs- und Endlage beschriebene Bewegung, während alle anderen q konstant sind, gehört zu den geometrisch möglichen oder, wie man dafür sagt, zu den virtuellen Bewegungen des Verbandes. Der Begriff der Freiheitsgrade, wie er früher eingeführt wurde, bezieht sich nämlich auf die Zahl der unabhängig voneinander bestehenden Bewegungsmöglichkeiten in unendlich nahe benachbarte Lagen, so daß sich jede andere Bewegung aus ihnen zusammensetzen läßt. Also nur, wenn sich auch in der Tat jedes q einzeln um einen unendlich kleinen Zuwachs bei unveränderten Werten der übrigen q durch einen möglichen Bewegungsvorgang ändern läßt, stimmt die Zahl der Freiheitsgrade mit der Zahl der allgemeinen Koordinaten überein. Größer kann die Zahl der Freiheitsgrade auf keinen Fall sein als die zweite; wohl aber kleiner. Gewöhnlich sind aber beide einander gleich. In diesem Falle sagt man nach einer von Hertz eingeführten Bezeichnung, daß dem Verbande nur „holonome" Bedingungen vorgeschrieben seien.

Um den Sinn dieser Bemerkungen besser verständlich zu machen, ist es nötig, ein Beispiel zu betrachten, bei dem eine „nicht-holonome" Bedingung vorkommt. Ein solches liefert ein auf einer rauhen Ebene rollendes Rad, das nicht darauf zu gleiten vermag. Diese letzte Bedingung ist eine nicht-holonome. Der Verband, der aus dem Rad und der Unterlage, etwa dem Fußboden, gebildet wird, bedarf zur Beschreibung seiner augenblicklichen Stellung vier voneinander unabhängiger allgemeiner Koordinaten, und trotzdem hat das Rad, weil es nicht gleiten kann, nur drei Freiheitsgrade. Wir wollen dieses Sachverhältnis noch etwas näher besprechen.

Um die augenblickliche Stellung des Rads zu beschreiben, kann man etwa die zwei rechtwinkligen Koordinaten xy des Aufsitzpunktes, ferner den Winkel φ, den die in den Fußboden fallende Kreistangente mit der x-Achse bildet, und endlich den Winkel ψ angeben, den die Radebene mit der Fußbodenebene bildet. Alle vier Größen sind unabhängig voneinander, da man jede einzelne von ihnen ändern kann, während die andern konstant bleiben, wobei man jedesmal wieder zu einer neuen möglichen Lage des Rades geführt wird. In der Tat kann auch das Rad aus jeder Lage $x_1 y_1 \varphi_1 \psi_1$ im allgemeinen in jede neue Lage $x_2 y_2 \varphi_2 \psi_2$ übergeführt werden, wenn man es einen passenden Weg durchlaufen läßt. Dagegen ist es nicht möglich, aus der Lage $x_1 y_1 \varphi_1 \psi_1$ in die Nachbarlage $x_1 + \delta x_1, y_1, \varphi_1, \psi_1$ durch eine Bewegung zu gelangen, während deren $y_1 \varphi_1 \psi_1$ ihre Werte unverändert behalten. Denn mit dieser Bewegung wäre ein Gleiten des Rades auf dem Fußboden verbunden, und wir hatten vorausgesetzt, daß dies ausgeschlossen sein soll. Damit das Rad bei der Bewegung aus einer Lage in eine unendlich benachbarte nur rollt und nicht gleitet, muß der Berührungspunkt in der Richtung der in die Fußbodenebene fallenden Kreistangente, fortschreiten, d. h. für eine virtuelle Bewegung muß zwischen den Änderungen der allgemeinen Koordinaten die Bedingungsgleichung

$$\delta y = \delta x \cdot \mathrm{tg}\, \varphi \qquad (64)$$

erfüllt sein. Während also die vier Koordinaten $x y \varphi \psi$ selbst voneinander unabhängig sind, besteht zwischen den Änderungen, die sie bei einer virtuellen Bewegung erleiden können, die angegebene Bedingungsgleichung, womit sich die Zahl der Freiheitsgrade auf drei vermindert.

Der Grund für dieses besondere Verhalten des rollenden Rades ist darin zu erblicken, daß eine rein geometrische Bedingung, die das Gleiten unter allen Umständen zu verhüten vermöchte, überhaupt nicht besteht. Unter geeigneten Umständen wird vielmehr tatsächlich ein Gleiten eintreten, so daß das rollende Rad eigentlich vier Freiheitsgrade oder, wie man nachher sehen wird, sogar fünf besitzt. Unter den gewöhnlich beim Rollen des Rades bestehenden Verhältnissen tritt nur deshalb kein Gleiten ein, weil die Reibung ausreicht, um es zu verhüten. Will man sich nun darauf beschränken, die Bewegung nur für solche Fälle zu untersuchen, bei denen tatsächlich kein Gleiten zu erwarten ist, so ist es bequem, diese einschränkende Voraussetzung dadurch in den Ansatz eintreten zu lassen, daß man eine zwingende Bedingung, die von vornherein gar nicht vorhanden ist, willkürlich zufügt und sie so, wie es geschehen ist, durch eine Differentialgleichung, der die virtuellen Koordinatenänderungen unterworfen werden sollen, zum Ausdruck bringt.

Wenn überhaupt keine Reibungen in Betracht kämen, hätte das rollende Rad, wie schon bemerkt, sogar fünf Freiheitsgrade, denn dann könnte es bei gleichbleibenden Werten der vier vorher genannten Koordinaten immer noch eine Drehung um die durch den Mittelpunkt senkrecht zur Radebene gezogene Achse ausführen, bei der es über den Fußboden gleitet ohne dabei von der Stelle zu kommen. Es müßte daher noch eine fünfte Koordinate zur Beschreibung seiner augenblicklichen Stellung eingeführt werden, nämlich der Winkel, den irgend ein auf dem Rad festgelegter Radius mit dem nach dem Berührungspunkt gehenden bildet. Der Bedingung, daß eine Bewegung, bei der sich nur diese fünfte Koordinate ändert, durch die Reibung verhindert wird, konnte aber bei unserem Ansatze schon dadurch genügend Rechnung getragen werden, daß wir die fünfte Koordinate überhaupt nicht einführten, da die übrigen bereits vollständig genügen, um alle in Aussicht zu nehmenden Bewegungen darzustellen.

Endlich muß noch hinzugefügt werden, daß es von Vorteil sein kann, beim rollenden Rad noch eine zweite nichtholonome Bedingung zu der früheren hinzuzunehmen, derart, daß dem Rade nur noch zwei Freiheitsgrade zugestanden werden. Im vierten Bande habe ich nämlich bereits bei der Besprechung des rollenden Rades (§ 37, S. 232 der 6. Aufl.) darauf hingewiesen, daß man wegen der bohrenden Reibung, die sich der dort als „Wendebewegung" bezeichneten Drehung um die durch den Berührungspunkt zur Fußbodenebene gezogenen Normalen entgegensetzt, in vielen Fällen von vornherein annehmen darf, daß dieser Bewegungsanteil überhaupt ausgeschlossen ist. Man kann dies dann mit demselben Recht wie in dem früheren Falle durch eine den Koordinatenänderungen auferlegte Bedingungsgleichung zum Ausdruck bringen. Diese Gleichung lautet, wie man sich leicht überzeugen kann, im vorliegenden Falle

$$\cos\psi\,\delta x + a\cos\varphi\,\delta\varphi = 0, \qquad (65)$$

und sie tritt zu der früheren hinzu.

Auch diese Gleichung ist, wie es dem Sachverhalt nach sein muß, eine nicht integrable Gleichung zwischen den Koordinatenzuwüchsen, und immer, wenn Bewegungsbeschränkungen in dieser Form ausgesprochen werden, spricht man von nichtholonomen Bedingungen.

Diese erfordern eine gesonderte Behandlung, von der später noch die Rede sein wird. Zunächst aber werde ich weiterhin und wenn nichts anderes ausdrücklich gesagt ist, den für die praktischen Anwendungen weitaus wichtigeren Fall voraussetzen, daß nur holonome Bedingungen vorkommen. Es wird also mit anderen Worten angenommen, daß bei dem Verbande, den wir betrachten, die Zahl der Freiheitsgrade ebenso groß ist wie die Zahl der allgemeinen Koordinaten, die zur Beschreibung der augenblicklichen Stellung des Verbandes genügen.

§ 15. Die lebendige Kraft des Verbandes.

Für das Folgende brauchen wir einen auf die allgemeinen Koordinaten bezogenen Ausdruck für die lebendige Kraft des ganzen Verbandes, die sich aus der Summe der lebendigen Kräfte für alle einzelnen Glieder zusammensetzt, und den Ausdruck dafür wollen wir zunächst aufstellen. Dabei gehen wir aus von der die Begriffsbestimmung der lebendigen Kraft aussprechenden Gleichung

$$L = \tfrac{1}{2} \Sigma m \mathfrak{v}^2, \qquad (66)$$

in der m irgendein Massenteilchen und $\mathfrak{v}$ seine Geschwindigkeit bedeutet. Die Summierung hat sich über alle Massen des ganzen Verbandes zu erstrecken.

Die augenblickliche Lage von m möge durch einen Radiusvektor $\mathfrak{r}$ beschrieben werden, der von einem beliebig gewählten festen Anfangspunkte nach m gezogen ist. In einer bestimmten Stellung des Verbandes, die man als seine Normalstellung ansieht, etwa in der Ausgangsstellung zur Zeit $t = 0$, sei $\mathfrak{r} = \mathfrak{r}_0$. Durch die Angabe von $\mathfrak{r}_0$ wird dann das Massenteilchen näher bezeichnet, das man gerade ins Auge gefaßt hat. In einer späteren Stellung ist $\mathfrak{r}$ von $\mathfrak{r}_0$ verschieden, und zwar ist $\mathfrak{r}$ eindeutig bestimmt durch die Angabe der allgemeinen Koordinaten q, die der späteren Stellung entsprechen. Mit Benutzung eines Funktionszeichens f drücken wir diese Abhängigkeit analytisch durch die Gleichung

$$\mathfrak{r} = f(\mathfrak{r}_0 q_1 q_2 \ldots q_n) \qquad (67)$$

aus. Die Geschwindigkeit $\mathfrak{v}$ des betrachteten Massenteilchens erhalten wir aus $\mathfrak{r}$ durch eine Differentiation nach der Zeit. Hierbei ist zu beachten, daß $\mathfrak{r}_0$ konstant bleibt, während die q ihrer Bedeutung nach eindeutige und stetige Funktionen der Zeit sind. Wir finden daher

$$\mathfrak{v} = \frac{\partial \mathfrak{r}}{\partial q_1} \cdot \frac{dq_1}{dt} + \frac{\partial \mathfrak{r}}{\partial q_2} \cdot \frac{dq_2}{dt} + \cdots + \frac{\partial \mathfrak{r}}{\partial q_n} \cdot \frac{dq_n}{dt}. \qquad (68)$$

Die Differentialquotienten von $\mathfrak{r}$ nach den Koordinaten q sind Funktionen von $\mathfrak{r}_0$ und von allen q und für jede Stellung des Verbandes eindeutig bestimmte Größen. Um sich über die Bedeutung des Differentialquotienten $\frac{\partial \mathfrak{r}}{\partial q_1}$ klar zu werden, denke man sich dem Verbande eine virtuelle Verschiebung aus der augenblicklichen Stellung in eine Nachbarstellung erteilt, bei der sich q_1 um δq_1 ändert, während alle anderen q konstant sind. Das Verhältnis der Verschiebung $\delta \mathfrak{r}$, die das Massenteilchen hierbei erfährt, zu δq_1 gibt nach Größe und Richtung den Differential-quotienten $\frac{\partial \mathfrak{r}}{\partial q_1}$ an. Er wird daher im einzelnen Falle in anschaulicher Weise sofort angegeben werden können, ohne daß es nötig wäre, vorher die Funktion f in Gl. (67) durch eine analytische Formel auszudrücken.

Setzt man den Wert von $\mathfrak{v}$ in Gl. (66) ein, so erhält man für die lebendige Kraft

$$L = \frac{1}{2} \sum m \left(\frac{\partial \mathfrak{r}}{\partial q_1} \cdot \dot{q}_1 + \frac{\partial \mathfrak{r}}{\partial q_2} \cdot \dot{q}_2 + \cdots + \frac{\partial \mathfrak{r}}{\partial q_n} \cdot \dot{q}_n \right)^2. \qquad (69)$$

Dabei ist von einer Schreibweise für die Differentialquotienten der q nach der Zeit, also für die Änderungsgeschwindigkeiten der Koordinaten Gebrauch gemacht, die schon von Newton herrührt und bei Betrachtungen dieser Art sehr bequem ist. Die Differentation nach der Zeit ist nämlich durch einen über die betreffende Größe gesetzten Punkt ausgedrückt.

Durch Ausführung der Quadrierung und Spaltung der Summe in ihre einzelnen Bestandteile geht Gl. (69) über in

$$\left. \begin{array}{l} L = \frac{1}{2}\dot{q}_1{}^2 A_{11} + \frac{1}{2}\dot{q}_2{}^2 A_{22} + \cdots + \frac{1}{2}\dot{q}_n{}^2 A_{nn} \\ \quad + \dot{q}_1 \dot{q}_2 A_{12} + \cdots + \dot{q}_1 \dot{q}_n A_{1n} + \cdots + \dot{q}_{n-1} \dot{q}_n A_{n-1,n} \end{array} \right\}, \qquad (70)$$

wobei zur Abkürzung geschrieben wurde

$$A_{11} = \sum m \left(\frac{\partial \mathfrak{r}}{\partial q_1} \right)^2; \quad A_{12} = \sum m \frac{\partial \mathfrak{r}}{\partial q_1} \frac{\partial \mathfrak{r}}{\partial q_2} \qquad (71)$$

usf. Die lebendige Kraft ist hiermit als eine homogene Funktion zweiten Grades der Geschwindigkeiten $\dot{q}$, mit denen sich die Koordinaten ändern, dargestellt. Die Koeffizienten A dieser

Funktion haben im allgemeinen verschiedene Werte für jede andere Lage des ganzen Verbandes, sind also Funktionen der q; dagegen sind sie unabhängig von den Geschwindigkeiten, mit denen sich die Bewegungen vollziehen.

Wenn q_1 eine Länge ist, bedeutet $\left(\frac{\partial \mathfrak{r}}{\partial q_1}\right)^2$ eine Verhältniszahl und A_{11} hat dann die Dimension einer Masse. Man bezeichnet diese Masse häufig als die auf die Koordinate q_1 reduzierte Masse des ganzen Verbandes. Von dieser Bezeichnung wird namentlich dann Gebrauch gemacht, wenn der Verband zwangläufig ist, so daß die Koordinate q_1 die augenblickliche Lage des Verbandes schon vollständig beschreibt. Es steht aber nichts im Wege, die Bezeichnung auch auf den allgemeinen Fall zu übertragen. Man darf sich durch die Wahl des Wortes nur nicht darüber täuschen lassen, daß A_{11} eine mit der Stellung des Verbandes veränderliche Größe ist (und zwar im allgemeinen auch bei einem zwangläufigen Verbande), während man sonst gewohnt ist, bei einer Größe, die als Masse bezeichnet ist, vorauszusetzen, daß sie sich während der Bewegung nicht ändert.

Bedeutet dagegen q_1 einen Winkel, so hat $\left(\frac{\partial \mathfrak{r}}{\partial q_1}\right)^2$ die Dimension des Quadrats einer Länge und A_{11} die Dimension eines Trägheitsmoments. In diesem Falle kann A_{11} als das auf die Koordinate q_1 reduzierte Trägheitsmoment des Verbandes bezeichnet werden. Die vorhergehenden Bemerkungen über die Abhängigkeit von der Stellung des Verbandes treffen aber auch hier zu.

Sind sowohl q_1 als q_2 Längen, so hat auch A_{12} die Dimension einer Masse, die dann als die auf beide Koordinaten reduzierte Masse des ganzen Verbandes bezeichnet werden kann. Sind dagegen q_1 und q_2 beide Winkel, so läßt sich A_{12} als das auf diese Koordinaten reduzierte Zentrifugalmoment des Verbandes bezeichnen. Wenn q_1 eine Länge und q_2 ein Winkel ist (oder umgekehrt), läßt sich eine anschauliche Bezeichnung dieser Art für A_{12}, die an von früher her gewohnte Vorstellungen unmittelbar anknüpft, zwar nicht angeben; doch ist es auch in diesem Falle nicht schwer, sich von der Bedeutung dieser Größe Rechenschaft zu geben. Wenn der Verband gegeben ist, wird man sie nach Vorschrift von Gl. (71) entweder genau durch Ausführung einer Integration über alle Massen oder zum mindesten näherungsweise durch eine Summierung endlicher, passend ein-

geschätzter Teile berechnen können. Auf jeden Fall sind alle
A richtungslose Größen, die weiterhin als genügend
bekannt angesehen werden dürfen.

§ 16. Reduktion der äußeren Kräfte auf die Koordinaten.

Im vorhergehenden Paragraphen haben wir bereits einen Weg
eingeschlagen, der jetzt in derselben Richtung weiter zu verfolgen
ist. Er besteht darin, alle für die Bewegung maßgebenden Größen
auf die allgemeinen Koordinaten des Verbandes zu beziehen oder
sie, wie man dafür sagt, auf die Koordinaten zu reduzieren.
Nachdem dies mit den Massen bereits geschehen ist, führen wir
diese Reduktion auch mit den Kräften aus, die von außen her
auf die einzelnen Glieder des Verbandes ausgeübt werden. Es
wird sich nämlich zeigen, daß es für die Bewegungen, die dadurch
hervorgebracht werden, gleichgültig ist, wie sich die Kräfte im
einzelnen verteilen. Jedes System von Kräften kann auch durch
irgendein anderes ersetzt werden, wenn nur beide bei der Reduktion
auf die Koordinaten zu denselben Werten führen.

Der Beweis für diese Behauptung wird sich aus dem Folgenden
ergeben. Doch kann schon jetzt darauf hingewiesen werden, daß
der Ersatz einer Gruppe von Kräften, die an demselben starren
Körper angreifen, durch eine andere Gruppe, etwa durch ein
damit gleichwertiges Kraftkreuz, schon von früher her wohl-
bekannt ist. Zu diesen Ersatzmöglichkeiten treten dann noch
andere, wenn es sich um die äußeren Kräfte an den verschiedenen
Gliedern eines aus starren Körpern zusammengesetzten Verbandes
handelt.

Zunächst gebe ich eine Anweisung dafür, wie die Kraft-
reduktion auszuführen ist. Die Rechtfertigung dafür wird dadurch geliefert, daß sich später herausstellen wird, daß die Bewegung in der Tat nur von den nach dieser Vorschrift abgeleiteten
reduzierten Kräften abhängig ist.

Ich betrachte irgendeine beliebig ausgewählte, mit den vorgeschriebenen geometrischen Bedingungen verträgliche, also
irgendeine mögliche Stellung des Verbandes und außerdem noch
eine ihr unendlich nahe benachbarte Stellung, bei der nur eine
der allgemeinen Koordinaten, etwa q_i um δq_i geändert ist, während
alle anderen Koordinaten unverändert geblieben sind. Da wir
uns jetzt auf die Betrachtung von Verbänden mit ausschließlich

holonomen Bedingungen beschränken wollten, gehört auch die
Bewegung aus der Lage q_i in die Lage $q_i + \delta q_i$ bei konstanten
Werten der übrigen q zu den möglichen Bewegungen oder sie
bildet, wie man sagt, eine virtuelle Verschiebung. Durch
die Anwendung des Zeichens δ in δq_i im Gegensatze zu den
Änderungen dq_i, die q_i während der tatsächlich erfolgenden Bewegungen erfährt, soll ausdrücklich daran erinnert werden, daß
es sich jetzt nur um virtuelle Verschiebungen und nicht um
wirklich ausgeführte handelt.

Bei dieser virtuellen Verschiebung leisten die äußeren Kräfte
Arbeiten, wenigstens jene, deren Angriffspunkte von der Ver-
schiebung mit betroffen werden. Bezeichnen wir eine der äußeren
Kräfte mit $\mathfrak{P}_m$ und den von einem festen Anfangspunkte nach
ihrem Angriffspunkte gezogenen Radiusvektor mit $\mathfrak{r}_m$, so ist der
Weg $\delta \mathfrak{r}_m$ des Angriffspunktes

$$\delta \mathfrak{r}_m = \frac{\partial \mathfrak{r}_m}{\partial q_i} \cdot \delta q_i$$

und die Arbeitsleistung von $\mathfrak{P}_m$ wird durch das innere Produkt

$$\mathfrak{P}_m \frac{\partial \mathfrak{r}_m}{\partial q_i} \delta q_i$$

angegeben. Für die Arbeitsleistung aller Kräfte, die an dem
Verbande angreifen, erhält man daher einen Ausdruck von der
Form

$$\delta q_i \cdot \sum \mathfrak{P} \frac{\partial \mathfrak{r}}{\partial q_i}$$

Wenn der Verband mit allen an ihm angreifenden Kräften
gegeben ist, wird es nicht schwer fallen, den Summenausdruck
entweder genau oder zum mindesten angenähert zu berechnen.
Wir schreiben dafür F_i, setzen also

$$F_i = \sum \mathfrak{P} \frac{\partial \mathfrak{r}}{\partial q_i} \tag{72}$$

und nennen F_i die auf die Koordinate q_i reduzierte äußere
Kraft.

Sie ist unter allen Umständen eine richtungslose Größe, da
sie aus einer Summe von inneren Produkten gebildet wird. Wenn
die Koordinate q_i eine Länge ist, bildet $\frac{\partial \mathfrak{r}}{\partial q_i}$ eine mit einem Richtungs-
faktor behaftete Verhältniszahl und F_i hat dann die Dimension
einer Kraft. In diesem Falle ist die Bezeichnung von F_i als

6 *

einer „reduzierten Kraft" ohne weiteres gerechtfertigt. Man gebraucht diese Bezeichnung im übertragenen Sinne aber auch in
anderen Fällen. Ist q_i ein Winkel, so hat F_i die Dimension
eines statischen Moments; wir könnten dann sagen, daß F_i ein
auf den Winkel q_i reduziertes Kräftepaar angibt. Aber es ist
üblich, auch in diesem Falle von einer reduzierten Kraft zu reden,
so daß also darunter allgemein jene Größe zu verstehen ist, die
durch Multiplikation mit δq_i eine Arbeitsleistung liefert, die
gleich der von den tatsächlich wirkenden Kräften geleisteten
Arbeit ist.

Wenn sich die Kräfte $\mathfrak{P}$ von einem Potentiale ableiten lassen, wird ihre Arbeit zu Null für jede beliebige Bewegung des Verbandes, die wieder zur Ausgangsstellung zurückführt. Jeder Stellung entspricht dann ein gewisser Arbeitsbetrag,
der von den Kräften $\mathfrak{P}$ bei einem auf beliebigem Wege erfolgenden
Übergange aus einer Normalstellung in die betreffende Stellung
geleistet wird. Den negativen Wert dieses Arbeitsbetrages bezeichnen wir mit dem Buchstaben V und nennen ihn in Übereinstimmung mit den Betrachtungen über das Potential eines
Kraftfeldes für einen einzelnen materiellen Punkt, die wir jetzt
sinngemäß auf den ganzen Verband übertragen wollen, das
Potential der äußeren Kräfte. Dieses Potential ist eine
Funktion der allgemeinen Koordinaten, durch die die Stellung
des Verbandes beschrieben wird.

Nach dieser Definition von V kann die Arbeit der äußeren
Kräfte für eine virtuelle Verschiebung, bei der nur q_i um δq_i
geändert wird, auch gleich
$$-\frac{\partial V}{\partial q_i}\delta q_i$$
gesetzt werden. Für die reduzierte Kraft F_i folgt hiermit der
für manche Fälle bequemere Ausdruck

$$F_i = -\frac{\partial V}{\partial q_i}. \tag{73}$$

Indessen kann F_i auch nach dem in Gl. (72) gegebenen
allgemein gültigen Ausdrucke bei einem bestimmten Beispiele
gewöhnlich sehr einfach ermittelt werden.

§ 17. Die inneren Kräfte des Verbandes.

Die inneren Kräfte, die zwischen den verschiedenen Gliedern
des Verbandes auftreten, ebenso auch die inneren Kräfte zwischen

den verschiedenen Teilen desselben Gliedes sind bei der Stellung
der Aufgabe, deren Lösung wir suchen, nicht näher bekannt.
Doch muß man, um die Aufgabe zu einer bestimmten zu machen,
auch über die Wirkungsgesetze, denen die inneren Kräfte unterliegen, einiges bereits wissen oder als gültig annehmen.

Es kommt dabei nur darauf an, ob und welche Arbeiten
die inneren Kräfte bei einer virtuellen Verschiebung
leisten. In den meisten Fällen wird man, wenn nicht genau,
so doch mit genügender Annäherung voraussetzen dürfen, daß
die Summe der Arbeiten der inneren Kräfte für jede virtuelle
Verschiebung zu Null wird. Das trifft z. B., wie schon von
früher her bekannt ist, ohne weiteres zu von allen jenen inneren
Kräften, die zwischen den verschiedenen Teilen desselben starren
Körpers übertragen werden. Es gilt ferner auch von den an
den Berührungsstellen verschiedener Körper übertragenen Kräften,
falls diese überall senkrecht zur Berührungsfläche stehen, also
wenn keine Reibungen vorkommen oder wenn es genügt, die
tatsächlich auftretenden Reibungen zu vernachlässigen. Wenn
aber Reibungen vorkommen und ein Gleiten der Körper
an der Berührungsfläche stattfindet, leisten die Reibungen eine Arbeit. Wenn diese berücksichtigt werden muß,
wird die Aufgabe erheblich erschwert.

Ferner können auch die inneren Kräfte zwischen verschiedenen
Teilen desselben Körpers eine Arbeit leisten und zwar dann, wenn
der Körper eine Formänderung erfährt. Auf die Möglichkeit
einer solchen Formänderung ist schon bei der Feststellung der
Freiheitsgrade und der allgemeinen Koordinaten, die zur Beschreibung einer Stellung des Verbandes benutzt werden sollen,
zu achten. Gehört z. B. zu dem Verbande eine Welle, auf deren
elastische Verdrehung während der Bewegung der Maschine geachtet werden muß, so kann als allgemeine Koordinate der Verdrehungswinkel der Welle mit eingeführt werden, und die
elastischen Kräfte in der Welle leisten dann nur für solche virtuelle
Verschiebungen eine Arbeit, bei denen sich der Verdrehungswinkel ändert. Die virtuelle Arbeit dieser Kräfte ist gleich dem
Produkte aus dem unendlich kleinen Zuwachs des Verdrehungs-
winkels und dem Verdrehungsmomente zu setzen. Hiermit ist
auch sofort eine Reduktion der elastischen Kräfte auf die zugehörige allgemeine Koordinate in derselben Weise wie früher
bei den äußeren Kräften erzielt.

In erster Linie wollen wir aber bei den weiteren
Betrachtungen voraussetzen, daß die Summe der
Arbeitsleistungen aller inneren Kräfte für jede vir-
tuelle Verschiebung gleich Null gesetzt werden kann.
Es wird sich nachher von selbst herausstellen, wie die Be-
trachtung zu vervollständigen ist, wenn auch die inneren Kräfte
Arbeiten leisten.

§ 18. Die Gleichungen von Lagrange.

Nach allen diesen Vorbereitungen können wir jetzt zu der
von Lagrange angegebenen Lösung der im Eingange dieses
Abschnitts gestellten Aufgabe übergehen. Um diese Lösung zu
finden, stützen wir uns auf das Prinzip von d'Alembert.

Wir betrachten also den Verband in der Lage, die er bei der
von ihm wirklich ausgeführten Bewegung zur Zeit t einnimmt,
und bringen an jedem Massenteilchen außer den Kräften, die
darauf tatsächlich einwirken, noch eine Trägheitskraft

$$\mathfrak{H} = -\, m \frac{d\mathfrak{v}}{dt}$$

an. Die darin vorkommende Beschleunigung ist jene, die dem
Massenteilchen zur Zeit t wirklich zukommt. Denken wir uns
hierauf den Verband in der augenblicklichen Stellung zur Ruhe
gebracht, so bleibt er unter dem Einflusse der Trägheitskräfte
und aller übrigen an ihm angreifenden Kräfte auch weiterhin in
Ruhe. Um die hiernach zwischen den Kräften bestehenden Gleich-
gewichtsbedingungen in Form von Gleichungen aussprechen zu
können, wenden wir das Prinzip der virtuellen Geschwindigkeiten
darauf an. Für jede virtuelle Bewegung muß die Summe der
Arbeiten aller Kräfte gleich Null sein. Zunächst betrachten wir
eine virtuelle Bewegung, bei der nur q_i um δq_i geändert wird,
während alle anderen q konstant bleiben. Die Arbeit der tatsächlich an dem Verbande angreifenden äußeren Kräfte für diese
virtuelle Bewegung ist schon zu $F_i \delta q_i$ festgestellt. Dann leistet
ferner die Trägheitskraft $\mathfrak{H}$ an dem Massenteilchen m eine Arbeit

$$\mathfrak{H}\, \frac{\partial \mathfrak{r}}{\partial q_i}\, \delta q_i.$$

Unter der Voraussetzung, daß die Summe der Arbeiten aller
inneren Kräfte für jede virtuelle Verschiebung gleich Null gesetzt
werden kann, lautet demnach die Gleichgewichtsbedingung

$$F_i \delta q_i + \delta q_i \sum \mathfrak{H} \frac{\partial \mathfrak{r}}{\partial q_i} = 0,$$

wobei sich die Summierung über alle Massenteilchen zu erstrecken hat. Streichen wir den gemeinschaftlichen Faktor δq_i und setzen für $\mathfrak{H}$ seinen Wert ein, so geht die Gleichung über in

$$F_i = \sum m \frac{d\mathfrak{v}}{dt} \frac{\partial \mathfrak{r}}{\partial q_i}. \qquad (74)$$

Diesen Ausdruck formen wir noch etwas um, indem wir

$$\frac{d\mathfrak{v}}{dt} \frac{\partial \mathfrak{r}}{\partial q_i} = \frac{d}{dt}\left(\mathfrak{v} \frac{d\mathfrak{r}}{\partial q_i}\right) - \mathfrak{v} \frac{d}{dt}\left(\frac{\partial \mathfrak{r}}{\partial q_i}\right)$$

setzen, womit die vorige Gleichung übergeht in

$$F_i = \frac{d}{dt} \sum m \mathfrak{v} \frac{\partial \mathfrak{r}}{\partial q_i} - \sum m \mathfrak{v} \frac{d}{dt}\left(\frac{\partial \mathfrak{r}}{\partial q_i}\right). \qquad (75)$$

Die beiden Summen, die in dieser Gleichung auftreten, lassen sich aber als Differentialquotienten der lebendigen Kraft L auffassen, die durch Gl. (69) als Funktion der q und der $\dot{q}$ dargestellt wurde. Differentiiert man nämlich Gl. (69) partiell nach $\dot{q}_i$, so erhält man

$$\frac{\partial L}{\partial \dot{q}_i} = \sum m\left(\frac{\partial \mathfrak{r}}{\partial q_1} \cdot \dot{q}_1 + \frac{\partial \mathfrak{r}}{\partial q_2} \cdot \dot{q}_2 + \cdots + \frac{\partial \mathfrak{r}}{\partial q_n} \cdot \dot{q}_n\right) \frac{\partial \mathfrak{r}}{\partial q_i},$$

und da der Klammerwert nach Gl. (68) die Geschwindigkeit $\mathfrak{v}$ des Massenteilchens m angibt, wird daraus

$$\frac{\partial L}{\partial \dot{q}_i} = \sum m \mathfrak{v} \frac{\partial \mathfrak{r}}{\partial q_i}. \qquad (76)$$

Differentiiert man dagegen Gl. (69) partiell nach q_i, so erhält man, wenn dabei abermals auf Gl. (68) geachtet wird,

$$\frac{\partial L}{\partial q_i} = \sum m \mathfrak{v} \left(\frac{\partial^2 \mathfrak{r}}{\partial q_1 \partial q_i} \dot{q}_1 + \frac{\partial^2 \mathfrak{r}}{\partial q_2 \partial q_i} \dot{q}_2 + \cdots + \frac{\partial^2 \mathfrak{r}}{\partial q_n \partial q_i} \dot{q}_n\right).$$

Für den hier noch auftretenden Klammerwert kann man aber schreiben

$$\frac{d}{dt}\left(\frac{\partial \mathfrak{r}}{\partial q_i}\right),$$

denn die Ausführung der Differentiation nach den gewöhnlichen Differentiationsregeln liefert in der Tat wieder den in der Klammer stehenden Ausdruck, wenn man beachtet, daß $\frac{\partial \mathfrak{r}}{\partial q_i}$ ebenso wie $\mathfrak{r}$ eine Funktion aller q ist und daß die Differentialquotienten der q nach t durch die $\dot{q}$ angegeben werden. Hiernach erhält man

$$\frac{\partial L}{\partial q_i} = \sum m\mathfrak{v}\,\frac{d}{dt}\!\left(\frac{\partial \mathfrak{r}}{\partial \dot q_i}\right). \tag{77}$$

Mit Rücksicht auf die Gleichungen (76) und (77) läßt sich daher Gl. (75) schreiben

$$F_i = \frac{d}{dt}\!\left(\frac{\partial L}{\partial \dot q_i}\right) - \frac{\partial L}{\partial q_i}. \tag{78}$$

Das ist eine der Lagrangeschen Gleichungen, und für jede andere allgemeine Koordinate läßt sich eine nach demselben Muster anschreiben. Man erhält, wenn dies geschieht, ebenso viele Differentialgleichungen, zwischen den Koordinaten q und ihren Differentialquotienten, als Freiheitsgrade vorhanden sind, d. h. ebenso viele Gleichungen als Unbekannte.

Hiermit ist die Aufgabe, die wir uns gestellt haben, nach einer allgemeinen Methode zu suchen, die uns die Differentialgleichungen der Bewegung des Verbandes aufzustellen gestattet, zunächst wenigstens für den Fall gelöst, daß nur holonome Bedingungen vorkommen und daß die inneren Kräfte bei der Bewegung keine Arbeit leisten.

Trifft die zuletzt genannte Voraussetzung nicht ein, so ist natürlich in die das Prinzip der virtuellen Geschwindigkeiten aussprechende Gleichung noch ein weiteres Glied aufzunehmen, das die Arbeit der inneren Kräfte angibt. Dieses Glied wird sich auf die Form

$$J_i \delta q_i$$

bringen lassen. An Stelle von Gl. (74) tritt dann

$$F_i = \sum m\,\frac{d\mathfrak{v}}{dt}\,\frac{\partial \mathfrak{r}}{\partial q_i} - J_i$$

und an Stelle von Gl. (78) daher

$$F_i' = \frac{d}{dt}\!\left(\frac{\partial L}{\partial \dot q_i}\right) - \frac{\partial L}{\partial q_i} - J_i. \tag{79}$$

Die Größe J_i, die je nach den besonderen Umständen des einzelnen Falles festgestellt werden muß, kann als die auf die Koordinate q_i reduzierte innere Kraft bezeichnet werden.

§ 19. Einfache Anwendungsbeispiele.

Man macht sich mit dem Verfahren von Lagrange am besten vertraut, indem man es zunächst einmal auf einige ganz einfache Fälle anwendet, für die man die Lösung auch auf anderem Wege leicht finden kann, wenn sie nicht überhaupt schon von früher her bekannt ist.

In diesem Sinne, nicht als Beispiel für die praktische Verwendbarkeit der Gleichungen von Lagrange, sondern nur zur Erläuterung und zur Aufweisung ihres Zusammenhanges mit den einfachsten früheren Lehren, betrachte ich zuerst die Bewegung eines einzelnen materiellen Punktes unter dem Einflusse einer gegebenen Kraft mit den Komponenten XYZ in den Richtungen der Koordinatenachsen. Der freie materielle Punkt kann als ein dreiläufiger Verband betrachtet werden, dessen „allgemeine Koordinaten" hier durch die rechtwinkligen Koordinaten xyz gebildet werden. Für die lebendige Kraft hat man den Ausdruck

$$L = \tfrac{1}{2} m(\dot{x}^2 + \dot{y}^2 + \dot{z}^2), \tag{80}$$

der hier von den Koordinaten xyz unabhängig ist. Wenden wir Gl. (78) auf $q_i = x$ an, so ist X an Stelle von F_i zu setzen und die Gleichung geht über in

$$X = \frac{d}{dt}\left(\frac{\partial L}{\partial \dot{x}}\right) = \frac{d}{dt}(m\dot{x}) = m\frac{d^2 x}{dt^2},$$

d. h. die Lagrangesche Gleichung fällt in diesem Falle einfach mit der dynamischen Grundgleichung zusammen.

Als zweites Beispiel betrachte ich die Bewegung eines materiellen Punktes, der genötigt ist, auf einer Fläche zu bleiben. Als allgemeine Koordinaten betrachte ich hier die rechtwinkligen Koordinaten x und y, wobei jedoch hinzuzufügen ist, daß die Wahl auch in anderer Weise und namentlich in gewissen Fällen, von denen ich einen nachher noch besonders besprechen werde, viel besser getroffen werden kann. Die dritte Koordinate z ist abhängig von x und y, und die Abhängigkeit wird durch die Gleichung der Fläche

$$z = f(xy) \tag{81}$$

ausgesprochen. Hiermit wird

$$\frac{dz}{dt} = \frac{\partial z}{\partial x}\frac{dx}{dt} + \frac{\partial z}{\partial y}\frac{dy}{dt},$$

und für die lebendige Kraft erhalte ich jetzt an Stelle von Gl. (80) den Ausdruck

$$L = \frac{1}{2} m\left(\dot{x}^2 + \dot{y}^2 + \left(\frac{\partial z}{\partial x}\dot{x} + \frac{\partial z}{\partial y}\cdot\dot{y}\right)^2\right). \tag{82}$$

Auch hier wende ich die Lagrangesche Gleichung (78) auf den Fall an, daß $q_i = x$ ist. Wir müssen uns zuvor überlegen, was jetzt unter F_i zu verstehen ist. Dazu erteile ich dem materiellen Punkte eine virtuelle Bewegung, bei der sich nur x um δx ändert, während die andere allgemeine Koordinate y konstant bleibt. Dagegen ändert sich z, das hier keine allgemeine Koordinate vorstellt, notwendig mit x, und zwar wird nach Gl. (81)

$$\delta z = \frac{\partial z}{\partial x} \delta x.$$

Bezeichnen wir die drei rechtwinkligen Komponenten der äußeren Kraft wieder mit XYZ, so ist demnach die von dieser Kraft bei der virtuellen Verschiebung δx geleistete Arbeit gleich

$$X \delta x + Z \frac{\partial z}{\partial x} \delta x,$$

und für F_i in Gl. (78) haben wir zu setzen

$$F_i = X + Z \frac{\partial z}{\partial x}.$$

Ferner tritt an Stelle von $\frac{\partial L}{\partial \dot{q}_i}$ hier nach Gl. (82)

$$\frac{\partial L}{\partial \dot{x}} = m \left(\dot{x} + \left(\frac{\partial z}{\partial x} \right)^2 \dot{x} + \frac{\partial z}{\partial x} \frac{\partial z}{\partial y} \dot{y} \right)$$

und endlich an Stelle von $\frac{\partial L}{\partial q_i}$ ebenfalls nach Gl. (82)

$$\frac{\partial L}{\partial x} = m \left(\frac{\partial z}{\partial x} \dot{x} + \frac{\partial z}{\partial y} \dot{y} \right) \left(\frac{\partial^2 z}{\partial x^2} \dot{x} + \frac{\partial^2 z}{\partial x \partial y} \dot{y} \right).$$

Setzen wir alle diese Werte in Gl. (78) ein, so erhalten wir eine der beiden Differentialgleichungen, denen x und y genügen müssen. Die andere erhalten wir durch Vertauschen der Buchstaben x und y miteinander.

Ich sehe davon ab, diese Gleichungen noch ausführlicher anzuschreiben, da sie ziemlich lang ausfallen und eine Integration für eine beliebige Funktion z in Gl. (81) doch nicht ausführbar ist. Dagegen zeige ich, wie sich die Lösung vereinfacht, wenn es sich um die Bewegung eines Fadenpendels handelt, die Fläche, auf der sich der materielle Punkt bewegt, also eine Kugelfläche ist, und wenn man die allgemeinen Koordinaten, die zur Beschreibung der augenblicklichen Lage dienen, in einer passenden Weise wählt.

Mit φ sei der Winkel bezeichnet, den die Fadenrichtung zur Zeit t mit der Lotrichtung einschließt, und mit ψ der Winkel, den die durch den Faden gelegte Lotebene mit einer beliebig gewählten Lotebene, etwa mit der der Stellung zur Zeit $t = 0$ entsprechenden, bildet. Wenn l die Fadenlänge bedeutet, läßt sich die Geschwindigkeit zur Zeit $t = 0$ in zwei zueinander rechtwinklige Komponenten $l\dot{\varphi}$ und $l \sin \varphi \cdot \dot{\psi}$ zerlegen. An Stelle von Gl. (82) erhält man daher in diesem Falle den einfacheren Ausdruck

$$L = \tfrac{1}{2} m l^2 (\dot{\varphi}^2 + \sin^2\varphi \cdot \dot{\psi}^2). \tag{83}$$

Um die Gleichung von Lagrange für die Koordinate φ zu bilden, beachten wir, daß sich der Angriffspunkt des Gewichtes mg bei einer virtuellen Verschiebung $\delta\varphi$ um den Betrag $l\delta\varphi \sin \varphi$ hebt; daher ist

$$F_\varphi = - m g l \sin \varphi$$

zu setzen. Ferner wird

$$\frac{\partial L}{\partial \dot{\varphi}} = m l^2 \dot{\varphi} \quad \text{und daher} \quad \frac{d}{dt}\Big(\frac{\partial L}{\partial \dot{\varphi}}\Big) = m l^2 \frac{d^2\varphi}{dt^2}$$

$$\frac{\partial L}{\partial \varphi} = m l^2 \sin \varphi \cos \varphi \, \dot{\psi}^2.$$

Die Gleichung von Lagrange für die Koordinate φ lautet daher, wenn man die in allen Gliedern vorkommenden Faktoren $m l$ streicht,

$$- \frac{g}{l} \sin \varphi = \frac{d^2\varphi}{dt^2} - \sin \varphi \cos \varphi \Big(\frac{d\psi}{dt}\Big)^2. \tag{84}$$

Bei einer virtuellen Verschiebung $\delta\psi$ leistet die einzige äußere Kraft mg keine Arbeit; daher ist

$$F_\psi = 0.$$

Ferner wird $\dfrac{\partial L}{\partial \dot{\psi}} = m l^2 \sin^2\varphi \dfrac{d\psi}{dt}; \quad \dfrac{\partial L}{\partial \psi} = 0.$

Die Gleichung von Lagrange für die Koordinate ψ wird daher

$$0 = \frac{d}{dt}\Big(\sin^2\varphi \, \frac{d\psi}{dt}\Big),$$

wofür man auch, wenn C eine Integrationskonstante bedeutet,

$$\sin^2\varphi \, \frac{d\psi}{dt} = C \tag{85}$$

schreiben kann. — Hiermit ist das gesteckte Ziel bereits erreicht, denn die Integration der Differentialgleichungen (84) und (85) gehört nicht mehr zu der Aufgabe, die uns hier beschäftigt. Man sieht indessen, daß sich die Variable ψ aus den beiden Gleichungen sofort eliminieren läßt, so daß φ der Differentialgleichung

$$\frac{d^2\varphi}{dt^2} = -\frac{g}{l}\sin\varphi + C^2\frac{\cos\varphi}{\sin^3\varphi} \qquad (86)$$

genügen muß. Multipliziert man beide Seiten mit $\frac{d\varphi}{dt}$, so läßt sich ohne weiteres eine Integration nach t ausführen, womit man

$$\frac{1}{2}\left(\frac{d\varphi}{dt}\right)^2 = \frac{g}{l}\cos\varphi - \frac{C^2}{2\sin^2\varphi} + C_1 \qquad (87)$$

erhält. Abgesehen davon, daß hier die Bezeichnungen anders gewählt sind und die Integrationskonstante C_1 noch nicht an die Grenzbedingungen angepaßt ist, stimmt diese Gleichung genau mit der früher auf ganz anderem Wege abgeleiteten Differentialgleichung (39) S. 52 für die Bewegung des sphärischen Pendels überein.

Ein besonderes einfaches Beispiel für das Verfahren von Lagrange bildet das physische Pendel, das eine zwangläufige Schwingung um eine horizontale Aufhängeachse ausführt. Bezeichnen wir den Winkel, den das Pendel zur Zeit t mit der Gleichgewichtslage bildet, wieder mit φ und das Trägheitsmoment für die Aufhängeachse mit θ, so wird

$$L = \tfrac{1}{2}\theta\dot{\varphi}^2. \qquad (88)$$

Bei einer virtuellen Verschiebung $\delta\varphi$ hebt sich der Schwerpunkt um $s\sin\varphi\,\delta\varphi$, wenn s den Schwerpunktsabstand bedeutet. Daher ist

$$F_\varphi = -mgs\sin\varphi.$$

Ferner erhält man für die in der Gleichung von Lagrange vorkommenden Differentialquotienten

$$\frac{\partial L}{\partial \dot{\varphi}} = \theta\dot{\varphi}; \quad \frac{d}{dt}\left(\frac{\partial L}{\partial \dot{\varphi}}\right) = \theta\frac{d^2\varphi}{dt^2}; \quad \frac{\partial L}{\partial \varphi} = 0,$$

womit die Bewegungsgleichung

$$\theta\frac{d^2\varphi}{dt^2} = -mgs\sin\varphi$$

gefunden wird, die natürlich auch auf viel einfacherem Wege abgeleitet werden kann und bereits von früher her bekannt ist.

Auch die Bewegungsgleichungen für einen starren Körper, auf den keine Kräfte wirken und dessen Schwerpunkt ruht, lassen sich nach demselben Verfahren ableiten, indem man drei geeignete Winkel zur Beschreibung der augenblicklichen Lage als allgemeine Koordinaten einführt, die Winkelgeschwindigkeitskomponenten um die drei Hauptträgheitsachsen in den Differentialquotienten dieser Koordinaten nach der Zeit ausdrückt, hierauf die lebendige Kraft bildet und die in Gl. (78) vorgeschriebenen Differentiationen daran vornimmt. Die drei F sind hier alle gleich Null. Da die Ausführung der Rechnung ziemlich umständlich ist und die Bewegung des kräftefreien Kreisels schon im vierten Bande mit einfacheren Hilfsmitteln ausführlich genug besprochen wurde, will ich mich aber nicht damit aufhalten, die Formeln anzuschreiben. Im nächsten Abschnitte, der die allgemeine Kreiseltheorie behandelt, wird jedoch darauf zurückgekommen werden.

Zur weiteren Einübung des Verfahrens wird es für den Anfänger nützlicher sein, wenn er die in den nachfolgenden Paragraphen behandelten lehrreichen Beispiele gründlich durcharbeitet.

§ 20. Das Doppelpendel.

Ein zweiläufiger Verband bestehe aus einem physischen Pendel A (Abb. 7), das sich gegen ein festes Gestell um die zur Zeichenebene senkrechte Achse α ohne merkliche Reibung zu drehen vermag, und aus einem zweiten starren Körper B, der daran drehbar aufgehängt ist. Die Aufhängeachse β geht parallel zu α und projiziert sich daher in Abb. 7 ebenfalls als Punkt. Von äußeren Kräften möge zunächst nur das Gewicht beider Körper in Betracht kommen. Unsere erste Aufgabe erblicken wir darin, die Differentialgleichungen für die Bewegung aufzustellen,

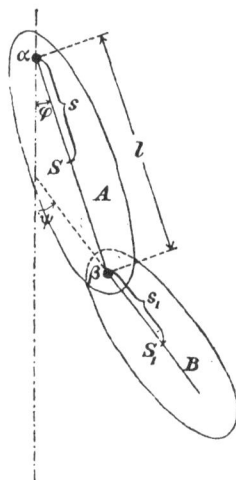

Abb. 7.

die der Verband unter dem Einflusse dieser Kräfte ausführt, wenn der Anfangszustand beliebig gegeben ist. In den folgenden Paragraphen wird sich daran eine genauere Untersuchung der durch diese Gleichungen beschriebenen Bewegungen knüpfen.

Der kürzeren Ausdrucksweise wegen wollen wir den Verband als ein Doppelpendel bezeichnen. Mit Vorrichtungen von dieser Art hat man öfters zu tun. Eines der bekanntesten Beispiele dafür bildet eine Glocke mit dem an ihr aufgehängten Klöppel. Auf diesen besonderen Fall werde ich später noch zurückkommen. Einstweilen kommt es aber auf die Gestalt und die verhältnismäßige Größe beider Körper nicht an; wir wollen vielmehr die für alle Vorrichtungen der gleichen Art allgemein gültigen Bewegungsgleichungen aufstellen. Nur insofern möge, um die Untersuchung nicht weitschweifiger zu machen, als es nötig erscheint, eine einschränkende Voraussetzung gemacht werden, als der Schwerpunkt S von A auf der Verbindungslinie der beiden Gelenkpunkte α und β liegen soll. Dagegen ist es nicht nötig, daß S zwischen α und β liegt, wie in der Abbildung angenommen wurde, sondern der Schwerpunktsabstand s kann auch größer sein als der Abstand l zwischen beiden Gelenken. Dies wird insbesondere zutreffen, wenn es sich um eine Glocke und ihren Klöppel handelt. Der in Abb. 7 mit S_1 bezeichnete Punkt soll den Schwerpunkt des zweiten Pendels B bedeuten.

Als allgemeine Koordinaten wählen wir die in Abb. 7 mit φ und ψ bezeichneten Winkel, die von den Geraden αS und βS_1 mit der Lotrichtung gebildet werden. Als positiv sollen diese Winkel gezählt werden, wenn die Drehung gegen die lotrechte Gleichgewichtslage in der aus der Abbildung zu entnehmenden Richtung erfolgt ist. Durch die Angabe von φ und ψ samt Vorzeichen wird die augenblickliche Stellung des Verbandes offenbar vollständig beschrieben. Ebenso bedarf es keiner weiteren Erörterung, daß es sich hier nur um holonome Bedingungen handelt.

Die lebendige Kraft des ganzen Verbandes ist gleich der Summe der lebendigen Kräfte von A und B. Für die lebendige Kraft von A können wir den schon in Gl. (88) für das einfache physische Pendel aufgestellten Ausdruck benutzen Die lebendige Kraft von B können wir in zwei Teile zerlegen, von denen der eine die von der Schwerpunktsgeschwindigkeit v abhängige Translationsenergie und der andere die von der Drehung um die Schwerpunktsachse herrührende Rotationsenergie darstellt. Wir machen dabei von einer Erörterung Gebrauch, die schon in Band I, § 31 über die lebendige Kraft eines starren Körpers angestellt wurde.

Für die Rotationsenergie von B haben wir den Ausdruck

$$\tfrac{1}{2}\,\theta_0\,\dot\psi^2,$$

wenn mit θ_0 das auf die Schwerpunktsachse bezogene Trägheitsmoment von B bezeichnet wird.

Um die Schwerpunktsgeschwindigkeit v von B zu berechnen, beachten wir, daß die Bewegung von B auch in eine Translation mit der dem Punkte β zukommenden Geschwindigkeit und in eine Rotation um den Punkt β zerlegt werden kann. Bei der Translation hat jeder Punkt von B und daher auch S_1 eine Geschwindigkeit von der Größe $l\dot\varphi$, die senkrecht zur Verbindungslinie $\alpha\beta$ beider Gelenke gerichtet ist. Dazu kommt die von der Rotation um β herrührende Geschwindigkeit von S_1, die senkrecht zur Strecke βS_1 gerichtet ist und die Größe $s_1\dot\psi$ hat. Aus beiden Anteilen findet man die tatsächliche Geschwindigkeit von S_1 durch eine geometrische Summierung.

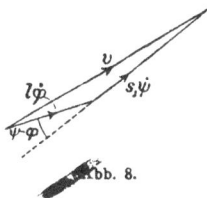

In Abb. 8 ist das Dreieck gezeichnet, durch das diese Summierung ausgeführt wird. Auf die Richtung der Schwerpunktsgeschwindigkeit kommt es jetzt nicht an, da wir zur Bildung des Ausdrucks für die lebendige Kraft nur den Wert von v^2 nötig haben. Hierfür erhalten wir aus dem Dreiecke nach dem Cosinussatze

$$v^2 = l^2\dot\varphi^2 + s_1{}^2\dot\psi^2 + 2\,l s_1\dot\varphi\dot\psi\,\cos(\psi-\varphi).$$

Im ganzen finden wir daher für die lebendige Kraft des Verbandes, wenn die Masse von B mit m_1 bezeichnet wird,

$$L = \frac{1}{2}\,\theta\dot\varphi^2 + \frac{1}{2}\,\theta_0\dot\psi^2 + \frac{m_1}{2}\,(l^2\dot\varphi^2 + s_1{}^2\dot\psi^2 + 2\,l s_1\dot\varphi\dot\psi\,\cos(\psi-\varphi)).$$

Wir können diesen Ausdruck noch ein wenig vereinfachen, wenn wir für das Trägheitsmoment von B in bezug auf die Aufhängeachse β die Bezeichnung θ_1 einführen. Dafür hat man nämlich

$$\theta_1 = \theta_0 + m_1 s_1{}^2,$$

und der Ausdruck für die lebendige Kraft geht hiermit über in

$$L = \frac{1}{2}\,\theta\dot\varphi^2 + \frac{1}{2}\,\theta_1\dot\psi^2 + \frac{m_1}{2}\,(l^2\dot\varphi^2 + 2\,l s_1\dot\varphi\dot\psi\cos(\psi-\varphi)). \tag{89}$$

Wir bilden davon sofort die in den Gleichungen von Lagrange vorkommenden Differentialquotienten und erhalten dafür der

Reihe nach

$$\frac{\partial L}{\partial \dot\varphi} = \theta \dot\varphi + m_1 l^2 \dot\varphi + m_1 l s_1 \dot\psi \cos(\psi - \varphi)$$

$$\frac{d}{dt}\left(\frac{\partial L}{c\,\dot\varphi}\right) = \theta \frac{d^2\varphi}{dt^2} + m_1 l^2 \frac{d^2\varphi}{dt^2} + m_1 l s_1 \frac{d^2\psi}{dt^2}\cos(\psi - \varphi)$$
$$- m_1 l s_1 \frac{d\psi}{dt}\sin(\psi - \varphi)\left(\frac{d\psi}{dt} - \frac{d\varphi}{dt}\right)$$

$$\frac{\partial L}{d\varphi} = m_1 l s_1 \frac{d\psi}{dt}\frac{d\varphi}{dt}\sin(\psi - \varphi)$$

$$\frac{\partial L}{\partial \dot\psi} = \theta_1 \dot\psi + m_1 l s_1 \dot\varphi \cos(\psi - \varphi)$$

$$\frac{d}{dt}\left(\frac{\partial L}{\partial \dot\psi}\right) = \theta_1 \frac{d^2\psi}{dt^2} + m_1 l s_1 \frac{d^2\varphi}{dt^2}\cos(\psi - \varphi)$$
$$- m_1 l s_1 \frac{d\varphi}{dt}\sin(\psi - \varphi)\left(\frac{d\psi}{dt} - \frac{d\varphi}{dt}\right)$$

$$\frac{\partial L}{\partial \psi} = - m_1 l s_1 \frac{d\varphi}{dt}\frac{d\psi}{dt}\sin(\psi - \varphi).$$

Hierauf müssen wir die auf die Koordinaten φ und ψ redu-zierten äußeren Kräfte F_φ und F_ψ aufstellen. Bei einer virtuellen Verschiebung, die ψ um $\delta\psi$ vergrößert und φ konstant läßt, leistet nur das Gewicht $m_1 g$ des Körpers B eine Arbeit, indem sich der Schwerpunkt S_1 um den Betrag $s_1 \delta\psi \sin\psi$ hebt. Hier-nach ist

$$F_\psi = - m_1 g s_1 \sin\psi.$$

Vergrößert sich dagegen φ um $\delta\varphi$, während ψ konstant bleibt, so erfahren die Schwerpunkte beider Körper eine Ver-schiebung nach oben. Hierbei ist zu beachten, daß sich bei dieser virtuellen Verschiebung das zweite Pendel B nicht etwa in relativer Ruhe zum ersten Pendel A befindet, denn wenn dies der Fall wäre, würde sich auch der Winkel ψ ändern. Viel-mehr entspricht der virtuellen Verschiebung $\delta\varphi$ eine Translation des zweiten Pendels, bei der sich der Schwerpunkt um ebenso-viel hebt wie das Gelenk β. Bezeichnen wir die Masse des ersten Pendels mit m, so erhalten wir demnach

$$F_\varphi = - m g s \sin\varphi - m_1 g l \sin\varphi.$$

Jetzt ist alles soweit vorbereitet, daß wir die gefundenen Ausdrücke ohne weiteres in die Gleichungen von Lagrange ein-setzen können. Diese lauten mit den hier gebrauchten Bezeich-nungen

$$F_\varphi = \frac{d}{dt}\left(\frac{\partial L}{\partial \dot\varphi}\right) - \frac{\partial L}{\partial \varphi}$$

$$F_\psi = \frac{d}{dt}\left(\frac{\partial L}{\partial \dot\psi}\right) - \frac{\partial L}{\partial \psi}$$

und nach Einsetzen der gefundenen Werte gehen sie über in

$$\left.\begin{aligned}
-\sin\varphi\cdot g(ms+m_1 l) &= (\theta+m_1 l^2)\frac{d^2\varphi}{dt^2} + \frac{d^2\psi}{dt^2}m_1 ls_1 \cos(\psi-\varphi) \\
&\quad - \left(\frac{d\psi}{dt}\right)^2 m_1 ls_1 \sin(\psi-\varphi) \\
-\sin\psi\cdot gm_1 s_1 &= \theta_1\frac{d^2\psi}{dt} + \frac{d^2\varphi}{dt^2}m_1 ls_1 \cos(\psi-\varphi) \\
&\quad + \left(\frac{d\varphi}{dt}\right)^2 m_1 ls_1 \sin(\psi-\varphi)
\end{aligned}\right\} \tag{90}$$

Hiermit sind die Bewegungsgleichungen aufgestellt und die Aufgabe ist damit so weit, als es sich nur um ein Beispiel für die Anwendung des Verfahrens von Lagrange handelt, bereits als gelöst zu betrachten. Aber damit wollen wir uns jetzt nicht begnügen, sondern zusehen, welche weiteren Schlüsse sich aus diesen Gleichungen ziehen lassen.

Um die Bewegung vollständig angeben zu können, worin doch das letzte Ziel jeder praktischen Anwendung solcher Betrachtungen besteht, müßten wir imstande sein, die aufgestellten Differentialgleichungen zu integrieren. Das ist aber nicht allgemein möglich und man muß hinzufügen, daß die Differentialgleichungen für die Bewegung eines mehrläufigen Verbandes nicht nur in diesem Falle, sondern in der Regel derart verwickelt sind, daß der Versuch, sie allgemein zu integrieren, ganz aussichtslos erscheint. Hierdurch wird aber nicht gehindert, daß man über viele Fragen, die von besonderer Wichtigkeit sind, hinreichenden Aufschluß aus den Differentialgleichungen erhalten kann, auch ohne daß diese zuvor streng integriert werden müßten.

Das wichtigste Hilfsmittel, um zu einer für den praktischen Gebrauch meist vollständig ausreichenden Näherungslösung zu gelangen, besteht darin, bei periodischen Bewegungen, wie sie hier in Frage kommen, vorauszusetzen, daß die Schwingungsausschläge als klein betrachtet werden könnten. Man kann dann eine Reihe von Gliedern vernachlässigen und dadurch die Gleichungen so vereinfachen, daß die Integration möglich wird. Etwas be-

denklich ist es ja freilich, wenn die auf diese Weise gefundene
Näherungslösung später, wie es häufig geschieht, auch auf Fälle
angewendet wird, in denen die Schwingungsausschläge keineswegs mehr als klein anzusehen sind. Aber im ganzen scheint
doch die Erfahrung zu bestätigen, daß der hiermit begangene
Fehler gewöhnlich in erträglichen Grenzen bleibt. Nötig ist
es aber freilich, daß man bei Anwendungen dieser Art in Er-
innerung behält, daß man dabei einen Fehler begeht, der unter
Umständen auch einmal sehr beträchtlich werden könnte. Ergänzende Betrachtungen von anderer Art, die hierüber Aufschluß zu geben vermögen, sind daher meist nicht zu entbehren.

Wir wollen jetzt sehen, wie sich die Gleichungen (90) vereinfachen, wenn die Schwingungsausschläge als sehr klein vorausgesetzt werden.

§ 21. Kleine Schwingungen des Doppelpendels.

Wenn die Winkel φ und ψ als kleine Größen anzusehen
sind, gilt dies auch von ihren Differentialquotienten nach der
Zeit. Denn wir dürfen von vornherein aus der Erfahrung als
bekannt ansehen, daß sich die Schwingungsbewegungen des
Doppelpendels unter den angegebenen Umständen in endlichen
Zeiten abspielen, so daß die Schwingungsdauern nicht etwa
selbst klein von derselben Ordnung wie die φ und ψ werden können.

Hieraus folgt zunächst, daß in beiden Gleichungen (90) das
letzte Glied auf der rechten Seite, das von der dritten Ordnung
klein ist, gegen die nur von der ersten Ordnung kleinen übrigen
Glieder vernachlässigt werden darf. Mit demselben Grade der
Genauigkeit ist es ferner zulässig, den auf den linken Seiten der
Gleichungen vorkommenden Sinus eines kleinen Winkels durch
den (natürlich in Bogenmaß auszumessenden) Winkel selbst zu
ersetzen. Endlich darf der bei den Gliedern auf der rechten
Seite als Faktor vorkommende Cosinus des Winkels $\psi - \varphi$ gleich
Eins gesetzt werden, womit diese Glieder ebenfalls nur um eine
von der dritten Ordnung kleine Größe geändert werden.

Für kleine Schwingungen lassen sich daher die Bewegungsgleichungen in der einfachen Form

$$\left.\begin{aligned}
a\varphi + b\frac{d^2\varphi}{dt^2} + c\frac{d^2\psi}{dt^2} &= 0\\
d\psi + e\frac{d^2\psi}{dt^2} + c\frac{d^2\varphi}{dt^2} &= 0
\end{aligned}\right\} \tag{91}$$

anschreiben, wenn man für die darin vorkommenden konstanten
Koeffizienten die Abkürzungen

$$
\left.\begin{aligned}
a &= g\,(m s + m_1 l)\\
b &= \theta + m_1 l^2\\
c &= m_1 s_1 l\\
d &= g m_1 s_1\\
e &= \theta_1
\end{aligned}\right\} \tag{92}
$$

benuzt. Die Integration der Gleichungen (91) macht jetzt keine
Schwierigkeiten mehr. Differentiiert man die zweite von ihnen
zweimal nach t und setzt den aus der ersten hervorgehenden
Wert von $\dfrac{d^2\psi}{dt^2}$ ein, so erhält man für φ die einfache Differentialgleichung vierter Ordnung

$$(be - c^2)\frac{d^4\varphi}{dt^4} + (ea + bd)\frac{d^2\varphi}{dt^2} + da\varphi = 0. \tag{93}$$

Die Koeffizienten a bis e sind ihrer Definition nach sämtlich positive Größen. Ferner ist c^2 stets kleiner als be, da
$\theta_1 = \theta_0 + m_1 s_1^2$ gesetzt werden kann. Hieraus folgt, daß auch
die Koeffizienten in Gl. (93) stets sämtlich potitiv sein müssen.
    Eliminiert man umgekehrt φ aus den Gleichungen (91), so
erkennt man, daß ψ derselben Differentialgleichung (93) genügen
muß wie φ.
    Die Lösung der Gleichung läßt sich in der Form

$$\varphi = A \sin \alpha_1 t + B \cos \alpha_1 t + C \sin \alpha_2 t + D \cos \alpha_2 t \tag{94}$$

darstellen, in der unter α_1 und α_2 die beiden positiven Wurzeln
der charakteristischen Gleichung

$$(be - c^2)\alpha^4 - (ea + bd)\alpha^2 + da = 0 \tag{95}$$

zu verstehen sind. Löst man diese Gleichung nach α^2 auf, so
erhält man

$$\alpha^2 = \frac{ea + bd}{2(be - c^2)} \pm \sqrt{\frac{(ea + bd)^2}{4(be - c^2)^2} - \frac{da}{be - c^2}},$$

woraus hervorgeht, daß jedenfalls beide Werte von α^2 positiv
ausfallen müssen, falls die Wurzel reell bleibt. Daß sie aber reell
bleiben muß, folgt aus einer Umformung, die man mit dem
Radikanden vornehmen kann und wodurch die Gleichung übergeht in

$$\alpha^2 = \frac{ea + bd \pm \sqrt{(ea - bd)^2 + 4 dac^2}}{2(be - c^2)}. \tag{96}$$

Nach Gl. (94) führt das erste Pendel eine periodische Bewegung aus, die sich aus der Übereinanderlagerung von zwei einfachen Sinusschwingungen zusammensetzt. Die Schwingungsdauern dieser Sinusschwingungen folgen aus

$$T_1 = \frac{2\pi}{\alpha_1} \quad \text{und} \quad T_2 = \frac{2\pi}{\alpha_2}$$

und lassen sich zahlenmäßig für einen bestimmten Fall nach den vorhergehenden Formeln leicht ausrechnen. Sie sind unabhängig von den in Gl. (94) vorkommenden Integrationskonstanten $ABCD$, d. h. unabhängig von den Schwingungsamplituden oder von den Anfangsbedingungen, von denen im übrigen die besondere Art des Bewegungsvorgangs abhängt.

Auch für ψ gilt eine Lösung von derselben Form wie für φ. Die darin auftretenden Integrationskonstanten sind aber nicht mehr willkürlich, sondern von den in Gl. (94) vorkommenden abhängig. Multipliziert man von den beiden Bewegungsgleichungen (91) die erste mit e und die zweite mit c und subtrahiert, so erhält man durch Auflösen nach ψ

$$\psi = \frac{a e \varphi + (b e - c^2) \dfrac{d^2\varphi}{d t^2}}{c d}.$$

Hiernach läßt sich ψ durch die Gleichung

$$\psi = K_1 (A \sin \alpha_1 t + B \cos \alpha_1 t) + K_2 (C \sin \alpha_2 t + D \cos \alpha_2 t) \quad (97)$$

darstellen, in der für die Faktoren K_1 und K_2 zu setzen ist

$$\left. \begin{aligned} K_1 &= \frac{a e - \alpha_1{}^2 (b e - c^2)}{c d} \\ K_2 &= \frac{a e - \alpha_2{}^2 (b e - c^2)}{c d} \end{aligned} \right\} \quad (98)$$

Um K_1 und K_2 zu bestimmen, kann man auch einen anderen Weg einschlagen, nämlich Gl. (97) unmittelbar als Lösung der Differentialgleichung vierter Ordnung anschreiben, der ψ genügen muß, und hierauf φ aus Gl. (94) und ψ aus Gl. (97) beide in die beiden Gleichungen (91) einsetzen, die dadurch identisch befriedigt werden müssen. Man erhält dadurch für K_1 die beiden folgenden Werte

$$K_1 = \frac{a - b\alpha_1{}^2}{c\alpha_1{}^2} \quad \text{oder auch} \quad K_1 = \frac{c\alpha_1{}^2}{d - e\alpha_1{}^2}$$

und für K_2 die sich daraus durch Vertauschung von $\alpha_1{}^2$ mit $\alpha_2{}^2$

ergebenden. Alle drei Ausdrücke für K_1 sind aber unter sich gleich; man muß dabei nur beachten, daß $\alpha_1{}^2$ eine Wurzel von Gl. (95) bedeutet. Man kann auch durch Einsetzen von $\alpha_1{}^2$ aus Gl. (96) in Gl. (98) einen Ausdruck von K_1 erhalten, in dem nur noch die ursprünglich gegebenen Koeffizienten vorkommen, nämlich

$$\left.\begin{array}{l} K_1 = \dfrac{ae - bd - \sqrt{(ae - bd)^2 + 4\,dac^2}}{2\,cd} \\[3mm] K_2 = \dfrac{ae - bd + \sqrt{(ae - bd)^2 + 4\,dac^2}}{2\,cd} \end{array}\right\}. \tag{99}$$

Die Werte der Faktoren K_1 und K_2 spielen bei der Erörterung der Bewegungsvorgänge des Doppelpendels eine sehr wichtige Rolle, weil sie angeben, in welchen Verhältnissen die Amplituden der beiden Schwingungsanteile von ψ gegenüber denen von φ vergrößert oder verkleinert sind. Einstweilen sieht man schon, daß K_1 auf jeden Fall negativ und K_2 positiv sein muß. Der Schwingungsanteil von ψ, der zur Schwingungsdauer T_1 gehört, steht daher mit dem entsprechenden Anteile von φ, wie man sagen kann, in entgegengesetzter Phase, während die zur Schwingungsdauer T_2 gehörigen Schwingungsanteile von φ und ψ in gleicher Phase stehen.

Ferner sieht man aus den Gl. (99), daß K_1 und K_2 im allgemeinen verschiedene absolute Werte haben, daß also die Amplituden der beiden Schwingungsanteile von ψ in einem ganz anderen Verhältnisse zueinander stehen als die von φ. Eine Ausnahme davon macht nur der Fall, daß infolge der besonderen Wahl der Abmessungen und der Massenverteilung der beiden Pendel

$$ae = bd$$

wird. In diesem Falle, der auch sonst noch eine besondere Beachtung verdient, vereinfachen sich die Werte von K_1 und K_2 zu

$$K_1' = -\sqrt{\frac{a}{d}} \quad \text{und} \quad K_2' = +\sqrt{\frac{a}{d}}. \tag{100}$$

Auf diesen Fall werde ich später noch zurückkommen.

Bildet man das Produkt von K_1 und K_2 nach den Gleichungen (99), so erhält man

$$K_1 K_2 = -\frac{a}{d} = -\frac{ms + m_1 l}{m_1 s_1}. \tag{101}$$

Von dieser Formel kann man gelegentlich einen nützlichen Gebrauch machen.

§ 22. Fortsetzung; besondere Bewegungsarten.

In der durch die Gleichungen (94) und (97) ausgesprochenen Lösung unserer Aufgabe kommen die vier willkürlich gebliebenen Integrationskonstanten $ABCD$ vor. Deren Werte hängen von den Anfangsbedingungen ab. Wenn man angeben soll, wie sich die Bewegung weiter fortsetzt, muß man wissen, wie sie zu Anfang war.

Zur Zeit $t = 0$, von der ab' wir die weitere Bewegung betrachten, seien die Werke von φ und ψ mit φ_0 und ψ_0 und die Geschwindigkeiten, mit denen sich φ und ψ ändern, mit $\dot{\varphi}_0$ und $\dot{\psi}_0$ bezeichnet. Dann lassen sich die Konstanten $ABCD$ aus den vier Gleichungen

$$\left.\begin{aligned}
\varphi_0 &= B + D \\
\psi_0 &= K_1 B + K_2 D \\
\dot{\varphi}_0 &= A\alpha_1 + C\alpha_2 \\
\dot{\psi}_0 &= K_1 A\alpha_1 + K_2 C\alpha_2
\end{aligned}\right\} \tag{102}$$

berechnen. Besondere Fälle der Bewegung treten ein, wenn wir für die vier Anfangswerte $\varphi_0 \psi_0 \dot{\varphi}_0 \dot{\psi}_0$ besondere Werte annehmen. Durch eine geeignete Wahl des Zeitpunktes $t = 0$ werden wir es bei jeder Bewegungsart erreichen können, daß etwa $\varphi_0 = 0$ wird. Ein besonderer Fall ist es aber, wenn dann zugleich auch ψ_0 zu Null wird. Diesen Fall wollen wir jetzt etwas näher besprechen. Man hat dann, da K_1 und K_2 jedenfalls verschieden voneinander sind,

$$B = D = 0,$$

$$A = \frac{K_2\dot{\varphi}_0 - \dot{\psi}_0}{\alpha_1(K_2 - K_1)} .$$

$$C = -\frac{K_2\dot{\varphi}_0 - \dot{\psi}_0}{\alpha_2(K_2 - K_1)}$$

und die endlichen Bewegungsgleichungen lauten hiermit

$$\left.\begin{aligned}
\varphi &= \frac{K_2\dot{\varphi}_0 - \dot{\psi}_0}{\alpha_1(K_2 - K_1)}\sin\alpha_1 t + \frac{\dot{\psi}_0 - K_1\dot{\varphi}_0}{\alpha_2(K_2 - K_1)}\sin\alpha_2 t \\
\psi &= \frac{K_1 K_2\dot{\varphi}_0 - K_1\dot{\psi}_0}{\alpha_1(K_2 - K_1)}\sin\alpha_1 t + \frac{K_2\dot{\psi}_0 - K_1 K_2\dot{\varphi}_0}{\alpha_2(K_2 - K_1)}\sin\alpha_2 t
\end{aligned}\right\} \cdot \tag{103}$$

Hieran knüpft sich die Frage, ob es vorkommen kann, daß nicht nur zu Anfang, sondern auch im ganzen weiteren Verlaufe der Bewegung $\psi = \varphi$ wird. Diese Frage

ist deshalb von Wichtigkeit, weil in diesem Falle der Verband
ohne jede Drehung im Gelenk β, also so schwingt, als wenn beide
Körper ein einziges physisches Pendel ausmachten. Wenn der
Fall eintreten soll, müssen die beiden Gleichungen

$$K_2 \dot{\varphi}_0 - \dot{\psi}_0 = K_1(K_2 \dot{\varphi}_0 - \dot{\psi}_0),$$
$$\dot{\psi}_0 - K_1 \dot{\varphi}_0 = K_2(\dot{\psi}_0 - K_1 \dot{\varphi}_0)$$

erfüllt sein. Da K_1, wie wir schon früher fanden, jedenfalls
negativ und K_2 positiv ist, kann man den beiden Gleichungen
nur dadurch genügen, daß man

$$K_2 \dot{\varphi}_0 - \dot{\psi}_0 = 0 \quad \text{und} \quad K_2 = 1, \quad \text{also auch} \quad \dot{\varphi}_0 = \dot{\psi}_0$$

setzt. Bei einem beliebig gegebenen Doppelpendel läßt
sich daher diese Art der Bewegung niemals durch
passende Wahl der Anfangsbedingungen verwirklichen;
wohl aber dann, wenn die Maße und die Massenverteilungen in
beiden Pendeln zufällig oder absichtlich so gewählt sind, daß
$K_2 = 1$ wird.

Setzt man in Gl. (99) $K_2 = 1$, so erhält man nach einfachen
algebraischen Umformungen als Bedingung für das Eintreten
des besprochenen Falles die Gleichung

$$d(b + c) = a(e + c)$$

oder auch, wenn man sich der Bedeutung der durch die Gleichungen
(92) eingeführten Buchstabenbezeichnungen erinnert,

$$m_1 s_1 (\theta + m_1 l^2 + m_1 s_1 l) = (ms + m_1 l)(\theta_1 + m_1 s_1 l).$$

Diese Gleichung läßt sich schließlich noch ein wenig vereinfachen,
womit sie übergeht in

$$m_1(\theta s_1 - \theta_0 l) = ms(\theta_1 + m_1 l s_1), \qquad (104)$$

wobei auf der linken Seite wieder das auf die Schwerpunktsachse bezogene Trägheitsmoment θ_0 des zweiten Pendels eingeführt ist.

Mit $K_2 = 1$ folgt übrigens aus Gl. (101)

$$K_1 = - \frac{a}{d}.$$

Nachdem wir gefunden haben, daß im Falle $K_2 = 1$ etwas
Außergewöhnliches geschehen kann, wenn die Anfangsbedingungen
passend gewählt sind, wollen wir noch nachsehen, wie die Bewegung desselben Verbandes bei beliebigen Anfangsbedingungen

ausfällt. Dazu gehen wir auf die Gleichungen (102) zurück, bei denen wir uns den Anfangspunkt der Zeit so gewählt denken wollen, daß φ_0 zu Null wird. Indem wir die hier zutreffenden Werte von K_1 und K_2 einsetzen, liefert die Auflösung dieser Gleichungen

$$A = \frac{\varphi_0 - \psi_0}{\alpha_1(a+d)}; \quad B = -\frac{d}{a+d}\psi_0;$$

$$C = \frac{a\dot\varphi_0 + d\dot\psi_0}{\alpha_2(a+d)}; \quad D = \frac{d}{a+d}\psi_0,$$

womit die endlichen Bewegungsgleichungen übergehen in

$$\varphi = \frac{(\dot\varphi_0 - \dot\psi_0)d}{\alpha_1(a+d)}\sin\alpha_1 t - \frac{d}{a+d}\psi_0\cos\alpha_1 t + \frac{a\dot\varphi_0 + d\dot\psi_0}{\alpha_2(a+d)}\sin\alpha_2 t$$

$$+ \frac{d}{a+d}\psi_0\cos\alpha_2 t,$$

$$\psi = -\frac{a(\dot\varphi_0 - \dot\psi_0)}{\alpha_1(a+d)}\sin\alpha_1 t + \frac{a}{a+d}\psi_0\cos\alpha_1 t + \frac{a\dot\varphi_0 + d\dot\psi_0}{\alpha_2(a+d)}\sin\alpha_2 t$$

$$+ \frac{d}{a+d}\psi_0\cos\alpha_2 t.$$

Für die relative Drehung beider Pendel gegeneinander um das Gelenk β erhält man daraus

$$\psi - \varphi = -\frac{\dot\varphi_0 - \dot\psi_0}{\alpha_1}\sin\alpha_1 t + \psi_0\cos\alpha_1 t.$$

Der größte Wert, den der Drehungswinkel im Verlaufe der Schwingung annimmt, ist daher

$$(\psi - \varphi)_{max} = \sqrt{\psi_0^2 + \left(\frac{\dot\varphi_0 - \dot\psi_0}{\alpha_1}\right)^2}.$$

Wenn auch ψ_0 gleich Null war, bleibt daher der Drehungswinkel bei etwas verschiedenen Werten von $\dot\varphi_0$ und $\dot\psi_0$ dann besonders klein, wenn α_1 sehr groß ausfällt, d. h. wenn die Schwingungsdauer T_1 klein ist.

Ein anderer Sonderfall, der eine eigene Besprechung verdient, tritt ein, wenn

$$ae = bd$$

ist. Die Werte der Faktoren K_1 und K_2 sind für diesen Fall schon in den Gleichungen (100) angegeben. Für α_1 und α_2 erhält man nach Gl. (96)

$$\alpha_1 = \sqrt{\frac{ca + c\sqrt{ad}}{be - c^2}}; \quad \alpha_2 = \sqrt{\frac{ea - c\sqrt{ad}}{be - c^2}}.$$

Die Auflösung der Gleichungen (102) mit $\varphi_0 = 0$ liefert für die Integrationskonstanten nach Einsetzen der Werte von K_1 und K_2

$$A = \frac{\dot{\varphi}_0 - \dot{\psi}_0 \sqrt{\frac{d}{a}}}{2\alpha_1}; \quad B = -\frac{\psi_0}{2}\sqrt{\frac{d}{a}};$$

$$C = \frac{\dot{\varphi}_0 + \dot{\psi}_0 \sqrt{\frac{d}{a}}}{2\alpha_2}, \quad D = \frac{\psi_0}{2}\sqrt{\frac{d}{a}},$$

und die Bewegung wird dargestellt durch die Formeln

$$\left. \begin{aligned} \varphi &= A \sin \alpha_1 t + B \cos \alpha_1 t + C \sin \alpha_2 t + D \cos \alpha_2 t \\ \psi &= \sqrt{\frac{a}{d}} \{ -(A \sin \alpha_1 t + B \cos \alpha_1 t) + C \sin \alpha_2 t + D \cos \alpha_2 t \} \end{aligned} \right\} \cdot (105)$$

Dies gilt noch für jede mögliche Bewegung des betrachteten Doppelpendels, falls nur der Anfang der Zeiten t so gewählt ist, daß für ihn $\varphi_0 = 0$ ist. Eine besonders einfache Bewegung entsteht, wenn wir annehmen, daß auch $\psi_0 = 0$ war und daß ferner

$$\dot{\varphi}_0 = \dot{\psi}_0 \sqrt{\frac{d}{a}}$$

ist. Für diesen Fall gehen die vorhergehenden Gleichungen über in

$$\varphi = \frac{\dot{\varphi}_0}{\alpha_2} \sin \alpha_2 t,$$

$$\psi = \frac{\dot{\varphi}_0}{\alpha_2} \sqrt{\frac{a}{d}} \sin \alpha_2 t.$$

Der Winkel ψ bleibt dabei dauernd dem Winkel φ proportional. Setzt man außerdem noch $a = d$ voraus, womit auch $e = b$ wird, so ist zugleich auch der vorher schon besprochene Fall verwirklicht, bei dem ψ dauernd gleich φ bleibt.

Endlich sind noch von großer Bedeutung die Sonderfälle, bei denen die Masse des einen Pendels als sehr klein gegenüber des anderen angesehen werden kann. Diese sollen im nächsten Paragraphen besprochen werden.

§ 23. Grenzfälle des Doppelpendels.

Zunächst sei m_1 sehr klein gegenüber m, während die Längen l, s, s_1 und die Trägheitshalbmesser beider Pendel unter sich alle von gleicher Größenordnung sein sollen. Dann sind von den in den Gleichungen (92) zusammengestellten Koeffizienten die beiden ersten, nämlich a und b, unter sich von gleicher Größenordnung und sehr groß gegenüber den drei letzten, nämlich c, d und e, die ebenfalls unter sich von gleicher Größenordnung sind. Zugleich ist zu beachten, daß a und b aus je zwei Gliedern zusammengesetzt sind, von denen das zweite klein ist gegen das erste, und zwar von derselben Ordnung klein wie die andern drei Koeffizienten.

Wenn wir dies beachten, können wir zunächst für die in Gl. (96) vorkommenden Quadratwurzeln bis auf Größen höherer Ordnung genau setzen

$$\sqrt{(ea - bd)^2 + 4 dac^2} = ea - bd + \frac{2 dac^2}{ea - bd}.$$

Doch gilt dies nur solange, als nicht der am Schlusse des vorigen Paragraphen besprochene Sonderfall $ea = bd$ ganz oder nahezu verwirklicht ist. Darauf werde ich nachher noch zurückkommen, einstweilen aber annehmen, daß die Differenz $ea - bd$ von derselben Größenordnung ist wie jedes der beiden Glieder ea oder bd.

Dann erhält man nach Gl. (96)

$$\left. \begin{aligned} \alpha_1{}^2 &= \frac{ea + \dfrac{dac^2}{ea - bd}}{be - c^2} \\[2ex] \alpha_2{}^2 &= \frac{bd - \dfrac{dac^2}{ea - bd}}{be - c^2} \end{aligned} \right\} \tag{106}$$

Wenn es sich nur um die Berechnung der Schwingungsdauern T_1 und T_2 handelt, kann man diese Ausdrücke noch bedeutend vereinfachen. Das zweite Glied sowohl im Zähler als im Nenner beider Brüche ist nämlich von der ersten Ordnung klein gegen das erste und kann dagegen vernachlässigt werden. Man erhält dann

$$\alpha_1{}^2 = \frac{a}{b} \quad \text{und} \quad \alpha_2{}^2 = \frac{d}{e}, \tag{107}$$

welche Werte unter sich von gleicher Größenordnung sind. Für die Schwingungsdauern erhalten wir durch Einsetzen der Werte der Koeffizienten aus den Gleichungen (92) mit den dabei zulässigen Vernachlässigungen

$$\left. \begin{aligned} T_1 &= \frac{2\pi}{\alpha_1} = 2\pi \sqrt{\frac{b}{a}} = 2\pi \sqrt{\frac{\theta}{g\,m\,s}} \\[2ex] T_2 &= \frac{2\pi}{\alpha_2} = 2\pi \sqrt{\frac{e}{d}} = 2\pi \sqrt{\frac{\theta_1}{g\,m_1\,s_1}} \end{aligned} \right\} \tag{108}$$

Dieses Ergebnis hat aber eine einfache Bedeutung. T_1 ist nämlich die Schwingungsdauer des ersten Pendels, wenn das zweite nicht daran aufgehängt ist, und ebenso gibt T_2 die Schwingungsdauer des zweiten Pendels an, wenn das erste dabei stillsteht.

Bei der Berechnung der Faktoren K_1 und K_2, die nach den Gleichungen (98) erfolgen kann, müssen wir dagegen auf die genaueren Werte von $\alpha_1{}^2$ und $\alpha_2{}^2$ in den Gleichungen (106) zurückgreifen. Wir finden dann

$$\left.\begin{aligned}
K_1 &= -\frac{ac}{ea-bd} \\
K_2 &= \frac{ae-bd}{cd} + \frac{ac}{ea-bd}
\end{aligned}\right\}. \qquad (109)$$

Aus den Bemerkungen über die Größenordnung der Koeffizienten folgt aber, daß das erste Glied in dem Ausdrucke für K_2 eine sehr große Zahl bedeutet, die groß ist gegen Eins von derselben Größenordnung wie m oder θ gegen m_1 oder θ_1. Man muß nämlich beachten, daß alle Glieder im Zähler und Nenner dieser Brüche von derselben Dimension sind, so daß die Brüche selbst unbenannte Zahlen darstellen. Das zweite Glied in K_2, das der Größe nach mit K_1 übereinstimmt, kann ebensowohl größer wie kleiner sein als Eins, muß aber auf jeden Fall bei den hier aufgestellten Voraussetzungen mit Eins von der gleichen Größenordnung und hiermit sehr klein gegen K_2 sein.

Wir erkennen daraus zunächst, daß die Amplitude des zur Schwingungsdauer T_2 gehörigen Schwingungsanteils beim zweiten Pendel weit größer ist als beim ersten Pendel. Daraus folgt weiter, daß diese Amplitude beim ersten Pendel als sehr klein vorausgesetzt werden muß. Das erste Pendel führt daher nahezu einfache harmonische Schwingungen aus von derselben Art, als wenn das zweite Pendel gar nicht vorhanden wäre. Von vornherein war ja auch vorauszusehen, daß das zweite Pendel mit der kleinen Masse m_1 das weit mächtigere erste Pendel in seiner Bewegung nicht merklich zu stören vermöchte.

Wir gelangen daher zu einer hinreichend genauen Beschreibung des ganzen Bewegungsvorgangs, wenn wir setzen

$$\left.\begin{aligned}
\varphi &= A\sin\alpha_1 t + B\cos\alpha_1 t \\
\psi &= -\frac{ac}{ea-bd}(A\sin\alpha_1 t + B\cos\alpha_1 t) + C_1\sin\alpha_2 t + D_1\cos\alpha_2 t
\end{aligned}\right\} \qquad (110)$$

und die Konstanten ABC_1D_1, von denen die beiden letztge-
nannten nicht mit den früher gebrauchten C und D verwechselt
werden dürfen, aus den Grenzbedingungen für die Zeit $t = 0$ berechnen. Führt man noch die Werte aus den Gleichungen (92)
ein, so wird übrigens genau genug

$$\frac{ac}{ea - bd} = \frac{ms\,m_1\,s_1\,l}{ms\,\theta_1 - m_1\,s_1\,\theta}.$$

Diese Lösung läßt sich sofort auch auf den folgenden Fall
übertragen. Man nehme an, daß ein Pendel (vielleicht ein Fadenpendel) etwa in einem Turme aufgehängt sei und daß der Turm
durch ein Erdbeben oder durch Windstöße in Schwingungen versetzt sei, die man meist genau genug als einfache Sinus-Schwin-
gungen wird betrachten können. Betrachten wir diese Schwingungen als durch äußere Bedingungen vorgeschrieben und gegeben, so fragt sich, was für Schwingungen das an dem bewegten
Punkte aufgehängte Pendel ausführen wird. In diesem Falle sind
$l\varphi$ und α_1 gegeben und α_2 ist aus Gl. (107) zu berechnen. Unbekannt sind zwar die in den vorhergehenden Formeln auftreten-
den Größen m, s und θ. Aber wir können sie leicht daraus entfernen, wenn wir auf die Gleichungen (108) achten. Man findet
dann

$$\frac{ac}{ea - bd} = \frac{l}{\dfrac{\theta_1}{m_1\,s_1} - \dfrac{\theta}{ms}} = \frac{l \cdot 4\,\pi^2}{g(T_2^2 - T_1^2)},$$

und die Schwingung des aufgehängten Pendels wird daher dargestellt durch die Gleichung

$$\psi = -\frac{4\,\pi^2 l\varphi}{g(T_2^2 - T_1^2)} + C_1 \sin\alpha_2 t + D_1 \cos\alpha_2 t. \qquad (111)$$

Hierbei ist $l\varphi$ der als gegeben angesehene Ausschlag des Aufhängepunktes des Pendels.

Anordnungen, die zwar im einzelnen davon abweichen, im
ganzen aber ähnliche Eigenschaften haben wie ein einfaches
Fadenpendel, werden als Seismographen zur Beobachtung der
durch Erdbeben hervorgebrachten Bewegungen des Aufhängepunktes oder als Pallographen zur Beobachtung der auf
Schiffen auftretenden Schwingungen gebraucht. Hierbei wird dafür gesorgt, daß die Schwingungsdauer T_2, also die Eigenschwingungsdauer des Instruments, sehr groß und jedenfalls bedeutend
größer ist als die Dauer T_1 der Schwingungen, denen der Aufhängepunkt unterworfen ist. In den von diesen Instrumenten auf-

gezeichneten Diagrammen lassen sich daher die durch die beiden
letzten Glieder in Gl. (111) dargestellten langsamen Eigen-
schwingungen sehr deutlich von den viel rascher verlaufenden
Schwingungen mit der Schwingungsdauer T_1, die durch das erste
Glied angegeben werden, unterscheiden. Ferner sind in diesem
Falle die Ausschläge ψ und insbesondere auch der von dem ersten
Gliede in Gl. (111) herrührende Anteil von ψ aus dem Diagramm
zu entnehmen und daher als bekannt anzusehen, während die
Schwingungen $l\varphi$ des Aufhängepunktes daraus abgeleitet werden
sollen. Bezeichnet man die Amplitude der zuletzt genannten
Schwingungen mit x, ferner die Länge des Fadenpendels mit L
und den Weg $L\psi$ des Pendelendes, soweit er von dem ersten
Gliede in Gl. (111) herrührt, für den größten Ausschlag mit w,
so folgt x nach Gl. (111) aus dem beobachteten w, wenn man
vom Vorzeichen absieht, nach der Formel

$$x = w \cdot \frac{g\,(T_2{}^2 - T_1{}^2)}{4\,\pi^2 L} \qquad (112)$$

oder auch, wenn man T_2 in L ausdrückt,

$$x = w\left(1 - \frac{g}{4\,\pi^2 L}\,T_1{}^2\right). \qquad (113)$$

Wenn T_1 sehr klein ist gegen T_2, wird daher nahezu $x = w$;
doch geht der Ausschlag nach der entgegengesetzten Seite.

Hierzu soll noch bemerkt werden, daß es natürlich nicht
nötig ist, zur Aufstellung der Theorie der Seismographen-Schwin-
gungen von dem Doppelpendel auszugehen, wie es hier des Zusammenhanges wegen geschehen ist. Wenn der Aufstellungsort eines solchen Instruments ganz beliebig gegebene
Bewegungen ausführt, gelangt man vielmehr am einfachsten zu den Bewegungsgleichungen für die dadurch
hervorgebrachten Apparatschwingungen auf Grund der
Sätze über die Relativbewegung. Man bezieht also die Bewegungen im Instrument auf einen Raum, der mit dem Gestell
des Instruments fest verbunden ist, und bringt die Ergänzungskräfte der Relativbewegung an, worauf die Bewegungsgleichungen
leicht nach den gewöhnlichen Methoden aufgestellt werden können.

Alle vorausgehenden Formeln dieses Paragraphen gelten nur
unter der Voraussetzung, daß ea merklich von bd verschieden
ist. Wird dagegen $ea = bd$, so ist auf die Besprechung dieses
Sonderfalles am Schlusse des vorigen Paragraphen zurückzu-

greifen. Man muß nur beachten, daß jetzt die weitere Voraussetzung über die Kleinheit der Masse m_1 gegenüber m ·hinzu-
kommt, die zur Folge hat, daß $\frac{d}{a}$ einen sehr kleinen Bruch bildet oder $\frac{a}{d}$ eine sehr große Zahl bedeutet. Aus den Gleichungen
(105) folgt daher, daß die Amplituden der beiden Schwingungsanteile von ψ weit größer sind als von φ. Wenn daher ψ dauernd
so klein bleiben soll, daß man wenigstens mit einiger Annäherung
noch von der Theorie der kleinen Schwingungen Gebrauch machen
kann, müssen die Amplituden der Schwingungsanteile von φ
besonders klein sein und zwar so, daß $\dot{\varphi}_0$ von gleicher Größenordnung mit $\dot{\psi}_0 \sqrt{\frac{d}{a}}$ wird. Ein sehr kleiner Anstoß, der dem
ersten Pendel erteilt wird und dieses nur in kleine Schwingungen
versetzt, vermag daher schon große Schwingungen des zweiten
Pendels herbeizuführen.

Die Schwingungsdauern T_1 und T_2 werden für $ea = bd$ und
kleine Masse des zweiten Pendels nach den am Schlusse des
vorigen Paragraphen angegebenen Formeln für α_1 und α_2 nahezu
einander gleich und zwar ebenso groß wie die Schwingungsdauer des ersten Pendels, wenn das zweite nicht daran aufgehängt ist oder auch, was hier wegen $ea = bd$ auf dasselbe hinauskommt, so groß wie die Eigenschwingungsdauer des zweiten
Pendels. Man kann daher den Fall $ea = bd$ auch
dadurch kennzeichnen, daß man ihn den Fall
der Schwingungsresonanz zwischen den
Schwingungen des ersten und zweiten Pendels
nennt. Damit hängen auch die großen Schwingungsausschläge des zweiten Pendels für diesen
Fall zusammen.

Ich komme jetzt zu dem anderen
Grenzfalle des Doppelpendels, bei dem
umgekehrt die Masse m des ersten Pendels gegen die Masse m_1 des zweiten vernachlässigt werden kann. Das erste Pendel
ist dann einer Stange gleichwertig, der nur
die Aufgabe zukommt, den Aufhängepunkt des
zweiten Pendels auf einem Kreise zu führen.

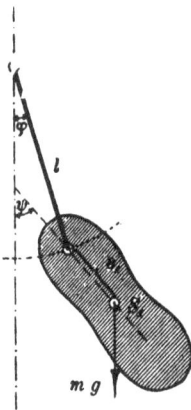

Abb. 9.

Abb. 9, bei der im übrigen die Bezeichnungen von Abb. 7 beibehalten sind, gibt dies näher an. Man kann auch sagen, daß es

sich hierbei um die Schwingungen eines starren Körpers von der Gestalt einer Scheibe handelt, der mit zwei Freiheitsgraden aufgehängt und dem Einflusse des Gewichtes als einziger äußerer Kraft ausgesetzt ist. Man könnte dafür die Bewegungsgleichungen nach dem gewöhnlichen Verfahren von neuem bilden; wir erhalten sie aber jetzt einfacher, indem wir in den Entwicklungen der vorhergehenden Paragraphen $m = 0$ und hiermit $\theta = 0$ setzen. Für α^2 finden wir an Stelle von Gl. (96)

$$\alpha^2 = g \, \frac{\theta_1 + m_1 s_1 l \pm \sqrt{(\theta_1 - m_1 s_1 l)^2 + 4 m_1{}^2 s_1{}^3 l}}{2 l (\theta_1 - m_1 s_1{}^2)}, \qquad (114)$$

woraus sich die Schwingungsdauern der beiden Einzelschwingungen ergeben, aus denen sich die ganze Bewegung zusammensetzen läßt.

Ebenso erhält man für die Faktoren K_1 und K_2 aus den Gleichungen (99) beim Einsetzen der hier zutreffenden Werte

$$\left.\begin{aligned} K_1 &= \frac{\theta_1 - m_1 s_1 l - \sqrt{(\theta_1 - m_1 s_1 l)^2 + 4 m_1{}^2 s_1{}^3 l}}{2 m_1 s_1{}^2} \\[2mm] K_2 &= \frac{\theta_1 - m_1 s_1 l + \sqrt{(\theta_1 - m_1 s_1 l)^2 + 4 m_1{}^2 s_1{}^3 l}}{2 m_1 s_1{}^2} \end{aligned}\right\} . \qquad (115)$$

Läßt man z. B. l zu Null werden, so wird $\alpha_1{}^2$ nach Gl. (114) gleich ∞, die zugehörige Schwingungsdauer T_1 daher zu Null, womit nur die Schwingung mit der Schwingungsdauer T_2 übrig bleibt, von der sich durch einen Grenzübergang in Gl. (114) zeigen läßt, daß sie so groß ausfällt wie beim einläufigen physischen Pendel. Ein anderer Grenzfall entsteht, wenn man $l = \infty$ setzt. In diesem Falle wird $\alpha_2{}^2$ zu Null und T_2 unendlich groß. Die zweite Schwingung verschwindet in diesem Falle nicht völlig, sondern sie wird ersetzt durch eine gleichförmige Translation, die das Pendel längs der horizontalen Gleitbahn ausführt und die sich über die andere Schwingung lagert, derart, daß der Schwerpunkt S_1 eine konstante horizontale Geschwindigkeitskomponente behält. Ferner entsteht noch ein bemerkenswerter Fall, wenn man

$$\theta_1 = m_1 s_1 l$$

setzt, d. h. wenn die Länge der Aufhängestange gleich der reduzierten Pendellänge des zwangläufig aufgehängt gedachten Pendels gemacht wird. Es wird aber nicht nötig sein, diese Fälle noch näher im einzelnen durchzusprechen, da ihre besonderen Eigenschaften aus den allgemeinen Formeln leicht entnommen werden können.

§ 24. Stöße am Doppelpendel.

Bisher ist nicht danach gefragt worden, wie die Bewegung des ganzen Verbandes ursprünglich hervorgerufen wurde, sondern der Anfangszustand wurde als beliebig gegeben betrachtet. Jetzt wollen wir dagegen die Untersuchung auch nach dieser Richtung hin noch um einen Schritt weiter führen. Der besseren Anschaulichkeit wegen will ich mich aber darauf beschränken, an einem bestimmten Beispiele zu zeigen, wie man zu diesem Zwecke vorzugehen hat. Andere Fälle lassen sich in ganz ähnlicher Weise behandeln.

Ich setze jetzt voraus, daß beide Pendel anfänglich in Ruhe waren und in der lotrechten Gleichgewichtslage herabhingen. Dann mag auf das erste Pendel ein Stoß einwirken, der den ganzen Verband in Bewegung setzt. Der Stoß soll nur so kurze Zeit dauern, daß sich der Verband bis zum Ablauf des Stoßes noch nicht merklich aus der Gleichgewichtslage zu verschieben vermochte. Dagegen sind beiden Körpern während der Stoßzeit endliche Geschwindigkeiten erteilt worden, und unsere Aufgabe besteht jetzt darin, die Geschwindigkeiten $\dot{\varphi}_0$ und $\dot{\psi}_0$ für die sich an den Stoß anschließende weitere Bewegung zu ermitteln.

Die Aufgabe kann zwar auch in anderer Weise, etwa durch Anwendung des Prinzips von d'Alembert ohne Schwierigkeit gelöst werden. Da es mir aber in diesem Abschnitte darauf ankommt, den Leser mit dem Verfahren von Lagrange vertraut zu machen, gebe ich diesem Wege den Vorzug.

Für die kurze Zeit während des Stoßes kommt nur die Stoßkraft als äußere Kraft in Betracht. Dies folgt schon daraus ganz allgemein, daß die Stoßkraft sehr groß sein muß gegenüber den Gewichten, wenn sie in sehr kurzer Zeit verhältnismäßig große Geschwindigkeiten hervorbringen soll. Die Wirkung des Gewichts oder auch anderer äußerer Kräfte, die mit den Gewichten von gleicher Größenordnung sind, kann daher für die Dauer des Stoßes gegenüber der Stoßkraft vernachlässigt werden. In unserem besonderen Falle kommt noch hinzu, daß die Gewichte beider Pendel während der Stoßdauer überhaupt keine Arbeit leisten können, weil sich beide Schwerpunkte nur in horizontaler Richtung verschieben. Die Gewichte tragen daher zu den auf die Koordinaten φ und ψ reduzierten äußeren Kräfte ohnehin nichts bei.

Bezeichnen wir das auf die Aufhängeachse des oberen Pendels bezogene statische Moment der Stoßkraft mit M, so ist die Arbeit der Stoßkraft für eine virtuelle Verschiebung $\delta\varphi$ gleich $M\,\delta\varphi$. Bei einer virtuellen Verschiebung, die nur ψ um $\delta\psi$ ändert, während φ konstant bleibt, leistet dagegen die am ersten Pendel angreifende Stoßkraft keine Arbeit. Für die Zeit während des Stoßes haben wir daher die auf die Koordinaten φ und ψ reduzierten äußeren Kräfte

$$F_\varphi = M \quad \text{und} \quad F_\psi = 0$$

zu setzen. Setzen wir diese Werte an die Stelle der auf den linken Seiten der Gleichungen (90) stehenden Ausdrücke, so haben wir damit sofort die für die kurze Stoßdauer gültigen Bewegungsgleichungen gefunden. Zugleich sind wir berechtigt, da φ und ψ während dieser Zeit jedenfalls sehr klein bleiben, von den Vereinfachungen Gebrauch zu machen, durch die die Gleichungen (90) in die Gleichungen (91) übergeführt worden waren. Die Bewegungsgleichungen lauten daher jetzt

$$\left.\begin{array}{l} b\dfrac{d^2\varphi}{dt^2} + c\dfrac{d^2\psi}{dt^2} - M = 0 \\[2mm] e\dfrac{d^2\psi}{dt^2} + c\dfrac{d^2\varphi}{dt^2} = 0 \end{array}\right\} . \tag{116}$$

Aus ihnen findet man

$$\left.\begin{array}{l} \dfrac{d^2\varphi}{dt^2} = \dfrac{e\,M}{be - c^2} \\[2mm] \dfrac{d^2\psi}{dt^2} = -\dfrac{c\,M}{be - c^2} \end{array}\right\} . \tag{117}$$

Eine Integration über die Dauer des Stoßes liefert uns die gesuchten Geschwindigkeiten $\dot\varphi_0$ und $\dot\psi_0$ Setzen wir zur Abkürzung

$$\int M\,dt = Q,$$

so können wir Q als den Stoßimpuls bezeichnen, und dieser muß jedenfalls gegeben sein, wenn wir die durch ihn hervorgebrachten Geschwindigkeiten berechnen sollen, während M selbst und die Dauer des Stoßes — abgesehen davon, daß diese jedenfalls klein sein muß — nicht bekannt zu sein brauchen. Wir finden dann

$$\left.\begin{array}{l} \dot\varphi_0 = \dfrac{e\,Q}{be - c^2} \\[2mm] \dot\psi_0 = -\dfrac{c\,Q}{be - c^2} \end{array}\right\} . \tag{118}$$

Auf Grund der in § 21 und 22 aufgestellten Formeln sind wir hiermit in den Stand gesetzt, die sich an den Stoß anschließende Bewegung des Doppelpendels vollständig anzugeben, wenigstens dann, wenn es zulässig erscheint, die erzeugten Schwingungen noch genau genug als kleine zu betrachten. Aus den Gleichungen (102) erhalten wir, da $\varphi_0 = 0$ und $\psi_0 = 0$ ist,

$$B = D = 0,$$

$$A = \frac{Q}{be - c^2} \cdot \frac{eK_2 + c}{\alpha_1(K_2 - K_1)},$$

$$C = -\frac{Q}{be - c^2} \cdot \frac{eK_1 + c}{\alpha_2(K_2 - K_1)}.$$

Die Werte von K_1, K_2, α_1 und α_2 sind aus den früheren Formeln zu entnehmen.

Die damit gefundene Lösung der Aufgabe ist zwar vollständig, aber sehr wenig übersichtlich. Die Rechnung mag daher wenigstens für einen besonderen Fall, bei dem sich die Formeln bedeutend vereinfachen, noch etwas weiter geführt werden. Ich wähle dazu den in der ersten Hälfte von § 23 besprochenen Grenzfall, bei dem m_1 sehr klein gegenüber m ist. Dann ist, wie wir fanden, K_2 eine sehr große Zahl, der gegenüber K_1 vernachlässigt werden kann. Die Anfangsgeschwindigkeiten $\dot\varphi_0$ und $\dot\psi_0$ bleiben nach den Gleichungen (118) auch in diesem Grenzfalle von gleicher Größenordnung, und zwar findet man bei Vernachlässigung von c^2 gegen be

$$\dot\varphi_0 = \frac{Q}{b}; \quad \dot\psi_0 = -\frac{cQ}{be}.$$

An Stelle der Gleichungen (103) erhalten wir hier gena genug

$$\varphi = \frac{\dot\varphi_0}{\alpha_1} \sin \alpha_1 t,$$

$$\psi = K_1 \frac{\dot\varphi_0}{\alpha_1} \sin \alpha_1 t + \frac{\dot\psi_0 - K_1 \dot\varphi_0}{\alpha_2} \sin \alpha_2 t,$$

wobei alle weggelassenen Größen sehr klein sind gegenüber den beibehaltenen. Setzen wir noch α_1 und α_2 aus den Gleichungen (107) und K_1 aus Gl. (109) ein, so erhalten wir

$$\left. \begin{aligned} \varphi &= \frac{Q}{\sqrt{ab}} \sin \alpha_1 t, \\ \psi &= \frac{cQ}{ea - bd} \left(-\sqrt{\frac{a}{b}} \sin \alpha_1 t + \sqrt{\frac{d}{e}} \sin \alpha_2 t \right) \end{aligned} \right\} \quad (119)$$

Für den Fall $ea = bd$, der eine besondere Bedeutung beanspruchen kann, dürfen diese Formeln jedoch nicht benutzt werden, da ψ in diesem Falle in der unbestimmten Form $\frac{0}{0}$ erscheint. Man muß dann auf die am Schlusse von § 22 zusammengestellten Formeln zurückgreifen. Da der Grenzübergang zu kleinem m_1 hierbei größere Vorsicht erfordert, wird es sich empfehlen, ihn hier ausführlicher zu besprechen.

Zunächst setze ich die in den Gleichungen (118) gefundenen Werte von $\dot{\varphi}_0$ und $\dot{\psi}_0$ in die am Schlusse von § 22 für den Fall $ea = bd$ aufgestellten Formeln ein, ohne vorläufig von der Voraussetzung Gebrauch zu machen, daß m_1 klein sein soll gegen m. Man hat dann, da zugleich ψ_0 gleich Null ist,

$$\alpha_1 = \sqrt{\frac{ea + c\sqrt{a\,d}}{be - c^2}}, \quad \alpha_2 = \sqrt{\frac{ea - c\sqrt{a\,d}}{be - c^2}}.$$

$$B = D = 0,$$

$$A = \frac{Q}{be - c^2} \cdot \frac{e + c\sqrt{\dfrac{d}{a}}}{2\,\alpha_1},$$

$$C = \frac{Q}{be - c^2} \cdot \frac{e - c\sqrt{\dfrac{d}{a}}}{2\,\alpha_2},$$

$$\varphi = \frac{Q}{be - c^2}\left\{\frac{e + c\sqrt{\dfrac{d}{a}}}{2\,\alpha_1}\sin \alpha_1 t + \frac{e - c\sqrt{\dfrac{d}{a}}}{2\,\alpha_2}\sin \alpha_2 t\right\},$$

$$\psi = \frac{Q}{be - c^2}\left\{-\frac{e\sqrt{\dfrac{a}{d}} + c}{2\,\alpha_1}\sin \alpha_1 t + \frac{e\sqrt{\dfrac{a}{d}} - c}{2\,\alpha_2}\sin \alpha_2 t\right\}.$$

Jetzt gehen wir zur Grenze über, bei der m_1 sehr klein gegen m und daher c, d, e sehr klein gegen a und b sind. Dann werden α_1 und α_2 nahezu einander gleich; es ist jedoch nötig, auf den wenn auch nur sehr kleinen Unterschied zwischen beiden zu achten. Von vornherein dürfen wir dagegen in den Ausdrücken für α_1 und α_2 im Nenner c^2 gegen be vernachlässigen, weil diese Vernachlässigung ohne Einfluß auf das Verhältnis zwischen α_1 und α_2 ist. Bis auf Größen höherer Ordnung genau dürfen wir daher

$$\alpha_1 = \sqrt{\frac{a}{b} + \frac{c}{be}\sqrt{a\,d}} = \sqrt{\frac{a}{b} + \frac{\dfrac{c}{be}\sqrt{a\,d}}{2\sqrt{\dfrac{a}{b}}}} = \sqrt{\frac{a}{b}} + \frac{c}{2e}\sqrt{\frac{d}{b}}$$

8*

setzen. Ebenso erhalten wir

$$\alpha_2 = \sqrt{\frac{a}{b}} - \frac{c}{2e}\sqrt{\frac{d}{b}}.$$

Auch die in den Gleichungen für φ und ψ in den Klammern vor den Sinusfunktionen stehenden Faktoren werden paarweise untereinander nahezu gleich groß. Doch kommt es auch hier auf die kleinen Unterschiede zwischen beiden an. Wir entwickeln daher diese Faktoren bis auf Größen, die von höherer Ordnung klein sind, wie folgt:

$$\frac{e + c\sqrt{\dfrac{d}{a}}}{2\alpha_1} = \frac{e + c\sqrt{\dfrac{d}{a}}}{2\sqrt{\dfrac{a}{b}} + \dfrac{c}{e}\sqrt{\dfrac{d}{b}}} = \frac{\left(e + c\sqrt{\dfrac{d}{a}}\right)\left(2\sqrt{\dfrac{a}{b}} - \dfrac{c}{e}\sqrt{\dfrac{d}{b}}\right)}{4\dfrac{a}{b}}$$

$$= \frac{b}{4a}\left(2e\sqrt{\frac{a}{b}} + c\sqrt{\frac{d}{b}}\right) = \frac{e}{2}\sqrt{\frac{b}{a}} + \frac{c}{4a}\sqrt{bd}.$$

In der gleichen Weise findet man

$$\frac{e - c\sqrt{\dfrac{d}{a}}}{2\alpha_2} = \frac{e}{2}\sqrt{\frac{b}{a}} - \frac{c}{4a}\sqrt{bd}.$$

Auch die in dem Ausdrucke von ψ vorkommenden Faktoren können in derselben Weise bis auf Größen, die von höherer Ordnung klein sind, entwickelt werden, und man findet dann

$$\frac{e\sqrt{\dfrac{a}{d}} + c}{2\alpha_1} = \frac{e}{2}\sqrt{\frac{b}{d}} + \frac{c}{4}\sqrt{\frac{b}{a}},$$

$$\frac{e\sqrt{\dfrac{a}{d}} - c}{2\alpha_2} = \frac{e}{2}\sqrt{\frac{b}{d}} - \frac{c}{4}\sqrt{\frac{b}{a}}.$$

Hiermit gehen die Gleichungen für φ und ψ, wenn man zugleich in dem vor der Klammer stehenden Faktor c^2 gegen be vernachlässigt, über in

$$\varphi = \frac{Q}{be}\left\{\left[\frac{c}{2}\sqrt{\frac{b}{a}} + \frac{c}{4a}\sqrt{bd}\right]\sin\alpha_1 t + \left[\frac{e}{2}\sqrt{\frac{b}{a}} - \frac{c}{4a}\sqrt{bd}\right]\sin\alpha_2 t\right\},$$

$$\psi = -\frac{Q}{be}\left\{\left[\frac{e}{2}\sqrt{\frac{b}{d}} + \frac{c}{4}\sqrt{\frac{b}{a}}\right]\sin\alpha_1 t - \left[\frac{e}{2}\sqrt{\frac{b}{d}} - \frac{c}{4}\sqrt{\frac{b}{a}}\right]\sin\alpha_2 t\right\}.$$

Hierbei sind aber die Werte von α_1 und α_2 in den Sinus-funktionen noch nicht eingesetzt und der Umstand, daß beide nahezu einander gleich sind, macht sich daher in den Formeln noch nicht bemerklich. Wir formen daher die Gleichungen noch weiter um, wie folgt:

$$\varphi = \frac{Q}{2\sqrt{ab}}(\sin\alpha_1 t + \sin\alpha_2 t) + \frac{Qc}{4ae}\sqrt{\frac{d}{b}}(\sin\alpha_1 t - \sin\alpha_2 t),$$

$$\psi = -\frac{Q}{2\sqrt{db}}(\sin\alpha_1 t - \sin\alpha_2 t) - \frac{Qc}{4e\sqrt{ab}}(\sin\alpha_1 t + \sin\alpha_2 t).$$

Hierbei können wir bis auf Größen höherer Ordnung genau

$$\sin\alpha_1 t + \sin\alpha_2 t = 2\sin t\sqrt{\frac{a}{b}}$$

setzen. Für die Differenz der beiden Sinusfunktionen benutzten wir zunächst die allgemein gültige goniometrische Formel

$$\sin\alpha_1 t - \sin\alpha_2 t = 2\sin\frac{\alpha_1-\alpha_2}{2}t\cos\frac{\alpha_1+\alpha_2}{2}t,$$

die beim Einsetzen der hier zutreffenden Werte von α_1 und α_2 übergeht in

$$\sin\alpha_1 t - \sin\alpha_2 t = 2\sin\left(t\frac{c}{2e}\sqrt{\frac{d}{b}}\right)\cos t\sqrt{\frac{a}{b}}.$$

Hiermit finden wir schließlich für φ und ψ

$$\left.\begin{aligned}\varphi &= \frac{Q}{\sqrt{ab}}\sin t\sqrt{\frac{a}{b}} + \frac{Qc}{2ae}\sqrt{\frac{d}{b}}\sin\left(t\frac{c}{2e}\sqrt{\frac{d}{b}}\right)\cos t\sqrt{\frac{a}{b}}\\ \psi &= -\frac{Q}{\sqrt{db}}\sin\left(t\frac{c}{2e}\sqrt{\frac{d}{b}}\right)\cos t\sqrt{\frac{a}{b}} - \frac{Qc}{2e\sqrt{ab}}\sin t\sqrt{\frac{a}{b}}\end{aligned}\right\} \quad (120)$$

Mit diesen Gleichungen ist das gesteckte Ziel er-reicht; sie beschreiben vollständig den etwas verwickelten Bewegungsvorgang nach dem Stoße, solange man voraussetzen darf, daß die Ausschläge wenigstens näherungsweise noch als klein angesehen werden können.

Bei der Deutung der Formeln kommt es vor allem auf die Größenordnung der vor den Sinusfunktionen stehenden Koeffizienten an, da von diesen die Amplituden der auftretenden Schwingungen abhängen. Schreiben wir dafür zur Abkürzung

$$C_1 = \frac{Q}{\sqrt{ab}},$$

$$C_2 = \frac{Qc}{2ae}\sqrt{\frac{d}{b}} = \frac{Qc}{2b\sqrt{db}},$$

$$C_3 = \frac{Q}{\sqrt{db}},$$

$$C_4 = \frac{Qc}{2e\sqrt{ab}}$$

und beachten, daß a und b unter sich von gleicher Größenordnung und dabei viel größer als c, d und e sind, und zwar in dem Maße wie m groß ist gegen m_1, so folgt zunächst, daß der Koeffizient C_3 jedenfalls am größten ist. Ihm folgen die unter sich vergleichbaren Koeffizienten C_1 und C_4, während C_2 wieder viel kleiner ist als die vorigen. In dieser Rangordnung verhalten sich die vorausgehenden zu den folgenden Werten der Größenordnung nach wie $\sqrt{m}$ zu $\sqrt{m_1}$.

Hieraus folgt, daß das untere Pendel weit größere Ausschläge erreicht als das obere, denn den größten Ausschlag des unteren Pendels können wir gleich C_3, den des oberen gleich C_1 setzen.

Bei beiden Pendeln treten Schwebungen ein, bei dem oberen Pendel nur in geringem Maße wegen der Kleinheit von C_2 gegen C_1; sehr ausgeprägt dagegen beim unteren Pendel. Wir wollen diese noch etwas näher betrachten. Solange t noch nicht sehr groß geworden ist, bleibt der Sinus im ersten Gliede von ψ klein, weil d sehr klein gegen b ist. Für diese anfänglichen Zeiten, während deren aber der Winkel $t\sqrt{\frac{a}{b}}$ immerhin schon auf ein Mehrfaches von 2π anwachsen kann, läßt sich daher die Formel für ψ, indem man den Sinus des kleinen Winkels durch den Bogen ersetzt, näherungsweise schreiben

$$\psi = -\frac{Qct}{2eb}\cos t\sqrt{\frac{a}{b}} - \frac{Qc}{2e\sqrt{ab}}\sin t\sqrt{\frac{a}{b}}.$$

Die Schwingung gleicht dann für eine kurze Zeit, während deren sich der Koeffizient des ersten Gliedes nicht viel ändert, einer einfachen harmonischen Schwingung mit der Amplitude

$$\frac{Qc}{2e}\sqrt{\frac{t^2}{b^2} + \frac{1}{ab}}.$$

Bezeichnen wir mit n eine Zahl, die einige Einheiten nicht überschreitet, und mit T_1 die volle Schwingungsdauer für die durch das zweite Glied in ψ dargestellte Schwingung, so können wir $t = n\,T_1$ oder

$$t = n\,2\pi\,\sqrt{\frac{b}{a}}$$

setzen, und die Amplitude der einfachen harmonischen Schwingung, mit der die Schwingung ψ augenblicklich nahezu übereinstimmt, folgt damit zu

$$\frac{Q\,c}{2\,c}\,\sqrt{\frac{4\,\pi^2 n^2 + 1}{a\,b}}.$$

Nachdem n größer als Eins geworden ist, wächst daher für einige Zeit die Amplitude nahezu proportional mit n oder t an. Sobald aber t etwas größer wird, müssen wir wieder auf die genauere Formel für ψ zurückgehen. Auch dann kann man sagen, daß für die Dauer einer Schwingung mit der Schwingungsdauer T_1 die Schwingung ψ nahezu so wie eine einfache harmonische Schwingung verläuft, deren Amplitude jetzt gleich

$$Q\,\sqrt{\frac{1}{d\,b}\sin^2\!\left(t\,\frac{c}{2\,e}\,\sqrt{\frac{d}{b}}\right) + \frac{c^2}{4\,e^2 a\,b}}$$

gesetzt werden kann. Wenn sich der Sinus unter dem Wurzelzeichen der Einheit nähert, ist das erste Glied unter der Wurzel weit größer als das zweite. Daher schwillt die Amplitude bald mehr an, bald nimmt sie wieder bis auf sehr kleine Werte ab. Die Zeitdauer, innerhalb deren sich eine solche Schwebung vollständig bis zum Wiederbeginn des gleichen Vorgangs vollzogen hat, sei mit T^1 bezeichnet. Dann hat man

$$T^1 = 2\pi\,\frac{e}{c}\,\sqrt{\frac{b}{d}}\,.$$

Die Zahl N der Schwingungen von der Schwingungsdauer T_1, die sich während der Dauer T^1 der Schwebungsperioden abspielen, ist

$$N = \frac{T^1}{T_1} = \frac{e}{c}\,\sqrt{\frac{a}{d}}\,.$$

Ersetzt man die Buchstaben a, c usf. durch die ihnen nach den Gleichungen (92) zukommenden Werte, so hat man auch

$$N = \frac{\theta_1}{m_1 s_1\,l}\,\sqrt{\frac{m\,s}{m_1 s_1}}\,. \tag{121}$$

Wollte man m_1 nicht nur angenähert, sondern streng als unendlich klein ansehen gegen m, so würde N unendlich groß und zu Schwebungen käme es gar nicht, sondern nur zu fortwährend wachsenden Ausschlägen ψ, die dann bald so groß werden müßten, daß sie auch nicht in noch so grober Annäherung mehr als klein angesehen werden könnten. Sobald dies eintritt, hört aber die Gültigkeit unserer Formeln auf. Man kann nur sagen, daß bei einem ganz ungewöhnlich kleinen Werte von m_1 gegen m, immer unter der Voraussetzung, daß $ea = bd$ ist, schon ein ziemlich geringer Stoß am oberen Pendel das untere Pendel in stark wachsende Schwingungen versetzen müßte, die schließlich dazu führen könnten, das untere Pendel ganz herumzuwerfen, so daß es einen vollen Kreis um die Aufhängeachse beschreibt. Genauere Auskunft über diesen Vorgang würde man aber nur aus einer Integration der nicht gekürzten ursprünglichen Bewegungsgleichungen (90) erlangen können. — Schließlich bemerke ich noch, daß ich zur Demonstration dieses Verhaltens einen Apparat bauen ließ, an dem sich die besprochenen Schwebungen sehr gut beobachten lassen.

§ 25. Erzwungene Schwingungen des Doppelpendels.

An dem oberen Pendel möge jetzt ein periodisch wechselndes Drehmoment M angreifen, das durch

$$M = M_1 \sin \eta t \qquad (122)$$

gegeben ist. Außerdem soll von äußeren Kräften nur noch das Gewicht an beiden Pendeln angreifen. Sollte auch an dem unteren Pendel noch ein periodisches Drehmoment angreifen (oder auch an diesem allein), so wäre ganz ähnlich zu verfahren, wie es hier geschehen wird.

Wir wollen uns damit begnügen, die Formeln unter der Voraussetzung aufzustellen, daß die Ausschläge als klein betrachtet werden dürfen, da dies bei praktischen Anwendungen der Schwingungstheorie fast stets ausreicht, abgesehen davon, daß man auch nur unter dieser Voraussetzung zu einer verhältnismäßig einfachen Theorie des Bewegungsvorgangs gelangen kann.

Die Bewegungsgleichungen werden aus den in § 20 und 21 aufgestellten erhalten, indem man einfach das der neu hinzu-

kommenden äußeren Kraft entsprechende Glied beifügt. Die auf
die Koordinate φ reduzierte neu hinzukommende Kraft ist gleich
M zu setzen, da $M\,\delta\varphi$ die bei einer virtuellen Bewegung $\delta\varphi$
geleistete Arbeit angibt, während M zu der auf die Koordinate ψ
reduzierten Kraft nichts beiträgt. Auf Grund dieser Überlegungen
erhält man an Stelle der Gleichungen (91) S. 98 jetzt die Bewegungsgleichungen

$$\left.\begin{aligned}
a\varphi + b\frac{d^2\varphi}{dt^2} + c\frac{d^2\psi}{dt^2} &= M_1 \sin\eta t\\[2mm]
d\psi + e\frac{d^2\psi}{dt^2} + c\frac{d^2\varphi}{dt^2} &= 0
\end{aligned}\right\} \tag{123}$$

Ähnlich wie früher im vierten Bande bei den erzwungenen
Schwingungen eines einzelnen materiellen Punktes, läßt sich
auch hier die Lösung der Bewegungsgleichungen aus zwei Teilen
zusammensetzen. Der erste Teil bildet die allgemeine Lösung
der reduzierten Gleichungen (91), die aus den hier vorliegenden
Gleichungen wieder hervorgehen, wenn man M_1 gleich Null
setzt, und dieser uns bereits bekannte Teil enthält die vier
willkürlichen Integrationskonstanten A, B, C, D, durch die man
die Lösung jedem beliebig gegebenen Anfangszustande anpassen
kann. Der zweite Teil dagegen bildet eine partikuläre Lösung
der Gleichungen, die keine willkürlichen Konstanten mehr enthält. Es handelt sich also jetzt nur noch darum, diesen zweiten
Teil aufzufinden. Dazu setze ich

$$\varphi_2 = E \sin\eta t + F \cos\eta t. \tag{124}$$

Wenn dieser Ausdruck den Gleichungen genügen soll, muß
ihm ein Wert ψ_2 entsprechen, der nach dem schon in § 21 angewendeten Eliminationsverfahren aus den Bewegungsgleichungen
abgeleitet werden kann. Multipliziert man nämlich die erste mit
e und die zweite mit c und subtrahiert, so erhält man zunächst

$$\psi = \frac{ae\varphi + (be - c^2)\dfrac{d^2\varphi}{dt^2} - eM_1\sin\eta t}{cd}.$$

Setzt man hier den Wert von φ_2 ein, so erhält man

$$\begin{aligned}
\psi_2 = {}& \frac{aeE - \eta^2(be - c^2)E - eM_1}{cd}\sin\eta t\\[2mm]
& + F\frac{ae - \eta^2(be - c^2)}{cd}\cos\eta t.
\end{aligned} \tag{125}$$

Die Konstanten E und F lassen sich jetzt so bestimmen, daß die beiden Bewegungsgleichungen von φ_2 und ψ_2 befriedigt werden. Setzt man diese Werte in die erste Gleichung ein und beachtet, daß die Gleichung für jeden Wert von t befriedigt werden muß, so zerfällt sie in zwei Gleichungen, von denen sich die eine auf die mit $\sin \eta t$, die andere auf die mit $\cos \eta t$ behafteten Glieder bezieht. Diese Gleichungen lauten nach einfacher Umformung

$$\left.\begin{aligned} E(\eta^4(be - c^2) - \eta^2(ae + bd) + ad) &= M_1(d - \eta^2 e) \\ F(\eta^4(be - c^2) - \eta^2(ae + bd) + ad) &= 0 \end{aligned}\right\} \quad (126)$$

Die Koeffizienten von E und F auf der linken Seite dieser Gleichungen stimmen miteinander überein. Es kommt nun darauf an, ob sie von Null verschieden sind oder nicht. Macht η den Ausdruck in der Klammer zu Null, so ist η eine Lösung der Gleichung (95), für α, d. h. das periodische Drehmoment M steht in diesem Falle in Resonanz mit einer der beiden Eigenschwingungen, deren das Doppelpendel fähig ist. Die Gleichungen (126) liefern dann $E = \infty$ und F unbestimmt, d. h. die Schwingungen werden auch bei sehr kleinem Werte von M_1 so groß, daß sie nicht mehr als klein betrachtet werden können, womit unsere Formeln ihre Gültigkeit verlieren. Für den Fall der Resonanz würde es auch auf keinen Fall genügen, die Bewegungswiderstände zu vernachlässigen, wie wir es hier getan haben, sondern man müßte die Dämpfung in geeigneter Weise berücksichtigen, um die Lösung dem tatsächlich zu erwartenden Verhalten des Doppelpendels einigermaßen anzupassen.

Wir sehen also von dem Falle der Resonanz mit einer der beiden Eigenschwingungen des ganzen Verbandes ab und erhalten dann $F = 0$, während E aus der ersten der beiden Gleichungen (126) entnommen werden kann. Man überzeugt sich nun nachträglich leicht, daß auch die zweite der Bewegungsgleichungen (123) mit den so bestimmten Werten erfüllt wird. Das hängt damit zusammen, daß wir diese Gleichung schon vorher dazu herangezogen hatten, um den Ausdruck für ψ_2 abzuleiten. Die gesuchte partikuläre Lösung lautet daher

$$\left.\begin{aligned} \varphi_2 &= M_1 \frac{d - \eta^2 e}{\eta^4(be - c^2) - \eta^2(ae + bd) + ad} \sin \eta t \\ \psi_2 &= M_1 \frac{\eta^2 c}{\eta^4(be - c^2) - \eta^2(ae + bd) + ad} \sin \eta t \end{aligned}\right\} \quad (127)$$

Der letzte Ausdruck geht durch einfache algebraische Umformungen aus Gl. (125) hervor.

Ein besonderer Fall tritt ein, wenn $\eta^2 e = d$ ist, d. h. wenn das periodische Moment M mit den Schwingungen in Resonanz steht, die das untere Pendel auszuführen vermag, wenn das obere Pendel festgehalten wird. In diesem Falle gehen die vorigen Gleichungen über in

$$\varphi_2 = 0,$$

$$\psi_2 = - M_1 \frac{e}{cd} \sin \eta t = - \frac{M_1}{c \eta^2} \sin \eta t.$$

Bei passend gewählten Anfangsbedingungen kann es daher vorkommen, daß das obere Pendel, an dem das periodische Moment M unmittelbar angreift, dauernd in Ruhe bleibt. Das untere Pendel führt dann die durch die zweite Gleichung dargestellte Schwingung aus, die in der Phase gegen die erregende Ursache um 180° verschoben ist. Für den ersten Anblick erscheint dieses Ergebnis vielleicht etwas auffällig. Aber man bedenke, daß es ja auf jeden·Fall möglich ist, das obere Pendel festzuhalten, während das untere schwingt, und daß zum Festhalten ein Kräftepaar erforderlich ist, das ebenfalls einem periodischen Wechsel unterworfen sein muß. Wie groß das Kräftepaar zu einer bestimmten Zeit sein muß, um das obere Pendel festzuhalten, läßt sich aus der zuletzt aufgestellten Gleichung für ψ_2 unmittelbar entnehmen.

§ 26. Glocke und Klöppel.

Eine Glocke bildet mit dem an ihr drehbar aufgehängten Klöppel ein Doppelpendel, wie wir es in den vorhergehenden Paragraphen betrachtet haben. Solange die Schwingungen als klein betrachtet werden dürfen und kein Anschlagen des Klöppels an die Glocke stattfindet, gehorchen sie daher den bereits ausführlich besprochenen Gesetzen. Zu den gerade für die Glocke wichtigsten Ergebnissen dieser Untersuchung gehört vor allem die in § 22 entschiedene Frage, ob es vorkommen kann, daß bei den Schwingungen des Doppelpendels ψ dauernd gleich φ bleibt. Denn in diesem Falle schlägt der Klöppel überhaupt nicht an die Glocke an und die ganze Einrichtung verfehlt ihren Zweck. Als Bedingung dafür, daß ψ dauernd gleich φ bleiben kann, fanden wir in § 22 die in Gl. (104) ausgesprochene Beziehung zwischen den Konstanten des Verbandes

$$m_1(\theta s_1 - \theta_0 l) = m s(\theta_1 + m_1 s_1 l).$$

Es entsteht aber jetzt die Frage, ob diese unter der Voraussetzung kleiner Schwingungsausschläge abgeleitete Gleichung auch noch für größere Schwingungen, wie sie beim Läuten der Glocken vorkommen, die Bedingung für die Möglichkeit des Versagens der Einrichtung richtig angibt oder ob sie dann etwa durch eine andere zu ersetzen ist. Um diese Frage zu entscheiden, müssen wir auf die für beliebig große endliche Ausschläge gültigen Bewegungsgleichungen (90) zurückgehen. Wenn es auch nicht möglich ist, diese Gleichungen allgemein zu integrieren, so geben sie doch über solche besonderen Fragen ohne Schwierigkeit Aufschluß.

Wenn $\psi = \varphi$ sein soll, muß φ eine Funktion der Zeit sein, die den beiden Differentialgleichungen zugleich genügt, die man aus den Gleichungen (90) erhält, wenn man darin ψ durch φ ersetzt. Die Gleichungen lauten dann

$$-\sin \varphi \cdot g(ms + m_1 l) = (\theta + m_1 l^2)\frac{d^2 \varphi}{dt^2} + m_1 s_1 l \frac{d^2 \varphi}{dt^2},$$

$$-\sin \varphi \cdot g m_1 s_1 = \theta_1 \frac{d^2 \varphi}{dt^2} + m_1 s_1 l \frac{d^2 \varphi}{dt^2}.$$

Löst man jede von ihnen nach $\frac{d^2 \varphi}{dt^2}$ auf, so erhält man dafür die beiden Werte

$$\frac{d^2 \varphi}{dt^2} = -g \sin \varphi \cdot \frac{ms + m_1 l}{\theta + m_1 l^2 + m_1 s_1 l},$$

$$\frac{d^2 \varphi}{dt^2} = -g \sin \varphi \cdot \frac{m_1 s_1}{\theta_1 + m_1 s_1 l},$$

die miteinander übereinstimmen müssen. Das trifft zu, wenn die beiden Brüche auf den rechten Seiten gleich sind, und ihre Gleichsetzung führt wieder auf die für die kleinen Schwingungen aufgestellte und vorher nochmals angeführte Gleichung (104) zurück. Das dort gefundene Kennzeichen bleibt daher auch für beliebig große endliche Schwingungsausschläge bestehen.

Man kann diese Untersuchung auch noch um einen Schritt weiter führen, indem man die Möglichkeit einer Bewegung des Doppelpendels untersucht, bei der zwar φ und ψ große Werte erlangen, aber so, daß ihr Unterschied dauernd klein bleibt. Man setze dann $\psi = \varphi + \varrho$ in die Gleichungen (90) ein und

streiche daraus alle Glieder, die von höherer Ordnung klein
sind als ρ. Man kann dann leicht beweisen, daß die betrachtete
Bewegung nur dann möglich ist, wenn die beiden Brüche in
den vorhergehenden Gleichungen wenigstens nahezu einander
gleich sind.

Wenn auch die Bedingung für die Möglichkeit des Versagens
der Glocke erfüllt ist, braucht übrigens das Versagen noch nicht
in Wirklichkeit einzutreten. Dies hängt vielmehr außerdem noch
von den Anfangsbedingungen des Bewegungsvorgangs ab. Da
aber die Erfahrung gelehrt hat, daß ein Versagen, wenn die
Möglichkeit dazu gegeben ist, tatsächlich leicht eintritt, wird man
dafür zu sorgen haben, daß die durch Gl. (104) ausgesprochene
Bedingung weder genau noch angenähert erfüllt ist.

Betrachtet man den Klöppel als einen materiellen Punkt,
der mit einer als gewichtslos anzusehenden Stange an der Glocke
aufgehängt ist, so vereinfacht sich die Bedingung für das Versagen erheblich, indem $\theta_0 = 0$ und $\theta_1 = m_1 s_1^2$ gesetzt werden
kann. Gl. (104) geht dann über in

$$\theta = m s (s_1 + l),$$

wofür, wenn man die reduzierte Pendellänge L_{red} der Glocke

$$L_{red} = \frac{\theta}{m s}$$

einführt, noch kürzer geschrieben werden kann

$$L_{red} = s_1 + l.$$

Das Versagen ist also zu befürchten, wenn der als
materieller Punkt aufzufassende Klöppel mit dem
Schwingungsmittelpunkt der Glocke zusammenfällt.

Wenn der Klöppel während des Läutens an die Glocke
anschlägt, entsteht natürlich ein ganz anderer Bewegungsvorgang, als wir ihn hier betrachtet haben, so daß die vorausgehenden Formeln auf die läutende Glocke nicht angewendet
werden dürfen.

§ 27. Andere Ableitung der Bewegungsgleichungen für das Doppelpendel.

Schon im Anfang dieses Abschnitts habe ich erwähnt, daß
das Verfahren von Lagrange, so nützlich es auch ist, doch in
der Regel entbehrt und durch andere, früher schon besprochene

einfachere Hilfsmittel für die Ableitung der Bewegungsgleichungen ersetzt werden kann. Nachdem ich das Beispiel des Doppelpendels dazu benutzt habe, um in großer Ausführlichkeit ein Muster für die eingehende dynamische Untersuchung derartiger mehrläufiger Verbände aufzustellen, wird es sich empfehlen, wenn ich wenigstens nachträglich noch zeige, wie man bei diesem Beispiele auf anderen Wegen zur Aufstellung der Bewegungsgleichungen gelangen kann.

Eine Bewegungsgleichung kann man stets in sehr einfacher Weise mit Hilfe des Satzes von der lebendigen Kraft erhalten. Bezeichnen wir mit V die potentielle Energie, die dem Verbande in der augenblicklichen Lage zukommt, weil die Schwerpunkte der Körper, aus denen er gebildet ist, höher liegen als in der tiefsten Lage, die sie den geometrischen Bedingungen gemäß einnehmen können, so ist nach dem Satze von der lebendigen Kraft $V + L$ gleich einer von der Zeit unabhängigen Größe, solange keine anderen äußeren Kräfte als die Gewichte der Körper daran vorkommen.

Bei der in Abb. 7, S. 93, gezeichneten Lage des Doppelpendels liegt der Schwerpunkt S von A um den Betrag $s - s\cos\varphi$ höher als in der tiefsten Lage und S_1 hat sich, wie man ebenfalls leicht findet, um $l - l\cos\varphi + s_1 - s_1\cos\psi$ gehoben. Für die lebendige Kraft können wir den in Gl. (89), S. 95, aufgestellten Ausdruck einsetzen, womit wir die Gleichung

$$gms(1 - \cos\varphi) + gm_1l(1 - \cos\varphi) + gm_1s_1(1 - \cos\psi)$$
$$+ \frac{1}{2}\theta\left(\frac{d\varphi}{dt}\right)^2 + \frac{1}{2}\theta_1\left(\frac{d\psi}{dt}\right)^2 \qquad (128)$$
$$+ \frac{m_1}{2}\left(l^2\left(\frac{d\varphi}{dt}\right)^2 + 2ls_1\frac{d\varphi}{dt}\frac{d\psi}{dt}\cos(\psi - \varphi)\right) = C_1$$

erhalten. Dabei bedeutet C_1 eine aus den Anfangsbedingungen zu berechnende Konstante.

Diese Gleichung hat außer ihrer einfachen Ableitung gegenüber den früher benutzten Bewegungsgleichungen (90) auch noch den Vorzug, daß sie nur von der ersten Ordnung ist. Sie bildet, wie man sagen kann, ein erstes Integral der Gleichungen (90). Man kann dieses Integral auch aus den Gleichungen (90) selbst ableiten. Zu diesem Zwecke multipliziere man die erste von ihnen mit $\frac{d\varphi}{dt}$, die zweite mit $\frac{d\psi}{dt}$ und addiere. Auf der rechten

Seite lassen sich dann die mit dem Cosinus oder Sinus von $\psi - \varphi$ multiplizierten Glieder zu einem einzigen Differential-quotienten nach t zusammenfassen, womit die Gleichung ohne weiteres integrabel wird. Die Ausführung der Integration liefert hierauf eine Gleichung, die mit Gl. (128) im wesentlichen über-einstimmt. Man muß dabei nur beachten, daß sich die auf der linken Seite von Gl. (128) vorkommenden konstanten Glieder gms usf. mit der Konstanten C_1 auch zu einer einzigen unbestimmt bleibenden Konstanten zusammenfassen lassen.

Verfährt man in derselben Weise mit den für kleine Schwingungen gültigen Bewegungsgleichungen (91), S. 98, so erhält man die Integralgleichung

$$\frac{a}{2}\varphi^2 + \frac{d}{2}\psi^2 + \frac{b}{2}\left(\frac{d\varphi}{dt}\right)^2 + \frac{e}{2}\left(\frac{d\psi}{dt}\right)^2 + c\,\frac{d\psi}{dt}\,\frac{d\varphi}{dt} = C_1, \qquad (129)$$

und das ist auch die Form, in die Gl. (128) übergeht, wenn man darin die höheren Potenzen von φ und ψ gegen die zweiten vernachlässigt.

Nun hat man aber noch eine zweite Bewegungsgleichung nötig. Diese können wir auf Grund des Flächensatzes ableiten. Der auf die Drehachse α des oberen Pendels bezogene Drall B des ganzen Verbandes läßt sich aus zwei Teilen zusammensetzen, indem wir die Bewegung in zwei Teile zerlegen, so daß sich beim ersten Teile beide Pendel zusammen (ohne Drehung um die Aufhängeachse β) wie ein einziger starrer Körper bewegen, worüber sich dann noch die Drehung des unteren Pendels relativ zum oberen lagert. Der erste Teil B_1 von B ist gleich dem Produkte aus der Winkelgeschwindigkeit $\frac{d\varphi}{dt}$ und dem auf α bezogenen Trägheitsmomente des ganzen Verbandes. Dabei kann das Trägheitsmoment des unteren Pendels gleich θ_0 plus m_1 mal dem Quadrate des Abstandes des Schwerpunktes S_1 von α gesetzt und dieses Quadrat nach dem Cosinussatze für das aus α, β und S_1 gebildete Dreieck berechnet werden. Damit erhalten wir

$$B_1 = \frac{d\varphi}{dt}\left(\theta + \theta_0 + m_1\left(l^2 + s_1{}^2 + 2ls_1\cos(\psi - \varphi)\right)\right).$$

Den Drall B_2 für den zweiten Bewegungsanteil setzen wir wieder aus zwei Teilen zusammen. Die Drehung des unteren Pendels gegen das obere, die mit der Winkelgeschwindigkeit

$\frac{d\psi}{dt} - \frac{d\varphi}{dt}$ erfolgt, kann nämlich zerlegt werden in eine Translationsbewegung mit der dem Schwerpunkte S_1 dabei zukommenden Geschwindigkeit und in eine Rotationsbewegung um diesen Schwerpunkt. Die Schwerpunktsgeschwindigkeit hat die Größe

$$S_1 \left(\frac{d\psi}{dt} - \frac{d\varphi}{dt} \right)$$

und das von α auf die Richtung dieser Geschwindigkeit gefällte Perpendikel hat die Länge

$$l \cos(\psi - \varphi) + s_1.$$

Der zur Rotationsbewegung gehörige Drall ist für jeden Momentenpunkt gleich groß, und zwar gleich dem Produkte aus θ_0 und der Winkelgeschwindigkeit. Hiernach erhalten wir

$$B_2 = \left(\frac{d\psi}{dt} - \frac{d\varphi}{dt} \right) \left(m_1 s_1 (l \cos(\psi - \varphi) + s_1) + \theta_0 \right).$$

Im ganzen wird daher der Drall des Verbandes nach einfachen Umformungen gefunden gleich

$$B = \frac{d\varphi}{dt} \left(\theta + m_1 l^2 + m_1 s_1 l \cos(\psi - \varphi) \right)$$
$$+ \frac{d\psi}{dt} \left(\theta_1 + m_1 s_1 l \cos(\psi - \varphi) \right).$$

Nach dem Flächensatze ist die Änderungsgeschwindigkeit des Dralls gleich der Summe der auf die Achse α bezogenen statischen Momente der äußeren Kräfte. Der Auflagerdruck in α gehört zwar jetzt zu diesen äußeren Kräften, da das Gestell in den Punkthaufen, auf den wir den Flächensatz anwenden wollen, nicht mit einzurechnen ist; er trägt aber zur Momentensumme nichts bei, weil er die aus diesem Grunde mit α zusammengelegte Momentenachse schneidet. Die Momentensumme aus den beiden Gewichten ist dagegen gleich

$$g \, m \, s \sin\varphi + g \, m_1 (l \sin\varphi + s_1 \sin\psi),$$

und zwar dreht dieses Moment entgegengesetzt der Richtung, in der wir die Winkelgeschwindigkeiten positiv rechneten. Führen wir nun die Differentiation an B aus, so liefert uns der Flächensatz die gesuchte zweite Bewegungsgleichung, die sich nach Streichen von zwei gegeneinander fortfallenden Gliedern schreibt läßt

$$- g \sin \varphi (m s + m_1 l) - g m_1 s_1 \sin \psi$$

$$= \frac{d^2 \varphi}{d t^2} (\theta + m_1 l^2 + m_1 s_1 l \cos (\psi - \varphi))$$

$$+ \frac{d^2 \psi}{d t^2} (\theta_1 + m_1 s_1 l \cos (\psi - \varphi)) \qquad (130)$$

$$- m_1 s_1 l \sin (\psi - \varphi) \left(\left(\frac{d \psi}{d t} \right)^2 - \left(\frac{d \varphi}{d t} \right)^2 \right)$$

Diese Gleichung in Verbindung mit Gl. (128) reicht aus, um daraus alle Eigenschaften der Bewegung ebenso abzuleiten, wie früher aus den nach dem Verfahren von Lagrange erhaltenen Bewegungsgleichungen (90). In der Tat sieht man auch aus dem Vergleiche sofort, daß Gl. (130) durch Addition der beiden Gleichungen (90) zueinander entsteht. Daher stimmt auch die für den Fall kleiner Schwingungen aus Gl. (130) hervorgehende Gleichung mit jener überein, die man durch Addition der Gleichungen (91) erhält.

Ein anderes Verfahren zur Ableitung der Bewegungsgleichungen besteht in der unmittelbaren Anwendung des Prinzips von d'Alembert. Man bringt dazu an jedem Massenteilchen die Trägheitskräfte an, die sich in den Winkelbeschleunigungen und Winkelgeschwindigkeiten ausdrücken lassen, und schreibt zwei Momentengleichungen für die beiden Drehachsen an. Diese liefern ebenfalls sofort die beiden Bewegungsgleichungen.

Hiermit ist auch der Nachweis erbracht, daß man das Verfahren von Lagrange ganz entbehren kann, um die Theorie der Bewegung des Doppelpendels in derselben Vollständigkeit abzuleiten, wie es in den vorhergehenden Paragraphen geschehen war. Daß dieses Verfahren trotzdem ein sehr schätzenswertes Hilfsmittel bildet, das man nicht gerne entbehren möchte, wird aber dem Leser, der sich damit vertraut gemacht hat, nicht zweifelhaft sein. Es verhält sich damit ganz ähnlich wie mit den Sätzen von Castigliano in der Festigkeitslehre, die man zwar auch nicht unbedingt nötig hat, sondern durch andere Verfahren ersetzen kann, die man aber trotzdem sehr vermissen würde, wenn man sich vornehmen wollte, sie ganz zu vermeiden. Ich bin daher allerdings der Meinung, daß sich ein Ingenieur, der viel mit Aufgaben aus der Dynamik zu tun bekommt, mit dem Verfahren von Lagrange recht gründlich vertraut machen sollte. Dagegen will ich ihm keineswegs empfehlen, diesem Verfahren stets oder

auch nur in der Regel den Vorzug zu geben und andere Verfahren darüber zu vernachlässigen. Wie man in der Werkstatt je
nach der Art der gewünschten Bearbeitung bald der Drehbank,
bald der Bohrmaschine oder einer anderen Werkzeugmaschine
den Vorzug gibt, obschon es an sich möglich wäre, die Arbeit
auf jeder dieser Maschinen auszuführen, so ist es auch hier
nützlich, sich möglichst viele leistungsfähige Verfahren dienst-
bar zu machen und je nach dem beabsichtigten Zwecke das
geeignetste auszuwählen.

§ 28. Das Fadenpendel mit elastischem Faden.

Als Beispiel für einen Verband, bei dem auch die inneren
Kräfte während der Bewegung eine Arbeit leisten, betrachte ich
jetzt die Schwingungen eines einfachen Fadenpendels, dessen
Faden bei der Bewegung elastische Längenänderungen erfährt.
Um nicht zu weitläufig zu werden, begnüge ich mich mit der
Untersuchung der ebenen Schwingungen, obschon auch für den
allgemeineren Fall des Raumpendels die Betrachtungen in der-
selben Weise durchgeführt werden könnten.

Als allgemeine Koordinaten des Verbandes benutze ich den
Winkel φ, den der Faden zur Zeit t mit der Lotrechten bildet,
und die Fadenlänge l. Die Geschwindigkeit des schwingenden
materiellen Punktes läßt sich in zwei zueinander rechtwinklige
Komponenten $l\dot\varphi$ in der Richtung senkrecht zum Faden und $\dot l$ in
der Richtung des Fadens zerlegen. Für die lebendige Kraft hat
man daher den einfachen Ausdruck

$$L = \tfrac{1}{2} m (l^2 \dot\varphi^2 + \dot l^2). \tag{131}$$

Hiervon sind die in den Gleichungen von Lagrange vorkommenden Differentialquotienten zu bilden. Man erhält der
Reihe nach

$$\frac{\partial L}{\partial \dot\varphi} = m l^2 \dot\varphi, \qquad \frac{d}{dt}\left(\frac{\partial L}{\partial \dot\varphi}\right) = 2 m l \frac{dl}{dt}\frac{d\varphi}{dt} + m l^2 \frac{d^2\varphi}{dt^2},$$

$$\frac{\partial L}{\partial \varphi} = 0,$$

$$\frac{\partial L}{\partial \dot l} = m \dot l, \qquad \frac{d}{dt}\left(\frac{dL}{\partial \dot l}\right) = m \frac{d^2 l}{dt^2},$$

$$\frac{\partial L}{\partial l} = m l \left(\frac{d\varphi}{dt}\right)^2.$$

Jetzt hat man die auf die beiden Koordinaten reduzierte äußere Kraft, als die nur das Gewicht in Betracht kommt, aufzustellen. Das kann in bereits hinreichend besprochener Weise leicht geschehen und liefert

$$F_\varphi = - mgl \sin \varphi, \qquad F_l = mg \cos \varphi.$$

Außerdem sind in diesem Falle auch noch die auf die Koordinaten reduzierten inneren Kräfte anzugeben, soweit sie bei der Bewegung überhaupt eine Arbeit leisten. Wir zerlegen l in

$$l = l_1 + l_2$$

und verstehen unter l_1 die Länge des spannungslosen Fadens, unter l_2 daher die elastische Längenänderung zur Zeit t. Die Fadenspannung ist dann gleich cl_2, wenn man unter c eine Konstante versteht, die nach dem Hookeschen Elastizitätsgesetze berechnet werden kann. Bei einer virtuellen Verschiebung $\delta\varphi$ leistet die Fadenspannung keine Arbeit, bei der virtuellen Verschiebung δl dagegen eine negative Arbeit von der Größe $cl_2\delta l$. Hiernach ist

$$J_\varphi = 0, \quad J_l = - cl_2.$$

Setzen wir alle diese Werte in die auf beide Koordinaten anzuwendende Gleichung (79), S. 88, ein, so erhalten wir nach Streichen gemeinschaftlicher Faktoren die beiden Bewegungsgleichungen

$$\left.\begin{aligned} - g \sin \varphi &= 2 \frac{dl_2}{dt}\frac{d\varphi}{dt} + l\frac{d^2\varphi}{dt^2} \\ g \cos \varphi &= \frac{d^2l_2}{dt} - l\left(\frac{d\varphi}{dt}\right)^2 + \frac{c}{m}l_2 \end{aligned}\right\} \quad (132)$$

Hierzu ist zu bemerken, daß man die erste dieser Gleichungen auch unmittelbar aus dem Flächensatze für den Aufhängepunkt als Momentenpunkt hätte ableiten können oder ferner auch beide Gleichungen durch Anschreiben von Komponentengleichungen mit Berücksichtigung des d'Alembertschen Prinzips. Endlich kann man auch noch auf Grund des Satzes von der lebendigen Kraft eine Gleichung anschreiben, die sich aus den beiden Gleichungen (132) ebenfalls ableiten läßt und die ein erstes Integral dieser Gleichungen bildet, nämlich

$$\frac{1}{2}\left(l^2\left(\frac{d\varphi}{dt}\right)^2 + \left(\frac{dl}{dt}\right)^2\right) + \frac{1}{2}\frac{c}{m}l_1^2 - gl\cos\varphi = C_1. \quad (133)$$

Eine weitere allgemeine Integration ist dagegen nicht möglich. Sieht man l_2 als sehr klein an gegen l_1 und auch φ als einen

kleinen Winkel, so lassen sich die Gleichungen näherungsweise
integrieren, worauf wir aber nicht weiter eingehen wollen.

§ 29. Auflagerkräfte und Spannungen.

Wenn es bei einem Verbande zulässig ist, die Arbeiten der
inneren Kräfte zu vernachlässigen, also die einzelnen Glieder, aus
denen er zusammengesetzt ist, als starre Körper zu betrachten,
kommen die Spannungen, die Gelenkdrucke usf., die zwischen den
Gliedern übertragen werden, bei der Aufstellung der Bewegungsgleichungen nach dem Verfahren von Lagrange überhaupt nicht
in Betracht. Man braucht sie nicht zu kennen, um die Gleichungen aufzustellen, und man erfährt auch nichts über sie durch
die Lösung der Gleichungen. Zu praktischen Zwecken ist es aber
gewöhnlich nötig, einzelne dieser inneren Kräfte zu ermitteln,
um die erforderliche Stärke der von ihnen beanspruchten Kon-
struktionsteile danach bemessen zu können. Das kann nun zwar
auch nachträglich noch durch andere Betrachtungen geschehen,
wenn die Bewegung des Verbandes bereits ermittelt ist. Aber
auch das Verfahren von Lagrange selbst kann dazu dienen, wenn
es in geeigneter Weise angewendet wird.

Um z. B. die durch eine Stange übertragene Zug- oder Druck-
kraft zu bestimmen, lege man einen Schnitt durch die Stange
und lasse außer den sonst vorkommenden Bewegungsmöglichkeiten auch noch eine Verschiebung der beiden Stangenhälften
gegeneinander zu. Hierdurch erhält man einen neuen Verband,
bei dem die Zahl der Freiheitsgrade um einen vermehrt ist. Man
bildet dafür den Ausdruck für die lebendige Kraft unter Mitbe-
rücksichtigung des neu hinzugekommenen Freiheitsgrades und
erhält nach Ausführung der daran vorzunehmenden Differentiationen die Bewegungsgleichungen nach dem gewöhnlichen Verfahren. Eine dieser Gleichungen bezieht sich auf die zu dem
neu eingeführten Freiheitsgrad gehörige allgemeine Koordinate.
Man braucht dann nur nachträglich in dieser Gleichung die zugehörige allgemeine Koordinate nebst ihren Differentialquotienten
gleich Null zu setzen, um auf den früheren Fall des ursprünglich
gegebenen Verbandes zurückzukommen. Die Gleichung enthält
aber die zu der genannten Koordinate gehörige reduzierte Kraft
J, die nichts anderes ist als die gesuchte Spannung, und sie kann
nach dieser Unbekannten sofort aufgelöst werden.

Es ist nicht nötig hier noch ein besonderes Beispiel zur Erläuterung des beschriebenen Verfahrens zu besprechen, da schon die Betrachtungen des vorigen Paragraphen dazu dienen können. Um die Spannung im Faden eines Fadenpendels unter der Voraussetzung einer unveränderlichen Fadenlänge zu berechnen, hat man nach der gegebenen Vorschrift zunächst eine Längenänderung des Fadens als möglich in Aussicht zu nehmen und hierfür so, wie es im Eingange des vorigen Paragraphen, wenn auch in anderer Absicht, geschehen war, die Bewegungsgleichungen (132) aufzustellen. Der einzige Unterschied besteht nur darin, daß man J_l nicht mit l_2 in Zusammenhang bringt, sondern diese Kraft als eine unbekannte, von l_2 unabhängige Kraft in die zweite der Bewegungsgleichungen einführt. Man braucht dann nur nachträglich l_2 gleich Null zu setzen und die letzte der Gleichungen (132) nach J_l aufzulösen, während die erste dieser Gleichungen wieder in die gewöhnliche Pendelgleichung übergeht.

Zum Beweise für die Richtigkeit der aufgestellten Behauptung genügt die Bemerkung, daß es nach dem obersten Grundsatze der Festigkeitslehre stets zulässig ist, einen Teil eines Körpers als einen selbständigen Körper aufzufassen, für den alle Sätze der Mechanik gültig bleiben, sobald man die vorher in der Schnittfläche übertragenen inneren Kräfte durch gleich große und gleich gerichtete äußere Kräfte ersetzt. Der mit dem durchschnittenen Teile versehene Verband muß sich daher, wenn an den Schnittflächen entsprechende äußere Kräfte angebracht sind, ebenso verhalten, als wenn der Teil nicht durchschnitten wäre. Andererseits bildet aber der Verband mit dem durchschnittenen Teile, bei dem keine relativen Verschiebungen der Teile gegeneinander vorkommen, einen speziellen Fall des allgemeineren Verbandes, bei dem solche Verschiebungen zugelassen werden. Daher gelten für ihn auch die Gleichungen des allgemeineren Verbandes mit der nachträglich anzubringenden Zusatzbedingung, daß die Kraft in der Schnittfläche so gewählt werden muß, daß die Verschiebungen in der Schnittfläche, die im allgemeinen Falle möglich sind, bei ihnen zum Verschwinden kommen.

§ 30. Das rollende Rad.

Schon in § 14 habe ich das rollende Rad als Beispiel für einen Verband mit nicht-holonomen Bedingungen besprochen, worauf bei den weiter folgenden Betrachtungen Fälle dieser Art aus-

drücklich ausgeschlossen wurden. Nachträglich soll aber die Radbewegung auch noch eine eingehendere Untersuchung erfahren,
um zu zeigen, wie man Verbände mit nicht-holonomen Bedingungen zu behandeln hat. Die unmittelbare Anwendung der Glei-

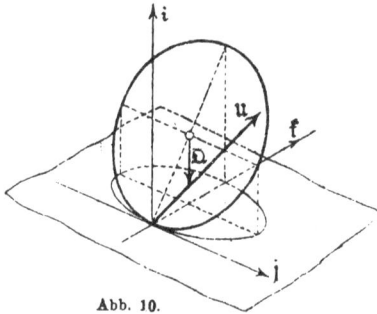

Abb. 10.

chungen von Lagrange ist
dabei freilich nicht zulässig;
doch schließt dies nicht aus.
daß man durch die Anwendung
des zu diesen Gleichungen führenden Gedankenganges auf
Grund erneuter sorgfältiger
Erwägung aller Einzelheiten
ebenfalls zu dem Ziele der Aufstellung der Bewegungsgleichungen gelangen kann.

Zu diesem Zwecke lassen wir zunächst die nicht-holonomen
Bedingungen fallen, betrachten also das Rad unter der Voraussetzung, daß es über den Fußboden auch zu gleiten vermag. Freilich soll dies nicht widerstandslos geschehen, sondern wir nehmen

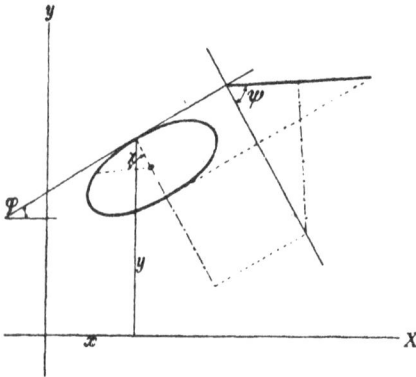

Abb. 11.

an, daß dabei eine Reibung
auftritt, die zwar vorläufig das
Gleiten nicht verhindern soll,
dabei aber doch während des
Gleitens eine Arbeit leistet.

Abb. 10, die ich aus
Band IV herübergenommen
habe, gibt eine axonometri-
sche Ansicht des Rades und
Abb. 11 zeigt einen Grundriß
des Rades in seiner augenblicklichen Stellung mit einer rechts
oben angefügten Seitenansicht,
in der sich der Kreis als

eine Gerade projiziert. Zur Beschreibung dieser Stellung benutze
ich die rechtwinkligen Koordinaten xy des Aufsitzpunktes, den
Winkel φ, den die in den Fußboden fallende Radtangente mit
der X-Achse bildet, den Winkel ψ, den die Radebene mit der
Fußbodenebene einschließt, und schließlich den Winkel χ, den
ein auf dem Rade festgelegter Halbmesser mit dem nach dem
Berührungspunkte gehenden Halbmesser einschließt. Da das Rad

jetzt auch gleiten darf, kann sich jede dieser fünf allgemeinen Koordinaten bei einer virtuellen Bewegung unabhängig von den übrigen ändern. Das Rad hat daher fünf Freiheitsgrade und nur noch holonome Bedingungen. Wir sind daher jetzt berechtigt, das Verfahren von Lagrange ohne weiteres zur Ableitung der Bewegungsgleichungen anzuwenden, falls wir nur die Arbeit der inneren Kräfte entsprechend berücksichtigen.

Um den Ausdruck für die lebendige Kraft aufstellen zu können, berechnen wir zuerst das Quadrat der Schwerpunktsgeschwindigkeit $\mathfrak{v}_0$. Einer virtuellen Änderung δx von x entspricht ein gleich großer Schwerpunktsweg. Ändert sich nur φ um $\delta\varphi$, so erfährt der Schwerpunkt eine Verschiebung in horizontaler Richtung um den Betrag $r\cos\psi \cdot \delta\varphi$, und die Projektion dieses Weges auf die X-Achse wird daraus durch Multiplikation mit $\cos\varphi$ gefunden. Bei einer virtuellen Änderung $\delta\psi$ erfährt der Schwerpunkt eine Verschiebung von der Größe $r\delta\psi$. Die Horizontalkomponente dieser Verschiebung ist gleich $r\delta\psi\sin\psi$, und wenn wir diese noch weiter nach der X- und der Y-Richtung zerlegen, erhalten wir für die X-Komponente den Betrag $-r\delta\psi\sin\psi\sin\varphi$. Die virtuellen Verschiebungen δy und $\delta\chi$ tragen zu einer Verschiebung des Schwerpunkts in der Richtung der X-Achse nichts bei. Daraus folgt im ganzen für die X-Komponente der Schwerpunktsgeschwindigkeit, wenn sich alle fünf Koordinaten zugleich ändern,

$$\dot{x} + r\cos\psi\cos\varphi \cdot \dot{\varphi} - r\sin\psi\sin\varphi \cdot \dot{\psi}.$$

In der gleichen Weise lassen sich die Komponenten der Schwerpunktsgeschwindigkeit in der Richtung der Y-Achse und der zur Fußbodenebene senkrecht stehenden Z-Achse berechnen. Im ganzen erhalten wir damit

$$\mathfrak{v}_0{}^2 = (\dot{x} + r\cos\psi\cos\varphi \cdot \dot{\varphi} - r\sin\psi\sin\varphi \cdot \dot{\psi})^2$$
$$+ (\dot{y} + r\cos\psi\sin\varphi \cdot \dot{\varphi} + r\sin\psi\cos\varphi \cdot \dot{\psi})^2 + (r\cos\psi \cdot \dot{\psi})^2.$$

Durch Ausführen der Quadrierungen läßt sich dafür auch schreiben

$$\mathfrak{v}_0{}^2 = \dot{x}^2 + \dot{y}^2 + 2\dot{x}r(\cos\psi\cos\varphi \cdot \dot{\varphi} - \sin\psi\sin\varphi \cdot \dot{\psi})$$
$$+ 2\dot{y}r(\cos\psi\sin\varphi \cdot \dot{\varphi} + \sin\psi\cos\varphi \cdot \dot{\psi}) \qquad (134)$$
$$+ r^2\cos^2\psi \cdot \dot{\varphi}^2 + r^2\dot{\psi}^2.$$

Die Multiplikation dieses Ausdrucks mit der halben Masse des Radreifs liefert die von der Schwerpunktsgeschwindigkeit herrührende Translationsenergie. Nun schreiten wir zur Berechnung der Rotationsenergie, die der Drehung um eine durch den Schwerpunkt gehende Achse entspricht. Virtuelle Änderungen von x und y führen zu keiner Drehung des Rades. Einer virtuellen Änderung $\delta\varphi$ entspricht eine Drehung um eine zur Fußbodenebene senkrecht stehende Achse. Wir zerlegen diese Drehung in zwei Komponenten $\delta\varphi\cos\psi$ um die zur Radebene senkrecht stehende Achse und $\delta\varphi\sin\psi$ um den durch den Aufsitzpunkt des Rades gehenden Durchmesser. Bei der Änderung $\delta\psi$ dreht sich das Rad um seinen horizontalen Durchmesser und bei der Änderung $\delta\chi$ um die zur Radebene senkrecht stehende Achse. Ersetzen wir die $\delta\varphi$ usf. durch die Geschwindigkeiten $\dot\varphi$ usf., so haben wir die Winkelgeschwindigkeitskomponenten der Raddrehung bezogen auf Trägheitshauptachsen des Rades. Für die senkrecht zur Radebene stehende Achse ist das Trägheitsmoment gleich mr^2, für einen Durchmesser die Hälfte davon.

Nach Gl. (112) von Band IV, S. 169 der 6. Aufl. kann die lebendige Kraft eines rotierenden Körpers nach der Formel

$$L = \tfrac{1}{2}u_1^2\theta_x + \tfrac{1}{2}u_2^2\theta_y + \tfrac{1}{2}u_3^2\theta_z$$

berechnet werden, wenn $u_1u_2u_3$ die Winkelgeschwindigkeitskomponenten in den Richtungen der Hauptträgheitsachsen und die θ die zugehörigen Hauptträgheitsmomente bedeuten. Setzen wir die hier zutreffenden Werte ein, so erhalten wir für die Rotationsenergie

$$\tfrac{1}{4}mr^2(\cos\psi\cdot\dot\varphi + \dot\chi)^2 + \tfrac{1}{4}mr^2\sin^2\psi\cdot\dot\varphi^2 + \tfrac{1}{4}mr^2\dot\psi^2.$$

Addieren wir hierzu die vorher festgestellte Translationsenergie, so finden wir für die lebendige Kraft des Rades den Ausdruck

$$\begin{aligned}L = &\tfrac{1}{2}m(\dot x^2 + \dot y^2) + m\dot x r(\cos\psi\cos\varphi\cdot\dot\varphi - \sin\psi\sin\varphi\cdot\dot\psi)\\ &+ m\dot y r(\cos\psi\sin\varphi\cdot\dot\varphi + \sin\psi\cos\varphi\cdot\dot\psi)\\ &+ \tfrac{1}{4}mr^2\{3\dot\psi^2 + (1 + \cos^2\psi)\cdot\dot\varphi^2 + 2(\dot\chi + \cos\psi\cdot\dot\varphi)^2\}.\end{aligned}\qquad(135)$$

Wir stellen jetzt zuerst die auf die Koordinate ψ bezogene Gleichung von Lagrange auf. Da mit einer virtuellen Änderung $\delta\psi$ kein Gleiten verbunden ist, leisten die inneren Kräfte keine Arbeit und die auf diese Koordinate reduzierte äußere Kraft ist

$$F_\psi = -mgr\cos\psi.$$

Für die Differentialquotienten der lebendigen Kraft erhalten
wir
$$\frac{\partial L}{\partial \dot\psi} = - m \dot x r \sin \psi \sin \varphi + m \dot y r \sin \psi \cos \varphi + \frac{3}{2} m r^2 \dot\psi,$$

$$\frac{d}{dt}\left(\frac{\partial L}{\partial \dot\psi}\right) = - m r \frac{d^2 x}{dt^2} \sin \psi \sin \varphi + m r \frac{d^2 y}{dt^2} \sin \psi \cos \varphi$$
$$+ \frac{3}{2} m r^2 \frac{d^2 \psi}{dt^2} + \Omega,$$

$$\frac{dL}{d\psi} = \Omega - \frac{m r^2}{2} \cos \psi \sin \psi \left(\frac{d\varphi}{dt}\right)^2$$
$$- m r^2 \left(\frac{d\chi}{dt} + \cos \psi \frac{d\varphi}{dt}\right) \sin \psi \cdot \frac{d\varphi}{dt}.$$

Mit Ω ist in den beiden letzten Gleichungen eine Summe von
vier Gliedern bezeichnet, die in den beiden Gleichungen miteinander übereinstimmen, so daß sie sich beim Aufstellen der Gleichung von Lagrange gegeneinander wegheben. Die Gleichung
von Lagrange
$$F_\psi = \frac{d}{dt}\left(\frac{\partial L}{\partial \dot\psi}\right) - \frac{\partial L}{\partial \psi}$$

geht beim Einsetzen dieser Werte über in

$$- g \cos \psi = - \frac{d^2 x}{dt^2} \sin \psi \sin \varphi + \frac{d^2 y}{dt^2} \sin \psi \cos \varphi - \frac{3 r}{2} \frac{d^2 \psi}{dt^2}$$
$$+ \frac{3 r}{2} \sin \psi \cos \psi \left(\frac{d\varphi}{dt}\right)^2 + r \sin \psi \frac{d\varphi}{dt} \frac{d\chi}{dt}. \tag{136}$$

In derselben Weise können auch die Bewegungsgleichungen
für die vier anderen Koordinaten gebildet werden. Bei virtuellen
Änderungen $\delta \varphi$, $\delta \chi$, δx oder δy bleibt der Schwerpunkt entweder in Ruhe oder er verschiebt sich nur in horizontaler Rich-
tung, so daß die auf diese Koordinaten reduzierte äußere Kraft
gleich Null ist. Dagegen leisten die Reibungen an der Aufsitz-
stelle des Rades eine Arbeit. Wir denken uns diese Reibungen
zu einer Resultierenden mit den Komponenten X und Y und
einem Moment M mit vertikalem Momentenvektor zusammengesetzt. Durch die Einführung dieses Momentes M soll der bohrenden Reibung Rechnung getragen werden, die sich einer Wendebewegung des Rades widersetzt. Will man die bohrende Reibung dagegen vernachlässigen, so kann dies dadurch geschehen,
daß man späterhin M gleich Null setzt.

Für die Koordinate φ soll die Bildung der Bewegungsgleichung nochmals im einzelnen vorgenommen werden. Man findet
zunächst

$$\frac{\partial L}{\partial \dot{\varphi}} = mr\dot{x} \cos \psi \cos \varphi + mr\dot{y} \cos \psi \sin \varphi$$

$$+ \frac{mr^2}{2}(1 + 3\cos^2\psi)\dot{\varphi} + mr^2 \cos \psi \cdot \dot{\chi},$$

$$\frac{d}{dt}\left(\frac{\partial L}{\partial \dot{\varphi}}\right) = mr \frac{d^2x}{dt^2} \cos \psi \cos \varphi + mr \frac{d^2y}{dt^2} \cos \psi \sin \varphi + \Omega_1$$

$$+ \frac{mr^2}{2}(1 + 3\cos^2\psi)\frac{d^2\varphi}{dt^2} - 3mr^2 \cos \psi \sin \psi \frac{d\psi}{dt}\frac{d\varphi}{dt}$$

$$+ mr^2 \cos \psi \frac{d^2\chi}{dt^2} - mr^2 \sin \psi \frac{d\psi}{dt}\frac{d\chi}{dt},$$

$$\frac{\partial L}{\partial \varphi} = \Omega_1,$$

wobei wiederum unter Ω_1 eine Summe von vier Gliedern zu verstehen ist, die sich weiterhin weghebt. Die Gleichung von Lagrange lautet beim Einsetzen dieser Werte

$$\frac{M}{mr} = \frac{d^2x}{dt^2} \cos \psi \cos \varphi + \frac{d^2y}{dt^2} \cos \psi \sin \varphi + \frac{r}{2}\frac{d^2\varphi}{dt^2}(1 + 3\cos^2\psi)$$

$$+ r\frac{d^2\chi}{dt^2} \cos \psi - 3r\frac{d\varphi}{dt}\frac{d\psi}{dt} \sin \psi \cos \psi - r\frac{d\psi}{dt}\frac{d\chi}{dt} \sin \psi. \qquad (137)$$

Die Gleichungen für die Koordinaten x und y kann man sofort hinschreiben in der Form

$$\left.\begin{array}{l} \dfrac{X}{m} = \dfrac{d^2x}{dt^2} + r\dfrac{d}{dt}\left(\cos \psi \cos \varphi \dfrac{d\varphi}{dt} - \sin \psi \sin \varphi \dfrac{d\psi}{dt}\right) \\[2ex] \dfrac{Y}{m} = \dfrac{d^2y}{dt^2} + r\dfrac{d}{dt}\left(\cos \psi \sin \varphi \dfrac{d\varphi}{dt} + \sin \psi \cos \varphi \dfrac{d\psi}{dt}\right) \end{array}\right\} \cdot \quad (138)$$

Bei einer virtuellen Verschiebung $\delta\chi$ gleitet der Aufsitzpunkt des Rades um den Betrag $r\delta\chi$ nach rückwärts. Die X-Komponente dieser Strecke ist gleich $-r\delta\chi \cos \varphi$, die Y-Komponente gleich $-r\delta\chi \sin \varphi$. Zugleich leistet auch das Moment M der bohrenden Reibung bei dieser Drehung eine Arbeit. Die Komponente der Drehung $\delta\chi$ in vertikaler Richtung ist gleich $\delta\chi \cos \psi$, und bei positivem $\delta\chi$ stimmt der Sinn dieser Drehungskomponente überein mit dem Sinn einer Drehung $\delta\varphi$. Hiernach wird

$$J_\chi = -Xr \cos \varphi - Yr \sin \varphi + M \cos \psi.$$

Der Differentialquotient von L nach χ ist Null und der nach $\dot{\chi}$ läßt sich leicht bilden. Die Gleichung von Lagrange lautet hiermit

$$-Xr \cos \varphi - Yr \sin \varphi + M \cos \psi$$

$$= mr^2\left(\frac{d^2\chi}{dt^2} + \frac{d^2\varphi}{dt^2} \cos \psi - \frac{d\psi}{dt}\frac{d\varphi}{dt} \sin \psi\right). \qquad (139)$$

Hiermit sind die Bewegungsgleichungen für das gleitende Rad mit fünf Freiheitsgraden vollständig aufgestellt. Wenn X, Y, M gegeben wären, ließen sich, abgesehen von den Schwierigkeiten, die die Integration der Gleichungen bereitet, die Gesetze des Bewegungsvorgangs aus diesen Gleichungen ableiten. Nun sind uns diese drei Größen zwar nicht gegeben; wenn wir aber weiterhin voraussetzen, daß bei der Bewegung des Rades tatsächlich kein Gleiten auf dem Fußboden stattfindet, so schließt dies ein, daß X und Y in jedem Augenblicke so groß werden müssen, daß das Gleiten dadurch verhindert wird. Dieser besondere Fall ist daher in dem vorher behandelten allgemeinen mit enthalten und er entsteht daraus, wenn wir uns vorbehalten, den Komponenten der Reibung nachträglich solche Werte beizulegen, daß zwischen den Geschwindigkeitskomponenten die beiden folgenden Gleichungen bestehen:

$$\left.\begin{aligned} \frac{dx}{dt} &= r\,\frac{d\chi}{dt}\cos\varphi \\ \frac{dy}{dt} &= r\,\frac{d\chi}{dt}\sin\varphi \end{aligned}\right\} . \tag{140}$$

Wir können dann die Gleichungen (138) dazu verwenden, um die tatsächlich auftretenden Komponenten X und Y der gleitenden Reibung daraus zu berechnen, während die drei übrigen Bewegungsgleichungen bei gegebenem M in Verbindung mit den Gleichungen (140) dazu dienen, die allgemeinen Koordinaten als Funktionen der Zeit zu bestimmen.

Setzen wir in Gl. (136) die Werte aus den Gleichungen (140) ein, so geht sie über in

$$-g\cos\psi = \frac{3r}{2}\frac{d^2\psi}{dt^2} + \frac{3r}{2}\sin\psi\cos\psi\left(\frac{d\varphi}{dt}\right)^2 + 2r\sin\psi\,\frac{d\varphi}{dt}\frac{d\chi}{dt}. \tag{141}$$

Ebenso vereinfacht sich Gl. (137) zu

$$\frac{M}{mr^2} = 2\frac{d^2\chi}{dt^2}\cos\psi + \frac{d^2\varphi}{dt^2}\cdot\frac{1+3\cos^2\psi}{2} - 3\frac{d\varphi}{dt}\frac{d\psi}{dt}\sin\psi\cos\psi \\ - \frac{d\chi}{dt}\frac{d\psi}{dt}\sin\psi. \tag{142}$$

Setzen wir ferner die Werte von X und Y aus den Gleichungen (138) in die Gl. (139) ein und beachten dabei die Gleichungen (140), so erhalten wir nach vollständiger Durchführung der Rechnung

$$\frac{M}{m\,r^2}\cos\psi = 2\,\frac{d^2\chi}{dt^2} + 2\,\frac{d^2\varphi}{dt^2}\cos\psi - 3\,\frac{d\psi}{dt}\,\frac{d\varphi}{dt}\sin\psi. \quad (143)$$

Endlich folgt noch aus der Elimination von M aus den beiden letzten Gleichungen

$$2\,\frac{d^2\chi}{dt^2}\sin\psi + \frac{3}{2}\,\frac{d^2\varphi}{dt^2}\sin\psi\cos\psi - 3\,\frac{d\psi}{dt}\,\frac{d\varphi}{dt}\sin^2\psi$$
$$+ \frac{d\chi}{dt}\,\frac{d\psi}{dt}\cos\psi = 0. \qquad (144)$$

Setzen wir nachträglich $M = 0$ ein, so haben wir die Bewegungsgleichungen für das rollende Rad unter Vernachlässigung der bohrenden Reibung vor uns. Eine allgemeine Integration dieser Gleichungen ist bei ihrer verwickelten Form natürlich nicht möglich. Wohl aber vermag man partikuläre Integrale davon anzugeben, die sich auf besondere Bewegungsarten beziehen. Der bedeutsamste dieser Sonderfälle bezieht sich auf die „rein rollende" Bewegung des Rades, also auf eine Bewegung, bei der sich das Rad in jedem Augenblicke um die in Abb. 10, S. 134, konstruierte f-Achse dreht. Setzt man in den vorausgehenden Gleichungen

$$M = 0, \qquad \frac{d\psi}{dt} = 0,$$

so folgt zunächst aus den letzten Gleichungen

$$\frac{d^2\chi}{dt^2} = 0 \quad \text{und} \quad \frac{d^2\varphi}{dt^2} = 0,$$

und Gl. (141) geht über in

$$- g\cos\psi = \frac{3\,r}{2}\sin\psi\cos\psi\,w^2 - 2r\sin\psi w u, \qquad (145)$$

wenn die konstante Winkelgeschwindigkeit, mit der sich das Rad um seine Achse dreht, mit u und die ebenfalls konstante Winkelgeschwindigkeit, mit der sich die f-Achse in Abb. 10 dreht, mit w bezeichnet wird. Man muß hierbei nur beachten, daß einem positiven Werte von $\frac{d\chi}{dt}$ oder u ein negativer Wert von $\frac{d\varphi}{dt}$ oder w entspricht, wie aus den in Abb. 11 angegebenen Richtungen, in denen φ und χ positiv gezählt werden sollen, unmittelbar entnommen werden kann. Außerdem besteht noch zwischen den absoluten Werten von w und u die Beziehung

$$w R = u r,$$

wenn unter R der Krümmungshalbmesser der Bahnkurve verstanden wird, die der Aufsitzpunkt des Rades auf dem Fußboden beschreibt. Da $R \cos \psi = r$ ist, geht dies über in

$$w = u \cos \psi. \tag{146}$$

Setzt man diesen Wert in Gl. (145) ein und löst nach u auf, so erhält man

$$u = \sqrt{\frac{2g}{r \sin \psi \, (1 + 3 \sin^2 \psi)}}. \tag{147}$$

Hiermit ist die Rollgeschwindigkeit ermittelt, die das Rad besitzen muß, um bei einer durch den Winkel ψ gegebenen Schiefstellung eine rein rollende Bewegung ausführen zu können.

Natürlich hätte man zur Ableitung dieses einfachen Ergebnisses nicht den Umweg über die allgemeinen Bewegungsgleichungen nötig gehabt. In Band IV habe ich vielmehr schon angedeutet, wie man auf Grund des Flächensatzes diese Beziehung zwischen u und ψ herzuleiten vermag. Ich will diese Ermittelung hier ebenfalls noch vornehmen und zwar hauptsächlich als Probe für die Richtigkeit der vorher aufgestellten Bewegungsgleichungen, da man nach der Durchführung so langer Rechnungen, wie sie dazu erforderlich waren, immer etwas mißtrauisch sein muß, ob nicht irgendwo ein Rechenfehler unterlaufen ist. Das beste Mittel, um solche Fehler zu entdecken, besteht darin, daß man für einfachere Fälle, bei denen sich das Ergebnis auch auf anderem Wege ableiten läßt, einen Vergleich mit den Folgerungen aus den allgemeineren Gleichungen anstellt.

Bei der rein rollenden Bewegung ist die Bahnkurve des Rades auf dem Fußboden ein Kreis, dessen Halbmesser vorher schon mit R bezeichnet war. Ein Kegel, der den Mittelpunkt dieses Kreises zur Spitze und den Radumfang zur Basis hat, rollt dabei auf dem Fußboden zusammen mit dem Rade. Wir wählen die Kegelspitze zum Momentenpunkte und stellen die Gleichung des Flächensatzes auf. Der Drall des bewegten Körpers ist ein Vektor, dessen Richtung mit Hilfe des auf den festen Punkt bezogenen Trägheitsellipsoids konstruiert werden kann. Das Trägheitsellipsoid ist ein Umdrehungsellipsoid, da der feste Punkt auf der Radachse liegt. Der Drall ist daher auf jeden Fall in der

durch die Radachse und durch die Momentanachse (das ist die
t-Achse in Abb. 10) gelegten Vertikalebene enthalten. Wenn das
Rad nachher in eine andere Lage gelangt, ändert sich die Vertikalkomponente des Dralls nicht, während die Horizontalkomponente um einen Winkel $w\,dt$ im Zeitelement dt gedreht wird
Um die Änderungsgeschwindigkeit des Dralls festzustellen, brauchen wir uns daher nur um die Horizontalkomponente des Dralls
zu kümmern. Diese Komponente ist aber die Projektion des
Dralls auf die Richtung der augenblicklichen Drehachse und wir
finden sie nach Band IV, Gl. (123), S. 178 der 6. Aufl. gleich

$$B' = q\,\theta',$$

wenn wir mit q die Winkelgeschwindigkeit um die Momentanachse und mit θ' das auf diese Achse bezogene Trägheitsmoment
des Rades bezeichnen. Nun ist

$$\theta' = \theta_0' + m\,r^2\sin^2\psi, \qquad (148)$$

wenn unter θ_0' das Trägheitsmoment für die parallel zur Momentanachse gezogene Schwerpunktsachse verstanden wird. Nach
Band IV, Gl. (116), S. 172 der 6. Aufl. ist aber

$$\theta_0' = \frac{m\,r^2}{2}\cos^2\psi + m\,r^2\sin^2\psi, \qquad (149)$$

und wenn man dies einsetzt, erhält man

$$B' = q\,\frac{m\,r^2}{2}(1 + 3\sin^2\psi). \qquad (150)$$

Der geometrische Zuwachs, den der Drall im Zeitelemente
dt erfährt, steht senkrecht zur Momentanachse und ist gleich
$B'w\,dt$. In der gleichen Richtung geht auch der Momentenvektor
des aus dem Gewichte mg und der ihm gleichen Vertikalkomponente des Auflagerdrucks bestehenden Kräftepaars. Er hat die
Größe $mgr\cos\psi$. Die Horizontalkomponente des Auflagerdrucks
geht durch den Momentenpunkt und kommt daher in der Gleichung des Flächensatzes nicht vor. Diese Gleichung lautet daher

$$q\,w\,\frac{m\,r^2}{2}(1 + 3\sin^2\psi) = mgr\cos\psi. \qquad (151)$$

Es bleibt noch übrig, eine Gleichung zwischen q und w aufzustellen. Die Schwerpunktsgeschwindigkeit hat die Größe $qr\sin\psi$,
da $r\sin\psi$ den senkrechten Abstand des Schwerpunkts von der
Momentanachse angibt. Andererseits kann aber die Geschwindigkeit des Schwerpunkts auch in w ausgedrückt werden, da der

Schwerpunkt einen Kreis vom Halbmesser $R - r \cos \psi$ mit der Winkelgeschwindigkeit w beschreibt. Beachtet man, daß $R \cos \psi = r$ ist, so erhält man die Gleichung

$$w \left(\frac{r}{\cos \psi} - r \cos \psi \right) = q r \sin \psi,$$

aus der $\qquad\qquad q = w \operatorname{tg} \psi \qquad\qquad (152)$

folgt. Setzt man dies in die Gleichung des Flächensatzes, so läßt sie sich nach w auflösen und man findet

$$w = \cos \psi \sqrt{\frac{2 g}{r \sin \psi \, (1 + 3 \sin^2 \psi)}}. \qquad (153)$$

Das stimmt aber, wenn man beachtet, daß $w = u \cos \psi$ ist, mit Gl. (147) überein. Damit ist die verlangte Probe erbracht.

Der Übergang von Gl. (145) zu Gl. (147) wurde dadurch bewirkt, daß in jedem Gliede der Faktor $\cos \psi$ gestrichen wurde. Wenn jedoch ψ ein rechter Winkel ist, wird $\cos \psi$ zu Null und Gl. (145) wird für jeden Wert von u erfüllt, während w darin gleich Null zu setzen ist. Gl. (147) verliert daher für diesen Fall ihre Gültigkeit.

Von besonderer Wichtigkeit ist eine Bewegung des Rades, bei der es dauernd der aufrechten Lage benachbart bleibt und kleine Schwingungen darum ausführt. Man weiß nämlich schon aus der Erfahrung, daß eine solche Bewegung bei nicht zu kleinen Geschwindigkeiten stabil ist, und es handelt sich nun darum, die Theorie dieser Bewegung aufzustellen. Die Voraussetzung, daß es sich nur um kleine Schwingungen handeln soll, gestattet eine Vereinfachung der Bewegungsgleichungen in derselben Weise wie in früheren Fällen. Ich sehe aber davon ab, diese Untersuchung für den Fall $M = 0$ durchzuführen, nehme vielmehr anstatt dessen an, daß die bohrende Reibung groß genug ist, um eine „Wendebewegung" des Rades also eine Drehungskomponente in der Richtung der i-Achse in Abb. 10 auszuschließen.

§ 31. Die Radbewegung bei großer bohrender Reibung.

Bei virtuellen Änderungen der fünf allgemeinen Koordinaten leistet die bohrende Reibung eine Arbeit, die nur von den virtuellen Änderungen $\delta \varphi$ und $\delta \chi$ abhängig ist. Diese Arbeit ist nämlich, wie schon bei der Ableitung der Gleichungen (137) und (139) festgestellt wurde, gleich

$$M(\delta\varphi + \cos\psi\,\delta\chi).$$

Wenn nun vorausgesetzt wird, daß M groß genug ist, um Drehungen, die in die Richtung des Momentenvektors fallen, zu verhüten, muß die Arbeit zu Null werden und die Bewegung erfolgt dann so, daß jederzeit

$$\frac{d\varphi}{dt} + \cos\psi\,\frac{d\chi}{dt} = 0 \tag{154}$$

ist. Diese Gleichung spricht eine weitere, nicht-holonome Bedingung aus, die zu den Gleichungen (140) hinzutritt. In der Tat stimmt sie auch, wenn die Gleichungen (140) dazu genommen werden, inhaltlich mit der bereits in § (14) angegebenen Bedingungsgleichung (65), S. 78, überein.

Für die Untersuchung der hiermit näher bestimmten Bewegung stehen uns die Bewegungsgleichungen (141) und (144) zur Verfügung, während eine der Gleichungen (142) oder (143) späterhin dazu verwendet werden kann, um die Größe des Moments M der bohrenden Reibung zu berechnen, die erforderlich ist, um die betrachtete Bewegung zu erzwingen.

Zunächst können wir aber die Gleichungen (141) und (144) durch Hinzunehmen der durch Gl. (154) ausgesprochenen Beziehung vereinfachen. Wenn dies geschieht, gehen die Gleichungen über in

$$\frac{2g}{r}\cos\psi + 3\frac{d^2\psi}{dt^2} - \sin\psi\cos\psi\,(1 + 3\sin^2\psi)\left(\frac{d\chi}{dt}\right)^2 = 0, \tag{155}$$

$$\sin\psi\,(1 + 3\sin^2\psi)\frac{d^2\chi}{dt^2} + \cos\psi\,(9\sin^2\psi + 2)\frac{d\psi}{dt}\frac{d\chi}{dt} = 0. \tag{156}$$

Das sind also die strengen Grundgleichungen für die hier betrachtete Radbewegung. Da sie als Ergebnis verwickelter Rechnungen gefunden wurden, ist es wünschenswert, noch eine Probe darauf zu machen, ob kein Rechenfehler vorgekommen ist. Dazu verhilft uns der Satz von der lebendigen Kraft. Die inneren Kräfte leisten bei dieser Bewegung keine Arbeit; daher muß die Summe aus der lebendigen Kraft und der potentiellen Energie, die der Höhe des Radschwerpunkts über dem Fußboden entspricht, konstant, also

$$L + mgr\sin\psi = C \tag{157}$$

sein. Der in Gl. (135) aufgestellte Ausdruck für die lebendige
Kraft vereinfacht sich hier wegen der durch die Gleichungen
(140) und (154) ausgesprochenen Bedingungen erheblich. Man
kann diesen vereinfachten Ausdruck auch unmittelbar von
neuem ableiten und erhält auf beiden Wegen, wie man sich
leicht überzeugt,

$$L = \frac{m\,r^2}{4}\left(3\left(\frac{d\psi}{dt}\right)^2 + \sin^2\psi\,(1 + 3\sin^2\psi)\left(\frac{d\chi}{dt}\right)^2\right). \quad (158)$$

Gleichung (157) muß sich als ein erstes Integral aus den
beiden Bewegungsgleichungen (155) und (156) ableiten lassen.
Zu diesem Zwecke multiplizieren wir Gl. (155) mit $\frac{d\psi}{dt}$ und
Gl. (156) mit $\sin\psi\,\frac{d\chi}{dt}$ und addieren. Wir erhalten dann in der
Tat eine integrable Gleichung, nämlich die Gleichung, die man
findet, wenn man Gl. (157) mit Berücksichtigung des in Gl. (158)
angeschriebenen Ausdrucks von L nach t differentiiert. Die Probe,
die wir anstellen wollten stimmt daher und zugleich haben wir
ein erstes Integral der Bewegungsgleichungen aufgestellt.

Weitere allgemeine Integrale lassen sich nicht angeben; das
hindert jedoch nicht, daß wir aus den Differentialgleichungen
hinreichenden Aufschluß über besonders wichtige Bewegungsarten erhalten können. Nehmen wir zunächst an, daß die Rollgeschwindigkeit $\frac{d\chi}{dt}$ konstant sein soll, so folgt aus Gl. (156),
daß $\frac{d\psi}{dt}$ gleich Null sein muß. Aus Gl. (155) läßt sich hierauf
der Winkel ψ berechnen, der zu einem gegebenen Werte der Rollgeschwindigkeit gehört. Wir kommen damit nur wieder auf die
schon im vorigen Paragraphen besprochene rein rollende Bewegung zurück. Die bohrende Reibung kommt dabei nicht zur
Geltung. Wir sehen aber aus diesem Ergebnisse zugleich, daß
das Hinzutreten der bohrenden Reibung nichts daran zu ändern
vermag, daß bei allen anderen Bewegungsarten, die sie überhaupt
zuläßt, die Rollgeschwindigkeit veränderlich sein muß.

Wir betrachten jetzt eine Bewegung, bei der ψ
dauernd nahezu gleich einem Rechten bleibt. Wir
setzen also

$$\psi = \frac{\pi}{2} + \psi_1$$

und betrachten ψ_1 als eine mit der Zeit veränderliche kleine
Größe. Auch die Rollgeschwindigkeit kann sich in diesem Falle

nicht viel ändern und wir setzen daher

$$\frac{d\chi}{dt} = u_0 + u_1,$$

wobei u_0 konstant und u_1 eine kleine Größe ist, die ebenfalls mit der Zeit veränderlich ist. Streichen wir nach Einsetzen dieser Werte in Gl. (155) alle Glieder, die von höherer Ordnung klein sind, setzen also $\cos\psi = -\psi_1$ und $\sin\psi = 1$

usf., so erhalten wir

$$-\frac{2g}{r}\psi_1 + 3\frac{d^2\psi_1}{dt^2} + 4u_0^2\psi_1 = 0. \qquad (158\,\text{a})$$

Wenn die Rollgeschwindigkeit u_0

$$u_0 = \sqrt{\frac{g}{2r}} \qquad (158\,\text{b})$$

ist, heben sich die mit ψ_1 behafteten Glieder in (158a) gegeneinander fort und die Beschleunigung der Fallbewegung des Rades wird zu Null. In diesem Falle steht die Bewegung an der Grenze des stabilen und des labilen Laufes. Stabil ist dagegen die Laufbewegung des aufrecht rollenden Rades, wenn u_0 größer ist als dieser Wert. Gl. (158a) ist dann von der Form der Differentialgleichung für einfache harmonische Schwingungen nämlich

$$\frac{d^2\psi_1}{dt^2} = -\frac{4u_0^2 r - 2g}{3r}\psi_1,$$

und als Lösung erhält man, wenn die Zeit von einem Augenblicke an gezählt wird, in dem ψ_1 seinen größten Wert A angenommen hatte,

$$\psi_1 = A\sin\alpha t \quad \text{mit} \quad \alpha = \sqrt{\frac{4u_0^2 r - 2g}{3r}}. \qquad (158\,\text{c})$$

Die Schwingungsdauer der durch ψ_1 dargestellten kleinen Schwingungen ist

$$T_1 = \frac{2\pi}{\alpha} = 2\pi\sqrt{\frac{3r}{4u_0^2 r - 2g}}.$$

Die Zeit, die vergeht, bis das Rad einen Umlauf vollzogen hat, ist

$$T_2 = \frac{2\pi}{u_0}.$$

Man findet also die Zahl der vollen Schwingungen ψ_1 während der Dauer eines Radumlaufs

$$N = \frac{T_2}{T_1} = \sqrt{\frac{4}{3} - \frac{2g}{3u_0{}^2 r}}\,.$$

Diese Zahl wird um so kleiner, je schneller das Rad läuft; aber selbst für $u_0 = \infty$ bleibt sie noch etwas größer als Eins.

Die zweite Bewegungsgleichung gestattet uns nun auch, die periodischen Schwankungen der Rollgeschwindigkeit zu berechnen. Mit denselben Vernachlässigungen wie vorher geht Gl. (156) über in

$$4\frac{du}{dt} - 11\psi_1 \frac{d\psi_1}{dt} u = 0.$$

Die Variablen lassen sich in dieser Gleichung sofort trennen und die Integration liefert

$$\lg u = \tfrac{11}{8}\psi_1{}^2 + C_1.$$

Die Integrationskonstante C_1 ist der Wert von $\lg u$ für $\psi_1 = o$, d. h. für den Augenblick, in dem das Rad durch die lotrechte Lage hindurchgeht. Vorher war unbestimmt gelassen, welcher genauerer Wert von u als u_0 bei der Zerlegung in $u_0 + u_1$ gerechnet werden sollte. Bei der vorhergehenden Betrachtung kam es darauf deshalb nicht näher an, weil alle u nur sehr wenig verschieden voneinander sind und die Unterschiede beim Einsetzen in Gl. (155) zu Gliedern führten, die von höherer Ordnung klein waren und daher vernachlässigt werden durften. Jetzt können wir aber festsetzen, daß unter u_0 die Rollgeschwindigkeit für die aufrechte Lage verstanden werden soll. Dann liefert die vorhergehende Gleichung

$$u = u_0 e^{\frac{11}{8}\psi_1{}^2}.$$

Da der Exponent ein sehr kleiner Wert ist, genügt es, dafür

$$u = u_0\left(1 + \tfrac{11}{8}\psi_1{}^2\right) \tag{159}$$

zu schreiben. In der aufrechten Lage ist daher die Rollgeschwindigkeit am kleinsten. Für die größte Rollgeschwindigkeit im Verlaufe des Schwingungsvorgangs $u_{\max}$ hat man

$$u_{\max} = u_0\left(1 + \tfrac{11}{8} A^2\right)$$

und hieraus erkennt man, daß die Schwankungen in der Rollgeschwindigkeit im Verhältnisse zu u_0 von höherer Ordnung klein sind, als die Abweichungen ψ_1 aus der Mittellage.

Ferner erhalten wir aus Gl. (154) für den hier betrachteten Bewegungsvorgang

$$\frac{d\varphi}{dt} = \psi_1 u, \tag{160}$$

wobei an Stelle von u auch u_0 geschrieben werden kann. Setzt man den Wert von ψ_1 aus Gl. (158 c) ein und integriert, so erhält man

$$\varphi = \varphi_0 - \frac{A u_0}{\alpha} \cos \alpha t. \tag{161}$$

Die Spur des Radlaufs in der Fußbodenebene bildet daher nahezu eine gerade Linie, die den beliebigen Winkel φ_0 mit der X-Achse einschließt. Um die kleinen Abweichungen von dieser Geraden noch etwas genauer zu verfolgen, greifen wir auf die Gleichungen (140)

$$\frac{dx}{dt} = r u \cos \varphi \quad \text{und} \quad \frac{dy}{dt} = r u \sin \varphi$$

zurück. Da die Änderung, die u erfährt von höherer Ordnung klein ist, als die Änderung von φ, genügt es, wenn wir für die erste Gleichung

$$\frac{dx}{dt} = r u_0 \cos \left(\varphi_0 - \frac{A u_0}{\alpha} \cos \alpha t \right) = r u_0 \left(\cos \varphi_0 + \sin \varphi_0 \frac{A u_0}{\alpha} \cos \alpha t \right)$$

schreiben. Die Ausführung der Integration liefert

$$x = x_0 + r u_0 t \cos \varphi_0 + r u_0 \sin \varphi_0 \frac{A u_0}{\alpha^2} \sin \alpha t. \tag{162}$$

Die Koordinatenachsen konnten in der Fußbodenebene beliebig festgelegt sein. Nehmen wir jetzt an, daß die Y-Achse mit der Richtung φ_0 zusammenfällt, so ist $\cos \varphi_0 = 0$ und $\sin \varphi_0 = 1$ zu setzen und die vorhergehende Gleichung gibt uns unmittelbar die Abweichungen von der geraden Bahn an. Die größte Abweichung f aus der mittleren Linie, d. h. von der Y-Achse ist

$$f = A \frac{u_0{}^2 r}{\alpha^2} = A \cdot \frac{3 u_0{}^2 r}{4 u_0{}^2 r - 2 g} \cdot r. \tag{163}$$

Die Abweichung wird bei gegebenem Werte der Amplitude A der Schwingungen ψ_1 um so kleiner, je schneller das Rad rollt. Die kleinste Abweichung für $u_0 = \infty$, die auch schon dann nahezu eintritt, wenn die Rollgeschwindigkeit mindestens etwa das 3- oder 4-fache der kritischen beträgt, bei der die Bewegung stabil wird, ist

$$f_{\min} = \tfrac{3}{4} A r.$$

Hiermit ist die Bewegung genügend in allen Einzelheiten bekannt. Es entsteht nun aber noch die weitere Frage, wie

groß das Moment der bohrenden Reibung sein muß, um
die besprochene Bewegung zu erzwingen. Denn von der
Beantwortung dieser Frage hängt es ab, bis zu welcher Grenze
die vorhergehenden Entwicklungen überhaupt als physikalisch
zutreffend zu betrachten sind. Zur Berechnung von M stehen
uns die Gleichungen (142) oder (143) zur Verfügung, also wenn
wir die letzte wählen, die Gleichung

$$\frac{M}{m\,r^2}\cos\psi = 2\,\frac{d^2\chi}{dt^2} + 2\,\frac{d^2\varphi}{dt^2}\cos\psi - 3\,\frac{d\psi}{dt}\,\frac{d\varphi}{dt}\sin\psi.$$

Wenn wir beachten, daß sich ψ nur um den kleinen Winkel ψ_1 von einem Rechten unterscheidet, vereinfacht sich die
Gleichung zunächst zu

$$-\frac{M}{m\,r^2}\,\psi_1 = 2\,\frac{du}{dt} - 2\,\frac{d^2\varphi}{dt^2}\,\psi_1 - 3\,\frac{d\psi_1}{dt}\,\frac{d\varphi}{dt}.$$

Setzen wir hierauf die vorher festgestellten Werte der auf der
rechten Seite stehenden Differentialquotienten ein, so erhalten
wir nach Zusammenziehen der Glieder und Streichen des gemeinschaftlichen Faktors ψ_1

$$-\frac{M}{m\,r^2} = \frac{1}{2}\,u_0\,\frac{d\psi_1}{dt}$$

und daher schließlich, wenn wir auch noch den Wert von $\frac{d\psi_1}{dt}$
einsetzen,

$$M = -\frac{m\,r^2}{2}\,u_0\,A\,\alpha\cos\alpha t. \tag{164}$$

Bei der kritischen Geschwindigkeit, die die Grenze zwischen
stabiler und instabiler Bewegung bildet, ist nach Gl. (158c)
$\alpha = o$ und wenn die Geschwindigkeit nur wenig über der kritischen liegt, wird daher M verhältnismäßig niedrig, so daß dann
in der Tat die Bewegung so, wie es besprochen war, vor sich
gehen kann. Wenn u_0 größer wird, wächst damit auch α und
unter der Voraussetzung, daß A denselben Wert behält, wird M
bald so groß, daß es den größtmöglichen Wert der bohrenden
Reibung übersteigt. Dann hört die Gültigkeit der vorhergehenden Formeln auf. Man kann indessen zu jedem Werte von u_0
einen Wert für die Schwingungsamplitude A angeben, bis zu
dem hin die Bewegung so erfolgt, wie sie hier besprochen war.
Um hierüber klarer zu sehen, ist es nötig, ein Zahlenbeispiel
durchzurechnen.

Nehmen wir zu diesem Zwecke an, u_0 sei doppelt so groß

als die durch Gl. (158 b) angegebene kritische Geschwindigkeit, so wird nach dieser Gleichung und nach Gl. (158 c)

$$u_0\, \alpha = \frac{2g}{r},$$

und für den größten während der Bewegung auftretenden Wert von M erhält man nach Gl. (164)

$$M_{max} = mgr\,A.$$

Nun ist der größte Wert von M, der zwischen Radumfang und Fußboden übertragen werden kann, jedenfalls proportional dem Radgewichte mg zu setzen. Außerdem hängt er von dem Reibungskoeffizienten und der Größe der Abplattungsfläche ab, in der eine Berührung zwischen dem Rade und dem Fußboden stattfindet. Bezeichnen wir diesen größtmöglichen Wert von M mit M', so können wir

$$M' = mg\varrho$$

setzen. Den Faktor ϱ kann man als den dem betreffenden Falle entsprechenden Koeffizienten der bohrenden Reibung bezeichnen. Setzen wir M_{max} gleich M', so erhalten wir eine Gleichung für die Amplitude A der Schwingungen ψ_1, bis zu der hin die Bewegung so vor sich geht, wie wir es hier vorausgesetzt haben. Wir finden

$$A_{max} = \frac{\varrho}{r},$$

also wenn z. B. $r = 30$ cm und $\varrho = 1$ mm angenommen wird,

$$A_{max} = 0{,}00333 = 0^0 11' 30''.$$

Die größte Abweichung f des Aufsitzpunktes, also des Mittelpunktes der Abplattungsfläche von der geraden Bahn, wird in diesem Falle nach Gl. (163)

$$f = \varrho = 1 \text{ mm.}$$

Wenn die Radebene größere Schwankungen A der Radebene gegen die lotrechte Lage ausführt, als etwas über 11′, verlieren daher bei der hier vorausgesetzten Radgeschwindigkeit, die einer Umfangsgeschwindigkeit von rund 2,40 m/sec entspricht, die vorhergehenden Formeln ihre Gültigkeit.

Es würde nun nichts im Wege stehen, die Rechnung auch noch für etwas größere Radschwankungen durchzuführen, wenn diese nur immer noch als klein betrachtet werden dürfen. Hierbei wäre zu beachten, daß nach Gl. (164) M seinen größten Wert

annimmt für cos $\alpha t = 1$, d. h. nach Gl. (158c) in dem Augenblicke, in dem das Rad durch die lotrechte Lage hindurchgeht,
während an der Grenze des Ausschlags, also für sin $\alpha t = \pm 1$
die bohrende Reibung zu Null wird. Man müßte also den ganzen
Schwingungsweg in drei Teile zerlegen, so daß in den beiden
äußeren Teilen die Formeln dieses Paragraphen anwendbar
bleiben, während für den mittleren Teil auf die Gleichungen
(141) bis (144) unter Verwerfung von Gl. (154) zurückzugreifen
wäre. In den Gleichungen (142) und (143) wäre dabei an Stelle
von M der vorher angegebene Wert von M' zu setzen. Natürlich
könnte man auch in diesem Falle von den Vereinfachungen
Gebrauch machen, die durch die Voraussetzung kleiner Schwankungen um die lotrechte Radstellung ermöglicht werden.

Ich sehe jedoch davon ab, diese Rechnung hier noch anzuschließen, da das Hauptziel der ganzen Betrachtung, nämlich
der Nachweis, daß die aufrechte Bewegung von einer bestimmten
Geschwindigkeitsgrenze an stabil ist, ohnehin bereits erreicht ist.
Daß dies so sein müsse, war zwar aus der Erfahrung schon von
vornherein bekannt. Aber die Theorie lehrt, wenn sie
eine Bestätigung solcher Erfahrungen liefert, zugleich
immer noch mehr. Und zwar hat sie in diesem Falle
zugleich den Wert der kritischen Geschwindigkeit u_0
nach Gl. (158b) kennen gelehrt. Hierin ist das Hauptergebnis
der vorhergehenden Untersuchungen zu erblicken.

§ 32. Die pseudoreguläre Radbewegung.

In Anlehnung an die in der Kreiseltheorie eingeführten Bezeichnungen kann man die „rein-rollende" Bewegung des Rades,
wie wir sie früher nannten, weiterhin auch als die „reguläre"
Rollbewegung bezeichnen. Bei ihr bleibt der Winkel ψ, den die
Radebene mit der Fußbodenebene bildet, konstant, die Spur
der Radebene in der Fußbodenebene dreht sich mit einer konstanten Winkelgeschwindigkeit $\frac{d\varphi}{dt}$, auch die Rollgeschwindigkeit $\frac{d\chi}{dt}$ ist konstant, der Aufsitzpunkt des Rades beschreibt einen
Kreis und die durch den Mittelpunkt des Rades senkrecht zur
Radebene gezogene Radachse beschreibt einen Kreiskegel, dessen
Spitze im Fußboden liegt und dessen Achse senkrecht dazu
steht. Jede Bewegung, die ähnlich erfolgt wie die reguläre,

im einzelnen aber kleine Abweichungen davon zeigt, möge
ebenso wie in der Kreiseltheorie als eine pseudoreguläre bezeichnet werden.

Die reguläre Rollbewegung ist auch dann möglich, wenn die
bohrende Reibung gleich Null gesetzt wird, wie wir schon in
§ 30 gefunden haben, und sie bleibt ebenso möglich, wenn die
Flächen als rauh vorausgesetzt werden, so daß die bohrende
Reibung nicht vernachlässigt werden darf. Auch wenn eine
bohrende Reibung infolge der Beschaffenheit der miteinander in
Berührung kommenden Flächen übertragen werden könnte, tritt
sie trotzdem nicht auf, solange die Bewegung regulär bleibt. Bei
einer Bewegung, die der regulären benachbart ist, wird daher die
bohrende Reibung auch nur kleine Werte anzunehmen brauchen,
um eine Drehung des Rades in dem ihr entsprechenden Sinne
zu verhindern. Wir dürfen daher voraussetzen, daß die pseudoreguläre Radbewegung ausschließlich durch ein Zusammenwirken
von „Rollen" und „Fallen" zustande kommt, während ein „Wenden"
dabei durch die bohrende Reibung verhütet wird.

Die Gleichungen für die pseudoreguläre Radbewegung erhält
man aus den Gleichungen (155) und (156), indem man darin

$$\psi = \psi_0 + \psi_1$$

setzt, dabei unter ψ_0 eine konstante und unter ψ_1 eine kleine
mit der Zeit veränderliche Größe versteht, deren höhere Potenzen
vernachlässigt werden dürfen. Ebenso zerlegen wir auch die
Rollgeschwindigkeit in $\dfrac{d\chi}{dt} = u_0 + u_1,$

so daß die konstanten Größen u_0 und ψ_0 einer regulären Rollbewegung entsprechen, also der Gl. (147) genügen. Setzt man
diese Werte in Gl. (155) ein, hebt die von u_1 und ψ_1 freien
Glieder, die nach Gl. (147) gegeneinander wegfallen, fort und
vernachlässigt die von höherer Ordnung kleinen Glieder, so
behält man

$$- \psi_1 \frac{2g}{r} \sin\psi_0 + 3\frac{d^2\psi_1}{dt^2} - 2u_0 u_1 \sin\psi_0 \cos\psi_0(1 + 3\sin^2\psi_0)$$
$$- \psi_1 u_0{}^2(1 + 7\sin^2\psi_0 - 12\sin^4\psi_0) = 0.$$

Ebenso geht Gl. (156) über in

$$\sin\psi_0(1 + 3\sin^2\psi_0)\cdot\frac{du_1}{dt} + \cos\psi_0(9\sin^2\psi_0 + 2)u_0\frac{d\psi_1}{dt} = 0,$$

da alle hierbei weggelassenen Glieder von höherer Ordnung klein
sind. Die zweite Gleichung läßt sich sofort integrieren. Setzt
man den dabei erhaltenen Wert von u_1 in die erste Gleichung
ein, so erhält man nach Zusammenfassen der Glieder unter Benutzung der durch Gl. (147) ausgesprochenen Beziehung

$$\frac{d^2\psi_1}{dt^2} = -u_0^2(1 + 2\sin^2\psi_0 - 3\sin^4\psi_0)\psi_1 + C.$$

Unter C ist hierbei eine Konstante zu verstehen, die von der
Integration der vorhergehenden Gleichung herstammt. Der in
der Klammer stehende Ausdruck ist für jeden Wert von ψ_0
positiv. Die Gleichung stellt daher eine einfache harmonische
Schwingung dar. Wenn ψ_0 einen rechten Winkel bedeutet,
verlieren jedoch die vorhergehenden Gleichungen ihre Gültigkeit; dieser Fall ist aber bereits im vorigen Paragraphen erledigt worden. Andernfalls wird die Schwingungsdauer der
harmonischen Schwingungen

$$T = 2\pi\sqrt{\frac{r}{2g} \cdot \frac{\sin\psi_0(1 + 3\sin^2\psi_0)}{1 + 2\sin^2\psi_0 - 3\sin^4\psi_0}}$$

gefunden. Hierbei ist der Wert von u_0 aus Gl. (147) eingesetzt.
Dieser Ausdruck läßt sich noch bedeutend vereinfachen und liefert

$$T = 2\pi\sqrt{\frac{r}{2g} \frac{\sin\psi_0}{\cos^2\psi_0}}. \tag{165}$$

Die Betrachtung ließe sich jetzt noch in derselben Weise
weiterführen, wie früher für den aufrechten Lauf des Rades. Ich
sehe aber davon ab, da die bisher erzielten Ergebnisse bereits
zu dem Nachweise genügen, daß die betrachtete pseudoreguläre Radbewegung möglich und die mit Gl. (147) in
Übereinstimmung stehende reguläre Rollbewegung
daher jedenfalls eine stabile Bewegung bildet.

Schließlich mögen hier noch einige Bemerkungen Platz
finden, die sich auf die Theorie des Fahrrads beziehen. Ich
muß dabei freilich sofort vorausschicken, daß ich mich mit dieser
Theorie noch niemals eingehender beschäftigt habe. Wenn man
das einzeln rollende Rad behandelt, kann man aber kaum umhin,
dabei nebenher auch an das Fahrrad zu denken, und der Leser
würde es daher vermissen, wenn ich darüber ganz mit Still-
schweigen hinwegginge.

Betrachtet man das Fahrrad zunächst ohne alle Neben-
bedingungen, so bildet es einen achtläufigen Verband, wenn wir

uns die Lenkstange festgestellt denken, oder, wenn wir auch für diese eine Bewegung zulassen, einen neunläufigen. Das Gestell hat nämlich als starrer Körper sechs Freiheitsgrade, dazu kommt je ein Freiheitsgrad für die Drehung jedes Rades und gegebenfalls noch einer für die Drehung der Lenkstange. Zwei Freiheitsgrade fallen weg, wenn beide Räder stets auf dem Boden aufsitzen sollen. Schließen wir bei beiden Rädern das Gleiten aus, so fallen vier weitere Freiheitsgrade fort. Bei festgehaltener Lenkstange bleiben daher nur noch zwei Freiheitsgrade übrig. Andererseits wird aber die Zahl der Freiheitsgrade wieder vermehrt, wenn wir beachten, daß der Fahrer seinen Körper relativ zu seinem Sitze nach Belieben zu bewegen vermag.

Man könnte sich nun zunächst die Aufgabe stellen, die beiden Bewegungsgleichungen aufzustellen, die dem Falle mit zwei Freiheitsgraden entsprechen, also dem Falle, daß der Fahrer keine Bewegung relativ zum Gestell ausführt und die Lenkstange feststeht. Ich weiß freilich nicht, ob diese Aufgabe schon in Angriff genommen und gelöst wurde. Wenn ich sie selbst lösen müßte, würde ich mich jedoch des hier besprochenen Verfahrens von Lagrange nicht bedienen, da es offenbar zu sehr umständlichen Rechnungen führen müßte. Eine Gleichung würde sich, wie gewöhnlich, sehr leicht aus dem Satze von der lebendigen Kraft herleiten lassen und die andere könnte man aus dem Flächensatze erhalten, der auf eine beliebig in der Fußbodenebene gezogene Achse anzuwenden wäre. Für diese Achse heben sich nämlich die Momente der gleitenden Reibungen, die dabei als äußere Kräfte anzusehen sind, hinweg. Freilich kennt man auch die senkrechten Auflagerdrucke an beiden Aufsitzpunkten nicht von vornherein. Aber die dadurch hereingebrachte Unbekannte schafft man leicht hinweg, indem man den Flächensatz außerdem noch auf eine zweite in der Fußbodenebene liegende Achse anwendet und den unbekannten Auflagerdruck aus beiden Gleichungen eliminiert Das Moment der bohrenden Reibung verschwindet für beide Achsen. Ich nehme übrigens an, daß die bohrende Reibung eine wesentliche Rolle bei diesem Bewegungsvorgange spielen dürfte. Eine Wendebewegung zu verhindern vermag sie zwar offenbar unter gewöhnlichen Umständen nicht; aber sie dürfte eine Dämpfung der entstehenden Schwingungen herbeiführen, die wahrscheinlich sehr wesentlich für den Erfolg ist.

Natürlich wäre aber selbst mit einer strengen Lösung der zunächst ins Auge gefaßten Aufgabe noch nicht viel gewonnen. Denn so wie das Radfahren praktisch geübt wird, spielen ohne Zweifel die Drehungen an der Lenkstange und die von dem Fahrer vorgenommenen Schwerpunktsverlegungen eine sehr wichtige Rolle. Wenigstens schließe ich das aus dem, was mir darüber gesagt wurde, denn ich bin selbst kein Radfahrer. Übrigens hat sich die Praxis in diesem Falle sehr gut ohne die Theorie zu helfen gewußt, und ich halte es daher auch für besser, große Anstrengungen, wie sie zur Aufstellung einer umfassenden Theorie nötig wären, lieber auf andere Fragen zu verwenden, bei denen die Praxis die theoretische Untersuchung nicht so leicht zu entbehren vermag.

§ 33. Das Prinzip von Hamilton.

Außer den Gleichungen von Lagrange kennt man noch einige andere Verfahren zur Aufstellung der Bewegungsgleichungen für einen mehrläufigen Verband. Man bezeichnet die Sätze, auf denen diese Verfahren beruhen, als „Prinzipe" der Mechanik. Zu ihnen gehören insbesondere das Prinzip von Hamilton, das Prinzip der kleinsten Wirkung und das Gaußsche Prinzip des kleinsten Zwanges. Für die praktischen Anwendungen, also für die technische Mechanik, kann man diesen Sätzen keinen großen Wert beilegen. Es ist mir wenigstens kein einziger Fall bekannt, in dem mit Hilfe dieser Sätze ein neues Ergebnis von praktischer Wichtigkeit gefunden worden wäre, das man nicht mindestens ebenso einfach auch mit Hilfe von anderen, hier bereits besprochenen Verfahren ableiten könnte. Das schließt zwar nicht aus, daß man gelegentlich irgendeine bestimmte Frage auf einem dieser Wege etwas kürzer oder ansprechender zu behandeln vermag als auf dem andern. Jedenfalls kommt man aber in der technischen Mechanik sehr gut aus, ohne von den genannten Prinzipen den geringsten Gebrauch zu machen. Indessen kommt diesen Sätzen aus anderen Gründen, auf die ich nachher noch eingehen werde, eine gewisse Bedeutung zu. Ich will daher nicht unterlassen, wenigstens den wichtigsten dieser Sätze, als den man das Prinzip von Hamilton anzusehen hat, hier kurz zu besprechen.

Auch das Hamiltonsche Prinzip wird ähnlich den Gleichungen von Lagrange dazu verwendet, die Bewegungsgleichungen eines

Systems von mehreren (oder beliebig vielen) Freiheitsgraden abzuleiten. Die Anwendbarkeit ist aber auf den Fall beschränkt, daß sich die an dem Systeme angreifenden äußeren Kräfte von einem Potentiale ableiten lassen. Dieses Potential oder, ausführlicher gesagt, die potentielle Energie des Systems, soweit sie durch das Kraftfeld der äußeren Kräfte bedingt ist, sei V; dann ist die zur virtuellen Änderung δq_i irgendeiner der Koordinaten q_i gehörige Arbeit der äußeren Kräfte gleich

$$- \delta q_i \cdot \frac{\partial V}{\partial q_i},$$

und für die auf die Koordinate q_i reduzierte äußere Kraft F_i hat man nach der schon in § 15 aufgestellten Gl. (73)

$$F_i = - \frac{\partial V}{\partial q_i}.$$

Die von Lagrange aufgestellte Gl. (78) läßt sich daher jetzt auch in der Form

$$\frac{\partial(L - V)}{\partial q_i} = \frac{d}{dt}\left(\frac{\partial L}{\partial \dot{q}_i}\right) \tag{166}$$

schreiben. Für jede Koordinate q_i gilt eine Gleichung von dieser Form. Alle diese Gleichungen lassen sich aber in der einzigen Formel

$$\delta \int_0^{t_1} (L - V)dt = 0 \tag{167}$$

zusammenfassen, und diese Gleichung spricht das Hamiltonsche Prinzip aus. Ehe ich zum Beweise der aufgestellten Behauptung übergehen kann, muß ich den Sinn der angewendeten Zeichen erklären. Zwischen der Zeit $t = 0$ und der Zeit $t = t_1$ erfolgt die Bewegung des Systems auf irgendeine ganz bestimmte Art. Wir betrachten den Bewegungsvorgang innerhalb dieser Zeit, deren Anfang und Ende im übrigen ganz beliebig ausgewählt sein kann. Wir machen uns ferner klar, daß das System, weil es nicht zwangläufig ist, rein geometrisch betrachtet, auf sehr viele verschiedene Arten aus der Anfangs- in die Endlage übergeführt werden könnte. Zu irgendeiner Zeit t, die zwischen 0 und t_1 liegt, haben also in Wirklichkeit die Koordinaten die Werte

$$q_1 q_2 \cdots q_i \cdots q_n$$

und die zugehörigen Geschwindigkeiten die Werte

$$\dot{q}_1 \dot{q}_2 \cdots \dot{q}_i \cdots \dot{q}_n.$$

Der geometrische Zusammenhang, der zwischen den Gliedern des Systems besteht, würde aber nicht hindern, daß zur Zeit t die Koordinaten und ihre Geschwindigkeiten etwa die Werte

$$(q_1 + \delta q_1), \ldots (q_i + \delta q_i) \ldots (q_n + \delta q_n),$$
$$(\dot{q}_1 + \delta \dot{q}_1), \ldots (\dot{q}_i + \delta \dot{q}_i) \ldots (\dot{q}_n + \delta \dot{q}_n)$$

hätten, in denen die δq ganz willkürlich gewählte unendlich kleine Änderungen sind, während die $\delta \dot{q}_i$ mit jenen so zusammenhängen, daß

$$\delta \dot{q} = \delta \left(\frac{dq}{dt} \right) = \frac{d}{dt} \delta q$$

ist. Wenn wir uns alle δq als willkürliche Funktionen der Zeit gewählt denken, die nur an die Bedingung geknüpft sind, daß sie zu Anfang und zu Ende der Zeit verschwinden, haben wir damit irgendeine von der wirklichen unendlich wenig abweichende Bewegung beschrieben, durch die das System, rein geometrisch genommen, ebenfalls aus der Anfangslage in die Endlage übergeführt werden könnte. Zugleich müssen wir aber, wenn Anfangs- und Endzustand in dem wirklich vorliegenden Falle und in dem willkürlich variierten vollständig miteinander übereinstimmen sollen, auch noch die Bedingung einhalten, daß die $\delta \dot{q}$ an den beiden Grenzen verschwinden.

Das in Gl. (167) vorkommende Integral hat für die wirkliche Bewegung einen ganz bestimmten Wert, da zu jeder Zeit t eine bestimmte kinetische Energie L und eine bestimmte potentielle Energie V gehören. Auch für die variierte Bewegung können wir uns, nachdem die δq und hiermit die $\delta \dot{q}$ als Funktionen der Zeit gewählt sind, den Wert des in Gl. (167) vorkommenden Integrals von neuem berechnet denken. Das Hamiltonsche Prinzip behauptet nun, daß beide Werte stets einander gleich sind, wie man auch im übrigen die unendlich kleinen Variationen δq wählen möge. Man kann auch sagen, daß das Integral für die wirklich ausgeführte Bewegung entweder zu einem Maximum oder zu einem Minimum wird, denn die Bedingung dafür wird durch das Verschwinden der Variation angegeben. Diese letzte Bemerkung spielt aber keine Rolle bei den Anwendungen, die man von dem Prinzip zu machen beabsichtigt.

Nach diesen Vorbemerkungen kann ich zum Beweise des Satzes übergehen. Dazu berechne ich die Variation des Integrals. Die Änderung, die das Integral erfährt, ist gleich der Summe der Änderungen seiner Elemente, also

$$\delta \int_0^{t_1} (L - V) dt = \int_0^{t_1} \delta (L - V) dt$$

Um die Variation von $L - V$ zu erhalten, beachte man, daß sowohl L als V zunächst Funktionen der q sind, außerdem aber L auch noch Funktion der Geschwindigkeiten $\dot{q}$ ist. Man hat also

$$\delta(L - V) = \frac{\partial(L - V)}{\partial q_1} \delta q_1 + \cdots + \frac{\partial(L - V)}{\partial q_n} \delta q_n$$
$$+ \frac{\partial L}{\partial \dot{q}_1} \delta \dot{q}_1 + \cdots + \frac{\partial L}{\partial \dot{q}_n} \delta \dot{q}_n, \qquad (168)$$

oder mit Rücksicht auf die Gleichungen (166)

$$\delta(L - V) = \frac{d}{dt}\left(\frac{\partial L}{\partial \dot{q}_1}\right) \delta q_1 + \cdots + \frac{d}{dt}\left(\frac{\partial L}{\partial \dot{q}_n}\right) \delta q_n$$
$$+ \frac{\partial L}{\partial \dot{q}_1} \frac{d}{dt}(\delta q_1) + \cdots + \frac{\partial L}{\partial \dot{q}_n} \frac{d}{dt}(\delta q_n).$$

Hier lassen sich je zwei Glieder zusammenfassen, so daß der Ausdruck übergeht in

$$\delta(L - V) = \frac{d}{dt}\left(\frac{\partial L}{\partial \dot{q}_1} \delta q_1\right) + \cdots + \frac{d}{dt}\left(\frac{\partial L}{\partial \dot{q}_n} \delta q_n\right).$$

Die Integration nach der Zeit kann hieran sofort vorgenommen werden und man findet damit

$$\delta \int_0^{t_1} (L - V) dt = \left[\frac{\partial L}{\partial \dot{q}_1} \delta q_1 + \cdots + \frac{\partial L}{\partial \dot{q}_n} \delta q_n\right]_0^{t_1}.$$

An den beiden Grenzen 0 und t_1 verschwinden aber alle Glieder, da wir die δq der Bedingung unterwerfen mußten, daß sie an den Grenzen zu Null werden. Hiermit ist Gl. (167) bewiesen.

Wir haben jetzt das Hamiltonsche Prinzip auf Grund der Lagrangeschen Gleichungen bewiesen; man kann auch umgekehrt zeigen, daß die Lagrangeschen Gleichungen eine notwendige Folge von Gl. (167) sind. Setzt man nämlich $\delta(L - V)$ aus Gl. (168) in Gl. (167) ein, so hat man

$$\int_0^{t_1} \left\{ \frac{\partial(L - V)}{\partial q_1} \delta q_1 + \cdots + \frac{\partial(L - V)}{\partial q_n} \delta q_n \right\} dt$$
$$+ \int_0^{t_1} \left\{ \frac{\partial L}{\partial \dot{q}_1} \delta \dot{q}_1 + \cdots + \frac{\partial L}{\partial \dot{q}_n} \delta \dot{q}_n \right\} dt = 0.$$

Das letzte Integral läßt sich aber umformen, indem man beachtet, daß

$$\frac{\partial L}{\partial \dot{q}_i}\,\delta\dot{q}_i = \frac{\partial L}{\partial \dot{q}_i}\frac{d}{dt}(\delta q_i) = \frac{d}{dt}\left(\frac{\partial L}{\partial \dot{q}_i}\,\delta q_i\right) - \frac{d}{dt}\left(\frac{\partial L}{\partial \dot{q}_i}\right)\delta q_i$$

ist. Die Integration des ersten Gliedes in diesem Ausdrucke nach der Zeit läßt sich ausführen. Sie liefert Null, weil δq_i an den Grenzen verschwindet. Daher geht die Gleichung über in

$$\int_{0}^{t_1}\left\{\left(\frac{\partial(L-V)}{\partial q_1} - \frac{d}{dt}\left(\frac{\partial L}{\partial \dot{q}_1}\right)\right)\delta q_1 + \cdots \right.$$
$$\left. + \left(\frac{\partial(L-V)}{\partial q_n}\right) - \frac{d}{dt}\left(\frac{\partial L}{d\dot{q}_n}\right)\right)\delta q_n\right\}dt = 0.$$

Nun sind aber die δq ganz willkürlich und die Gleichung gilt für jede Wahl, die wir dafür treffen mögen. Wir können also z. B. alle δq mit Ausnahme von δq_i gleich Null setzen. Dann muß auch sein

$$\int_{0}^{t_1}\left(\frac{\partial(L-V)}{\partial q_i} - \frac{d}{dt}\left(\frac{\partial L}{\partial \dot{q}_i}\right)\right)\delta q_i \cdot dt = 0,$$

und da auch δq_i selbst noch eine willkürliche Funktion der Zeit ist, kann die Gleichung nur dann für jede beliebige Wahl dieser Funktion gültig sein, wenn zu jeder Zeit der andere Faktor gleich Null ist. Damit kommen wir wieder auf die Lagrangesche Gleichung (166). Wir haben uns hiermit überzeugt, daß das Hamiltonsche Prinzip und die Lagrangeschen Gleichungen im Grunde genommen dasselbe aussagen, wenigstens soweit es sich, wie hier angenommen, um die Anwendung auf Verbände mit holonomen Bedingungen handelt.

In der Tat macht es auch für die Behandlung einer Aufgabe kaum einen Unterschied, ob man von dem einen oder dem anderen Satze ausgeht. Auch wenn man vom Hamiltonschen Prinzip ausgehen will, muß man zunächst den Ausdruck für die lebendige Kraft und zugleich den für die potentielle Energie V aufstellen, worauf man durch die Ausführung der Variation an dem Integrale der Gl. (167) zu den Bewegungsgleichungen gelangt. Der Mathematiker schätzt an dem Hamiltonschen Prinzip die einfache und sich dem Gedächtnisse leicht einprägende Form der Gl. (167). Wer es als Hauptaufgabe der Mechanik betrachtet, Aufschluß über die in der Wirklichkeit vorkommenden Bewegungsvorgänge zu geben, wird auf diese Eleganz der Form freilich weniger Wert legen. Ähnlich ist es auch mit dem Prinzip der kleinsten Wirkung und mit dem Gaußschen Prinzip des kleinsten Zwanges; es hätte keinen Zweck, wenn ich auf diese auch noch eingehen wollte.

Dagegen darf nicht verschwiegen werden, daß diese allgemeinen Sätze auf einem Gebiete in der Tat wichtige Dienste geleistet haben, die durch die anderen Methoden nicht oder wenigstens nicht gleich gut geleistet werden konnten. Maxwell hat nämlich die Induktion zwischen mehreren elektrischen Stromkreisen auf Sätze der Mechanik zurückgeführt und sie dadurch dem Verständnisse näher gebracht, indem er die elektrischen Leiter als mechanische Systeme von mehreren Freiheitsgraden und die magnetische Energie als die lebendige Kraft dieser Systeme auffaßte. Die Gesetze der elektrodynamischen Induktion, das Faradaysche Induktionsgesetz usf. zeigen sich dann in der Tat in genauer Übereinstimmung mit dem Verhalten, das man von einem in der angegebenen Art zusammengesetzten mechanischen Systeme zu erwarten hätte. Auch die Reibungen finden in dem elektrischen Systeme ihr Analogon in den Ohmschen Widerständen usf.

Der Satz von Hamilton bildet, ebenso wie die hier nicht weiter besprochenen Prinzipe, eine sehr allgemein gehaltene Aussage, von der man mit einem gewissen Rechte behaupten darf, daß sie den wesentlichsten Inhalt der Dynamik in einer einzigen kurzen Formel zusammenzufassen gestattet. Freilich setzt der richtige Gebrauch dieser Formel zugleich eine lange Reihe von Einzelkenntnissen voraus. Der Wert einer solchen Zusammenfassung war aber früher insbesondere darin zu erblicken, daß sich die Erwartung daran knüpfen ließ, die Gültigkeit dieser Formel beschränke sich möglicherweise gar nicht auf das Gebiet der rein mechanischen Naturerscheinungen, aus denen sie ursprünglich abgeleitet wurde, sondern sie könne gerade ihrer allgemeinen Fassung wegen dazu geeignet sein, auch noch die Gesetzmäßigkeiten in anderen Teilen der Physik bei passender Deutung der in der Formel vorkommenden Größen richtig wiederzugeben.

Die Mechanik hat sich von allen Teilen der theoretischen Physik zuerst entwickelt, und hierauf versuchte man, wie es nicht anders sein konnte, die übrigen Teile zunächst in möglichst engem Anschlusse an die Mechanik auszubilden. Lange Zeit hindurch

galt es überhaupt als das letzte Ziel der theoretischen Physik,
alle Naturerscheinungen auf die Gesetze der Mechanik zurückzuführen. Solange man von der Erwartung ausging, daß dies
möglich sein müsse, hatte man allen Grund dazu, die allgemeinsten Fassungen, die sich den mechanischen Gesetzen geben ließen,
besonders hoch einschätzen, da man von ihnen am ersten erwarten
durfte, daß sie sich auch noch über das engere Gebiet der Mechanik hinaus bewähren würden.

Trotz mancher Erfolge, von denen ich einen schon erwähnt
habe, hat sich aber diese Erwartung keineswegs erfüllt. Insbesondere wollte es durchaus nicht glücken, die Theorie der Elek-
trizität und des Magnetismus restlos in die alte Galilei-Newtonsche Mechanik einzugliedern. Man fing daher an, die Elektrizitäts-
theorie mehr und mehr unabhängig von der Mechanik zu betreiben
und hoffte, damit zu einer allgemeineren Lehre zu gelangen, die
über die Mechanik hinausginge und sie mit umfaßte. Der ruhige
Gang, den diese Entwicklung zuerst einschlug, wurde dann plötzlich durch die Relativitätstheorie unterbrochen. Die klassische
Mechanik hat damit ihre führende Stellung endgültig eingebüßt
und die allgemeinen Sätze, zu denen sie geführt hatte, haben an
Wert und Ansehen verloren. Was später einmal an ihre Stelle
treten wird, läßt sich noch nicht voraussehen.

Anmerkung. Bei der vorhergehenden Ableitung des Hamiltonschen
Prinzips habe ich nur auf Verbände mit holonomen Bedingungen Rücksicht genommen. Man kann hinzufügen, daß sich diese Formel gerade
ihrer allgemeinen Fassung wegen auch noch auf Verbände mit nicht-
holonomen Bedingungen beziehen läßt. Es kommt dabei nur darauf an,
die Variation δ, die darin vorkommt, so auszuführen, wie es hierzu nötig
ist. Darauf gehe ich aber nicht weiter ein, da dies mit dem Zwecke
dieses Lehrbuchs meiner Ansicht nach nicht vereinbar wäre.

Dritter Abschnitt.

Der Kreisel.

§ 34. Die Bewegungsgleichungen für den symmetrischen Kreisel.

Schon im vierten Bande habe ich einen kurzen Abriß der Kreiseltheorie gegeben, und ich setze hier voraus, daß sich der Leser mit dem, was dort besprochen wurde, bereits bekannt gemacht hat. Dort war auch schon die „Hauptgleichung" für den schweren symmetrischen Kreisel, der sich reibungsfrei um einen Punkt der Symmetrieachse zu drehen vermag, aufgestellt worden, nämlich die Differentialgleichung in Vektorform, aus deren Integration sich alle Einzelerscheinungen der Kreiselbewegung, die sich unter den angegebenen Bedingungen einstellen können, herleiten lassen. Ich werde darauf alsbald zurückkommen. Einstweilen wollen wir aber die Differentialgleichungen der Kreiselbewegung noch einmal auf anderem Wege, ohne jede Bezugnahme auf die früheren Untersuchungen, von neuem ableiten, und zwar ohne vorläufig irgendeine Annahme über die an dem Kreisel angreifenden äußeren Kräfte zu machen. Dagegen wird auch jetzt wieder vorausgesetzt, daß sich der Kreisel um einen festen Punkt dreht und daß das auf diesen Punkt bezogene Trägheitsellipsoid ein Umdrehungsellipsoid ist, auf dessen Umdrehungsachse der Schwerpunkt des Kreisels liegt. Ein solcher Kreisel soll kurzweg als ein symmetrischer bezeichnet werden, obschon es auf seine Gestalt im übrigen gar nicht ankommt, falls nur die genannten Bedingungen erfüllt sind.

Der Kreisel mit festem Punkt bildet einen dreiläufigen Verband mit holonomen Bedingungen. Wir wollen uns zur Aufstellung der Bewegungsgleichungen des Verfahrens von Lagrange bedienen, das hier leicht zum Ziele führt. Die Koordinaten φ, ψ, χ, deren wir uns zur Beschreibung der augenblicklichen Stellung des Kreisels bedienen wollen, sind aus der Übersichtszeichnung in Abb. 12, zugleich auch den Richtungen nach, die wir als positiv ansehen wollen, zu entnehmen. O bedeutet den festen Punkt des Kreisels, S den Schwerpunkt. Die Lage der Kreiselachse beschreiben wir durch den Winkel ψ, den sie mit der vertikal nach oben gezogenen X-Achse einschließt, und durch den Winkel φ. den die durch OS gelegte Vertikalebene mit der im Raume feststehenden XZ-Ebene bildet. In einer Ebene durch S und senkrecht zu OS denken wir uns einen

in der Abbildung angegebenen Kreis von beliebigem Halbmesser gezogen, dessen Mittelpunkt S ist. Mit SB ist der Radius des Kreises bezeichnet, der in der Ebene XOS enthalten ist, und zwar jener, für den die Verbindungslinie OB einen größeren Winkel mit der X-Achse einschließt als OS. Auf dem Kreiselkörper denken wir uns einen Punkt C markiert, und der Winkel, den SC mit SB einschließt, bildet

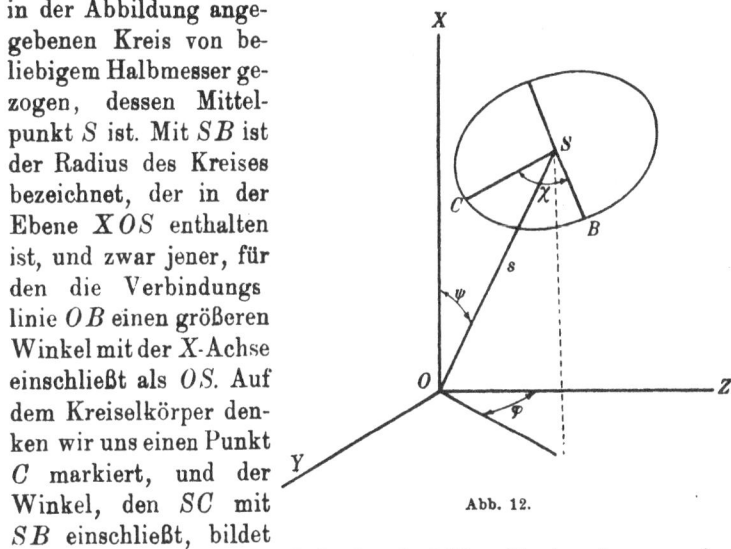

Abb. 12.

die dritte Koordinate χ. Jede der drei Koordinaten kann unabhängig von den beiden andern geändert werden, so daß also in der Tat nur holonome Bedingungen vorliegen.

Der allgemeinste Bewegungszustand des Kreisels zur Zeit t wird durch die Geschwindigkeiten $\dot{\varphi}$, $\dot{\psi}$, $\dot{\chi}$ gekennzeichnet. Die Geschwindigkeit $\dot{\chi}$ gehört zur Drehachse OS, also zu einer Hauptträgheitsachse; das zugehörige Trägheitsmoment sei mit θ_1 bezeichnet. Auch die mit der Geschwindigkeit $\dot{\psi}$ erfolgende Drehung gehört zu einer Hauptträgheitsachse, nämlich zu jener, die senkrecht zur Ebene XOS steht. Die Geschwindigkeit $\dot{\varphi}$ dagegen bezieht sich auf die vertikale Achse OX. Wir zerlegen sie in zwei Komponenten $\dot{\varphi} \cos\psi$ in Richtung der Figurenachse OS und $\dot{\varphi} \sin\psi$ in Richtung der in der Ebene XOS liegenden

11*

Hauptachse, für die das Trägheitsmoment mit θ_2 bezeichnet werden soll.

Die lebendige Kraft finden wir in derselben Weise wie schon in § 30 für das rollende Rad nach Gl. (115) von Band IV, nämlich

$$L = \tfrac{1}{2}\theta_1 \left(\cos\psi \cdot \dot\varphi + \dot\chi\right)^2 + \tfrac{1}{2}\theta_2 \left(\dot\psi^2 + \sin^2\psi \cdot \dot\varphi^2\right). \quad (169)$$

Für die in den Gleichungen von Lagrange vorkommenden Differentialquotienten erhält man der Reihe nach

$$\frac{\partial L}{\partial \dot\psi} = \theta_2 \dot\psi, \quad \frac{d}{dt}\left(\frac{\partial L}{\partial \dot\psi}\right) = \theta_2 \frac{d^2\psi}{dt^2},$$

$$\frac{\partial L}{\partial \psi} = -\theta_1 \left(\cos\psi \frac{d\varphi}{dt} + \frac{d\chi}{dt}\right)\sin\psi \frac{d\varphi}{dt} + \theta_2 \left(\frac{d\varphi}{dt}\right)^2 \sin\psi \cos\psi.$$

$$\frac{\partial L}{\partial \dot\varphi} = \theta_1 \left(\cos\psi \dot\varphi + \dot\chi\right)\cos\psi + \theta_2 \sin^2\psi \dot\varphi,$$

$$\frac{d}{dt}\left(\frac{\partial L}{\partial \dot\varphi}\right) = \theta_1 \left(\cos^2\psi \frac{d^2\varphi}{dt^2} - 2\cos\psi \sin\psi \frac{d\psi}{dt}\frac{d\varphi}{dt} + \cos\psi \frac{d^2\chi}{dt^2}\right.$$

$$\left. - \sin\psi \frac{d\psi}{dt}\frac{d\chi}{dt}\right) + \theta_2 \left(\sin^2\psi \frac{d^2\varphi}{dt^2} + 2\sin\psi \cos\psi \frac{d\psi}{dt}\frac{d\varphi}{dt}\right),$$

$$\frac{\partial L}{\partial \varphi} = 0, \quad \frac{\partial L}{\partial \chi} = 0,$$

$$\frac{\partial L}{\partial \dot\chi} = \theta_1 \left(\cos\psi \dot\varphi + \dot\chi\right),$$

$$\frac{d}{dt}\left(\frac{\partial L}{\partial \dot\chi}\right) = \theta_1 \left(\cos\psi \frac{d^2\varphi}{dt^2} - \sin\psi \frac{d\psi}{dt}\frac{d\varphi}{dt} + \frac{d^2\chi}{dt^2}\right).$$

Die auf die Koordinaten reduzierten äußeren Kräfte seien einstweilen durch die allgemeinen Zeichen F_ψ, F_φ und F_χ wiedergegeben. Dann lauten die Bewegungsgleichungen

$$F_\psi = \theta_1 \left(\sin\psi \cos\psi \left(\frac{d\varphi}{dt}\right)^2 + \sin\psi \frac{d\varphi}{dt}\frac{d\chi}{dt}\right)$$

$$+ \theta_2 \left(\frac{d^2\psi}{dt^2} - \sin\psi \cos\psi \left(\frac{d\varphi}{dt}\right)^2\right),$$

$$F_\varphi = \theta_1 \left(\cos^2\psi \frac{d^2\varphi}{dt^2} + \cos\psi \frac{d^2\chi}{dt^2} - 2\sin\psi \cos\psi \frac{d\psi}{dt}\frac{d\varphi}{dt}\right.$$

$$\left. - \sin\psi \frac{d\psi}{dt}\frac{d\chi}{dt}\right) \quad \cdot (170)$$

$$+ \theta_2 \left(\sin^2\psi \frac{d^2\varphi}{dt^2} + 2\sin\psi \cos\psi \frac{d\psi}{dt}\frac{d\varphi}{dt}\right),$$

$$F_\chi = \theta_1 \left(\cos\psi \frac{d^2\varphi}{dt^2} + \frac{d^2\chi}{dt^2} - \sin\psi \frac{d\psi}{dt}\frac{d\varphi}{dt}\right)$$

In diesen Gleichungen kommen die Koordinaten φ und χ

selbst nicht vor, sondern nur ihre Differentialquotienten nach der Zeit. Wir erzielen daher eine wesentliche Vereinfachung, wenn wir an ihrer Stelle zwei neue Variablen einführen, die durch die Gleichungen

$$w = \frac{d\varphi}{dt} \quad \text{und} \quad u_1 = \frac{d\chi}{dt} + \cos\psi \, \frac{d\varphi}{dt}$$

definiert sind. Die Größe w können wir als die Winkelgeschwindigkeit der Präzessionsbewegung bezeichnen und u_1 gibt, wie aus den vorhergehenden Betrachtungen bereits hervorgeht, die in die Richtung der Figurenachse fallende Winkelgeschwindigkeitskomponente des augenblicklichen Bewegungszustands an. Aus der letzten Gleichung folgt

$$\frac{du_1}{dt} = \frac{d^2\chi}{dt^2} + \cos\psi \, \frac{d^2\varphi}{dt^2} - \sin\psi \, \frac{d\psi}{dt}\frac{d\varphi}{dt}.$$

Durch Einsetzen dieser Werte gehen die Gleichungen (170) in die folgende Form über

$$\left. \begin{aligned} F_\psi &= u_1 w \theta_1 \sin\psi + \theta_2 \left(\frac{d^2\psi}{dt^2} - w^2 \sin\psi \cos\psi \right), \\ F_\varphi &= \theta_1 \left(\cos\psi \, \frac{du_1}{dt} - u_1 \sin\varphi \, \frac{d\psi}{dt} \right) \\ &\quad + \theta_2 \left(\sin^2\psi \, \frac{dw}{dt} + 2w \sin\psi \cos\psi \, \frac{d\psi}{dt} \right), \\ F_\chi &= \theta_1 \frac{du_1}{dt} \end{aligned} \right\} \cdot \text{(171)}$$

Diese Gleichungen lassen sich zunächst in der folgenden Weise verwenden. Man nehme ψ, u_1 und w als ganz beliebige Funktionen der Zeit an. Dann lehren die Gleichungen, welche Kräfte man auf den Kreisel wirken lassen muß, um die dadurch beschriebene Bewegung herbeizuführen. Man kann also bestimmte einfache Annahmen über den Bewegungsvorgang machen und hierauf untersuchen, unter welchen Umständen eine solche Bewegung entsteht.

Ich will mich aber hierbei jetzt nicht aufhalten und sofort zu dem bemerkenswertesten Falle übergehen, daß die Bewegung ausschließlich unter dem Einflusse des Eigengewichtes vor sich geht. Dann ist

$$F_\psi = mgs \sin\psi, \quad F_\varphi = 0, \quad F_\chi = 0$$

zu setzen. Damit erhalten wir die **Bewegungsgleichungen für den schweren symmetrischen Kreisel.** Aus der letzten der Gleichungen (171) folgt für diesen Fall, daß u_1 eine Konstante ist, die durch die Anfangsbedingungen als gegeben betrachtet werden kann. Die beiden anderen Gleichungen gehen über in

$$\left.\begin{aligned} u_1 w \theta_1 \sin \psi + \theta_2 \left(\frac{d^2\psi}{dt^2} - w^2 \sin\psi \cos\psi\right) - mgs \sin\psi &= 0 \\ - u_1 \theta_1 \frac{d\psi}{dt} + \theta_2 \left(\sin\psi \frac{dw}{dt} + 2w \cos\psi \frac{d\psi}{dt}\right) &= 0 \end{aligned}\right\} \cdot \quad (172)$$

Wir stehen jetzt vor der Aufgabe, die beiden Gleichungen zu integrieren, um die Variabeln ψ und w als Funktionen der Zeit darzustellen. Hierbei ist es nicht nötig, daß wir uns auf die Untersuchung besonderer Fälle beschränken, die sich leichter behandeln lassen, sondern die Aufgabe kann ganz allgemein gelöst werden.

§ 35. Strenge Lösung für den schweren symmetrischen Kreisel.

Die zweite der Gleichungen (172) wird integrabel durch Multiplikation mit $\sin\psi$ und die Integration liefert

$$u_1 \theta_1 \cos\psi + \theta_2 w \sin^2\psi = C_1. \quad (173)$$

Die Integrationskonstante C_1 hängt von den Anfangsbedingungen ab. Wir dürfen von vornherein erwarten und finden auch nachher bestätigt, daß der Winkel ψ bei der eigentlichen Kreiselbewegung, die wir hier untersuchen wollen, zwischen gewissen Grenzen hin und her schwankt. Wir wollen nun die Zeit von einem Augenblicke an rechnen, in dem ψ gerade ein Maximum oder ein Minimum, $\frac{d\psi}{dt}$ also gleich Null war, und diesen Grenzwert von ψ mit ψ_0 bezeichnen. Der zugehörige Wert von w sei w_0; dann wird

$$C_1 = u_1 \theta_1 \cos\psi_0 + \theta_2 w_0 \sin^2\psi_0$$

und durch Auflösung von Gl. (173) nach w erhalten wir

$$w = \frac{u_1 \theta_1 (\cos\psi_0 - \cos\psi) + \theta_2 w_0 \sin^2\psi_0}{\theta_2 \sin^2\psi}. \quad (174)$$

Wenn ψ als Funktion der Zeit ermittelt sein wird, ist durch diese Gleichung auch w bekannt.

Ein zweites Integral läßt sich entweder aus den Gleichungen (172) ableiten oder auch unmittelbar nach dem Satze von der lebendigen Kraft aufstellen. Für L erhält man nach Gl. (169) mit den inzwischen eingeführten Bezeichnungen

$$L = \tfrac{1}{2}\theta_1 u_1^2 + \tfrac{1}{2}\theta_2\left(w^2\sin^2\psi + \left(\frac{d\psi}{dt}\right)^2\right).$$

Je höher der Schwerpunkt steigt, um so größer wird die potentielle Energie der Schwere und um so kleiner die lebendige Kraft L. In der durch den Winkel ψ angegebenen Lage ist die potentielle Energie um den Betrag

$$mgs\cos\psi$$

größer als bei horizontaler Lage der Kreiselachse. Wenn wir von der Berücksichtigung von Bewegungswiderständen absehen dürfen, ist die Summe aus der potentiellen Energie und der lebendigen Kraft konstant. Beachten wir, daß das erste Glied in dem Ausdrucke für L schon für sich konstant ist, so erhalten wir die Gleichung

$$2mgs\cos\psi + \theta_2\left(w^2\sin^2\psi + \left(\frac{d\psi}{dt}\right)^2\right) = C_2. \tag{175}$$

Man kann aber dieses Integral auch aus den Bewegungsgleichungen (172) selbst herleiten. Dazu löse man die zweite dieser Gleichungen nach $u_1\theta_1$ auf und setze den dabei gefundenen Wert in die erste Gleichung ein. Wenn man hierauf noch mit $\frac{d\psi}{dt}$ multipliziert, wird die Gleichung integrabel und sie führt alsdann ebenfalls zu Gl. (175).

Auch die Integrationskonstante C_2 ermitteln wir aus den Grenzbedingungen. Da zu Anfang der Zeit $\frac{d\psi}{dt}$ gleich Null sein sollte, finden wir

$$C_2 = 2mgs\cos\psi_0 + \theta_2 w_0^2\sin^2\psi_0.$$

Da w vorher schon in ψ ausgedrückt war, erhalten wir durch Einsetzen dieses Wertes in Gl. (175) sofort eine Gleichung, in der nur noch die Variable ψ vorkommt. Die Gleichung lautet

$$2mgs(\cos\psi - \cos\psi_0) - \theta_2 w_0^2\sin^2\psi_0 + \theta_2\left(\frac{d\psi}{dt}\right)^2$$
$$+ \frac{(u_1\theta_1(\cos\psi_0 - \cos\psi) + \theta_2 w_0\sin^2\psi_0)^2}{\theta_2\sin^2\psi} = 0. \tag{176}$$

Durch Multiplikation mit $\theta_2 \sin^2 \psi$ und etwas geänderte Zusammenfassung der Glieder erhält man daraus

$$(\cos \psi - \cos \psi_0)\{2\,m g s \theta_2 \sin^2 \psi - 2 u_1 \theta_1 \theta_2 w_0 \sin^2 \psi_0$$
$$+ u_1^2 \theta_1^2 (\cos \psi - \cos \psi_0)\}$$
$$+ \theta_2^2 w_0^2 \sin^2 \psi_0 (\sin^2 \psi_0 - \sin^2 \psi) + \theta_2^2 \left(\frac{d \cos \psi}{d t}\right)^2 = 0.$$

Die Gestalt der Gleichung weist darauf hin, daß sich eine erhebliche Vereinfachung erzielen läßt, wenn man weiterhin $\cos \psi$ als die unbekannte Variable ansieht. Wir setzen daher

$$\cos \psi = x \quad \text{und} \quad \cos \psi_0 = x_0. \qquad (177)$$

Zur weiteren Abkürzung führen wir ferner noch die folgenden Bezeichnungen für die Konstanten ein

$$2\,m g s \theta_2 = a^2, \quad u_1 \theta_1 = b, \quad \theta_2 w_0 = c. \qquad (178)$$

Man überzeugt sich leicht, daß die in dieser Weise eingeführte Konstante a von der gleichen Dimension ist wie b und c, was zur Übersichtlichkeit der Formeln wesentlich beiträgt. Hiermit und nach einer kleinen Umformung geht die vorhergehende Differentialgleichung über in

$$(x - x_0)\{a^2(1 - x^2) - 2\,bc(1 - x_0^2) + b^2(x - x_0) + c^2(1 - x_0^2)(x + x_0)\}$$
$$+ \theta_2^2 \left(\frac{d x}{d t}\right)^2 = 0.$$

Der in der geschweiften Klammer stehende Ausdruck enthält außer konstanten Größen die Variabele x und zwar ist er für x vom zweiten Grade. Aus der Algebra weiß man, daß sich ein solcher quadratischer Ausdruck in ein Produkt aus zwei linearen Faktoren zerlegen läßt. Die Gleichung läßt sich daher auf die Form bringen

$$\theta_2^2 \left(\frac{d x}{d t}\right)^2 = a^2 (x - x_0)(x - x_1)(x - x_2). \qquad (179)$$

Unter x_1 und x_2 sind zwei konstante Größen zu verstehen, die man erhält, wenn man den quadratischen Ausdruck in der geschweiften Klammer gleich Null setzt und die dadurch entstehende Gleichung nach x auflöst. Diese Gleichung läßt sich schreiben

$$x^2 a^2 - x(b^2 + c^2(1 - x_0^2)) = a^2 - 2\,bc(1 - x_0^2) - b^2 x_0 + c^2(1 - x_0^2)x_0.$$

Durch die **Auflösung** erhält man

$$\left.\begin{array}{l} x_1 = \dfrac{b^2 + c^2(1 - x_0^2) + \sqrt{R}}{2\,a^2} \\[2mm] x_2 = \dfrac{b^2 + c^2(1 - x_0^2) - \sqrt{R}}{2\,a^2} \end{array}\right\} . \qquad (180)$$

Für den zur Abkürzung mit R bezeichneten Radikanden hat man zunächst

$$R = (b^2 + c^2(1 - x_0^2))^2$$
$$+ 4a^2\{a^2 - 2bc(1 - x_0^2) - b^2 x_0 + c^2(1 - x_0^2)x_0\}.$$

Dieser Radikand ist stets positiv; die Wurzeln x_1 und x_2 sind daher stets reell. Man erkennt dies daraus, daß sich R durch einfache algebraische Umformungen in die folgende Form überführen läßt

$$R = [b^2 + c^2(1 - x_0^2) - 2a^2]^2$$
$$+ 4a^2(1 - x_0)(b - c(1 + x_0))^2, \qquad (181)$$

wovon man sich durch Entwicklung der Ausdrücke leicht überzeugt. Da nun x_0 einen Cosinus bedeutete (siehe Gl. (177)), der nicht größer als Eins werden kann, sind beide Glieder von R unter allen Umständen positiv.

Ferner folgt aus den Gleichungen (180), daß sowohl $x_1 + x_2$, als auch $x_1 - x_2$ positiv sein müssen. Daher ist x_1 auf jeden Fall positiv, während x_2 sowohl positiv als negativ sein kann. Dies hängt von den besonderen Werten der Konstanten a, b, c und x_0, d. h. von dem **Anfangszustande** der Bewegung ab. Ferner findet man

$$1 - x_1 = \frac{2a^2 - b^2 - c^2(1 - x_0^2) - \sqrt{R}}{2\,a^2}$$

und aus Gl. (181) folgt, daß dies unter allen Umständen ein negativer Wert sein muß. Daher ist x_1 nicht nur stets positiv, sondern auch stets größer als Eins. Hierbei ist von dem Grenzfalle, daß b und c gleich Null werden, womit die Bewegung in eine ebene Pendelbewegung übergeht, abgesehen.

Dagegen ist x_2 unter der Voraussetzung, daß es ebenfalls positiv ist, was freilich nicht nötig ist, aber bei den wichtigsten Anwendungen zutrifft, die wir von diesen Entwicklungen zu machen beabsichtigen, auf jeden Fall ein echter Bruch, da sich in derselben Weise zeigen läßt, daß $1 - x_2$ stets positiv sein muß.

Gehen wir nach dieser Besprechung der Konstanten zu Gl. (179) zurück, die in jedem Augenblicke der Bewegung erfüllt sein muß, so bemerken wir, daß die linke Seite als ein Quadrat stets positiv, der Faktor $x - x_1$ auf der rechten Seite aber stets negativ ist. Denn von x_1 ist bewiesen, daß es größer ist als Eins, und x kann, da es einen Cosinus bedeutet, nicht größer werden als Eins. Von den beiden Faktoren $(x - x_0)$ und $(x - x_2)$ muß daher jederzeit der eine positiv und der andere negativ sein. Das heißt, x muß zwischen x_0 und x_2 liegen.

Differentiiert man Gl. (179) nach t, so erhält man nach Streichen des auf beiden Seiten auftretenden Faktors $\frac{dx}{dt}$

$$2 \frac{\theta_2^2}{a^2} \frac{d^2 x}{dt^2} = (x - x_0)(x - x_1) + (x - x_0)(x - x_2) \\ + (x - x_1)(x - x_2). \tag{182}$$

Für die Zeit $t = 0$ folgt daher

$$2 \frac{\theta_2^2}{a^2} \left(\frac{d^2 x}{dt^2} \right)_0 = (x_0 - x_1)(x_0 - x_2)$$

und da der erste Faktor rechts negativ ist, folgt auch hieraus, daß die Bewegung sich von da ab nach x_2 hin wendet. Nehmen wir also an, daß x_0 größer sei als x_2, so hat $\frac{dx}{dt}$ nach kurzer Zeit einen negativen Wert erlangt. Nun kann sich aber das Vorzeichen von $\frac{dx}{dt}$ in der aus Gl. (179) folgenden Gleichung

$$\frac{dx}{dt} = \pm \frac{a}{\theta_2} \sqrt{(x - x_0)(x - x_1)(x - x_2)} \tag{183}$$

nicht an irgendeiner Stelle sprungweise ändern, außer an einer Stelle, an der der Ausdruck zu Null wird. Daher bleibt $\frac{dx}{dt}$, nachdem es negativ geworden ist, so lange negativ, bis es wieder zu Null wird, und das geschieht erst, wenn $x = x_2$ geworden ist. Von da ab kehrt sich, wie aus Gl. (182) hervorgeht, das Vorzeichen von $\frac{dx}{dt}$ um und es bleibt weiterhin positiv, bis x wieder gleich x_0 geworden ist, worauf sich der Schwingungsvorgang, dem der Wert von x unterworfen ist, in derselben Weise von neuem wiederholt. Hieraus folgt nun auch, daß x_0

und x_2 miteinander vertauscht werden dürfen, denn von x_0 war bei der Einführung dieses Wertes nur vorausgesetzt worden, daß es einer Stellung entspreche, bei der $\dfrac{dv}{dt}$ und hiermit auch $\dfrac{dx}{dt}$ gleich Null war. Jedenfalls ist es hiernach zulässig, unter x_0 weiterhin den größeren der beiden Grenzwerte zu verstehen, zwischen denen die Schwingung erfolgt.

Eine besondere Besprechung erfordert der Fall, daß $x_2 = x_0$ wird. Wir ermitteln zunächst die Beziehung, die zwischen den Konstanten bestehen muß, damit dieser Fall eintritt. Aus Gl. (180) findet man dafür die Bedingungsgleichung

$$2a^2x_0 = b^2 + c^2(1 - x_0{}^2) - \sqrt{R}.$$

Bringt man die beiden ersten Glieder der rechten Seite nach links, quadriert und führt den Wert von R ein, so erhält man nach Vereinfachung die Gleichung

$$a^2 - 2bc + 2c^2x_0 = 0. \qquad (184)$$

Die Konstante a ist für den Kreisel ein für allemal gegeben. Dagegen hängen b, c und x_0 von dem beliebig zu wählenden Anfangszustande ab. Wenn zwei dieser Größen beliebig angenommen sind, kann man die dritte im allgemeinen immer noch so wählen, daß die vorstehende Beziehung erfüllt ist und hiermit x_2 gleich x_0 wird. Man muß dabei nur beachten, daß x_0 jedenfalls ein echter Bruch sein muß, so daß b und c nicht ganz beliebig angenommen werden dürfen, wenn die ins Auge gefaßte Bewegung möglich sein soll.

Wenn nun $x_2 = x_0$ ist, wird für $t = 0$ auch die Beschleunigung $\dfrac{d^2x}{dt^2}$ nach Gl. (182) zu Null. Daher bleibt die Geschwindigkeit $\dfrac{dx}{dt}$, die zu Anfang Null war, auch dauernd gleich Null. Man hat dann den Fall der regulären Präzession, den ich alsbald noch weiter besprechen werde.

Die zum Durchlaufen des Schwingungsweges von x_0 bis x_2 oder umgekehrt erforderliche Zeit T läßt sich aus Gl. (183) wie folgt berechnen. Man hat

$$dt = \pm \frac{\theta_2}{a} \frac{dx}{\sqrt{(x - x_0)\, x - x_1)(x - x_2)}} \cdot$$

Hieraus folgt für T

$$T = -\frac{\theta_2}{a}\int_{x_0}^{x_2}\frac{dx}{\sqrt{(x-x_0)(x-x_1)(x-x_2)}}$$

$$= +\frac{\theta_2}{a}\int_{x_2}^{x_0}\frac{dx}{\sqrt{(x-x_0)(x-x_1)(x-x_2)}} \tag{185}$$

Das Integral ist, da der Radikand vom dritten Grade in x ist, ein elliptisches. Auf die Auswertung gehe ich hier nicht weiter ein. Zum mindesten wird sich das Integral durch eine mechanische Quadratur stets näherungsweise berechnen lassen, wenn x_0, x_1 und x_2 bekannt oder auf Grund der vorhergehenden Formeln bereits berechnet sind. Für den wichtigsten Fall wird T im nächsten Paragraphen berechnet werden.

§ 36. Reguläre und pseudoreguläre Präzession.

Die Kreiselbewegung wird als eine reguläre Präzession bezeichnet, wenn der Winkel ψ, den die Figurenachse mit der lotrechten Richtung bildet, konstant bleibt, was dann zur Folge hat, daß auch die Winkelgeschwindigkeit w konstant wird. Wir sahen schon, daß dieser Fall eintritt, wenn $x_2 = x_0$ ist, wofür Gl. (184) die Bedingung ausspricht.

Anstatt uns hierauf zu berufen, können wir die Theorie der regulären Präzession aber auch unmittelbar aus den Bewegungsgleichungen (172) ableiten. Aus der letzten dieser Gleichungen folgt, daß für

$$\frac{d\psi}{dt} = 0 \quad \text{auch} \quad \frac{dw}{dt} = 0$$

sein muß, und die erste Gleichung liefert, wenn wir jetzt den konstanten Wert von ψ mit ψ_0 und den von w mit w_0 bezeichnen,

$$u_1\theta_1 w_0 - \theta_2 w_0^2 \cos\psi_0 - mgs = 0. \tag{186}$$

Diese Gleichung stimmt, wenn man sich der Bedeutung der Konstanten a, b, c erinnert, mit Gl. (184) überein. Gewöhnlich wird sie dazu verwendet, die Winkelgeschwindigkeit w_0 der regulären Präzession, die zu einem gegebenen Werte von ψ_0 gehört, zu berechnen. Die Auflösung liefert

$$w_0 = \frac{u_1\theta_1 \pm \sqrt{u_1^2\theta_1^2 - 4mgs\theta_2\cos\psi_0}}{2\theta_2\cos\psi_0}. \tag{187}$$

Die Gleichung stimmt überein mit der schon im vierten Bande auf anderem Wege abgeleiteten Gleichung (157), S. 232 d. 9. Aufl., wobei nur zu beachten ist, daß dort die Vorzeichenfestsetzungen von den hier gebrauchten abweichen. Ich kann daher hier auf eine weitere Besprechung der regulären Präzession verzichten.

Als „pseudoregulär" wird die Präzessionsbewegung bezeichnet, wenn sie der regulären so nahe benachbart ist, daß sie sich bei der Beobachtung nicht oder kaum von ihr unterscheiden läßt. Dies tritt ein, wenn die beiden Grenzen x_0 und x_2, zwischen denen sich x oder $\cos\psi$ bewegt, sehr nahe beieinander liegen.

Wir setzen für diesen Fall

$$x_1 - x_2 = p, \quad x_0 - x_2 = q, \quad x - x_2 = z$$

und beachten, daß q und z kleine Größen sind, deren höhere Potenzen vernachlässigt werden dürfen, während p viel größer ist. Dann wird

$$(x - x_0)(x - x_1)(x - x_2) = z(z - q)(z - p)$$
$$\approx z p (q - z).$$

Hiermit geht Gl. (183) über in

$$\frac{dz}{dt} = \pm \frac{a}{\theta_2} \sqrt{p(qz - z^2)}.$$

Wir trennen die Variabeln und erhalten

$$dt = \pm \frac{\theta_2}{a} \frac{dz}{\sqrt{p(qz - z^2)}}$$

Die Ausführung der Integration liefert

$$t = C \pm \frac{\theta_2}{a\sqrt{p}} \arcsin\left(1 - \frac{2z}{q}\right).$$

Die Integrationskonstante C und das Vorzeichen des nächsten Gliedes bestimmen sich aus der Bedingung, daß z zur Zeit $t = 0$ gleich q sein sollte. Damit wird

$$t = \frac{\theta_2}{a\sqrt{p}}\left(\frac{\pi}{2} + \arcsin\left(1 - \frac{2z}{p}\right)\right). \tag{188}$$

Die Zeit T für das einmalige Durchlaufen des ganzen Schwingungsweges wird damit

$$T = \pi \frac{\theta_2}{a\sqrt{p}}$$

oder, wenn man für p seinen Wert $x_1 - x_2$ aus Gl. (180) einsetzt,

$$T = \frac{\pi \theta_2}{\sqrt[4]{R}}. \tag{189}$$

Löst man Gl. (188) nach z auf, so erhält man

$$z = \frac{q}{2}\left(1 + \cos\frac{\pi t}{T}\right). \tag{190}$$

Die Projektion eines Punktes der Figurenachse auf die lotrechte Richtung führt daher eine einfache harmonische Schwingung aus.

Hierbei fragt es sich aber noch, unter welchen Umständen das Eintreten einer pseudoregulären Präzessionsbewegung, wie wir sie hier vorausgesetzt haben, überhaupt zu erwarten ist. Oder mit anderen Worten: unter welchen Umständen x_2 und x_0 sehr wenig verschieden voneinander ausfallen. Zunächst kann man ganz allgemein sagen, daß dies immer dann eintreten wird, wenn Gl. (184) oder die damit gleichbedeutende Gleichung (186) von den sich auf den Anfangszustand beziehenden Konstanten zwar nicht genau erfüllt wird, wie dies zur Gleichheit von x_2 mit x_0 nötig wäre, aber doch nahezu. Zu den Fällen, in denen dies zutrifft, gehört insbesondere auch der Fall, daß die Winkelgeschwindigkeit u_1, mit der sich der Kreisel um seine Achse dreht, sehr groß ist, während die Winkelgeschwindigkeit w der Präzession gegenüber u_1 so klein ist, daß sie dieser gegenüber vernachlässigt werden kann.

Da dieser Fall des sehr schnell rotierenden Kreisels hauptsächlich von Wichtigkeit ist, denkt man in erster Linie an ihn, wenn von der pseudoregulären Präzession die Rede ist, und er muß daher hier auch noch besonders besprochen werden.

Da wir voraussetzen, daß u_1 groß gegenüber der Winkelgeschwindigkeit w der Präzessionsbewegung sein soll, so daß w nicht viel von der Winkelgeschwindigkeit w_0 der regulären Präzession nach Gl. (187) abweichen wird, kann im Falle der pseudoregulären Präzession an Stelle von Gl. (186) angenähert geschrieben werden

$$u_1 \theta_1 w - \theta_2 w^2 \cos\psi - mgs = 0.$$

Da man hierin das zweite Glied, in dem die kleine Größe w quadratisch als Faktor auftritt, gegenüber dem ersten Glied, das außer w den großen Faktor u_1 enthält, streichen kann, läßt sich aus der letzten angenäherten Gleichung mit guter Näherung

$$w_m = \frac{mgs}{u_1\,\theta_1} \qquad (191)$$

als angenäherter Wert der Winkelgeschwindigkeit der pseudoregulären Präzession angeben.

Um die Winkelgeschwindigkeit w der pseudoregulären Präzession in ihrer zeitlichen Abhängigkeit zu erhalten, gehen wir von der strengen Lösung für den schweren symmetrischen Kreisel aus, wie sie im vorhergehenden Paragraph entwickelt worden ist. Da wir hier bei der pseudoregulären Präzession vorausgesetzt haben, daß w klein gegen u_1 ist. so läßt sich dies unter Benützung der Bezeichnungen von Gl. (178) so ausdrücken, daß $\frac{c}{b}$ klein ist gegenüber der Einheit, was wir so schreiben wollen: $\frac{c}{b} \ll 1$. Was nun den Vergleich der beiden Größen a und b nach Gl. (178) betrifft, so muß

$$\frac{a^2}{b^2} = \frac{2\,mgs\,\theta_2}{u_1^2\,\theta_1^2}$$

von gleicher Größenordnung wie $\frac{c}{b}$ sein, d. h. $\frac{a^2}{b^2} \ll 1$, wie man sich leicht überzeugt, wenn man in der letzten Gleichung für $\frac{mgs}{u_1\,\Theta_1}$ nach Gl. (191) den ersten Näherungswert w_m der pseudoregulären Präzession einsetzt. In der Tat stimmen dann $\frac{a^2}{b^2}$ und $\frac{c}{b}$ bis auf den Faktor 2 überein, wenn man noch von dem kleinen Unterschied zwischen dem Anfangswert w_0 und dem ersten Näherungswert w_m der Winkelgeschwindigkeit der pseuoregulären Präzession absieht.

Wir setzen demnach für die weitere Näherungsrechnung voraus, daß $\frac{c}{b}$ und $\frac{a^2}{b^2}$ als kleine Größen erster Ordnung gegenüber 1 anzusehen sind und entwickeln die in § 35 auftretenden Größen unter Berücksichtigung dieser Größenordnungen. Besonders kommt es auf den Wert x_2 von Gl. (180) an. der von $x_0 = \cos\psi_0$ nur um eine kleine Größe $q = x_0 - x_2$ abweicht. Zunächst entwickeln wir R nach Gl. (181) und schreiben statt dessen die dimensionslose Größe

$$\frac{R}{b^4} = \left[1 + \frac{c^2}{b^2}(1 - x_0^2) - 2\frac{a^2}{b^2}\right]^2 + 4\frac{a^2}{b^2}(1 - x_0)\left[1 - \frac{c}{b}(1 + x_0)\right]^2.$$

Entwickelt man diesen Ausdruck nach Potenzen der unendlich kleinen Größen erster Ordnung $\frac{c}{b}$ und $\frac{a^2}{b^2}$, so erhält man unter Beschränkung auf die unendlich kleinen Größen erster und zweiter Ordnung:

$$\frac{R}{b^4} = 1 - 4\frac{a^2}{b^2}x_0 + 2\frac{c^2}{b^2}(1 - x_0^2) + 4\frac{a^4}{b^4} - 8\frac{a^2}{b^2} \cdot \frac{c}{b}(1 - x_0^2).$$

In diesem Ausdruck ist das zweite Glied von erster Ordnung unendlich klein, während die restlichen Glieder neben 1 von zweiter Ordnung unendlich klein sind. Es müssen aber diese unendlich kleinen Glieder zweiter Ordnung hier berücksichtigt werden, weil das endliche Glied beim Einsetzen in den Ausdruck für x_2 wegfällt. Da in x_2 die Quadratwurzel aus R auftritt, bilden wir noch mit demselben Grad der Näherung

$$\frac{\sqrt{R}}{b^2} = 1 - 2\frac{a^2}{b^2}x_0 + \frac{c^2}{b^2}(1 - x_0^2) + 2\frac{a^4}{b^4} - 4\frac{a^2}{b^2}\frac{c}{b}(1 - x_0^2) - 2\frac{a^4}{b^4}x_0^2.$$

Durch Einsetzen dieses Wertes in die zweite Gleichung (180) erhält man

$$x_2 = x_0 + (1 - x_0^2) \cdot \left(2\frac{c}{b} - \frac{a^2}{b^2}\right)$$

und damit

$$q = x_0 - x_2 = \left(\frac{a^2}{b^2} - 2\frac{c}{b}\right)(1 - x_0^2). \tag{191a}$$

Die Zeit T für das einmalige Durchlaufen des ganzen Schwingungsweges berechnet sich nach Gl. (189). Um T im vorliegenden Fall angenähert zu berechnen, genügt es, für $\sqrt[4]{R}$ die unendlich kleinen Glieder erster Ordnung beizubehalten. Damit erhält man:

$$T = \frac{\pi\,\theta_2}{u_1\,\theta_1}\left(1 + \frac{a^2}{b^2}x_0\right) = \frac{\pi\,\theta_2}{u_1\,\theta_1}\left(1 + \frac{2\,\mathrm{mgs}\,\theta_2}{u_1^2\,\theta_1^2}x_0\right),$$

wofür auch noch kürzer mit ausreichender Genauigkeit

$$T = \frac{\pi\,\theta_2}{u_1\,\theta_1} \tag{192}$$

gesetzt werden kann.

Nachdem z oder, was auf dasselbe hinauskommt, x oder $\cos\psi$ als Funktion der Zeit dargestellt ist, kann man auch w

nach Gl. (174) als Funktion der Zeit ermitteln. Ersetzt man
in Gl. (174) cos ψ durch x, so lautet sie

$$w = w_0 \frac{1 - x_0^2}{1 - x^2} + \frac{u_1 \theta_1}{\theta_2} \frac{x_0 - x}{1 - x^2}.$$

Hier darf man nicht das erste Glied der rechten Seite gegenüber dem zweiten vernachlässigen, wenn auch u_1 noch so groß
gegenüber w_0 angenommen wird. Denn der Faktor von w_0 ist
bei der pseudoregulären Präzession nahezu gleich Eins, während
der Faktor $x_0 - x$ des zweiten Gliedes sehr klein ist. Führen
wir an Stelle von x wieder z ein, so wird

$$w = w_0 \frac{1 - x_0^2}{1 - (x_0 + z - q)^2} + \frac{u_1 \theta_1}{\theta_2} \frac{q - z}{1 - (x_0 + z - q)^2}.$$

Mit Vernachlässigung von höheren Potenzen der kleinen
Größen q und z läßt sich dafür schreiben

$$w = w_0 - w_0 \frac{2 x_0 (q - z)}{1 - x_0^2} + \frac{u_1 \theta_1}{\theta_2} \frac{q - z}{1 - x_0^2} - \frac{u_1 \theta_1}{\theta_2} \frac{2 x_0 (q - z)^2}{(1 - x_0^2)^2}.$$

Jedenfalls kann aber das letzte Glied dieses Ausdrucks gegenüber dem vorhergehenden vernachlässigt werden. Außerdem
ist bei großem u_1 auch das zweite Glied klein gegenüber dem
dritten, da der kleine Faktor $q - z$ in beiden vorkommt. Wir
behalten daher

$$w = w_0 + (q - z) \frac{u_1 \theta_1}{\theta_2 (1 - x_0^2)}.$$

Für z können wir seinen Wert aus Gl. (190) und für q den aus
Gl. (191a), außerdem auch für die Konstanten a, b und c ihre
Werte aus den Gl. (178) einsetzen. Dann erhält man zunächst

$$q - z = \frac{q}{2} \cdot \left(1 - \cos \frac{\pi t}{T}\right)$$

und damit

$$w = w_0 + \left(\frac{mgs}{u_1 \theta_1} - w_0\right)\left(1 - \cos \frac{\pi t}{T}\right)$$

$$= \frac{mgs}{u_1 \theta_1} - \left(\frac{mgs}{u_1 \theta_1} - w_0\right) \cos \frac{\pi t}{T}; \qquad (193)$$

Bildet man hiernach den Mittelwert von w über eine längere Zeit t,
so fällt das den Faktor $\cos \frac{\pi t}{T}$ enthaltende Glied weg und es bleibt
als Mittelwert der Winkelgeschwindigkeit der pseudoregulären
Präzession

$$w_m = \frac{mgs}{u_1\,\theta_1}$$

in Übereinstimmung mit Gl. (191).

Die Winkelgeschwindigkeit w nach Gl. (193) stellt wegen des zeitlich veränderlichen Anteiles

$$(w_m - w_0)\cos\frac{\pi\,t}{T} \tag{194}$$

eine Überlagerung der mittleren Winkelgeschwindigkeit w_m mit diesem zeitlich veränderlichen Glied dar. Je nach der Größe der anfänglichen Winkelgeschwindigkeit w_0 im Vergleich zur mittleren w_m erhält man alle möglichen Fälle von Bewegungsformen der Figurenachse, die man in verschlungene, spitze und gestreckte Zykloiden einteilt.

Für $w_0 = 0$ erhält man den Fall der spitzen Zykloide, da w in diesem Fall immer wieder nach Ablauf einer Zeitspanne $2\,T$ den Wert Null annimmt, während er dazwischen positiv ist. Für $0 < w_0 < w_m$ tritt der Fall der gestreckten Zykloide und für $0 > w_0 > -w_m$ der Fall der verschlungenen Zykloide ein, wie aus Gl. (193) ohne weiteres hervorgeht.

Nachdem w bekannt ist, kann auch der Winkel φ, von dem w der Differentialquotient war, als Funktion der Zeit angegeben werden, indem man w nach t integriert. Man erhält dann

$$\varphi = \varphi_0 + w_m\,t - (w_m - w_0)\frac{T}{\pi}\sin\frac{\pi\,t}{T}. \tag{195}$$

Die Integrationskonstante φ_0 gibt den Wert von φ zur Zeit $t = 0$ an. Wir dürfen diese Integrationskonstante, ohne die Allgemeinheit zu beeinträchtigen, nachträglich auch gleich Null setzen, indem wir uns die Ebene, von der aus φ gezählt wird, durch die Anfangslage der Kreiselachse gelegt denken.

Um die Bewegung vollständig zu beschreiben, bleibt uns jetzt nur noch übrig, die Gestalt der sphärischen Kurve zu ermitteln, die irgendein Punkt der Figurenachse, z. B. der Schwerpunkt, bei der Bewegung durchläuft. Die Bahnkurve des Schwerpunkts verläuft in einer schmalen Kugelzone, entsprechend den Werten von x_0 und x_2. Ein kurzes Stück dieser Zone, wie es wenigen Umläufen des Kreisels um die Figurenachse entspricht, kann nahezu als eben angesehen werden. Um eine anschauliche Vorstellung von der Gestalt der sphärischen Kurve zu gewinnen, genügt es daher, eine ebene Kurve zu zeichnen, die als die Projektion eines kurzen

Stücks der sphärischen Kurve auf die an die Kugel· gelegte Berührungsebene anzusehen ist.

Wir legen in dieser Ebene ein rechtwinkliges Koordinatensystem $\xi\eta$ fest, so daß die η-Achse horizontal gerichtet ist und
durch die Mitte der Kugelzone geht, also gleiche Abstände von
den durch x_2 und x_0 angegebenen Rändern hat. Die dazu senkrechte ξ-Achse legen wir durch den Punkt, in dem sich die Kreiselachse zur Zeit $t = 0$ befand, und rechnen die ξ positiv, wenn sie
nach oben, die η positiv, wenn sie nach links hin gehen, wie es
dem Umlaufssinne der Präzessionsbewegung bei positiven Werten
von w entspricht.

Die Berührungsebene und hiermit auch die ξ-Achse bildet
mit der lotrechten Achse einen Winkel, der gleich $\frac{\pi}{2} - \psi$ ist,
wobei für ψ auch ψ_0 genommen werden darf. Die Projektion von
ξ auf die lotrechte Achse ist daher gleich $\xi \sin \psi_0$ zu setzen.

Andererseits ist die Projektion des zum Schwerpunkt gehenden Radiusvektors s auf die lotrechte Achse gleich $s \cos \psi$ oder
sx oder auch $s(x_0 + z - q)$, wofür auch nach Gl. (190)

$$ s \left(x_0 + \frac{q}{2} \left(\cos \frac{\pi t}{T} - 1 \right) \right) $$

geschrieben werden kann. Die mittlere Lage der Schwerpunkts-
projektion hat daher die Höhe $s \left(x_0 - \frac{q}{2} \right)$ über dem Drehpunkte
des Kreisels. Die Unterschiede von dieser mittleren Lage sind
gleich den Projektionen von ξ und wir erhalten daher für ξ

$$ \xi = \frac{qs}{2 \sin \psi_0} \cos \frac{\pi t}{T}. \tag{196} $$

Die Koordinate η erhalten wir durch Multiplikation von φ
mit dem auf die vertikale Achse gezogenen Lot das
gleich $s \sin \psi_0$ ist. Wir finden daher nach Gl. (195), wenn wir
φ_0 gleich Null setzen,

$$ \eta = s \cdot \sin \psi_0 \left[w_m t - (w_m - w_0) \frac{T}{\pi} \sin \frac{\pi t}{T} \right]. \tag{197} $$

Durch die Gleichungen (196) und (197) ist die Bewegung
des Punktes $\xi\eta$ in der Zeichenebene vollständig bestimmt. Wir
zerlegen sie in eine mit gleichmäßiger Geschwindigkeit in der
η-Richtung fortschreitende Geschwindigkeit, die dem ersten Gliede
von η entspricht, und in den Rest, der die Abweichungen von

der regulären Präzessionsbewegung angibt. Setzen wir also

$$\eta = \frac{mgs^2 \sin \psi_0}{u_1 \theta_1} t + \eta_1, = w_m \cdot s \sin \psi_0 \cdot t + \eta_1$$

so ist

$$\eta_1 = - \frac{mgs^2}{u_1 \theta_1 \sin \psi_0} \frac{T}{\pi} \sin \frac{\pi t}{T} = - s \sin \psi_0 (w_m - w_0) \frac{T}{\pi} \sin \frac{\pi t}{T}.$$

Aus dieser Gleichung und Gl. (196) eliminieren wir t. Dann erhalten wir

$$\xi^2 \left(\frac{2 \sin \psi_0}{qs} \right)^2 + \eta_1{}^2 \left(\frac{u_1 \theta_1 \sin \psi_0}{mgs^2} \frac{\pi}{T} \right)^2 = 1.$$

Hier sind noch für q und T ihre Werte aus den Gleichungen (191) und (192) einzusetzen. Man findet dann, daß die beiden

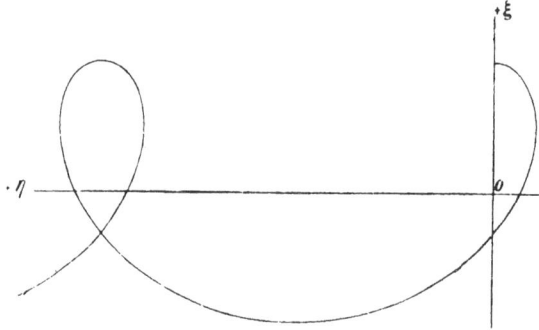

Abb. 13.

Klammerwerte einander gleich sind. Die Gleichung geht damit über in

$$\xi^2 + \eta_1{}^2 = \left(\frac{mgs^2 \theta_2}{u_1{}^2 \theta_1{}^2 \sin \psi_0} \right)^2 = \left(\frac{qs}{2 \sin \psi_0} \right)^2$$

$$= \left[\frac{\theta_2 s}{u_1 \theta_1} (w_m - w_0) \sin \psi_0 \right]^2 \qquad (198)$$

Die Bewegung $\xi \eta_1$ relativ zur regulären Präzession erfolgt daher auf einem Kreise, dessen Halbmesser durch den Klammerwert angegeben wird.

Nimmt man dazu die Bewegung mit konstanter Geschwindigkeit in Richtung der η-Achse, so erkennt man, daß der Schwerpunkt eine zykloidische Bahn beschreibt. Der Kreis wird von $\xi \eta_1$ in der Zeit $2T$ einmal durchlaufen und währenddessen rückt zugleich der Mittelpunkt des Kreises, im Sinne der η-Achse um

$$w_m \cdot s \cdot \sin \psi_0 \, 2T \quad \text{oder um} \quad 2\pi \frac{\theta_2}{u_1 \theta_1} w_m s \sin \psi_0$$

weiter. Wir können hier wieder die 3 Fälle, der verschlungenen, spitzen und gestreckten Zykloide unterscheiden. Für den Fall, daß die Anfangsgeschwindigkeit $w_0 = 0$ angenommen wird, ist der Radius des Kreises $\dfrac{\theta_2\, s}{u_1\, \theta_1}\, w_m \sin \psi_0$. Während der Zeit $2\,T$ eines Umlaufes dieses Kreises vom Umfang $2\,\pi\, \dfrac{\theta_2\, s}{u_1\, \theta_1}\, w_m \sin \psi_0$, rückt der Mittelpunkt dieses Kreises um denselben Betrag längs der y-Achse weiter. Wir haben also den Fall einer spitzen Zykloide. Abb. 13 zeigt den Fall einer verschlungenen Zykloide, für die w_0 an die Ungleichung $0 > w_0 > - w_m$ gebunden ist.

§ 37. Die Hauptgleichung in Vektorform.

Die in den vorhergehenden Paragraphen behandelte Theorie des schweren symmetrischen Kreises stützte sich auf die nach dem Verfahren von Lagrange abgeleiteten Bewegungsgleichungen (172). Das ist ein ganz bequemer Ausgangspunkt und weil ich es für nützlich halte und durch dieses Buch dazu beitragen möchte, daß sich die Kenntnis des Lagrangeschen Verfahrens und die Übung in seiner Anwendung unter den Ingenieuren weiter ausbreiten, habe ich ihm hier den Vorzug gegeben. Es wäre aber leicht möglich gewesen, alle Ergebnisse, zu denen wir hier gelangten, auch ohne Kenntnis der Gleichungen von Lagrange ausschließlich auf Grund des Satzes von der lebendigen Kraft und des Flächensatzes abzuleiten.

In der Tat habe ich auf diesem Wege bereits im vierten Bande, S. 219 der 6. Aufl., die dort als Hauptgleichung bezeichnete Gl. (152)

$$\theta_2 \left[\mathfrak{s}_1 \frac{d^2 \mathfrak{s}_1}{dt^2} \right] - u_1\, \theta_1\, \frac{d\mathfrak{s}_1}{dt} + s \left[\mathfrak{Q}\, \mathfrak{s}_1 \right] = 0 \qquad (199)$$

abgeleitet, die eben so gut zum Ausgangspunkt der Entwickelungen der vorhergehenden Paragraphen hätte genommen werden können wie die Gleichungen (172). Unter $\mathfrak{s}_1$ ist ein in der Richtung der Figurenachse gezogener Einheitsvektor zu verstehen, dessen Richtungsänderung im Laufe der Zeit durch die Gleichung beschrieben wird. $\mathfrak{Q}$ ist das als gerichtete Größe aufgefaßte Gewicht des Kreisels, dessen Betrag Q auch gleich mg gesetzt werden kann. Die übrigen Bezeichnungen stimmen mit den in den vorhergehenden Paragraphen gebrauchten überein.

Um sich zu überzeugen, daß die Hauptgleichung (199) nur

eine andere Ausdrucksform für die in den Bewegungsgleichungen
(172) enthaltenen Aussagen bildet, zerlege man $\mathfrak{s}_1$ in seine Komponenten nach den Koordinatenachsen, indem man

$$\mathfrak{s}_1 = \mathfrak{i}\,x + \mathfrak{j}\,y + \mathfrak{k}\,z$$

setzt und dabei beachtet daß diese Komponenten in den Koordinaten φ und ψ durch die Gleichungen

$$x = \cos\psi; \quad y = \sin\psi\,\sin\varphi; \quad z = \sin\psi\,\cos\varphi$$

ausgedrückt werden können. Bildet man nun die Differentialquotienten von $\mathfrak{s}_1$ und setzt sie in Gl. (199) ein, worauf die
Vektorprodukte nach den gewöhnlichen Regeln auszuführen sind,
so zerfällt Gl. (199) in drei Komponentengleichungen, von denen
die sich auf die $\mathfrak{i}$-Komponente beziehende unmittelbar mit der
zweiten der Gleichungen (172) übereinstimmt. Die beiden anderen Komponentengleichungen führen im Zusammenhange mit
der ersten von ihnen beide zu der ersten der Gleichungen (172).

Übrigens ist es keineswegs nötig, um zu den früheren Ergebnissen zu gelangen, Gl. (199) erst durch die Gleichungen
(172) zu ersetzen. Auch ohne diesen Umweg kann man unmittelbar von der Vektorgleichung aus zu diesem Ziele gelangen, wie
ich früher einmal in einem Aufsatze in der Zeitschr. für Math.
und Phys., Bd. 48, 1902, S. 272 nachgewiesen habe. Man muß
indessen zugeben, daß eine wesentliche Abkürzung gegenüber
dem früheren Verfahren durch die Anwendung der Vektorrech-
nung hier nicht herbeigeführt wird. Gl. (199) übertrifft zwar
ohne Zweifel durch Einfachheit und Regelmäßigkeit des Baues
erheblich die ihr gleichwertigen Bewegungsgleichungen (172).
Aber wenigstens das von mir in dem angeführten Aufsatze ein-
geschlagene Lösungsverfahren befriedigt nicht in demselben Maße.
Ich sehe daher davon ab, es hier nochmals wiederzugeben, um
so mehr als dadurch zur Sache selbst gegenüber dem bereits in
den vorhergehenden Paragraphen Gefundenen nichts Neues bei-
gebracht würde.

§ 38. Das Raumpendel.

Die Pendelbewegung ist in den Differentialgleichungen der
Kreiseltheorie mit eingeschlossen. Man braucht, um auf sie zu
kommen, nur $u_1\,\theta_1$ gleich Null zu setzen.

Für ein Fadenpendel trifft dies immer zu, weil bei ihm das
Trägheitsmoment θ_1 zu Null wird. Bei einem Körper von be-

liebiger symmetrischer Gestalt nennt man dagegen die Bewegung eine Pendelbewegung, wenn $u_1 = 0$ ist.

Die Gleichungen der vorhergehenden Paragraphen vereinfachen sich jedoch nicht sehr erheblich mit $u_1 \theta_1 = 0$. Die Bewegung des sphärischen Pendels — auch die des Fadenpendels — ist daher fast ebenso verwickelt, wie die des schweren symmetrischen Kreisels. Zunächst erhält man an Stelle von Gl. (174) S. 166

$$w = w_0 \frac{\sin^2 \psi_0}{\sin^2 \psi} = w_0 \frac{1 - x_0^2}{1 - x^2}. \qquad (200)$$

Mit x oder ψ wird daher auch w bekannt. Für die Abhängigkeit zwischen x und t haben wir Gl. (183) unverändert zu übernehmen, nämlich

$$\frac{dx}{dt} = \pm \frac{a}{\theta_2} \sqrt{(x - x_0)(x - x_1)(x - x_2)}. \qquad (201)$$

Nur die Ausdrücke für die Konstanten x_1 und x_2 werden etwas einfacher. Anstatt der Gleichungen (180) erhält man nämlich, da hier $b = 0$ ist,

$$\left. \begin{aligned} x_1 &= \frac{c^2(1 - x_0^2) + \sqrt{R}}{2 a^2} \\ x_2 &= \frac{c^2(1 - x_0^2) - \sqrt{R}}{2 a^2} \end{aligned} \right\}, \qquad (202)$$

wobei für R an Stelle von Gl. (181)

$$R = c^4(1 - x_0^2)^2 + 4a^4 + 4a^2 c^2(1 - x_0^2)x_0 \qquad (203)$$

zu setzen ist. Handelt es sich insbesondere um ein **Fadenpendel** von der Fadenlänge l, so ist

$$s = l; \quad \theta_2 = ml^2; \quad a^2 = 2gm^2 l^3; \quad c = w_0 m l^2$$

zu setzen. Die Differentialgleichung für x lautet dann

$$\frac{dx}{dt} = \pm \sqrt{\frac{2g}{l}(x - x_0)(x - x_1)(x - x_2)}. \qquad (204)$$

Für die Konstanten x_1 und x_2 erhält man nach einfacher Ausrechnung

$$\left. \begin{aligned} x_1 &= \frac{w_0^2 l}{4g}(1 - x_0^2) + \frac{1}{4g}\sqrt{w_0^4 l^2(1 - x_0^2)^2 + 16g^2 + 8glw_0^2(1 - x_0^2)x_0} \\ x_2 &= \frac{w_0^2 l}{4g}(1 - x_0^2) - \frac{1}{4g}\sqrt{w_0^4 l^2(1 - x_0^2)^2 + 16g^2 + 8glw_0^2(1 - x_0^2)x_0} \end{aligned} \right\} \cdot (20)$$

Wenn der Anfangszustand durch x_0 und w_0 gegeben ist, findet man zunächst die andere Grenze x_2 für die Schwingung und hierauf nach Gl. (204) das Gesetz, nach dem die Schwingung erfolgt.

Wenn x_0 positiv ist, muß x_2 negativ sein, wie aus der letzten Gleichung folgt. Auch dann, wenn man sich den Faden durch einen auf Druck widerstandsfähigen Stab ersetzt denkt, kann daher das Raumpendel keine Schwingungen ausführen, bei denen der Schwerpunkt dauernd über der durch den Aufhängepunkt gelegten Horizontalebene bleibt, während dies beim Kreisel möglich ist.

Man kann ferner die Frage stellen, ob sich wie bei den ebenen Pendelschwingungen so auch bei den sphärischen für jeden Körper von symmetrischer Gestalt, der eine Pendelbewegung ausführt, eine reduzierte Pendellänge l angeben läßt, so nämlich, daß ein Fadenpendel von dieser Länge bei gleichem Anfangszustande auch weiterhin die gleiche Bewegung ausführt, wie die Figurenachse des symmetrischen Körpers. Diese Frage ist zu bejahen. Und zwar ist die reduzierte Pendellänge genau wie bei den ebenen Pendelschwingungen

$$l = \frac{i^2}{s} \tag{206}$$

zu setzen, wenn unter i der zum Trägheitsmomente θ_2 gehörige Trägheitshalbmesser verstanden wird. Um dies zu beweisen, beachte man, daß nach der Definition von a und c allgemein

$$\frac{c^2}{2\,a^2} = \frac{w_0{}^2\theta_2{}^2}{4\,m\,g\,s\,\theta_2} = \frac{w_0{}^2 i^2}{4\,g\,s}$$

ist, woraus beim Bestehen von Gl. (206)

$$c^2 = a^2\,\frac{w_0{}^2 l}{2\,g}$$

folgt. Hiermit geht zunächst der für R gegebene Ausdruck in Gl. (203) über in

$$R = \frac{a^4}{4\,g^2}\left\{ w_0{}^4 l^2 (1 - x_0{}^2)^2 + 16\,g^2 + 8\,g l w_0{}^2 (1 - x_0{}^2) x_0 \right\}.$$

Setzt man diese Werte in die Gleichungen (202) ein, so erhält man dieselben Werte wie in den Gleichungen (205) für das Fadenpendel. Außerdem ist

$$\frac{a^2}{\theta_2{}^2} = \frac{2\,m\,g\,s\,\theta_2}{\theta_2{}^2} = \frac{2\,g\,s}{i^2} = \frac{2\,g}{l},$$

so daß auch die Differentialgleichung (201) für das körperliche
Pendel genau mit Gl. (204) für das Fadenpendel übereinstimmt.
Aus den Gleichungen (205) folgt

$$x_1 + x_2 = \frac{w_0{}^2 l}{2g} (1 - x_0{}^2),$$

$$x_1 x_2 = -1 - \frac{l w_0{}^2}{2g} (1 - x_0{}^2) x_0$$

und hieraus folgt, daß zwischen den drei Konstanten $x_0 x_1 x_2$ die
Beziehung besteht

$$x_0 x_1 + x_0 x_2 + x_1 x_2 + 1 = 0. \qquad (207)$$

Durch die Grenzen x_0 und x_2, zwischen denen die Schwingung
erfolgt, ist daher x_1 schon mit bestimmt. Darin unterscheidet
sich die Pendelbewegung von der Kreiselbewegung. Für diese
findet man nämlich nach den Gleichungen (180)

$$x_0 x_1 + x_0 x_2 + x_1 x_2 + 1 = 2b \frac{b x_0 + c(1 - x_0{}^2)}{a^2}.$$

Es ist daher im allgemeinen nicht möglich, ein
Fadenpendel anzugeben, das dieselbe Bewegung ausführt, wie die Figurenachse eines Kreisels. Nur wenn
x_0 negativ ist und zwischen b und c die Beziehung

$$b x_0 + c(1 - x_0{}^2) = 0$$

besteht, ist dies möglich.

§ 39. Der Kreisel mit gleitender Spitze.

Unter der „Spitze" des Kreisels verstehe ich den Punkt, von
dem bisher angenommen war, daß er festgehalten sei. Jetzt
nehme ich dagegen an, daß der Kreisel mit dieser Spitze auf
eine horizontale Ebene aufgesetzt sei, in der die Spitze ohne
Reibungswiderstand zu gleiten vermag. Der Kreisel hat dann
fünf Freiheitsgrade. Man kann aber diesen Fall leicht in derselben Weise behandeln wie den früheren.

Der an der Spitze übertragene Auflagerdruck kann nach
unserer Voraussetzung nur senkrecht gerichtet sein. Aus dem
Satze von der Bewegung des Schwerpunkts folgt daraus, das
sich die Horizontalkomponente der Schwerpunktsgeschwindigkeit nicht zu ändern vermag. Wir können daher die ganze Bewegung in zwei Anteile zerlegen, von denen der eine in einer
gleichförmigen horizontalen Translation besteht, während der

andere Anteil die Kreiselbewegung im engeren Sinne darstellt. Daß der zweite Bewegungsanteil unabhängig von dem ersten ist, folgt ohne weiteres aus den Sätzen über die Relativbewegung. Denn für einen Raum, der die gleichförmige Translationsbewegung mitmacht, werden die Ergänzungskräfte der Relativbewegung zu Null.

Es genügt daher, wenn wir, von der Translationsbewegung ganz abgesehen, also die Untersuchung auf den Fall beschränken, daß der Schwerpunkt von Anfang an keine horizontale Geschwindigkeitskomponente hatte und sich daher auch weiterhin nur in vertikaler Richtung bewegt. Dann kommen nur noch drei Freiheitsgrade der Bewegung in Betracht.

Zur Beschreibung der augenblicklichen Lage des Kreisels benutzen wir wieder wie in dem früheren Falle der Abb. 12, S. 163 die drei Koordinaten ψ, φ und χ. Die einzige Änderung besteht darin, daß die X-Achse des im Raume festliegenden Koordinatensystems jetzt durch den Schwerpunkt S zu ziehen ist, der sich nur längs der X-Achse zu verschieben vermag. Die Projektion von S auf den Fußboden bildet den Ursprung O des Koordinatensystems. Die Winkel ψ, φ, χ sind aber in derselben Weise zu zählen, wie es in Abb. 12 angegeben war.

Die Höhe des Schwerpunkts über der YZ-Ebene ist gleich $s \cos \psi$; die Schwerpunktsgeschwindigkeit daher gleich

$$s \sin \psi \cdot \dot{\psi}$$

und für die lebendige Kraft erhält man den Ausdruck

$$L = \tfrac{1}{2}\, \theta_1 (\cos \psi \cdot \dot{\varphi} + \dot{\chi})^2 + \tfrac{1}{2}\, \theta_2{}' (\dot{\psi}^2 + \sin^2 \psi \cdot \dot{\varphi}^2)$$
$$+ \tfrac{1}{2}\, m s^2 \sin^2 \psi \cdot \dot{\psi}^2. \qquad (208)$$

Hierin bedeutet wie früher θ_1 das auf die Figurenachse des Kreisels bezogene Trägheitsmoment, $\theta_2{}'$ dagegen das Trägheitsmoment für eine durch den Schwerpunkt senkrecht zur Figurenachse gezogene Achse, während sich früher in Gl. (169) θ_2 auf eine durch die Spitze des Kreisels in dieser Richtung gehende Achse bezogen hatte. Zwischen θ_2 und $\theta_2{}'$ besteht daher der Zusammenhang

$$\theta_2 = \theta_2{}' + m s^2.$$

Für die Differentialquotienten von L nach ψ und $\dot{\psi}$ erhält man hier

$$\frac{\partial L}{\partial \dot{\psi}} = \theta_2' \dot{\psi} + m s^2 \sin^2 \psi \cdot \dot{\psi},$$

$$\frac{d}{dt}\left(\frac{\partial L}{\partial \dot{\psi}}\right) = \theta_2' \frac{d^2\psi}{dt^2} + m s^2 \sin^2\psi \frac{d^2\psi}{dt^2} + 2 m s^2 \sin\psi \cos\psi \left(\frac{d\psi}{dt}\right)^2,$$

$$\frac{\partial L}{\partial \psi} = - \theta_1 \left(\cos\psi \frac{d\varphi}{dt} + \frac{d\chi}{dt}\right) \sin\psi \frac{d\varphi}{dt} + \theta_2' \sin\psi \cos\psi \left(\frac{d\varphi}{dt}\right)^2$$
$$+ m s^2 \sin\psi \cos\psi \left(\frac{d\varphi}{dt}\right)^2.$$

An die Stelle der ersten der Gleichungen (170) S. 165 in
§ 34 tritt daher hier die Gleichung

$$F_\psi = \theta_2' \frac{d^2\psi}{dt^2} + m s^2 \sin^2\psi \frac{d^2\psi}{dt^2} + m s^2 \sin\psi \cos\psi \left(\frac{d\psi}{dt}\right)^2$$
$$+ \theta_1 \left(\cos\psi \frac{d\varphi}{dt} + \frac{d\chi}{dt}\right) \sin\psi \frac{d\varphi}{dt} - \theta_2' \sin\psi \cos\psi \left(\frac{d\varphi}{dt}\right)^2.$$

Dagegen bleiben die beiden letzten der Gleichungen (170)
unverändert bestehen, wenn nur θ_2 darin durch θ_2' ersetzt wird.
Das letzte Glied in Gl. (208) ist nämlich unabhängig von φ, χ,
$\dot{\varphi}$ und $\dot{\chi}$ und trägt daher zu den sich auf die Koordinaten φ und
χ beziehenden Lagrangeschen Gleichungen nichts bei, während
die beiden ersten Glieder in dem Ausdrucke für L mit dem in
Gl. (169) für den Kreisel mit fester Spitze aufgestellten übereinstimmen, abgesehen davon, daß θ_2 durch θ_2' ersetzt ist.

Führt man wie früher in § 34 w und u_1 ein, so läßt sich die
vorhergehende Gleichung auch schreiben

$$F_\psi = u_1 w \theta_1 \sin\psi + \theta_2' \left(\frac{d^2\psi}{dt^2} - w^2 \sin\psi \cos\psi\right)$$
$$+ m s^2 \left(\sin^2\psi \frac{d^2\psi}{dt^2} + \sin\psi \cos\psi \left(\frac{d\psi}{dt}\right)^2\right)$$

und da auch hier für F_ψ derselbe Ausdruck gilt wie in dem
früheren Falle, erhält man an Stelle der ersten der Gleichungen (172)

$$u_1 w \theta_1 \sin\psi + \theta_2' \left(\frac{d^2\psi}{dt^2} - w^2 \sin\psi \cos\psi\right)$$
$$+ m s^2 \left(\sin^2\psi \frac{d^2\psi}{dt^2} + \sin\psi \cos\psi \left(\frac{d\psi}{dt}\right)^2\right) - m g s \sin\psi = 0,$$

während die zweite der Gleichungen (172) nach Ersatz von θ_2
durch θ_2' unverändert übernommen werden kann.

Daher läßt sich auch die in § 35 besprochene Lösung mit
geringen Änderungen auf den jetzt vorliegenden Fall übertragen.

So erhält man an Stelle von Gl. (174)

$$w = \frac{u_1\,\theta_1\,(\cos\psi_0 - \cos\psi) + \theta_2'\,w_0\,\sin^2\psi_0}{\theta_2'\sin^2\psi}$$

und an die Stelle der Gleichung (175) tritt hier

$$2\,mgs\cos\psi + \theta_2'\left(w^2\sin^2\psi + \left(\frac{d\psi}{dt}\right)^2\right) + ms^2\sin^2\psi\left(\frac{d\psi}{dt}\right)^2 = C_2.$$

Die Konstante C_2 läßt sich ebenso ermitteln wie früher. Führt man wieder $x = \cos\psi$ ein, so erhält man schließlich an Stelle von Gl. (179)

$$\left(\frac{dx}{dt}\right)^2 =$$

$$\frac{\{2\,mgs\theta_2'(x^2-1) + 2u_1\theta_1\theta_2'w_0(1-x_0^2) - u_1^2\theta_1^2(x-x_0) - \theta_2'^2w_0^2(1-x_0^2)(x-x_0)\}}{\theta_2'(\theta_2' + ms^2(1-x^2))}$$

Auch die Trennung der Variabeln ist sofort möglich. Dagegen ist die Auswertung des nach x zu nehmenden Integrals jetzt erheblich schwieriger, wegen des im Nenner auf der rechten Seite vorkommenden Gliedes in x, das früher gefehlt hatte.

Die reguläre und die pseudoreguläre Präzession lassen sich jedoch auch in diesem Falle ohne Schwierigkeit behandeln. Für die reguläre Präzession erhält man dieselbe Formel wie in Gl. (187), wobei nur θ_2 durch θ_2' zu ersetzen ist. Die pseudoreguläre Präzession behandelt man ebenso wie früher nach der „Methode der kleinen Schwingungen", d. h. man setzt etwa $x = x_0 + z$ und betrachtet z als eine kleine Größe, deren höhere Potenzen vernachlässigt werden können, worauf die Integrationen ausgeführt werden können. Um nicht zu weitläufig zu werden, sehe ich aber von der weiteren Ausrechnung hier ab.

§ 40. Kreiselverbände.

Auch schon der sich um einen festen Punkt drehende Kreisel bildet mit dem Gestell, das den Drehpunkt stützt, zusammen einen Verband. Bei den praktisch wichtigeren Anwendungen des Kreisels handelt es sich aber um Verbände, die aus mehr Körpern bestehen, so daß der Kreisel selbst nicht das einzige unter den Gliedern des Verbandes ist, das eine Bewegung ausführt. Die Dynamik dieser allgemeineren Kreiselverbände kann meist in ganz ähnlicher Weise behandelt werden, wie bei den bisher betrachteten Kreiseln.

Hier bespreche ich zuerst ein besonders einfaches Beispiel,

während die praktisch wichtigeren Kreiselverbände, besonders
der Schiffskreisel weiterhin eine ausführliche Darstellung finden
sollen.

Ein solcher Kreiselverband kann noch erheblich einfacher
sein, als der früher betrachtete Kreisel mit festgehaltener Spitze
und zwar dann, wenn er nur zwei Freiheitsgrade hat. Derartige
Anordnungen lassen sich noch in sehr verschiedener Weise treffen;
am einfachsten aber so, daß von den früher
gebrauchten Koordinaten φ und ψ die eine
konstant erhalten wird.

Abb. 14 stellt einen derartigen Kreiselverband mit zwei Freiheitsgraden dar,
dem man als ein Kreiselpendel bezeichnen kann. Um eine horizontale Aufhängeachse A, die sich in der Abbildung als Punkt
projiziert, schwingt ein
Pendel B und in diesem
ist ein Schwungrad C drehbar gelagert. Der Körper
C und hiermit der ganze
Verband hat daher zwei
Freiheitsgrade. Wenn das
Schwungrad C vorher in
schnelle Umdrehung ver-
setzt war, wird es, solange
diese andauert, als ein
Kreisel bezeichnet. Man
kann nun z. B. fragen,
welche Bewegung der Ver-
band ausführt, wenn er

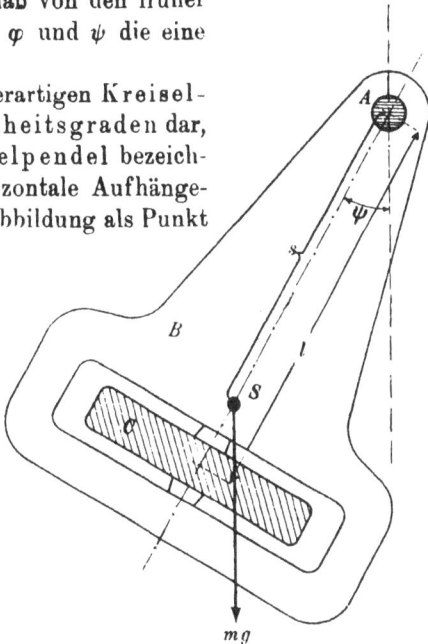

Abb. 14.

nach Herstellung eines beliebigen Anfangszustandes weiterhin
nur dem Einflusse des Eigengewichtes ausgesetzt ist.

Denkt man sich den schweren symmetrischen Kreisel mit
festgehaltener Spitze einer Bewegungsbeschränkung unterworfen,
die eine Änderung der Koordinate φ in Abb. 12, S. 163 verhindert, so erhält man einen zweiläufigen Verband, der mit dem in
Abb. 14 nahezu übereinstimmt. Die Übereinstimmung wäre vollständig, wenn der Pendelkörper B in Abb. 14 als masselos vorausgesetzt werden dürfte. Für diesen Fall könnten die in § 34
aufgestellten Bewegungsgleichungen ohne weiteres übernommen

werden mit der Bedingung, daß in ihnen φ konstant und daher $\dot\varphi$ gleich Null zu setzen wäre.

Wenn aber die Masse des Pendelkörpers B nicht vernachlässigt werden darf, wie wir vorauszusetzen haben, ändern sich die Gleichungen ein wenig ab. Wir wollen sie des Zusammenhangs wegen in derselben Weise aufstellen, wie es bisher geschehen war.

Die lebendige Kraft des ganzen Verbands ist gleich der Summe der lebendigen Kraft von B und C. Die lebendige Kraft von B ist gleich

$$\tfrac{1}{2}\,\theta_B\dot\psi^2,$$

wenn mit θ_B das auf die Aufhängeachse bezogene Trägheitsmoment von B bezeichnet wird. Die lebendige Kraft von C ist gleich der Summe von Translationsenergie und Rotationsenergie zu setzen. Die der Schwerpunktsgeschwindigkeit $l\dot\psi$ von C entsprechende Translationsenergie ist gleich

$$\tfrac{1}{2}\,m_C l^2\,\dot\psi^2.$$

Die Rotationsenergie von C läßt sich selbst wieder in zwei Teile zerlegen, entsprechend den zueinander senkrecht stehenden Winkelgeschwindigkeitskomponenten $\dot\chi$ um die Schwungradachse und $\dot\psi$ um die durch den Schwerpunkt parallel zur Aufhängeachse A gezogene Achse. Die zugehörigen Trägheitsmomente seien mit θ_1 und θ_2' bezeichnet. Im ganzen wird dann die lebendige Kraft

$$L = \tfrac{1}{2}(\theta_B + m_C l^2 + \theta_2')\dot\psi^2 + \tfrac{1}{2}\theta_1\dot\chi^2.$$

Bezeichnet man ferner das Trägheitsmoment von B und C zusammen für die Aufhängeachse mit θ_2, so ist

$$\theta_2 = \theta_B + \theta_2' + m_C l^2,$$

und hiernach läßt sich L auf die einfachere Form

$$L = \tfrac{1}{2}\theta_2\dot\psi^2 + \tfrac{1}{2}\theta_1\dot\chi^2 \tag{209}$$

bringen. Wir haben daher

$$\frac{\partial L}{\partial\dot\psi} = \theta_2\dot\psi, \quad \frac{d}{dt}\left(\frac{\partial L}{\partial\dot\psi}\right) = \theta_2\frac{d^2\psi}{dt_2},$$

$$\frac{\partial L}{\partial\dot\chi} = \theta_1\dot\chi, \quad \frac{d}{dt}\left(\frac{\partial L}{\partial\dot\chi}\right) = \theta_1\frac{d^2\chi}{dt^2},$$

$$\frac{\partial L}{\partial\psi} = 0, \qquad \frac{\partial L}{\partial\chi} = 0.$$

Die Lagrangeschen Gleichungen liefern demnach

$$F_\psi = \theta_2 \frac{d^2\psi}{dt^2} \Bigg\} \atop F_\chi = \theta_1 \frac{d^2\chi}{dt^2} \Bigg\} \qquad (210)$$

Dies gilt noch für jede beliebige Art des Angriffs äußerer Kräfte. Wirkt nur das Eigengewicht auf den Verband ein und bezeichnen wir die Masse von B und C zusammen mit m und den Abstand des gemeinschaftlichen Schwerpunkts von der Aufhängeachse mit s, so ist

$$F_\varphi = - mgs \sin \psi \quad \text{und} \quad F_\chi = 0$$

zu setzen. Aus der zweiten der Gleichungen (210) folgt dann, daß die Winkelgeschwindigkeit $\dot\chi$ des Schwungrads konstant bleibt, und die erste Gleichung geht über in

$$\theta_2 \frac{d^2\psi}{dt^2} = - mgs \sin \psi. \qquad (211)$$

Das ist die Bewegungsgleichung für ein gewöhnliches Pendel. Die Winkelgeschwindigkeit $\dot\chi$ kommt nämlich in ihr gar nicht vor und der Verband führt daher Pendelschwingungen aus, genau so, als wenn das Schwungrad überhaupt nicht rotierte.

Dieses Beispiel ist sehr lehrreich; es zeigt nämlich aufs deutlichste, wie ungenau eine sehr verbreitete Vorstellung ist, mit der man sich häufig ungefähre Rechenschaft über die Erscheinungen der Kreiselbewegung zu geben versucht. Es wird nämlich gewöhnlich gesagt, ein schnell rotierendes Schwungrad setze einer Drehung seiner Bewegungsebene einen Widerstand entgegen. Wenn man diese ziemlich unbestimmt gehaltene Aussage richtig auslegt, läßt sich gar nichts dagegen einwenden. Aber die nächstliegende Deutung, wonach dieser Widerstand sich gegen die Drehung der Bewegungsebene selbst richte und diese zu hindern vermöge, ist durchaus falsch. Denn man sieht an dem besprochenen Beispiele, daß das Schwungrad, und wenn es auch noch so schnell rotierte, unmittelbar nicht den geringsten Einfluß auf die Pendelbewegung und auf die damit verbundene Drehung der Schwungradebene auszuüben vermag. Der „Widerstand" des Schwungrades gegen diese Drehung äußert sich vielmehr nur in der Übertragung eines Kräftepaares auf die Lager der Aufhängeachse, und im vierten Bande der Vorlesungen habe

ich schon ausführlich besprochen, wie man dieses Kräftepaar in
einfacher Weise mit Hilfe des Flächensatzes ermitteln kann. Solange die Lager genügend widerstandsfähig sind, um
dieses Kräftepaar ohne merkliche Formänderung aufzunehmen, vermag es aber an dem ganzen Bewegungsvorgange nichts zu ändern.

Man braucht natürlich nicht das Verfahren von Lagrange,
um zu diesen einfachen Ergebnissen zu gelangen. Die Anwendung des Flächensatzes für die Aufhängeachse führt ebenfalls
sofort dazu. Die der Winkelgeschwindigkeit $\dot\chi$ entsprechende
Drall-Komponente steht nämlich senkrecht zur Schwungradebene
und hiermit auch senkrecht zur Aufhängeachse, projiziert sich
daher auf diese Achse als Punkt und tritt also in der auf diese
Achse bezogenen Gleichung des Flächensatzes überhaupt nicht
auf. Man kommt auf diese Weise ebenfalls ohne weiteres zu
Gl. (211) und den aus ihr gezogenen Schlüssen.

§ 41. Kreiselpendel mit elastisch nachgiebiger Stützung.

Nehmen wir an, es ließe sich jemand eine Versuchseinrichtung nach Abb. 14 bauen, um die im vorhergehenden Paragraphen gezogenen Schlüsse einer experimentellen Prüfung zu
unterwerfen. Dann könnte es leicht sein, daß sich die Schwingungsdauer der Pendelbewegung im Widerspruch mit der bisher besprochenen einfachsten Theorie als stark abhängig von
der Winkelgeschwindigkeit des Kreisels herausstellte. Und zwar
würde das besonders dann eintreten, wenn die Aufhängeachse A
(Abb. 14) des Pendels etwas schwach konstruiert wäre, so daß sie
sich leicht ein wenig zu biegen vermöchte. Eine auf den ersten
Blick gering erscheinende Abweichung von der Voraussetzung
einer unnachgiebigen Stützung vermag nämlich schon sehr erhebliche Änderungen im Verlaufe der ganzen Bewegung herbeizuführen.

Bei allen Kreiselanordnungen bedarf es überhaupt sehr sorgfältiger Überlegungen über alle Umstände, die etwa eine Beachtung bei dem theoretischen Ansatze erfordern könnten. So
ist auch hier bei dem mit dem Kreisel versehenen Pendel die
vorher aufgestellte Theorie die nicht auf die Nachgiebigkeit der
Stützung Rücksicht nahm, sehr unvollständig und vermag daher
zu ganz falschen Schlüssen zu verleiten.

Wenn wir von nun ab auf die Möglichkeit einer Verbiegung

der Aufhängeachse A Rücksicht nehmen, treten noch zwei
weitere Freiheitsgrade zu den beiden früheren hinzu. Der Punkt
des Pendelrahmens, in dem sich die Kreiselachse mit der Aufhängeachse schneidet, soll zwar auch jetzt noch als festgehalten
betrachtet werden. Während wir aber früher annahmen, daß sich
der Pendelrahmen nur um die senkrecht zur Zeichenebene der
Abb. 14 stehende Achse zu drehen vermöchte, kommen jetzt
Drehungen um zwei in der Ebene der Abb. 14 liegende Achsen
hinzu, von denen die eine in der Richtung der Kreiselachse angenommen sein möge, während die andere hierzu senkrecht steht.

Es steht auch in diesem Falle nichts im Wege, die Bewegungsgleichungen nach dem Verfahren von Lagrange aufzustellen. Man führe hierzu als weitere allgemeine Koordinaten die
beiden Winkel ein, um die sich der Pendelrahmen aus der Mittellage um die soeben angegebenen beiden Achsen gedreht hat.
Die auf diese Koordinaten reduzierten äußeren Kräfte sind den
Koordinaten selbst proportional zu setzen. Aber die Durchführung der Rechnung wird dann sehr umständlich und die
Formeln werden viel verwickelter, als es für praktische Zwecke
nötig ist. Von vornherein läßt sich nämlich voraussehen, daß
die Winkelgeschwindigkeiten, die zu den neu eingeführten allgemeinen Koordinaten gehören, sehr gering im Verhältnisse zur
Winkelgeschwindigkeit der Pendelbewegung oder erst recht im
Verhältnisse zur Kreiselgeschwindigkeit ausfallen werden. Dieser
Umstand gestattet, eine Reihe von Gliedern in den allgemein
gültigen Gleichungen nachträglich zu unterdrücken. Man kommt
aber viel einfacher zum Ziele, wenn man von diesen zulässigen
Vernachlässigungen von vornherein schon Gebrauch macht, anstatt sie erst nachträglich an den allgemeingültig abgeleiteten
Gleichungen vorzunehmen. Freilich muß hinzugefügt werden.
daß der umständlichere Weg insofern sicherer ist, als es bei dem
abgekürzten Verfahren.besonders vorsichtiger Überlegungen darüber bedarf, welche Glieder vernachlässigt werden dürfen und
welche beibehalten werden müssen.

Wir stützen uns jetzt auf den Flächensatz. Als Momentenpunkt wählen wir den Punkt, um den sich der Pendelrahmen
dreht, also den Schnittpunkt der Kreiselachse mit der Aufhängeachse. Der Drehung des Schwungrades für sich entspricht ein in
der Richtung der Umdrehungsachse gehender Drall von der
Größe $w\theta_1$, wenn wir jetzt die Umdrehungsgeschwindigkeit χ

mit dem Buchstaben w bezeichnen. Dazu kommt ein in der Richtung der Aufhängeachse des Pendels gehender Drall von der Größe $\theta_2 \dfrac{d\psi}{dt}$. Hierbei wird angenommen, daß die Aufhängeachse eine Hauptträgheitsachse des aus dem Pendelrahmen und dem Kreisel bestehenden Verbandes bilde. Weitere Bewegungsanteile, die aber gegenüber den vorigen nur sehr geringe Beiträge zum Drall liefern, werden durch die Verbiegung der Aufhängeachse herbeigeführt. Lassen wir diese Verbiegung zuerst ganz außer acht, so wird durch die Drehung $d\psi$ um die Aufhängeachse im Zeitelement dt zunächst eine Richtungsänderung des ersten Drallanteils $w\theta_1$ bewirkt und der geometrische Zuwachs, den der Drall infolge davon erfährt, steht senkrecht dazu, liegt in der Bewegungsebene des Pendels und hat die Größe $w\theta_1 d\psi$. Die Division mit dt liefert hieraus nach dem Flächensatze das Moment des zugehörigen Kräftepaares, das von der Aufhängeachse auf den Pendelrahmen übertragen werden muß. Der Biegungswinkel, den dieses Kräftepaar hervorbringt, sei mit ϑ bezeichnet. Dann ist

$$\vartheta = c\, w\, \theta_1 \frac{d\psi}{dt}, \tag{212}$$

wenn mit c ein von der Biegungssteifigkeit der Aufhängeachse abhängiger Faktor bezeichnet wird, der sich im einzelnen Falle nach den in der Festigkeitslehre gegebenen Anweisungen berechnen läßt. Wir nehmen an, daß die Biegungssteifigkeit so groß und daher c so klein ist, daß ϑ und auch die Geschwindigkeit $\dfrac{d\vartheta}{dt}$ stets klein bleibt gegenüber ψ und $\dfrac{d\psi}{dt}$ und daher erst recht gegenüber w.

Die Drehung um die Aufhängeachse ändert nichts an der Richtung des von der Winkelgeschwindigkeit $\dfrac{d\psi}{dt}$ abhängigen zweiten Drallanteils; die Änderungsgeschwindigkeit der Größe dieses Anteils ist dagegen gleich $\theta_2 \dfrac{d^2\psi}{dt^2}$ zu setzen.

Nun betrachten wir die Änderungen, die der Drall infolge der Biegung der Aufhängeachse mit der Geschwindigkeit $\dfrac{d\vartheta}{dt}$ erfährt. Der erste und weitaus überwiegende Anteil $w\theta_1$ des Dralls erfährt eine Richtungsänderung und der dadurch herbeigeführte geometrische Zuwachs steht wiederum senkrecht zu diesem Anteile, also zur Schwungradachse, und zugleich senkrecht zu der Achse, um die die Drehung ϑ erfolgt; er geht also in der Richtung der Aufhängeachse A des Pendelrahmens. Hierbei ist noch eine Betrachtung über den Pfeil dieses Zuwachses erforderlich. Nehmen wir an, daß sich das Schwungrad von der Aufhängeachse in Abb. 14 gesehen im Uhrzeigersinne drehe, so geht der Drall $w\theta_1$ nach den von uns in diesem Werke gebrauchten Vorzeichenfestsetzungen in der Richtung auf A hin. Der Winkel ϑ sei als positiv bezeichnet, wenn sich der untere Teil des Pendelrahmens in Abb. 14 von dem vorn stehenden Beschauer entfernt, sich also senkrecht zur Papierfläche nach hinten hin bewegt. Diese Festsetzung wird übrigens schon durch den Ansatz in Gl. (212) gefordert, da die Drehung ϑ in diesem Sinne erfolgt, wenn der in Abb. 14 mit ψ bezeichnete Winkel wächst. Man überzeugt sich davon leicht durch die Betrachtung des Zuwachses, den der Drall $w\theta_1$ durch die Drehung $d\psi$ erfährt.

Wenn jetzt der Winkel ϑ wächst, erfährt dadurch der Drall $w\theta_1$ einen geometrischen Zuwachs, der für den vorn stehenden Beschauer der Abb. 14 nach vorn hin geht. Das ist dieselbe Richtung, in der auch die Änderungsgeschwindigkeit des zweiten Drallanteils $\theta_2 \dfrac{d^2\psi}{dt^2}$ ginge unter der Voraussetzung, daß die Beschleunigung $\dfrac{d^2\psi}{dt^2}$ positiv wäre. Die Größe des zu einer Drehung um $d\vartheta$ gehörigen Zuwachses von $w\theta_1$ ist gleich $w\theta_1\, d\vartheta$ zu setzen.

Auch der zweite Drallanteil $\theta_2 \dfrac{d\psi}{dt}$ erfährt durch die Drehung um $d\vartheta$ eine Richtungsänderung und daher einen geometrischen Zuwachs, der, wie die geometrische Betrachtung lehrt, entgegengesetzt zum Drehungsvektor des Schwungrades gerichtet ist. Da wir eine sehr große Umdrehungsgeschwindigkeit des Schwungrades voraussetzten, ist aber der zweite Drallanteil $\theta_2 \dfrac{d\psi}{dt}$ als klein gegenüber dem ersten Anteile zu betrachten und daher kann man den geometrischen Zuwachs des zweiten Drallanteils von der Größe $\theta_2 \dfrac{d\psi}{dt}\, d\vartheta$ gegenüber dem vorher behandelten, übrigens in anderer Richtung gehenden Zuwachse $w\theta_1\, d\vartheta$ vernachlässigen. Erst recht sind zu vernachlässigen die weiteren Drallanteile und ihre Änderungen, die durch die Geschwindigkeiten $\dfrac{d\vartheta}{dt}$ usf. hervorgerufen werden.

Daher kommen für die Aufstellung der Gleichung des
Flächensatzes auch bei den statischen Momenten der äußeren
Kräfte, die auf den aus Pendelrahmen und Schwungrad bestehenden Verband ausgeübt werden, nur in Betracht das im
Schwerpunkt angreifende Gewicht sowie das Kräftepaar aus den
Lagerkräften, die durch die Drehung mit der Winkelgeschwindigkeit $\frac{d\psi}{dt}$ hervorgerufen werden. Der Momentenvektor dieses
Kräftepaares, das die Verbiegung ϑ hervorbringt, steht aber
senkrecht zur Aufhängeachse. Beschränken wir uns also jetzt
auf die Betrachtung der in der Richtung der Aufhängeachse
gehenden Komponenten, so erhalten wir aus dem Flächensatze
die Gleichung

$$\theta_2 \frac{d^2\psi}{dt^2} + w\theta_1 \frac{d\vartheta}{dt} = -mgs \sin\psi. \qquad (213)$$

Hierbei war zu beachten, daß der Momentenvektor, der zum
Gewicht gehört, wie aus Abb. 14 zu entnehmen ist, von vorn
nach hinten gerichtet ist, während die beiden Glieder auf der
linken Seite Änderungsgeschwindigkeiten des Dralls angeben,
die bei positivem Vorzeichen, wie wir vorher sahen, nach vorn
hin gehen. Daraus erklärt sich das auf der rechten Seite der
Gleichung beizufügende Minuszeichen.

Setzt man nachträglich $c = 0$ und hiermit $\vartheta = 0$, so geht
Gl. (213) wieder in die einfachere Gl. (211) über. Wir können
daher sagen, daß das zweite Glied der linken Seite das Ver-
besserungsglied bildet, das einzuführen ist, um der elastischen
Verbiegung der Aufhängeachse Rechnung zu tragen.

In Gl. (212) sind die Faktoren c und θ_1 ohnehin konstant
und auch die Umdrehungsgeschwindigkeit w des Kreises darf
als konstant betrachtet werden. Setzt man ϑ aus Gl. (212) in
Gl. (213), so geht diese über in

$$(\theta_2 + cw^2\theta_1{}^2) \frac{d^2\psi}{dt^2} = -mgs \sin\psi. \qquad (214)$$

Diese Gleichung unterscheidet sich von Gl. (211) nur durch
den konstanten Faktor auf der linken Seite. Wir können daher
sagen, daß der Einfluß der elastischen Verbiegung der
Aufhängeachse so wirkt, als wenn das Trägheitsmoment
θ_2 um den Betrag $cw^2\theta_1{}^2$ vergrößert wäre. Die Schwingungen
erfolgen daher langsamer bei rotierendem als bei stillstehendem
Schwungrade, befolgen aber im übrigen das gewöhnliche Gesetz

der Pendelbewegung. Für die Dauer T einer vollen Pendel-
schwingung erhält man bei kleinen Ausschlägen

$$T = 2\pi \sqrt{\frac{\theta_2 + cw^2\theta_1^2}{mgs}}. \tag{215}$$

Auch wenn die Biegungssteifigkeit der Aufhängeachse ziemlich
groß und c daher klein ist, kann doch durch einen hinreichend
großen Wert der Winkelgeschwindigkeit w des Schwungrads
eine beträchtliche Vergrößerung der Schwingungsdauer herbeigeführt werden. Man sieht daraus, wie nötig es war, die
Betrachtung des vorigen Paragraphen zu ergänzen, da
diese für sich allein genommen geeignet ist, zu physikalisch ganz unzutreffenden Schlüssen zu verleiten.
Für kleine Schwingungsausschläge des Pendels kann man

$$\psi = \psi_0 \sin \frac{2\pi}{T} t$$

setzen, wenn ψ_0 die Schwingungsamplitude bedeutet. Aus
Gl. (212) folgt dann für ϑ

$$\vartheta = \psi_0 cw\theta_1 \frac{2\pi}{T} \cos \frac{2\pi}{T} t.$$

Für den größten Biegungswinkel ϑ_0, der im Verlauf der
Schwingung vorkommt, erhält man daher nach Einsetzen des
Wertes von T aus Gl. (215)

$$\vartheta_0 = \psi_0 cw\theta_1 \sqrt{\frac{mgs}{\theta_2 + cw^2\theta_1^2}}. \tag{216}$$

Um die Größenverhältnisse ·von ϑ_0 und ψ_0 besser zu über-
blicken, schreiben wir dafür

$$\left(\frac{\vartheta_0}{\psi_0}\right)^2 = cmgs\frac{cw^2\theta_1^2}{\theta_2 + cw^2\theta_1^2}.$$

Hieraus folgt, daß ϑ_0 einen um so größeren Bruchteil von ψ_0
ausmacht, je schneller das Schwungrad rotiert. Dabei nähert
sich aber das Verhältnis bei großem w bald einer festen Grenze,
die es nicht überschreiten kann, da der Bruch auf der rechten
Seite den Wert Eins nur nahezu erreichen, aber nicht überschreiten kann. Für $w = \infty$ erhält man

$$\left(\frac{\vartheta_0}{\psi_0}\right)_{\max}^2 = cmgs. \tag{217}$$

Nun bedeutet $cmgs$ den in Bogenmaß ausgedrückten Biegungswinkel, den die Aufhängeachse erfährt, wenn man bei stillstehendem Schwungrad den Apparat umlegt, so daß das Moment mgs

des Gewichtes die Verbiegung der Aufhängeachse herbeiführt.
Selbst wenn die Aufhängeachse gar nicht besonders steif konstruiert ist, wird doch unter gewöhnlichen Umständen der
Biegungswinkel, der hierbei eintritt, recht klein sein, so daß ϑ_0,
obschon aus dieser kleinen Zahl erst noch die Quadratwurzel zu
nehmen ist, doch nur einen ziemlich kleinen Teil des Pendel-
ausschlags ψ_0 ausmachen kann. Wenn man einen Versuch mit
dem Pendelkreisel ausführte und von dem Einflusse der elastischen
Nachgiebigkeit der Aufhängeachse (oder anderer Teile des
Rahmens usf., die in dem gleichen Sinne wirken kann) nichts
wüßte oder nicht daran dächte, könnte es sehr leicht geschehen,
daß die Verbiegungen ϑ ihrer Kleinheit wegen gar nicht beobachtet würden. Der Versuchsansteller würde sich dann schwer
erklären können, wie es kommt, daß die Schwingungsdauer im
Widerspruche mit der im vorigen Paragraphen vorgetragenen
einfacheren Theorie so stark von der Umdrehungsgeschwindigkeit
des Kreisels abhängt. Dieser Fall zeigt sehr eindringlich, mit
welcher Sorgfalt man bei der Bildung des Ansatzes für die Theorie
einer Kreiselbewegung im einzelnen Falle vorgehen muß, um
einen auf den ersten Blick vielleicht recht unbedeutend er-
scheinenden Umstand nicht zu übersehen, von dem sich bei
genauerer Betrachtung leicht herausstellen kann, daß er ganz
wider die anfängliche Erwartung doch von ausschlaggebender
Bedeutung ist. Mir selbst sind Fälle dieser Art vorgekommen.

§ 42. Der Schlicksche Schiffskreisel.[1])

Durch Wind und Wellen wird ein Schiff in Schwingungen
versetzt. Hierbei bewegt sich das Schiff als starrer Körper,

---

1) In den der Bearbeitung dieses Bandes für die erste Auflage unmittelbar vorhergehenden Jahren waren die ersten praktischen Erprobungen
des Schiffskreisels in größerem Maßstabe vorgenommen worden. Sie
hatten die theoretischen Vorausberechnungen als richtig bestätigt und
auch sonst zu ganz befriedigenden Ergebnissen geführt. Herr Schlick
hoffte daher, und ich mit ihm, daß der Schiffskreisel späterhin häufig
verwendet werden würde. Unter diesen Umständen hielt ich es für angebracht, in meinem Buche eine ausführliche Darstellung der Theorie
dieses Kreiselverbandes zu geben, die als Grundlage bei der Bearbeitung
weiterer Entwürfe zu dienen vermöchte. So ist die nachstehende Darstellung zustande gekommen, die ziemlich in die Breite geht, da sie
nicht weniger als 7 Paragraphen mit über 50 Seiten umfaßt.
    Inzwischen hat sich freilich herausgestellt, daß die Schiffahrts-
gesellschaften nicht geneigt waren, die erheblichen Kosten aufzuwenden

d. h. ohne merkliche Formänderung. Der allgemeinste Fall einer derartigen Bewegung läßt sich zunächst in zwei Anteile zerlegen, nämlich in eine Translationsbewegung, die mit der Geschwindigkeit des Schwerpunkts erfolgt, und in eine Rotationsbewegung, bei der sich das Schiff um Achsen dreht, die durch den Schwerpunkt gezogen sind. Von der Translationsbewegung führt die vertikale Komponente zu den sogenannten Tauchschwingungen mit einer auf- und niedergehenden Bewegung. Die Schwingungsdauer der Tauchschwingungen ist verhältnismäßig kurz und die Ausschläge bleiben unter gewöhnlichen Umständen ziemlich klein. Zu Translationsschwingungen in horizontaler Richtung kann es unter gewöhnlichen Umständen überhaupt nicht kommen. — Viel wichtiger als die translatorischen Schwingungen sind die Drehschwingungen mit großen Ausschlägen, in die das Schiff bei einem starken Seegange geraten kann. Eine Drehbewegung um den Schwerpunkt kann in drei Komponenten zerlegt werden, nämlich in Drehungen um drei zueinander senkrecht stehende Achsen, von denen die erste mit der Schiffslängsachse, die zweite mit der horizontalen Querachse zusammenfällt, während die dritte in der Gleichgewichtslage des Schiffes vertikal steht. Eine Drehung um die dritte Achse wird als eine Wendebewegung des Schiffes bezeichnet. Eine Schwingung um diese Achse wird aber durch den Seegang im allgemeinen nicht herbeigeführt. Der Grund dafür liegt darin, daß das Gleichgewicht des ruhenden Schiffes gegen Drehung um diese Achse indifferent ist, also eine Kraft fehlt, die das Schiff nach einer Gleichgewichtsstörung wieder in die frühere Lage zurückzutreiben sucht.

Die Bewegung um die Schiffslängsachse ist die wichtigste von allen Schwingungen, weil sie zu den größten Drehungswinkeln

und die sonstigen Unbequemlichkeiten in den Kauf zu nehmen, die mit der Anwendung des Schiffskreisels verbunden sind. Infolgedessen hat die hier vorgetragene Theorie an unmittelbar praktischer Bedeutung sehr verloren. Es scheint mir aber richtig, sie trotzdem auch in die neue Auflage wieder unverkürzt zu übernehmen. Zunächst ist es immerhin möglich, daß der Schiffskreisel, der sich jedenfalls bereits als ein ausführbares und sehr wirksames Hilfsmittel zur Dämpfung der Rollschwingungen bewährt hat später einmal von neuem wieder aufgenommen werden könnte Außerdem bildet aber auch die Theorie des Schiffskreisels eines der schönsten und lehrreichsten Anwendungsbeispiele der Kreiseltheorie. Nach einer Meldung in der Zeitschrift V. D. I. 1921, S. 475 wurde der Schiffskreisel neuerdings in Amerika wiederholt und zwar für Schiffe bis zu 18000 t ausgeführt.

zu führen vermag; sie wird als die Roll- oder Schlinger-
bewegung bezeichnet. Die Bewegung um die horizontale Querachse des Schiffes heißt die Stampfbewegung, die praktisch
ebenfalls sehr wichtig ist. Denn wenn sie auch nicht zu so
großen Drehungen führen kann wie die Rollbewegung, so sind
dafür die Wege, die zu bestimmten Drehungswinkeln gehören,
um so größer, weil sich das Schiff zu viel größeren Abständen
von der Querachse als von der Längsachse erstreckt.

Der Schlicksche Schiffskreisel wurde in der Absicht gebaut,
die Rollschwingungen zu beseitigen oder wenigstens sehr stark
zu vermindern, während die Tauchschwingungen und die Stampfbewegungen davon (wenigstens unmittelbar) nicht berührt werden.

Der Gedanke, einen Kreisel, d. h. ein schnell umlaufendes
Schwungrad anzuwenden, um die Schiffsschwingungen zu mildern,
scheint schon sehr früh aufgetaucht zu sein. Jedenfalls war
schon vor Schlick ein Patent auf eine Anordnung erteilt, nach
der durch ein Schwungrad, das sich um eine gegen den Schiffskörper festliegende Achse dreht, dieser Erfolg herbeigeführt
werden sollte. Der Erfinder ging dabei offenbar von der üblichen
falschen Annahme aus, daß sich der Kreisel einer Drehung seiner
Schwungradebene widersetzte und daher einen Widerstand ausübte,
der diese Drehung hemme. Wer die Theorie des Kreisels einigermaßen kennt, sieht ohne weiteres ein, daß auf diesem Wege kein
Erfolg zu erwarten war.

Den richtigen Weg zur Lösung der Aufgabe hat erst der vor
einigen Jahren verstorbene ehemalige Direktor des Germanischen
Lloyd Dr. O. Schlick in Hamburg eingeschlagen, dem die Technik
des Schiffsbaues vorher schon sehr wichtige Fortschritte zu verdanken hatte. Schlick hat die Gesetze der Kreiselbewegung klar
erfaßt und sie für die Lösung der gestellten Aufgabe in geschickter
Weise nutzbar zu machen gewußt. Von der Ausführbarkeit
seines Planes hatte er sich alsbald durch Modellversuche überzeugt und später hat er auch die Ausführung im großen vorbereitet. Nur für die Aufstellung einer genaueren Theorie und
die zahlenmäßige Angabe der zur Herbeiführung des gewünschten
Erfolges erforderlichen Kreiselstärke hat er sich einer fremden
Hilfe bedienen müssen. Er wandte sich zu diesem Zwecke an
einige bekannte Professoren und zuletzt auch an mich. Bald
nachdem Herr Schlick erklärt hatte, daß einer Veröffentlichung
dieser theoretischen Ausarbeitungen nichts mehr im Wege stehe,

erschien zuerst eine Abhandlung darüber von Herrn Prof. Lorenz
in Danzig in der Physikalischen Zeitschrift 1904, S. 27 und
hierauf von mir in der Zeitschr. d. Vereins D. Ing. 1904, S. 478.
Der Unterschied beider Bearbeitungen bestand hauptsächlich
darin, daß Herr Lorenz auf die Reibung, die sich der Bewegung
des Kreiselrahmens widersetzt, keine Rücksicht genommen hatte,
während ich durch einen glücklichen Griff die Reibung von vornherein in Ansatz gebracht und infolge davon bald erkannt hatte,
wie wichtig die Rolle ist, die diesem Umstande, den man sonst
leicht zu vernachlässigen geneigt ist, gerade im vorliegenden
Falle zukommt. Herr Schlick, dem beide Arbeiten schon längere
Zeit vor ihrer Veröffentlichung vorlagen, hatte auch sofort mit
dem sicheren Blicke des mit seinem Gegenstande vollständig ver-
trauten Mannes erkannt, daß nur eine Theorie, die auf die Reibung
die gebührende Rücksicht nimmt, imstande sein würde, als
Grundlage für die weitere Ausarbeitung des Projektes zu dienen.
Auf die Bedeutung der Reibung war er offenbar schon durch
seine Modellversuche aufmerksam geworden und er entschloß
sich daher, als ihm meine Rechenergebnisse bekannt geworden
waren, ohne jedes Zögern, die von mir abgeleiteten Formeln für
die Versuche im großen Maßstabe in Anwendung zu bringen.

Der Theoriker ist meist dazu geneigt, die Leistung, die in der
Aufstellung einer einem bestimmten Vorgange gut angepaßten
Theorie liegt, besonders hoch einzuschätzen und darüber andere
Verdienste geringer zu bewerten. Ich weiß mich selbst im allgemeinen nicht frei von dieser Neigung; um so mehr aber fühle
ich mich verpflichtet, hier noch ausdrücklich zu erklären, daß
nach meiner eigenen Schätzung gerade in der Frage des Schiffskreisels die Leistung des Herrn Schlick die weitaus bedeutendere
gegenüber den von mir und anderen dazu gegebenen Theorien
ist. Nachdem Herr Schlick die Wirkung der von ihm erfundenen
Vorrichtung klar erkannt und sie an Modellen genügend studiert
hatte, war es nur mehr eine Frage des Zufalls, wem es von den
Theoretikern, die er befragte, zuerst glücken würde, den dazu
passenden theoretischen Ansatz ausfindig zu machen, während
umgekehrt keiner von allen diesen Theoretikern von selbst auf
den Gedanken des Schiffskreisels gekommen wäre. Diese Überlegung führt ohne weiteres zu einer gerechten Würdigung des
Wertes der einzelnen Leistungen, die zusammen wirken mußten,
um das Ziel zu erreichen.

Der Schlicksche Schiffskreisel besteht in einem Kreiselpendel, das mit dem im vorigen Paragraphen behandelten in einer gewissen Verwandtschaft steht. Denkt man sich einen solchen Apparat, wie er in Abb. 14, S. 189, gezeichnet ist, in einem Schiffe aufgehängt, so daß die horizontale Aufhängeachse A quer zur Längsachse des Schiffes liegt, so hat man schon einen Schiffskreisel in seiner einfachsten Ausführungsform. An die Stelle der durch die Verbiegung der Aufhängeachse herbeigeführten, im vorigen Paragraphen mit ϑ bezeichneten Drehungen treten bei dem Schiffe nur weit größere Drehungswinkel wegen der Rollbewegungen, die das Schiff entweder von selbst schon infolge des Seegangs ausführt oder zu denen es auch bei stiller See dadurch gebracht wird, daß man das Kreiselpendel absichtlich in Schwingungen versetzt. Die Theorie des Vorganges ist freilich etwas umständlicher als im vorigen Falle.

Daß überhaupt eine Wechselwirkung zwischen den Rollschwingungen des Schiffes und den Schwingungen des Kreiselpendels relativ zum Schiffe bestehen muß, ist für den Leser, der sich bereits mit den vorhergehenden Paragraphen bekannt gemacht hat, ohne weiteres klar. Die nächstliegende Frage ist aber die, ob diese Wirkung bei den großen Abmessungen und Massen des Schiffes gegenüber den dagegen notwendig sehr viel kleineren des Schwungrades ausreichend groß gemacht werden kann, um einen hinreichenden Erfolg der Vorrichtung zu ermöglichen. Oder mit anderen Worten die Frage: wie stark man den Kreisel jedenfalls machen muß, damit ein solcher Erfolg überhaupt erwartet werden kann, wobei es als eine spätere Sorge betrachtet werden darf, wie man die Einrichtung zu treffen hat, um diesen an sich hiermit ermöglichten Erfolg auch wirklich zu erreichen.

Dazu genügt eine ganz einfache Betrachtung, die ganz unabhängig ist von allen weiteren Untersuchungen, die sich notwendig an bestimmte Annahmen halten müssen, über deren Berechtigung im einzelnen man verschiedener Meinung sein kann. Diese grundlegende Überlegung soll daher hier an den Anfang der ganzen Theorie gestellt werden.

Wir stützen uns dabei auf den Flächensatz, den wir auf den aus dem Schiffe samt dem darin aufgehängten Kreiselpendel bestehenden Punkthaufen anwenden. Das Schiff liege zuerst ruhig in ruhigem Wasser und der Kreisel vom Trägheitsmomente J

rotiere mit der Winkelgeschwindigkeit w in dem ruhig herab-
hängenden Pendelrahmen. Dann möge vom Schiffe aus durch
Einwirkung einer hinreichend großen Kraft, die für den ganzen
Verband eine innere Kraft ist, der Kreiselrahmen eine Drehung
um einen Winkel ψ in kurzer Zeit erfahren. Es fragt sich, wie
sich das Schiff diesem Vorgange gegenüber verhält. Hierbei dürfen
wir annehmen, daß sich das Schiff während der kurzen Dauer
des Stoßvorganges, der den Kreiselrahmen aus seiner lotrechten
Lage verrückte, nicht merklich aus seiner anfänglichen Lage entfernt hat, so daß alle äußeren Kräfte, also das Gewicht und der
Auftrieb, die auf den ganzen Verband wirken, während der Stoßzeit im Gleichgewichte miteinander bleiben. Dann muß nach erfolgter Drehung des Kreiselrahmens der Schwerpunkt des ganzen
Punkthaufens in Ruhe und der Drall nach Größe und Richtung
unverändert geblieben sein. Hat sich also der Schwerpunkt des
Kreiselrahmens gehoben, so muß der Schwerpunkt des Schiffskörpers ein wenig gesunken sein. Diese Bewegung, die ganz unabhängig davon ist, ob das Schwungrad rotiert oder nicht, ist
aber jedenfalls ganz unerheblich und kann weiterhin außer Betracht bleiben. Dazu kommt eine zweite Bewegung des Schiffskörpers, die ebenfalls zu vernachlässigen ist, nämlich eine geringe
Drehung im Sinne einer Stampfbewegung. Wegen der Drehung
des Kreiselrahmens in einer Richtung muß sich nämlich der
Schiffskörper um einen leicht zu berechnenden, jedenfalls aber
sehr geringen Betrag in der entgegengesetzten Richtung drehen.
Daß es auf diese Bewegung weiterhin nicht ankommen kann,
geht ebenfalls am deutlichsten daraus hervor, daß sie der Größe
nach ganz unabhängig davon ist, ob der Kreisel rotiert oder nicht.
    Von ganz anderer Größenordnung ist dagegen die Bewegung,
die dem Schiffskörper von dem schnell rotierenden Schwungrade
wegen der Richtungsänderung des Kreiseldralls aufgezwungen
wird. Dieser Drall hat nach wie vor die Größe

$$B = Jw, \tag{218}$$

während er aus der Richtung $\mathfrak{B}_0$ in die Richtung $\mathfrak{B}_1$ (Abb. 15)
übergeführt wird. Dem entspricht eine Änderung des Vektors

$$\varDelta\mathfrak{B} = \mathfrak{B}_1 - \mathfrak{B}_0.$$

Da sich der Drall des ganzen Punkthaufens nicht geändert haben
kann, muß daher dem Schiffskörper eine Drehbewegung erteilt
worden sein, die zu einem mit $\varDelta\mathfrak{B}$ entgegengesetzt gerichteten

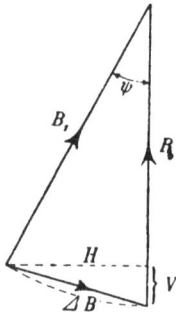

Dralle von der gleichen Größe gehört. Um die Winkelgeschwindigkeit dieser Drehung nach Größe und Richtung zu ermitteln, zerlegen wir $\varDelta \mathfrak{B}$ in eine vertikale und eine horizontale Komponente. Für die vertikale Komponente V erhalten wir unter Berücksichtigung von Gl. (218)

$$V = B\,(1 - \cos\psi) = Jw\,(1 - \cos\psi)$$

und für die horizontale Komponente H

$$H = Jw\sin\psi.$$

Abb. 15.

Die beiden Komponenten V und H fallen in die Richtungen von Hauptträgheitsachsen des Schiffskörpers; die jeder von ihnen entsprechende Winkelgeschwindigkeitskomponente erhalten wir daher durch Division mit dem zugehörigen Trägheitsmomente des Schiffskörpers. Wegen der langgestreckten Gestalt eines Schiffes sind die drei Hauptträgheitsmomente sehr verschieden voneinander; das auf die Längsachse bezogene Trägheitsmoment θ ist nämlich kleiner als das zur vertikalen Achse gehörige Trägheitsmoment θ_1 oder als das zur Querachse gehörige θ_2.

Bezeichnen wir die Winkelgeschwindigkeiten, die der Schiffskörper um die vertikale Achse und um die Längsachse erlangt hat, mit den kleinen Buchstaben v und h, so folgt

$$v = \frac{Jw\,(1 - \cos\psi)}{\theta_1}, \qquad h = \frac{Jw\sin\psi}{\theta}.$$

Da θ_1 viel größer ist als θ, wird schon aus diesem Grunde v klein gegen h. Außerdem wird aber auch bei nicht zu großem ψ der Zähler von v klein gegenüber dem von h. Man sieht daher, daß es auf die Geschwindigkeit v der Wendebewegung, die dem Schiffskörper durch die betrachtete Kreiselumlegung erteilt wird, nicht ankommt gegenüber der viel größeren Geschwindigkeit h der Rollbewegung.

Wir können daher unsere Betrachtung dahin zusammenfassen, daß die mit dem Kreiselrahmen vorgenommene Drehung eine Rollbewegung des Schiffskörpers mit der Geschwindigkeit h zur Folge hat, neben der außerdem noch einige kleinere Bewegungsanteile hervorgerufen werden, die aber gegenüber der Rollbewegung ganz unbedeutend sind, so daß sie für die weitere Betrachtung vernachlässigt werden dürfen.

Die Größe h drückt demnach zahlenmäßig die Größe des Einflusses aus, den wir mit Hilfe eines gegebenen Kreisels auf den Schiffskörper auszuüben vermögen. Der darin als Faktor vorkommende Drall des Kreisels Jw bildet das Maß dieses Einflusses, soweit er nur von dem Kreisel selbst abhängt. Es ist daher zweckmäßig, in diesem Zusammenhange den Drall Jw auch als die Stärke des Kreisels zu bezeichnen, um hierdurch darauf hinzuweisen, daß die Größe des durch den Kreisel herbeizuführenden Erfolges in der Tat nur von Jw abhängt und nicht etwa, wie man sonst vielleicht von vornherein vermuten könnte, von der lebendigen Kraft.

Wir müssen uns aber nun ferner überlegen, was ein bestimmter Wert von h für das betreffende Schiff bedeutet. Zu diesem Zwecke vergleichen wir die Winkelgeschwindigkeit h mit jener Winkelgeschwindigkeit, die das Schiff bei einer durch andere Ursachen hervorgerufenen Rollschwingung annimmt. Solange die Ausschläge nicht allzu groß werden, kann man die Rollbewegung eines Schiffes, das keinen Kreisel trägt, als eine einfache harmonische Schwingung betrachten. Diese Bewegung wurde schon in Band IV, 39. Aufg., S. 335 der 6. Aufl. behandelt und es zeigte sich, daß die reduzierte Pendellänge dafür

$$l_{\mathrm{red}} = \frac{g\theta}{Qs}$$

gesetzt werden kann, wenn man unter θ wie vorher das Trägheitsmoment für die Schiffslängsachse, unter Q das Gewicht des Schiffes und unter s die metazentrische Höhe versteht, also den Abstand zwischen Metazentrum und Schwerpunkt.

Bezeichnet man den Winkel, um den das Schiff zur Zeit t gegen die aufrechte Lage geneigt ist, mit φ, so kann daher, wiederum unter der hier ohne Zweifel hinreichend genau zutreffenden Annahme nicht zu großer Ausschläge,

$$\varphi = \varphi_0 \sin t \sqrt{\frac{Qs}{\theta}}$$

gesetzt werden, wobei unter φ_0 die Amplitude der Rollschwingung zu verstehen ist. Die Geschwindigkeit, mit der das Schiff durch die Gleichgewichtslage geht, sei jetzt mit h_0 bezeichnet; man erhält dafür durch Differentiation des vorhergehenden Ausdrucks

$$h_0 = \varphi_0 \sqrt{\frac{Qs}{\theta}}.$$

Mit diesem Werte von h_0 haben wir den vorher für h aufgestellten Ausdruck zu vergleichen. Setzen wir beide Werte einander gleich, so können wir daraus den Rollwinkel φ berechnen,
bis zu dem das Schiff infolge der ihm erteilten Winkelgeschwindigkeit weiter schwingt, wenn es nach Drehung des Kreiselrahmens und Festhalten des Kreisels in der neuen Lage sich
selbst überlassen wird. Wir finden dann

$$\varphi = \frac{Jw \sin\psi}{\sqrt{Qs\theta}}.$$

Wenn die Stärke des Kreisels ausreichen soll, um die durch
andere Ursachen hervorgerufenen Rollbewegungen des Schiffes
wirksam zu bekämpfen, darf jedenfalls der nach dieser Gleichung
berechnete Ausschlag φ, der durch den Kreisel hervorgerufen
werden kann, nicht zu klein, sondern er muß nahezu von der
gleichen Größenordnung sein, wie die Ausschläge φ_0, die durch
andere Ursachen, also durch den Seegang hervorgerufen werden
können. Wie groß diese Ausschläge ungefähr sind, ist aus der
Erfahrung hinlänglich bekannt; sie hängen einerseits von der
Stärke des Seegangs ab, auf den man im besonderen Falle zu
rechnen hat, und andererseits von der Größe des Schiffes, das
ihm ausgesetzt ist. Wir betrachten daher die Größe φ_0 dieser
Ausschläge als eine hinreichend genau einzuschätzende oder aus
der Erfahrung zu entnehmende Konstante. Gewöhnlich wird φ_0
in Gradmaß ausgedrückt etwa zwischen den Grenzen 15^0 und
30^0 anzunehmen sein, je nach der Größe des Schiffes und dem
Fahrwasser, in dem es verkehren soll.

In den vorhergehenden Gleichungen kommt der Sinus des
Winkels ψ vor, über den noch eine bestimmte Annahme zu
machen ist. Um eine gegebene Kreiselstärke hinreichend auszunutzen, müssen wir ziemlich große Ausschläge ψ zulassen.
Andererseits wollen wir ψ aber auch nicht zu groß ansetzen,
schon um den durch v ausgedrückten Einfluß des Kreisels auf
die Wendebewegung in mäßigen Grenzen zu halten. Ich wähle
daher ψ zu 45^0. Hierbei ist aber zu beachten, daß bei den vorhergehenden Betrachtungen angenommen wurde, daß sich der
Kreisel aus der Mittellage in die Lage ψ bewege. Beim regelmäßigen Arbeiten der ganzen Vorrichtung wird dagegen der
Kreisel abwechselnd nach beiden Seiten hin ausschlagen. Unter
der Voraussetzung, daß es uns gelingt, den Kreisel vollständig

zur Bekämpfung der Rollbewegungen auszunutzen, haben wir
daher für einen einmaligen Schwingungsweg eine Wirkung, wie
sie der Umlegung aus der Lage ψ von der einen Seite zur Lage ψ
auf der anderen Seite entspricht. Die geometrische Änderung,
die der Drall hierbei erfährt, ist das Dopppelte des vorher berechneten Wertes von H. Zugleich wird hierbei für den ganzen
Schwingungsweg V zu Null, d. h. der Einfluß auf die Wendebewegung wird ebenfalls im ganzen genommen zu Null, da der
Anstoß, der auf dem halben Schwingungswege in der einen Richtung erteilt wurde, durch den darauf erfolgenden Anstoß in der
entgegengesetzten Richtung wieder aufgehoben wird.

Mit Rücksicht auf diese Betrachtungen setze ich daher in
der vorhergehenden Gleichung zunächst $\sin \psi = \dfrac{1}{V 2}$ und nehme
dann von φ den doppelten Wert. Damit erhalte ich

$$\varphi = 1{,}41 \frac{Jw}{\sqrt{Qs\theta}}.$$

Von φ_0 soll dieser Wert einen angemessenen Bruchteil ausmachen,
etwa
$$\varphi = m\varphi_0,$$

wobei m ein Erfahrungskoeffizient ist, dessen zweckmäßige Festsetzung aus Versuchen mit ausgeführten Kreiselschiffen zu entnehmen sein wird. Setzt man dies ein und löst die vorhergehende
Gleichung nach Jw auf, so erhält man

$$Jw = \frac{m}{1{,}41}\varphi_0\sqrt{Qs\theta}. \tag{219}$$

Das ist also die Formel für die Kreiselstärke, die
jedenfalls nötig ist, um die Rollbewegungen mit dem
Kreisel wirksam bekämpfen zu können.

Bei der ersten Aufstellung der Formel lagen natürlich keine
Erfahrungen zur Ermittelung des Wertes von m vor; man war
vielmehr ausschließlich auf eine Schätzung angewiesen. Ich nahm
diese Schätzung in der Art vor, daß ich

$$Jw = \tfrac{1}{5}\varphi_0\sqrt{Qs\theta} \tag{220}$$

setzte, was einem Werte des Koeffizienten m von rund 0,28 entspricht. Mit anderen Worten heißt dies, daß ein Schiff, für das
man den Ausschlag φ_0 zu 20^0 anzunehmen hatte, durch ein-

maliges Umlegen des nach dieser Formel berechneten Kreisels aus der Lage $\psi = -45^0$ in die Lage $\psi = +45^0$ einen Anstoß erhält, der eine Rollbewegung mit Ausschlägen von $4,6^0$ hervorzubringen oder auch zu vernichten vermag. Dies sah ich als hinreichend an, weil ja die größten Ausschläge φ_0 des kreisellosen Schiffes nicht plötzlich durch einen einzigen Anstoß, sondern durch wiederholtes Auftreffen von Wellen in zufällig günstigem Zusammentreffen hervorgebracht werden und der Kreisel während dieses wiederholten Anpralls der Wogen mehrere Ausschläge machen kann, die ein Anwachsen zu größeren Werten φ_0 leicht verhindern können. Ich nahm sogar an, daß der Wert in Gl. (220) schon etwas hoch gegriffen sei und vielleicht auf Grund der Erfahrung in Zukunft vermindert werden dürfe.

Die früher von mir gehegte Erwartung, daß man bald hinreichend Gelegenheit haben würde, Erfahrungen über die Wirksamkeit des Schiffskreisels an Schiffen zu sammeln, die damit ausgerüstet würden, hat sich inzwischen freilich nicht bestätigt. In den ersten Jahren nach der Veröffentlichung der Gl. (220) habe ich von drei Schiffen Nachrichten erhalten, die mit einem danach berechneten Kreisel versehen waren. Diese Versuche wurden aber zunächst nicht weiter fortgesetzt, und während einer Reihe von Jahren habe ich von einer weiteren praktischen Anwendung des Schiffskreisels überhaupt nichts mehr gehört. Erst während des Druckes kam die schon auf S. 199 erwähnte Nachricht von den neuen Anwendungen des Kreisels in Amerika.

Mit dem ersten der drei vorher genannten Schiffe, dem „Seebär", mit dem die Hauptversuche ausgeführt wurden, habe ich auch selbst einmal eine Probefahrt mitgemacht. Das Ergebnis hat allgemein befriedigt, da die Rollschwingungen bis auf einen kleinen Rest von etwa $1,5$ bis 2^0 vernichtet wurden. Nach dem, was ich über die Ergebnisse mit den andern beiden Schiffen erfahren habe, hat sich auch bei ihnen die Formel (220) bewährt. Meine anfängliche Vermutung, daß der Kreisel wohl noch etwas schwächer als nach Gl. (220) gehalten werden dürfte, hat sich dagegen nicht bestätigt. Man wird daher bis auf weiteres an dieser Formel festhalten müssen.

Man kann dies auch um so mehr, als die Formel ohnehin in φ_0 noch einen Faktor enthält, der nicht ohne weiteres in bestimmten Zahlen gegeben ist, sondern der selbst erst noch auf Grund der Erfahrung, die sich in diesem Falle allerdings auf die gewöhnlichen, in großer Zahl vorhandenen Schiffe ohne Kreisel bezieht, eingeschätzt werden muß. Es steht aber nichts im Wege, die Formel (220) auf jeden Fall beizubehalten, und die Erfahrungen, die inzwischen mit Kreiselschiffen bereits gemacht sind oder noch zu machen sein werden, dahin zu verwerten, daß sie für die passende Wahl des Winkels φ_0 ohne Rücksicht auf die ursprüngliche Bedeutung dieses Koeffizienten für künftige Ausführungen die Richtschnur abgeben.

Bei der Anwendung von Gl. (220) ist zunächst zu beachten, daß φ_0 natürlich nicht in Gradmaß, sondern in Bogenmaß auszudrücken ist. Das Schiffsgewicht Q oder mit anderen Worten die Wasserverdrängung ist ohne weiteres gegeben. Die metazentrische Höhe s ist, wenn sie nicht schon bekannt sein sollte, durch einen besonderen Versuch an dem fertigen Schiffe leicht zu ermitteln, indem man beobachtet, um wieviel sich das Schiff bei einer einseitigen Belastung oder bei der Belastung durch ein Kräftepaar schief stellt. Aus den Betrachtungen in Band I, S. 403 der 7. Aufl. geht dies ohne weiteres hervor.

Das Trägheitsmoment θ des Schiffes entnimmt man am einfachsten einer Angabe über die volle Schwingungsdauer der Rollbewegungen, die das Schiff ohne Kreisel ausführt. Für nicht zu große Ausschläge hat man dafür die Formel

$$T = 2\pi \sqrt{\frac{l_{\text{red}}}{g}} = 2\pi \sqrt{\frac{\theta}{Qs}}.$$

Entnimmt man hieraus θ und setzt den Wert in Gl. (220) ein so geht sie über in

$$Jw = \frac{1}{10\pi} \varphi_0 QsT. \tag{221}$$

Bezeichnet man ferner den Winkel φ_0 in Gradmaß ausgedrückt mit φ_0', so daß also

$$\varphi_0 = \frac{\pi}{180} \varphi_0'$$

ist, so läßt sich die Formel für die Kreiselstärke auch

$$Jw = \frac{\varphi_0'}{1800} QsT \tag{222}$$

schreiben, was für die praktische Ausrechnung manchmal bequemer ist.

Hat man also z. B. $\varphi_0' = 15^\circ$, $Q = 2000\ \text{t} = 2.10^6\ \text{kg}$, $s = 1{,}2$ m und $T = 8$ sec, so folgt

$$Jw = 160\,000\ \text{mkg/sec}.$$

Wie man nun den Kreisel baut, um die erforderliche
Kreiselstärke herbeizuführen, ist für die Wirkung auf
das Schiff ganz gleichgültig. Man wird ihn natürlich so
schnell als es angeht umlaufen lassen, um mit einem möglichst
kleinen J, also auch mit einem geringen Gewichte und geringem
Raumbedarf auskommen zu können.

Bei den vorhergehenden Betrachtungen war ausdrücklich vorausgesetzt, daß die Einrichtungen so getroffen werden könnten, daß der Kreisel in möglichst
günstiger Weise ausgenutzt wird. Wir müssen uns aber
jetzt noch Rechenschaft darüber geben, ob dies tatsächlich durchführbar ist und von welchen Umständen die günstigste Ausnutzung abhängt. Zu diesem Zwecke ist es nötig, das Verhalten
des Kreiselschiffes unter bestimmten einfachen, mehr oder weniger
willkürlich gewählten Voraussetzungen näher zu untersuchen.
Die Ergebnisse, zu denen man dabei gelangt, haben zwar an sich,
den beschränkten Voraussetzungen entsprechend, auch nur einen
beschränkten Wert; immerhin liefern sie aber eine geeignete
Unterlage für die weitere Beurteilung der ganzen Einrichtung.

§ 43. Schwingungen des Kreiselschiffes ohne Einwirkung äußerer Anstöße.

Ich setze jetzt einen beliebigen Anfangszustand der Rollbewegung des Schiffes und der Pendelbewegung des Kreiselrahmens
voraus und betrachte den weiteren Fortgang dieser Bewegung
unter der Annahme, daß von außenher kein weiterer Anstoß mehr
erfolgt. Von äußeren Kräften soll also nur das Gewicht und der
Auftrieb des Wassers wirken und zwar so, daß Gewicht und
Auftrieb ein Kräftepaar miteinander bilden, dessen Moment für
einen nicht zu großen Rollwinkel φ genau genug gleich

$$Qs\varphi$$

gesetzt werden kann, wenn Q wiederum das Gewicht und s die
metazentrische Höhe bedeutet.

Wir setzen ferner voraus, daß das Schiff im Anfangszustande
nur rollte und nicht stampfte. Dann wird zwar im weiteren
Fortgange auch eine geringe Stampfbewegung gerade infolge der
Schwingungen des Kreiselrahmens eintreten; aber diese ist, wie
eine einfache Überschlagsrechnung zu lehren vermag, so gering,
daß sie gar keine Bedeutung hat und deshalb hier auch nicht

näher berücksichtigt werden soll. Wir begnügen uns vielmehr
mit der Aufstellung einer Bewegungsgleichung für die Änderung
der die Schiffsstellung beschreibenden Koordinate φ.

Um die Bewegungsgleichungen abzuleiten, kann man sich
des Verfahrens von Lagrange bedienen. Wenn man von vornherein im Zweifel darüber ist, wie weit man mit den Vernachlässigungen einzelner Bewegungsanteile gehen darf, empfiehlt es
sich auch, diesen freilich etwas mühsamen Weg einzuschlagen.
Man führt dann außer φ noch eine zweite Koordinate zur Beschreibung der Lage des Schiffes ein, den Stampfwinkel, wie

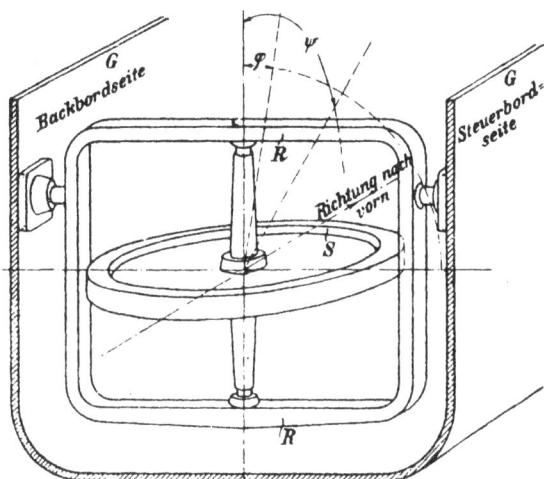

Abb. 16.

wir in leicht verständlicher Ausdrucksweise dafür sagen wollen.
Aber hier begnüge ich mich damit, auf diesen Weg hinzuweisen
für den Fall, daß der Leser das Bedürfnis empfinden sollte, sich
über den Betrag der von mir vernachlässigten Glieder genauere
Rechenschaft zu geben; ich selbst werde aber die Rechnung ausschließlich auf den Flächensatz stützen.

Abb. 16 zeigt einen Teil des Schiffsgerippes G mit dem Kreiselrahmen R und dem Schwungrad S und gibt an, in welchen Richtungen die Drehung φ des Schiffes und die Drehung ψ des Kreiselrahmens positiv gezählt werden sollen. Das Schwungrad möge
von oben gesehen im Uhrzeigersinn umlaufen. Im entgegengesetzten Falle wäre in den nachfolgenden Gleichungen die Winkel-

14*

geschwindigkeit w überall mit entgegengesetztem Vorzeichen zu nehmen.

Der Drall Jw ist nach unserer Voraussetzung ein nach oben gerichteter Vektor. Dreht er sich um den positiven Winkel $d\psi$, so erfährt er einen nach vorn gerichteten Zuwachs. Andererseits entspricht einer Drehung um die Schiffslängsachse im Sinne der positiven φ ein Drall des Schiffskörpers, der, wie aus der Abbildung hervorgeht, nach hinten gerichtet ist, da eine solche Drehung vom hinteren Teil des Schiffes aus gesehen mit der Uhrzeigerbewegung gleich gerichtet ist. Die Änderungsgeschwindigkeit des Dralls von Schiffskörper und Kreisel zusammengenommen kann daher gleich

$$- \theta \frac{d^2\varphi}{dt^2} + Jw\frac{d\psi}{dt}$$

gesetzt werden, wenn ein nach vorn gerichteter Zuwachs mit dem positiven Zeichen versehen wird. Nach dem Flächensatz ist dieser Ausdruck gleich dem statischen Momente der äußeren Kräfte zu setzen. Vorher war schon bemerkt, daß die äußeren Kräfte ein Kräftepaar vom Momente $Qs\varphi$ bilden. Das Kräftepaar sucht das Schiff wieder in die aufrechte Lage zurückzudrehen. Das ist eine Drehung, die von hinten gesehen der Uhrzeigerbewegung entgegengerichtet ist. Der Momentenvektor des Kräftepaars geht daher nach vorn und ist mit positivem Vorzeichen in die Gleichung des Flächensatzes einzusetzen. Man erhält also

$$- \theta \frac{d^2\varphi}{dt^2} + Jw\frac{d\psi}{dt} = Qs\varphi \qquad (223)$$

als Bewegungsgleichung für das Schiff.

Hierzu muß noch eine Bemerkung gemacht werden. Bei der Ableitung der Gleichung wurden kleine Drehungen φ und ψ vorausgesetzt. Wenn aber auch φ unbedenklich als klein angesehen werden darf, so gilt dies keineswegs mit demselben Rechte für den Winkel ψ, denn tatsächlich läßt man den Kreiselrahmen um große Winkel schwingen. Eigentlich muß man daher dem letzten Gliede auf der linken Seite, das die Komponente der Änderung des Kreiseldralls in der Schiffslängsrichtung angeben soll, noch den Faktor $\cos\psi$ beifügen. Aber ich sehe davon ab und begnüge mich mit der Durchführung der Rechnung unter der Voraussetzung kleiner Ausschläge auch für den Kreiselrahmen, bei denen $\cos\psi = 1$ gesetzt werden kann. Denn tatsäch-

lich handelt es sich ja jetzt nicht darum, einen Vorgang genau
zu untersuchen, so wie er in Wirklichkeit eintritt, sondern zunächst nur um ein Beispiel für eine mögliche Bewegung.

Ferner ist noch zu bemerken, daß bei der Aufstellung der
Gleichung auch keine Rücksicht auf die Dämpfung genommen
ist, die die Rollschwingungen des Schiffes durch den Wasser-
widerstand erfahren Das ist deshalb zulässig, weil diese Dämpfung in der Tat nur gering ist gegenüber jener, die durch den
Kreisel herbeigeführt wird.

Nun ist noch eine Bewegungsgleichung für die pendelnde
Bewegung des Kreiselrahmens zu bilden. Denken wir uns zunächst den Kreiselrahmen in seiner Mittellage relativ zum Schiffe
festgehalten, so läßt sich nach dem Flächensatze leicht berechnen, wie groß das Kräftepaar sein muß, das vom Schiffskörper
auf ihn übertragen werden muß. Der Kreiselrahmen führt nämlich in diesem Falle mit dem Schiff zusammen die Rollbewegungen aus und der nach oben gekehrte Drallvektor Jw erfährt
bei einem positiven Zuwachs des Winkels $d\varphi$ eine Ablenkung,
die einem in Abb. 16 nach rechts hin gehenden Zuwachs entspricht. Das Kräftepaar, das von den Lagern her auf den Kreiselrahmen ausgeübt werden muß, um ihn gegen das Schiff festzuhalten, hat daher einen horizontal nach rechts hin gerichteten
Momentenvektor von der Größe

$$Jw\frac{d\varphi}{dt}.$$

Lassen wir hierauf dieses Kräftepaar, das den Kreisel fest-
hielt, fortfallen, so erfährt der Kreiselrahmen eine Winkelbeschleunigung von derselben Größe und Richtung, als wenn im
ruhenden Schiffe ein Kräftepaar von demselben Momentenvektor
mit entgegengesetzter Richtung darauf einwirkte. Der Momentenvektor dieses beschleunigenden Kräftepaars, zu dem sich die
zweiten Zusatzkräfte der Relativbewegung zusammenfassen lassen,
ist daher in Abb. 16 nach links gerichtet.

Weiter wirkt das statische Moment des Gewichtes des ganzen
Kreiselpendels auf die Schwingung des Kreiselrahmens ein. Wir
nehmen an, daß der Schwerpunkt tiefer liegt als die Aufhängeachse. Bei einem positiven Ausschlag ψ des Pendels dreht dann
das Gewicht in Abb. 16 von rechts gesehen entgegengesetzt dem
Uhrzeigersinn.

Ferner nehmen wir an, daß sich der Pendelbewegung eine Reibung von der Art einer Flüssigkeitsreibung widersetzt. Das Moment dieser Reibung ist dann gleich

$$k \frac{d\psi}{dt}$$

anzunehmen, wenn k eine Konstante bedeutet, die das Moment der Reibung für die Winkelgeschwindigkeit Eins des Pendels angibt.

Hiermit sind die Kräfte aufgezählt, unter deren Einfluß sich die Schwingungen des Kreiselpendels relativ zum Schiffe vollziehen. Der Winkel ψ und seine Differentialquotienten werden positiv gerechnet, wenn die Drehung, die Winkelgeschwindigkeit oder die Winkelbeschleunigung von rechts her gesehen im Uhrzeigersinn erfolgen. Das Moment der Zusatzkräfte und des Gewichtes geht, wie wir vorher feststellten, im entgegengesetzten Sinne mit der Geschwindigkeit. Wir haben daher für die Bewegung des Kreiselpendels relativ zum Schiffe die Gleichung zu bilden

$$\vartheta \frac{d^2\psi}{dt^2} = - Jw \frac{d\varphi}{dt} - pr\psi - k \frac{d\psi}{dt}. \qquad (224)$$

Hierbei ist mit ϑ das Trägheitsmoment des ganzen Kreiselpendels samt Kreisel usf., bezogen auf die Aufhängeachse, bezeichnet, ferner mit p das Gewicht dieser Teile und mit r der Abstand des Schwerpunktes von der Aufhängeachse.

Auch bei der Aufstellung dieser Gleichung ist vorausgesetzt, daß die Ausschläge des Kreiselrahmens klein bleiben. Denn eigentlich wäre sonst für das statische Moment des Gewichtes $pr \sin \psi$ an Stelle von $pr\psi$ einzusetzen. Für unsere Zwecke reicht es aber aus, die Bewegung zunächst einmal unter der Annahme kleiner Ausschläge zu untersuchen, womit die Gleichungen eine für die Integration möglichst bequeme Form annehmen.

§ 44. Integration der Bewegungsgleichungen.

Wir schreiben die beiden Bewegungsgleichungen (223) und (224) nochmals in der Form

$$\left.\begin{array}{l} \theta \dfrac{d^2\varphi}{dt^2} - J\omega \dfrac{d\psi}{dt} + Qs\varphi = 0 \\[2ex] \vartheta \dfrac{d^2\psi}{dt^2} + J\omega \dfrac{d\varphi}{dt} + k \dfrac{d\psi}{dt} + pr\psi = 0 \end{array}\right\} \qquad (225)$$

zusammen. Um daraus die Variable ψ zu eliminieren, differentiieren wir die zweite Gleichung nach t und führen hierauf den aus der ersten Gleichung zu entnehmenden Ausdruck für $\frac{d\psi}{dt}$ in sie ein. Man erhält dann für φ die lineare Differentialgleichung vierter Ordnung mit konstanten Koeffizienten

$$\frac{d^4\varphi}{dt^4} + \frac{k}{\vartheta}\frac{d^3\varphi}{dt^3} + \left(\frac{Qs}{\theta} + \frac{pr}{\vartheta} + \frac{J^2w^2}{\vartheta\theta}\right)\frac{d^2\varphi}{dt^2} + k\frac{Qs}{\vartheta\theta}\frac{d\varphi}{dt}$$
$$+ \frac{pr}{\vartheta}\frac{Qs}{\theta}\varphi = 0. \tag{226}$$

In derselben Weise kann man auch die Variable φ aus den Bewegungsgleichungen (225) eliminieren, indem man die erste von ihnen nach t differentiert und hierauf $\frac{d\varphi}{dt}$ aus der zweiten Gleichung in sie einsetzt. Wenn man dies ausführt, überzeugt man sich, daß, wie immer in Fällen dieser Art die Differentialgleichung, der ψ genügen muß, genau mit der für φ aufgestellten übereinstimmt.

Zur Vereinfachung der weiteren Rechnung führen wir die folgenden Abkürzungen ein:

$$\left.\begin{aligned} a_1 &= \frac{k}{\vartheta} \\ a_2 &= \frac{Qs}{\theta} + \frac{pr}{\vartheta} + \frac{J^2\omega^2}{\vartheta\theta} \\ a_3 &= \frac{k}{\vartheta}\frac{Qs}{\theta} \\ a_4 &= \frac{pr}{\vartheta}\frac{Qs}{\theta} \end{aligned}\right\}, \tag{227}$$

womit Gl. (226) übergeht in

$$\frac{d^4\varphi}{dt^4} + a_1\frac{d^3\varphi}{dt^3} + a_2\frac{d^2\varphi}{dt^2} + a_3\frac{d\varphi}{dt} + a_4\varphi = 0. \tag{228}$$

Die Koeffizienten a sind ihrer Definition nach sämtlich positive Größen, denn die einzige in Gl. (227) auftretende Größe, die auch negativ werden könnte, nämlich w, tritt darin nur im Quadrate auf. Dagegen können a_1 und a_3 auch gleich Null werden, nämlich dann, wenn $k = 0$ ist, d. h. wenn man den Kreiselrahmen so aufhängt, daß die sich seiner Bewegung widersetzende Reibung vernachlässigt werden kann. Dieser Fall hat für uns als Grenzfall Bedeutung und wird durch die allgemeinere Betrachtung schon mit umfaßt.

Am einfachsten integriert man Gleichungen von der Form (228) zunächst mit Hilfe von Exponentialfunktionen. Setzt man nämlich

$$\varphi = A_1 e^{\alpha_1 t},$$

so wird dadurch die Gleichung befriedigt, unter der Voraussetzung, daß α_1 eine Wurzel der Bedingungsgleichung

$$\alpha^4 + a_1 \alpha^3 + a_2 \alpha^2 + a_3 \alpha + a_4 = 0, \qquad (229)$$

der sogenannten charakteristischen Gleichung ist. Da diese Gleichung vierten Grades im allgemeinen vier voneinander verschiedene Wurzeln hat, kann man auch das allgemeine, mit vier willkürlichen Konstanten behaftete Integral der Differentialgleichung aus einer Summe von Gliedern von dieser Form zusammensetzen, also

$$\varphi = A_1 e^{\alpha_1 t} + A_2 e^{\alpha_2 t} + A_3 e^{\alpha_3 t} + A_4 e^{\alpha_4 t}. \qquad (230)$$

Wir müssen uns jetzt ein Urteil darüber verschaffen, welche Eigenschaften den Wurzeln α_1 bis α_4 zukommen.

Sehr einfach gestaltet sich die Beantwortung dieser Frage für den Grenzfall des ungebremsten Kreisels, also für $k = 0$, womit $a_1 = 0$ und $a_3 = 0$ wird. Die charakteristische Gleichung vereinfacht sich dann zu

$$\alpha^4 + a_2 \alpha^2 + a_4 = 0,$$

woraus sofort $\qquad \alpha^2 = -\dfrac{a_2}{2} \pm \sqrt{\dfrac{a_2^2}{4} - a_4}$

folgt. Da a_2 und a_4 positiv sind, folgt hieraus, daß beide Werte von α^2 negativ werden. Die Wurzel auf der rechten Seite bleibt nämlich jedenfalls reell. Man erkennt dies, indem man die Werte von a_2 und a_4 aus den Gleichungen (227) einführt; dann wird nämlich

$$\sqrt{\frac{a_2^2}{4} - a_4} = \frac{1}{2} \sqrt{\left(\frac{Qs}{\theta} + \frac{pr}{\vartheta} + \frac{J^2 w^2}{\vartheta\theta}\right)^2 - 4\frac{pr}{\vartheta}\frac{Qs}{\theta}}$$

$$= \frac{1}{2} \sqrt{\left(\frac{Qs}{\theta} - \frac{pr}{\vartheta}\right)^2 + \frac{J^4 w^4}{\vartheta^2\theta^2} + 2\left(\frac{Qs}{\theta} + \frac{pr}{\vartheta}\right)\frac{J^2 w^2}{\vartheta\theta}}$$

und der Wert unter dem Wurzelzeichen bildet jetzt eine Summe von Gliedern, die sämtlich positiv sind.

Die charakteristische Gleichung hat daher für den ungebremsten Kreisel vier rein imaginäre Wurzeln, die paarweise gleich groß und von entgegengesetzten Vorzeichen sind. Schreiben wir für den vorher aufgestellten Wert von α^2

kürzer — q_1^2 für den Fall des positiven und — q_2^2 für den Fall des negativen Wurzelzeichens, so ist

$$\alpha_1 = + iq_1, \quad \alpha_2 = - iq_1, \quad \alpha_3 = + iq_2, \quad \alpha_4 = - iq_2$$

zu setzen. Die Lösung der Differentialgleichung lautet daher jetzt

$$\varphi = A_1 e^{iq_1 t} + A_2 e^{- iq_1 t} + A_3 e^{iq_2 t} + A_4 e^{- iq_2 t}. \quad (231)$$

Tatsächlich kann der Winkel φ nur eine reelle Funktion der Zeit t sein. Die willkürlich gebliebenen Integrationskonstanten A sind daher so zu wählen, daß der ganze Ausdruck reell wird. Dazu müssen die A komplexe Größen sein. Setzen wir

$$e^{iq_1 t} = \cos q_1 t + i \sin q_1 t$$

und entsprechend bei den übrigen Gliedern, so erhalten wir

$$\varphi = (A_1 + A_2) \cos q_1 t + (A_1 - A_2) i \sin q_1 t$$
$$+ (A_3 + A_4) \cos q_2 t + (A_3 - A_4) i \sin q_2 t.$$

Damit dies reell wird, müssen A_1 und A_2 konjugiert komplex sein und ebenso A_3 und A_4. In reeller Form lautet daher die Lösung der Gleichung

$$\varphi = B_1 \cos q_1 t + B_2 \sin q_1 t + B_3 \cos q_2 t + B_4 \sin q_2 t, \quad (232)$$

wenn man jetzt unter den B beliebige reelle Konstanten versteht.

Man kann diese Gleichung noch ein wenig umformen, indem man

$$\varphi = C_1 \sin (q_1 t + \beta_1) + C_2 \sin (q_2 t + \beta_2) \quad (233)$$

setzt, worin die C und β die vier willkürlichen Konstanten der allgemeinen Lösung bilden. Durch Auflösung des Sinus der Winkelsumme kommt man nämlich wieder auf die vorhergehende Form.

Aus Gl. (233) geht hervor, daß sich die Schwingung des Schiffes aus der Übereinanderlagerung von zwei ungedämpften Schwingungen mit verschiedener Schwingungsdauer zusammensetzt. Für die Schwingungsdauern erhält man

$$\left.\begin{aligned}T_1 &= \frac{2\pi}{q_1} = \frac{2\pi}{\sqrt{\frac{1}{2}\left(a_2 - \sqrt{a_2^2 - 4a_4}\right)}} \\[2ex] T_2 &= \frac{2\pi}{q_2} = \frac{2\pi}{\sqrt{\frac{1}{2}\left(a_2 + \sqrt{a_2^2 - 4a_4}\right)}}\end{aligned}\right\}. \quad (234)$$

Nun bleibt noch ψ zu ermitteln. Wir sahen vorher, daß

ψ derselben Differentialgleichung vierter Ordnung genügen muß wie φ und daß es sich daher auch in derselben allgemeinen Form darstellen lassen muß. Aber die Integrationskonstanten, die dabei auftreten, sind nicht mehr willkürlich, nachdem die von φ bereits gewählt sind, sondern sie sind von den in dem Ausdrucke für φ vorkommenden abhängig.

Wir greifen daher auf die erste der Gleichungen (225) zurück, in die wir φ so einsetzen, wie es in Gl. (230) dargestellt war. Dann erhalten wir

$$\frac{d\psi}{dt} = A_1 \frac{Qs + \alpha_1{}^2\theta}{Jw} e^{\alpha_1 t} + A_2 \frac{Qs + \alpha_2{}^2\theta}{Jw} e^{\alpha_2 t} + A_3 \frac{Qs + \alpha_3{}^2\theta}{Jw} e^{\alpha_3 t}$$
$$+ A_4 \frac{Qs + \alpha_4{}^2\theta}{Jw} e^{\alpha_4 t},$$

woraus durch Integration nach t

$$\psi = A_1 \frac{Qs + \alpha_1{}^2\theta}{\alpha_1 Jw} e^{\alpha_1 t} + A_2 \frac{Qs + \alpha_2{}^2\theta}{\alpha_2 Jw} e^{\alpha_2 t} + A_3 \frac{Qs + \alpha_3{}^2\theta}{\alpha_3 Jw} e^{\alpha_3 t}$$
$$+ A_4 \frac{Qs + \alpha_4{}^2\theta}{\alpha_4 Jw} e^{\alpha_4 t} + A_5 \qquad (235)$$

folgt. Unter A_5 ist eine neue Integrationskonstante zu verstehen, die aber, wie beim Einsetzen in die zweite der Gleichungen (225) hervorgeht, gleich Null zu setzen ist.

Diese Gleichung gibt übrigens ganz allgemein den Ausdruck für ψ an, der zu dem für φ gehört, nicht nur für den ungebremsten, sondern auch für den gebremsten Kreisel. Für den ungebremsten Kreisel geht dagegen die Gleichung über in

$$\psi = A_1 \frac{Qs - q_1{}^2\theta}{iq_1 Jw} e^{iq_1 t} + A_2 \frac{Qs - q_1{}^2\theta}{-iq_1 Jw} e^{-iq_1 t} + \text{etc.}$$

Die ersten beiden Glieder lassen sich zusammenfassen und ebenso auch die beiden folgenden, die ich nicht angeschrieben habe. Man findet zunächst

$$\psi = \frac{Qs - q_1{}^2\theta}{q_1 Jw} \left(\frac{A_1}{i} (\cos q_1 t + i \sin q_1 t) - \frac{A_2}{i} (\cos q_1 t - i \sin q_1 t) \right) + \text{etc.},$$

$$= \frac{Qs - q_1{}^2\theta}{q_1 Jw} \left(\frac{A_1 - A_2}{i} \cos q_1 t + (A_1 + A_2) \sin q_1 t \right) + \text{etc.},$$

$$= \frac{Qs - q_1{}^2\theta}{q_1 Jw} (- B_2 \cos q_1 t + B_1 \sin q_1 t) + \text{etc.} \qquad (236)$$

Im letzten Ausdrucke sind die komplexen Konstanten A durch dieselben reellen Konstanten B ersetzt, die schon in Gl. (232) vorkamen.

Auch dieser Ausdruck läßt sich noch weiter so umformen, wie es mit φ in Gl. (233) geschehen war. Wir setzen also

$$\psi = K_1 \sin(q_1 t + \delta_1) + K_2 \sin(q_2 t + \delta_2), \qquad (237)$$

und es handelt sich dann noch darum, die Konstanten K und δ in den für φ gültigen Konstanten C und β auszudrücken. Zunächst liefert der Vergleich der letzten Gleichung mit der vorhergehenden

$$\left. \begin{aligned} K_1 \cos \delta_1 &= B_1 \frac{Qs - q_1{}^2\theta}{q_1 J w} \\ K_1 \sin \delta_1 &= - B_2 \frac{Qs - q_1{}^2\theta}{q_1 J w} \end{aligned} \right\} . \qquad (238)$$

Ebenso erhält man aus dem Vergleiche der beiden Gleichungen (233) und (232)

$$C_1 \sin \beta_1 = B_1 \quad \text{und} \quad C_1 \cos \beta_1 = B_2 . \qquad (239)$$

Hieraus folgt für die Winkel β_1 und δ_1

$$\operatorname{tg} \beta_1 = \frac{B_1}{B_2} \quad \text{und} \quad \operatorname{tg} \delta_1 = -\frac{B_2}{B_1}$$

und daher besteht zwischen β_1 und δ_1 die Beziehung

$$\operatorname{tg} \beta_1 \operatorname{tg} \delta_1 = -1.$$

Das ist aber die Bedingung dafür, daß sich die beiden Winkel um einen Rechten voneinander unterscheiden. Wir setzen also

$$\delta_1 = \beta_1 \pm \frac{\pi}{2}, \qquad (240)$$

wobei das Vorzeichen des letzten Gliedes zunächst unbestimmt bleibt.

Ferner erhalten wir aus den Gleichungen (238)

$$K_1{}^2 = (B_1{}^2 + B_2{}^2)\left(\frac{Qs - q_1{}^2\theta}{q_1 J w}\right)^2$$

und aus den Gleichungen (239)

$$C_1{}^2 = B_1{}^2 + B_2{}^2,$$

hiermit also
$$K_1 = \pm C_1 \frac{Qs - q_1{}^2\theta}{q_1 J w} . \qquad (241)$$

Auch hier ist das Vorzeichen zunächst unbestimmt und zwar hängt die Wahl, die hier zu treffen ist, von der ab, die in Gl. (240) getroffen wird, denn wie aus Gl. (237) hervorgeht, ändert sich ψ nicht, wenn man das Vorzeichen von K_1 um-

kehrt und zugleich den Winkel δ_1 um zwei Rechte vergrößert
oder verkleinert. Zur näheren Bestimmung der Vorzeichen
können wir daher festsetzen, daß unter C_1 und K_1 stets positive
Werte verstanden werden sollen, womit dann β_1 und δ_1 ihre
nähere Bestimmung erhalten. Diese Wahl empfiehlt sich nämlich, weil C_1 und K_1 die Schwingungsamplituden angeben und
die Formeln die einfachste Deutung erhalten, wenn man sie so
einrichtet, daß die Amplituden darin durch positive Größen
wiedergegeben werden. Wie das Vorzeichen des zweiten Gliedes
in Gl. (240) zu diesem Zwecke zu wählen ist, ergibt sich durch
Einsetzen der Werte von φ und ψ in die erste der Gleichungen
(225). Diese wird unter der Voraussetzung, daß C_1 und K_1 beide
positiv sein sollen, nur dann identisch erfüllt, wenn man

$$\delta_1 = \beta_1 - \frac{\pi}{2}$$

setzt. — Was bisher für die Konstanten K_1 und δ_1 besprochen
wurde, läßt sich in der gleichen Weise auch auf die Konstanten K_2 und δ_2 übertragen. Man hat dann im ganzen die
folgenden Beziehungen:

$$\left.\begin{array}{ll} \delta_1 = \beta_1 - \dfrac{\pi}{2}, & \delta_2 = \beta_2 - \dfrac{\pi}{2} \\[2ex] K_1 = + C_1 \dfrac{Qs - q_1{}^2\theta}{q_1 Jw}, & K_2 = + C_2 \dfrac{Qs - q_2{}^2\theta}{q_2 Jw} \end{array}\right\} \quad (242)$$

Hierbei ist noch zu bemerken, daß K_1 und K_2 nach diesen
Formeln in der Tat unter der Voraussetzung eines positiven w
stets positiv werden, wenn C_1 und C_2 positiv sind, da q_1 und
q_2 positive Absolutbeträge bedeuteten und sich leicht unter Zurückgehen auf die Werte von q_1 und q_2 zeigen läßt, daß $q_1{}^2\theta$
und $q_2{}^2\theta$ stets kleiner als Qs bleiben muß. — Anders wäre freí-
lich die Vorzeichenfestsetzung zu treffen, wenn der Kreisel im
entgegengesetzten Sinne rotierte, also w negativ wäre. Indessen
handelt es sich hierbei nur um einen ganz untergeordneten
Punkt, auf den jetzt nicht weiter eingegangen zu werden braucht.
    Durch die vorstehenden Formeln werden die Bewe-
gungen des ganzen Verbandes unter der Voraussetzung,
daß nach einem anfänglichen Anstoß, der sie hervor-
rief, weiter keine Störungen mehr darauf einwirken,
für den Fall des ungebremsten Kreisels vollständig
beschrieben. Es genügt, wenn ich daraus besonders hervor-

hebe, daß die Schwingungen ungedämpft sind, eine die ursprüngliche Bewegung herabmindernde Wirkung des Kreisels unter
diesen Umständen daher nicht stattfindet. Ferner, daß der Einfluß des Kreisels sich nur darin geltend macht, daß die einfache
harmonische Schwingung, die das Schiff ohne den Kreisel ausführen würde, durch zwei sich übereinander lagernde Schwingungen ersetzt wird, eine mit einer größeren Schwingungsdauer
T_1, die man als die Hauptschwingung bezeichnen kann, und
eine zweite schnellere Schwingung mit der Schwingungsdauer T_2,
die die Nebenschwingung genannt werden soll.

Wählt man die Kreiselstärke nach Gl. (220), so erhält man
für a_2 nach Gl. (227)

$$a_2 = \frac{Qs}{\theta} + \frac{pr}{\vartheta} + \frac{\varphi_0^2}{25} \frac{Qs}{\vartheta},$$

und da das Trägheitsmoment des Schiffes θ ganz bedeutend größer
ist als die des Kreiselrahmens, ferner auch Qs in demselben Maße
von höherer Größenordnung als pr ist, so folgt, daß das letzte
Glied in a_2 trotz des kleinen Faktors $\frac{\varphi_0^2}{25}$ die beiden vorhergehenden unter gewöhnlichen Umständen noch ziemlich erheblich über-
trifft. Hiernach folgt, daß auch a_2^2 erheblich größer ist als $4a_4$.
Genau genug kann man daher in den Formeln (234) für die
Schwingungsdauer

$$\sqrt{a_2^2 - 4a_4} = a_2 - \frac{2a_4}{a_2}$$

setzen und damit erhält man für T_1 und T_2

$$T_1 = 2\pi \sqrt{\frac{a_2}{a_4}},$$

$$T_2 = 2\pi \sqrt{\frac{a_2}{a_2^2 - a_4}} \sim 2\pi \sqrt{\frac{1}{a_2}}.$$

Für Überschlagsrechnungen lassen sich diese Näherungsformeln zum mindesten verwenden. Sie zeigen insbesondere,
daß, je stärker der Kreisel gemacht wird, also je größer
infolge davon a_2 wird, um so mehr T_1 größer und T_2
kleiner wird. Die Nebenschwingungen von der kurzen Schwingungsdauer T_2 würden natürlich eine sehr unliebsame Begleit-
erscheinung der Anwendung des Kreisels darstellen. Bei dem
gebremsten Kreisel, der für die praktische Anwendung allein in
Frage kommen kann, fallen sie jedoch fort.

Nachdem der Grenzfall $k = 0$ erledigt ist, müssen wir zu dem
allgemeineren Falle des gebremsten Kreisels zurückkehren. Dessen Theorie ist zwar etwas verwickelter, aber sie
kann doch ungefähr in derselben Weise dargestellt werden, wie
wir es jetzt bei dem einfacheren Fall gesehen haben. Die Haupt-
schwierigkeit besteht nur darin, daß die charakteristische Gl. (229)
als allgemeine Gleichung vierten Grades nicht durch eine allgemeine Formel aufgelöst werden kann, während doch, wie wir es
schon an dem vorstehenden einfacheren Beispiele gesehen haben,
der ganze Verlauf des Schwingungsvorganges in erster Linie von
den Werten der Wurzeln dieser Gleichung abhängt. Wenn alle
Koeffizienten zahlenmäßig gegeben sind, gelingt es natürlich
leicht, die Gleichung durch Probieren oder nach einer Nähe-
rungsmethode aufzulösen. Diesen Weg müssen wir in der Tat
schließlich beschreiten. Aber ehe dies geschieht, ist es wünschenswert, über die Eigenschaften der Wurzeln der Gleichung noch
einige Betrachtungen anzustellen, die ihrer allgemeinen Gültigkeit wegen von besonderem Werte für die Theorie des Vorganges
sind. Zu diesem Zwecke schiebe ich jetzt eine algebraische
Untersuchung über die Wurzeln der Gleichung hier ein.

§ 45. Hilfsbetrachtungen über die Wurzeln der charakteristischen Gleichung.

In der Algebra ist man gewöhnt, die Unbekannte einer Gleichung mit dem Buchstaben x zu bezeichnen. Ich schreibe daher Gl. (229) jetzt in der Form;

$$x^4 + a_1 x^3 + a_2 x^2 + a_3 x + a_4 = 0. \tag{243}$$

Außerdem empfiehlt sich aber auch noch eine andere Bezeichnung der Koeffizienten. Es sei nämlich

$$a_1 = \frac{k}{\vartheta}, \quad b_1 = \frac{Qs}{\theta}, \quad b_2 = \frac{pr}{\vartheta}, \quad \frac{J^2 w^2}{\vartheta\theta} = c. \tag{244}$$

Den Koeffizienten a_1 behalte ich also in der früheren Bedeutung
bei, während die übrigen durch die Gleichungen (227) eingeführten Koeffizienten a jetzt durch b_1, t und c ersetzt werden
sollen. Die charakteristische Gleichung lautet dann

$$x^4 + a_1 x^3 + (b_1 + b_2 + c)x^2 + a_1 b_1 x + b_1 b_2 = 0. \tag{245}$$

Der Koeffizient a_1 enthält den Faktor k, der die Stärke der
angewandten Bremsung beschreibt. Bei einem bestimmt ge-

gebenen Kreisel ist k immer noch als eine innerhalb weiter Grenzen beliebig veränderliche Größe zu betrachten. Die Einrichtung wird nämlich jedenfalls so getroffen werden, daß man durch Anziehen eines Bremshebels die Bremsung jederzeit nach Bedarf vergrößern und verkleinern kann. Im Gegensatz dazu sind alle übrigen Koeffizienten b_1, b_2 und auch c durch den Entwurf des Kreisels in bestimmter Weise festgelegt, so daß sie nach der Ausführung nicht ohne weiteres verändert werden können.

Unter diesen Umständen ist es zweckmäßig, die Wurzeln der Gl. (245) als Funktionen des beliebig veränderlichen Koeffizienten a_1 aufzufassen und sich die Frage vorzulegen, in welcher Weise die Wurzeln und hiermit der ganze Bewegungsvorgang sich ändern, wenn man k oder a_1 verschiedene Werte beilegt.

Da alle Koeffizienten positiv sind, kann die Gleichung jedenfalls keine positive reelle Wurzel besitzen. Von den vier Wurzeln sind daher entweder alle vier komplex, oder zwei konjugiert komplex und die beiden anderen reell und negativ oder endlich sie sind alle vier reell und negativ.

Für den Fall $k = 0$, den wir bereits behandelt haben, werden alle vier Wurzeln rein imaginär. Man überzeugt sich zunächst leicht, daß in keinem anderen Falle eine rein imaginäre Wurzel vorkommen kann. Wollte man nämlich $x = iq$ setzen, so verfiele Gl. (245) durch Trennen in die reellen und imaginären Bestandteile in zwei Gleichungen, die sich, wie die einfache Ausrechnung lehrt, widersprechen, wenn nicht einer von den Koeffizienten a_1, b_1 oder c gleich Null ist. Aber b_1 und c sind jedenfalls von Null verschieden, womit der Beweis erbracht ist.

Dagegen sind reelle negative Wurzeln bei geeigneter Wahl von a_1 jedenfalls möglich. Verstehen wir nämlich unter p_1 einen positiven Wert von beliebig gewählter Größe und setzen

$$x = - p_1,$$

so geht Gl. (245) über in

$$p_1{}^4 + (b_1 + b_2 + c) p_1{}^2 + b_1 b_2 - a_1 (p_1{}^3 + b_1 p_1) = 0,$$

und diese Gleichung läßt sich immer durch einen positiven Wert von a_1, nämlich

$$a_1 = \frac{p_1{}^4 + (b_1 + b_2 + c) p_1{}^2 + b_1 b_2}{p_1{}^3 + b_1 p_1} = p_1 + \frac{(b_2 + c) p_1{}^2 + b_1 b_2}{p_1 (p_1{}^2 + b_1)} \qquad (246)$$

erfüllen. Der Koeffizient a_1 hat dieselbe Dimension, nämlich sec^{-1}, wie x oder p_1. Man sieht, daß p_1 jedenfalls stets kleiner sein muß als das zugehörige a_1.

Ferner lassen sich unter der Voraussetzung, daß der Dämpfungsfaktor k der Pendelschwingungen klein ist, leicht Näherungsformeln für die vier Wurzeln angeben. Zu diesem Zwecke differentiieren wir Gl. (245) nach a_1, wobei eine Wurzel x der Gleichung als Funktion von a_1 aufzufassen ist. Für den Differentialquotienten dieser Wurzel x nach a_1 erhalten wir dann

$$\frac{dx}{da_1} = -\frac{x^3 + b_1 x}{4x^3 + 3a_1 x^2 + 2(b_1 + b_2 + c)x + a_1 b_1}. \tag{247}$$

Wenn x komplex ist, trifft dies im allgemeinen auch von dem Differentialquotienten zu, während eine reelle Wurzel auch einen reellen Zuwachs erfährt, wenn man a_1 um da_1 vergrößert. Wenn der Nenner auf der rechten Seite zu Null und hiermit der Differentialquotient unendlich groß wird, läßt sich dies jedoch nicht mehr behaupten. In der Tat wird auch durch diese Bedingung die Übergangsstelle bezeichnet, bei der während des Anwachsens von a_1 eine vorher komplexe Wurzel in einen reellen Wert übergeht und dann weiterhin reell bleibt.

Wir wenden jetzt Gl. (247) auf den Fall $a_1 = 0$ an, für den früher schon festgestellt war, daß eine der Wurzeln, die wir jetzt x_1 nennen, gleich iq_1 ist. Wir erhalten dann

$$\left(\frac{dx_1}{da_1}\right)_{a_1=0} = -\frac{b_1 - q_1^2}{-4q_1^2 + 2(b_1 + b_2 + c)}.$$

Mit den Bezeichnungen des vorhergehenden Paragraphen hatte man aber

$$q_1^2 = \tfrac{1}{2}\left(a_2 - \sqrt{a_2^2 - 4a_4}\right).$$

Ersetzen wir a_2 und a_4 durch die jetzt gebrauchten Koeffizienten, so erhalten wir nach einer einfachen algebraischen Umformung des Ausdrucks

$$q_1^2 = \tfrac{1}{2}\left(c + b_1 + b_2 - \sqrt{(c + b_2 - b_1)^2 + 4b_1 c}\right).$$

Damit findet man für den Differentalquotienten

$$\left(\frac{dx_1}{da_1}\right)_{a_1=0} = -\frac{c + b_2 - b_1 - \sqrt{(c + b_2 - b_1)^2 + 4b_1 c}}{4\sqrt{(c + b_2 - b_1)^2 + 4b_1 c}}. \tag{248}$$

Dieselbe Rechnung läßt sich auch für die Wurzel $x_3 = iq_2$ durchführen, wobei die Bedeutung von q_2 aus

$$q_2^2 = \tfrac{1}{2}\left(a_2 + \sqrt{a_2^2 - 4a_4}\right)$$

hervorgeht. Dies läßt sich auf die Form

$$q_2{}^2 = \tfrac{1}{2}\left(c + b_1 + b_2 + \sqrt{(c + b_2 - b_1)^2 + 4 b_1 c}\right)$$

bringen und hiermit erhält man aus Gl. (247)

$$\left(\frac{d x_3}{d a_1}\right)_{a_1 = 0} = -\;\frac{c + b_2 - b_1 + \sqrt{(c + b_2 - b_1)^2 + 4 b_1 c}}{4\sqrt{(c + b_2 - b_1)^2 + 4 b_1 c}}. \quad (249)$$

Besonders zu beachten ist, daß für die Stelle $a_1 = 0$ die Differentialquotienten von x_1 und x_3 beide reell und negativ sind. Die vorher rein imaginäre Wurzel wird daher für ein kleines a_1 komplex und zwar so, daß der imaginäre Anteil unverändert geblieben ist. Bezeichnen wir einen kleinen Wert von a_1 mit $a_1{}'$, so wird genau genug

$$\left.\begin{aligned}
x_1 &= -\frac{a_1{}'}{4}\left(1 - \frac{c + b_2 - b_1}{W}\right) + i\sqrt{\tfrac{1}{2}\left(c + b_1 + b_2 - W\right)} \\[2mm]
x_2 &= -\frac{a_1{}'}{4}\left(1 - \frac{c + b_2 - b_1}{W}\right) - i\sqrt{\tfrac{1}{2}\left(c + b_1 + b_2 - W\right)} \\[2mm]
x_3 &= -\frac{a_1{}'}{4}\left(1 + \frac{c + b_2 - b_1}{W}\right) + i\sqrt{\tfrac{1}{2}\left(c + b_1 + b_2 + W\right)} \\[2mm]
x_4 &= -\frac{a_1{}'}{4}\left(1 + \frac{c + b_2 - b_1}{W}\right) - i\sqrt{\tfrac{1}{2}\left(c + b_2 + b_2 + W\right)}
\end{aligned}\right\}, \quad (250)$$

wobei der in den Gleichungen (248) und (249) vorkommende Wurzelwert mit W bezeichnet ist. Hierbei ist zu beachten, daß W jedenfalls größer ist, als $c + b_2 - b_1$ und kleiner als $c + b_1 + b_2$.

Für größere Werte von a_1 dürfen diese Formeln aber nicht mehr verwendet werden. Von einer Untersuchung darüber, bis zu welcher Grenze sie benutzt werden dürfen, mag ihrer Umständlichkeit wegen hier abgesehen werden; im einzelnen, zahlenmäßig gegebenen Falle läßt sich dies durch Probieren, also durch Einsetzen der Werte in die Gleichung leicht feststellen.

Die Algebra stellt verschiedene Verfahren zur Auflösung der allgemeinen Gleichung vierten Grades zur Verfügung. Über die Eigenschaften der Wurzeln läßt sich freilich aus diesen allgemeinen Lösungsverfahren nicht leicht etwas entnehmen, da die Beziehungen, die dabei in Frage kommen, zu verwickelt sind. Und für die wirkliche Auflösung einer Gleichung mit gegebenen Zahlenkoeffizienten ist ein Näherungsverfahren kürzer und daher brauchbarer.

Indessen ist ein Auflösen durch Probieren nur dann bequem,

wenn es sich um reelle Wurzeln handelt, während man im vorliegenden Falle vier oder mindestens zwei komplexe Wurzeln zu
erwarten hat. Es wird daher nötig sein, hier ein Verfahren zu
besprechen, das in diesem Falle bequem zum Ziele führt. Schreiben wir die Gleichung wieder in der einfachen Form

$$x^4 + a_1 x^3 + a_2 x^2 + a_3 x + a_4 = 0$$

und verstehen unter $x_1 x_2$ zwei konjugierte Wurzeln, falls x_1 und
x_2 komplex sind, während die anderen mit x_3 und x_4 bezeichnet
werden, so kann die Gleichung auch in die Form

$$(x - x_1)(x - x_2)(x - x_3)(x - x_4) = 0$$

gebracht werden, woraus sich

$$(x^2 - (x_1 + x_2) x + x_1 x_2)(x^2 - (x_3 + x_4) x + x_3 x_4) = 0$$

ergibt. Nun sind sowohl $x_1 + x_2$ als $x_1 x_2$ usf. auf jeden Fall
reelle Werte, auch wenn x_1 und x_2 selbst komplex sind. Der
Ausdruck vierten Grades läßt sich daher zum mindesten auf eine
Art in zwei quadratische Faktoren mit reellen Koeffizienten zerlegen. Schreiben wir dafür jetzt

$$(x^2 + m_1 x + n_1)(x^2 + m_2 x + n_2) = 0, \qquad (251)$$

so kommt die Aufgabe der Auflösung darauf hinaus, die reellen
Größen m und n zu ermitteln, denn nachdem diese bekannt sind,
folgen die Wurzeln der Gleichung vierten Grades sehr einfach
durch Auflösen der beiden quadratischen Gleichungen, in die
sie zerfällt. Multipliziert man aus und vergleicht die Gleichung
mit der ursprünglichen Form, so findet man für die m und n
die folgenden Beziehungen

$$\left.\begin{aligned}
a_1 &= m_1 + m_2 \\
a_2 &= n_1 + n_2 + m_1 m_2 \\
a_3 &= m_1 n_2 + m_2 n_1 \\
a_4 &= n_1 n_2
\end{aligned}\right\}. \qquad (252)$$

Die zweite und dritte dieser Gleichungen, die für n_1 und n_2 von
ersten Grade sind, lösen wir nach diesen beiden Unbekannten
auf und setzen sie in die letzte Gleichung ein. Dadurch erhalten
wir

$$\frac{(a_2 m_1 - m_1{}^2 m_2 - a_3)(a_3 + m_1 m_2{}^2 - a_2 m_2)}{(m_1 - m_2)^2} = a_4.$$

Durch einfache Umformungen geht diese Gleichung über in

$$2\,a_2\,m_1{}^2 m_2{}^2 + a_2 a_3\,(m_1 + m_2) - a_2{}^2 m_1 m_2 - a_3 m_1 m_2\,(m_1 + m_2)$$
$$- a_3{}^2 - m_1{}^3 m_2{}^3 = a_4\,((m_1 + m_2)^2 - 4 m_1 m_2).$$

An Stelle von $m_1 + m_2$ können wir aber nach der ersten der Gleichungen (252) a_1 schreiben. Wird außerdem eine neue Unbekannte z eingeführt, nämlich

$$z = m_1 m_2, \qquad (253)$$

so geht die vorhergehende Gleichung über in

$$z^3 - 2 a_2 z^2 + z(a_1 a_3 + a_2{}^2 - 4 a_4) + (a_4 a_1{}^2 + a_3{}^2 - a_1 a_2 a_3) = 0. \quad (254)$$

Hiermit ist die Aufgabe auf die Auflösung dieser kubischen Gleichung zurückgeführt, von der es genügt, eine reelle Wurzel zu ermitteln, die ja sicher bestehen muß, und zwar handelt es sich dabei, wenn drei reelle Wurzeln bestehen sollten, um die kleinste von ihnen, die sicher zwischen 0 und $\frac{a_1}{2}$ liegen muß. Diese Auflösung kann nun durch Probieren erfolgen. Nachdem man z gefunden hat, ergeben sich m_1 und m_2 leicht aus der ersten der Gleichungen (252) und Gl. (253). Auch n_1 und n_2 werden hiermit nach der zweiten und dritten der Gleichungen (252) bekannt, worauf nur noch eine Lösung der beiden quadratischen Gleichungen zu folgen hat.

Für das Weitere ist es von Wichtigkeit, an die Stelle der Koeffizienten a in der vorhergehenden Gleichung die in den b ausgedrückten Werte einzusetzen, die ihnen in unserem Falle zukommen. Man hatte

$$a_2 = (b_1 + b_2 + c).$$

Ferner wird

$$a_1 a_3 + a_2{}^2 - 4 a_4 = a_1{}^2 b_1 + (b_1 + b_2 + c)^2 - 4 b_1 b_2$$
$$= a_1{}^2 b_1 + (b_2 - b_1)^2 + 2 c\,(b_1 + b_2) + c^2,$$

und da alle Koeffizienten a, b und c positive Werte hatten, ist dieser Ausdruck auf jeden Fall positiv.

Ebenso ermitteln wir

$$a_1{}^2 a_4 + a_3{}^2 - a_1 a_2 a_3 = a_1{}^2 b_1 b_2 + a_1{}^2 b_1{}^2 - a_1{}^2 b_1\,(b_1 + b_2 + c)$$
$$= - a_1{}^2 b_1 c.$$

Die kubische Gl. (254) läßt sich hiernach schreiben

$$z^3 - 2\,(b_1 + b_2 + c)\,z^2$$
$$+ [a_1{}^2 b_1 + (b_2 - b_1)^2 + 2 c\,(b_1 + b_2) + c^2]\,z - a_1{}^2 b_1 c = 0. \quad (255)$$

Das ist also die Gleichung, um deren Auflösung es sich eigentlich handelt. Ich sagte vorher, daß sie durch Probieren aufzulösen sei. Das ist aber eigentlich so zu verstehen: Für einen bestimmten Kreisel sind, wie ich schon vorher bemerkte, $b_1 b_2$ und c von vornherein gegebene Werte, während a_1 je nach dem Anziehen des Bremshebels ganz verschiedene Werte erlangen kann. Um die Wirkung der Vorrichtung zu untersuchen, ist es daher nötig, für sehr verschiedene Werte von a_1 die charakteristische Gleichung und hiermit zuvor Gl. (255) aufzulösen, um zu erkennen, wie sich ein verschieden starkes Anziehen der Bremse äußert, und besonders auch, um daraus den günstigsten Wert der Bremsung abzuleiten. Unter diesen Umständen bietet sich ohne weiteres ein sehr einfaches, mit verhältnismäßig sehr geringen Rechnungen durchführbares Verfahren dar. Man wird nämlich für z zunächst eine größere Zahl beliebig gewählter Werte annehmen und hierauf aus Gl. (255) die zugehörigen Werte von a_1 berechnen, was sehr schnell möglich ist, da in dieser Gleichung a_1 nur in der Form a_1^2 vorkommt. Auf diese Weise habe ich seinerzeit die Zahlenbeispiele durchgerechnet, mit denen ich das Verhalten eines Kreiselschiffes erläuterte.

Außerdem kann man aus Gl. (255) noch einen anderen sehr wichtigen Schluß ziehen. Diese Gleichung kann nämlich keine negative reelle Lösung besitzen. Denn wollte man z negativ annehmen, so würde nach dem, was vorher über die Vorzeichen der Koeffizienten bemerkt wurde, jedes Glied in der Gleichung negativ ausfallen und ihre Summe könnte daher nicht Null ergeben. Hierauf ist schon bei dem vorher geschilderten probeweisen Auflösen der Gleichung Rücksicht zu nehmen. Außerdem folgt aber daraus auch daß m_1 und m_2 beide positiv ausfallen müssen, da ihre Summe den positiven Wert a_1 und ihr Produkt den ebenfalls positiven Wert z ergibt. Löst man nun die Gleichung

$$x^2 + m_1 x + n_1 = 0$$

nach x auf, so hat man

$$x = -\frac{m_1}{2} \pm \sqrt{\frac{m_1^2}{4} - n_1}$$

und wenn die Lösung komplex ausfällt, so ist auf jeden Fall der reelle Anteil der Wurzel negativ.

Hiermit ist bewiesen, daß die charakteristische Gleichung nur solche komplexe Wurzeln haben kann,

deren reeller Anteil negativ ist. Dieses Ergebnis ist für die Theorie des Schwingungsvorganges sehr wichtig, weil daraus hervorgeht, daß nur gedämpfte Schwingungen und keine solchen vorkommen können, die mit der Zeit immer mehr anwachsen. Daß auch reelle Wurzeln, wenn sie überhaupt vorkommen, ebenfalls nur negativ sein können, war schon früher auf einfachere Weise erkannt worden.

§ 46. Lösung für den gebremsten Kreisel.

Ich nehme jetzt an, daß die charakteristische Gleichung bereits gelöst sei. Für den Fall, daß sie vier komplexe Wurzeln besitzt, schreibe ich diese unter Ersetzung des Buchstabens x durch α

$$\alpha_1 = - p_1 + i q_1$$
$$\alpha_2 = - p_1 - i q_1$$
$$\alpha_3 = - p_2 + i q_2$$
$$\alpha_4 = - p_2 - i q_2,$$

so daß also nach dem, was vorher ermittelt war, unter den p und q positive Werte zu verstehen sind, die weiterhin als bereits bekannt betrachtet werden können. Die schon in Gl. (230) aufgestellte allgemeine Lösung

$$\varphi = A_1 e^{\alpha_1 t} + A_2 e^{\alpha_2 t} + A_3 e^{\alpha_3 t} + A_4 e^{\alpha_4 t}$$

geht hiermit über in

$$\varphi = e^{-p_1 t}(A_1 e^{i q_1 t} + A_2 e^{-i q_1 t}) + e^{-p_2 t}(A_3 e^{i q_2 t} + A_4 e^{-i q_2 t}).$$

Sollten jedoch zwei Wurzeln, etwa α_3 und α_4, reell gefunden sein, so sind die beiden letzten Glieder in der ursprünglichen Form stehen zu lassen. Sie geben dann einen aperiodischen Bewegungsanteil an, der mit der Zeit abklingt. Wir wollen weiterhin dahingestellt sein lassen, ob der eine oder andere Fall vorliegt, und uns nur mit den ersten Gliedern beschäftigen, wobei wir voraussetzen, daß α_1 und α_2 sicher komplex seien. Was darauf noch folgt, deuten wir nur durch Punkte an, die im einen Falle, nämlich bei komplexen Werten von α_3 und α_4, Glieder von derselben Form wie die vorhergehenden, im anderen Falle die ursprünglichen Experimentalfunktionen bedeuten.

Durch dieselbe Umformung, die uns früher schon von Gl. (231) zu den Gleichungen (232) und (233) geführt hatte, erhalten wir jetzt für φ

$$\left.\begin{aligned}\varphi &= e^{-p_1 t}(B_1 \cos q_1 t + B_2 \sin q_1 t) + \cdots \\ &= e^{-p_1 t} C_1 \sin(q_1 t + \beta_1) + \cdots\end{aligned}\right\}. \qquad (256)$$

Wegen des Exponentialfaktors ist die Schwingungsbewegung jetzt gedämpft und die Größe der Dämpfung hängt von p_1 ab. Unter q_1 ist hier natürlich ein anderer Wert zu verstehen, als für den in § 44 untersuchten Fall des ungebremsten Kreisels. Zwischen den Konstanten in den verschiedenen Ausdrücken für φ besteht der Zusammenhang

$$\left.\begin{aligned}A_1 + A_2 &= B_1, \quad i(A_1 - A_2) = B_2 \\ B_1 &= C_1 \sin\beta_1, \quad B_2 = C_1 \cos\beta_1\end{aligned}\right\}, \qquad (257)$$

womit man von der einen Form leicht auf eine andere übergehen kann.

In Gl. (235) war bereits der zu einer bestimmten Lösung für φ gehörige Ausdruck von ψ allgemein aufgestellt worden, nämlich, wenn wir auch jetzt wieder die beiden letzten Glieder (außer A_5, das gleich Null war) durch Punkte andeuten

$$\psi = A_1 \frac{Qs + \alpha_1{}^2\theta}{\alpha_1 Jw} e^{\alpha_1 t} + A_2 \frac{Qs + \alpha_2{}^2\theta}{\alpha_2 Jw} e^{\alpha_2 t} + \cdots.$$

Setzen wir die hier angenommenen Werte von α_1 und α_2 ein, so geht dies nach einfacher Umrechnung über in

$$\begin{aligned}\psi = e^{-p_1 t} \cos q_1 t &\left\{ -\frac{Qs}{Jw(p_1{}^2 + q_1{}^2)}(p_1 B_1 + q_1 B_2) \right. \\ &\left. + \frac{\theta}{Jw}(-p_1 B_1 + q_1 B_2)\right\} \\ + e^{-p_1 t} \sin q_1 t &\left\{ -\frac{Qs}{Jw(p_1{}^2 + q_1{}^2)}(p_1 B_2 - q_1 B_1) \right. \\ &\left. + \frac{\theta}{Jw}(-p_1 B_2 - q_1 B_1)\right\} + \cdots\end{aligned}$$

Hiermit ist ψ in reeller Form dargestellt; die in den geschweiften Klammern enthaltenen Ausdrücke bilden konstante Koeffizienten, die sich aus den in der Lösung für φ vorkommenden willkürlichen Konstanten B berechnen lassen. Jedenfalls läßt sich aber ψ auch in die Form

$$\psi = e^{-p_1 t} K_1 \sin(q_1 t + \delta_1) + \cdots \qquad (258)$$

bringen und es bleibt uns jetzt nur noch die etwas mühsame Aufgabe, den Zusammenhang zwischen den Konstanten K_1 und

δ_1 einerseits und den in φ vorkommden Konstanten C_1 und β_1 andererseits klarzulegen.

Zunächst hat man

$$
\left.
\begin{aligned}
K_1 \sin \delta_1 &= -\frac{Qs}{Jw(p_1{}^2 + q_1{}^2)} (p_1 B_1 + q_1 B_2) \\
&\quad + \frac{0}{Jw} (-p_1 B_1 + q_1 B_2), \\
K_1 \cos \delta_1 &= -\frac{Qs}{Jw(p_1{}^2 + q_1{}^2)} (p_1 B_2 - q_1 B_1) \\
&\quad - \frac{\theta}{Jw} (p_1 B_2 + q_1 B_1)
\end{aligned}
\right\} \tag{259}
$$

oder wenn man für B_1 und B_2 ihre Werte einsetzt,

$$
\left.
\begin{aligned}
K_1 \sin \delta_1 &= C_1 \left\{ -\frac{Qs}{Jw(p_1{}^2 + q_1{}^2)} (p_1 \sin \beta_1 + q_1 \cos \beta_1) \right. \\
&\quad \left. + \frac{\theta}{Jw} (-p_1 \sin \beta_1 + q_1 \cos \beta_1) \right\}, \\
K_1 \cos \delta_1 &= -C_1 \left\{ \frac{Qs}{Jw(p_1{}^2 + q_1{}^2)} \cdot (p_1 \cos \beta_1 - q_1 \sin \beta_1) \right. \\
&\quad \left. + \frac{\theta}{Jw} (p_1 \cos \beta_1 + q_1 \sin \beta_1) \right\}
\end{aligned}
\right\} \tag{260}
$$

Wir entnehmen daraus $\operatorname{tg} \delta_1$ und erhalten dafür

$$
\operatorname{tg} \delta_1 = -\frac{-Qs(p_1 \sin \beta_1 + q_1 \cos \beta_1) + \theta(p_1{}^2 + q_1{}^2)(-p_1 \sin \beta_1 + q_1 \cos \beta_1)}{Qs(p_1 \cos \beta_1 - q_1 \sin \beta_1) + \theta(p_1{}^2 + q_1{}^2)(p_1 \cos \beta_1 + q_1 \sin \beta_1)},
$$

oder, wenn wir nach $\sin \beta_1$ und $\cos \beta_1$ ordnen

$$
\operatorname{tg} \delta_1 = \frac{\sin \beta_1 \left(Qsp_1 + p_1 \theta (p_1{}^2 + q_1{}^2)\right) + \cos \beta_1 \left(Qsq_1 - q_1 \theta (p_1{}^2 + q_1{}^2)\right)}{\cos \beta_1 \left(Qsp_1 + p_1 \theta (p_1{}^2 + q_1{}^2)\right) - \sin \beta_1 \left(Qsq_1 - q_1 \theta (p_1{}^2 + q_1{}^2)\right)}.
$$

Zur Vereinfachung dieser Formel führen wir einen Winkel γ_1 ein, so daß

$$
\operatorname{tg} \gamma_1 = \frac{q_1 (Qs - \theta (p_1{}^2 + q_1{}^2))}{p_1 (Qs + \theta (p_1{}^2 + q_1{}^2))} \tag{261}
$$

ist. Dividieren wir außerdem noch in der vorhergehenden Gleichung Zähler und Nenner mit $\cos \beta_1 p_1 (Qs + \theta(p_1{}^2 + q_1{}^2))$, so geht sie über in

$$
\operatorname{tg} \delta_1 = \frac{\operatorname{tg} \beta_1 + \operatorname{tg} \gamma_1}{1 - \operatorname{tg} \beta_1 \operatorname{tg} \gamma_1}. \tag{262}
$$

Nach der Formel für die Tangente einer Winkelsumme folgt aber daraus

$$
\delta_1 = \beta_1 + \gamma_1 \tag{263}
$$

und hiermit ist der Zusammenhang zwischen δ_1 und β_1 in der **einfachsten Weise dargestellt. Der Winkel γ_1 gibt den**

Phasenunterschied zwischen den Schiffsschwingungen
φ und den Kreiselrahmenschwingungen ψ an. Wenn die
Wurzeln der charakteristischen Gleichung bekannt sind, kann
er nach Gl. (261) leicht berechnet werden.

Setzt man an Stelle des Zeigers 1 den Zeiger 2, so gelten
alle diese Formeln auch für den zweiten Bewegungsanteil, der
in den Gleichungen für φ und ψ durch Punkte angedeutet war,
unter der Voraussetzung, daß die Wurzeln α_3 und α_4 ebenfalls
komplex sind.

Es bleibt noch übrig, die Konstante K_1 zu berechnen, die
die Amplitude der Kreiselrahmenschwingung zur Zeit $t = 0$ angibt. Wir quadrieren dazu die Gleichungen (260) und addieren
sie zueinander. Nach Durchführung der Ausrechnung, bei der
sich viele Glieder teils zusammenziehen, teils gegeneinander wegheben lassen, finden wir

$$K_1{}^2 = \frac{C_1{}^2}{J^2 w^2}\left\{\frac{Q^2 s^2}{p_1{}^2 + q_1{}^2} + \theta^2(p_1{}^2 + q_1{}^2) + \frac{2 Q s \theta}{p_1{}^2 + q_1{}^2}(p_1{}^2 - q_1{}^2)\right\}; \quad (264)$$

K_1 selbst erhalten wir daraus durch Ausziehen der Quadratwurzel.
Es fragt sich aber noch, ob dieser Wurzel das positive oder
negative Vorzeichen beizulegen ist. Dies hängt damit zusammen,
welchen Wert wir dem Winkel γ_1 geben. Von γ_1 ist durch
Gl. (261) nur die Tangente eindeutig bestimmt. Diese ändert
sich aber nicht, wenn man den Winkel γ_1 um zwei Rechte vermehrt oder vermindert. Setzt man dagegen in Gl. (258) den um
zwei Rechte vergrößerten oder verkleinerten Winkel ein, so kehrt
sich das Vorzeichen des Gliedes um. Es steht uns daher frei,
entweder über das Vorzeichen von K_1 eine beliebige Festsetzung
zu machen und den Winkel γ_1 dementsprechend zu wählen oder
umgekehrt zu verfahren. Es verhält sich damit genau so wie
bei der in § 44 für den ungebremsten Kreisel durchgeführten
Vorzeichenbestimmung.

Wie damals werden wir auch hier zunächst voraussetzen, daß
w positiv ist, der Kreisel also von oben gesehen im Uhrzeigersinne umläuft, und dann verlangen, daß K_1 einen positiven Wert
erhalte. Die nähere Bestimmung des Winkels γ_1 oder δ_1 ergibt
sich hierauf durch Einsetzen der Werte von φ und ψ aus den
Gleichungen (256) und (258) in die erste der Bewegungsgleichungen (225). Dies gestattet zugleich eine willkommene Probe
für die Richtigkeit der vorhergehenden Rechnungen. Schreibt

man hierbei an Stelle von $\sin(q_1 t + \delta_1)$ nach Gleichung (263)
$\sin(q_1 t + \beta_1 + \gamma_1)$ und entwickelt dies als Sinus der Summe der
Winkel $(q_1 t + \beta_1)$ und γ_1, so zerfällt nach Einsetzen der Werte
Gl. (225) in zwei Gleichungen, die man nach $\sin\gamma_1$ und $\cos\gamma_1$
auflösen kann. Dadurch erhält man

$$\left.\begin{array}{l} \sin\gamma_1 = -\dfrac{C_1 q_1}{J w K_1 (p_1{}^2 + q_1{}^2)}\,(Qs - \theta(p_1{}^2 + q_1{}^2)) \\[2mm] \cos\gamma_1 = -\dfrac{C_1 p_1}{J w K_1 (p_1{}^2 + q_1{}^2)}\,(Qs + \theta(p_1{}^2 + q_1{}^2)) \end{array}\right\} \quad (265)$$

in Übereinstimmung mit Gl. (261). Es kommt hiernach auf das
Vorzeichen des Ausdrucks $(Qs - \theta(p_1{}^2 + q_1{}^2))$ oder mit anderen
Worten auf das Vorzeichen von $\mathrm{tg}\,\gamma_1$ an, denn $\cos\gamma_1$ ist auf
jeden Fall negativ. Wenn $\mathrm{tg}\,\gamma_1$ positiv und hiermit $\sin\gamma_1$ nega-
tiv wird, ist γ_1, wenn es positiv sein soll, ein Winkel im dritten
Quadranten. Es ist aber zweckmäßiger, bei der Angabe eines
Phasenunterschieds nur Winkel zu verwenden, die kleiner als
zwei Rechte sind. Wenn wir uns diesem Brauche anschließen,
haben wir daher γ_1 in diesem Falle als einen negativen stumpfen
Winkel zu betrachten.

Im entgegengesetzten Falle, wenn also $\mathrm{tg}\,\gamma_1$ negativ wird,
ist $\sin\gamma_1$ positiv und γ_1 wird ein positiver stumpfer Winkel. Im
Grenzfalle, also wenn $\mathrm{tg}\,\gamma_1$ zu Null wird, ist es gleichgültig, ob
man γ_1 gleich plus oder minus zwei Rechten setzt.

Ich habe diese Vorzeichenbestimmung hier vollständig durchgeführt, obschon praktisch daran nichts weiter gelegen ist.

Schließlich bemerke ich noch, daß auch diese Formeln nach
Vertauschung des Zeigers 1 mit dem Zeiger 2 ohne weiteres
auch auf den zweiten Schwingungsanteil, also die „Nebenschwingung" angewendet werden dürfen, falls die Dämpfung nicht groß
genug ist, um diese Bewegung aperiodisch zu machen.

§ 47. Die günstigste Aufhängung des Kreisels.

Die vorhergehenden Rechnungen gestatten schon einen ziemlich weitgehenden Überblick über die Wirkung, die man sich
von einem Schiffskreisel versprechen darf, und auf die näheren
Umstände, die darauf Einfluß nehmen. Denn grundlegend für
die Beurteilung dieser Wirkung wird ja vor allem das Verhalten
der Vorrichtung sein müssen, für den Fall, daß das Schiff durch
eine vorübergehende größere Welle einen Anstoß erfahren hat

und hierauf kurze Zeit in vergleichsweise ruhigerem Wasser sich selbst überlassen wird.

Wir können aber jetzt auf die von solchen besonderen Voraussetzungen ganz unabhängigen allgemeinen Betrachtungen in § 42 zurückkommen, die zur Festsetzung der für ein gegebenes Schiff erforderlichen Kreiselstärke geführt hatten. Bei diesen Betrachtungen war ausdrücklich vorausgesetzt worden, daß eine Einrichtung getroffen werden könne, die eine möglichst günstige Ausnützung des Kreisels herbeiführe. Der Kreisel wird aber am günstigsten ausgenutzt, wenn er stets in solcher Richtung schwingt, daß sich das von ihm auf das Schiff übertragene Kräftepaar der Schwingungsbewegung des Schiffes fortwährend widersetzt. Kehrt also das Schiff nach Vollendung eines Schwingungswegs die Richtung seiner Drehbewegung um, so muß zur gleichen Zeit auch der Kreiselrahmen seine Bewegungsrichtung umkehren, so daß auch auf dem folgenden Schwingungswege der Kreisel abermals hemmend auf die Schiffsbewegung einwirken kann. Hat man dies erreicht, so wirkt der Kreisel auf das Schiff genau so, als wenn die Schiffsschwingungen selbst fortwährend abgebremst würden.

Nun haben wir im vorhergehenden Paragraphen den Phasenunterschied γ berechnet, der zwischen den Schwingungen des Schiffes und des Kreiselrahmens eintritt, wenn das Schiff bei beliebig gegebenen Anfangszustande weiterhin in ruhigem Wasser sich selbst überlassen wird. Wenn der Kreisel nicht gebremst wird, ist der Phasenverschiebungswinkel γ ein Rechter, was schon in § 44 erkannt wurde und auch aus den allgemeineren Formeln von § 46 folgt. Das ist für die Ausnutzung des Kreisels besonders ungünstig. Denn es trifft sich dabei so, daß der Kreiselrahmen die Bewegungsrichtung umkehrt, wenn das Schiff gerade durch die Mittellage hindurchgeht, so daß für beide Hälften des Schwingungswegs die Drehrichtung des vom Kreisel ausgeübten Kräftepaars entgegengesetzt gerichtet ist, also für die eine Hälfte im günstigen oder der Bewegung des Schiffes entgegengesetzten, für die andere Hälfte dagegen im ungünstigen Sinne geht. Die Folge ist daher auch, wie uns schon die Rechnungen über den ungebremsten Kreisel lehrten, daß die Schiffsschwingungen überhaupt nicht gedämpft, sondern nur etwas verzögert werden, so daß die Schwingungsdauer dadurch vergrößert wird.

Ganz anders ist es beim gebremsten Kreisel und
zwar können wir hier leicht den günstigsten Zustand
erreichen, bei dem Kreiselrahmen und Schiff in gleicher
Phase schwingen, so daß beide gleichzeitig die Bewegungsrichtung umkehren und auch gleichzeitig durch die Mittellage
hindurchgehen. Wir brauchen nur dafür zu sorgen, daß tg γ_1 in
Gl. (261) oder sin γ_1 in Gl. (265) zu Null wird.

Ich sagte, daß das Schiff dann in gleicher Phase mit dem
Kreiselrahmen schwinge, und halte dies auch für die beste Ausdrucksweise. Ich darf aber nicht unterlassen, hinzuzufügen, daß
unter der Voraussetzung eines positiven w der Winkel γ_1 nach
den Betrachtungen des vorhergehenden Paragraphen gleich zwei
Rechten wird. Wer dies zugleich mit hervorheben will, wird
daher vorziehen, zu sagen, daß der Kreiselrahmen bei seinen
Schwingungen gegen die des Schiffes um 180° in der Phase
zurückbleibe. Aber man muß bedenken, daß diese Aussage nur
so lange richtig ist, als w einen positiven Wert behält. Wenn
der Kreisel im entgegengesetzten Sinne umläuft, ist der Winkel γ_1
vielmehr gleich Null zu setzen. Ich ziehe daher vor, schon immer
dann zu sagen, der Kreisel sei in gleicher Phase mit dem Schiffe,
wenn beide nur überhaupt zur gleichen Zeit die Bewegungsrichtung umkehren und hiermit auch zur gleichen Zeit durch die
Mittellage gehen. Allerdings kann dies auf zwei verschiedene
Arten geschehen, entweder so, daß der Kreisel die Schiffsschwingung
fortwährend schwächt, oder so, daß er sie fortwährend verstärkt.
Aber der letzte Fall kann, wie sofort aus dem Satze von der
lebendigen Kraft hervorgeht, niemals von selbst eintreten; es
müßte vielmehr eine arbeitsleistende äußere Kraft an dem Kreiselrahmen angebracht werden, die ihn zu solchen Schwingungen
zwingt. Eine bremsende Kraft, zu deren Überwindung Arbeit
verbraucht wird, kann dagegen nur solche Schwingungen zur
Folge haben, die zu einer Verminderung der lebendigen Kraft
des schwingenden Schiffes führen.

Die Bedingung für die günstigste Wirkung des Kreisels wird
also einfach durch die Gleichung

$$p_1{}^2 + q_1{}^2 = \frac{Qs}{\theta} \qquad (266)$$

ausgesprochen. Um zu erkennen, was sich aus dieser Gleichung
weiter schließen läßt, gehe ich auf die Betrachtungen in § 45
über die Wurzeln der charakteristischen Gleichung zurück. Der

eine der beiden quadratischen Faktoren, in die sich diese zerlegen ließ, kann jetzt

$$(x + p_1 - i q_1)(x + p_1 + i q_1)$$

geschrieben werden, woraus durch Ausmultiplizieren

$$(x^2 + 2 p_1 x + p_1{}^2 + q_1{}^2)$$

folgt. Die in Gl. (251) mit m_1 und n_1 bezeichneten Koeffizienten sind daher hier

$$m_1 = 2 p_1, \quad n_1 = p_1{}^2 + q_1{}^2. \tag{267}$$

Auch die beiden anderen Wurzeln der charakteristischen Gleichung lassen sich in der Form

$$x_3 = - p_2 + i q_2, \quad x_4 = - p_2 - i q_2$$

darstellen und zwar auch dann, wenn beide Wurzeln reell sein sollten. Man muß sich zu diesem Zwecke nur vorbehalten, daß q_2 nicht notwendig reell sein soll, sondern auch einen rein imaginären Wert darstellen kann. Dann hat man für die in Gl. (251) vorkommenden Koeffizienten m_2 und n_2 hier

$$m_2 = 2 p_2, \quad n_2 = p_2{}^2 + q_2{}^2 \tag{268}$$

zu setzen. Auf jeden Fall ist dann auch n_2 reell. Für die m und n bestehen die Gleichungen (252) die hier unter Ersatz der Koeffizienten a durch die b und c nochmals zusammengestellt werden sollen. Man hat

$$\left. \begin{aligned} a_1 &= m_1 + m_2 \\ b_1 + b_2 + c &= n_1 + n_2 + m_1 m_2 \\ a_1 b_1 &= m_1 n_2 + m_2 n_1 \\ b_1 b_2 &= n_1 n_2 \end{aligned} \right\}. \tag{269}$$

Zu diesen tritt jetzt neu hinzu die durch Gl. (266) ausgesprochene Bedingung, wofür man auch kürzer

$$n_1 = b_1 \tag{270}$$

schreiben kann. Damit folgt aber aus der letzten der Gleichungen (269)

$$n_2 = b_2 \tag{271}$$

und weiter aus der zweiten der Gleichungen (269)

$$m_1 m_2 = c. \tag{272}$$

Die erste und dritte dieser Gleichungen lauten hiermit

$$a_1 = m_1 + m_2,$$

$$a_1 b_1 = m_1 b_2 + m_2 b_1$$

und damit beide zugleich erfüllt seien, müßte entweder $m_1 = 0$ sein, was aber wegen der Gleichung $m_1 m_2 = c$ nicht zutreffen kann, oder es muß

$$b_1 = b_2 \qquad (273)$$

sein. Das ist also die Bedingung, die wir bei der Konstruktion des Kreisels erfüllen müssen, um ihm die günstigste Wirkung zu sichern. Erinnert man sich der durch die Gleichungen (244) ausgesprochenen Bedeutung der Koeffizienten b_1 und b_2, so lautet die vorhergehende Gleichung

$$\frac{Qs}{\theta} = \frac{pr}{\vartheta} \qquad (274)$$

Durch geeignete Wahl von r, also des Abstandes zwischen Kreiselschwerpunkt und Aufhängeachse, kann dieser Gleichung stets leicht genügt werden.

Man kann dieser Gleichung noch einen anderen sehr anschaulichen Ausdruck geben. Die Schwingungsdauer T_0 für das Schiff ohne Kreisel (oder mit festgestelltem Kreisel) ist nämlich

$$T_0 = 2\pi \sqrt{\frac{\theta}{Qs}}$$

und eine Gleichung von derselben Form gilt auch für die Schwingungsdauer des Kreisels für den Fall, daß das Schiff festgehalten ist oder daß der Kreisel nicht rotiert. Die vorhergehende Gleichung sagt daher aus, daß der Kreisel, um ihm seine günstigste Wirkung zu sichern, jedenfalls so aufgehängt werden muß, daß beide Schwingungsdauern einander gleich werden.

Nachdem dies bekannt ist, wird man bei weiteren Ausführungen des Schiffskreisels dieser Forderung voraussichtlich stets genügen. Abgesehen von der ersten Ausführung auf dem „Seebär", bei der dieses Ergebnis der Theorie noch nicht vorlag, hat man in der Tat auch bisher schon in den mir bekannt gewordenen Fällen die theoretisch günstigste Aufhängung angewendet. Für die weitere Ausarbeitung der Theorie kann ich mich daher von hier ab darauf beschränken, diese Bedingung als erfüllt vorauszusetzen.

Hierdurch werden die Rechnungen erheblich erleichtert, denn für diesen besonderen Fall läßt sich die charakteristische Gleichung in sehr einfacher Weise auflösen. Aus

$$m_1 + m_2 = a_1 \quad \text{und} \quad m_1 m_2 = c$$

folgt nämlich

$$m_1 = \tfrac{1}{2}\bigl(a_1 - \sqrt{a_1{}^2 - 4c}\bigr), \qquad m_2 = \tfrac{1}{2}\bigl(a_1 + \sqrt{a_1{}^2 - 4c}\bigr).$$

Daraus erkennen wir zunächst, daß die Bedingung $b_1 = b_2$, wofür in der Folge kürzer b geschrieben werden kann, für sich allein noch nicht ausreicht, um das gewünschte Verhalten des Kreisels herbeizuführen. Dazu gehört vielmehr außerdem noch, daß a_1 mindestens so groß gewählt werden muß, daß m_1 und m_2 nach den vorstehenden Formeln reell ausfallen. Die Bremsung muß also mindestens so stark gewählt werden, daß

$$a_1{}^2 \geqq 4c \tag{275}$$

wird. Wir setzen weiterhin voraus, daß auch diese notwendige Bedingung für die günstigste Ausnützung der Vorrichung erfüllt sei. Erinnert man sich der aus den Gleichungen (244) hervorgehenden Bedeutung von a_1 und c, so lautet die Bedingung

$$k \geqq 2 J w \sqrt{\frac{\vartheta}{\theta}} \,. \tag{276}$$

Für p_1 und p_2 haben wir nunmehr

$$\left.\begin{array}{l} p_1 = \tfrac{1}{4}\bigl(a_1 - \sqrt{a_1{}^2 - 4c}\bigr) \\[4pt] p_2 = \tfrac{1}{4}\bigl(a_1 + \sqrt{a_1{}^2 - 4c}\bigr) \end{array}\right\} . \tag{277}$$

Nachdem p_1 und p_2 bekannt sind, folgen auch q_1 und q_2 aus den Gleichungen (267) und (268), nämlich

$$\left.\begin{array}{l} q_1 = \sqrt{b - \tfrac{1}{8}\bigl(a_1{}^2 - 2c - a_1\sqrt{a_1{}^2 - 4c}\bigr)} \\[4pt] q_2 = \sqrt{b - \tfrac{1}{8}\bigl(a_1{}^2 - 2c + a_1\sqrt{a_1{}^2 - 4c}\bigr)} \end{array}\right\} . \tag{278}$$

Wegen der Bedingung (275) sind q_1 und q_2 entweder reell oder rein imaginär. Wir wollen zunächst voraussetzen, daß sie beide reell seien. Dann bestehen die beiden durch die Zeiger 1 und 2 unterschiedenen Bewegungsanteile aus Schwingungen und für die Schwingungsdauern T_1 und T_2 erhält man

$$\left.\begin{array}{l} T_1 = \dfrac{2\pi}{q_1} = \dfrac{2\pi}{\sqrt{b - \tfrac{1}{8}\bigl(a_1{}^2 - 2c - a_1\sqrt{a_1{}^2 - 4c}\bigr)}} \\[14pt] T_2 = \dfrac{2\pi}{q_2} = \dfrac{2\pi}{\sqrt{b - \tfrac{1}{8}\bigl(a_1{}^2 - 2c + a_1\sqrt{a_1{}^2 - 4c}\bigr)}} \end{array}\right\} . \tag{279}$$

Bemerkenswert ist, daß hiernach die Schwingungsdauer T_2 auf jeden Fall größer ausfällt als die Schwingungsdauer T_1 der „Hauptschwingung". Das kommt von der sich bei dem zweiten Bewegungsanteile stärker aussprechenden großen Dämpfung her, die wir bei der Ableitung der Formeln gemäß der Bedingung (275) vorausgesetzt haben. Hierdurch werden die „Nebenschwingungen" von vornherein unschädlich gemacht. Wenn a_1 groß genug ist, wird aber überdies q_2 imaginär, womit die Nebenschwingung als solche vollständig wegfällt, indem sie durch einen stark gedämpften aperiodischen Bewegungsanteil ersetzt wird. — Daß übrigens der mit dem Zeiger 1 versehene Bewegungsanteil mit Recht als die „Hauptschwingung", der mit 2 versehene als die „Nebenschwingung" bezeichnet wurde, wird sich aus dem Folgenden noch ergeben.

Unter welchen Umständen q_2 imaginär wird, erkennt man leicht, indem man beachtet, daß $a_1{}^2$ mindestens gleich $4c$ sein muß. Setzen wir nun diesen kleinst-zulässigen Wert von $a_1{}^2$ ein, so geht q_2 über in

$$q_2 = \sqrt{b - \frac{c}{4}}$$

und schon dieser Wert wird imaginär, wenn

$$c > 4b$$

ist. Mit Rücksicht auf die Bedeutung von b und c läßt sich dafür schreiben:

$$\frac{J^2 w^2}{\vartheta \theta} > 4 \frac{Qs}{\theta} \quad \text{oder auch} \quad Jw > 2\sqrt{Qs\vartheta}.$$

Nun wird man aber die Kreiselstärke Jw nach Gl. (220) gewählt haben, nämlich

$$Jw = \frac{\varphi_0}{\delta}\sqrt{Qs\theta} = \frac{\varphi_0}{\delta} \cdot \sqrt{\frac{\theta}{\vartheta}}\sqrt{Qs\vartheta}.$$

Setzen wir diesen Wert in die vorhergehende Ungleichung ein, so geht sie über in

$$\frac{\varphi_0}{\delta}\sqrt{\frac{\theta}{\vartheta}} > 2.$$

Das Trägheitsmoment θ des Schiffes dürfte aber in der Regel zum mindesten etwa tausendmal größer sein als das Trägheitsmoment ϑ des Kreiselrahmens. Voraussichtlich wird daher die Bedingung erfüllt und hiernach q_2 bei dem schon aus andern Gründen geforderten kleinst-zulässigen Werte von a_1 imaginär

sein, zum mindesten aber ist man von der Grenze, an der die
Bedingung erfüllt wird, nicht weit entfernt. Für eine wesentlich
stärkere Bremsung wird aber q_2 jedenfalls imaginär. Wir brauchen
uns daher um die Nebenschwingung nicht weiter zu kümmern.

Dagegen kann q_1 bei größeren Werten von a_1 nicht imaginär
werden, sondern nur bei kleinen. Um uns davon zu überzeugen,
differentiieren wir die aus Gleichung (278) hervorgehende
Gleichung

$$q_1{}^2 = b - \tfrac{1}{8}\left(a_1{}^2 - 2c - \sqrt{(a_1{}^2 - 2c)^2 - 4c^2}\right)$$

nach a_1, wodurch wir

$$\frac{dq_1{}^2}{da_1} = -\frac{1}{8}\,2a_1\left(1 - \frac{a_1{}^2 - 2c}{\sqrt{(a_1{}^2 - 2c)^2 - 4c^2}}\right)$$

erhalten. Nun ist der Bruch in der Klammer, da der Nenner
kleiner ist als der Zähler, sicher größer als Eins und hieraus folgt,
daß der Differentialquotient bei jedem Wert von a_1 positiv ist.
Für den kleinst-zulässigen Wert von $a_1{}^2$ ist freilich

$$q_1{}^2 = b - \frac{c}{4}$$

d. h. q_1 fällt dann mit q_2 zusammen und kann daher unter diesen
Umständen sehr wohl imaginär sein. Trifft dies zu, so entfällt
auch die erste Hauptschwingung und wir haben nur noch zwei
aperiodische Bewegungsanteile. Sobald aber die Bremsung verstärkt wird, erhalten wir positive Werte von $q_1{}^2$, die dann bei
weiter wachsendem a_1 immer größer werden. Die Schwingungsdauer der Hauptschwingung nimmt daher immer mehr
ab, je mehr wir, von dem kleinst-zulässigen Werte ab
gerechnet, die Bremsung verstärken.

Lassen wir schließlich a_1 so groß werden, daß es in der Grenze
als unendlich groß angesehen werden kann, so wird

$$a_1 - \sqrt{a_1{}^2 - 4c} = \frac{2c}{a_1} = 0$$

und hiermit erhalten wir $p_1 = 0$, während $q_1{}^2$ übergeht in b. Die
Hauptschwingung ist dann nicht mehr gedämpft und ihre Schwingungsdauer T_1 stimmt überein mit der des Schiffes ohne Kreisel.
Bei allzustarker Bremsung wird also der Kreisel, wie auch von
vornherein zu erwarten war, ganz wirkungslos.

Diese Betrachtung liefert übrigens zugleich den Nachweis
dafür, daß in der Tat der mit dem Zeiger 1 versehene Bewegungs-

anteil als die „Hauptschwingung" anzusehen ist gegenüber dem mit 2 bezeichneten.

Wir untersuchen weiter, in welcher Weise die Dämpfung der Hauptschwingung von der Stärke der Bremsung, also von a_1 abhängt. Zu diesem Zwecke differentiieren wir p_1 in Gl. (277) nach a_1 und erhalten

$$\frac{d p_1}{d a_1} = \frac{1}{4}\left(1 - \frac{a_1}{\sqrt{a_1{}^2 - 4c}}\right).$$

Das zweite Glied in der Klammer ist aber jedenfalls ein unechter Bruch und daher folgt, daß der Differentialquotient stets negativ ist. Je stärker wir die Bremse über das früher als mindestens erforderlich nachgewiesene Maß hinaus anziehen, desto mehr nimmt daher die Dämpfung der Hauptschwingung ab.

Diese Betrachtungen führen übereinstimmend zu dem Schlusse, als günstigste Bremsstärke den Wert

$$k = 2 J w \sqrt{\frac{\vartheta}{\theta}} \tag{280}$$

anzusehen. Dabei ist aber auf einen sehr wichtigen Umstand noch nicht geachtet, auf den wir jetzt den Blick richten müssen, nämlich auf das Verhältnis zwischen den Schwingungsweiten des Kreiselpendels und des Schiffes.

In Gleichung (264) hatten wir bereits die Amplitude K_1 der Hauptschwingung des Kreiselrahmens berechnet, die zu einer gegebenen Amplitude C_1 der Schiffsschwingung gehört, beide auf den Anfang der Bewegung zur Zeit $t = 0$ bezogen. Wir übernehmen diese Gleichung und beachten dabei, daß jetzt

$$p_1{}^2 + q_1{}^2 = b = \frac{Qs}{\theta}$$

zu setzen ist. Dann geht sie zunächst über in

$$K_1{}^2 = \frac{C_1{}^2}{J^2 w^2}\left\{\frac{Q^2 s^2}{b} + \theta^2 b + \frac{2 Qs\theta}{b}(2 p_1{}^2 - b)\right\}$$

und wenn man den Wert von b einsetzt, vereinfacht sie sich zu

$$K_1 = \frac{C_1}{J w} 2\theta p_1 \tag{281}$$

oder wenn man p_1 aus Gleichung (277) entnimmt

$$K_1 = \frac{C_1 \theta}{J w 2}(a_1 - \sqrt{a_1{}^2 - 4c}). \tag{282}$$

Wählt man die Bremsstärke so, wie es Gl. (280) entspricht, also so daß $a_1{}^2 = 4c$ wird, so geht die Gleichung über in

$$K_1 = C_1 \frac{\theta a_1}{2 J w} = C_1 \frac{\theta \sqrt{c}}{J w}$$

oder bei Einsetzen des Wertes von c aus den Gleichungen (244)

$$K_1 = C_1 \sqrt{\frac{\theta}{\vartheta}}.$$

Hieraus erkennt man, daß K_1 bedeutend größer wird als C_1. Nehmen wir schätzungsweise $\theta = 1000\,\vartheta$, so ist der Ausschlag des Kreiselrahmens unter den hier betrachteten Umständen mehr als 30 mal so groß als der Ausschlag der Schiffsschwingungen. **Die besonders starke Wirkung des Kreisels auf das Schiff für den durch Gleichung (280) angegebenen Wert der Bremsung erklärt sich demnach daraus, daß die Bremsung einerseits groß genug ist, um ein Schwingen des Kreiselrahmens in gleicher Phase mit dem Schiffe herbeizuführen, und andererseits doch noch klein genug, um starke Ausschläge des Kreisels nicht zu verhindern.**

Aber zugleich ergibt sich, daß man mit diesem verhältnismäßig kleinen Werte von k bei stärker bewegter See nicht auskommen kann. Die Ausschläge des Kreiselrahmens würden schon bald größer werden, als es zulässig erscheint. Man muß daher, um sie in den zulässigen Grenzen zu halten, die Bremse stärker anziehen, als es Gl. (280) entspricht. Damit sinkt freilich der Wert p_1, von dem die Dämpfung der Schiffsschwingungen abhängt, und zugleich wird auch die Schwingungsdauer verkleinert. Das Verhältnis von K_1 und C_1 ist, wie aus Gl. (281) hervorgeht, proportional mit p_1 und wenn K_1 nicht allzuviel größer werden soll als C_1, muß man sich auch mit einem kleineren Werte von p_1 zufriedengeben.

Wenn $a_1{}^2$ bedeutend größer ist als $4c$, erhält man durch Entwickeln in eine Reihe

$$\sqrt{a_1{}^2 - 4c} = a_1 - \frac{2c}{a_1} - \frac{2c^2}{a_1{}^3} - \cdots$$

und hiernach, wenn man die weiteren Glieder vernachlässigt,

$$p_1 = \frac{c}{2 a_1}\left(1 + \frac{c}{a_1{}^2}\right),$$

womit

$$\frac{K_1}{C_1} = \frac{\theta}{J w}\,\frac{c}{a_1}\left(1 + \frac{c}{a_1{}^2}\right)$$

gefunden wird. Setzt man für a_1 und c ihre Werte ein, so geht
dies über in

$$p_1 = \frac{J^2 w^2}{2 k \theta}\left(1 + \frac{J^2 w^2 \vartheta}{k^2 \theta}\right),$$

$$\frac{K_1}{C_1} = \frac{J w}{k}\left(1 + \frac{J^2 w^2 \vartheta}{k^2 \theta}\right).$$

Die letzten Glieder in den Klammern können für den Zweck
einer Überschlagsrechnung vernachlässigt werden.

Meiner Schätzung nach wird es für den Betrieb des
Kreisels bei starkbewegter See gewöhnlich ausreichen,
die Bremse so stark anzuziehen, daß K_1 noch 10mal so
groß wie C_1 ist, d. h.

$$k = 0{,}1 J w \qquad (284)$$

zu wählen. Dann wird das zugehörige p_1

$$p_1 = 5 \frac{J w}{\theta}.$$

Hat man die Kreiselstärke nach Gleichung (220), nämlich

$$J w = \frac{\varphi_0}{5}\sqrt{Q s \theta}$$

gewählt, so geht p_1 für diesen Fall über in

$$p_1 = \varphi_0 \sqrt{\frac{Q s}{\theta}}$$

oder, wenn man die Schwingungsdauer T_0 des Schiffes bei festgestelltem Kreisel einführt,

$$p_1 = \frac{2\pi}{T_0}\varphi_0.$$

In den Formeln (256) und (258) für φ und ψ kam der Ex-
ponentialfaktor $e^{-p_1 t}$ vor und wir wollen uns jetzt überlegen,
welchen Wert er annimmt nach einer Zeit T_0, während deren
das kreisellose Schiff eine volle Schwingung auszuführen vermag.
Man hat dafür

$$e^{-p_1 T_0} = e^{-2\pi\varphi_0}.$$

Hatte man z. B. bei der Berechnung der Kreiselstärke
$\varphi_0 = 18^0$ gewählt, so ist $\pi\varphi_0$ rund gleich Eins und man erhält

$$e^{-p_1 T_0} = e^{-2} = 0{,}135.$$

Die Dämpfung der Schiffsschwingungen ist daher
immer noch so stark, daß die Amplitude während der
Zeit T_0 auf weniger als ein Siebentel des ursprünglichen Betrages abnimmt. Die Notwendigkeit, die Bremse

16 *

stärker anzuziehen, als es der sonst günstigsten Arbeitsweise entspricht, um die Ausschläge des Kreiselrahmens in den zulässigen Grenzen zu halten, schließt daher nicht aus, daß doch noch eine sehr ausgiebige Dämpfung bestehen bleibt.

§ 48. Schlußfolgerungen für die praktische Ausführung.

Die vorhergehenden Rechnungen liefern zwar viele wertvolle Fingerzeige für den Entwurf eines Schiffskreisels. Aber man darf andererseits die praktische Bedeutung der Einzelergebnisse auch nicht überschätzen. — Gewiß darf man von einer Theorie verlangen und erwarten, daß sie richtig durchgeführt sei, und man wird sich in dieser Erwartung im vorliegenden Falle auch nicht enttäuscht finden. Das bezieht sich aber nur auf die folgerichtige Durchführung der Betrachtung auf Grund der gewählten Voraussetzungen Eine ganz andere Frage ist es, ob diese Voraussetzungen selbst geschickt genug gewählt sind, so daß sie die wesentlichsten Züge des ganzen Vorgangs richtig wiedergeben, und ob nichts dabei außer acht gelassen wurde, was von erheblichem Einflusse auf den Erfolg sein könnte.

Darüber kann endgültig nur die Erfahrung entscheiden. Soweit Erfahrungen mit dem Schiffskreisel bisher vorliegen, oder soweit wenigstens als ich davon Kenntnis erhalten habe, darf man in ihnen wohl eine Bestätigung für die von mir getroffenen Voraussetzungen erblicken. Immerhin sind die bis jetzt gemachten Erfahrungen noch nicht so ausgedehnt, daß sich schon sicher entscheiden ließe, ob die von mir aufgestellte Theorie schon umfassend genug ist, oder ob sie noch einer weiteren Ergänzung bedarf.

Unter diesen Umständen halte ich es für nötig, ausdrücklich zu betonen, daß ich selbst den Gegenstand mit den eingehenden Berechnungen der vorhergehenden Paragraphen noch nicht als vollkommen erledigt ansehe. Ich füge hinzu, daß ich mir aus dem gleichen Grunde auch von einer Fortführung der Rechnung auf der gleichen Grundlage, die etwa für den Fall der erzwungenen Schwingungen des Schiffes unter dem Einflusse eines periodisch wechselnden Momentes äußerer Kräfte leicht erfolgen könnte, einstweilen nicht viel zu versprechen vermag.[1])

---

1) Hierbei erwähne ich, daß Herr R. Malmström eine Abhandlung über die Theorie des Schiffskreisels in den Acta Societatis scientiarum

Als ausschlaggebend für praktische Zwecke müssen vielmehr meiner Ansicht nach solche Erwägungen von allgemeinerer Art betrachtet werden, wie ich sie in § 42 begonnen habe. Später hat sich gezeigt, daß sich der in § 42 vorangestellten Voraussetzung, daß es möglich sein würde, den Schiffskreisel in der günstigsten Weise auszunützen, zum mindesten unter den einfachen Bedingungen, für die die Rechnung durchgeführt wurde, stets genügen läßt. Um dieses Ziel auch unter verwickelteren Umständen zu erreichen, wird es freilich nötig sein, daß die Bedienung des Kreisels einem besonderen Steuermann anvertraut wird, der schon eine gewisse Übung darin erlangt hat, durch rechtzeitiges Anziehen und Nachlassen der Bremse am Kreiselrahmen dafür zu sorgen, daß der Kreisel stets möglichst in gleicher Phase mit dem Schiff schwingt und dabei nicht zu kleine Ausschläge macht. Dann wird der Kreisel gut ausgenützt und der Erfolg in der Bekämpfung der Bewegungen kann nicht ausbleiben.

Diese Betrachtung überragt an praktischer Bedeutung alle Rechnungen, die man über das Verhalten des Kreisels unter besonderen Umständen anstellen kann, wenn auch natürlich Anhaltspunkte, die aus diesen Rechnungen für die günstigste Aufhängung des Kreisels, ferner auch für die voraussichtlich im Durchschnitt nötige Bremsstärke gewonnen wurden, sehr erwünscht sind und vorteilhaft für den Entwurf eines Kreisels verwendet werden können.

Hier seien noch die wichtigsten Bedenken, die man gegen die von mir aufgestellte Theorie erheben kann, zusammengestellt. In erster Linie steht hier meines Erachtens der Umstand, daß man den Kreisel stets so verwenden wird, daß er ziemlich große

---

Fennicae, Bd. 35, Helsingfors, 1907, veröffentlicht hat, worin er den Fall behandelt, daß das Schiff seitwärts von regelmäßig wiederkehrenden Wellen getroffen wird. In dem Hauptteile dieser Arbeit wird freilich angenommen, daß der Kreisel nicht gebremst sei. Am Schlusse wird indessen auch der gebremste Kreisel kurz behandelt. Auf die Eigenschwingungen wird dabei nicht eingegangen, sondern nur auf die erzwungenen Schwingungen, die zu diesen hinzutreten. Ich habe mich nicht davon überzeugen können, daß in dieser Arbeit ein für die Praxis bedeutsamer Fortschritt gegenüber der von mir früher gegebenen Theorie zu erblicken sei, glaube vielmehr an meiner Behandlung in dem ihr hier gegebenen Umfange festhalten zu sollen, solange nicht durch die Erfahrungen eine Änderung nahegelegt wird.

Ausschläge macht (bei einer Ausführung in England ist man bis zu 75⁰ Ausschlag nach jeder Seite gegangen), während die Rechnungen auf der Voraussetzung unendlich kleiner Schwingungen aufgebaut sind. Es kann keinem Zweifel unterliegen, daß hierdurch schon recht erhebliche Abweichungen zwischen Theorie und wirklichem Verhalten herbeigeführt werden können. Mehr als ungefähre Schätzungen, die einer Bestätigung durch die Erfahrung bedürfen, sind schon aus diesem Grunde die theoretischen Ergebnisse nicht.

Dazu kommt die sehr unregelmäßig auftretende Wirkung der Wellen bei stark bewegter See. Ich hielt es aus diesem Grunde für das Beste, mich bei der genaueren Ausrechnung auf die einfachste Annahme, die man machen kann, zu beschränken. Inwieweit dies zulässig ist, vermag, wie ich schon ausführte, nur die Erfahrung zu lehren. Bei jeder anderen Annahme, die man etwa machen wollte, wäre dies genau ebenso.

Ferner ist auch auf die Rückwirkung zwischen Stampfbewegungen und Rollenbewegungen, die durch die Vermittelung des Kreisels herbeigeführt wird, bei meiner Theorie nicht geachtet worden. Diese Rückwirkung ist auch nur gering und meiner Ansicht nach praktisch ganz bedeutungslos. Ich bin daher auch jetzt nicht weiter darauf eingegangen, obschon von anderer Seite diesem Umstande größere Bedeutung beigemessen wurde. Wenn dies richtig wäre, hätte sich schon bei den bisherigen Versuchen ein merklicher Einfluß dieser Art zeigen müssen; soweit ich darüber unterrichtet bin, war dies aber nicht der Fall.

Man könnte natürlich eine störende Beeinflussung von Roll- und Stampfbewegungen, falls sie sich lästig bemerklich machen sollte, durch die Aufstellung von zwei Kreiseln, die im entgegengesetzten Sinne umlaufen, ohne weiteres ausschalten. Herrn Prof. Skutsch ist sogar auf diese naheliegende Anordnung ein besonderes Patent erteilt worden. Meiner Meinung nach wird es sich nur dann empfehlen, zwei Kreisel einzubauen, wenn es sich um ein besonders großes Schiff handelt, bei dem eine solche Teilung schon aus Gründen der Raumersparnis im Mittelschiff angezeigt erscheinen kann. Entschließt man sich zu einer Teilung, so ist es freilich beinahe selbstverständlich, daß man die Kreisel im entgegengesetzten Sinne umlaufen läßt. Mit Rücksicht auf die größeren Herstellungskosten und manche Umständlichkeiten, die

damit verbunden sind, würde ich aber unter gewöhnlichen Umständen die Aufstellung von zwei Kreiseln nicht für angebracht
halten können, da der Vorteil, der damit erreicht werden soll,
meiner Schätzung nach viel zu gering ist, als daß er ernstlich
in Betracht kommen könnte.

Schließlich möchte ich noch darauf hinweisen, daß sich der
Schlicksche Schiffskreisel mit demselben Erfolg, wenn auch in
weniger zweckmäßiger Anordnung in der folgenden abweichen-
den Art ausführen ließe. Man stelle im Schiff zwei Schwungräder auf, die im entgegengesetzten Sinne rotieren, aber so, daß
die Schwungradebenen in der Mittellage mit der Symmetrie-
ebene des Schiffes zusammenfallen (oder parallel dazu sind).
Die Schwungradachsen gehen also in diesem Falle wagrecht.
Sie sind in Rahmen gelagert, die sich um eine lotrechte Achse
drehen können. Beide Rahmen seien zwangläufig so in Verbindung miteinander gebracht, daß die Drehung des einen im
einen Sinne eine gleich große Drehung des anderen im entgegengesetzten Sinne bedingt. Außerdem sei durch eine Vorrichtung, die sich leicht in verschiedener Weise ausführen läßt,
etwa mit Hilfe eines Gewichtes dafür gesorgt, daß einer Drehung
beider ein Moment entgegenwirkt, das ungefähr proportional
mit dem Drehungswinkel anwächst. Dazu gehört dann noch eine
Bremse, durch die die Schwingungen der Kreiselrahmen gedämpft werden können.

Eine Einrichtung von dieser Art würde in allen wesentlichen
Beziehungen genau so wirken, wie der gewöhnliche Schlicksche
Schiffskreisel, und auch die früher abgeleiteten Formeln ließen
sich darauf, abgesehen von geringfügigen Änderungen, sofort
übertragen. Ich habe diese Anordnung schon vor langer Zeit
mit Herrn Schlick durchgesprochen. Er ist aber der Ansicht
gewesen, daß die jetzt bekannte Form aus praktischen Gründen
den Vorzug verdient, und ich glaube auch selbst, daß er hierin
ganz im Rechte ist. Damit diese Anordnung nicht etwa in einiger
Zeit als neue Erfindung auftauche, halte ich es jedoch für nützlich, sie hier wenigstens zu erwähnen.

§ 49. Der Kreiselwagen auf der Einschienenbahn.

Im Jahre 1909 gingen aufsehenerregende Mitteilungen durch
die Zeitungen über Versuche mit einer einschienigen Bahn, auf
der ein mit einem Kreisel ausgerüsteter Wagen ohne Gefahr des

Umkippens mit Sicherheit zu verkehren vermochte, obschon sein Schwerpunkt weit über der Schiene lag. Die Erfinder waren L. Brennan in England und A. Scherl in Berlin, die ungefähr gleichzeitig und anscheinend unabhängig voneinander zu einer wenigstens vorläufigen Lösung dieser Aufgabe gelangten, die immerhin schon als ein guter Anfang betrachtet werden durfte. Als Vorteil der Erfindung wurde die Möglichkeit hervorgehoben, eine solche einschienige Bahn dem Gelände sehr eng anzuschmiegen, wodurch die Baukosten auf einen geringen Bruchteil der Kosten herabgesetzt würden, die man für eine gewöhnliche zweischienige Bahn aufzubringen hätte. Es ließen sich daher einschienige Bahnen auch in abgelegenen Ländern mit geringem Verkehr errichten, wo gewöhnliche Schmalspurbahnen zu teuer kämen.

Diese Hoffnungen haben sich inzwischen nicht erfüllt. Dagegen ist es sowohl Brennan als Scherl zweifellos gelungen, in größerem Maßstabe ausgeführte Modelle ihrer Kreiselwagen im Betriebe auf einer einschienigen Versuchsstrecke öffentlich vorzuführen. Nach den Zeitungsberichten sind die Ergebnisse dieser Versuche, zu denen zahlreiche angesehene Sachverständige eingeladen waren, im ganzen genommen, recht befriedigend gewesen. Über nähere Einzelheiten hat man damals freilich nichts erfahren können und auch die späteren Veröffentlichungen, soweit sie mir bekannt geworden sind, haben keine ausreichenden Angaben gebracht, um darauf eine genaue Beurteilung stützen zu können.

Im 31. Jahrgange der „Elektrotechnischen Zeitschrift" S. 83, 1910, also zu einer Zeit, in der von der neuen Erfindung viel geredet wurde, habe ich auf Veranlassung der Redaktion eine kritische Betrachtung über die verschiedenen Ausführungsmöglichkeiten einer Einschienenbahn veröffentlicht, deren Inhalt mir auch jetzt noch einer abgekürzten Wiedergabe an dieser Stelle wert erscheint.

Um sich ein Urteil über die dynamische Aufgabe zu bilden, um die es sich dabei handelt, genügt es, das Verhalten eines Wagens zu untersuchen, der nicht weiter fährt, sondern an einer Stelle der Bahn stehen bleibt. Die Fahrt längs des Geleises auf gerader Strecke kann nämlich offenbar nichts an den Schwingungsbewegungen ändern, die der Wagen um die aufrechte Gleichgewichtslage herum auszuführen vermag. Die Fahrt längs einer Geleisekrümmung bedarf zwar dann noch einer besonderen Untersuchung, die sich leicht anschließen läßt, von der wir hier aber absehen können.

Der an einer Stelle der Bahn stehende Wagen ist als ein Pendel aufzufassen, dessen Schwerpunkt höher liegt als die Aufhängeachse. Dabei kommt es auf die besondere Gestalt des Pendels nicht an und um dies deutlich hervortreten zu lassen ist in Abb. 17, die dem vorher angeführten Aufsatze entnommen ist, ein Pendel gezeichnet, das aus einer Stange B und zwei größeren Gewichten C und D besteht. Die Drehachse wird durch eine Pendelschneide bei A gebildet. Die Gewichte C und D kann man vor Ausführung eines Versuches nach Belieben längs der Pendelstange B verstellen, wozu die auf B angedeuteten Schraubengewinde dienen sollen. Durch Verschieben der Gewichte kann man den Schwerpunkt des Pendels um beliebige Strecken unter oder über die Drehachse verlegen.

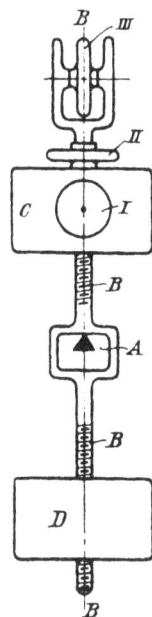
Abb. 17.

Damit das Pendel dem Kreiselwagen der Einschienenbahn entspreche, muß man die Gewichte C und D in die Höhe schrauben oder auch D ganz entfernen, so daß der Schwerpunkt des Pendels über der Schneide A liegt. Im anderen Falle kann dieselbe Vorrichtung als ein Modell dienen, an dem sich die Wirkungsweise des Schiffskreisels vor Augen führen läßt.

Der Kreisel, der das Pendel bei hochliegendem Schwerpunkte vor dem Umkippen schützen soll, kann drei verschiedene Hauptlagen haben, die in der Abbildung mit römischen Ziffern bezeichnet sind. Der mit I bezeichnete Kreis deutet ein Schwungrad an, dessen Umdrehungsachse parallel zur Pendelschneide A gerichtet ist und sich daher als Punkt in der Abbildung projiziert. In der Hauptlage II fällt die Achse des Schwungrades mit der Stangenachse BB zusammen und die Ebene des Schwungrings steht daher senkrecht zur Zeichenebene. Dann ist noch ein Schwungring in der Lage III angedeutet, dessen Ebene durch die Pendelschneide A und die Stangenachse BB hindurchgeht.

Jede dieser drei Hauptlagen entspricht einer anderen möglichen Anordnung und um vollständig zu sein, muß man jeden der drei Fälle für sich untersuchen. Hierbei kommt es übrigens nicht darauf an, an welcher besonderen Stelle des Pendelkörpers der Kreisel angebracht ist, sondern die Wirkung, die er ausübt hängt nur von der Richtung der Umdrehungsachse und von den Änderungen ab, die diese Richtung aus der Hauptlage heraus erfahren kann, sowie auch von der Änderung der Umlaufsgeschwindigkeit des Kreisels. Schon aus den Entwickelungen in § 40 geht nämlich hervor, daß ein Kreisel, welche Lage er nun auch gegen den Pendelkörper einnehmen möge, an den Pendelschwingungen überhaupt nichts zu ändern vermag, so lange keine Änderungen in den soeben bezeichneten Punkten zugelassen oder hervorgebracht werden.

Um in der Hauptlage I des Schwungrads eine Wirkung ausüben zu können, muß man die Winkelgeschwindigkeit w des Kreiselrades durch ein Kräftepaar, das darauf vom Pendelkörper her übertragen wird, entweder beschleunigen oder verzögern. Am Pendelkörper greift dann nach dem Wechselwirkungsgesetz ein entgegengesetzt gerichtetes Kräftepaar vom Momente $J\dfrac{dw}{dt}$ an, wenn mit J wieder das Trägheitsmoment des Schwungrades bezeichnet wird. Denkt man sich also einen Steuermann auf dem Pendel aufgestellt, der einen darauf angebrachten Elektromotor derart umschaltet, daß er das Schwungrad I je nach Bedarf beschleunigt oder verzögert, so vermag er damit dem Umkippen des Pendels dauernd vorzubeugen. Die Schwierigkeit besteht nur noch darin, eine Einrichtung zu beschaffen, die das dem angestrebten Zwecke entsprechende Umsteuern mit genügender Zuverlässigkeit selbsttätig bewirkt. Freilich hat die der Hauptlage I entsprechende Anordnung, selbst wenn man sich diese Aufgabe gelöst denkt, immer noch den Nachteil, daß die abwechselnd erforderlichen Beschleunigungen und Verzögerungen des Schwungrades nicht ohne erheblichen Energieverlust durchführbar wären.

Aussichtsreicher für eine zweckmäßige Lösung der Aufgabe erscheint es daher, von einer der beiden anderen Hauptlagen II oder III des Kreisels auszugehen, die sich beide ungefähr gleich gut eignen dürften. Hauptlage II entspricht der von Schlick für den Schiffskreisel gewählten Anordnung, während Brennan für seinen Kreiselwagen von der Hauptlage III ausgegangen ist. Auf jeden Fall muß man, wenn man sich für eine dieser beiden

Lagen entscheidet, das Schwungrad in einem gegen den Pendelkörper drehbaren Rahmen derart lagern, daß sich die Schwungradebene bei der Drehung des Rahmens von der Ausgangslage her der mit I bezeichneten Hauptlage nähert. Dagegen hätte es in diesem Falle keinen Zweck, die Umdrehungsgeschwindigkeit w und hiermit den Drall Jw der Größe nach zu ändern. Die durch die Rahmendrehung herbeigeführte Richtungsänderung des Dralls genügt bereits, um eine Drallkomponente entstehen oder vergehen zu lassen, die parallel zur Pendelschneide gerichtet ist. Nach dem Flächensatze hat dies aber zur Folge,

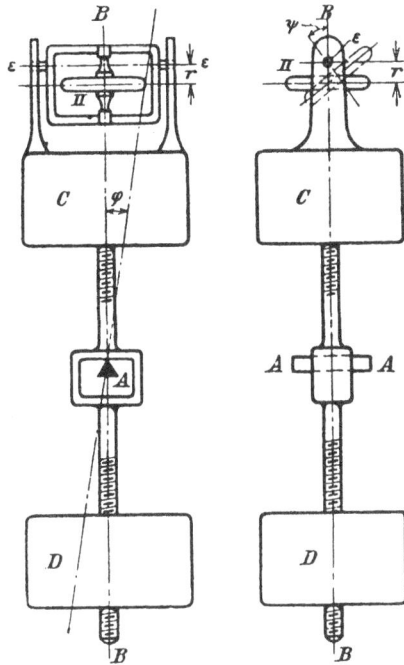

Abb. 18.

daß ein Kräftepaar an dem Pendel auftritt, das Schwingungen des Pendels aus der gewünschten Gleichgewichtslage heraus zu hemmen vermag. Es handelt sich also auch hier nur noch darum, eine Einrichtung zu schaffen, die geeignet ist, die dem Zwecke angepaßten Drehungen des Kreiselrahmens selbsttätig herbeizuführen.

Damit ist eine Aufgabe gestellt, die offenbar noch auf sehr verschiedene Weise gelöst werden kann, so daß für Erfinder, die sich darum bemühen wollen, noch viel Spielraum bleibt. Um ein Beispiel für eine dieser Möglichkeiten zu geben, liegt es hier am nächsten, an den Schlickschen Schiffskreisel anzuknüpfen, der mit verhältnismäßig geringen Abänderungen auch für diesen Zweck verwendbar gemacht werden könnte. Zur Erläuterung möge Abb. 18 dienen, die ähnlich wie vorher Abb. 17 ein Pendel angibt, das sowohl als Modell des Schiffskreisels wie des Kreiselwagens der Einschienenbahn angesehen werden kann. Das Pendel ist darin in Aufriß und Seitenansicht darge-

stellt und zwar in einer Anordnung, wie sie zunächst dem Schiffskreisel entspricht. In § 44 wurde dafür die Bewegungsgleichung (226) abgeleitet, der die Pendelschwingungen zu genügen
haben, nämlich

$$\frac{d^4\varphi}{dt^4} + \frac{k}{\vartheta}\frac{d^3\varphi}{dt^3} + \left(\frac{Qs}{\Theta} + \frac{pr}{\vartheta} + \frac{J^2w^2}{\vartheta\Theta}\right)\frac{d^2\varphi}{dt^2} + k\frac{Qs}{\vartheta\Theta}\frac{d\varphi}{dt} + \frac{pr}{\vartheta}\frac{Qs}{\Theta}\varphi = 0.$$

Diese Gleichung bleibt auch für die Schwingungen des Kreiselwagens gültig, wobei nur zu beachten ist, daß in diesem Falle
s negativ zu nehmen und darunter der Abstand des Pendelschwer-
punktes über der Pendelschneide A zu verstehen ist.

Den Dämpfungsfaktor k wollen wir zunächst gleich Null
annehmen, womit sich die Gleichung in derselben Weise vereinfacht, wie es früher schon beim Schiffskreisel besprochen
worden war. Um zu stabilen Schwingungen um die aufrechte
Gleichgewichtslage des Kreiselwagens zu kommen, braucht man
dann nur auch r negativ zu machen und den Kreiseldrall Jw
so groß zu wählen, daß der Koeffizient von $\frac{d^2\varphi}{dt^2}$ in der vorstehenden Gleichung positiv bleibt. Ein negativer Wert von r
hat den Sinn, daß die Drehachse des Kreiselrahmens in Abb. 18
tiefer liegt als der Schwerpunkt des Kreisels. Die charakteristische Gleichung, von der die Lösung der Differentialgleichung
abhängt, behält nämlich in diesem Falle wiederum vier rein
imaginäre Wurzeln, wie aus den schon in § 44 durchgeführten
Betrachtungen hervorgeht, die unverändert gültig bleiben, wenn
man r und s beide gleichzeitig negativ und Jw groß genug
macht. Der Kreiselrahmen sowohl als das Pendel vermögen daher unter diesen Umständen periodische Bewegungen um die
Mittellage herum auszuführen, obschon diese Mittellage für
jeden der beiden Bestandteile, wenn er für sich allein da wäre,
eine labile Gleichgewichtslage bilden würde.

Nun muß man freilich verlangen, daß Schwingungen um die
Gleichgewichtslage, nachdem sie durch einen äußeren Anstoß
herbeigeführt wurden, nicht dauernd weiter bestehen bleiben,
wie es der bisherigen Annahme entsprechen würde, sondern daß
sie schnell wieder gedämpft werden. Bis zu einem gewissen
Grade geschieht dies ohnehin schon durch die in dem Ansatze
nicht berücksichtigten Bewegungswiderständen am Kreiselwagen,
wie Luftwiderstand und rollende Reibung zwischen Rad und
Schiene. Man könnte auch daran denken, eine künstliche Ver-

größerung dieser ohnehin bestehenden Widerstände herbeizuführen. Außerdem hat man aber auch noch die Verfügung über
k, das zunächst gleich Null vorausgesetzt war, aber ebenso wie
beim Schiffskreisel leicht nach Bedarf verändert werden kann.

Hierbei ist besonders hervorzuheben, daß sich Einrichtungen
treffen lassen, um *k* nicht nur der Größe, sondern auch dem
Vorzeichen nach veränderlich zu machen. Ein negatives *k* würde
bedeuten, daß man ein Kräftepaar auf den Kreiselrahmen wirken läßt, das sich seiner Bewegung nicht widersetzt, sondern sie
im Sinne der augenblicklichen Bewegungsrichtung noch künst-
lich beschleunigt. Von diesem Mittel ist in der Tat nach dem,
was darüber verlautete, bei den erwähnten Versuchsmodellen
Gebrauch gemacht worden. Natürlich wird man *k* nicht dauernd
negativ machen, sondern nur vorübergehend und nach Bedarf.

Hiermit sind die Gesichtspunkte genügend besprochen, unter
denen die Aufgabe der Stabilisierung des Einschienenwagens
durch einen Kreisel von der Seite der theoretischen Mechanik
aus zu betrachten ist. Die weitere Durchführung ist Sache des
Erfinders und des Ausgestalters und gehört nicht hierher.

§ 50. Kreiselversuch zur Messung der Umdrehungs-geschwindigkeit der Erde.

Unter der Drehung der Erde ist hier die Drehung gegen
einen Raum zu verstehen, für den das Trägheitsgesetz erfüllt ist,
also in dem Sinne, der im ersten Abschnitte dieses Bandes ausführlich besprochen wurde. Schon Foucault hatte, um diese
Drehung auf Grund der Beobachtung irdischer Bewegungserscheinungen auf verschiedenen Wegen nachzuweisen, außer dem
nach ihm benannten Pendel auch ein Gyroskop, also einen
Kreisel benutzt. Mit dieser Versuchseinrichtung hatte er aber
nicht viel Glück, was in der Hauptsache darauf zurückzuführen
ist, daß zu seiner Zeit noch kein Elektromotor zur Verfügung
stand, mit dem man den Kreisel in Betrieb setzen und längere
Zeit darin erhalten kann, ohne in störender Weise von außen
her auf ihn einwirken zu müssen.

Diesem Fortschritte in den zur Verfügung stehenden Hilfsmitteln hatte ich es zu verdanken, daß ein von mir im Jahre
1904 angestellter Kreiselversuch, dessen Theorie hier wiedergegeben werden soll, mit einem weit besseren Erfolge abschloß.
Er führte, wie ich hier gleich vorausschicken will, zu dem Er-

gebnisse, daß die aus dem Kreiselversuch abgeleitete Umdrehungsgeschwindigkeit der Erde innerhalb einer Fehlergrenze,
die auf etwa 2 Prozent des Wertes zu schätzen ist, mit der aus
den astronomischen Beobachtungen bekannten Winkelgeschwindigkeit übereinstimmt.

Man betrachte zunächst irgendein Schwungrad, dessen Welle
in einem festen Gestell gelagert ist. Wenn sich die astronomisch
festgestellte Drehung der Erde auch bei den irdischen Bewegungserscheinungen bemerklich machen soll, müssen wir schließen,
daß auf das Schwungrad durch die Vermittelung der Lager und
der Welle ein Kräftepaar übertragen werden muß, das die der
Erddrehung entsprechende Drehung der Schwungradebene er-
zwingt. Schon in Band IV, § 37 der 6. Aufl. habe ich auseinandergesetzt, wie man die Größe und die Richtung des Momentenvektors dieses Kräftepaars auf Grund des Flächensatzes bestimmen
kann, denn zwischen dem Schwungrad, von dem dort vorausgesetzt war, daß es auf einem bewegten Fahrzeuge, etwa auf einer
Lokomotive gelagert sei, und dem auf der sich drehenden Erde
gelagerten Schwungrad besteht unter der Voraussetzung, daß die
Drehung der Erde von Einfluß auf die irdischen Bewegungsvorgänge ist, kein wesentlicher Unterschied. Es kommt also nur
darauf an, eine Einrichtung zu treffen, die es gestattet, das Bestehen dieses Kräftepaars nachzuweisen und seine Größe zu messen,
um daraus einen Rückschluß auf die Größe der Winkelgeschwindigkeit der Erddrehung gegen einen Raum, für den das Trägheitsgesetz gültig ist, ziehen zu können.

Nun ist freilich die Winkelgeschwindigkeit der Erddrehung
unter der Annahme, daß sie mit der astronomisch beobachteten
übereinstimme, sehr klein, da sich die Erde hiernach in einem
Tage nur einmal umdreht. Hiernach ist auch das Kräftepaar,
das gemessen werden soll, sehr klein. Man hat daher kein Mittel,
um es an einem Schwungrad zu messen, das in einem festen Gestell gelagert ist. Dem läßt sich aber leicht abhelfen, indem man
das Schwungrad so lagert, daß sich die Welle unter Überwindung eines kleinen und dabei hinreichend genau meßbaren Widerstandes von elastischer Art gegen die Gleichgewichtslage, die sie
einnimmt, wenn das Schwungrad nicht rotiert, etwas zu drehen
vermag. Zeigt sich dann, daß das rotierende Schwungrad eine
andere Gleichgewichtslage einnimmt als das ruhende, so läßt sich
aus der Größe des Widerstandes der Aufhängevorrichtung leicht

ableiten, wie groß das Kräftepaar ist, das auf das Schwungrad
übertragen werden muß, um es in der neuen Gleichgewichtslage
gegen die Erde festzuhalten. Unter der Voraussetzung, daß alle
übrigen Bedingungen dieselben geblieben sind, hat man damit
auch das Moment des Kräftepaars, das nach dem Flächensatze
erforderlich ist, um die Drehung der Schwungradebene des fest
gegen die Erde gelagerten Schwungrads gegen das Inertialsystem
zu erzwingen.

Um eine dieser Überlegung entsprechende brauchbare Versuchseinrichtung zu erhalten, muß man also das Schwungrad so
lagern, daß es sich in einem bestimmten Sinne unter Überwindung eines geringen Widerstandes leicht zu drehen vermag, während alle anderen Bewegungsmöglichkeiten der Schwungradlager,
soweit als es angeht, auszuschließen sind. Das drehbar gelagerte Schwungradgestell darf also nur einen Freiheitsgrad der Bewegung haben und das auf diese Drehachse bezogene Moment der von der Erde her auf das Schwungradgestell übertragenen Kräfte muß, wenn es auch nur ganz klein
ist, mit genügender Genauigkeit gemessen werden können.

Ich habe diesen Forderungen dadurch entsprochen, daß ich
das Schwungradgestell an drei langen, dünnen Stahldrähten aufgehängt habe. Diese Drähte waren über 6 m lang, oben an der
Decke des Versuchsraumes befestigt und so angeordnet, daß sie
im Grundriß ein gleichseitiges Dreieck von 6 cm Seitenlänge
miteinander bildeten. Ein starrer Körper, der an diesen drei
Drähten aufgehängt ist, hat ja allerdings noch drei Freiheitsgrade
der Bewegung: außer der Drehung um eine lotrechte Achse, die
absichtlich zugelassen war, vermag er sich auch noch in jeder
horizontalen Richtung zu verschieben. Diesen Verschiebungen
entsprechen zwei weitere unerwünschte Freiheitsgrade, die sich
in der Tat wegen der unvermeidlichen Erschütterungen während
des Betriebes, die durch kleine Unregelmäßigkeiten hervorgerufen
werden, manchmal ziemlich lästig machten. Aber diese Schwierigkeiten ließen sich überwinden, da bei einem hinreichend er-
schütterungsfreien, also möglichst wenig durch Unregelmäßigkeiten gestörten Betrieb der Vorrichtung keine merklichen Verschiebungen des Schwungradgestells in horizontaler Richtung
auftreten. Die Vorrichtung kann daher als ein brauchbarer Ersatz einer Aufhängung mit nur einem Freiheitsgrade angesehen
werden.

Das Moment des Kräftepaars, das bei einer Drehung des aufgehängten Körpers um die lotrechte Achse auftritt, bleibt auch
bei einem Drehungswinkel von einigen Graden noch ziemlich
klein, ist dem Drehungswinkel proportional und kann durch
einen einfachen Belastungsversuch leicht gemessen werden.

An Stelle eines Schwungrades habe ich, um zu einer symmetrischen Anordnung zu gelangen, zwei angewendet, jedes von
50 cm äußerem Durchmesser und 30 kg Gewicht, die beide auf
derselben horizontal gelagerten Schwungradwelle aufgekeilt wurden. Dazwischen saß ein kleiner Elektromotor auf derselben
Welle, den man mit Winkelgeschwindigkeiten bis zu etwas über
2000 Umdrehungen in der Minute umlaufen lassen konnte. Die
Stromzuführungsdrähte hingen von der Decke des Versuchsraumes
lose herab.

Es handelte sich nun darum, andere äußere Kräfte als das
Gewicht und die von den Aufhängedrähten übertragenen Kräfte
von der ganzen Vorrichtung fernzuhalten, und dazu erwies sich
als nötig, die Vorrichtung in eine sie völlig umschließende Blech-
hülle einzukapseln, um den Einfluß der durch die schnelle Rotation der Schwungräder hervorgerufenen Luftströmungen auszu-
schalten. Alle innerhalb der Blechhülse auftretenden Winddruck-
kräfte sind dadurch zu inneren Kräften der ganzen, an den Drähten
aufgehängten Vorrichtung geworden, so daß sie sich gegenseitig
aufheben.

Ferner war es noch nötig, zur Dämpfung der aus verschiedenen störenden Ursachen auftretenden Schwingungen eine Flüssig-
keitsbremse anzubringen, die einfach darin bestand, daß an geeigneten Stellen des Gehäuses angebrachte Blechtafeln in Töpfe
reichten, die mit einem zähen Öle gefüllt waren. Dadurch kamen
freilich äußere Kräfte herein, die aber keinen Einfluß auf die
Gleichgewichtsstellung hatten, die man beobachten wollte, sondern nur eine Dämpfung der unerwünschten Schwingungen um
diese Gleichgewichtslage herbeiführten.

Der Versuch wurde damit begonnen, die Gleichgewichtslage
des aufgehängten Körpers, der im ganzen ein Gewicht von über
100 kg hatte, an einem daran angebrachten Zeiger, der über
einer Gradteilung spielte, festzustellen, wobei man sich davon
überzeugte, daß der Zeiger nach einigen gedämpften Schwingungen immer wieder in dieselbe Nullstellung zurückkehrte, wenn
man absichtlich eine Verschiebung aus der Gleichgewichtslage

vorgenommen hatte. Dann ließ man durch Einschalten des Stro-
mes den Elektromotor anlaufen, bis er die gewünschte Geschwindigkeit erreicht hatte, was sich an den Meßinstrumenten des
Schaltbrettes in einfacher und hier nicht weiter zu beschreiben-
der Weise leicht feststellen ließ. Diese Geschwindigkeit wurde
dann für längere Zeit (eine viertel bis eine halbe Stunde) unverändert aufrecht erhalten. Von der Anlaufszeit her hatte der
Apparat eine Schwingungsbewegung um die lotrechte Drehachse
erhalten, die sehr langsam verlief (Dauer einer vollen Schwingung zwischen etwa 5 und 8 Minuten) und daher auch nur langsam gedämpft wurde. Man konnte nicht abwarten, bis diese
Schwingung ganz erloschen war, da sich sonst der Elektromotor während dieser Zeit zu stark erwärmt haben würde; dagegen
ließ sich durch fortgesetzte Beobachtung der Zeigerstellung leicht
mit genügender Genauigkeit feststellen, um welche neue Gleichgewichtslage der aufgehängte Körper jetzt pendelte.

Es wäre natürlich auch möglich gewesen, den Versuch so
auszuführen, daß man die obere Aufhängung der Drähte drehbar
eingerichtet und durch Zurückdrehen den Apparat wieder in die
vorige Gleichgewichtslage bei ruhendem Schwungrade gebracht
hätte. Dann hätte die trifilare Aufhängung nur einfach die Rolle
einer empfindlichen Meßvorrichtung für das auf das rotierende
Schwungrad infolge der Erddrehung ausgeübte Kräftepaar gespielt. Aber da auch bei der größten Umlaufsgeschwindigkeit
des Kreisels die Drehung aus der früheren Gleichgewichtslage
nur etwas über 8° betrug, konnte auf diese umständlichere Versuchseinrichtung verzichtet werden.

Der Drall des Kreisels geht in der Richtung der Umdrehungsachse und der Pfeil je nach dem Umlaufssinn (der bei den Versuchen nach Belieben gewechselt werden konnte) in der einen
oder anderen Richtung, jedenfalls aber horizontal. Das Kräftepaar, das auf den Kreisel ausgeübt werden muß, um ihn zu zwingen,
an der Erdumdrehung teilzunehmen, hängt zunächst von dem
Winkel ab, den der Drall mit der Richtung der Erdachse bildet.
Wären beide Richtungen parallel (gleich oder entgegengesetzt),
so käme überhaupt kein Kräftepaar zustande. Bezeichnet man
die Winkelgeschwindigkeit der Erde, als Vektor aufgefaßt, mit
$\mathfrak{u}$ und den Kreiseldrall mit $\mathfrak{B}$, so ist das Kräftepaar $\mathfrak{K}$ nach dem
Flächensatze

$$\mathfrak{K} = \frac{d\mathfrak{B}}{dt} = \left[\mathfrak{B}\,\mathfrak{u}\right].$$

Der Momentenvektor $\mathfrak{K}$ steht also jedenfalls senkrecht auf der durch die Schwungradachse und eine Parallele zur Erdachse gelegten Ebene. Er läßt sich in eine horizontale und in eine vertikale Komponente, die mit K' bezeichnet sei, zerlegen. Auf das Kräftepaar mit horizontalem Momentenvektor kommt es weiterhin nicht an, da die Aufhängevorrichtung einer Drehung um eine horizontale Achse einen sehr großen Widerstand entgegensetzt. Die vertikale Komponente K' dagegen wird durch den Drehungswinkel um die lotrechte Achse gemessen.

Unter der Voraussetzung, daß $\mathfrak{u}$ mit der Erddrehung gegen den Fixsternhimmel übereinstimme, läßt sich die Größe von K' leicht berechnen. Liegt zunächst $\mathfrak{B}$ in der Richtung des Meridians, so ist die durch $\mathfrak{B}$ und $\mathfrak{u}$ gelegte Ebene die Meridianebene des Beobachtungsortes und eine Senkrechte zu ihr geht in horizontaler Richtung. Das Gleiche gilt dann auch von K und die Komponente K' des Kräftepaars wird daher zu Null. Bei dieser Aufstellung des Apparates darf also nach der Theorie keine Ablenkung der Zeigerstellung nach der Ingangsetzung des Elektromotors eintreten. Das haben die Versuche auch bestätigt.

Fällt dagegen die Schwungradebene mit der Meridianebene zusammen, so daß $\mathfrak{B}$ in der Ost-Westrichtung oder umgekehrt verläuft, so bildet die durch $\mathfrak{B}$ und die Parallele zur Erdachse gelegte Ebene einen Winkel mit der Horizontalebene, der gleich der geographischen Breite φ des Beobachtungsortes ist. Denselben Winkel bilden auch die Normalen beider Ebenen, also $\mathfrak{K}$ und die Lotlinie miteinander. Man erhält daher K' aus $\mathfrak{K}$ durch Multiplikation mit $\cos\varphi$. Da hier $\mathfrak{B}$ und $\mathfrak{u}$ senkrecht zueinander stehen, ist der Absolutbetrag von $\mathfrak{K}$ gleich dem Produkte der Absolutbeträge von beiden. Man hat daher für K'

$$K' = \theta w u \cos\varphi \quad \text{(für } \mathfrak{B} \perp \mathfrak{u}).$$

Hierbei ist für den Drall das Produkt aus dem Trägheitsmomente θ des Kreisels für die Umdrehungsachse und der Winkelgeschwindigkeit w, mit der der Kreisel umläuft, eingesetzt.

Hat endlich der Drall $\mathfrak{B}$ eine beliebige Richtung in der Horizontalebene, die mit der Ost-Westrichtung einen Winkel ψ einschließt, so zerlegen wir $\mathfrak{B}$ zunächst in zwei Komponenten, eine in der Ost-Westrichtung von der Größe $w\theta\cos\psi$ und eine in der Richtung des Meridians. Wir wissen schon, daß die zweite Komponente zu K' nichts beiträgt. Aus der ersten Komponente

folgt dagegen
$$K' = \theta w u \cos \varphi \cos \psi. \qquad (285)$$

Um auch noch das Vorzeichen von K' festzustellen, beachte man, daß u nach den astronomischen Beobachtungen (d. h. hier nach der Feststellung, daß die Sonne im Osten auf- und im Westen untergeht) bei den von uns gebrauchten Richtungsfestsetzungen ein Vektor ist, der vom Nordpole der Erde nach dem Südpole hin geht. Ist nun z. B. der Drall $\mathfrak{B}$ nach Osten gerichtet, so geht der Pfeil des äußeren Produkts nach den dafür gültigen Richtungsbestimmungen nach unten hin ins Erdinnere hinein. K' ist daher negativ zu setzen, wenn wir die nach oben hin gehende Richtung als positiv ansehen.

Nun ist aber K' das Moment, das von der dreidrähtigen Aufhängung auf den Apparat übertragen werden muß, um ihn in der neuen Gleichgewichtslage festzuhalten.

Dieses Moment dreht, von oben gesehen, dem negativen Vorzeichen von K' entsprechend, entgegengesetzt dem Uhrzeigersinne. Damit die trifilare Aufhängung ein Moment von diesem Richtungssinne übertragen kann, muß sie selbst eine Drehung im Uhrzeigersinne erfahren haben. Wir schließen daraus, daß bei dem nach Osten gekehrten Pfeile von $\mathfrak{B}$ die neue Gleichgewichtslage gegenüber der dem nicht rotierenden Schwungrade entsprechenden Gleichgewichtslage eine Drehung erfahren hat, die von oben gesehen mit der Drehung des Uhrzeigers übereinstimmt. Umgekehrt ist es natürlich, wenn der Pfeil von $\mathfrak{B}$ nach Westen geht, oder auch wenn $\mathfrak{B}$ eine nach Westen gekehrte Komponente besitzt.

Ich habe schon erwähnt, daß die Versuche, die in meiner Veröffentlichung in den Sitzungsberichten der bayr. Akad. d. Wiss., math.-physik Klasse 34, 1904, S. 5 (abgedruckt auch in der Physik. Zeitschr. 5, 1904, S. 416) näher beschrieben sind, gelehrt haben, daß das unmittelbar gemessene Kräftepaar K' mit dem nach Gl. (285) berechneten innerhalb der Grenzen der Versuchsfehler, d. h. bis auf etwa 2% übereinstimmt. Hiermit ist also mit demselben Grade der Genauigkeit auch der Nachweis erbracht, daß die aus der Beobachtung irdischer Bewegungsvorgänge abzuleitende Umdrehungsgeschwindigkeit der Erde mit der astronomisch beobachteten übereinstimmt.

Von nebensächlicher Bedeutung für den Zweck des Versuchs, aber theoretisch immerhin bemerkenswert ist eine Theorie der

Schwingungen, die der Apparat bei der Ausführung des Versuchs um die Gleichgewichtslage herum ausführt. Wenn die Aufhängedrähte nicht elastisch wären, müßten diese Schwingungen bei einer beliebigen Umdrehungsgeschwindigkeit des Schwungrads genau so erfolgen, als wenn das Schwungrad in Ruhe wäre. In Wirklichkeit lehrt aber die Beobachtung, daß die Schwingungen um so langsamer erfolgen, je schneller das Schwungrad rotiert. Das hängt mit der elastischen Nachgiebigkeit der Aufhängevorrichtung zusammen, und zwar in ganz ähnlicher Weise, wie dies für einen verwandten Fall in § 41 besprochen war.

Bei diesen Schwingungen bewegt sich nämlich die Kreiselachse nahezu (oder bei starren Aufhängedrähten genau) in einer horizontalen Ebene. Auch die Änderungsgeschwindigkeit des Kreiseldralls ist daher mit demselben Grade der Annäherung horizontal und zwar in jeder Stellung winkelrecht zur Kreiselachse gerichtet. Daher muß nach dem Flächensatze während der Schwingung von den Aufhängedrähten außer den durch das Gewicht des Kreiselapparats hervorgerufenen Spannungen auch noch ein Kräftepaar von horizontal gerichtetem Momentenvektor auf den Kreisel übertragen werden, das gleich der Änderungsgeschwindigkeit des Dralls ist. Dieses Kräftepaar ist weit größer als das mit dem Buchstaben K' bezeichnete, das mit der Torsion der Aufhängevorrichtung zusammenhängt und dessen Momentenvektor lotrecht gerichtet ist. Es verhält sich nämlich zu K' wie die Winkelgeschwindigkeit der Präzessionsschwingungen in einem gegebenen Augenblicke zur betreffenden Winkelgeschwindigkeitskomponente der Erddrehung. Dieses bei den gegebenen Versuchsbedingungen verhältnismäßig große und mit der Zeit veränderliche Kräftepaar wird durch die Aufhängedrähte dadurch auf den Kreisel übertragen, daß die drei Drähte verschieden stark gespannt sind. Wegen der Veränderlichkeit der Spannungen erfahren die Aufhängedrähte elastische Längenänderungen und hieraus folgt, daß die Kreiselachse während der Schwingungen außer den freilich viel größeren Drehungen um die lotrechte Achse auch noch sehr kleine Drehungen um eine zu ihr selbst jederzeit senkrecht stehende horizontale Achse ausführen muß. So klein diese Drehungen aber auch sind, so wichtig sind sie für den zeitlichen Verlauf der Schwingungen.

Bezeichnet man den sehr kleinen Winkel, den die Kreiselachse zur Zeit t mit der Horizontalebene bildet, mit ϱ und den

im allgemeinen viel größeren Winkel, den die durch die Kreiselachse gelegte lotrechte Ebene mit der dem rotierenden Kreisel
entsprechenden Gleichgewichtslage einschließt, mit χ, so folgen
aus den vorhergehenden Erwägungen ohne weiteres die Bewegungsgleichungen

$$\left.\begin{array}{l} \theta w\, \dfrac{d\varrho}{dt} = +\, c\chi \\[2ex] \theta w\, \dfrac{d\chi}{dt} = -\, C\varrho \end{array}\right\} \qquad (286)$$

Hierbei bedeutet $c\chi$ das von den Aufhängedrähten infolge
der Drehung χ um die lotrechte Achse auf den Kreisel übertragene Kräftepaar mit lotrecht gerichtetem Momentenvektor, c
selbst also die auf einen Torsionswinkel $\chi = 1$ bezogene Größe
dieses Kräftepaars. Das Kräftepaar K', von dem vorher schon
die Rede war, ist gegenüber $c\chi$ vernachlässigt. Bei meinem Versuche war dies zulässig; nachher werde ich aber in den Gleichungen
(290a) bis (290d) eine Erweiterung der Theorie geben, die auch
K' berücksichtigt. Ferner gibt C das auf einen Drehungswinkel
$\varrho = 1$ bezogene Kräftepaar mit wagerecht gerichtetem Momentenvektor an. Natürlich ist C weit größer als c; bei dem von mir
benutzten Apparate wurde $c = 2{,}12$ cmkg und $C = 2985$ cmkg
gefunden, d. h. C war mehr als tausendmal größer als c.

Nun ist freilich zu bemerken, daß beim Anschreiben der
Gleichungen (286) einige Umstände von geringer Bedeutung außer
acht geblieben sind, die zwar bei meinen Versuchen ohne weiteres
vernachlässigt werden durften, die aber unter anderen Umständen
mehr ins Gewicht fallen können, so daß es nötig ist, die Gleichungen noch zu vervollständigen.

Zunächst kommt hierbei in Betracht die Dämpfung der Schwingungen, die durch das zuvor beschriebene Ölbad herbeigeführt
wird. Um diese Dämpfung zu berücksichtigen, braucht man nur
in der ersten der Gleichungen (286) neben $c\chi$ noch ein Glied $k\, \dfrac{d\chi}{dt}$
mit dem gleichen Vorzeichen anzufügen. Unter k ist dann der
Dämpfungsfaktor für die Schwingungen um die lotrechte Achse
zu verstehen, dessen Wert experimentell leicht ermittelt werden
kann. Die Dämpfung für die Schwingungen ϱ kann dagegen
wegen der viel kleineren Ausschläge und dementsprechend kleineren
Winkelgeschwindigkeiten auch bei einer genaueren Berechnung
immer noch vernachlässigt werden.

Ein zweiter Umstand, der für eine genauere Berechnung namentlich dann beachtet werden muß, wenn die Winkelgeschwindigkeit w des Kreisels verhältnismäßig klein ist, besteht darin, daß
dem Versuchsapparat außer dem Drall θw, der durch die Rotation des Schwungrades bedingt ist, auch noch ein Drall· $\theta^1 \frac{d\chi}{dt}$
von lotrechter Richtung zukommt, wegen der freilich sehr viel
kleineren Winkelgeschwindigkeit, mit der sich der Apparat während der Schwingungen um die lotrechte Achse dreht. Hierbei
bedeutet θ^1 das Trägheitsmoment des ganzen an den Drähten auf·
gehängten Apparates für die lotrechte Schwingungsachse. Die
Änderungsgeschwindigkeit dieses Drallanteils ist in der ersten
der Gleichungen (286) als Summand zu dem Gliede $\theta w \frac{d\varrho}{dt}$ hinzuzufügen. — Über die Vorzeichen, die den einzelnen Gliedern beizulegen sind, gibt man sich am besten mit Hilfe einer axono-
metrischen Skizze Rechenschaft, in die man die Richtungen, in
denen ϱ und χ als positiv gerechnet werden sollen, willkürlich
einträgt. Man muß hierbei nur beachten, daß die Änderungsgeschwindigkeit des Dralls jedenfalls in gleicher Richtung mit
dem Momentenvektor des Kräftepaars geht, das diese Änderungsgeschwindigkeit herbeiführt. Rechnet man ϱ oder χ nach der
entgegengesetzten Richtung hin, die man zuerst dafür angenommen
hatte, positiv, so kehren sich in beiden Gleichungen die Vorzeichen der mit ϱ oder der mit χ behafteten Glieder um. Auf
das Schlußergebnis ist dies aber ohne Einfluß.

Durch Einführung der genannten Verbesserungen gehen die
Gleichungen (286) über in

$$\left.\begin{array}{c} \theta w \dfrac{d\varrho}{dt} - \theta' \dfrac{d^2\chi}{dt^2} = c\chi + k \dfrac{d\chi}{dt} \\[2mm] \theta w \dfrac{d\chi}{dt} = - C\varrho \end{array}\right\} . \qquad (287)$$

Setzt man ϱ aus der zweiten Gleichung in die erste Gleichung
ein, so erhält man

$$\left(\frac{\theta^2 w^2}{C} + \theta'\right)\frac{d^2\chi}{dt^2} + k \frac{d\chi}{dt} + c\chi = 0. \qquad (288)$$

Das ist die Differentialgleichung einer gedämpften harmonischen Schwingung. Nach Gl. (32) von Band IV, S. 40 der 5. Aufl.

kann die Schwingungsdauer T sofort angegeben werden, nämlich

$$T = \frac{4\pi\left(\dfrac{\theta^2 w^2}{C} + \theta'\right)}{\sqrt{4c\left(\dfrac{\theta^2 w^2}{C} + \theta'\right) - k^2}}. \tag{289}$$

Bei meinen Versuchen durfte ich, wie eine einfache Überschlagsrechnung lehrte, ohne weiteres θ' gegenüber dem einige hundertmal größeren Summanden $\dfrac{\theta^2 w^2}{C}$ vernachlässigen. Außerdem genügte es, um zu einer ungefähren Abschätzung zu gelangen, auf die es mir zunächst allein ankam, auch k zu vernachlässigen, obschon dieser Fehler mehr ins Gewicht fiel als der andere. Tut man dies, so vereinfacht sich Gl. (289) zu

$$T = 2\pi\frac{\theta w}{\sqrt{Cc}}, \tag{290}$$

was sich auch in guter Übereinstimmung mit den Versuchsergebnissen erwies.

Endlich muß noch auf einen dritten Umstand hingewiesen werden, der zwar bei dem hier besprochenen Kreiselversuche vernachlässigt werden konnte, der aber bei einer genaueren Theorie und für den Zweck einer Übertragung der angestellten Betrachtungen auf andere Verhältnisse berücksichtigt werden muß. In Gleichung (285) war bereits der Momentenvektor K' des Kräftepaares berechnet, das wegen der Erddrehung an dem Kreisel angreift und ihn um eine lotrechte Achse zu drehen sucht, wenn seine Achse nicht in die Meridianebene fällt. Bei der Aufstellung der Gleichungen (286) war jedoch K' gegenüber dem bei der benutzten Versuchseinrichtung weit größeren Kräftepaare $c\chi$, das von den Aufhängedrähten übertragen wird, vernachlässigt worden und auch in die Gleichungen (287) wurde es nicht aufgenommen. Wenn jedoch c viel kleiner ist als bei dem von mir angestellten Versuche oder wenn c gar zu Null wird, womit man auf die dem Kreiselkompaß von Anschütz zugrunde liegende Anordnung kommt, ist diese Vernachlässigung nicht mehr gestattet.

Wir wollen die Betrachtung daher jetzt auch noch auf diesen Fall ausdehnen und der Allgemeinheit wegen voraussetzen, daß die Kräftepaare K' und $c\chi$ von gleicher Größenordnung sind, so daß keins dem andern gegenüber vernachlässigt werden darf. Dagegen soll der Dämpfungsfaktor k jetzt gleich Null gesetzt

werden, da bei den sehr langsamen Schwingungen, die unter
diesen Umständen herauskommen, das von der Geschwindigkeit
abhängige Dämpfungsglied in der Tat ganz bedeutungslos wird.

In Anlehnung an die unmittelbar vorher gebrauchten Bezeichnungen möge die Stellung der Kreiselachse zur Zeit t wieder
durch die Winkel χ und ϱ beschrieben werden, die wir positiv
rechnen wollen, wenn sie in den aus beistehender Abbildung ersichtlichen Richtungen gehen. Darin bedeutet WSZ ein rechtwinkliges Achsenkreuz, von dem W in der West-, S in der Süd-

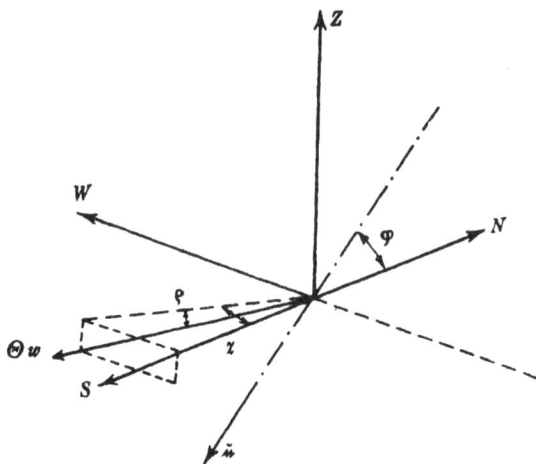

Abb. 19.

richtung und Z lotrecht nach dem Zenit geht. Dann ist noch
eine Parallele zur Umdrehungsachse der Erde strichpunktiert
eingetragen und auf ihr der Vektor $\mathfrak{u}$ der Winkelgeschwindigkeit der Erde angegeben.

Die Kreiselachse ist um den Winkel ϱ aus der Horizontalebene abgelenkt. Dieser Ablenkung entspricht ein Kräftepaar
vom Momente $C\varrho$, das sie wieder rückgängig zu machen sucht
und das bereits in den Gleichungen (286) und (287) aufgetreten
ist. Die Achse, um die dieses Moment zu drehen sucht, steht in
der Horizontalebene senkrecht zu der durch den Winkel χ beschriebenen Richtung. Da die S- und die W-Richtung als positive Achsen gelten sollen, hat der Momentenvektor die Komponenten $-C\varrho\cos\chi$ in der W-Richtung und $+C\varrho\sin\chi$ in der
S-Richtung. Wir beschränken uns aber wieder auf die Untersuchung kleiner Schwingungen und betrachten daher den Win-

kel χ als so klein, daß es genügt $\cos \chi = 1$ und $\sin \chi = \chi$ zu setzen. Der Winkel ϱ wird in den praktisch vorkommenden Fällen noch viel kleiner sein als χ, so daß er für unsere Betrachtung als klein von der zweiten Ordnung angesehen werden kann.

Zu den Momenten $-C\varrho$ und $+C\varrho\chi$ in der W- und der S-Richtung kommt dann noch das um die Z-Achse drehende Moment $-c\chi$, das von der dreidrähtigen Aufhängung des Kreisels herrührt.

Wir schreiben jetzt den Flächensatz an, bezogen auf die W-Achse als Momentenachse. Die in der W-Richtung gehende Drallkomponente $\theta w \chi$ hat die Änderungsgeschwindigkeit $\theta w \frac{d\chi}{dt}$ wegen der Änderung des Winkels χ im Verlaufe der Schwingung. Dazu kommt wegen der in der Richtung der Z-Achse genommenen Komponente $-u \sin \varphi$ der Erddrehung eine Änderungsgeschwindigkeit der in der W-Richtung gehenden Drallkomponente vom Betrage $-\theta w u \sin \varphi$. Diese Änderungsgeschwindigkeit ist genommen relativ zum Fixsternhimmel, wie es sein muß, wenn wir die Sätze der Dynamik ohne Zufügung von Ergänzungskräften anwenden wollen. Die in der Richtung der S-Achse genommene Komponente $u \cos \varphi$ der Erddrehung liefert wegen der Kleinheit des Winkels ϱ keinen merklichen Beitrag zur Änderungsgeschwindigkeit der in der W-Richtung gehenden Drallkomponente. Für die W-Achse lautet daher die Gleichung des Flächensatzes

$$\theta w \left(\frac{d\chi}{dt} - u \sin \varphi \right) = -C\varrho. \qquad (290\,\mathrm{a})$$

Stellt man dieselben Überlegungen auch für die Z-Richtung an, so ergibt sich dafür die Gleichung

$$\theta w \left(-\frac{d\varrho}{dt} + \chi u \cos \varphi \right) + \theta' \frac{d^2\chi}{dt^2} = -c\chi. \qquad (290\,\mathrm{b})$$

Setzt man ϱ aus der ersten dieser Gleichungen in die zweite ein, so erhält man die Gleichung einer einfachen harmonischen Schwingung für χ, nämlich

$$\frac{d^2\chi}{dt^2} \left(\theta' + \frac{\theta^2 w^2}{C} \right) = -\chi (c + \theta w u \cos \varphi)$$

und hieraus erhält man weiter für die Dauer T einer vollen Schwingung die Gleichung

$$T = 2\pi \sqrt{\frac{\theta' + \dfrac{\theta^2 w^2}{C}}{c + \theta w u \cos \varphi}}. \qquad (290\,\mathrm{c})$$

Bei der Anwendung auf den Kreiselkompaß hat man hierin $c = 0$ zu setzen, während θ' gegenüber dem anderen Gliede, das neben ihm steht, vernachlässigt werden kann. **Man findet dann**

$$T = 2\pi \frac{\theta w}{\sqrt{C\theta w u \cos \varphi}} = 2\pi \sqrt{\frac{\theta w}{Cu \cos \varphi}}. \qquad (290\,\mathrm{d})$$

In Gleichung (290) und bei meinem Versuche war umgekehrt c so viel größer als das in Gl. (290 c) neben ihm stehende Glied, daß dieses Glied vernachlässigt werden konnte. Die Folge ist, daß der Kreiselkompaß bei gleicher Stärke θw des Kreisels eine weitaus größere Schwingungsdauer hat als bei meiner Versuchseinrichtung.

§ 51. Der Kreiselkompaß.

Unter allen praktischen Anwendungen, die sich auf die Theorie der Kreiselbewegung stützen, steht der Kreiselkompaß heute zweifellos an der ersten Stelle. Man wußte schon seit den ersten Versuchen, die Foucault gemacht hatte, um die Umdrehung der Erde gegen ein Inertialsystem mit Hilfe von Kreiselbeobachtungen nachzuweisen, also seit bald 70 Jahren, daß es grundsätzlich (also von praktischen Ausführungsschwierigkeiten abgesehen) möglich sein müsse, den Magnetkompaß durch einen Kreiselkompaß zu ersetzen. Tatsächlich verwirklichen ließ sich dieser Gedanke aber doch erst, als ein Elektromotor zu Gebote stand, mit dem man das Kreiselrad anzutreiben und gleichmäßig im Gange zu halten vermochte.

Von da ab haben sich zahlreiche Erfinder mit allmählich wachsenden Erfolgen um die Ausbildung eines, allen praktischen Anforderungen der Schiffahrt auch unter schwierigen Verhältnissen genügenden Kreiselkompasses bemüht. Heute darf man diese Aufgabe der Hauptsache nach als bereits gelöst ansehen. Das geht äußerlich schon daraus hervor, daß große Werke mit der fabrikmäßigen Herstellung von Kreiselkompassen im großen Maßstabe beschäftigt sind. Die wirtschaftlichen Erfolge dieser Industrie ermöglichten ihr die Einrichtung von gut ausgestatteten Fabriklaboratorien und die Besoldung tüchtiger Kräfte, die sich der Prüfung von Verbesserungen auf diesem Sondergebiete ausschließlich widmen können.

Wer außerhalb dieser Kreise steht und daher nur einen kleinen Bruchteil seiner Zeit auf das Studium der Theorie des Kreisel-

kompasses verwenden kann, vermag darin nicht leicht den Wett-
bewerb mit den dazu gehörigen Fachmännern aufzunehmen. Das
gilt nicht nur von der überwiegenden Mehrzahl aller Leser, die
dieses Buch in seiner neuen Auflage etwa noch finden mag,
sondern ebenso auch von mir selbst. Zu einer eigentlich schöpfe-
rischen Tätigkeit bin ich auf diesem Gebiete nie gekommen,
schon weil mir niemals eine bestimmte Aufgabe oder eine An-
regung entgegentrat, die sie verlangt hätte. Es fehlt mir auch
die Kenntnis vieler Einzelheiten und der praktischen Erfahrungen,
die damit gemacht wurden.   Daher bin ich nicht zum Führer
geeignet, um Spezialisten für den Bau von Kreiselkompassen, sei
es auch nur nach der rein theoretischen Seite hin, weiter auszubilden. Ich verzichte vielmehr von vornherein auf eine ausführ-
lichere Behandlung dieses Gegenstandes auch in dem Umfange,
wie sie sich auf Grund der darüber vorliegenden Veröffentlichungen
allenfalls geben ließe. Anstatt dessen beschränke ich mich auf
einige allgemeine Überlegungen, von denen ich annehme, daß sie
für die Bedürfnisse der übergroßen Mehrzahl der Leser dieses
Buches vollauf genügen werden.

Am besten bewährt hat sich bisher, wie es scheint, der Kreiselkompaß von Anschütz und auf ihn allein sollen sich die folgenden
Bemerkungen beziehen. Man kommt auf ihn, wenn man sich bei
der im vorigen Paragraphen besprochenen Versuchseinrichtung
die Aufhängung des Kreisels durch eine schwimmende Unter-
stützung ersetzt denkt. Der Kreisel mit horizontal gerichteter
Achse ist nämlich in einem Körper gelagert, der mit einem ring-
förmigen Schwimmer starr verbunden ist und mit diesem zusammen die „Kompaßrose“ bildet. Dieser Körper schwimmt in
einem mit Quecksilber gefüllten Gefäße, ohne ganz in der Flüssigkeit unterzutauchen. Während das Gefäß feststeht, vermag sich
die Kompaßrose um die lotrechte Achse ohne Widerstand zu
drehen. In den Formeln (290a) bis (290c) des vorigen Paragraphen hat man daher für den Kreiselkompaß nachträglich $c = 0$
zu setzen, während sich sonst nichts an ihnen ändert.

Gegen Drehungen um horizontale Achsen ist nämlich die
Kompaßrose durch ihre schwimmende Aufstellung in ganz ähn-
licher Weise abgestützt wie bei der dreidrähtigen Aufhängung
im vorigen Paragraphen. Wie dort kann das einer kleinen
Drehung ϱ um eine horizontale Achse entsprechende aufrichtende
Moment gleich $C\varrho$ gesetzt werden. Der Auftrieb der Flüssigkeit

bildet nämlich genau so wie bei einem Schiffe, das sich etwas auf die Seite geneigt hat, zusammen mit dem Gewichte des schwimmenden Körpers ein Kräftepaar, das für kleine Drehungen proportional dem Drehungswinkel ist. Daraus folgt, daß C hier gleich dem Produkte aus dem Gewichte des schwimmenden Körpers und dem Abstande zwischen Metazentrum und Schwerpunkt wird.

Für den Fall, daß der Kreisel auf der festen Erde aufgestellt ist, oder daß das Schiff, auf dem er sich befindet, in Ruhe ist, kann die Theorie des Kreiselkompasses durch die Formeln des vorigen Paragraphen bereits als erledigt angesehen werden. Es geht daraus nämlich hervor, daß sich die Kreiselachse in die Meridianrichtung einstellen muß und daß sie um diese Gleichgewichtslage sehr langsame Schwingungen ausführt, wenn sie durch eine zufällige Störung daraus abgelenkt war. Das ist es aber, was man von einem Kompasse verlangt.

Freilich steht auch in der Gleichgewichtslage der Kompaßrose die Richtung des Kreiseldralls B nicht fest in dem Raume, für den das Trägheitsgesetz gilt, sondern sie beschreibt im Laufe eines Tages einen Kreiskegel gegen den Fixsternhimmel, dessen Spitze mit dem Punkte zusammenfällt, in dem B die Erdachse schneidet. Daher ändert sich B im Zeitelemente dt um ein Element dB von der Größe $\theta w u \sin \varphi\, dt$. An der Kompaßrose muß daher ein Kräftepaar angreifen, dessen Momentenvektor auf der nördlichen Halbkugel horizontal nach Osten gerichtet ist und die Größe $\theta w u \sin \varphi$ hat. Die Kompaßrose muß sich demnach im Gleichgewichtszustande um einen kleinen Winkel ϱ_0 schief stellen, so daß

$$C \varrho_0 = \theta w u \sin \varphi$$

ist. Man kann aber auch vermeiden, daß sich die Kompaßrose schief stellt, indem man ein kleines Gewicht zum Ausgleiche darauf setzt, so daß dessen Moment vom Schwerpunkt der Kompaßrose aus genommen gleich $\theta w u \sin \varphi$ ist. Die Gleichgewichtslage der Kreiselachse ist dann horizontal und zwar nach den von uns gebrauchten Festsetzungen nach Süden hin gerichtet.

Die Theorie des Kreiselkompasses ist aber mit diesen einfachen Bemerkungen noch keineswegs erledigt. Dazu gehört noch die Untersuchung der verschiedenen Fehler, die dadurch entstehen, daß sich das Schiff, in dem der Kompaß aufgestellt ist, noch selbst irgendwie gegen die Erde bewegt. Man nehme z. B. an, daß das Schiff mit einer gleichförmigen Geschwindigkeit v nach Norden hin fahre, ohne zu schlingern oder zu stampfen. Es legt dann in einem Zeitelemente dt einen Weg $v\,dt$ auf der Erdoberfläche zurück, während es zugleich wegen der Erddrehung einen Weg $R\,u\,dt\cos\varphi$ nach Osten hin beschreibt, wenn R den Erdhalbmesser bedeutet. Die Bewegung gegen den Fixsternhimmel ist dann genau so, als wenn das Schiff gegen die Frde in Ruhe bliebe, die Erdachse aber um einen Winkel $\dfrac{v}{R\,u\cos\varphi}$ aus ihrer Richtung abgelenkt wäre. Diese Richtung entspricht jetzt der Gleichgewichtslage des Kreisels im fahrenden Schiffe, die nicht mehr genau nach Süden zeigt, sondern um den „Fahrtfehler" davon abweicht.

Andere Fehler entstehen bei Änderungen von Richtung oder Größe der Fahrgeschwindigkeit des Schiffes. Eine besondere Bedeutung kommt ferner dem Schlingerfehler zu, der durch die Schlingerbewegungen des Schiffes bei starkem Seegange hervorgerufen wird. Um ihm zu begegnen, hat man an Stelle des einfachen Kreisels einen Dreikreiselkompaß angewendet. Aus den früher schon angeführten Gründen soll aber darauf hier nicht weiter eingegangen werden.

Vierter Abschnitt.

Verschiedene Anwendungen.

§ 52. Die Regulatorschwingungen.

Eine Dampfmaschine, die mit einem Zentrifugalregulator ausgerüstet ist, bildet einen Verband mit zwei Freiheitsgraden. Dem einen Freiheitsgrade entspricht die Bewegung des Kurbelmechanismus und der mit ihm zwangläufig verbundenen Teile. Als zugehörige allgemeine Koordinate kann der Winkel angesehen werden, um den sich die Kurbelwelle seit einem zum Ausgangspunkt der Betrachtung gewählten Augenblicke weiter gedreht hat. Der zweite Freiheitsgrad bezieht sich auf die Hubänderung des Regulators, die geometrisch unabhängig von der ersten Koordinate ist. Entweder der Hub selbst oder an seiner Stelle der Winkel, den die Stangen des Regulators mit der Umdrehungsachse bilden, liefert die diesem zweiten Freiheitsgrade entsprechende allgemeine Koordinate.

Unter gewöhnlichen Umständen bleibt der Regulator in derselben Stellung stehen, solange die Dampfmaschine unter gleichmäßigen Bedingungen weiterläuft. Der zweite von den beiden Freiheitsgraden wird unter diesen Umständen nicht ausgenutzt. Zwar kommen auch in diesem Falle während jedes Umlaufs der Maschine periodische Geschwindigkeitsschwankungen der Kurbelwelle und der mit ihr zwangläufig verbundenen Regulatorspindel vor; sie werden jedoch durch das Schwungrad, über dessen Berechnung schon im ersten Bande nähere Angaben gemacht wurden, in engen Grenzen gehalten. Diese geringen periodischen Geschwindigkeitsschwankungen vermögen an der Regulatorstellung in der Regel nichts zu ändern, da die Reibungen ausreichen, um eine Hubänderung des Regulators zu verhindern, solange sich die Umlaufgeschwindigkeit der Maschine nicht um größere Beträge geändert hat. Das geschieht erst dann, wenn die Belastung

der Maschine durch Ausschaltung oder Einschaltung von Arbeits-
maschinen, die von ihr angetrieben werden, beträchtlich geändert
und hierdurch eine größere Geschwindigkeitsänderung der Kurbelwelle herbeigeführt wird. Sofort kommt hierauf der zweite
Freiheitsgrad des Regulators zur Geltung. Der Regulator hebt
oder senkt sich, wirkt auf die Steuerung der Maschine, ändert
damit den Dampfzutritt und führt schließlich, wenn er seinem
Zwecke entspricht, einen den abgeänderten Belastungsverhält-
nissen entsprechenden gleichmäßigen Gang von neuem herbei.

Zunächst verlangt man bei der Berechnung des Regulators,
daß die Umdrehungszahlen der Maschine, die zu verschiedenen
Belastungen gehören, nicht zu viel voneinander abweichen sollen.
Um die Erfüllung dieser Forderung zu prüfen, genügt es, den
gleichmäßigen Gang der Maschine unter der Annahme verschiedener Regulatorstellungen zu untersuchen und die Geschwindigkeiten, die diesen Stellungen entsprechen, miteinander zu vergleichen. Bei dieser Betrachtung ist jedesmal nur auf einen Freiheitsgrad des ganzen Verbandes zu achten. Das ist verhältnismäßig einfach, und da es hier nicht meine Aufgabe bilden kann,
eine vollständige Theorie der Regulatoren vorzuführen, gehe ich
darauf nicht weiter ein. Für uns soll es hier nur auf eine zweite
Forderung ankommen, die man außerdem noch an den Regulator
zu stellen hat. Sie besteht darin, daß der Regulator nach einer
Veränderung in der Belastung der Dampfmaschine in die dieser
entsprechende neue Stellung ohne große Schwankungen übergehen soll.

Von vornherein ist klar, daß diese Forderung keineswegs mit
der vorhergehenden zusammenfällt. Wenn sich der Regulator bei
einer Verminderung der Belastung der Maschine hebt, wird man
nicht erwarten dürfen, daß er sich gerade nur um das erforderliche Maß hebt und hierauf stehen bleibt. Man muß vielmehr
erwarten, daß er zunächst Schwingungen um die den neuen Be-
lastungsverhältnissen entsprechende Gleichgewichtslage ausführt.
Es kommt nun darauf an, ob diese Schwingungen hinreichend
gedämpft sind und bald abklingen, so daß sie unschädlich bleiben,
oder, ob sie zu großen Geschwindigkeitsschwankungen der Maschine führen.

Für die Untersuchung der hiermit bezeichneten Schwingungen
kommen demnach beide Freiheitsgrade des ganzen Verbandes in
Betracht. Wer mit der Benutzung der Gleichungen von Lagrange

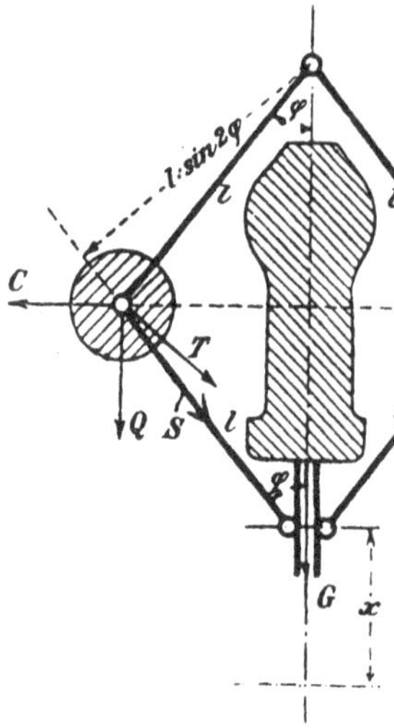

Abb. 20.

gut vertraut ist, wird zunächst an dieses Verfahren zur Ableitung der Bewegungsgleichungen denken. Meistens zieht man aber eine andere Betrachtungsweise vor, die sich auf das Prinzip von d'Alembert stützt, und dieser will ich mich hier ebenfalls anschließen.

Ehe man zur Aufstellung der Bewegungsgleichungen schreiten kann, muß man sich zunächst danach umsehen, welche Umstände auf den Schwingungsvorgang von mehr oder minder wesentlichem Einflusse sein können. Dabei kommt zunächst die besondere konstruktive Ausbildung des Regulators und die Art, wie er den Dampfzutritt ändert, in Betracht. Zum Zwecke der Auseinandersetzung des Verfahrens genügt es, wenn ich mich hier auf die Behandlung eines bestimmten einfachen und häufig vorkommenden Beispieles beschränke, nämlich auf die in Abb. 20 angegebene Anordnung des Regulators. Außerdem sei einstweilen vorausgesetzt, daß der Regulator eine Drosselklappe verstellt, so daß der Dampfzutritt nur durch diese verändert wird. Das ist die einfachste Annahme, die man zunächst machen kann; sie ist indessen nicht sehr wesentlich, da sich das Verfahren auf andere Fälle meist mit geringen Änderungen übertragen läßt. Freilich kommt auch selbst in diesem einfachsten Falle noch ein besonderer Umstand in Betracht, der zum mindesten einmal erwähnt werden muß. Eine Kurbeldampfmaschine ist stets mit einer Expansionssteuerung versehen, durch die der Dampfzutritt bei einer gewissen Kolbenstellung abgesperrt wird und gewöhnlich wird die Anordnung des Regulators so getroffen, daß er das Expansionsverhältnis ändert. Aber auch in unserem Falle, in dem wir ein festes Expansionsverhältnis voraussetzen und uns die Regulierung durch die Drosselklappe bewirkt denken, ist zu beachten, daß die Drosselklappe während der Zeit, in der Zutritt des Dampfes in den Zylindern abgesperrt ist, ohne Einfluß auf die

Dampfspannung im Zylinder ist, sondern erst später, wenn der Dampfzutritt wieder geöffnet ist, von neuem darauf einwirken kann. Wir haben es daher genau genommen nicht mit einer stetigen, sondern mit einer oft unterbrochenen oder absatzweisen Wirkung des Regulators auf die Arbeitsleistung der Maschine zu tun. Für bestimmte Zwecke kann es nötig werden, auf den Einfluß dieses Umstandes zu achten. Das muß aber eine spätere Sorge bleiben; um die Betrachtung nicht von vornherein durch die Berücksichtigung von Nebenumständen, die in der Regel nur von untergeordneter Bedeutung sind, zu überlasten, müssen wir davon und von manchen anderen Umständen absehen.

Insbesondere soll auch, um einfache und klar zu übersehende Verhältnisse zu schaffen, von der Veränderung der treibenden Kraft, die das Tangentialdruckdiagramm während einer Umdrehung der Kurbel anzeigt, abgesehen werden. Bei einer mehrzylindrigen Maschine wird dies mit mehr Recht zulässig sein, als bei einer Maschine mit nur einem Zylinder, und bei einer Dampfturbine trifft die damit gleichbedeutende Voraussetzung, daß das auf die Kurbelwelle übertragene treibende Moment unabhängig von der Stellung der Kurbelwelle ist, überhaupt genau zu. Wir drücken diese Voraussetzungen in der Gleichung

$$M = F(\varphi) \tag{291}$$

aus, in der M das Drehmoment, φ der die Regulatorstellung beschreibende aus Abb. 20 zu entnehmende Winkel und F eine Funktion bedeutet, die bei konstantem φ von der Zeit unabhängig ist. Hierbei dürfen wir ferner annehmen, daß die Form der Funktion φ, die von der besonderen Anordnung des Regulators und seiner Einwirkung auf die Dampfzuführung abhängt, für eine bestimmte Maschine, deren Verhalten wir untersuchen wollen, durch vorausgehende Betrachtungen, mit denen wir es hier nicht zu tun haben, bereits ermittelt ist.

Ferner kommt es auf die Bewegungswiderstände an, die sich einer Änderung des Regulatorhubs entgegenstellen. Sie setzen sich zusammen aus den Reibungen an den verschiedenen Gelenken, an der Drosselklappe sowie aus dem Widerstande einer Ölbremse, die zur Dämpfung der Schwingungen gewöhnlich angebracht ist. Wir können uns alle diese Widerstände zu einer nach der gewöhnlichen Vorschrift auf den Regulatorhub reduzierten Kraft, die wir weiterhin kurzweg als die Regulatorreibung bezeichnen, zusammengesetzt denken. Diese Kraft wird teilweise von der Geschwindigkeit abhängen, mit der sich der Regulatorhub ändert, und von diesem Teile, der hauptsächlich von der Wirkung der Ölbremse herrührt, wird man genau genug annehmen können, daß er wie eine gewöhnliche Schwingungsdämpfung proportional mit der Geschwindigkeit ist. Ein zweiter Teil, die „konstante Reibung", wird aber auch bestehen bleiben, wenn die Geschwindigkeit gleich Null ist. Einstweilen wollen wir aber die Betrachtung unter der Voraussetzung durchführen, daß die konstante Reibung so klein sei, daß sie genau genug vernachlässigt werden kann.

Endlich soll zur Vereinfachung der Rechnung noch vorausgesetzt werden, daß die Massen der Regulatorstangen so gering gegenüber den Schwungkugelmassen sind, daß sie außer Betracht bleiben können, obschon nichts im Wege stehen würde, die Formeln durch Zufügung weiterer Glieder so zu verallgemeinern, daß die Massen und Gewichte der Stangen ebenfalls berücksichtigt wären.

Wir bringen nun an den Massen des Regulators die Trägheitskräfte an und betrachten das Gleichgewicht aller Kräfte an dem in seiner augenblicklichen Stellung in Ruhe verharrenden Regulator. Den Regulatorhub, von der untersten Stellung an gerechnet, bezeichnen wir mit x; dann folgt zunächst mit Benutzung der in Abb. 17 eingeschriebenen Bezeichnungen

$$x = 2l(1 - \cos\varphi),$$

woraus man durch Differentiieren

$$\frac{dx}{dt} = 2l \sin\varphi \, \frac{d\varphi}{dt},$$

$$\frac{d^2 x}{dt^2} = 2l \left(\sin\varphi \, \frac{d^2\varphi}{dt^2} + \cos\varphi \left(\frac{d\varphi}{dt} \right)^2 \right)$$

erhält. Das Gewicht der Regulatorhülse samt dem daran angebrachten Körper bezeichnen wir mit G. Dazu kommt eine Trägheitskraft von der Größe

$$\frac{G}{g} \frac{d^2 x}{dt^2},$$

die ebenfalls nach abwärts geht, wenn der Differentialquotient positiv ist, die Beschleunigung von G also nach oben hin gerichtet ist. In der gleichen Richtung wie G geht bei einem po-

sitiven Werte der Geschwindigkeit $\frac{dx}{dt}$ auch die damit proportionale Reibung, die wir unter Einführung eines „Dämpfungsfaktors" k gleich
$$k\frac{dx}{dt}$$
zu setzen haben. An den unteren Stangenenden lastet daher eine
Kraft G', die sich aus den vorhergehenden drei Gliedern zusammensetzt und
$$G' = G + \frac{G}{g}\frac{d^2x}{dt^2} + k\frac{dx}{dt}$$
geschrieben werden kann. Diese Kraft zerlegt sich nach den
Richtungen der beiden unteren Stangen, und wenn wir die in
einer dieser Stangen auftretende Zugspannung mit S bezeichnen,
erhalten wir dafür
$$S = \frac{G'}{2\cos\varphi}.$$

Nun kommen wir zu den Kräften, die an einer Schwungkugel
angreifen. Eine davon ist die soeben berechnete Kraft S. Dazu
kommen zunächst das Gewicht Q der Kugel, ferner die daran
anzubringenden Trägheitskräfte und endlich die von der oberen
Stange übertragene Kraft. Die Beschleunigung des Kugelschwer-
punktes, in dem wir uns mit ausreichender Genauigkeit die ganze
Kugelmasse vereinigt denken können, läßt sich als geometrische
Summe aus drei Komponenten auffassen. Die erste Komponente
wird gebildet von der Zentrifugalbeschleunigung, die zu der kreisförmigen Bewegung gehört, die der Kugelschwerpunkt infolge
der Spindeldrehung mit der Winkelgeschwindigkeit u ausführt.
Ihr entspricht als Trägheitskraft die Zentrifugalkraft C, nämlich
$$C = \frac{Q}{g}u^2 l \sin\varphi.$$

Die zweite Komponente der Beschleunigung entspricht der
chwingung relativ zum rotierenden Raum. Wir können sie und
die dazu gehörige Trägheitskraft noch weiter in zwei Anteile
zerlegen, von denen der eine in die Richtung der oberen Stange
fällt und der andere senkrecht dazu steht. Auf den ersten Anteil, der ebenfalls als eine Zentrifugalkraft zu bezeichnen ist,
kommt es weiterhin nicht an, da er aus der Momentengleichung,
die wir nachher als Gleichgewichtsbedingung aufstellen wollen,
herausfällt. Der zweite Anteil sei mit T bezeichnet. Er hat
unter der Voraussetzung, daß die Winkelbeschleunigung $\frac{d^2\varphi}{dt^2}$

18*

positiv ist, den in die Abbildung eingetragenen nach rechts
unten hin gerichteten Pfeil und die Größe

$$T = \frac{Q}{g} \, l \, \frac{d^2\varphi}{dt^2} \, .$$

Hierzu kommt endlich noch eine Beschleunigung, die senkrecht zur Stangenebene, also zur Zeichenebene von Abb. 20 steht,
nämlich die Coriolisbeschleunigung samt der einer etwaigen Veränderung in der Winkelgeschwindigkeit u entsprechenden Beschleunigung, die ebenfalls senkrecht zur Stangenebene steht.
Die zugehörige Zusatzkraft ist aber ohne Einfluß auf das Gleichgewicht, da sie nur eine geringe Verbiegung der Stangen hervorzubringen vermag, die bei den hier in Frage kommenden Geschwindigkeiten ganz bedeutungslos ist.

Wir schreiben jetzt die Momentengleichung für den oberen
Stangendrehpunkt als Momentenpunkt an und erhalten damit
die Gleichgewichtsbedingung

$$Tl + Sl\sin 2\varphi + Ql\sin\varphi - Cl\cos\varphi = 0. \qquad (292)$$

Setzen wir die früher aufgestellten Werte ein, so geht die
Gleichung über in

$$\frac{d^2\varphi}{dt^2}\left(\frac{Q}{g}\, l + \frac{G}{g}\, 2l\sin^2\varphi\right) + \left(\frac{d\varphi}{dt}\right)^2 \frac{G}{g}\, l\sin 2\varphi + \frac{d\varphi}{dt}\, k\, 2l\sin^2\varphi$$
$$+ \, G\sin\varphi + Q\sin\varphi - \frac{Q}{g}\, u^2 l \sin\varphi\cos\varphi = 0. \qquad (293)$$

Hiermit haben wir die für die Koordinate φ gültige Bewegungsgleichung bereits gefunden. Um sie zu vereinfachen,
setzen wir weiterhin voraus, daß zwar nicht der Winkel φ selbst,
wohl aber die Änderungen, die er im Verlaufe der Schwingung
erfährt, als klein betrachtet werden dürfen, d. h. wir setzen, wie
es schon in früheren Fällen öfters geschehen ist,

$$\varphi = \varphi_0 + \varepsilon, \qquad (294)$$

so daß φ_0 irgendeinen mittleren, während der Schwingung konstanten Wert des Ausschlages und ε eine mit der Zeit veränderliche kleine Größe bedeutet. Die Differentialquotienten von φ
gehen hiermit in die von ε über. Auch diese Differentialquotienten sind als klein von derselben Ordnung wie ε selbst zu betrachten, da die Schwingungen, wie uns von vornherein bekannt
ist, nicht so schnell erfolgen, daß die Geschwindigkeiten und Beschleunigungen von anderer Größenordnung als die Wege wer-

den könnten. Die Produkte aus ε und seinen Differentialquotienten können daher gegen die nur von der ersten Ordnung
kleinen Glieder vernachlässigt werden. Hiermit erhält man als
Bewegungsgleichung für ε die lineare Differentialgleichung

$$\frac{d^2\varepsilon}{dt^2}\left(\frac{Q}{g}l + \frac{G}{g}2\,l\sin^2\varphi_0\right) + \frac{d\varepsilon}{dt}\,k\,2\,l\sin^2\varphi_0$$

$$+ \varepsilon\left((G+Q)\cos\varphi_0 - \frac{Q}{g}u^2l\cos 2\varphi_0\right) + (G+Q)\sin\varphi_0 \qquad (295)$$

$$- \frac{Q}{g}\,u^2 l\sin\varphi_0\cos\varphi_0 = 0.$$

Hierin kommt außer ε und konstanten Größen noch die während des Regulierungsvorganges veränderliche, aber jedenfalls
nur innerhalb enger Grenzen schwankende Winkelgeschwindigkeit u der Regulatorspindel vor. Wir setzen daher

$$u = u_0 + \eta, \qquad (296)$$

indem wir unter u_0 jenen konstanten Wert verstehen, der beim
Fehlen von Schwingungen, also für $\varepsilon = 0$ zu dem konstanten
Regulatorausschlage φ_0 gehört, während η eine Größe ist, die
wir als klein von derselben Ordnung wie ε zu betrachten haben.
Setzen wir dies ein und vernachlässigen wiederum die von
höherer Ordnung kleinen Größen, wobei wir noch von den Abkürzungen

$$\left.\begin{aligned} a_1 &= \frac{Q}{g}l + \frac{G}{g}2\,l\sin^2\varphi_0 \\ a_2 &= k\,2\,l\sin^2\varphi_0 \end{aligned}\right\} \qquad (297)$$

Gebrauch machen, so geht die Differentialgleichung über in

$$a_1\frac{d^2\varepsilon}{dt^2} + a_2\frac{d\varepsilon}{dt} + \varepsilon\left((G+Q)\cos\varphi_0 - \frac{Q}{g}u_0^2l\cos 2\varphi_0\right)$$

$$- \eta\,\frac{Q}{g}\,u_0 l\sin 2\varphi_0 + (G+Q)\sin\varphi_0 \qquad (298)$$

$$- \frac{Q}{g}\,u_0^2 l\sin\varphi_0\cos\varphi_0 = 0.$$

Eine Lösung dieser Gleichung muß jedenfalls auch $\varepsilon = 0$ und
$\eta = 0$ sein; sie entspricht dem stationären Zustande, in dem
überhaupt keine Schwingungen vorkommen. Hieraus folgt, daß
sich die von ε und η freien Glieder gegeneinander wegheben
müssen. Man hat daher zwischen φ_0 und u_0 die Beziehung

$$(G+Q)\sin\varphi_0 - \frac{Q}{g}u_0^2l\sin\varphi_0\cos\varphi_0 = 0, \qquad (299)$$

die sich natürlich auch auf einfachere Weise unmittelbar hätte
ableiten lassen. Berücksichtigt man dies und macht davon zugleich zur Vereinfachung des Koeffizienten von ε Gebrauch, so
erhält man

$$a_1 \frac{d^2\varepsilon}{dt^2} + a_2 \frac{d\varepsilon}{dt} + \varepsilon \frac{Q}{g} u_0{}^2 l \sin^2 \varphi_0 - \eta \frac{Q}{g} u_0 l \sin 2\varphi_0 = 0. \qquad (300)$$

Für die hierin vorkommenden Konstanten führen wir noch die
ferneren Abkürzungen

$$\left. \begin{aligned} a_3 &= \frac{Q}{g} u_0{}^2 l \sin^2 \varphi_0 \\ a_4 &= \frac{Q}{g} u_0 l \sin 2\varphi_0 \end{aligned} \right\} \qquad (301)$$

ein, womit die Bewegungsgleichung ihre endgültige Form

$$a_1 \frac{d^2\varepsilon}{dt^2} + a_2 \frac{d\varepsilon}{dt} + a_3 \varepsilon - a_4 \eta = 0 \qquad (302)$$

erhält. Hierbei ist zu beachten, daß die Koeffizienten a stets
positive Werte bedeuten, die sich für eine gegebene Maschine
und für eine bestimmte Wahl des mittleren Regulatorausschlags
φ_0, um den herum die Schwingungen untersucht werden sollen,
ohne weiteres angeben lassen. Nur die Bestimmung des Dämpfungsfaktors k, der in a_2 vorkommt, kann dabei Schwierigkeiten
machen. Wenn man in den Stand gesetzt werden soll, den Verlauf des Schwingungsvorganges vorauszusagen, muß man aber
den Wert von k jedenfalls kennen, also, wenn keine genaueren
Unterlagen zu seiner Ermittelung bekannt sind, ihn vorher
schätzungsweise angenommen haben.

Zu Gl. (302) tritt noch eine zweite Gleichung, die sich auf den
anderen Freiheitsgrad des ganzen Verbandes bezieht. Sie lautet

$$\theta \frac{du_1}{dt} = M - M_0, \qquad (303)$$

worin unter θ das Trägheitsmoment des Schwungrades, unter M
das zur Zeit t wirkende treibende Moment und unter M_0 dessen
Wert für die Regulatorstellung $\varphi = \varphi_0$ zu verstehen ist. Demnach gibt M_0 zugleich den Wert des sich der Drehung der Maschine widersetzenden Momentes der äußeren Kräfte an, aus denen
sich die Belastung der Maschine zusammensetzt. Freilich dient
das beschleunigende Moment $M - M_0$ nicht ausschließlich zur
Beschleunigung des Schwungrades, sondern ein kleiner Teil davon ist erforderlich, um die Regulatormassen zu beschleunigen.

Dieser Teil ist aber so unbedeutend gegenüber dem anderen, daß er ohne weiteres vernachlässigt werden durfte.

Mit u_1 ist die Winkelgeschwindigkeit der Schwungradwelle bezeichnet. Diese steht in einem durch Räderübersetzungen festgelegten Verhältnisse zur Winkelgeschwindigkeit u der Regulatorspindel, die in den vorhergehenden Gleichungen vorkam. Wir bezeichnen das Übersetzungsverhältnis mit n, indem wir

$$u_1 = nu = n(u_0 + \eta)$$

setzen, womit die vorhergehende Gleichung übergeht in

$$n\theta \frac{d\eta}{dt} = M - M_0$$

Da nur kleine Abweichungen der Regulatorstellung aus der mittleren Lage φ_0 während des Schwingungsvorganges in Aussicht zu nehmen sind, können wir nach Gl. (291)

$$M = M_0 + \varepsilon \left(\frac{dF}{d\varphi}\right)_0 \tag{304}$$

setzen. Hiermit erhalten wir

$$n\theta \frac{d\eta}{dt} = \varepsilon \left(\frac{dF}{d\varphi}\right)_0.$$

Der Differentialquotient $\left(\frac{dF}{d\varphi}\right)_0$ ist jedenfalls negativ, da die Leistung der Maschine abnimmt, wenn der Regulator in die Höhe geht. Der Absolutbetrag des Differentialquotienten ist für ein gegebenes φ_0 eine konstante Größe, die von der Einrichtung der Steuerung abhängt und, wenn diese bekannt ist, ohne Schwierigkeit ermittelt werden kann. Zur Abkürzung setzen wir

$$K = -\frac{\left(\frac{dF}{d\varphi}\right)_0}{n\theta}, \tag{305}$$

so daß also K eine positive gegebene Konstante bedeutet. Die zweite Bewegungsgleichung geht hiermit über in

$$\frac{d\eta}{dt} = -K\varepsilon. \tag{306}$$

Aus den Gleichungen (302) und (306) läßt sich nun leicht eine der Variabeln η oder ε eliminieren. Differentiiert man Gl. (302) nach t und setzt den Wert aus Gl. (306) ein, so findet man

$$a_1 \frac{d^3\varepsilon}{dt^3} + a_2 \frac{d^2\varepsilon}{dt^2} + a_3 \frac{d\varepsilon}{dt} + a_4 K\varepsilon = 0. \tag{307}$$

Drückt man umgekehrt ε mit Hilfe von Gl. (306) in η aus, so geht Gl. (302) über in

$$a_1 \frac{d^3 \eta}{dt^4} + a_2 \frac{d^2 \eta}{dt^2} + a_3 \frac{d\eta}{dt} + a_4 K \eta = 0, \qquad (308)$$

d. h. ε und η müssen derselben Differentialgleichung genügen. Die allgemeine Lösung der Differentialgleichung ist von der Form

$$\varepsilon = A_1 e^{\alpha_1 t} + A_2 e^{\alpha_2 t} + A_3 e^{\alpha_3 t}, \qquad (309)$$

in der die Koeffizienten A die willkürlichen Integrationskonstanten sind, während die Konstanten α die drei Wurzeln der charakteristischen Gleichung

$$a_1 \alpha^3 + a_2 \alpha^2 + a_3 \alpha + a_4 K = 0 \qquad (310)$$

bedeuten. Der Schwingungsverlauf hängt von den Werten dieser Wurzeln ab. Eine der Wurzeln ist jedenfalls reell. Eine reelle Wurzel der Gleichung muß aber notwendig negativ sein, da die Koeffizienten der Gleichung sämtlich positive Werte haben. Ein Glied mit einem negativen Exponenten in Gl. (309) stellt für sich genommen eine aperiodisch gedämpfte Bewegung dar, die mit der Zeit erlischt. Wenn alle drei Wurzeln reell wären, hätten wir daher überhaupt keine Schwingung des Regulators nach einer Belastungsänderung der Maschine zu erwarten, sondern einen aperiodischen Übergang in die der neuen Belastung entsprechende Gleichgewichtslage.

Die kubische Gleichung kann aber und wird auch in der Regel zwei komplexe Wurzeln besitzen, die miteinander konjugiert sind. Es kommt dann darauf an, ob der reelle Anteil dieser Wurzeln positiv oder negativ ist. Ist er positiv, so wachsen die Schwingungsausschläge mit der Zeit immer mehr an; der Gang der Maschine schwankt dann in weiten Grenzen und die Regulierung ist unbrauchbar. Dagegen nehmen die Schwingungen immer mehr ab und die Regulierung ist brauchbar, wenn der reelle Anteil der Wurzeln negativ ist.

Hierüber entscheidet ein einfacher Satz aus der Lehre von den Gleichungen. Hat man nämlich eine kubische Gleichung mit positiven Koeffizienten

$$x^3 + a x^2 + b x + c = 0,$$

so kann sie keine komplexen Wurzeln mit positiven reellen Anteilen besitzen, wenn zwischen den Koeffizienten die Bedingung

$$ab > c$$

erfüllt ist. Schreibt man nämlich die Gleichung

$$(x - x_1)(x - x_2)(x - x_3) = 0,$$

so bestehen, wie die Ausrechnung lehrt, zwischen den Wurzeln $x_1 x_2 x_3$ und den Koeffizienten abc die Beziehungen

$$x_1 + x_2 + x_3 = -a$$
$$x_1 x_2 + x_1 x_3 + x_2 x_3 = b$$
$$x_1 x_2 x_3 = -c.$$

Ist nun x_1 die notwendig negative reelle Lösung und sind x_2 und x_3 die komplexen Wurzeln und schreiben wir dafür

$$x_1 = -r; \quad x_2 = p + iq; \quad x_3 = p - iq,$$

so gehen die vorhergehenden Gleichungen über in

$$r - 2p = a$$
$$p^2 + q^2 - 2pr = b$$
$$r(p^2 + q^2) = c.$$

Multipliziert man die beiden ersten Gleichungen miteinander und subtrahiert davon die dritte, so erhält man nach einfacher Umformung

$$ab - c = -2p(r^2 + p^2 + q^2 - 2pr) = -2p(r^2 + b).$$

Da b positiv ist, hat demnach p das entgegengesetzte Vorzeichen von $(ab - c)$ und wenn ab größer ist als c, muß daher p notwendig negativ sein, womit der Satz bewiesen ist.

Es sei auch noch darauf hingewiesen, daß der soeben aufgestellte Satz in einem leicht ersichtlichen Zusammenhange mit den in § 45 bereits durchgeführten Hilfsbetrachtungen über die Vorzeichen der Wurzeln einer Gleichung 4. Grades steht. Er läßt sich nämlich daraus als ein Sonderfall ableiten, der gegenüber dem allgemeinen Falle erheblich vereinfacht ist.

Wenden wir den Satz auf Gl. (310) an, so folgt als Bedingung für den stabilen Gang, daß

$$a_2 a_3 > a_1 a_4 K \tag{311}$$

sein muß. Setzt man für die Koeffizienten a ihre Werte aus den Gleichungen (297) und (301) ein, so lautet die Bedingung

$$u_0 k \sin^3 \varphi_0 > \frac{K \cos \varphi_0}{g}(Q + 2G \sin^2 \varphi_0), \tag{312}$$

wobei noch zu beachten ist, daß zwischen u_0 und φ_0 die durch Gleichung (299) ausgesprochene Beziehung besteht.

Die Erfüllung der Ungleichung (312) hängt insbesondere von dem Werte des Dämpfungsfaktors k ab. Wenn man $k = 0$ setzt, also einen vollständig reibungsfreien Gang des Regulators annimmt, wird die Bedingung nicht erfüllt und die Regulierung daher unbrauchbar.

§ 53. Fortsetzung; konstante Reibung.

Wir haben soeben erkannt, wie wichtig die Rolle ist, die der Reibung des Regulators bei dem Regulierungsvorgange zukommt. Hierdurch werden wir zu der Frage gedrängt, wie sich die Bedingungen für eine brauchbare Regulierung gestalten, wenn man auch noch die konstante Reibung in den Rechnungsansatz aufnimmt. Bisher hatten wir die konstante Reibung vernachlässigt, aber es ist von vornherein klar, daß sie unter Umständen größer und daher auch von größerem Einflusse auf die Regulatorschwingungen sein kann, als die mit der Geschwindigkeit proportionale Reibung. Es läßt sich auch voraussehen, daß, wenn diese so klein ist, daß sie vernachlassigt und $k = 0$ gesetzt werden kann, die daneben weiter bestehende konstante Reibung den instabilen Gang der Maschine, der sonst für $k = 0$ eintreten würde, unter geeigneten Umständen zu verhindern vermag.

Die Berücksichtigung der konstanten Reibung erschwert freilich die Rechnung ganz bedeutend. Und zwar rührt die Erschwerung davon her, daß für die Regulaturbewegung nicht mehr eine einzige Gleichung für beide Bewegungsrichtungen gilt, sondern daß man zwei Gleichungen zu benutzen hat, von denen sich die eine auf den im Steigen begriffenen und die andere auf den niedersinkenden Regulator bezieht. Es verhält sich damit ähnlich, wie bei den schon im 4. Bande behandelten Schwingungen eines materiellen Punktes, die durch eine konstante Reibung gedämpft sind (§ 7, S. 43 der 6. Aufl.), wenn auch der Zusammenhang hier erheblich verwickelter ist.

Die Erschwerung, die hierdurch herbeigeführt wird, geht so weit, daß sie eine allgemeine Untersuchung der Bedingungen für den stabilen Gang bei Beachtung der konstanten Reibung überhaupt nicht vollständig zu Ende zu führen gestattet, weil die Formeln, die dazu nötig wären, zu umständlich würden. Dagegen steht gar nichts im Wege, ein Verfahren anzugeben, nach dem man in jedem einzelnen zahlenmäßig gegebenen Falle entscheiden kann, ob die Bewegung instabil ist oder nicht.

Als ausreichend für den Zweck dieser Betrachtungen würde es schon anzusehen sein, wenn man sich über den Einfluß der konstanten Reibung unter der Voraussetzung Rechenschaft zu geben vermag, daß sie allein auftritt, k also gleich Null ist. Die hier anzustellenden Betrachtungen werden aber durch diese Voraussetzung nicht wesentlich vereinfacht und es mag daher vorläufig angenommen werden, daß die konstante und die der Geschwindigkeit proportionale Reibung zugleich nebeneinander auftreten.

Konstante, also von der Geschwindigkeit unabhängige Reibungen können an verschiedenen Stellen des Regulators vorkommen. Sie lassen sich aber jedenfalls für die Aufstellung der Bewegungsgleichung durch eine einzige Kraft F ersetzen. Darunter ist die auf die Koordinate x reduzierte Kraft zu verstehen. Sie widersetzt sich jederzeit der Bewegung. Wenn sich der Regulator hebt, solange also x, φ und ε im Wachsen begriffen sind, wirkt F nach abwärts. Solange dies geschieht, befindet sich der Regulator unter denselben Bedingungen, als wenn das Gewicht G unter Beiseitelassung der Reibung um den Betrag F erhöht wäre. Während der Regulator sinkt, geht dagegen F nach aufwärts und für diesen Teil des ganzen Vorgangs ist daher $G - F$ an Stelle von G in die nach dem Muster des vorigen Paragraphen aufzustellende Bewegungsgleichung einzusetzen.

Hierbei mag sofort darauf hingewiesen werden, daß in einem praktisch vorliegenden Falle F jedenfalls nur einen kleinen Bruchteil von G ausmachen wird. Wir werden uns auch bald davon überzeugen, daß F sogar als unendlich klein gegenüber G angesehen werden muß, wenn trotz des Auftretens von F Schwingungen ε möglich sein sollen, die sich ebenfalls und zwar von der gleichen Ordnung als unendlich klein ansehen lassen sollen.

Zur Aufstellung der Bewegungsgleichung für den steigenden Regulator greifen wir auf die Betrachtungen zurück, die zu Gl. (298) geführt haben, wobei jetzt nur G um F zu vermehren ist. Der damals mit a_1 bezeichnete Koeffizient ist daher zu ersetzen durch

$$a^1_1 = \frac{Q}{g}l + \frac{G+F}{g}2l\sin^2\varphi_0,$$

während a_2 von der Änderung nicht berührt wird. An Stelle von Gl. (298) erhalten wir daher jetzt

$$a_1^1 \frac{d^2\varepsilon}{dt^2} + a_2 \frac{d\varepsilon}{dt} + \varepsilon\left((G + F + Q)\cos\varphi_0 - \frac{Q}{g} u_0{}^2 l \cos 2\varphi_0\right)$$

$$- \eta \frac{Q}{g} u_0 l \sin 2\varphi_0 + (G + F + Q)\sin\varphi_0 \qquad (313)$$

$$- \frac{Q}{g} u^2{}_0 l \sin\varphi_0 \cos\varphi_0 = 0.$$

In dieser Gleichung beziehen sich wie früher u_0 und φ_0 auf den stationären Gang ohne Regulatorschwingungen und zwar sind darunter jene zusammengehörenden Werte der Winkelgeschwindigkeit und der Regulatorstellung zu verstehen, die auch ohne Reibung miteinander verträglich sind. Wir haben also dafür die schon früher in Gl. (299) festgestellte Beziehung

$$G + Q - \frac{Q}{g} u_0{}^2 l \cos\varphi_0 = 0$$

anzunehmen, in der, wie ausdrücklich betont werden muß, G nicht um F zu vermehren ist. Betrachtet man diese Beziehung, so geht Gl. (313) über in

$$a_1^1 \frac{d^2\varepsilon}{dt^2} + a_2 \frac{d\varepsilon}{dt} + \varepsilon\left(\frac{Q}{g} u_0{}^2 l \sin^2\varphi_0 + F \cos\varphi_0\right) - \eta \frac{Q}{g} u_0 l \sin 2\varphi_0$$
$$+ F \sin\varphi_0 = 0.$$

Voraussetzung für die Gültigkeit dieser Gleichung ist es, daß ε und seine Differentialquotienten sowie η als kleine Größen betrachtet werden können. Das ist aber, wie aus der Gleichung hervorgeht, nur dann möglich, wenn $F \sin\varphi_0$ und daher auch F selbst von derselben Ordnung klein ist gegenüber den Koeffizienten der übrigen Glieder, d. h. F darf nur einen kleinen Bruchteil von G ausmachen. Wir vernachlässigen daher nur Glieder, die von der zweiten Ordnung klein sind oder von der Ordnung derjenigen, die früher schon außer Berücksichtigung blieben, wenn wir F in allen Koeffizienten gegenüber G streichen. Dann ist a_1^1 wieder durch a_1 zu ersetzen und die Gleichung geht mit Benützung der schon in Gl. (303) gebrauchten Abkürzungen über in

$$a_1 \frac{d^2\varepsilon}{dt^2} + a_2 \frac{d\varepsilon}{dt} + a_3 \varepsilon - a_4 \eta + F \sin\varphi_0 = 0. \qquad (314)$$

Diese Gleichung gilt, solange der Regulator im Steigen begriffen ist. Für den sinkenden Regulator erhält man die

Bewegungsgleichung in derselben Weise, nämlich

$$a_1 \frac{d^2\varepsilon}{dt^2} + a_2 \frac{d\varepsilon}{dt} + a_3 \varepsilon - a_4 \eta - F \sin \varphi_0 = 0 \qquad (315)$$

die sich von der vorigen nur durch das Vorzeichen von F im letzten Gliede unterscheidet.

Dazu kommt die andere Bewegungsgleichung, die sich auf die Winkelbeschleunigung des Schwungrades bezieht. Diese ist unabhängig von der Regulatorreibung und sie kann daher sowohl für den Aufwärts- als den Niedergang des Regulators in der ihr schon früher in Gl. (306) gegebenen Form

$$\frac{d\eta}{dt} = - K\varepsilon$$

übernommen werden.

Wenn wir in derselben Weise, wie es früher geschehen war, die Variable η aus der letzten Gleichung und einer der Gleichungen (314) oder (315) fortschaffen, so erhalten wir, da das konstante Glied $F \sin \varphi_0$ hierbei wegfällt, die mit Gl. (307) übereinstimmende und für beide Bewegungsrichtungen des Regulators geltende Differentialgleichung

$$a_1 \frac{d^3\varepsilon}{dt^3} + a_2 \frac{d^2\varepsilon}{dt^2} + a_3 \frac{d\varepsilon}{dt} + a_4 K\varepsilon = 0. \qquad (316)$$

Anders wäre es freilich mit der Differentialgleichung für η, die man durch Elimination von ε erhält und in der das von F abhängige und daher mit der Bewegungsrichtung das Vorzeichen wechselnde Glied stehen bleibt. Diese Gleichung ist aber für die weitere Ausrechnung nicht nötig.

Wir wissen schon, daß die allgemeine Lösung von Gl. (316) in der ihr bereits in Gl. (309) gegebenen Form

$$\varepsilon = A e^{\alpha_1 t} + B e^{\alpha_2 t} + C e^{\alpha_3 t} \qquad (317)$$

dargestellt werden kann. Der einzige, freilich sehr wesentliche Unterschied gegen früher besteht darin, daß die Integrationskonstanten $A B C$ nach jeder Bewegungsumkehr neue Werte erhalten, da an den Umkehrstellen eine Stetigkeitsunterbrechung stattfindet. In der Tat drückt sich der Einfluß der konstanten Reibung nur in diesen sprungweisen Änderungen der die Schwingungsamplituden bestimmenden Koeffizienten $A B C$ aus, da im übrigen die Lösung in Gl. (317) mit der früheren Lösung in Gl. (309) vollständig übereinstimmt. Das

Bewegungsgesetz für jeden zwischen zwei Umkehrpunkten liegenden Regulatorhub ist daher genau dasselbe, als wenn die konstante Reibung fehlte.

Unter α_1 sei, wie schon früher, die reelle — und notwendig negative — Lösung der charakteristischen Gl. (310) verstanden, während α_2 und α_3 die konjugiert komplexen Wurzeln dieser Gleichung bedeuten. Auch die Koeffizienten B und C müssen dann, damit Gl. (317) einen reellen Wert für ε liefert, konjugiert komplexe Größen sein. Will man das Auftreten komplexer Größen in der Lösung vermeiden, so setze man

$$\alpha_2 = p + iq, \qquad \alpha_3 = p - iq,$$

womit Gl. (317) übergeht in

$$\varepsilon = A e^{\alpha_1 t} + e^{p t}(D \sin qt + E \cos qt). \qquad (318)$$

Die darin auftretenden reellen Konstanten D und E stehen mit den vorher gebrauchten komplexen Konstanten B und C in dem Zusammenhange

$$D = i(B - C), \qquad E = B + C. \qquad (319)$$

Für die weitere Ausrechnung ist es aber am bequemsten, die Lösung in der Form (317) zunächst beizubehalten.

Es handelt sich jetzt nur noch um die Ermittelung der Integrationskonstanten für eine Reihe aufeinander folgender Hübe des Regulators aus den zur Verfügung stehenden Grenzbedingungen. Hierzu betrachten wir insbesondere die Schwingungen, die eintreten, wenn die Maschine eine plötzliche Entlastung erfährt. Vor der Entlastung soll die Maschine im stationären Gange und der Regulator in jener Stellung gewesen sein, die der zugehörigen Belastung der Maschine nach Gl. (299) entspricht.

Nachdem die Entlastung eingetreten ist, erfährt das Schwungrad eine Beschleunigung und nach kurzer Zeit beginnt infolge der größeren Winkelgeschwindigkeit der Regulator sich zu heben. Wir rechnen die Zeiten von diesem Augenblicke an und haben zunächst für $t = 0$ die Grenzbedingung $\dfrac{d\varepsilon}{dt} = 0$. Ferner läßt sich auch der Wert von ε für diesen Augenblick angeben. Der neuen Belastung der Maschine entspricht nämlich ein neuer mittlerer Stand des Regulators, bei dem so viel Dampf in die Maschine geführt wird, daß dessen Arbeitsleistung gerade ausreicht, um die jetzt bestehenden Bewegungswiderstände zu überwinden.

Welche Stellung dies ist, muß schon vorher bei dem Entwurfe
der Maschine festgestellt sein und bei der Untersuchung, mit der
wir uns jetzt beschäftigen, dürfen wir diese Frage als bereits
gelöst ansehen. Wir können auch sagen, daß die neue mittlere
Regulatorstellung aus der Auflösung von Gl. (291) nach φ gefunden wird. Der Unterschied zwischen dem jetzt zutreffenden
und dem vor der Entlastung bestehenden Werte von φ_0 liefert
den Wert von ε zur Zeit $t = 0$ und zwar ist ε für den Fall einer
Entlastung zu dieser Zeit negativ.

Endlich kann auch der Wert von η für $t = 0$ aus bekannten
Angaben ermittelt werden. Dem neuen Werte von φ_0 entspricht
nämlich ein neuer Wert u_0 der Winkelgeschwindigkeit für den
Beharrungszustand bei der neuen Belastung, der aus Gl. (299)
berechnet werden kann. Unter η zur Zeit $t = 0$ ist der Unterschied zwischen der jetzt gerade bestehenden Winkelgeschwindigkeit und dem hiernach berechneten Werte von u_0 zu verstehen.
Die zur Zeit $t = 0$ bestehende Winkelgeschwindigkeit stimmt
freilich nicht ganz mit der Winkelgeschwindigkeit im Beharrungszustande vor der Entlastung überein, da die Winkelgeschwindigkeit schon etwas anwachsen muß, bis der Regulator entgegen
der konstanten Reibung sich zu heben beginnen kann. Aber die
in diesem Augenblicke zutreffende Winkelgeschwindigkeit kann
ebenfalls aus Gl. (299) ermittelt werden, indem man darin G
durch $G + F$ ersetzt und unter φ_0 den dem früheren Beharrungszustande entsprechenden Wert versteht.

Bezeichnen wir jetzt die in dieser Weise für $t = 0$ berech-
neten Werte von ε und η mit ε_0 und η_0, so folgen die Integrationskonstanten $A_1 B_1 C_1$ für den sich nach $t = 0$ anschließenden ersten
Regulatorhub aus den folgenden Gleichungen

$$\left. \begin{array}{l} \varepsilon_0 = A_1 + B_1 + C_1, \\ 0 = A_1 \alpha_1 + B_1 \alpha_2 + C_1 \alpha_3, \\ a_4 \eta_0 = a_1 (A_1 \alpha_1{}^2 + B_1 \alpha_2{}^2 + C_1 \alpha_3{}^2) + a_3 \varepsilon_0 + F \sin \varphi_0 \end{array} \right\} \cdot \quad (320)$$

Die letzte dieser Gleichungen geht aus Gl. (314) hervor.
Alle in den Gleichungen vorkommenden Größen außer $A_1 B_1 C_1$
sind auf Grund der Vorarbeiten als bereits bekannt anzusehen
und die Auflösung nach den Unbekannten $A_1 B_1 C_1$ kann daher
keine Schwierigkeiten verursachen.

Nun muß die Zeit T berechnet werden, die bis zur Beendigung des ersten Regulatorhubs verstreicht. Wir finden sie

durch Auflösung der transzendenten Gleichung

$$\frac{d\varepsilon}{dt} = A_1\alpha_1 e^{\alpha_1 t} + B_1\alpha_2 e^{\alpha_2 t} + C_1\alpha_3 e^{\alpha_3 t} = 0 \qquad (321)$$

nach t und zwar ist unter T die auf Null folgende erste positive Wurzel dieser Gleichung zu verstehen Die Auflösung kann durch Probieren erfolgen, nachdem man die darin vorkommenden komplexen Ausdrücke zuvor in der schon bekannten Weise in reelle Formen gebracht hat.

Nachdem dies geschehen ist, können wir zunächst die Bewegung innerhalb der Zeit des ersten Regulatorhubs als vollständig bekannt betrachten und insbesondere auch zahlenmäßig angeben, welche Werte ε und η am Schlusse des ersten Hubes erlangt haben. Bezeichnen wir diese Werte mit ε_1 und η_1, so ist

$$\left.\begin{aligned}
\varepsilon_1 &= A_1 e^{\alpha_1 T} + B_1 e^{\alpha_2 T} + C_1 e^{\alpha_3 T}, \\
a_4\eta_1 &= a_1(A_1\alpha_1{}^2 e^{\alpha_1 T} + B_1\alpha_2{}^2 e^{\alpha_2 T} + C_1\alpha_3{}^2 e^{\alpha_3 T}) \\
&\qquad\qquad + \alpha_3\varepsilon_1 + F\sin\varphi_0
\end{aligned}\right\} \quad (322)$$

An den ersten Hub schließt sich jetzt der zweite an, für den die mit $A_2\,B_2\,C_2$ zu bezeichnenden Konstanten von neuem zu ermitteln sind. Das geschieht im wesentlichen wie zuvor, nämlich durch Auflösen der Gleichungen

$$\left.\begin{aligned}
\varepsilon_1 &= A_2 + B_2 + C_2, \\
0 &= A_2\alpha_1 + B_2\alpha_2 + C_2\alpha_3, \\
a_4\eta_1 &= a_1(A_2\alpha_1{}^2 + B_2\alpha_2{}^2 + C_2\alpha_3{}^2) + a_3\varepsilon_1 - F\sin\varphi_0
\end{aligned}\right\} \quad (323)$$

nach $A_2\,B_2\,C_2$. Beim Anschreiben dieser Gleichungen wurde nämlich vorausgesetzt, daß in dem Ausdrucke für ε während des zweiten Regulatorhubs die Zeit t vom Beginne dieses Hubs an gerechnet wird, was für die Rechnung am bequemsten und jedenfalls zulässig ist, da ε für jeden neuen Hub ohnehin durch eine von den früheren unabhängige neue Gleichung darzustellen ist.

Man sieht nun schon, daß die Rechnung in derselben Weise beliebig weitergeführt werden kann. Nachdem $A_2\,B_2\,C_2$ gefunden sind, erhält man die Werte von ε_2 und η_2 am Ende des zweiten Hubs, worauf die Gleichungen (320) mit diesen Werten an Stelle von ε_0 und η_0 von neuem aufzulösen sind, nachdem darin $A_1\,B_1\,C_1$ durch $A_3\,B_3\,C_3$ ersetzt wurden.

Die Auflösung der Gleichungen (320) liefert übrigens

$$A_1 = \frac{\varepsilon_0\,\alpha_2\,\alpha_3 + N}{(\alpha_1 - \alpha_2)(\alpha_1 - \alpha_3)},$$

$$B_1 = -\frac{\varepsilon_0\,\alpha_1\,\alpha_3 + N}{(\alpha_1 - \alpha_2)(\alpha_2 - \alpha_3)},$$

$$C_1 = \frac{\varepsilon_0\,\alpha_1\,\alpha_2 + N}{(\alpha_1 - \alpha_3)(\alpha_2 - \alpha_3)},$$

wobei zur Abkürzung gesetzt ist

$$N = \frac{a_4}{a_1}\,\eta_0 - \frac{a_3}{a_1}\,\varepsilon_0 - \frac{F\sin\varphi_0}{a_1}$$

und dieselben Formeln geben auch die Auflösung der Gleichungen (323) an, wenn in N das Vorzeichen des mit F behafteten Gliedes umgekehrt und die Bezeichnungen im übrigen entsprechend vertauscht werden.

Die Ausführung der Rechnung für ein bestimmtes Zahlenbeispiel ist zwar mühsam, aber nach der gegebenen Anweisung stets ohne Schwierigkeit durchführbar. Freilich läßt sich eine allgemeine Formel für den Mindestwert, den F haben muß, um ein fortgesetztes Anwachsen der Schwingungsausschläge zu verhüten, nicht daraus entnehmen. Man ist vielmehr genötigt, die Rechnung von Fall zu Fall von neuem zu wiederholen.

Man bemerkt indessen von vornherein, daß es bei einem gegebenen Werte von F insbesondere auch noch auf die Größe der anfänglichen Ausschläge, also auf ε_0 und η_0 oder auf das Maß des vorgenommenen Belastungswechsels der Maschine ankommt, ob der Regulator nachher bald wieder zur Ruhe kommt oder ob die Regulierung instabil ist und daher versagt. Falls nämlich die mit der Geschwindigkeit proportionale Reibung gleich Null ist oder für sich genommen nicht ausreicht, um eine stabile Regulierung herbeizuführen, werden die reellen Anteile von α_2 und α_3 positiv und im Verlauf eines Hubes wachsen alsdann die Koeffizienten B und C auf $Be^{\alpha_2 T}$ und $Ce^{\alpha_3 T}$ an, d. h. sie vergrößern sich proportional mit ihren ursprünglichen Werten. Hingegen ist die Verminderung, die die Koeffizienten hierauf bei der Umkehrung der Bewegungsrichtung erfahren, wegen des in N vorkommenden, mit F behafteten konstanten Gliedes den ursprünglichen Werten nicht proportional, sondern bei kleineren Ausschlägen verhältnismäßig größer als bei großen. Je stärker die Schwingungen von Anfang an sind,

oder je größer der Belastungswechsel war, der zu den
Schwingungen führte, desto mehr besteht demnach die
Gefahr, daß die Schwingungen weiterhin immer mehr
anwachsen, während Schwingungen mit kleineren Ausschlägen leichter und auch schon früher wieder erlöschen.

§ 54. Der Rückdruck der Steuerung.

Zur Vereinfachung der Betrachtungen war bisher vorausgesetzt worden, daß die Regulierung der Maschine durch Verstellen einer Drosselklappe bewirkt werde. Diese Voraussetzung
war jedoch nur insofern von Bedeutung, als durch sie ein Fall
vorläufig ausgeschlossen werden sollte, auf den wir jetzt noch
etwas näher eingehen wollen. Wir nehmen nämlich jetzt an,
daß der Regulator in Verbindung mit einem zur Steuerung der
Maschine gehörigen Maschinenteile steht, der selbst irgendeine
etwa durch Exzenter hervorgerufene schwingende Bewegung
ausführt. Wenn sich der Regulator hebt, verstellt er diesen Teil
und damit das ganze Gestänge der Steuerung. so daß dadurch
der Dampfzutritt in den Zylinder, insbesondere das Expansionsverhältnis eine Änderung erfährt.

Um die Verstellung vorzunehmen, muß der Regulator auf den
bewegten Maschinenteil, mit dem er verbunden ist, eine Kraft
ausüben, die teils auf Reibungen zurückzuführen und insoweit
wie früher zu behandeln ist, andernteils aber zur Beschleunigung
nicht nur des betreffenden Maschinenteils selbst, sondern auch
der übrigen damit verbundenen bewegten Teile der ganzen Steuerung dient. Dieser Teil der Verstellungskraft ist abhängig von
der wechselnden Lage der Steuerungsteile und von den Geschwindigkeiten, die diesen Teilen abgesehen von der Regulatorbewegung bereits zukommen. Die Reaktion dieser Kraft auf den Regulator wird als der Rückdruck der Steuerung bezeichnet.
Die Betrachtungen der vorigen Paragraphen gelten nur unter
der Voraussetzung, daß ein solcher Rückdruck nicht bestehe.
Man kann aber die früheren Betrachtungen entsprechend ergänzen, sobald man den Rückdruck kennt, indem man zu dem
Gewichte G der Regulatorhülse noch ein mit der Zeit veränder-
liches Glied hinzufügt, das den Rückdruck darstellt. Ich werde
mich daher hier nur damit beschäftigen, eine Formel für den
Rückdruck aufzustellen. Dieses Vorgehen empfiehlt sich schon

deshalb, weil es in vielen Fällen zulässig sein wird, den Rückdruck entweder ganz zu vernachlässigen oder ihn in anderer
Weise durch Einrechnung in die übrigen Kräfte angenähert zu
berücksichtigen, nachdem man sich zuerst ein Urteil über die
Größe des Rückdrucks verschafft hat. Auf ein besonderes Beispiel soll übrigens hier nicht hingewiesen, sondern die Betrachtung ganz allgemein durchgeführt werden.

Die Maschine samt Regulator bildet, wie schon früher bemerkt wurde, einen Verband mit zwei Freiheitsgraden. Als allgemeine Koordinaten zur Beschreibung der augenblicklichen
Stellung kann man etwa den von einer bestimmten Normalstellung aus gezählten Kurbelwinkel ψ und den früher bereits mit
x bezeichneten Hub des Regulators wählen.

Zur Aufstellung der Differentialgleichung für die Bewegung
des Regulators wollen wir uns des Prinzips von d'Alembert bedienen. Die Geschwindigkeit eines Massenteilchens m, das zu
irgendeinem der bewegten Teile des ganzen Verbandes gehören
kann, läßt sich als geometrische Summe aus zwei Gliedern auffassen, so daß das erste Glied von der Bewegung der Maschine
bei konstantem x herrührt, wozu dann noch eine von dem Hube
des Regulators abhängige und der Geschwindigkeit $\dot{x}$ proportionale Geschwindigkeit hinzutritt. Das zweite Glied kommt nur
bei den zum Regulator und zur Steuerung gehörigen Massen-
teilen vor, während die Bewegung des Schwungrades und der
zum Kurbelmechanismus gehörigen Teile durch das erste Glied
schon vollständig dargestellt wird. Wir setzen indessen allgemein

$$\mathfrak{v} = \mathfrak{v}_0 + \mathfrak{p}\,\dot{x},$$

womit die beiden Komponenten von $\mathfrak{v}$ ihre Bezeichnung erhalten
haben. Der Koeffizient $\mathfrak{p}$ von $\dot{x}$ ist eine gerichtete Größe, die für
jedes Massenteilchen einen anderen Wert hat und zugleich für
dasselbe Massenteilchen eine Funktion der die augenblickliche Stellung des ganzen Verbandes beschreibenden Koordinaten ψ und
x ist. Für die nicht zum Regulator oder zur Steuerung gehörigen
Teile ist $\mathfrak{p}$ jederzeit gleich Null.

Für die Beschleunigung von m erhalten wir den Ausdruck

$$\frac{d\mathfrak{v}}{dt} = \frac{d\mathfrak{v}_0}{dt} + \mathfrak{p}\,\frac{d^2x}{dt^2} + \frac{d\mathfrak{p}}{dt}\,\frac{dx}{dt}$$

und die Multiplikation mit m liefert nach einem Vorzeichenwechsel die an m anzubringende Trägheitskraft. Wir können nun

das Gleichgewicht der Trägheitskräfte mit den für den ganzen
Verband als äußere zu betrachtenden Kräften untersuchen und
wenden dazu das Prinzip der virtuellen Geschwindigkeiten für
eine virtuelle Verschiebung δx bei konstantem ψ an. Als äußere
Kräfte, die hierbei eine Arbeit leisten, kommen in Betracht die
Gewichte aller zum Regulator und zum Steuerungsgestänge gehörigen Teile, ferner auch bei einem Regulator mit Federbela-
stung die von der Feder ausgeübte Kraft, sowie die Reibungen,
die sich der Änderung des Regulatorhubs widersetzen. Dagegen
kommen, wie noch ausdrücklich betont werden soll, die Zentrifugalkräfte am Regulator nicht unter den äußeren Kräften vor,
da diese schon in dem allgemeinen Ausdrucke für die Trägheitskräfte mit eingerechnet sind. Alle diese äußeren Kräfte denken
wir uns in der gewöhnlichen, insbesondere bei dem Verfahren
von Lagrange ausführlich besprochenen Weise auf die Koordinate x reduziert. Wir wollen uns jedoch, um sonst leicht mögliche Verwechselungen des Vorzeichens zu vermeiden, die reduzierte Kraft X positiv gerechnet denken, wenn sie, wie es in
der Regel zu erwarten ist, nach abwärts geht, d. h. wenn sie einer
Vermehrung δx des Regulatorhubs entgegenwirkt. Die Arbeit
der äußeren Kräfte stellt sich dann in der Form

$$- X \delta x$$

dar. — Die Verschiebung, die das Massenteilchen m erfährt, ergibt sich aus dem für $\mathfrak{v}$ gebildeten Ausdruck zu

$$\mathfrak{p} \delta x$$

und die Arbeit der an m angebrachten Trägheitskraft daher zu

$$- m \frac{d\mathfrak{v}}{dt} \mathfrak{p} \delta x.$$

Setzt man die Summe aller Arbeiten gleich Null, so erhält
man nach Streichen des allen Gliedern gemeinsamen Faktors δx
die Bewegungsgleichung für den Regulator

$$X + \sum m \frac{d\mathfrak{v}_0}{dt} \mathfrak{p} + \frac{d^2 x}{dt^2} \sum m \mathfrak{p}^2 + \frac{dx}{dt} \sum m \mathfrak{p} \frac{d\mathfrak{p}}{dt} = 0.$$

Die Summen sind wegen des in allen vorkommenden Fak-
tors $\mathfrak{p}$ nur auf die zum Regulator und zum Steuerungsgestänge
gehörigen Massen zu erstrecken. Da wir die Gleichung nur zur
Ermittelung des Steuerungsrückdruckes gebrauchen wollen, spalten
wir jede Summe in zwei Teile, von denen sich der erste über

die zum Regulator und der zweite über die zum Steuerungsgestänge gehörigen Massen erstreckt. Wenn der Regulator, so wie
wir es früher vorausgesetzt hatten, auf eine Drosselklappe einwirkte, deren Masse vernachlässigt werden kann, so kämen in
der Bewegungsgleichung nur die ersten Teile der Summen vor
und die Gleichung würde sich dann auf die von früher her bekannte Form bringen lassen. Neu hinzu kommen jetzt gegen
früher nur die vom zweiten Teil herrührenden Glieder, und diese
lassen sich daher zu einem als Summanden von X auftretenden
Werte zusammenfassen, der den Rückdruck der Steuerung angibt. Bezeichnen wir diesen Rückdruck mit R und deuten wir
durch Anhängen eines Zeigers 2 an, daß sich in der folgenden
Gleichung die Summen nur über die zum Steuerungsgestänge
gehörigen Massen zu erstrecken haben, so erhalten wir

$$R = \sum_2 m \frac{d\mathfrak{v}_0}{dt} \mathfrak{p} + \frac{d^2 x}{dt^2} \sum_2 m \mathfrak{p}^2 + \frac{dx}{dt} \sum_2 m \mathfrak{p} \frac{d\mathfrak{p}}{dt}. \quad (324)$$

Den einzelnen Gliedern dieses Ausdrucks können wir noch
eine anschaulichere Deutung geben. Das erste Glied können wir
als die nach der gewöhnlichen Vorschrift auf die Koordinate x
reduzierte und nach abwärts als positiv gerechnete Kraft bezeichnen, die von den Trägheitskräften an der Steuerung beim
stationären Gange der Maschine (also bei konstantem x) herrührt. Für die im zweiten Gliede vorkommende Summe setzen
wir den Buchstaben M und bezeichnen sie als die auf die Koordinate x reduzierte Masse der Maschine. Dann läßt sich
R schreiben

$$R = \sum_2 m \frac{d\mathfrak{v}_0}{dt} \mathfrak{p} + M \frac{d^2 x}{dt^2} + \frac{1}{2} \frac{dM}{dt} \frac{dx}{dt}. \quad (325)$$

Bei der Anwendung der Formel muß man beachten,
daß M, ebenso wie jeder Vektor $\mathfrak{p}$, nicht konstant ist,
sondern für jede Stellung des Verbandes einen an-
deren Wert annimmt. Um eine bestimmte Steuerung auf die
Größe des von ihr auf den Regulator ausgeübten Rückdruckes
zu untersuchen, bleibt nichts übrig, als für eine Reihe von Stellungen die in dem Ausdrucke von R vorkommenden Summen
nacheinander zu berechnen.

Das ist freilich eine mühsame Arbeit. Sie wurde in einer
Münchener Doktordissertation des Herrn Hans Götz für die
Steuerung der Bonjour-Lachaussée-Dampfmaschine vollständig

durchgeführt. Das Ergebnis lief darauf hinaus, daß es für die
Untersuchung der Regulatorschwingungen in dem betrachteten
Falle genügt, die variable Größe M durch einen konstanten Mittelwert zu ersetzen. Dieser wirkt dann so, als wenn die Masse
der Regulatorhülse um den entsprechenden Betrag erhöht wäre.
Das erste Glied in dem Ausdrucke für R bildet dagegen eine
periodisch veränderliche Kraft, die zu erzwungenen Schwingungen
des Regulators führt, falls sie so große Werte annimmt, daß sie
die konstante Reibung, die sich der Regulatorbewegung widersetzt, zu überwinden vermag.

§ 55. Regulatorschwingungen von parallel geschalteten Maschinen mit elastischer Kuppelung.

Ich betrachte jetzt zwei gleiche Kraftmaschinen, die auf dieselbe Welle arbeiten oder die, wie man sagt, parallel zu einander
geschaltet sind. Jede dieser Maschinen sei mit einem Regulator
von der in Abb. 20 angegebenen Bauart ausgerüstet. Von der
Steuerung setze ich der Einfachheit halber voraus, daß sie als
rückdruckfrei betrachtet werden kann. Außerdem sei zunächst
vorausgesetzt, daß die konstante Reibung vernachlässigt werden
darf, während die der Geschwindigkeit proportionale Reibung
zu berücksichtigen ist.

Mit jeder der beiden Maschinen sei ein Schwungrad vom
Trägheitsmomente θ starr verbunden. Von der gemeinschaftlichen Welle beider Maschinen setze ich voraus, daß sie entweder
ziemlich lang ist, so daß sie wegen ihrer Torsionselastizität ein
geringes Vor- oder Nacheilen der einen Maschine gegenüber der
anderen gestattet oder daß in die Wellenleitung irgend eine Vorrichtung eingeschaltet ist, die unter Überwindung eines sich der
Verdrehung widersetzenden elastischen Widerstandes eine geringe Drehung der beiden Wellenstücke gegeneinander ermöglicht. Eine derartige Verbindung beider Maschinen miteinander
sei ganz allgemein als eine elastische Kuppelung bezeichnet.

Der ganze Verband, der hierdurch gebildet wird, hat jetzt
vier Freiheitsgrade. Als allgemeine Koordinaten seien die von
einer bestimmten Normalstellung aus gezählten Drehungswinkel
ψ_1 und ψ_2 beider Maschinen und die die Regulatorstellungen in
der von früher her bekannten Weise beschreibenden Winkel φ_1
und φ_2 gewählt. Wenn ψ_1 und ψ_2 in einem bestimmten Augenblicke verschieden voneinander sind, gibt der Unterschied den

Verdrehungswinkel der zwischen beiden Maschinen liegenden Welle (oder der in sie eingeschalteten federnden Kuppelung) an. Diesem Verdrehungswinkel entspricht ein Kräftepaar, dessen Moment sich in der Form $c(\psi_1 - \psi_2)$ anschreiben läßt, wenn unter c ein Proportionalitätsfaktor verstanden wird, der aus den näheren Angaben über die elastische Kuppelung, also, wenn es sich nur um eine federnde Welle handelt, aus der Formel der Festigkeitslehre für den Verdrehungswinkel berechnet werden kann. Die Winkel ψ_1 und ψ_2 sind in solchem Sinne zu zählen, daß sie beim regelmäßigen Umlaufe der Maschinen wachsen. Wenn dann zu einer gegebenen Zeit ψ_1 etwas größer ist als ψ_2, so läuft die erste Maschine vor und das von der Welle auf sie übertragene Moment $c(\psi_1 - \psi_2)$ wirkt an ihr verzögernd, während an der nacheilenden zweiten Maschine ein Moment von der gleichen Größe beschleunigend angreift.

Die praktisch wichtigsten Schwingungen, die zwischen solchen parallel geschalteten Maschinen ganz regelmäßig auftreten sind freilich solche, bei denen die Regulatoren ihren Hub überhaupt nicht ändern. Sie bestehen also aus einfachen Torsionsschwingungen des aus den beiden Schwungrädern und der zwischen ihnen liegenden Welle bestehenden Verbandes, deren Gesetz schon im vierten Bande ausführlich besprochen wurde. Die konstante Regulatorreibung genügt nämlich, selbst wenn sie nur klein ist, gewöhnlich vollständig, um eine den rasch verlaufenden Schwankungen in der Umdrehungsgeschwindigkeit jedes der beiden Schwungräder entsprechende Änderung des zugehörigen Regulatorhubes zu verhindern.

Diese Torsionsschwingungen werden durch periodische Änderungen der auf die Welle übertragenen Drehmomente hervorgerufen und können im Falle der Resonanz eine gefahrdrohende Größe erreichen. Sie sind daher sehr wichtig, brauchen aber hier nicht weiter besprochen zu werden, da dies schon früher ausführlich genug geschehen ist. Hier handelt es sich nur noch um die Untersuchung des verwickelteren Bewegungsvorganges, bei dem auch die Regulatoren an den Schwingungen teilnehmen. Häufig bezeichnet man die Schwingungen der Maschinen gegeneinander als ein „Pendeln". Erstreckt sich der Vorgang auch auf eine Schwingung der Regulatoren, so verläuft er viel langsamer, als im anderen Falle. Hier handelt es sich also, mit anderen Worten, nur um das langsame Pendeln der par-

allel geschalteten Maschine und nicht um das an und
für sich erheblich einfacher verlaufende schnelle Pendeln, das mit einer Änderung der Regulatorstellung
nichts zu tun hat.

Der für beide Maschinen gemeinschaftliche Wert der durch-
schnittlichen Winkelgeschwindigkeit sei mit u_0, die Winkelgeschwindigkeit der ersten Maschine zur Zeit t mit $u_0 + \eta_1$, die
der zweiten mit $u_0 + \eta_2$ bezeichnet. Die Abweichungen η_1 und
η_2 von dem Durchschnittswerte sind wie in § 52 als kleine Größen
zu betrachten. Dabei sollen sich ebenso wie früher diese Winkelgeschwindigkeiten auf die Regulatorspindel beziehen, während
die Winkelgeschwindigkeiten der Schwungräder daraus durch
Multiplikation mit dem konstanten Übersetzungsverhältnisse n
gefunden werden.

Für die Beschleunigung des Schwungrades der ersten Maschine gilt hiernach die Bewegungsgleichung

$$n\theta \frac{d\eta_1}{dt} = M - M_0 - c(\psi_1 - \psi_2),$$

wenn M und M_0 in der früheren Bedeutung gebraucht werden.
Setzen wir für M den in Gl. (304) aufgestellten Wert ein und
drücken η_1 in ψ_1 aus, so lautet die Gleichung

$$n\theta \frac{d^2\psi_1}{dt^2} = \varepsilon_1 \left(\frac{dF}{d\varphi}\right)_0 - c(\psi_1 - \psi_2).$$

Eine entsprechende Gleichung gilt auch für die zweite Maschine, nämlich

$$n\theta \frac{d^2\psi_2}{dt^2} = \varepsilon_2 \left(\frac{dF}{d\varphi}\right)_0 + c(\psi_1 - \psi_2).$$

Subtrahieren wir beide Gleichungen voneinander, so erhalten
wir

$$n\theta \frac{d^2(\psi_1 - \psi_2)}{dt^2} = (\varepsilon_1 - \varepsilon_2)\left(\frac{dF}{d\varphi}\right)_0 - 2c(\psi_1 - \psi_2).$$

Mit Benutzung der durch Gl. (305) eingeführten Konstanten
K und mit der Abkürzung

$$\frac{2c}{n\theta} = c'$$

können wir dafür schreiben

$$\frac{d^2(\psi_1 - \psi_2)}{dt^2} = -K(\varepsilon_1 - \varepsilon_2) - c'(\psi_1 - \psi_2). \qquad (326)$$

Dazu kommen die Bewegungsgleichungen für beide Regulatoren, die unmittelbar aus § 52 übernommen werden können, nämlich nach Gl. (302)

$$a_1 \frac{d^2 \varepsilon_1}{dt^2} + a_2 \frac{d\varepsilon_1}{dt} + a_3 \varepsilon_1 - a_4 \eta_1 = 0,$$

$$a_1 \frac{d^2 \varepsilon_2}{dt^2} + a_2 \frac{d\varepsilon_2}{dt} + a_3 \varepsilon_2 - a_4 \eta_2 = 0,$$

wobei zu beachten ist, daß die Koeffizienten a für beide Maschinen, die wir als gleich miteinander angenommen hatten, dieselben Werte haben.

Durch Subtraktion entsteht daraus

$$a_1 \frac{d^2(\varepsilon_1 - \varepsilon_2)}{dt^2} + a_2 \frac{d(\varepsilon_1 - \varepsilon_2)}{dt} + a_3(\varepsilon_1 - \varepsilon_2) - a_4(\eta_1 - \eta_2) = 0.$$

Nun ist aber

$$\eta_1 = \frac{d\psi_1}{dt} - u_0; \quad \eta_2 = \frac{d\psi_2}{dt} - u_0$$

und hiermit geht die vorhergehende Gleichung über in

$$a_1 \frac{d^2(\varepsilon_1 - \varepsilon_2)}{dt^2} + a_2 \frac{d(\varepsilon_1 - \varepsilon_2)}{dt} + a_3(\varepsilon_1 - \varepsilon_2)$$
$$- a_4 \frac{d(\psi_1 - \psi_2)}{dt} = 0. \tag{327}$$

In den Gleichungen (326) und (327) kommen nur noch die Differenzen der sich auf beide Maschinen beziehenden Werte von ε und ψ vor. Bezeichnen wir die Differenz $\varepsilon_1 - \varepsilon_2$ mit δ und eliminieren $\psi_1 - \psi_2$ aus beiden Gleichungen, so erhalten wir für δ die Differentialgleichung

$$a_1 \frac{d^4 \delta}{dt^4} + a_2 \frac{d^3 \delta}{dt^3} + (a_3 + c' a_1) \frac{d^2 \delta}{dt^2} + (a_2 c' + a_4 K) \frac{d\delta}{dt}$$
$$+ a_3 c' \delta = 0. \tag{328}$$

Das ist wieder eine lineare Differentialgleichung mit konstanten und positiven Koeffizienten, deren Lösung in der gewöhnlichen Weise gefunden werden kann, nämlich

$$\delta = A e^{\alpha_1 t} + B e^{\alpha_2 t} + C e^{\alpha_3 t} + D e^{\alpha_4 t},$$

wenn unter den α die vier Wurzeln der charakteristischen Gleichung

$$a_1 \alpha^4 + a_2 \alpha^3 + (a_3 + c' a_1) \alpha^2 + (a_2 c' + a_4 K) \alpha + a_3 c' = 0 \tag{329}$$

verstanden werden. Auch ob die beiden Maschinen im stabilen Parallelbetrieb miteinander arbeiten können, also ohne hierbei ins Pendeln (oder genauer gesagt, ins „langsame" Pendeln) zu geraten, läßt sich aus der Lösung leicht entnehmen. Hierzu ist nötig, daß keine der Wurzeln der charakteristischen Gleichung einen positiven reellen Anteil erhalten darf. Reelle positive Wurzeln sind übrigens auf keinen Fall möglich, da die Koeffizienten der Gleichung sämtlich positiv sind.

Die Frage kann in ganz ähnlicher Weise entschieden werden, wie bei der kubischen Gleichung (310) in § 52. Hat man nämlich eine biquadratische Gleichung mit nur positiven Koeffizienten

$$x^4 + a x^3 + b x^2 + c x + d = 0,$$

so lautet die Bedingung dafür, daß nur komplexe Wurzeln mit negativem reellen Anteile möglich sind:

$$a b c > c^2 + a^2 d. \tag{330}$$

Man kann diesen Satz in derselben Weise wie den in ihm mit enthaltenen einfacheren Satz für die kubische Gleichung beweisen, also so ungefähr, wie es in § 52 geschehen war. Die Rechnungen werden nur etwas länger; ich glaube aber davon absehen zu dürfen, sie hier wiederzugeben.

Wenden wir diesen Satz auf Gl. (329) an, so lautet die Bedingung für den stabilen Gang

$$a_2(a_3 + c' a_1)(a_2 c' + a_4 K) > a_1(a_2 c' + a_4 K)^2 + a_2{}^2 a_3 c'.$$

Multipliziert man aus und hebt die auf beiden Seiten der Ungleichung herauskommenden gleichen Glieder gegeneinander fort, so erhält man

$$a_2 a_3 > a_1 a_2 c' + a_1 a_4 K \tag{331}$$

als Bedingung für die Möglichkeit eines ungestörten Parallelbetriebs.

Setzen wir in der Ungleichung $c' = 0$, so heißt dies, daß sich die beiden Maschinen überhaupt nicht beeinflussen, daß also jede für sich arbeitet, unabhängig von der andern. Für diesen Fall vereinfacht sich Ungleichung (331) zu

$$a_2 a_3 > a_1 a_4 K.$$

Diese Bedingung stimmt aber genau überein mit der durch Ungleichung (311) ausgedrückten Bedingung für den stabilen Gang *einer* Maschine. Wir erhalten damit zunächst das von vornherein vorauszusehende Ergebnis, daß ein geordneter Parallelbetrieb nur möglich ist, wenn jede Maschine für sich imstande ist, im stabilen Gange zu bleiben.

Aber die Bedingung (331) ist strenger, als die Bedingung
für die einzelne Maschine, wenn c' von Null verschieden ist,
beide Maschinen also in der Tat durch eine elastische Kuppelung miteinander verbunden sind. Man sieht auch, daß unter
sonst gleichen Umständen ein langsames Pendeln der beiden
Maschinen gegeneinander um so eher zu befürchten ist, je
größer c' wird, d. h. je steifer die Verbindung zwischen beiden
Maschinen ist.

Dieses Ergebnis ließe befürchten, daß unter gewöhnlichen
Umständen, nämlich bei einer verhältnismäßig kurzen und sehr
steif konstruierten gemeinschaftlichen Kurbelwelle beide Maschinen überhaupt nicht im geordneten Parallelbetrieb miteinander arbeiten könnten, wenn nicht schon aus sehr zahlreichen
Erfahrungen bekannt wäre, daß diese Befürchtung grundlos ist.

Wir sind hierdurch vor die Aufgabe gestellt, eine
Erklärung dafür zu geben, wie ein Parallelbetrieb der
beiden Maschinen trotzdem noch möglich ist, wenn
auch, wie es gewöhnlich der Fall sein wird, die Ungleichung (331) nicht erfüllt ist. Die Erklärung kann nur
darin gefunden werden, daß bei der Ableitung von Ungleichung
(331) die konstante Regulatorreibung nicht berücksichtigt wurde.
In der Tat ist es nur dieser konstanten Reibung zu verdanken,
daß ein Parallelbetrieb von Maschinen unter den im übrigen
hier zutreffenden Bedingungen überhaupt durchführbar ist.

Wir müssen daher die Entwicklungen dieses Paragraphen
jetzt noch einmal von vornher beginnen und dabei die konstante
Regulatorreibung mit in den Rechnungsansatz aufnehmen. Das
kann nach dem schon in § 53 gegebenen Muster leicht geschehen.
Hiernach gilt für den steigenden Regulator (vgl. Gl. (314)) die
Bewegungsgleichung

$$a_1 \frac{d^2 \varepsilon_1}{dt^2} + a_2 \frac{d\varepsilon_1}{dt} + a_3 \varepsilon_1 - a_4 \eta_1 + F \sin \varphi_0 = 0, \qquad (332)$$

wogegen das Vorzeichen des Gliedes $F \sin \varphi_0$ umzukehren ist,
wenn der Regulator herabsinkt. Bei zwei parallel geschalteten
Maschinen, die im Pendeln begriffen sind, wird aber die Schwierigkeit, die durch das wechselnde Vorzeichen von F hereingebracht
wird, erheblich herabgemindert, da stets ein Regulator im Auf-
wärts- und der andere im Abwärtsgange begriffen sein wird.
Wir brauchen daher nur die Bezeichnungen 1 und 2 für beide
Maschinen während irgend eines Schwingungsausschlages so zu

verteilen, daß der Regulator der mit 1 bezeichneten Maschine gerade im Steigen, der mit 2 bezeichneten im Fallen begriffen ist. Dann gilt für die Dauer eines Hubes stets Gleichung (332) und neben ihr die folgende Gleichung, die sich auf den Regulator der zweiten Maschine bezieht, nämlich

$$a_1 \frac{d^2 \varepsilon_2}{dt^2} + a_2 \frac{d \varepsilon_2}{dt} + a_3 \varepsilon_2 - a_4 \eta_2 - F \sin \varphi_0 = 0. \qquad (333)$$

Subtrahieren wir beide Gleichungen voneinander und drücken die Differenz von η_1 und η_2 in ψ_1 und ψ_2 aus, so finden wir

$$a_1 \frac{d^2(\varepsilon_1 - \varepsilon_2)}{dt^2} + a_2 \frac{d(\varepsilon_1 - \varepsilon_2)}{dt} + a_3(\varepsilon_1 - \varepsilon_2) - a_4 \frac{d(\psi_1 - \psi_2)}{dt}$$
$$+ 2 F \sin \varphi_0 = 0. \qquad (334)$$

Diese Gleichung unterscheidet sich von der in derselben Weise abgeleiteten Gleichung (327) nur durch das Auftreten des mit F behafteten konstanten Gliedes.

An den sich auf die Beschleunigung der Schwungräder beziehenden Bewegungsgleichungen wird durch das Hinzutreten der Regulatorreibung F nichts geändert; wir können daher Gl. (326) ohne weiteres übernehmen. Eliminiert man aus ihr und Gl. (334) die Variable $\psi_1 - \psi_2$ und bezeichnet man $\varepsilon_1 - \varepsilon_2$ wieder mit dem Buchstaben δ, so erhält man die Differentialgleichung für δ

$$a_1 \frac{d^4 \delta}{dt^4} + a_2 \frac{d^3 \delta}{dt^3} + (a_3 + a_1 c') \frac{d^2 \delta}{dt^2} + (a_2 c' + a_4 K) \frac{d \delta}{dt}$$
$$+ a_3 c' \delta + 2 F c' \sin \varphi_0 = 0. \qquad (335)$$

Sie unterscheidet sich von Gl. (328) nur durch das Hinzutreten des konstanten letzten Gliedes der linken Seite. Auch die allgemeinen Lösungen beider Gleichungen unterscheiden sich daher nur unerheblich voneinander. Bezeichnet man die früher betrachtete Lösung von Gl. (328) jetzt mit δ_0, so lautet die Lösung von Gl. (335)

$$\delta = \delta_0 - \frac{2 F \sin \varphi_0}{a_3}. \qquad (336)$$

Zu Anfang des Schwingungsganges, auf den sich die Gleichung bezieht, hatte δ seinen größten negativen Wert, dessen Absolutbetrag mit A bezeichnet werden mag. Hierauf wächst δ im positiven Sinne fortwährend an, bis es am Ende des Schwingungsganges den größten positiven Wert B erreicht hat. Wenn $F = 0$ wäre, ginge δ in δ_0 über und die zugehörigen Grenzwerte seien mit A_0 und B_0 bezeichnet. Dann hat man nach Gl. (336)

$$- A = - A_0 - \frac{2\,F\sin\varphi_0}{a_3},$$

$$+ B = + B_0 - \frac{2\,F\sin\varphi_0}{a_3}.$$

Für den Unterschied der Absolutwerte von B und A erhält man daher

$$B - A = (B_0 - A_0) - \frac{4\,F\sin\varphi_0}{a_3}. \qquad (337)$$

Aus dieser Gleichung erkennt man deutlich den Einfluß der konstanten Reibung auf den Verlauf der Schwingung. Für $F = 0$ würden wir nämlich schon an der Grenze des Pendelns stehen, wenn $B_0 = A_0$ wäre. Wenn F hinzukommt, darf dagegen B_0 um den Betrag des letzten Gliedes auf der rechten Seite größer sein als A_0, bis die Grenze des Pendelns erreicht wird. Ein stabiler Gang der Maschine ist daher auch dann noch möglich, wenn die charakteristische Gleichung (329) zwei komplexe Wurzeln mit positiven reellen Anteilen besitzt. Voraussetzung ist nur, daß diese nicht so groß werden, um $B_0 - A_0$ über den zulässigen Wert $\frac{4\,F\sin\varphi_0}{a_3}$ hinaus wachsen zu lassen. Die Bedingung für den stabilen Gang kann daher jetzt in der Form

$$(B_0 - A_0) < \frac{4\,F\sin\varphi_0}{a_3} \qquad (338)$$

angeschrieben werden. Um einen ungefähren Überblick über die zahlenmäßige Bedeutung dieser Bedingung zu erhalten, kann man noch die folgende Näherungsrechnung anstellen. Man setze

$$\delta_0 = e^{pt}(C_1 \sin qt + C_2 \cos qt),$$

wobei unter $p + iq$ und $p - iq$ die beiden komplexen Wurzeln der charakteristischen Gleichung mit positiven, reellen Anteilen p zu verstehen sind, während C_1 und C_2 zwei willkürliche Integrationskonstanten bedeuten. Auf die beiden anderen Glieder von δ_0, die zu den Wurzeln mit negativen, reellen Anteilen gehören, ist bei diesem Ansatze nicht geachtet, d. h. es ist ein spezieller Schwingungsvorgang vorausgesetzt, bei dem diese Glieder verschwinden.

Die Zeit $t = 0$ möge dem Augenblicke entsprechen, in dem δ_0 zu Null wird. Zu Anfang des Schwingungsganges ist dann t

negativ und späterhin positiv. Mit dieser uns freistehenden Wahl
vereinfacht sich die vorhergehende Gleichung zu

$$\delta_0 = C_1 e^{pt} \sin qt.$$

Wenn die Bedingung (338) für einen nicht sehr großen
Wert der konstanten Reibung F erfüllt sein soll, muß pt für die
während eines Schwingungsausschlages verfließende Zeit jedenfalls ziemlich klein bleiben und es genügt daher, wenn wir die
Exponentialfunktion in eine Reihe entwickeln und von dieser
nur die beiden ersten Glieder beibehalten. Damit geht die Gleichung über in
$$\delta_0 = C_1(1 + pt)\sin qt.$$

Mit demselben Grade der Genauigkeit kann man auch für die
weitere Ausrechnung annehmen, daß der Anfang des Schwingungsganges der Zeit
$$t = -\frac{T}{2}$$

und das Ende der Zeit $t = +\dfrac{T}{2}$

entspricht. Hierin bedeutet demnach T die Dauer einer einfachen Schwingung oder

$$T = \frac{\pi}{q}.$$

Dann erhält man für die vorher mit A_0 und B_0 bezeichneten
Größen
$$A_0 = C_1\left(1 - p\,\frac{T}{2}\right)$$

$$B_0 = C_1\left(1 + p\,\frac{T}{2}\right)$$

Hiermit sind wir in den Stand gesetzt, die Bedingung (338)
für den stabilen Gang in der weiter ausgerechneten Form

$$C_1 p T < \frac{4\,F\sin\varphi_0}{a_3} \tag{339}$$

anzuschreiben.

Die Ungleichung (339) lehrt uns insbesondere, daß
die konstante Reibung F das Pendeln um so leichter
zu verhüten vermag, je kleiner unter sonst gleichen
Umständen C_1 ist, d. h. je mehr äußere Einflüsse ferngehalten
werden, die einen anfänglich großen Unterschied beider Regulatorausschläge herbeiführen könnten. Mit anderen Worten heißt
dies, daß schon eine ganz geringe konstante Reibung ausreicht,

um einen fortgesetzten stabilen Gang beider Maschinen weiterhin aufrechtzuerhalten, wenn er vorher bereits bestanden hatte.

Große anfängliche Unterschiede beider Regulatorausschläge sind insbesondere dann zu erwarten, wenn zuerst nur die eine Maschine mit der gemeinsamen Welle verbunden war und hierauf die andere zugeschaltet wird. Dann ist also ein Pendeln in dem hier gebrauchten Sinne des Wortes besonders zu befürchten, während es später, nachdem die anfänglichen Schwingungen erloschen sind und solange größere Störungen ferngehalten werden, nicht mehr zu erwarten ist.

Ferner folgt noch aus der Ungleichung (339), daß die konstante Reibung einen um so kleineren Einfluß hat, je größer die Schwingungsdauer T wird. Daher tritt ein Pendeln um so eher ein, je größer die Schwingungsdauer T wird.

Schließlich erklärt sich auch aus Ungleichung (339), warum zwei Maschinen, die mit einer verhältnismäßig kurzen und steif konstruierten Kurbelwelle in Verbindung gebracht sind, anstandslos parallel arbeiten können, während vorher aus der unter Vernachlässigung der konstanten Reibung aufgestellten Bedingung (331) geschlossen werden mußte, daß in diesem Falle ein Pendeln besonders zu befürchten wäre. Gehen wir nämlich auf die charakteristische Gl. (329) zurück und schreiben wir sie jetzt für den Fall an, daß $a_2 = 0$ ist, d. h. daß die der Geschwindigkeit proportionale Reibung ganz vernachlässigt werden kann, so lautet sie

$$a_1 \alpha^4 + (a_3 + a_1 c') \alpha^2 + a_4 K \alpha + a_3 c' = 0 \qquad (340)$$

und dabei ist unter c' jetzt ein verhältnismäßig sehr großer Wert zu verstehen, den man sich in der Grenze schließlich selbst unendlich groß denken kann. Wir erhalten daher mit großer Annäherung zwei Wurzeln der biquadratischen Gleichung, wenn wir neben den mit c' behafteten Gliedern alle anderen streichen, womit

$$\alpha_1 = i \sqrt{\frac{a_3}{a_1}}, \quad \alpha_2 = - i \sqrt{\frac{a_3}{a_1}}$$

gefunden wird. Nun kann ja allerdings der reelle Anteil dieser beiden Wurzeln nicht streng, sondern nur nahezu gleich Null sein. Wir setzen daher

$$\alpha_1 = \sigma + i \sqrt{\frac{a_3}{a_1}}, \quad \alpha_2 = \sigma - i \sqrt{\frac{a_3}{a_1}}$$

und betrachten σ als eine kleine Größe, deren höhere Potenzen gegenüber den anderen Summanden vernachlässigt werden können. Dann erhalten wir beim Einsetzen von

$$\sigma \pm i \sqrt{\frac{a_3}{a_1}}$$

an Stelle von α in Gl. (340) nach Wegheben der gegeneinander fortfallenden Glieder

$$\mp 2 i \sigma a_2 \sqrt{\frac{a_3}{a_1}} \pm 2 i \sigma a_1 c' \sqrt{\frac{a_3}{a_1}} + a_4 K \sigma \pm i a_4 K \sqrt{\frac{a_3}{a_1}} = 0,$$

woraus man für σ erhält

$$\sigma = \frac{\mp i a_4 K \sqrt{\frac{a_3}{a_1}}}{\mp 2 i a_2 \sqrt{\frac{a_3}{a_1}} \pm 2 i a_1 c' \sqrt{\frac{a_3}{a_1}} + a_4 K}$$

Im Nenner überwiegt aber unserer Voraussetzung zufolge dem Absolutbetrage nach weitaus das mit c' behaftete Glied und wenn wir die übrigen Glieder dagegen vernachlässigen, erhalten wir

$$\sigma = - \frac{a_4 K}{2 a_1 c'}.$$

Hiernach haben wir bis auf Größen höherer Ordnung genau die Lösungen

$$\alpha_1 = - \frac{a_4 K}{2 a_1 c'} + i \sqrt{\frac{a_3}{a_1}},$$

$$\alpha_2 = - \frac{a_4 K}{2 a_1 c'} - i \sqrt{\frac{a_3}{a_1}}.$$

Da in Gl. (340) das Glied mit α^3 weggefallen ist, muß die Summe der vier Wurzeln gleich Null sein. Daraus folgt, daß die beiden noch fehlenden Wurzeln α_3 und α_4 einen positiven, reellen Anteil haben, der dem negativen, reellen Anteile von α_1 und α_2 gleich ist. Für die in der Ungleichung (339) mit p bezeichnete Größe haben wir daher in unserem Falle

$$p = \frac{a_4 K}{2 a_1 c'}$$

zu setzen. Ferner ist das von α freie Glied in Gl. (340), nachdem die Gleichung mit a_1 dividiert ist, gleich dem Produkte aller vier Wurzeln zu setzen. Das liefert, wenn wir q in dem schon vorher gebrauchten Sinne verwenden, die Gleichung

$$(p^2 + q^2)\left(p^2 + \frac{a_2}{a_1}\right) = \frac{a_3}{a_1}\, c'.$$

Durch Auflösen nach q erhält man zunächt

$$q = \sqrt{\frac{a_3\, c'}{a_1\, p^2 + a_2} - p^2}.$$

Nun ist aber, wie wir bereits erkannten, p eine sehr kleine Größe, die für $c' = \infty$ schließlich in Null übergeht. Wir können daher die Glieder mit p streichen und erhalten für q den hinreichend genauen Näherungswert

$$q = \sqrt{c'},$$

womit nun auch die Schwingungsdauer T bekannt wird, nämlich

$$T = \frac{\pi}{q} = \frac{\pi}{\sqrt{c'}}.$$

Für das Produkt pT endlich, das in der Ungleichung (339) vorkam, erhalten wir

$$pT = \frac{a_4\, K\pi}{2\, a_1\, c'\, \sqrt{c'}}.$$

Hiermit geht die Bedingung für den stabilen Gang über in

$$C_1\, \frac{a_4\, K\pi}{2\, a_1\, c'\, \sqrt{c'}} < \frac{4\, F \sin\varphi_0}{a_2}. \qquad (341)$$

Für ein hinreichend großes c' wird aber diese Bedingung, welche Werte der übrigen Koeffizienten nun auch zutreffen mögen, stets erfüllt sein.

Hiermit ist die vorher geforderte Erklärung dafür geliefert, daß zwei Maschinen, die auf eine gemeinsame, sehr steif konstruierte Kurbelwelle arbeiten, stets im ungestörten Parallelbetrieb miteinander arbeiten können, falls nur jede von ihnen der Bedingung für den stabilen Gang, wenn sie allein läuft, genügt.

Wir sind damit freilich nur auf ein Ergebnis gelangt, das aus der Erfahrung längst bekannt war. Die Bedeutung dieser Betrachtung liegt aber darin, daß der Grund für diese Erscheinung aufgedeckt und in dem von der Geschwindigkeit unabhängigen Reibungsgliede nachgewiesen ist.

§ 56. Die Planetenbewegung.

Die Theorie der Planetenbewegung hat in der geschichtlichen
Entwickelung unserer heutigen Mechanik eine so bedeutsame
Rolle gespielt, daß man auch in einem Lehrbuche der technischen
Mechanik nicht ganz daran vorübergehen kann. Auf die genauere
Besprechung der Einzelheiten darf ich dabei freilich von vornherein verzichten; eine allgemeine Auseinandersetzung der Grund-
züge dieser Theorie soll aber hier nicht fehlen. Einem Ingenieur,
der theoretischen Studien zugeneigt ist, dürfte sie jedenfalls will-
kommen sein. In § 9 des ersten Abschnitts wurde zwar die Planetenbewegung ebenfalls schon als Beispiel für eine zweckmäßige
Anwendung der Lehren von der Relativbewegung besprochen;
aber damit wollen wir uns jetzt nicht begnügen, sondern die
Frage nochmals von einer ganz andern Seite her in Angriff nehmen.

Auf Grund der Beobachtungen waren von Kepler die drei
Gesetze aufgestellt worden: 1. Die Planeten bewegen sich
in Ellipsen, in deren einem Brennpunkte die Sonne steht.
2. Der von der Sonne nach einem Planeten gezogene
Radiusvektor überstreicht in gleichen Zeiten gleiche
Flächen. 3. Die Quadrate der Umlaufszeiten zweier Planeten verhalten sich wie die Kuben der großen Achsen
der Bahnen. Diese Sätze genügten zunächst für die Beschreibung der Planetenbewegung. Ein großer Fortschritt war es aber,
als Newton eine mechanische Erklärung dafür gab, indem er
diese Bewegung auf die Wirkung von Kräften zurückführte, die
einem einfachen Gesetze folgen. Der Fortschritt bestand namentlich darin, daß die diesem Gesetze entsprechenden Kräfte nicht
nur die Keplerschen Gesetze zur notwendigen Folge haben, sondern daß sie darüber hinaus auch noch eine Reihe von anderen
Erscheinungen vorauszusagen gestatteten und daß sich diese
weiteren Schlußfolgerungen ebenfalls in Übereinstimmung mit
den Beobachtungen erwiesen.

Wir wollen uns jetzt dieselbe Aufgabe stellen wie sie Newton
vorlag. Zunächst können wir auf Grund des Flächensatzes schließen, daß wegen des zweiten Keplerschen Gesetzes die Bewegung
eines Planeten durch eine Zentralkraft erklärt werden kann, die
von der Sonne auf den Planeten ausgeübt wird. Das erste Keplersche Gesetz muß uns hierauf dazu dienen, das Gesetz zu ermitteln, nach dem diese Kraft von der Entfernung des Planeten

von der Sonne abhängt, während das dritte Keplersche Gesetz
Aufschluß darüber gibt, in welcher Beziehung die Kräfte zueinander stehen, die von der Sonne auf verschiedene Planeten übertragen werden.

Die augenblickliche Stellung irgend eines Planeten gegen die
Sonne bezogen auf einen bestimmten Raum, den wir uns gegen
den Fixsternhimmel festgelegt denken, sei durch den von der
Sonne nach dem Planeten gehenden Radiusvektor $\mathfrak{r}$ beschrieben.
Wir setzen
$$\mathfrak{r} = r\,\mathfrak{r}_1 \qquad (342)$$
und verstehen unter r die Länge von $\mathfrak{r}$ und unter $\mathfrak{r}_1$ einen in der
Richtung von $\mathfrak{r}$ gehenden Einheitsvektor. Durch Differentiation
nach der Zeit erhält man daraus
$$\frac{d\mathfrak{r}}{dt} = r\frac{d\mathfrak{r}_1}{dt} + \mathfrak{r}_1\frac{dr}{dt},$$
womit die Geschwindigkeit in eine zu $\mathfrak{r}$ normale und in eine in
die Richtung von $\mathfrak{r}$ fallende Komponente zerlegt ist. Eine nochmalige Differentiation liefert einen Ausdruck für die Beschleunigung, nämlich
$$\frac{d^2\mathfrak{r}}{dt^2} = r\frac{d^2\mathfrak{r}_1}{dt^2} + 2\frac{dr}{dt}\frac{d\mathfrak{r}_1}{dt} + \mathfrak{r}_1\frac{d^2r}{dt^2}. \qquad (343)$$

Auf Grund des Flächensatzes hatten wir bereits geschlossen,
daß die an dem Planeten angreifende Kraft und daher auch die
Beschleunigung auf die Richtungslinie von $\mathfrak{r}$ fällt. Und zwar
kann diese Kraft der geschlossenen Bahn wegen nur in einer
Anziehung und nicht in einer Abstoßung bestehen. Wir finden
daher den Zahlenwert der Beschleunigung durch Projektion des
Vektors $\frac{d^2\mathfrak{r}}{dt^2}$ auf die Richtung $-\mathfrak{r}_1$, d. h. durch innere Multiplikation der vorhergehenden Gleichung mit $-\mathfrak{r}_1$. Damit erhalten
wir
$$-\mathfrak{r}_1\frac{d^2\mathfrak{r}}{dt^2} = -r\mathfrak{r}_1\frac{d^2\mathfrak{r}_1}{dt^2} - 2\frac{dr}{dt}\mathfrak{r}_1\frac{d\mathfrak{r}_1}{dt} - \frac{d^2r}{dt^2}. \qquad (344)$$

Nun ist aber der Einheitsvektor $\mathfrak{r}_1$ der Größe nach konstant
und nur der Richtung nach veränderlich, d. h. $d\mathfrak{r}_1$ muß senkrecht
zu $\mathfrak{r}_1$ stehen, so daß jederzeit
$$\mathfrak{r}_1\frac{d\mathfrak{r}_1}{dt} = 0$$
ist. Damit verschwindet das zweite Glied der rechten Seite in
der vorhergehenden Gleichung. Im ersten Gliede können wir da-

gegen setzen
$$\mathfrak{r}_1 \frac{d^2\mathfrak{r}_1}{dt^2} = \frac{d}{dt}\left(\mathfrak{r}_1 \frac{d\mathfrak{r}_1}{dt}\right) - \left(\frac{d\mathfrak{r}_1}{dt}\right)^2,$$

was sich nach der vorhergehenden Bemerkung vereinfacht zu

$$\mathfrak{r}_1 \frac{d^2\mathfrak{r}_1}{dt^2} = -\left(\frac{d\mathfrak{r}_1}{dt}\right)^2.$$

Der Differentialquotient $\frac{d\mathfrak{r}_1}{dt}$ gibt seiner Größe nach die Winkelgeschwindigkeit u an, mit der sich der Radiusvektor $\mathfrak{r}$ oder $\mathfrak{r}_1$
dreht und da es bei dem Quadrate eines Vektors nur auf dessen
Zahlenwert und nicht auf seine Richtung ankommt, finden wir

$$\mathfrak{r}_1 \frac{d^2\mathfrak{r}_1}{dt^2} = -u^2.$$

Hiermit geht Gl. (344) über in

$$-\mathfrak{r}_1 \frac{d^2\mathfrak{r}}{dt^2} = ru^2 - \frac{d^2r}{dt^2}. \tag{345}$$

Die rechte Seite dieser Gleichung gibt uns den Zahlenwert
der Beschleunigung an und da wir außerdem wissen, daß die
Richtung der Beschleunigung mit der Richtung $-\mathfrak{r}_1$ zusammenfällt, können wir die Beschleunigung auch als Vektor anschreiben,
nämlich
$$\frac{d^2\mathfrak{r}}{dt^2} = \mathfrak{r}_1\left(\frac{d^2r}{dt^2} - ru^2\right). \tag{346}$$

Bis dahin gilt die Betrachtung allgemein für jede
Zentralbewegung, also für jede Bewegung, von der wir entweder aus der Beobachtung wissen, daß die Sektorengeschwindigkeit konstant ist, oder bei der von vornherein vorausgesetzt wird,
daß sie durch eine Zentralkraft hervorgebracht sei. Um sie auf
die Planetenbewegung anwenden zu können, brauchen wir noch
eine Gleichung der Ellipse, die der Planet nach dem ersten Keplerschen Gesetze beschreibt.

In Abb. 21 bezeichne S den Brennpunkt der Ellipse, in dem
die Sonne steht, und A die augenblickliche Stellung des Planeten.
Mit B ist der andere Brennpunkt bezeichnet, während die übrigen
Bezeichnungen aus der Abbildung zu entnehmen sind. Bekannt-
lich kann man die Ellipse mit Hilfe eines Fadens aus den beiden
Brennpunkten konstruieren, d. h. die Summe der beiden Längen
SA und AB ist konstant und zwar gleich dem großen Durchmesser der Ellipse. Die Länge von SA bezeichnen wir wie früher
mit r und für AB hat man daher die Länge $2a - r$. Anderer-

seits kann der Vektor
BA gleich $\mathfrak{r} - 2\mathfrak{e}$ gesetzt werden, wobei auch
die Exzentrizität $\mathfrak{e}$, wie
aus der Abbildung zu
entnehmen ist, als ge-
richtete Größe aufzufas-
sen ist. Das Quadrat dieses
Vektors ist gleich dem
Quadrate seines Zahlen-
wertes, so daß die Glei-
chung besteht

$$(\mathfrak{r} - 2\mathfrak{e})^2 = (2a - r)^2.$$

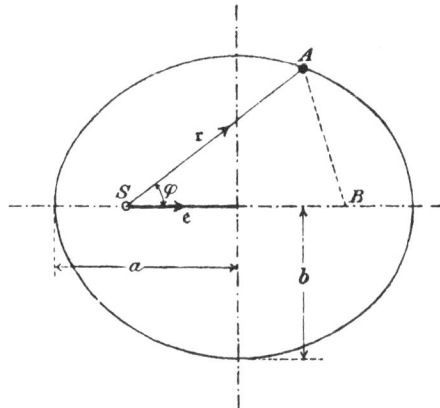

Abb. 21.

Durch Ausführung der
Quadrierung, Wegheben von r^2 und Division mit 4 geht dies
über in
$$- \mathfrak{e}\mathfrak{r} + e^2 = a^2 - ar.$$

Betrachtet man einen Endpunkt der kleinen Hauptachse der
Ellipse, so erkennt man nach dem Pythagoreischen Satze, daß

$$a^2 - e^2 = b^2$$

gesetzt werden kann. Damit geht die vorhergehende Gleichung
über in
$$\mathfrak{e}\mathfrak{r} = ar - b^2. \tag{347}$$

Das ist die Ellipsengleichung in Vektorform, bezogen auf S als Anfangspunkt der Radienvektoren. Sie
geht ohne weiteres in die aus der analytischen Geometrie bekannte Ellipsengleichung in Polarkoordinaten über, wenn man
mit Einführung des Winkels φ zwischen den Richtungen von
$\mathfrak{e}$ und $\mathfrak{r}$
$$\mathfrak{e}\mathfrak{r} = er \cos \varphi$$

setzt. Man erhält dann
$$r = \frac{b^2}{a - e \cos \varphi}. \tag{348}$$

Auf der rechten Seite sind b, a und e konstant, während sich
der Winkel φ mit der Zeit ändert, wenn der Planet seine Bahn
durchläuft. Wir wollen annehmen, daß dies in solchem Sinne
geschehe, daß der Winkel φ wächst; der Differentialquotient von
φ nach t gibt dann die Winkelgeschwindigkeit u an, mit der
sich der Radiusvektor dreht. — Eine Differentiation von Gl. (348)

nach der Zeit liefert daher

$$\frac{dr}{dt} = - \frac{b^2}{(a - e \cos \varphi)^2} e \sin \varphi u,$$

wofür wir auch mit Rücksicht auf Gl. (348)

$$\frac{dr}{dt} = - \frac{r^2}{b^2} u e \sin \varphi$$

schreiben können. Das Produkt $r^2 u$ bildet aber den Ausdruck für das Doppelte der Sektorengeschwindigkeit, d. h. der auf die Zeiteinheit bezogenen Fläche, die von dem Radiusvektor zur Zeit t überstrichen wird. Bezeichnen wir die Sektorengeschwindigkeit, von der wir wissen, daß sie konstant ist, mit dem Buchstaben c, so geht die vorhergehende Gleichung über in

$$\frac{dr}{dt} = - \frac{2ce}{b^2} \sin \varphi. \tag{349}$$

Durch nochmalige Differentiation nach der Zeit erhalten wir daraus

$$\frac{d^2 r}{dt^2} = - \frac{2ce}{b^2} \cos \varphi \cdot u.$$

Drücken wir hierin mit Hilfe von Gl. (348) $\cos \varphi$ in r aus, so finden wir

$$\frac{d^2 r}{dt^2} = - \frac{2cu(ar - b^2)}{b^2 r}$$

oder, wenn wir noch beachten, daß

$$u = \frac{2c}{r^2} \tag{350}$$

gesetzt werden kann, auch

$$\frac{d^2 r}{dt^2} = - \frac{4c^2(ar - b^2)}{b^2 r^3}. \tag{351}$$

Hiermit sind wir in den Stand gesetzt, den in Gl. (346) angegebenen Ausdruck für die Beschleunigung in weiter ausgerechneter Form anzuschreiben. Wir erhalten nämlich

$$\frac{d^2 \mathfrak{r}}{dt^2} = - \mathfrak{r}_1 \left(\frac{4c^2(ar - b^2)}{b^2 r^3} + \frac{4c^2}{r^3} \right) = - \mathfrak{r}_1 \frac{4c^2 a}{b^2 r^2}. \tag{352}$$

Hiermit sind wir bereits zu dem Newtonschen Ergebnisse gelangt, daß die Beschleunigung des Planeten und daher auch die von der Sonne auf ihn ausgeübte Kraft dem Quadrate des Abstandes r umgekehrt proportional ist.

Die Sektorengeschwindigkeit c steht in einem einfachen Zusammenhange mit der Umlaufzeit T des Planeten. Die während dieser Zeit von dem Radiusvektor überstrichene Fläche bildet nämlich den Flächeninhalt der Ellipse und man hat daher

$$c = \frac{\pi a b}{T}$$

Setzt man diesen Wert von c in Gl. (352) ein, so geht sie über in

$$\frac{d^2\mathfrak{r}}{dt^2} = -\mathfrak{r}_1 \frac{4\pi^2 a^3}{r^2 T^2} \tag{353}$$

Nach dem dritten Keplerschen Gesetze ist aber das Verhältnis $\frac{a^3}{T^2}$ für alle Planeten unseres Sonnensystems gleich groß. Dies heißt nach Gl. (353), daß alle Planeten, wenn sie in gleiche Abstände von der Sonne gelangten, die gleiche Beschleunigung und daher auch die gleiche Anziehung in bezug auf die Masseneinheit erfahren würden. Demnach sind alle Planeten aus Stoffen zusammengesetzt, die in bezug auf die Eigenschaft der Gravitation gleichwertig untereinander sind. Oder mit anderen Worten: Gleichen trägen Massen auf den verschiedenen Planeten entsprechen auch gleiche gravitierende Massen.

Hierbei ist nämlich darauf hinzuweisen, daß die Bezeichnung „Masse", die bei allen übrigen Anwendungen der Mechanik stets in dem Sinne gebraucht wird, der schon im ersten Bande dieser Vorlesungen auseinandergesetzt und späterhin überall beibehalten wurde, in der Mechanik der Himmelskörper noch auf einen anderen Begriff übertragen wird, der aber von jenem zunächst wenigstens wohl auseinanderzuhalten ist. Das ist in der vorhergehenden Aussage dadurch geschehen, daß darin zwischen trägen und zwischen gravitierenden Massen unterschieden ist. Die trägen Massen sind jene, die auf Grund der Trägheitserscheinungen der Materie erkannt und gemessen werden können, also jene, mit denen wir uns bisher ausschließlich beschäftigt haben. Der Begriff einer „gravitierenden" Masse wird dagegen an dieser Stelle neu eingeführt. Es ist das eine jener Massen, die nach dem Newtonschen Gesetze anziehend aufeinander wirken und deren Größe auf Grund der Gravitationserscheinungen abgeschätzt wird. An und für sich wäre es nämlich durchaus möglich, daß man zu ganz verschiedenen Werten für die Massen der Himmelskörper gelangte, je nachdem man sie auf die eine oder andere Art abschätzte. Erst das dritte Keplersche Gesetz lehrt uns, daß wenigstens innerhalb unseres Planetensystems kein Unterschied dieser Art besteht, daß vielmehr die nach den Anziehungskräften abgeschätzten Massen ebenso groß (oder im gleichen Verhältnis zueinander) gefunden werden, als wenn man diese Massen auf Grund des Trägheitsgesetzes ermittelte. Der Astronom hat daher keinen Grund, einen Unterschied zwischen trägen und zwischen gravitierenden Massen bei seinen Berechnungen zu machen.

Zugleich ist aber noch ausdrücklich hervorzuheben, daß es keineswegs im Widerspruche mit den allgemeinen Grundsätzen der Newtonschen Mechanik wäre, wenn etwa plötzlich auf unserer Erde irgend ein Stoff, vielleicht ein seltenes Metall, entdeckt würde, von dem sich herausstellte, daß das Verhältnis zwischen gravitierender Masse und träger Masse bei ihm anders wäre, als bei allen übrigen uns seither bekannten Körpern. Wir wollen uns zunächst überlegen, woran man ein abweichendes Verhalten dieser Art erkennen könnte, und um mich dabei bestimmter ausdrücken zu können, will ich den fraglichen Stoff mit X bezeichnen und annehmen, seine gravitierende Masse sei im Verhältnisse zur trägen doppelt so groß, als bei anderen Stoffen. Ich denke mir zunächst 1 kg dieses Stoffes auf einer Wage abgewogen. Bei diesem Versuche kommt die gravitierende Masse in Frage, denn das Gewicht des Körpers, das am Wagebalken mit dem Gewichte eines eisernen Gewichtsstückes von 1 kg im Gleichgewichte steht, rührt von der Anziehung her, die die Erde auf den Körper X ausübt, und diese erfolgt nach dem Gesetze der allgemeinen Massenanziehung.

Nun denke man sich das abgewogene Stück des Körpers X gleichzeitig mit dem ebenso schweren eisernen Gewichtsstücke, das zum Abwägen des Körpers X diente, dem freien Falle überlassen. An beiden wirkt die gleiche Kraft; aber nach der Voraussetzung, die wir über die Sonderstellung des Stoffes X gemacht haben, ist die träge Masse des X-Stückes nur halb so groß, als die träge Masse des gleich schweren Eisenstücks. Die träge Masse ist es aber, die in der dynamischen Grundgleichung auftritt. Wir schließen, daß die Fallbeschleunigung des Stoffes X doppelt so groß sein müßte, als die des Eisenstücks oder als die aller übrigen irdischen Körper, mit denen man bisher Fallversuche oder Pendelversuche angestellt hat. In der Tat ist es also die durch die Beobachtung festgestellte Tatsache der gleichen Fall-

beschleunigung am gleichen Orte für alle Körper, die uns ver-
bürgt, daß bei allen irdischen Körpern das Verhältnis zwischen
träger und gravitierender Masse dasselbe ist. Das dritte Keplersche Gesetz bildet eine Erweiterung dieser Erfahrung und gestattet uns, den daraus gezogenen Schluß auf die anderen Planeten auszudehnen.

Newton war sich übrigens, als er das Gravitationsgesetz auf-
stellte, offenbar sehr wohl bewußt, daß träge und gravitierende
Massen nicht ohne weiteres miteinander verwechselt werden dürften, daß vielmehr eine besondere Prüfung erforderlich sei, inwieweit beide miteinander proportional gesetzt werden können. Zu
diesem Zwecke hat er eine Reihe von Fallversuchen mit verschiedenen Körpern vorgenommen, um sich davon zu überzeugen, ob
die Fallbeschleunigung bei allen in der Tat genau gleich groß ist.

Diese Versuche sind später mit feineren Beobachtungsmitteln
mehrfach wiederholt worden und sie haben stets von neuem gelehrt, daß alle geprüften Körper die gleiche Fallbeschleunigung
erfahren. Natürlich war es nicht möglich, diese Versuche auf
alle Körper von verschiedener chemischer Zusammensetzung, die
wir heute kennen, auszudehnen. Aber die Wahrscheinlichkeit,
daß unter den bisher nicht darauf untersuchten ein Stoff von
abweichendem Verhalten vorkäme, kann nur als sehr gering angesehen werden.

Ob das Verhältnis zwischen trägen und gravitierenden Massen
auch noch außerhalb unseres Sonnensystems den gleichen Wert
hat wie bei uns, bleibt zunächst zweifelhaft. Man hat dies zwar
von jeher gewöhnlich stillschweigend angenommen, aber doch
nur vermutungsweise, denn man vermag keine Beobachtung anzugeben, die zum sicheren Beweise dafür dienen könnte. Ich
habe sogar früher einmal darauf hinweisen können (in einer Abhandlung, die in den Berichten der Bayer. Akademie der Wissen-
schaften, Band 27, 1897 erschienen ist), daß dieses Verhältnis
zwischen beiden Arten von Massen außerhalb des Sonnensystems
unter Umständen sogar das Vorzeichen wechseln könnte, derart,
daß sich gewisse Massen nicht anzögen, sondern abstießen, ohne
daß diese Voraussetzung auf einen Widerspruch mit den vorhandenen Beobachtungen am Fixsternhimmel zu stoßen brauchte.

Innerhalb unseres Sonnensystems kann aber die Proportio-
nalität zwischen trägen und gravitierenden Massen (vorbehaltlich
etwaiger geringfügiger und überdies sehr unwahrscheinlicher Aus-

nahmen) im allgemeinen als sicher festgestellt betrachtet werden. Nach dieser Erkenntnis kehren wir zu Gl. (353) zurück. Multiplizieren wir sie mit der trägen Masse m des Planeten, so erhalten wir die auf ihn von der Sonne ausgeübte Anziehungskraft $\mathfrak{P}$, nämlich

$$\mathfrak{P} = -\frac{\mathfrak{r}_1}{r^2} \cdot m \cdot \frac{4\pi^2 a^3}{T^2} \qquad (354)$$

und es handelt sich jetzt noch um die Deutung, die wir dem letzten Faktor in dem auf der rechten Seite der Gleichung stehenden Produkte zu geben haben. Dieser Faktor ist, wie schon hervorgehoben wurde, für das ganze Planetensystem konstant. Offenbar hängt aber die Anziehung $\mathfrak{P}$ nicht nur von dem Planeten ab, dessen Masse schon als Faktor in der Formel auftritt, sondern auch von den Eigenschaften der Sonne. Wenn wir annehmen, daß auch die Sonne aus Stoffen besteht, die hinsichtlich der Gravitation die gleichen Eigenschaften besitzen, wie jene der Planeten, kommen wir zu dem Schlusse, daß die Kraft $\mathfrak{P}$ auch der Sonnenmasse proportional zu setzen ist. Der letzte Faktor in Gl. (354), dessen Bedeutung wir noch suchten, stellt daher entweder die Sonnenmasse selbst oder ein Vielfaches davon dar. Wenn wir die Sonnenmasse mit M bezeichnen läßt sich Gl. (354) demnach auch in der Form

$$\mathfrak{P} = -\frac{\mathfrak{r}_1}{r^2} K m M \qquad (355)$$

schreiben, in der sie das Newtonsche Gravitationsgesetz ausspricht. Der Faktor K ist eine Konstante, die eine besondere aus der Gleichung leicht festzustellende physikalische Dimension hat und deren Zahlenwert daher von den gewählten Fundamentaleinheiten abhängt. Rechnet man im physikalischen CGS-System, so hat die „Gravitationskonstante" K der Erfahrung zufolge den Wert

$$K = 6{,}6 \cdot 10^{-8} \text{ cm}^3 \text{ gr}^{-1} \text{ sec}^{-2}$$

Unter den Massen m und M sind hierbei in Gl. (355) die gewöhnlich benützten trägen Massen zu verstehen, die zugleich als Maß für die gravitierenden Massen dienen.

In astronomischen Rechnungen ist es aber üblich, unter Übergehung der in der irdischen Physik gebrauchten Fundamentaleinheiten ein Maßsystem zu benützen, für das die Konstante K in Gleichung (355) den Wert Eins annimmt. Dann geht die

Gleichung über in

$$\mathfrak{P} = -\frac{r_1}{r^2}\, m\, M.$$

In diesem Maßsystem ist dann, wie der Vergleich mit Gl. (354) lehrt

$$M = \frac{4\,\pi^2 a^3}{T^2} \qquad (356)$$

Hiermit sind wir auch in den Stand gesetzt, die Sonnenmasse zu berechnen.

Dieselbe Gleichung wird auch benutzt, um die Masse von Fixsternen zu berechnen, die einen Begleiter haben, dessen Bahn sich beobachten läßt. Nach dem, was ich darüber vorher auseinandersetzte, findet man aber hierbei nur die gravitierende Masse und es bleibt zweifelhaft, ob die träge Masse jenes fernen Zentralkörpers dazu in dem uns gewohnten Verhältnisse steht.

Diese Bemerkung entspricht dem Standpunkte der Galilei-Newtonschen Mechanik. Dagegen muß ich hinzufügen, daß Einstein in der bisher durchweg bestätigten Erfahrungstatsache der Übereinstimmung zwischen träger und gravitierender Masse eines der obersten Naturgesetze erblickt, dem er allgemeine Gültigkeit zuschreibt und das er als den Grundpfeiler seiner „allgemeinen" Relativitätstheorie benutzt. Das ist eine Annahme, die jetzt schon viele Anhänger, aber auch manche Gegner zählt und die man weiter verfolgen muß, ohne sie jedoch als bereits sicher feststehend ansehen zu dürfen.

§ 57. Folgerungen aus dem Gravitationsgesetze.

In dem vorhergehenden Paragraphen ist der induktive Weg eingeschlagen worden, der von bestimmten Beobachtungstatsachen ausgeht und durch sorgfältige Überlegung der annehmbarsten Art ihrer Deutung zur Aufstellung eines allgemeinen Gesetzes führt. Auf diesem Wege sind wir zum Gravitationsgesetze gelangt. Nachdem dies geschehen ist, hat die deduktive Behandlung einzusetzen, nämlich die möglichst vollständige Ableitung aller theoretischen Schlußfolgerungen, die sich aus dem aufgestellten Gesetze ziehen lassen, wenn dieses Gesetz als gegebener Ausgangspunkt für alle weiteren Betrachtungen gewählt wird. Unter diesen Schlußfolgerungen müssen sich auch jene wieder finden, die mit den bei der vorhergehenden induktiven Untersuchung als gegeben zugrunde gelegten Beobachtungstatsachen übereinstimmen. Darüber hinaus werden sich aber noch eine Reihe von anderen Fol-

gerungen einstellen und der Wert, den wir dem Gesetze beizu-
messen haben, muß sich nach der mehr oder minder guten Übereinstimmung aller dieser weiteren Folgerungen mit anderen Beobachtungstatsachen richten, die ebenfalls einen Vergleich mit
der Theorie zulassen.

Nun kann man zwar nicht behaupten, daß alle aus dem Gravitationsgesetze abgeleiteten Folgerungen in eine restlos befriedigende Übereinstimmung mit den Beobachtungen und den daraus hervorgehenden Überlegungen gebracht werden könnten.
Aber diese Übereinstimmung trifft doch in den weitaus überwiegenden Fällen in einem Umfange und mit einer Genauigkeit
zu, die geradezu erstaunlich sind. Erst in dieser weitgehenden
Übereinstimmung und keineswegs in der bloßen Möglichkeit, die
drei Keplerschen Gesetze wieder rückwärts aus dem Gravitationsgesetze abzuleiten oder sie damit zu „erklären", liegt die große
und umfassende Bedeutung, die dem Newtonschen Gravitationsgesetze beizulegen ist.

Unter den von den Astronomen festgestellten Beobachtungstatsachen befand sich bis vor kurzem eine, die einer theoretischen
Erklärung besonders hartnäckig widerstand, nämlich die sogenannte „Perihelbewegung" des Merkur. Auch hierfür eine völlig
befriedigende Erklärung zu liefern, blieb der „allgemeinen" Relativitätstheorie von Einstein vorbehalten. Die Einsteinsche Mechanik deckt sich in ihren Folgerungen mit der Galilei-Newtonschen Mechanik solange es zulässig ist, die Geschwindigkeiten
der bewegten Körper als unendlich klein gegenüber der Lichtgeschwindigkeit zu betrachten. Bei den anderen Planeten unseres
Sonnensystems trifft dies in der Tat genau genug zu. Nur bei
dem Planeten Merkur, der der Sonne am nächsten steht und sie
mit der größten Geschwindigkeit umkreist, ergeben sich merkliche Abweichungen zwischen der alten und der neuen Theorie.
Es war eine der glänzendsten Leistungen von Einstein, daß er
ohne jede willkürliche Annahme die Formel für die Perihelbewegung aus den Grundlagen seiner Theorie abzuleiten vermochte.
Für den Astronomen wird daher in Zukunft das Newtonsche
Gravitationsgesetz nur noch die Bedeutung einer Näherungsan-
nahme behalten, die sich mit den allermeisten Beobachtungsergebnissen auf das beste verträgt, der aber trotzdem keine allgemeine und strenge Giltigkeit zuzusprechen ist. — Diesen Absatz
sah ich mich genötigt, in der neuen Auflage dieses Bandes ein-

zuschalten, während ich sonst an dieser Stelle nichts ändere, denn für die technischen Anwendungen bringt die Relativitätstheorie keinerlei Änderungen gegenüber den Lehren der alten Mechanik mit sich.

Wir stellen uns jetzt die Aufgabe, die Bewegung eines materiellen Punktes zu ermitteln, der nach einem festen Anziehungszentrum mit einer Kraft hingezogen wird, die dem Quadrate des Abstandes umgekehrt proportional ist. Darauf lassen sich die Entwicklungen im Eingange des vorigen Paragraphen, die zu Gl. (346) führten, ohne weiteres anwenden. Für jede Zentralbewegung gilt die Gleichung

$$\frac{d^2\mathfrak{r}}{dt^2} = \mathfrak{r}_1\left(\frac{d^2 r}{dt^2} - ru^2\right),$$

wofür man auch mit Einführung der Sektorengeschwindigkeit c nach Gl. (350)

$$\frac{d^2\mathfrak{r}}{dt^2} = \mathfrak{r}_1\left(\frac{d^2 r}{dt^2} - \frac{4c^2}{r^3}\right),$$

schreiben kann. Mit dieser allgemeinen Formel vergleichen wir den Ansatz

$$\frac{d^2\mathfrak{r}}{dt^2} = - k\,\frac{\mathfrak{r}_1}{r^2},$$

durch den das vorausgesetzte Anziehungsgesetz ausgedrückt wird und worin k eine beliebige Konstante ist. Der Vergleich liefert

$$\frac{k}{r^2} = \frac{4c^2}{r^3} - \frac{d^2 r}{dt^2}. \tag{357}$$

Hiermit haben wir bereits eine Differentialgleichung erhalten, durch die die Abhängigkeit des Abstandes r von der Zeit dargestellt wird. Um daraus die Differentialgleichung der Bahn zu finden, betrachten wir den Winkel φ, den der Radiusvektor mit einer festen Richtung einschließt, als die unabhängige Veränderliche, von der t und r unbekannte Funktionen sind. Aus

$$\frac{d\varphi}{dt} = u = \frac{2c}{r^2}$$

folgt dann zunächst

$$r^2 = 2c\,\frac{dt}{d\varphi}.$$

Setzt man diesen Wert in Gl. (357) ein, so erhält man

$$k = \frac{4c^2}{r} - 2c\,\frac{dt}{d\varphi}\frac{d^2 r}{dt^2},$$

wofür man auch

$$k + 2c\frac{d}{d\varphi}\left(\frac{dr}{dt}\right) = \frac{4c^2}{r}$$

schreiben kann. Dies läßt sich weiter umformen in

$$k + 2c\frac{d}{d\varphi}\left(\frac{dr}{d\varphi}\frac{d\varphi}{dt}\right) = \frac{4c^2}{r}$$

oder auch in

$$k + 2c\frac{d}{d\varphi}\left(\frac{dr}{d\varphi}\frac{2c}{r^2}\right) = \frac{4c^2}{r}. \tag{358}$$

Durch diese Umformungen sind die Differentiationen nach der Zeit vollständig durch Differentiationen nach φ ersetzt und man hat in Gl. (358) die Differentialgleichung der Bahn vor sich, durch die r als Funktion von φ beschrieben wird. Um die Integration auszuführen, benutzen wir eine neue Variable z, indem wir

$$z = \frac{1}{r}$$

setzen, wobei z ebenso wie vorher r als eine Funktion von φ zu betrachten ist. Hieraus folgt

$$\frac{dz}{d\varphi} = -\frac{1}{r^2}\frac{dr}{d\varphi}$$

und damit geht Gl. (358) über in

$$k - 4c^2\frac{d^2z}{d\varphi^2} = 4c^2z. \tag{359}$$

Von dem konstanten Gliede k abgesehen, ist diese Gleichung von der Form der Differentialgleichung einer harmonischen Schwingung und wir haben daher die Lösung

$$z = \frac{k}{4c^2} + A\sin\varphi + B\cos\varphi,$$

wobei A und B die aus den Anfangsbedingungen abzuleitenden Integrationskonstanten sind. Ersetzen wir hierauf wieder z durch r, so haben wir als Gleichung der Bahn in Polarkoordinaten

$$r = \frac{1}{\dfrac{k}{4c^2} + A\sin\varphi + B\cos\varphi}$$

Der Winkel φ kann hier von einer beliebigen Anfangsstellung aus gewählt werden. Die Gleichung bleibt daher in ihrer allgemeinen Form auch noch gültig, wenn wir φ durch $\varphi + \gamma$ ersetzen, wobei γ einen beliebigen konstanten Winkel bedeutet. Durch passende Wahl dieses Winkels γ oder mit anderen Worten durch passende Wahl der Anfangslage, von der aus der Winkel φ zu zählen ist, können wir daher jedenfalls erreichen, daß sich die vorhergehende Gleichung vereinfacht zu

$$r = \frac{1}{\dfrac{k}{4\,c^2} + B\cos\varphi} \qquad (360)$$

in der nur noch die durch eine weitere Anfangsbedingung zu ermittelnde Integrationskonstante B stehen geblieben ist.

Die durch diese Gleichung dargestellte Kurve ist auf jeden Fall ein Kegelschnitt. Am einfachsten überzeugt man sich davon, indem man auf rechtwinklige Koordinaten übergeht, also $r\cos\varphi = x$ und $r^2 = x^2 + y^2$ setzt. Man sieht sofort, daß man hiermit zu einer Gleichung zweiten Grades zwischen x und y gelangt.

Bildet man $\dfrac{dr}{d\varphi}$, so erkennt man, daß dieser Differentialquotient zu Null wird für $\varphi = 0$. Der zu $\varphi = 0$ gehörige Wert r_0 von r ist daher entweder ein Maximum oder ein Minimum von r und an dieser Stelle der Bahn steht die Geschwindigkeit senkrecht zum Radiusvektor. Bezeichnen wir diese Geschwindigkeit mit v_0, so erhalten wir für diese Stelle $\varphi = 0$

$$r_0 = \frac{1}{\dfrac{k}{4\,c^2} + B}, \qquad v_0 = u_0 r_0 = \frac{2\,c}{r_0}.$$

Diese Gleichungen lösen wir nach B und c auf und erhalten

$$c = \frac{v_0\,r_0}{2}, \qquad B = \frac{1}{r_0} - \frac{k}{v_0{}^2 r_0{}^2}$$

und wenn wir diese Werte in Gl. (360) einsetzen, erhalten wir

$$r = \frac{v_0{}^2 r_0{}^2}{k + (v_0{}^2 r_0 - k)\cos\varphi} \qquad (361)$$

Wenn die Bahn eine Ellipse werden soll, darf r für keinen Wert des Winkels unendlich groß werden. Für eine planetarische Bahn muß daher die Bedingung erfüllt sein

$$v_0{}^2 r_0 < 2\,k. \qquad (362)$$

Nehmen wir an, daß dies zutreffe, und setzen

$$v_0{}^2 r_0 = 2\,k - a,$$

wobei a eine positive Größe ist, so geht Gl. (361) über in

$$r = r_0 \frac{k + (k - a)}{k + (k - a)\cos\varphi}.$$

und aus dieser Schreibweise erkennt man, daß der Zähler des Bruches stets größer bleibt als der Nenner, solange a kleiner ist als k, und daß daher in diesem Falle r stets größer ist als r_0, wenn φ von Null verschieden ist. Mit anderen Worten heißt dies, daß r_0 den kleinsten vorkommenden Abstand angibt oder daß die Stellung $\varphi = 0$ dem „Perihel" der Bahn entspricht. Ist dagegen a größer als k (jedenfalls aber kleiner als $2k$), so schreiben wir Gl. (361) in der Form

$$r = r_0 \frac{k - (a - k)}{k - (a - k)\cos\varphi}$$

und erkennen, daß der Zähler des Bruches für jedes von Null verschiedene φ kleiner ist als der Nenner, so daß r_0 den größten möglichen Wert von r angibt. Die Stellung $\varphi = 0$ entspricht in diesem Falle dem „Aphel" der Bahn.

Im Aphel der Bahn ist die Geschwindigkeit v_0 nur an die Bedingung (362) gebunden. Dagegen muß im Perihel außerdem noch die weitere Bedingung hinzukommen, daß a kleiner bleibt als k, d. h. daß

$$v_0^2 r_0 > k \tag{363}$$

ist. Wenn daher an einer Stelle der Bahn, bei der die Geschwindigkeit senkrecht zum Radiusvektor gerichtet ist, die Bedingung (362) verletzt ist, so haben wir es entweder mit einer hyperbolischen oder im Grenzfalle mit einer parabolischen Bahn zu tun. Dagegen hängt es von der Erfüllung der Bedingung (363) ab, ob diese Stelle einem Perihel entspricht oder nicht. Bei der parabolischen oder hyperbolischen Bahn entspricht die Stelle $\varphi = 0$ stets dem Perihel.

Hiermit ist die zunächst gestellte Aufgabe genügend besprochen. Für die Anwendung auf das Planetensystem kommt noch in Betracht, daß der Zentralkörper nicht fest steht, sondern durch die Reaktion der den Planeten beschleunigenden Anziehungskraft ebenfalls in Bewegung gesetzt wird. Hierdurch wird aber nichts Wesentliches geändert. Wenn nur zwei Körper vorliegen, also der Zentralkörper und ein Planet, so muß der Schwerpunkt des ganzen Systems dauernd in Ruhe bleiben, wenn er anfänglich in Ruhe war, und der Planet sowohl als der Zentralkörper beschreiben nun elliptische Bahnen um den Schwerpunkt des Systems. Bezeichnet man nämlich die Massen mit M und m und die vom Schwerpunkt aus gerechneten Abstände mit R und r, so liegen M, m und der Schwerpunkt jederzeit auf einer Geraden und zugleich ist

$$MR = mr.$$

Ferner geht die am Planeten wirkende Kraft P jederzeit durch den festliegenden Schwerpunkt und ihre Größe kann

$$P = K \frac{mM}{(R+r)^2}$$

gesetzt werden. Mit Rücksicht auf die vorhergehende Gleichung läßt sich dies aber umformen in

$$P = K \cdot \frac{m}{r^2} \cdot \frac{M}{\left(1 + \frac{m}{M}\right)^2} = K \frac{mM'}{r^2},$$

wenn man zur Abkürzung

$$M' = \frac{M}{\left(1 + \frac{m}{M}\right)^2}$$

setzt. Die Bewegung des Planeten erfolgt also genau so, als wenn im festliegenden Schwerpunkte eine dauernd festgehaltene Masse M' vorhanden wäre, womit die Behauptung erwiesen ist. Entsprechendes gilt auch für den Zentralkörper. Wenn M weitaus größer ist als m, unterscheidet sich M' nur wenig von M und man kann den Zentralkörper näherungsweise als feststehend betrachten.

Das „Zweikörperproblem" ist hiermit gelöst. Dagegen ist es nicht gelungen, das „Dreikörperproblem" ebenfalls allgemein zu lösen. Man versteht darunter die Aufgabe, die Bewegungen von drei materiellen Punkten vorauszusagen, die sich nach dem Newtonschen Gesetze anziehen, wenn die Anfangslagen und die Anfangsgeschwindigkeiten beliebig gegeben sind. Man denke sich unter diesen drei materiellen Punkten etwa die Sonne, die Erde und den Mond. Streng läßt sich die gestellte Aufgabe nicht lösen; dagegen ist eine Näherungslösung möglich, die sehr weitgehenden Ansprüchen an die Genauigkeit genügt, weil in dem genannten Falle die drei Massen von sehr verschiedener Größenordnung sind. Das gleiche gilt auch von der Störungstheorie, bei der es sich darum handelt, die kleinen Abweichungen der Planetenbewegungen von den den Keplerschen Gesetzen ent-

sprechenden Bahnen vorauszuberechnen, die durch die Anzie-
hungen der verschiedenen Planeten unter sich hervorgebracht
werden.

Endlich ist noch eine weitere Folgerung aus dem Newtonschen Gravitationsgesetze hervorzuheben, die zu besonders wichtigen Bestätigungen dieses Gesetzes geführt hat und von der hier
wenigstens ein kurzer Abriß gegeben werden soll.

Vorher hatte ich nämlich jeden Weltkörper nur als einen
materiellen Punkt angesehen, indem ich mir seine ganze Masse
im Schwerpunkte vereinigt dachte. Für die meisten Betrachtungen
ist dies zulässig, weil die Abmessungen der verschiedenen Himmelskörper klein sind gegenüber den Entfernungen, die zwischen
ihnen bestehen. Jetzt soll aber von den Erscheinungen die Rede
sein, die gerade dadurch hervorgebracht werden, daß die Durchmesser der Himmelskörper doch nicht vollständig im Vergleiche
zu den Entfernungen vernachlässigt werden dürfen.

Welche Folgen sich daraus ergeben, erkennt man, indem man
einen starren Körper ins Auge faßt, dessen einzelne Massenteilchen von einem festen Zentrum aus mit Kräften angezogen werden, wie sie dem Newtonschen Gesetze entsprechen. Der von dem
Anziehungszentrum nach dem Schwerpunkte des starren Körpers
gezogene Radiusvektor sei wie vorher mit $\mathfrak{r}$ bezeichnet und ferner
der von diesem Schwerpunkte nach einem Massenteilchen m des
starren Körpers gezogene Radiusvektor mit $\mathfrak{p}$. Dabei setze ich
voraus, daß $\mathfrak{p}$ sehr klein sei gegen $\mathfrak{r}$, so daß höhere Potenzen
des Verhältnisses beider Längen vernachlässigt werden dürfen,
während es auf die Größen, die von der ersten Potenz dieses
Verhältnisses abhängen, hier gerade ankommt.

Der vom Anziehungszentrum nach m gezogene Radiusvektor
ist jetzt gleich $\mathfrak{r} + \mathfrak{p}$ und der Absolutbetrag davon sei vorübergehend mit R bezeichnet. Dann ist zunächst mit Vernachlässigung
von kleinen Größen höherer Ordnung

$$R = \sqrt{(\mathfrak{r} + \mathfrak{p})^2} = \sqrt{\mathfrak{r}^2 + 2\mathfrak{p}\,\mathfrak{r}} = r + \frac{\mathfrak{p}\,\mathfrak{r}}{r}.$$

Das letzte Glied stellt einfach die Projektion von $\mathfrak{p}$ auf $\mathfrak{r}$ dar.
Die an m wirkende Kraft $\mathfrak{P}$ können wir in der Form

$$\mathfrak{P} = -\frac{c\,m\,(\mathfrak{r} + \mathfrak{p})}{R^3}$$

ansetzen, wenn die Konstante c das Produkt der im Anziehungszentrum vereinigten anziehenden Masse und der Gravitationskonstante bedeutet. Setzen wir den Wert von R ein und vernachlässigen wiederum Glieder, die von höherer Ordnung klein sind, so erhalten wir nach einfacher Ausrechnung

$$\mathfrak{P} = -\frac{cm\mathfrak{r}}{r^3} + \frac{3cm\mathfrak{p}\,\mathfrak{r}\cdot\mathfrak{r}}{r^5} - \frac{cm\mathfrak{p}}{r^3}. \tag{364}$$

Das erste Glied auf der rechten Seite überwiegt weitaus die beiden folgenden; es gibt den Betrag an, den die Kraft an m zur gesamten Anziehung liefern würde, wenn m mit dem Schwerpunkte des Körpers zusammenfiele. Hier kommt es gerade auf die Abweichung an, die durch den kleinen Abstand $\mathfrak{p}$ vom Schwerpunkte herbeigeführt wird. Führen wir dafür die Bezeichnung $\mathfrak{A}$ ein, so ist

$$\mathfrak{A} = \frac{3cm\mathfrak{p}\,\mathfrak{r}}{r^5}\cdot\mathfrak{r} - \frac{cm}{r^3}\cdot\mathfrak{p}. \tag{365}$$

Alle an den verschiedenen Massenteilchen des Körpers angreifenden äußeren Kräfte gehen durch das feste Anziehungszentrum und lassen sich daher zu einer Resultierenden zusammensetzen, die ebenfalls durch diesen Punkt geht. Dagegen geht die Resultierende im allgemeinen nicht durch den Schwerpunkt des von dieser Anziehung betroffenen Körpers. Wir können daher sagen, daß vom Anziehungszentrum außer der nach dem Schwerpunkte des Körpers verlegten anziehenden Kraft noch ein Kräftepaar auf den Körper ausgeübt wird, dessen Momentenvektor mit $\mathfrak{K}$ bezeichnet sei. Wir erhalten dafür

$$\mathfrak{K} = \Sigma[\mathfrak{A}\,\mathfrak{p}] = \frac{3c}{r^5}\Sigma m\mathfrak{p}\,\mathfrak{r}\cdot[\mathfrak{r}\,\mathfrak{p}],$$

da das zweite Glied in dem Ausdrucke für $\mathfrak{A}$ zu dem Vektorprodukte nichts beiträgt. Für $\mathfrak{K}$ können wir auch schreiben

$$\mathfrak{K} = \frac{3c}{r^5}[\mathfrak{r}\cdot\Sigma m\mathfrak{p}\,\mathfrak{r}\cdot\mathfrak{p}] = \frac{3c}{r^3}[\mathfrak{r}_1\cdot\Sigma m\mathfrak{p}\cdot\mathfrak{p}\mathfrak{r}_1], \tag{366}$$

wenn $\mathfrak{r} = r\mathfrak{r}_1$ gesetzt wird.

Der hierin vorkommende Summenausdruck

$$\Sigma m\mathfrak{p}\cdot\mathfrak{p}\mathfrak{r}_1$$

in dem $\mathfrak{r}_1$ ein konstanter Einheitsvektor ist, bildet ein Vektormoment zweiten Grades für die Massenverteilung des starren Körpers in bezug auf den Schwerpunkt und die durch ihn gehende Achse, deren Richtung durch $\mathfrak{r}_1$ beschrieben wird. Die Eigen

21*

schaften dieser Vektormomente habe ich bereits im 5. Bande dieser Vorlesungen in § 4 näher besprochen. Daraus geht hervor, daß das Vektormoment nur dann in die Richtung von r_1 fällt, wenn diese Richtung eine Hauptträgheitsachse des Körpers bildet. Nur in diesem Falle wird daher $\Re$ zu Null und die Resultierende der Anziehungskräfte geht durch den Schwerpunkt des Körpers. Kann ein Himmelskörper als eine Kugel betrachtet werden, so ist freilich jede Achse eine Hauptträgheitsachse und $\Re$ wird daher bei jeder Stellung des Körpers gegen das Anziehungszentrum zu Null. Unsere Erde ist aber ein abgeplattetes Ellipsoid und der von der Sonne oder vom Monde aus nach dem Erdmittelpunkte gezogene Radiusvektor geht bei einer beliebigen Stellung dieser Körper zueinander im allgemeinen nicht durch eine Hauptträgheitsachse der Erde. Daher erfährt die Erde von diesen Himmelskörpern aus neben einer im Schwerpunkte angreifenden Kraft auch noch ein Kräftepaar, das zu einer Änderung der Drehbewegung der Erde führen muß. Wenn dieses Kräftepaar verhältnismäßig auch nur klein ist, so bringt es doch im Laufe langer Zeiten einen sehr erheblichen Erfolg hervor, nämlich die Präzession der Umdrehungsachse der Erde gegen den Fixsternhimmel. In der Kreiseltheorie war davon schon die Rede.

Besonders ist noch darauf hinzuweisen, daß sowohl $\mathfrak{A}$ als $\Re$ unter sonst gleichen Umständen mit der dritten Potenz der Entfernung r umgekehrt proportional sind. Daher kommt es, daß bei den durch die $\mathfrak{A}$ oder $\Re$ veranlaßten Erscheinungen der Mond eine ebenso große oder selbst noch wichtigere Rolle spielt als die Sonne, obschon die Anziehung, die die Erde im ganzen von der Sonne erfährt, weitaus größer ist, als die vom Monde ausgehende.

Diese Bemerkung gilt namentlich von den Fluterscheinungen unserer Meere, die durch die vom Monde und der Sonne her ausgeübten Kräfte $\mathfrak{A}$ hervorgebracht werden. Werden nämlich an allen Punkten eines deformierbaren freien Körpers äußere Kräfte angebracht, die den Massen proportional und alle gleich gerichtet sind, so können sie nicht zu einer Formänderung oder zu Relativbewegungen an diesem Körper führen. Anders ist es aber, wenn die äußeren Kräfte an verschiedenen gleich großen Massenteilchen von etwas verschiedener Größe oder verschieden gerichtet sind. Die Unterschiede, also die vorher mit $\mathfrak{A}$ bezeichneten Kräfte

bringen dann die Relativbewegungen hervor, die wir bei den Flut-
bewegungen unserer Meere beobachten können.

§ 58. Theorie des Stoßes für starre Körper.

Hier möge eine Betrachtung eingeschaltet werden, die ich
früher bereits in den älteren Auflagen des 4. Bandes behandelt
hatte. Dort habe ich sie aber in der letzten Auflage als zu weit-
gehend gestrichen. Hier erscheint sie besser am Platze, da sie
sich an Leser wendet, die sich weitergehende Ziele stecken, also
an Leser, wie sie dieser Band schon von vornherein voraussetzt.
Daß die Theorie des Stoßes mit den anderen Anwendungen der
Dynamik, die in diesem Abschnitt behandelt wurden, in keiner
unmittelbaren Beziehung steht, kann keinen Hinderungsgrund
abgeben, sie hier ihren Platz finden zu lassen.

Wir betrachten zunächst einen völlig freien starren Körper,
der vorher in Ruhe war und der durch einen Stoß in Bewegung
gesetzt wird. An irgend einem Punkte des starren Körpers soll
nämlich während einer sehr kurzen Zeit t, die wir in der Grenze
auch als unendlich klein ansehen dürfen, eine Kraft $\mathfrak{P}$ angreifen.
Den Stoßantrieb, also das über die Zeit t erstreckte Integral $\int \mathfrak{P} dt$
sehen wir nach Richtung und Größe als gegeben an. Es fragt
sich, welche Bewegung der Körper durch diesen Stoß erlangt.
Dabei wird als selbstverständlich vorausgesetzt, daß außer $\mathfrak{P}$ keine
weitere äußere Kraft an dem Körper angreifen soll.

Bei der Stellung der Aufgabe muß sofort daran erinnert werden, daß der Begriff des starren Körpers keineswegs ausreicht,
um auf alle Fragen Antwort geben zu können, die mit dem Stoße
zusammenhängen. Das ist schon im ersten Bande ausführlich
genug besprochen worden. Je kleiner wir uns nämlich die Stoßzeit t vorstellen, um so größer muß während dieser Zeit der
durchschnittliche Wert des Stoßdruckes $\mathfrak{P}$ angenommen werden,
damit der Antrieb $\int \mathfrak{P} dt$ eine vorgeschriebene Größe erlange
Allzugroß darf aber $\mathfrak{P}$ nicht werden, ohne größere Formänderungen oder gar einen Bruch des Körpers herbeizuführen.

Es ist daher nötig, daß wir noch eine nähere Festsetzung über
die Dauer der Stoßzeit t treffen. Einstweilen soll hier vorausgesetzt werden, daß t zwar klein, aber doch nicht so klein sei,
daß es nötig würde, auf die durch die große damit verbundene
Stoßkraft bewirkten Formänderungen von vornherein einzugehen.

Unter dieser ausdrücklichen Voraussetzung sind wir berechtigt, an dem Bilde des starren Körpers bei der Lösung der aufgeworfenen Frage einstweilen festzuhalten.

Der Schwerpunkt S des gestoßenen Körpers erlangt eine Geschwindigkeit, die wir mit $\mathfrak{v}_0$ bezeichnen und die sich nach dem Satze von der Bewegung des Schwerpunktes sofort angeben läßt. In jedem Augenblick während des Stoßes ist nämlich

$$M \frac{d\mathfrak{v}_0}{dt} = \mathfrak{P},$$

wenn die Masse des ganzen Körpers mit M bezeichnet wird. Hieraus folgt

$$\mathfrak{v}_0 = \frac{\int \mathfrak{P}\, dt}{M} = \frac{\mathfrak{A}}{M} \tag{366a}$$

mit der Abkürzung $\mathfrak{A}$ für den Stoßantrieb, den wir als die unmittelbar gegebene Größe ansehen.

Zur Schwerpunktsbewegung $\mathfrak{v}_0$ kommt dann noch eine Drehbewegung um eine durch den Schwerpunkt gehende Achse, deren Winkelgeschwindigkeit der Richtung und Größe nach mit $\mathfrak{u}$ bezeichnet werden soll. Um sie zu finden, berechnen wir zunächst den auf den Schwerpunkt bezogenen Drall $\mathfrak{B}$ des rotierenden Körpers. Nach dem Flächensatze gilt für jeden Augenblick während der Stoßzeit

$$\frac{d\mathfrak{B}}{dt} = [\mathfrak{P}\,\mathfrak{p}]$$

wenn $\mathfrak{p}$ den vom Schwerpunkte nach dem Angriffspunkte des Stoßes gezogenen Radiusvektor bedeutet. Daraus folgt durch Integration nach der Zeit

$$\mathfrak{B} = \left[\int \mathfrak{P}\, dt\, \mathfrak{p}\right] = [\mathfrak{A}\,\mathfrak{p}]. \tag{366b}$$

Um vom Drall $\mathfrak{B}$ auf die ihm entsprechende Winkelgeschwindigkeit $\mathfrak{u}$ überzugehen, zerlegen wir $\mathfrak{B}$ in seine Komponenten $B_1 B_2 B_3$ nach den Richtungen der drei Hauptträgheitsachsen des starren Körpers. Man erhält dann

$$\mathfrak{u} = \mathfrak{i}\, \frac{B_1}{\theta_1} + \mathfrak{j}\, \frac{B_2}{\theta_2} + \mathfrak{k}\, \frac{B_3}{\theta_3},$$

wenn $\mathfrak{i}\,\mathfrak{j}\,\mathfrak{k}$ drei Einheitsvektoren in den Richtungen der drei Hauptträgheitsachsen und die θ die zugehörigen Trägheitsmomente bedeuten. Die Komponenten B ergeben sich dagegen aus der Entwicklung des äußeren Produkts $[\mathfrak{A}\,\mathfrak{p}]$ in Gleichung (366b) zu

$$B_1 = A_2 p_3 - A_3 p_2, \quad B_2 = A_3 p_1 - A_1 p_3, \quad B_3 = A_1 p_2 - A_2 p_1$$

und wenn man diese in die vorige Gleichung einsetzt ergibt sich

$$\mathfrak{u} = \mathfrak{i} \, \frac{A_2 p_3 - A_3 p_2}{\theta_1} + \mathfrak{j} \, \frac{A_3 p_1 - A_1 p_3}{\theta_2} + \mathfrak{k} \, \frac{A_1 p_2 - A_2 p_1}{\theta_3} . \quad (366\,\mathrm{c})$$

Nachdem $\mathfrak{v}_0$ und $\mathfrak{u}$ berechnet sind, kennt man die durch den Stoß hervorgerufene Bewegung bereits vollständig. Die Geschwindigkeit $\mathfrak{v}$, die ein beliebiger Punkt des starren Körpers hierbei erlangt hat, kann ebenfalls sofort angegeben werden. Bezeichnet man den vom Schwerpunkte nach diesem Punkt gezogenen Radiusvektor mit $\mathfrak{r}$, so ist zunächst

$$\mathfrak{v} = \mathfrak{v}_0 + [\mathfrak{r}\,\mathfrak{u}]$$

und durch Entwicklung des äußeren Produkts und Einsetzen der für $\mathfrak{v}_0$ und $\mathfrak{u}$ gefundenen Werte geht dies über in

$$\begin{aligned}
\mathfrak{v} = \; &\mathfrak{i} \left(\frac{A_1}{M} + r_2 \, \frac{A_1 p_2 - A_2 p_1}{\theta_3} - r_3 \, \frac{A_3 p_1 - A_1 p_3}{\theta_2} \right) \\
+ \; &\mathfrak{j} \left(\frac{A_2}{M} + r_3 \, \frac{A_2 p_3 - A_3 p_2}{\theta_1} - r_1 \, \frac{A_1 p_2 - A_2 p_1}{\theta_3} \right) \\
+ \; &\mathfrak{k} \left(\frac{A_3}{M} + r_1 \, \frac{A_3 p_1 - A_1 p_3}{\theta_2} - r_2 \, \frac{A_2 p_3 - A_3 p_2}{\theta_1} \right) . \quad (366\,\mathrm{d})
\end{aligned}$$

An diese Gleichung läßt sich ein Satz anknüpfen, den man als den Satz von der Gegenseitigkeit der Stoßgeschwindigkeiten bezeichnen kann und der sich dem Wortlaute nach sehr eng an den von der Elastizitätstheorie her bekannten und viel angewendeten Maxwellschen Satz von der Gegenseitigkeit der elastischen Verschiebungen anschließt. Man denke sich nämlich, ganz wie es bei den zuletzt genannten Sätze in der Festigkeitslehre geschieht, an dem Körper zwei Punkte beliebig ausgewählt, die wir mit I und II bezeichnen wollen und an jedem Punkte eine beliebig gewählte Richtung, etwa α an I und β an II. Dann läßt sich behaupten, daß ein Stoß am Punkte I in der Richtung α dem Punkte II eine Geschwindigkeit erteilt, deren Komponente in der Richtung β ebensogroß ist, wie die Geschwindigkeitskomponente von Punkt I in der Richtung α, die durch einen Stoß von gleich großem Antriebe am Punkte II nach der Richtung β hin hervorgebracht wird.

Um diesen Satz zu beweisen, genügt es, den in der vorhergehenden Gleichung aufgestellten Ausdruck für $\mathfrak{v}$ zur Berechnung der Geschwindigkeit $\mathfrak{v}'$ zu benutzen, die ein Punkt vom

Radiusvektor $\mathfrak{p}$ erlangt, wenn ein Stoß von dem beliebigen Antriebe $\mathfrak{J}$ am Endpunkte des Radiusvektors $\mathfrak{r}$ auf den Körper ausgeübt wird. Durch bloße Buchstabenvertauschung findet man dafür aus der vorhergehenden Gleichung

$$\mathfrak{v}' = \mathfrak{i}\left(\frac{J_1}{M} + p_2\frac{J_1 r_2 - J_2 r_1}{\theta_3} - p_3\frac{J_3 r_1 - J_1 r_3}{\theta_2}\right)$$
$$+ \mathfrak{j}\left(\frac{J_2}{M} + p_3\frac{J_2 r_3 - J_3 r_2}{\theta_1} - p_1\frac{J_1 r_1 - J_2 r_1}{\theta_3}\right)$$
$$+ \mathfrak{k}\left(\frac{J_3}{M} + p_1\frac{J_3 r_1 - J_1 r_3}{\theta_2} - p_2\frac{J_2 r_3 - J_3 r_2}{\theta_1}\right).$$

Der Satz, um dessen Beweis es sich jetzt handelt, bezieht sich auf die Komponenten von $\mathfrak{v}$ und $\mathfrak{v}'$ in den Richtungen von $\mathfrak{J}$ und von $\mathfrak{A}$. Um auf diese zu kommen, bilden wir die inneren Produkte $\mathfrak{v}\mathfrak{J}$ und $\mathfrak{v}'\mathfrak{A}$. Hierbei erhält man

$$\mathfrak{v}\mathfrak{J} = J_1\left(\frac{A_1}{M} + r_2\frac{A_1 p_2 - A_2 p_1}{\theta_3} - r_3\frac{A_3 p_1 - A_1 p_3}{\theta_2}\right)$$
$$+ J_2\left(\frac{A_2}{M} + \cdots\right) + J_3\left(\frac{A_3}{M} + \cdots\right)$$

und ebenso läßt sich auch $\mathfrak{v}'\mathfrak{A}$ anschreiben. Beim Vergleiche zeigt sich aber dann, daß in beiden Ausdrücken alle Glieder, zwar in geänderter Reihenfolge, sonst aber ungeändert wiederkehren und daß daher

$$\mathfrak{v}\mathfrak{J} = \mathfrak{v}'\mathfrak{A}$$

ist. Nach Voraussetzung sollten aber $\mathfrak{A}$ und $\mathfrak{J}$ von gleicher Größe sein und daraus folgt, daß die Projektion von $\mathfrak{v}$ auf die Richtung von $\mathfrak{J}$ ebenso groß sein muß wie die Projektion von $\mathfrak{v}'$ auf die Richtung von $\mathfrak{A}$. Hiermit ist der Satz bewiesen.

§ 59 Der Satz von der lebendigen Kraft für Stöße am starren Körper.

Die lebendige Kraft oder Wucht eines starren Körpers läßt sich, wie schon von Band I und IV her bekannt ist, stets aus zwei Anteilen zusammensetzen. Der erste Anteil bildet die zur Schwerpunktsgeschwindigkeit $\mathfrak{v}_0$ gehörige Fortschreitungswucht und der andere Anteil die Drehwucht, die von der Winkelgeschwindigkeit $\mathfrak{u}$ abhängt. Im Ganzen erhält man für die lebendige Kraft den Ausdruck

$$L = \tfrac{1}{2}M\mathfrak{v}_0{}^2 + \tfrac{1}{2}\theta_1 u_1{}^2 + \tfrac{1}{2}\theta_2 u_2{}^2 + \tfrac{1}{2}\theta_3 u_3{}^2,$$

in dem sich die Zeiger 1, 2, 3 wieder auf die drei Hauptträgheitsachsen des Körpers beziehen.

Unter der Voraussetzung, daß die Bewegung des starren Kör-
pers durch einen Stoß am Antriebe $\mathfrak{A}$ am Punkte $\mathfrak{p}$ hervorgebracht wurde, kann man die Komponenten von $\mathfrak{v}_0$ und von $\mathfrak{u}$ aus
den Gleichungen (366a) und (366c) des vorigen Paragraphen
entnehmen. Man erhält dann

$$L = \tfrac{1}{2}\frac{A_1{}^2 + A_2{}^2 + A_3{}^2}{M} + \tfrac{1}{2}\frac{(A_2 p_3 - A_3 p_2)^2}{\theta_1} + \tfrac{1}{2}\frac{(A_3 p_1 - A_1 p_3)^2}{\theta_2}$$
$$+ \tfrac{1}{2}\frac{(A_1 p_2 - A_2 p_1)^2}{\theta_3}.$$

Diese Gleichung läßt sich auch auf die lebendige Kraft in irgend
einem bestimmten Augenblicke während der Stoßzeit anwenden,
wenn man darin unter $A_1 A_2 A_3$ die Komponenten des bis zu dieser
Zeit t bereits abgelaufenen Antriebs versteht. Wir wollen ferner
berechnen, um wieviel L in einem Zeitelemente dt zunimmt, das
sich an diesen Augenblick anschließt. Dabei ist zu beachten,
daß nach dem Begriffe des Antriebs

$$\frac{dA_1}{dt} = P_1; \quad \frac{dA_2}{dt} = P_2; \quad \frac{dA_3}{dt} = P_3$$

zu setzen ist, wenn $P_1 P_2 P_3$ die Komponenten des Stoßdruckes
zur Zeit t bedeuten. Durch Differentiation der vorhergehenden
Gleichung erhält man daher in passender Zusammenfassung

$$dL = dt\Big\{ P_1\Big(\frac{A_1}{M} + p_2\frac{A_1 p_2 - A_2 p_1}{\theta_3} - p_3\frac{A_3 p_1 - A_1 p_3}{\theta_2}\Big)$$
$$+ P_2\Big(\frac{A_2}{M} + p_3\frac{A_2 p_3 - A_3 p_2}{\theta_1} - p_1\frac{A_1 p_2 - A_2 p_1}{\theta_3}\Big)$$
$$+ P_3\Big(\frac{A_3}{M} + p_1\frac{A_3 p_1 - A_1 p_3}{\theta_2} - p_2\frac{A_2 p_3 - A_3 p_2}{\theta_1}\Big)\Big\}.$$

Die in den runden Klammern stehenden dreigliederigen Ausdrücke geben aber die Geschwindigkeitskomponenten des Stoßangriffspunktes zur Zeit t an. Dies geht aus dem Vergleiche mit
Gl. (366d) hervor, wenn man sie auf diesen Punkt anwendet,
also $r_1 r_2 r_3$ durch $p_1 p_2 p_3$ ersetzt. Die Multiplikation mit dt liefert
die Wegkomponenten $dx\,dy\,dz$ des Angriffspunktes während des
Zeitelementes dt und die Gleichung läßt sich daher einfacher

$$dL = P_1 dx + P_2 dy + P_3 dz$$

schreiben. Die rechte Seite gibt die im Zeitelemente dt vom Stoß-

drucke geleistete Arbeit an. Diese Gleichung gilt für jedes Zeitelement und da der Körper vor dem Stoße in Ruhe gewesen sein
sollte, folgt, daß seine lebendige Kraft in jedem Augenblicke
gleich der bis dahin vom Stoßdrucke geleisteten Arbeit ist. Der
Satz von der lebendigen Kraft gilt daher in seiner gewöhnlichen
Form unter den hier zugrunde gelegten Voraussetzungen für
Stöße am starren Körper und insbesondere auch für die zuletzt
erlangte lebendige Kraft, die gleich der ganzen vom Stoßdrucke
geleisteten Arbeit ist.

Diese ganze Betrachtung gilt jedoch nur unter der
Voraussetzung, daß der Körper beim Stoße keine merkliche Formänderung erfährt, so daß es zulässig ist, ihn
als starr zu betrachten. Denn nur solange dies zutrifft, läßt
sich die Geschwindigkeit des Stoßangriffspunktes nach Gl. (366 d)
berechnen, wie es soeben geschehen war. Im anderen Falle muß
man bei der Berechnung der Arbeit des Stoßdrucks auf die durch
die Formänderung des Körpers herbeigeführte Abweichung der
Geschwindigkeit des Angriffspunktes von der nach Gl. (366 d)
berechneten sorgfältig achten. Es kommt hierbei darauf an, in
welchem Größenverhältnisse der während der Stoßzeit zurückgelegte Weg des Angriffspunktes, den man unter Vernachlässigung der Formänderung berechnet hat, zu dem der Gestaltänderung entsprechenden Wege steht.

Nehmen wir z. B. an, auf den Körper, den wir ins Auge gefaßt haben, werde der Stoß von einem anderen Körper ausgeübt,
der stark zusammendrückbar ist, was etwa durch eine Federung
zu verwirklichen wäre. Dann würde die Stoßzeit verhältnismäßig
lang ausfallen und während dieser Zeit würde der Angriffspunkt
des Stoßdrucks einen Weg zurücklegen, der sehr groß ist im Verhältnisse zu der Formänderung des betrachteten Körpers, den
wir uns als nur wenig zusammendrückbar vorstellen. In diesem
Falle würde es genügen, den Körper, den wir ins Auge faßten,
als starr zu betrachten und die vorhergehenden Berechnungen
ohne Änderung auf ihn anzuwenden. Die lebendige Kraft, die
er erlangt, könnte also ohne Weiteres gleich der Arbeit des Stoßdruckes gesetzt werden.

Ganz anders wird aber der Sachverhalt, wenn wir uns den
Körper, der den Stoß ausübt, nicht mehr so nachgiebig vorstellen.
Je mehr er sich ebenfalls einem starren Körper nähert, um so
kürzer wird die Stoßzeit und um so größer daher der Stoßdruck,

der erforderlich ist, um den gestoßenen Körper in Bewegung zu bringen. In der kürzeren Zeit nimmt einerseits der Weg ab, den der Angriffspunkt abgesehen von der Gestaltänderung zurückzulegen vermag und andererseits wächst mit dem Stoßdrucke die Gestaltänderung selbst an, so daß nun die aus beiden Ursachen hervorgehenden Weganteile von gleicher Größenordnung werden können. In diesem Falle kann nicht mehr die lebendige Kraft des gestoßenen Körpers gleich der Arbeit des Stoßdruckes gesetzt werden, sondern sie muß kleiner sein, um den Betrag der Arbeit, die dem aus der Gestaltänderung hervorgehenden Weganteile entspricht. Dieser Betrag ist als die Formänderungsarbeit zu bezeichnen. Sie ist in einem gegebenen Augenblicke als potentielle Energie in dem gestoßenen Körper aufgespeichert, wenn sich dieser vollkommen elastisch verhält oder sie geht im anderen Falle ganz oder teilweise als mechanische Energie verloren und wird etwa in Wärme verwandelt.

Wir finden durch diese Überlegung nur von Neuem bestätigt, daß das Bild des starren Körpers nicht ohne Weiteres ausreicht, um die Stoßvorgänge zu untersuchen. Zum mindesten bedarf es noch weiterer Festsetzungen über den Sinn, der mit dem Begriffe des starren Körpers zu verbinden ist, wenn er bei der Untersuchung der Stoßvorgänge verwendet werden soll. Hierbei ist zu beachten, daß der starre Körper einen Grenzfall bildet. Er kann aber sowohl als Grenzfall eines vollkommen weichen oder plastischen Körpers wie als Grenzfall eines entweder vollkommen oder wenigstens teilweise elastischen Körpers angesehen werden. Dazu ist nur nötig, daß man sich die Zusammendrückbarkeit des Körpers, sei sie nun von plastischer oder von elastischer oder auch von gemischter Art unter Festhaltung dieser ihrer Eigenschaft zahlenmäßig immer mehr vermindert denkt, bis sie in der Grenze zu Null wird.

Wenn in der Lehre vom Stoße von starren Körpern die Rede ist, meint man gewöhnlich Körper vom Elastizitätsgrade Null, also plastische Körper von so geringer Zusammendrückbarkeit, daß sie genau genug als vollkommen starr angesehen werden können. Sie verlieren aber damit auch im Grenzfalle nicht die wesentliche Eigenschaft plastischer Körper, daß sie kein Bestreben zu einer Rückbildung zeigen, nachdem sie irgend eine Formänderung erlitten haben, die im Grenzfalle als unendlich klein anzusehen ist. Ein starrer Körper, den man sich als Grenzfall eines elastischen Körpers vorstellt, verhält sich bei allen Stoßvorgängen ganz anders als der starre Körper, der als Grenzfall eines plastischen Körpers zu betrachten ist. Es hat daher überhaupt keinen physikalisch zulässigen Sinn vom Stoße starrer Körper gegeneinander zu reden ohne nähere Angabe darüber, welche elastischen oder plastischen Eigenschaften dem Körper zukommen, bevor man sich den Grenzübergang zum starren Körper vollzogen denkt.

§ 60. Der Satz von Carnot über den Verlust an lebendiger Kraft beim Stoße starrer Körper.

Bei diesem Satze hat man sich unter den starren Körpern, die aufeinanderstoßen, weiche Körper vorzustellen von so geringer Zusammendrückbarkeit, daß sie genau genug als starr betrachtet werden können.

Wenn zwei weiche Körper zusammenstoßen, endigt der Stoß mit der ersten Stoßperiode, also mit dem Augenblicke, in dem die Körper an der Berührungsstelle gleiche Geschwindigkeiten erlangt haben. Während der ersten Stoßperiode nähern sich die Körper einander um das Maß, das die örtliche Zusammendrückung an der Stoßstelle gestattet und am Ende der ersten Stoßperiode hat diese Zusammendrückung ihren größten Wert erlangt. Auch für den Stoß starrer Körper in dem vorher angegebenen Sinne ist daher die Bedingung festzuhalten, daß die Körper durch den Stoß gleiche Geschwindigkeiten an der Stoßstelle erlangen.

Hierbei war zunächst an den geraden Stoß gedacht. Für den schiefen Stoß von zwei starren Körpern gegeneinander ergänzen wir die Aussage dahin, daß die Stoßstellen beider Körper gleiche Geschwindigkeitskomponenten in der Richtung der Stoßnormalen annehmen und daß einem Übereinanderweggleiten beider Oberflächen während des Stoßes keine Reibung entgegenstehen soll. Der Stoßdruck soll also ganz in die Richtung der Stoßnormalen fallen. Diese Voraussetzung ist freilich ganz willkürlich eingeführt und sie entspricht keineswegs dem wahren Verhalten der festen Körper. Zur näheren Begriffsbestimmung des idealen starren Körpers, den man bei der Aufstellung der Stoßgesetze voraussetzt, ist sie aber zulässig und jedenfalls gilt der Satz von Carnot nur für Körper von diesen Eigenschaften.

Schon im ersten Bande wurde der Verlust an lebendiger Kraft

beim geraden und zentralen Stoße von zwei weichen Körpern und hiermit auch von zwei starren Körpern in dem hier vorausgesetzten Sinne ausgerechnet. Bezeichnet man die Massen mit m_1 und m_2 und die Geschwindigkeiten vor dem Stoße mit v_1 und v_2, wobei $v_2 > v_1$ sein möge, so ist die gemeinsame Geschwindigkeit w am Ende der ersten Stoßperiode

$$w = \frac{m_1 v_1 + m_2 v_2}{m_1 + m_2}$$

und für den Verlust an lebendiger Kraft erhält man zunächst

$$\text{Verl} = \frac{m_1 v_1{}^2}{2} + \frac{m_2 v_2{}^2}{2} - (m_1 + m_2)\frac{w^2}{2} .$$

Dieser Ausdruck kann noch auf verschiedene Art umgeformt werden und zwar, um auf den Carnotschen Satz zu kommen auch wie folgt:

$$\text{Verl} = \tfrac{1}{2}\{ m_1 v_1{}^2 + m_2 v_2{}^2 + (m_1 + m_2) w^2 - 2(m_1 + m_2)w^2 \} .$$

Ersetzt man in dem letzten mit w^2 behafteten Gliede den einen Faktor w durch den vorher dafür festgestellten Wert, so ergibt sich

$$\text{Verl} = \tfrac{1}{2}\{ m_1 v_1{}^2 + m_2 v_2{}^2 + m_1 w^2 + m_2 w^2 - 2w(m_1 v_1 + m_2 v_2) \}$$
$$= \tfrac{1}{2} m_1 (w - v_1)^2 + \tfrac{1}{2} m_2 (v_2 - w)^2 . \qquad (366\,\text{e})$$

Die beiden Glieder in diesem Ausdrucke haben eine einfache Bedeutung. Die Unterschiede $w - v_1$ und $v_2 - w$ geben nämlich die Geschwindigkeitsänderungen an, die durch den Stoß hervorgebracht wurden. Faßt man nun diese Geschwindigkeitsänderungen als selbständige Bewegungszustände auf, so ist nach der vorstehenden Gleichung die Summe der zu ihnen gehörigen lebendigen Kräfte ebenso groß wie der Stoßverlust an lebendiger Kraft, den wir berechnen wollten. Das ist die Aussage des Carnotschen Satzes für den einfachsten Fall des geraden zentralen Stoßes. Der Satz gilt aber nicht nur in diesem, sondern, wie man sofort sehen wird, auch noch in viel allgemeineren Fällen.

Namentlich gilt der Satz auch für einen beliebigen Stoß von zwei freien starren Körpern gegeneinander, der zugleich schief und exzentrisch erfolgen kann. Um dies zu beweisen, bezeichne ich die Geschwindigkeit der vom Stoße getroffenen Stelle des ersten Körpers in irdendeinem Augenblicke während der Stoßzeit mit $\mathfrak{w}_1$ und die Geschwindigkeit der Stoßstelle des zweiten Körpers mit $\mathfrak{w}_2$. Während der ganzen Stoßdauer bleiben die Körper in

Berührung miteinander, wobei sie im allgemeinen zugleich gegeneinander gleiten. Jedenfalls müssen aber die in der Richtung der Stoßnormalen genommenen Komponenten von $\mathfrak{w}_1$ und $\mathfrak{w}_2$ gleich groß sein, damit die Körper während dieser Zeit dauernd in Berührung miteinander bleiben.

Der ebenfalls in die Richtung der Stoßnormalen fallende Stoßdruck am ersten Körper sei mit $\mathfrak{P}$ bezeichnet, ferner das bis zu dem betrachteten Augenblicke genommene Zeitintegral von $\mathfrak{P}$ mit $\mathfrak{A}$ und das über die ganze Stoßdauer erstreckte Zeitintegral mit $\mathfrak{A}'$. Nach dem Wechselwirkungsgesetze gelten dieselben Werte nach einem Vorzeichenwechsel auch für den zweiten Körper. Die Arbeit von $\mathfrak{P}$ am ersten Körper während eines Zeitelementes dt ist gleich

$$\mathfrak{P}\,\mathfrak{w}_1\,dt$$

und die Arbeit des Stoßdruckes am zweiten Körper gleich

$$-\,\mathfrak{P}\,\mathfrak{w}_2\,dt.$$

Da die Normalkomponenten von $\mathfrak{w}_1$ und $\mathfrak{w}_2$ miteinander übereinstimmen, sind beide Arbeiten von gleicher Größe und entgegengesetztem Vorzeichen und daher

$$\mathfrak{P}\,(\mathfrak{w}_1 - \mathfrak{w}_2) = 0. \tag{366f}$$

Aber die Geschwindigkeiten $\mathfrak{w}_1$ und $\mathfrak{w}_2$ sind nicht jene, die den Stoßangriffspunkten zukämen, wenn diese sich so bewegten, wie es einem starren Zusammenhange mit den fern von der Stoßstelle gelegenen Körpermassen entsprechen würde. So klein auch die Formänderungen sein mögen und wenn wir sie selbst beim Grenzübergange vom weichen zum starren Körper schließlich ganz verschwinden lassen, so müssen wir doch während der dann ebenfalls gegen Null hin konvergierenden Stoßdauer jedenfalls Rücksicht darauf nehmen, daß sich die Stoßstelle wegen der kleinen Formänderung mit anderer Geschwindigkeit zu bewegen vermag als es dem starren Zusammenhange mit der Hauptmasse des gestoßenen Körpers entsprechen würde. Zum Unterschiede von $\mathfrak{w}_1$ und $\mathfrak{w}_2$ seien die Geschwindigkeiten der Stoßstellen, die den Bewegungszuständen beider Körper im gegebenen Augenblicke unter Vernachlässigung der Formänderung zugehören würden, mit $\mathfrak{v}_1$ und $\mathfrak{v}_2$ bezeichnet.

Während des Zeitelementes dt erfährt die lebendige Kraft des ersten Körpers eine Änderung, die gleich der zum Wege $\mathfrak{v}_1\,dt$ gehörigen Arbeit des Stoßdrucks $\mathfrak{P}$ ist. Denn wir wissen schon

aus den Untersuchungen des vorhergehenden Paragraphen, daß
die Arbeit eines Antriebs $\mathfrak{P}dt$ oder $d\mathfrak{A}$ gleich der von ihr hervorgerufenen Änderung der lebendigen Kraft ist, falls während dt
keine Formänderung des Körpers eintritt. Der Rest der Arbeit
von $\mathfrak{P}dt$ also

$$\mathfrak{P}(\mathfrak{w}_1 - \mathfrak{v}_1)dt$$

wird auf die Formänderungsarbeit am ersten Körper verwendet.

Hierbei möge nochmals darauf hingewiesen werden, daß auch
beim starren Körper eine endliche Formänderungsarbeit möglich
ist. Wenn auch der Weg der Zusammendrückung gegen Null hin
konvergiert, so konvergiert gleichzeitig die Größe des Stoßdrucks
gegen Unendlich. Das Produkt $0 \cdot \infty$ behält dagegen bei der
hier vorausgesetzten Eigenschaft des starren Körpers einen endlichen Wert.

Während des Zeitelementes dt wird ebenso auf die Formänderung des zweiten Körpers die Arbeit

$$- \mathfrak{P}(\mathfrak{w}_2 - \mathfrak{v}_2)dt$$

verwendet. Die Summe beider Arbeiten ist gleich dem Verluste
an lebendiger Kraft von beiden Körpern während dt. Man hat
also

$$d\,\mathrm{Verl} = \mathfrak{P}(\mathfrak{w}_1 - \mathfrak{v}_1 - \mathfrak{w}_2 + \mathfrak{v}_2)dt,$$

woraus unter Beachtung von (366 f)

$$d\,\mathrm{Verl} = \mathfrak{P}(\mathfrak{v}_2 - \mathfrak{v}_1)dt$$

folgt. Für die ganze Stoßdauer hat man daher

$$\mathrm{Verl} = \int \mathfrak{P}(\mathfrak{v}_2 - \mathfrak{v}_1)\,dt.$$

Zur Ausführung der Integration nach der Zeit sei die dem
Anfange des Stoßes entsprechende Geschwindigkeit $\mathfrak{v}_1$ des Angriffspunktes von $\mathfrak{P}$ am ersten Körper mit $\mathfrak{v}_1{}^0$ bezeichnet und die am
Ende des Stoßes mit $\mathfrak{v}_1{}'$. Die Änderung $\mathfrak{v}_1{}' - \mathfrak{v}_1{}^0$ entspricht dem
ganzen Stoßantriebe, für den wir die Bezeichnung $\mathfrak{A}'$ verabredet
hatten und die Änderung $\mathfrak{v}_1 - \mathfrak{v}_1{}^0$ bis zu einem bestimmten Augenblicke während der Stoßzeit dem bis dahin bereits abgelaufenen
Antriebe $\mathfrak{A}$. Die beiden Geschwindigkeitsänderungen sind gleich
gerichtet und verhalten sich der Größe nach zueinander wie die
Zahlenwerte A und A' von $\mathfrak{A}$ und $\mathfrak{A}'$. Dies folgt daraus, daß die
Richtung des Stoßdrucks $\mathfrak{P}$ fortwährend mit der Stoßnormalen
zusammenfällt und sich daher wegen der sehr kurzen und im
Grenzfalle sogar unendlich kleinen Stoßdauer nicht merklich

ändern kann. Man hat daher

$$\mathfrak{v}_1 = \mathfrak{v}_1{}^0 + \frac{A}{A'}(\mathfrak{v}_1{}' - \mathfrak{v}_1{}^0) \text{ und ebenso auch } \mathfrak{v}_2 = \mathfrak{v}_2{}^0 + \frac{A}{A'}(\mathfrak{v}_2{}' - \mathfrak{v}_2{}^0).$$

Die vorhergehende Gleichung geht hiermit über in.

$$\text{Verl} = (\mathfrak{v}_2{}^0 - \mathfrak{v}_1{}^0)\int \mathfrak{P}\,dt + (\mathfrak{v}_2{}' - \mathfrak{v}_2{}^0 - \mathfrak{v}_1{}' + \mathfrak{v}_1{}^0)\int \frac{A}{A'}\mathfrak{P}\,dt.$$

Nun ist aber $\mathfrak{P}dt = d\mathfrak{A}$, womit sich die Integrationen ausführen lassen, so daß man

$$\text{Verl} = (\mathfrak{v}_2{}^0 - \mathfrak{v}_1{}^0)\mathfrak{A}' + (\mathfrak{v}_2{}' - \mathfrak{v}_2{}^0 - \mathfrak{v}_1{}' + \mathfrak{v}_1{}^0)\cdot \tfrac{1}{2}\mathfrak{A}'$$

erhält. Außerdem ist noch zu beachten, daß der Stoß zu Ende ist, sobald die Projektionen von $\mathfrak{v}_1$ und $\mathfrak{v}_2$ auf die Stoßnormale gleich groß geworden sind, da wir einen vollkommen unelastischen Stoß voraussetzen. In diesem Augenblicke und auch weiterhin unterscheiden sich die Geschwindigkeiten $\mathfrak{v}_1$ und $\mathfrak{v}_2$ nicht mehr von den tatsächlichen Geschwindigkeiten $\mathfrak{w}_1$ und $\mathfrak{w}_2$ der Stoßangriffspunkte. Mit Rücksicht hierauf vereinfacht sich die vorhergehende Gleichung zu

$$\text{Verl} = \tfrac{1}{2}(\mathfrak{v}_2{}^0 - \mathfrak{v}_1{}^0)\mathfrak{A}'. \tag{366g}$$

Hiermit ist bereits ein einfacher Ausdruck für den Verlust an lebendiger Kraft gefunden, von dem nur noch gezeigt zu werden braucht, daß er mit dem nach dem Satze von Carnot berechneten übereinstimmt. Zu diesem Zwecke fassen wir irgendeinen fern von der Stoßstelle liegenden Punkt des ersten Körpers ins Auge, dessen Geschwindigkeit vor dem Stoße mit $\mathfrak{v}^0$ und nach dem Stoße mit $\mathfrak{v}'$ bezeichnet werden soll. Gegenüber den vorher gebrauchten Beziehungen, die sich auf die Stoßangriffsstelle bezogen, ist also nur der untere Zeiger weggelassen.

Der Bewegungszustand des ersten Körpers unmittelbar nach dem Stoße geht aus dem vor dem Stoße dadurch hervor, daß sich diesem ein Bewegungszustand $\mathfrak{v}' - \mathfrak{v}^0$ zugesellt, den man sich auch, wie es bei der Aussage des Carnotschen Satzes geschieht, als einen selbständigen Bewegungszustand vorstellen kann. Geschieht dies, so entspricht diesem Bewegungszustande $\mathfrak{v}' - \mathfrak{v}^0$ eine lebendige Kraft, die wir mit L_1 bezeichnen und sofort berechnen wollen.

Zu diesem Zwecke beachten wir, daß sich der Bewegungszustand $\mathfrak{v}' - \mathfrak{v}^0$ auch für sich aus dem Ruhezustande des ersten Körpers heraus dadurch hervorbringen ließe, daß man denselben Stoß vom Antriebe $\mathfrak{A}'$ an dem ruhenden Körper wirken ließe, der dabei als völlig frei vorausgesetzt wird. Dies folgt aus dem Satze von der Superposition oder von der Unabhängigkeit verschiedener Bewegungsanteile voneinander, also aus dem grundlegenden Satze, von dem aus das ganze Lehrgebäude der Dynamik errichtet wurde.

Unter der Voraussetzung, daß sich der Stoß ohne Formänderung abspielte, wäre dann die lebendige Kraft L_1, die durch den Stoß hervorgebracht wurde, gleich der Arbeit des Antriebes $\mathfrak{A}'$ zu setzen. Dabei müßte die Geschwindigkeit der Stoßstelle während der Stoßzeit von Null bis zum Endwerte $\mathfrak{v}_1' - \mathfrak{v}_1^0$ wachsen. Die dem Antriebe $\mathfrak{A}'$ entsprechende Arbeit und hiermit die lebendige Kraft L_1 berechnet sich demnach zu

$$L_1 = \tfrac{1}{2}(\mathfrak{v}_1' - \mathfrak{v}_1^0)\,\mathfrak{A}'$$

und für den zweiten Körper erhält man auf Grund derselben Überlegung
$$L_2 = -\tfrac{1}{2}\mathfrak{A}'(\mathfrak{v}_2' - \mathfrak{v}_2^0),$$

wobei zu beachten ist, daß nach dem Wechelwirkungsgesetze bei ihm $-\mathfrak{A}'$ an Stelle von $\mathfrak{A}'$ zu setzen ist. — Die Summe aus beiden Werten liefert

$$L_1 + L_2 = \tfrac{1}{2}(\mathfrak{v}_1' - \mathfrak{v}_1^0 - \mathfrak{v}_2' + \mathfrak{v}_2^0)\,\mathfrak{A}'.$$

Am Ende des plastischen Stoßes, den wir bei der Ableitung von Gl. (366g) betrachtet haben, ist aber, wie auch vorher schon bemerkt war, die Projektion von $\mathfrak{v}_1'$ auf die Richtung von $\mathfrak{A}'$ ebensogroß wie die von $\mathfrak{v}_2'$. Der vorstehende Ausdruck stimmt daher mit dem in Gl. (366g) vorkommenden überein und wir erhalten

$$\text{Verl} = L_1 + L_2, \tag{366h}$$

womit der Satz von Carnot auch für den allgemeinsten Fall des Stoßes von zwei „plastisch-starren" Körpern gegeneinander bewiesen ist.

Bisher wurde vorausgesetzt, daß die aufeinander stoßenden Körper völlig frei sein sollten. Aber auch für den Fall, daß die Körper bestimmten Zwangsbedingungen unterworfen sind, bleibt der Satz gültig unter der Voraussetzung, daß alle Körper, die an der Herstellung der Zwangsbedingungen beteiligt sind, wenn sie als starr angesehen werden, in diesem Grenzfalle den Elastizitätsgrad Null haben, sowie daß kein weiterer Verlust an lebendiger Kraft durch Reibungen zwischen den Körpern herbeigeführt wird. Es möge genügen, dies hier noch an einem einfachen Falle dieser Art näher nachzuweisen.

Wir betrachten einen starren Körper, der zunächst völlig frei sein und eine beliebige Anfangsbewegung besitzen soll. Dann soll irgendeiner seiner Punkte durch eine geeignete Vorrichtung plötzlich festgehalten werden, so daß er stoßweise zur Ruhe kommt. Von da ab soll sich der Körper nur noch um diesen Punkt zu drehen vermögen. Gefragt wird nach den Eigenschaften dieser Drehbewegung und nach dem Verluste an lebendiger Kraft, den der Körper durch den Stoß erleidet.

Wie vorher bezeichnen wir auch jetzt wieder die Geschwindigkeit eines beliebig herausgegriffenen Punktes des Körpers vor dem Stoße mit $\mathfrak{v}^0$ und nach dem Stoße mit $\mathfrak{v}'$, die Geschwindigkeiten der Stoßstelle selbst dagegen mit $\mathfrak{v}_1{}^0$ und $\mathfrak{v}_1{}'$. Hierbei ist jedoch zu beachten, daß die Geschwindigkeit $\mathfrak{v}_1$ der Stoßstelle zu irgendeiner Zeit auch hier wieder nicht mit der wahren Geschwindigkeit $\mathfrak{w}_1$ dieser Stelle zu verwechseln ist, sondern daß sie jene Geschwindigkeit bedeutet, die der Stoßstelle zukäme, wenn sie in starrer Verbindung mit der Hauptmasse des Körpers stünde. Von ihr unterscheidet sich $\mathfrak{w}_1$ um den Betrag, der durch die unvermeidliche Formänderung des Körpers in der unmittelbaren Nachbarschaft der Stoßstelle bedingt ist. Von Beginn des Stoßes an ist der vorgeschriebenen Bedingung gemäß $\mathfrak{w}_1$ entweder gleich Null zu setzen oder gleich der Geschwindigkeit $\mathfrak{w}_2$ der Stoßstelle der Haltevorrichtung, die durch deren plastische Nachgiebigkeit herbeigeführt wird. Jedenfalls sind aber zu Ende der Stoßzeit sowohl $\mathfrak{w}_1$ und $\mathfrak{w}_2$ als auch $\mathfrak{v}_1{}'$ gleich Null zu setzen.

Im Ganzen wird durch den Stoß die Geschwindigkeit eines beliebigen Punktes um $\mathfrak{v}' - \mathfrak{v}^0$ abgeändert und wir können und wollen uns einen selbständigen Bewegungszustand $\mathfrak{v}' - \mathfrak{v}^0$ vorstellen, der sich dem ursprünglich gegebenen $\mathfrak{v}^0$ infolge des Stoßes überlagert. Die Stoßstelle selbst besitzt bei diesem selbständigen Bewegungszustande die Geschwindigkeit $-\mathfrak{v}_1{}^0$. Der Stoßantrieb $\mathfrak{A}$, der an dem gegebenen Angriffspunkte wirken muß, um diesen Bewegungszustand hervorzubringen, kann nach Gl. (366d) vom § 58 leicht berechnet werden. Zu diesem Zwecke ersetzt man $\mathfrak{v}$ auf der linken Seite der Gleichung durch die gegebene Geschwindigkeit $-\mathfrak{v}_1{}^0$ der Stoßstelle und dementsprechend auf der rechten Seite der Gleichung die Komponenten $r_1 r_2 r_3$ durch die Komponenten $p_1 p_2 p_3$. Hierauf ist die Vektor-Gleichung in ihre drei Komponentengleichungen zu zerlegen. Damit hat man die Gleichungen ersten Grades für die drei Unbekannten $A_1 A_2 A_3$, während

alle übrigen darin vorkommenden Größen bekannt sind. Nach
Auflösung dieser Gleichungen kann man den Stoßantrieb $\mathfrak{A}$ auch
selbst nach Richtung und Größe angeben.

Nachdem dies geschehen ist, kann man auch für jeden anderen
Punkt nach derselben Gleichung (366d) die durch $\mathfrak{A}$ hervorgebrachte Geschwindigkeit $\mathfrak{v}' - \mathfrak{v}^0$ berechnen und damit wird der
Bewegungszustand des ganzen Körpers unmittelbar nach dem
Stoße ebenfalls bekannt. Wie die Bewegung nachher weiterhin
erfolgt, lehrt die Kreiseltheorie, womit wir uns an dieser Stelle
nicht zu befassen haben. Die eine der gestellten Fragen ist hiermit
bereits beantwortet und es handelt sich nur noch um die Berechnung des Verlustes an lebendiger Kraft durch den Stoß.

Hierfür können wir uns unmittelbar auf die Entwicklungen
beziehen, die zu Gl. (366h) geführt haben, wenn wir uns unter
dem zweiten Körper, auf den der erste stößt, die ganze Erde vorstellen, die mit der Haltevorrichtung nach Voraussetzung in
plastisch-starrer Verbindung steht. Da die Masse der Erde als
unendlich groß angesehen werden kann im Verhältnisse zur Masse
des mit ihr zusammenstoßenden Körpers bleiben die Geschwindigkeiten, die ihren Punkten durch den Stoß erteilt werden unendlich
klein und da L_2 von den Quadraten der Geschwindigkeiten abhängt, wird L_2 trotz der unendlich großen Masse ebenfalls unendlich
klein, ist also gegenüber L_1 zu streichen. An Stelle von Gl. (366h)
ergibt sich daher im vorliegenden Falle

$$\text{Verl} = L_1, \qquad (366\,i)$$

womit der Satz von Carnot auch für diesen Fall als gültig erkannt ist.

Auch in anderen Fällen von Zwangsbedingungen wird sich
der Beweis im allgemeinen in ähnlicher Art führen lassen. Dagegen wird der Satz ungültig, sobald der Stoß nicht rein
plastisch, sondern ganz oder teilweise elastisch erfolgt
oder auch wenn Reibungen vorkommen, die sich einem
Gleiten der Körper gegeneinander an den Stoßstellen,
wie es bei einem schiefen Stoße vorkommt, widersetzen.

Die Hauptanwendung findet der Satz von Carnot auf die Berechnung des Verlustes an Strömungsenergie bei der Vermischung
von Flüssigkeitsstrahlen, die mit verschiedenen Geschwindigkeiten
zusammenfließen (§ 77).

Fünfter Abschnitt.

Hydrodynamik.

§ 61. Anknüpfung an die früheren Lehren.

Hier muß ich bei dem Leser voraussetzen, daß er sich mit den die Flüssigkeitsbewegungen behandelnden Abschnitten des ersten sowohl als des vierten Bandes meiner Vorlesungen schon früher hinreichend vertraut gemacht hat. Im letzten Abschnitte des vierten Bandes, auf den es dabei hauptsächlich ankommt, sind bereits die grundlegenden Voraussetzungen besprochen, von denen man bei der Theorie der Flüssigkeitsbewegungen ausgeht, sowie die mathematischen Hilfsmittel, deren man sich zur Darstellung der Strömungsvorgänge bedient. In gedrängter Zusammenfassung möge zunächst nochmals daran erinnert werden.

Um die Aufgabe soweit zu vereinfachen, daß eine Lösung überhaupt erst möglich wird, sieht man sich zu bestimmten Annahmen oder Vernachlässigungen genötigt. Bei den meisten Betrachtungen der Hydrodynamik wird es als ausreichend angesehen, sowohl den Einfluß der Flüssigkeitsreibung als die durch die „Mischbewegung" hervorgerufenen Störungen zu vernachlässigen so daß man nur mit regelmäßigen Strömungen zu tun hat. Ebenso wird, wenn es sich um tropfbare Flüssigkeiten handelt, von der elastischen Zusammendrückbarkeit abgesehen. Wir schließen uns diesen Annahmen hier ebenfalls an, dürfen uns aber nicht wundern, wenn die auf so willkürlicher Unterlage aufgebaute Theorie in manchen Fällen der Erfahrung mehr oder weniger widerspricht. Namentlich will mir scheinen, daß der Mißerfolg aller eifrigen Bestrebungen, das sogenannte „Turbulenz-Problem" zu lösen auf eine Nichtbeachtung der elastischen Zusammendrückbarkeit zurückzuführen sein könnte. Zum mindesten spricht für diese Vermutung die Beobachtung, daß bei den in der Natur vorkommenden Wasserströmungen periodische Störungen eintreten, die in der Theorie nicht vorgesehen sind und die den Eindruck machen, als wenn sie durch elastische Kräfte hervorgerufene Schwingungen wären. Diese Frage ist aber noch als offen zu betrachten und sie kann hier jedenfalls nicht weiter verfolgt werden.

Für die analytische Darstellung des Strömungszustandes bedient man sich gewöhnlich am besten des nach Euler benannten Verfahrens, die Geschwindigkeit in einem festen Punkte des durchströmten Raumes als eine Funktion der Koordinaten dieses Punktes und der Zeit anzusehen. Die Aufgabe kommt dann darauf hinaus, diese Funktion oder ihre Komponentenfunktionen durch eine den Grenzbedingungen Rechnung tragende Integration der Eulerschen hydrodynamischen Gleichungen zu ermitteln.

Bezeichnen wir die auf ein rechtwinkliges Koordinatensystem bezogenen Geschwindigkeitskomponenten mit $v_1 v_2 v_3$, so lautet die Kontinuitätsgleichung

$$\frac{\partial v_1}{\partial x} + \frac{\partial v_2}{\partial y} + \frac{\partial v_3}{\partial z} = 0 \qquad (367)$$

und die drei anderen Eulerschen Gleichungen haben wir ebenfalls in der ihnen schon im vierten Bande gegebenen Form

$$\left.\begin{aligned}
\mu\left(\frac{\partial v_1}{\partial t} + v_1 \frac{\partial v_1}{\partial x} + v_2 \frac{\partial v_1}{\partial y} + v_3 \frac{\partial v_1}{\partial z}\right) &= X - \frac{\partial p}{\partial x} \\
\mu\left(\frac{\partial v_2}{\partial t} + v_1 \frac{\partial v_2}{\partial x} + v_2 \frac{\partial v_2}{\partial y} + v_3 \frac{\partial v_2}{\partial z}\right) &= Y - \frac{\partial p}{\partial y} \\
\mu\left(\frac{\partial v_3}{\partial t} + v_1 \frac{\partial v_3}{\partial x} + v_2 \frac{\partial v_3}{\partial y} + v_3 \frac{\partial v_3}{\partial z}\right) &= Z - \frac{\partial p}{\partial z}
\end{aligned}\right\} \qquad (368)$$

zu übernehmen. Darin bedeutet μ die auf die Raumeinheit bezogene Masse der Flüssigkeit, die als eine Konstante zu betrachten ist, p den Flüssigkeitsdruck, der zwar mit $xyzt$ veränderlich, für alle Schnittrichtungen aber bei der reibungsfreien Flüssigkeit gleich groß ist, während mit XYZ die Komponenten der auf die Raumeinheit bezogenen äußeren Massenkraft bezeichnet sind.

Ferner ist an die wichtige Einteilung der Flüssigkeitsbewegungen in wirbelfreie und in Wirbelbewegungen und an den damit zusammenhängenden Satz von Lagrange zu erinnern. Bei der wirbelfreien Bewegung, die viel einfacher zu behandeln ist, lassen sich die Geschwindigkeitskomponenten in einen Geschwindigkeitspotentiale Φ durch die Gleichungen

$$v_1 = \frac{\partial \Phi}{\partial x}, \quad v_2 = \frac{\partial \Phi}{\partial y}, \quad v_3 = \frac{\partial \Phi}{\partial z} \tag{369}$$

ausdrücken und der Satz von Lagrange lehrt, daß die Bewegung, wenn sie anfänglich wirbelfrei war, auch weiterhin wirbelfrei bleibt, unter der Voraussetzung, daß die auf die Flüssigkeit wirkende äußere Kraft von einem Potentiale abgeleitet werden kann. Diese Voraussetzung trifft bei den meisten Fällen der Anwendung ohne weiteres zu. Dabei ist aber nicht zu vergessen, daß der Satz von Lagrange außerdem auch noch von den Voraussetzungen abhängig ist, daß die Flüssigkeitsreibung vernachlässigt werden darf und daß der Einfluß der Mischbewegung ebenfalls als unerheblich außer Ansatz gelassen werden kann. Bei wirklichen Flüssigkeitsbewegungen darf daher der Satz von Lagrange, wenn überhaupt, immer nur als näherungsweise gültig angesehen werden.

Bei einer Wirbelbewegung kann der Wirbel an einer bestimmten Stelle durch einen Vektor $\mathfrak{w}$ nach Größe und Richtung beschrieben werden, der mit der Geschwindigkeitsverteilung durch die Gleichung

$$\mathfrak{w} = \mathfrak{i}\left(\frac{\partial v_3}{\partial y} - \frac{\partial v_2}{\partial z}\right) + \mathfrak{j}\left(\frac{\partial v_1}{\partial z} - \frac{\partial v_3}{\partial x}\right) + \mathfrak{k}\left(\frac{\partial v_2}{\partial x} - \frac{\partial v_1}{\partial y}\right) \tag{370}$$

zusammenhängt. An Stelle von $\mathfrak{w}$ selbst kann man auch irgend ein Vielfaches und insbesondere, wie es häufig geschieht, die Hälfte davon als Maß des Wirbels ansehen. Zur Abkürzung wird die vorhergehende Gleichung auch

$$\mathfrak{w} = \operatorname{curl} \mathfrak{v} \tag{371}$$

geschrieben.

Endlich ist noch an eine wichtige Folgerung zu erinnern, die sich aus der Integration der drei Eulerschen Gleichungen (368) für die stationäre wirbelfreie Strömung ergibt. Sie wird durch die in § 56 der 5 Aufl. des vierten Bandes abgeleitete Gleichung

$$\tfrac{1}{2}\mu\mathfrak{v}^2 + V + p = C \tag{372}$$

ausgesprochen, in der V das Potential der äußeren Massenkraft und C eine für den ganzen durchströmten Raum konstante und zugleich auch von der Zeit unabhängige Größe bedeutet. Diese Gleichung wird hauptsächlich dazu verwendet, um die Druckverteilung festzustellen, die bei einer bestimmten Strömung, die an sich möglich ist, d. h. die der Kontinuitätsgleichung genügt, auftreten muß, um diese Strömung auch wirklich herbeizuführen.

§ 62. Die ebene wirbelfreie Strömung im Beharrungszustande.

Um die Aufgabe der Integration der Eulerschen Gleichungen für bestimmte Grenzbedingungen soweit zu vereinfachen, daß sich eine Lösung dafür finden läßt, muß man auf die Betrachtung der allgemeineren Fälle verzichten und sich auf die Untersuchung einfacherer Bewegungsarten beschränken, für die eine Lösung wirklich gefunden werden kann. Dazu gehört vor allem die ebene Bewegung, mit der wir uns jetzt beschäftigen wollen.

Die Bewegung erfolge überall parallel zu einer bestimmten Ebene, die wir zur XY-Ebene eines im Raume festliegenden rechtwinkligen Koordinatensystems benutzen wollen. Die Geschwindigkeitskomponente v_3 ist daher überall gleich Null zu setzen. Zum Begriffe der ebenen Bewegung gehört aber ferner noch, daß die Bewegung in allen parallel zur XY-Ebene durch die Flüssigkeit gelegten Schnitten dieselbe ist, so daß die Bewegung bereits vollständig bekannt ist, wenn sie in einem dieser Schnitte angegeben wird. Wir haben also

$$v_3 = 0, \qquad \frac{\partial v_1}{\partial z} = 0, \qquad \frac{\partial v_2}{\partial z} = 0 \qquad (373)$$

zu setzen. Es muß jedoch darauf hingewiesen werden, daß bei der wirbelfreien Bewegung, von der hier in erster Linie die Rede sein soll, die beiden letzten dieser Gleichungen notwendige Folgen der ersten davon sind. Nach Gl. (370) erfordert nämlich die Bedingung $\mathfrak{w} = 0$, daß

$$\frac{\partial v_1}{\partial z} = \frac{\partial v_3}{\partial x} \quad \text{und} \quad \frac{\partial v_2}{\partial z} = \frac{\partial v_3}{\partial y}$$

ist, woraus die Behauptung folgt. Indessen braucht bei der ebenen Bewegung an und für sich, d. h. bei einer Bewegung, die nur die Gleichungen (373) erfüllt, $\mathfrak{w}$ nicht gleich Null zu sein. Es genügt vielmehr, wenn die $\mathfrak{i}$-Komponente und die $\mathfrak{j}$-Komponente von $\mathfrak{w}$ verschwinden, während eine senkrecht zur Bewegungsebene stehende Wirbelkomponente

$$w_3 = \frac{\partial v_2}{\partial x} - \frac{\partial v_1}{\partial y} \qquad (374)$$

bei der ebenen Bewegung immer noch möglich ist. An dieser Stelle wollen wir uns aber auf die Betrachtung der wirbelfreien Bewegung beschränken, also auch $w_3 = 0$ voraussetzen.

Wir sind dann in den Stand gesetzt, die Bewegung auf ein Geschwindigkeitspotential Φ zurückzuführen, das nur noch von

den unabhängig veränderlichen Größen x und y abhängt. Die
Kontinuitätsbedingung, Gl. (367), geht damit über in

$$\frac{\partial^2 \Phi}{\partial x^2} + \frac{\partial^2 \Phi}{\partial y^2} = 0 \qquad (375)$$

und jede Funktion Φ, die dieser Gleichung genügt, beschreibt
eine mögliche Flüssigkeitsbewegung, die bei geeigneter Wahl der
Anfangsbedingungen auch verwirklicht werden kann.

Von derselben Gleichung wie hier, die mit Gl. (318) des dritten
Bandes übereinstimmt, hängt auch die Lösung des Torsionsproblems für einen prismatischen Stab von beliebigem Querschnitt
ab. In § 77 der 8. Aufl. des dritten Bandes wurde auf diesen
Zusammenhang nicht nur hingewiesen, sondern er wurde auch
schon zur näherungsweisen Lösung des Torsionsproblems benutzt.
Damals wurde schon gezeigt, daß sowohl der reelle als der imaginäre
Bestandteil jeder beliebigen Funktion einer komplexen Variabeln
$x + yi$ oder $x - yi$ eine Lösung der Gleichung bildet.

Hieraus geht hervor, daß die Theorie der ebenen und wirbelfreien Flüssigkeitsströmungen sehr eng mit der allgemeinen Theorie
der Funktionen komplexer Variabeln und auch mit der sich an
diese anschließenden Theorie der konformen oder winkeltreuen
Abbildung zusammenhängt. Da die sich hierauf beziehenden
mathematischen Lehren eine weitgehende Ausbildung erfahren
haben, vermag man Aufgaben über ebene Flüssigkeitsbewegungen
verhältnismäßig leicht zu behandeln und in manchen bemerkens-
werten Fällen auch vollständig zu lösen.

Um den zuvor schon erwähnten Satz nochmals von neuem
abzuleiten, setze ich
$$z = x + yi,$$
wobei aber der Buchstabe z mit einer zur Bewegungsebene senkrecht gezogenen Z-Achse nichts zu tun hat, sondern nur zur abgekürzten Bezeichnung der komplexen Variabeln dient. Unter
w sei irgendeine analytische Funktion von z verstanden, also
unter Verwendung eines Funktionszeichens F
$$w = F(z) = F(x + yi).$$
Jedenfalls läßt sich die Funktion w in einen reellen und einen
rein imaginären Bestandteil zerlegen, so daß man auch
$$w = \Phi + i\,\Psi$$
schreiben kann. Dabei sind Φ und Ψ reelle Funktionen von x
und y.

Wir bilden den partiellen Differentialquotienten von w nach x, den wir unter Verwendung der vorhergehenden Bezeichnungen auf zwei verschiedene Arten ausdrücken können, nämlich entweder

$$\frac{\partial w}{\partial x} = \frac{dw}{dz} \cdot \frac{\partial z}{\partial x} = \frac{dw}{dz}$$

oder

$$\frac{\partial w}{\partial x} = \frac{\partial \Phi}{\partial x} + i \frac{\partial \Psi}{\partial x}.$$

Ebenso erhält man für den Differentialquotienten von w nach y die beiden Ausdrücke

$$\frac{\partial w}{\partial y} = \frac{dw}{dz} \cdot \frac{\partial z}{\partial y} = i \frac{dw}{dz},$$

$$\frac{\partial w}{\partial y} = \frac{\partial \Phi}{\partial y} + i \frac{\partial \Psi}{\partial y}.$$

Aus dem ersten Gleichungspaare findet man

$$\frac{dw}{dz} = \frac{\partial \Phi}{\partial x} + i \frac{\partial \Psi}{\partial x}$$

und aus dem zweiten $\quad \dfrac{dw}{dz} = \dfrac{\partial \Psi}{\partial y} - i \dfrac{\partial \Phi}{\partial y}.$

Beide Ausdrücke müssen miteinander übereinstimmen und das ist nur möglich, wenn zwischen Φ und Ψ die Gleichungen bestehen

$$\frac{\partial \Phi}{\partial x} = \frac{\partial \Psi}{\partial y}, \quad \frac{\partial \Phi}{\partial y} = -\frac{\partial \Psi}{\partial x}. \tag{376}$$

Insbesondere folgt daraus noch, daß man für $\dfrac{dw}{dz}$ auch die folgenden beiden Ausdrücke setzen kann

$$\left.\begin{aligned} \frac{dw}{dz} &= \frac{\partial \Phi}{\partial x} - i \frac{\partial \Phi}{\partial y} \\ \frac{dw}{dz} &= \frac{\partial \Psi}{\partial y} + i \frac{\partial \Psi}{\partial x} \end{aligned}\right\}. \tag{377}$$

Eliminiert man ferner Ψ aus den Gleichungen (376), indem man die erste nach x und die zweite nach y differentiiert und hierauf beide zueinander addiert, so erhält man die erste der beiden folgenden Gleichungen

$$\left.\begin{aligned} \frac{\partial^2 \Phi}{\partial x^2} + \frac{\partial^2 \Phi}{\partial y^2} &= 0 \\ \frac{\partial^2 \Psi}{\partial x^2} + \frac{\partial^2 \Psi}{\partial y^2} &= 0 \end{aligned}\right\}. \tag{378}$$

Die zweite erhält man nämlich in der gleichen Weise durch Elimination von Φ aus den Gleichungen (376). Damit ist zunächst der verlangte Nachweis erbracht, daß sowohl der reelle als der imaginäre Anteil einer beliebigen Funktion w von $x + yi$ der Differentialgleichung (375) für das Geschwindigkeitspotential genügt. Es läßt sich aber jetzt auch noch weiter zeigen, daß, wenn eine dieser Funktionen, etwa Φ, als Geschwindigkeitspotential angesehen wird, der anderen, also Ψ, ebenfalls eine wichtige Bedeutung für die Beschreibung der zugehörigen Flüssigkeitsströmung zukommt.

Um dies nachzuweisen, berechnen wir zunächst, um wieviel sich Ψ ändert, wenn man in der Richtung der Strömungsgeschwindigkeit um ein Längenelement fortschreitet. Bezeichnen wir mit $\mathfrak{i}$ und $\mathfrak{j}$ zwei Einheitsvektoren, die in den Richtungen der X- und der Y-Achse gezogen sind, so kann nach der Bedeutung von Φ die Geschwindigkeit $\mathfrak{v}$

$$\mathfrak{v} = \mathfrak{i}\,\frac{\partial \Phi}{\partial x} + \mathfrak{j}\,\frac{\partial \Phi}{\partial y}$$

gesetzt werden. Im Zeitelemente dt wird ein Weg $\mathfrak{v}\,dt$ durchlaufen und die Komponenten dieses Wegelements sind

$$dx = \frac{\partial \Phi}{\partial x}\,dt, \quad dy = \frac{\partial \Phi}{\partial y}\,dt.$$

Die Änderung von Ψ, die diesem Fortschreiten entspricht, ist

$$d\Psi = \frac{\partial \Psi}{\partial x}\,dx + \frac{\partial \Psi}{\partial y}\,dy,$$

wenn unter dx und dy die soeben festgestellten Verschiebungskomponenten verstanden werden. Setzt man deren Werte ein, so erhält man

$$d\Psi = dt\left(\frac{\partial \Phi}{\partial x}\,\frac{\partial \Psi}{\partial x} + \frac{\partial \Psi}{\partial y}\,\frac{\partial \Phi}{\partial y}\right),$$

und wenn man auf die durch die Gleichungen (376) angegebenen Beziehungen zwischen den Differentialquotienten von Φ und Ψ achtet, so geht dies über in

$$d\Psi = 0.$$

Hiermit ist bewiesen, daß Ψ konstant bleibt, wenn man in der Richtung einer Stromlinie weiter geht. Die Gleichungen

$$\Psi = \text{const}$$

geben daher die Gleichungen aller Stromlinien an, wobei sich die verschiedenen Stromlinien voneinander nur durch verschiedene

Werte der auf der rechten Seite der Gleichung stehenden Konstanten unterscheiden.

Wir berechnen ferner, wie groß die Flüssigkeitsmenge ist, die durch ein beliebig gerichtetes Längenelement ds in der Zeiteinheit hindurchströmt. Zu diesem Zwecke zerlegen wir ds in zwei Komponenten dx und dy. In das durch ds, dx und dy gebildete Dreieck muß nach der Kontinuitätsbedingung ebensoviel einströmen als davon ausströmt. Wenn dx, dy und die beiden Geschwindigkeitskomponenten v_1 und v_2 sämtlich als positiv vorausgesetzt werden, strömt durch die Dreieckseite dx eine Menge $v_2\,dx$ ein und durch dy eine Menge $v_1\,dy$ aus. Daraus folgt, daß die durch ds einströmende Menge gleich

$$v_1\,dy - v_2\,dx$$

sein muß. Die Betrachtung bleibt auch gültig, wenn nachher einige der vorkommenden Faktoren negativ werden, wenn man nur beachtet, daß einem negativen Vorzeichen des vorhergehenden Ausdrucks eine durch ds ausströmende Menge entspricht. Drückt man die Geschwindigkeitskomponenten in Φ aus, so geht der Ausdruck über in

$$\frac{\partial \Phi}{\partial x}\,dy - \frac{\partial \Phi}{\partial y}\,dx$$

oder, wenn man auf die Gleichungen (376) achtet, in

$$\frac{\partial \Psi}{\partial y}\,dy + \frac{\partial \Psi}{\partial x}\,dx.$$

Das ist aber das totale Differential $d\Psi$, um das sich Ψ beim Fortschreiten um ds in der jetzt beliebig angenommenen Richtung ändert. Dieses Differential ist demnach gleich der Flüssigkeitsmenge, die zwischen zwei Stromlinien hindurchströmt, die man durch die beiden Endpunkte von ds legen kann. Auch wenn man zwei in endlichem Abstande voneinander verlaufende Stromlinien mit den Gleichungen

$$\Psi = C_1 \quad \text{und} \quad \Psi = C_2$$

miteinander vergleicht, gibt daher der Unterschied der beiden Konstanten C_1 und C_2 die zwischen beiden Stromlinien in der Zeiteinheit dahinfließende Menge an. Wegen dieser wichtigen Eigenschaft hat man der Funktion Ψ einen besonderen Namen gegeben. Man nennt sie die Stromfunktion.

Man kann diese Untersuchung noch durch die folgende mehr anschauliche Betrachtung ergänzen. Man denke sich nämlich in der Bewegungsebene eine beliebige geschlossene Kurve gezogen, die ganz innerhalb der Flüssigkeit verläuft. Nach der Kontinuitätsbedingung muß in den dadurch umgrenzten Raum ebensoviel Flüssigkeit einströmen, als an anderen Stellen ausströmt. Wählt man daher einen Anfangspunkt O und einen zweiten Punkt A, so muß für jede Linie, die man zwischen O und A ziehen mag, die Flüssigkeitsmenge, die von der einen Seite zur anderen hinüberströmt, gleich groß sein. Wenn der Punkt O ein für allemal gewählt ist, kommt daher jedem anderen Punkte A eine ganz bestimmte, nur von der Lage des Punktes A abhängige Flüssigkeitsmenge zu, die zwischen ihm und O hindurchströmt, ohne Rücksicht auf die besondere Wahl der Verbindungslinie beider Punkte, auf der der Durchgang festgestellt wird. Diese Flüssigkeitsmenge ist gleich dem Unterschiede der Stromfunktion Ψ für beide Punkte. Da es bei dieser Betrachtung nur auf die Unterschiede der Stromfunktion ankommt, ändert sich auch nichts, wenn man nachträglich der Stromfunktion eine beliebige Konstante zufügt, gerade so wie auch das Geschwindigkeitspotential Φ nur bis auf eine willkürlich zu wählende Konstante bestimmt ist. Man kann daher die Konstante auch so bestimmen, daß Ψ für den Anfangspunkt O zu Null wird. Dann ist die zwischen A und O hindurchströmende Menge gleich dem Werte der Stromfunktion im Punkte A.

Außer Φ und Ψ spielt noch eine dritte Größe eine wichtige Rolle bei der Theorie der ebenen Flüssigkeitsströmungen. Die komplexe Größe

$$z = x + iy$$

läßt sich nämlich geometrisch durch einen Vektor abbilden, der vom Koordinatenursprung nach dem Punkte mit den Koordinaten x und y gezogen ist. Indessen ist zwischen dem Vektor und der dadurch abgebildeten komplexen Größe doch noch wohl zu unterscheiden, da beide keineswegs in allen Beziehungen denselben formalen Gesetzen unterworfen sind. Um diesen Unterschied hervorzuheben, schreibe ich für den Vektor

$$\mathfrak{z} = \mathfrak{i}x + \mathfrak{j}y$$

und mache darauf aufmerksam, daß in der ersten Gleichung i

die imaginäre Einheit bildet, deren Quadrat gleich — 1 ist, während in der zweiten Gleichung i und j mit der imaginären Einheit nichts zu tun haben, sondern bloße Richtungsfaktoren sind, die eine Anweisung zur geometrischen Auffassung der zugehörigen Glieder geben und deren Quadrate im Gegensatze zu i gleich + 1 zu setzen sind. Immerhin ist aber der Zusammenhang zwischen z und $\mathfrak{z}$ so eng, daß er mit Vorteil für die Untersuchung der ebenen Vektorfelder verwendet werden kann.

Nach dieser Vorbemerkung vergleiche man die erste der Gleichungen (377), nämlich

$$\frac{dw}{dz} = \frac{\partial \Phi}{\partial x} - i \frac{\partial \Phi}{\partial y}$$

mit dem Ausdrucke für die Geschwindigkeit $\mathfrak{v}$, nämlich

$$\mathfrak{v} = \mathfrak{i} \frac{\partial \Phi}{\partial x} + \mathfrak{j} \frac{\partial \Phi}{\partial y}.$$

Man sieht, daß, wenn man $\frac{dw}{dz}$ in der vorher angegebenen Weise durch einen Vektor abbildet, zwischen ihm und $\mathfrak{v}$ eine bemerkenswerte Beziehung besteht. Beide stimmen zwar wegen des negativen Vorzeichens im zweiten Gliede der rechten Seite in der ersten Gleichung nicht völlig miteinander überein. Die beiden Vektoren sind aber von gleicher Größe und sie liegen symmetrisch zueinander in bezug auf die X-Achse. Unmittelbar verwendbar zur Darstellung der Geschwindigkeit $\mathfrak{v}$ ist dieses Unterschiedes wegen der Differentialquotient $\frac{dw}{dz}$ freilich nicht. Aber man kann diesem Übelstande leicht so weit abhelfen, daß der Zusammenhang nutzbar gemacht werden kann.

Wenn nämlich w als irgend eine Funktion von z angenommen wurde, so kann auch umgekehrt z als eine Funktion von w betrachtet und es kann der Differentialquotient von z nach w gebildet werden. Dieser ist einfach das Reziproke des vorigen Differentialquotienten und man hat daher

$$\frac{dz}{dw} = \frac{1}{\dfrac{\partial \Phi}{\partial x} - i \dfrac{\partial \Phi}{\partial y}} = \frac{\dfrac{\partial \Phi}{\partial x} + i \dfrac{\partial \Phi}{\partial y}}{\left(\dfrac{\partial \Phi}{\partial x}\right)^2 + \left(\dfrac{\partial \Phi}{\partial y}\right)^2}. \tag{379}$$

Der Nenner dieses Ausdruckes ist reell und gleich dem Quadrate der Geschwindigkeit $\mathfrak{v}$. Der Zähler dagegen ist eine komplexe Zahl, die, als Vektor gedeutet, die Geschwindigkeit $\mathfrak{v}$ selbst darstellt. Jedenfalls ist daher auch $\dfrac{dz}{dw}$ selbst, als Vektor gedeutet, mit $\mathfrak{v}$ gleich gerichtet, während freilich die Größe dieses Vektors umgekehrt proportional mit $\mathfrak{v}$ ist. Dieser Unterschied ist unvermeidlich, aber für die Darstellung der Strömungsgeschwindigkeit durch den Differentialquotienten von z nach w nicht sehr störend. Wichtiger ist, daß jedenfalls die Richtungen übereinstimmen und daß auch die Größe der Geschwindigkeit aus dem Werte des Differentialquotienten gefunden werden kann, wenn dazu auch erst eine kleine Umrechnung erforderlich ist.

Hierauf beruht die Wichtigkeit des Differentialquotienten $\dfrac{dz}{dw}$ für die Theorie der ebenen Flüssigkeitsströmungen. Man pflegt deshalb den Differentialquotienten mit einem besonderen Buchstaben, und zwar häufig mit ζ zu bezeichnen, also

$$\zeta = \frac{dz}{dw} = \frac{\dfrac{\partial \Phi}{\partial x} + i \dfrac{\partial \Phi}{\partial y}}{\mathfrak{v}^2} \qquad (380)$$

zu setzen. Diese komplexe Größe ζ ist es, die neben Φ und Ψ und der aus beiden zusammengesetzten Funktion w eine wichtige Rolle in der Lehre von den ebenen Flüssigkeitsbewegungen spielt.

Bisher betrachtete ich w als eine Funktion von $x + yi$. Man überzeugt sich aber leicht, daß die vorausgehenden Betrachtungen auch dann noch gültig bleiben, wenn man überall $x - yi$ an Stelle von $x + yi$ setzt. Es wird nicht nötig sein, die Betrachtung für diesen Fall von neuem zu wiederholen.

§ 63. Flüssigkeitsströmung um einen Zylinder.

Als einfachstes Beispiel für die Anwendung der vorhergehenden Lehren betrachten wir die ebene Flüssigkeitsströmung um einen feststehenden kreisförmigen Zylinder, dessen Achse senkrecht zur Bewegungsebene gerichtet ist und der sich als Hindernis einer Strömung in den Weg stellt, die in größerer Entfernung davon in geraden Stromfäden mit gleichförmiger Geschwindigkeit verläuft. Die Aufgabe, die sich unter diesen Umständen ausbildende Strömung genauer anzugeben, kommt darauf hinaus, die im vorigen Paragraphen besprochene Funktion w zu finden. Ich gebe hier die Lösung an und beweise, daß sie richtig ist, ohne auf die Methoden, die dazu dienen können, die Lösung zu finden, ehe sie bekannt ist, näher einzugehen. Die Funktion w muß in unserem Falle, um den Grenzbedingungen zu genügen, angenommen werden zu

$$w = a \left(z + \frac{\varrho^2}{z} \right), \tag{381}$$

wenn unter a und ϱ zwei reelle Konstanten verstanden werden und z, wie vorher, die komplexe Variable $x + yi$ bedeutet.

Unter dem „Modul" von z oder $x + yi$ verstehen wir die Länge des Vektors $\mathfrak{z}$, durch den z in der Zahlenebene abgebildet wird, und schreiben dafür den Buchstaben r, so daß

$$r = \sqrt{x^2 + y^2}$$

ist. Um nun w in die beiden Anteile Φ und Ψ zu zerlegen, setzen wir

$$w = a \left(x + yi + \frac{\varrho^2}{x + yi} \right) = a \left(x + yi + \frac{\varrho^2 (x - yi)}{r^2} \right),$$

$$= a x \left(1 + \frac{\varrho^2}{r^2} \right) + i a y \left(1 - \frac{\varrho^2}{r^2} \right).$$

Hiernach ist
$$\left. \begin{array}{l} \Phi = a x \left(1 + \frac{\varrho^2}{r^2} \right) \\[2mm] \Psi = a y \left(1 - \frac{\varrho^2}{r^2} \right) \end{array} \right\} . \tag{382}$$

Um auch noch die im vorigen Paragraphen mit ζ bezeichnete Größe zu ermitteln, differentiieren wir zunächst Gl. (381) nach z und erhalten
$$\frac{dw}{dz} = a \left(1 - \frac{\varrho^2}{z^2} \right),$$

woraus ζ als reziproker Wert gefunden wird zu

$$\zeta = \frac{1}{a} \cdot \frac{z^2}{z^2 - \varrho^2}. \tag{383}$$

Für $z = 0$ würde $\zeta = 0$ und die Geschwindigkeit daher unendlich groß. In der Nachbarschaft des Koordinatenursprungs läßt sich daher die durch Gl. (381) gegebene Lösung jedenfalls nicht benutzen. Aber wir lassen den Koordinatenursprung mit dem Mittelpunkte des Kreises zusammenfallen, der den Querschnitt des Zylinders in der Bewegungsebene bildet, und brauchen uns dann nur um die Strömung außerhalb des Kreises zu kümmern. Durch den Kreis hindurch kann nirgends eine Strömung stattfinden, d. h. die Stromgeschwindigkeit muß am Kreisumfange überall

tangential gerichtet sein oder der Kreis muß mit einer Stromlinie zusammenfallen. Das trifft bei der angegebenen Lösung
ohne weiteres zu, wenn man die Konstante ϱ in den vorhergehenden Formeln gleich dem Radius des Zylinderquerschnitts-
kreises setzt. Denn für alle Punkte auf diesem Kreise ist $r = \varrho$
und daher Ψ nach der zweiten der Gleichungen (382) gleich Null,
also längs des Kreises konstant, worin die Bedingung für eine
Stromlinie besteht.

Man kann sich davon auch überzeugen, indem man ζ weiter
ausrechnet. Zunächst erhält man mit $z = x + yi$ für ζ

$$\zeta = \frac{1}{a}\,\frac{x^2 - y^2 + 2\,i\,x\,y}{x^2 - y^2 + 2\,i\,x\,y - \varrho^2}$$

oder indem man den Nenner reell macht,

$$\begin{aligned}
\zeta &= \frac{1}{a}\,\frac{(x^2 - y^2 + 2\,i\,x\,y)\,(x^2 - y^2 - \varrho^2 - 2\,i\,x\,y)}{(x^2 - y^2 - \varrho^2)^2 + 4\,x^2 y^2}\\
&= \frac{1}{a}\,\frac{(x^2 - y^2)\,(x^2 - y^2 - \varrho^2) + 4\,x^2 y^2 - 2\,i\,x\,y\,\varrho^2}{(x^2 + y^2)^2 - 2\,\varrho^2(x^2 - y^2) + \varrho^4}\\
&= \frac{1}{a}\,\frac{(x^2 + y^2)^2 - \varrho^2(x^2 - y^2) - 2\,i\,x\,y\,\varrho^2}{(x^2 + y^2)^2 + \varrho^4 - 2\,\varrho^2(x^2 - y^2)}\,.
\end{aligned}$$

Für alle Punkte des Umfangs ist $x^2 + y^2 = \varrho^2$ und dafür vereinfacht sich die Gleichung zu

$$\zeta_{(r=\varrho)} = \frac{1}{2\,a}\left(1 - \frac{2\,i\,x\,y}{\varrho^2 - (x^2 - y^2)}\right) = \frac{1}{2\,a}\left(1 - i\,\frac{x}{y}\right). \quad (384)$$

Die Bedingung dafür, daß zwei komplexe Zahlen durch senkrecht zueinander stehende Strecken in der Zahlenebene dargestellt werden, besteht darin, daß die eine der Zahlen mit i multipliziert eine mit der zweiten gleich oder entgegengesetzt gerichtete Zahl liefert. Durch Multiplikation mit iy geht aber der
Klammerwert in der vorhergehenden Formel in $x + iy$ oder in
z über, womit von neuem bewiesen ist, daß die Richtung von ζ
oder die Richtung der Flüssigkeitsströmung am Umfange des
Kreises vom Halbmesser ϱ überall senkrecht zum Halbmesser
steht, also in die tangentiale Richtung fällt.

In sehr großer Entfernung von dem Hindernisse kann ϱ als
sehr klein gegenüber r angesehen und dagegen vernachlässigt
werden. Für ζ erhalten wir an diesen Stellen

$$\zeta_{(r=\infty)} = \frac{1}{a}\,,$$

also ζ reell, d. h. die Strömung erfolgt parallel zur X-Achse mit der konstanten Geschwindigkeit a.

Längs des Kreisumfangs nimmt ζ an jenen Punkten seinen kleinsten Wert an, für die $x = 0$ ist, also in den Punkten auf der Y-Achse. Die Geschwindigkeit ist dort gleich $2a$, also doppelt so groß als die Geschwindigkeit der ungestörten Strömung. Das ist ein Ergebnis, das schon im dritten Bande bei der Besprechung der Spannungserhöhung in einer auf Verdrehen beanspruchten Welle durch ein kleines kreisförmiges Loch vorausgenommen wurde (§ 78, Hydrodynamisches Gleichnis, S. 435 der 8. Aufl.). Für die auf der X-Achse liegenden Punkte des Kreisumfangs, also für $y = 0$, wird $\zeta = \infty$, d. h. die Geschwindigkeit ist dort gleich Null. Indem man ζ für verschiedene Stellen berechnet oder noch einfacher auf Grund der Gleichung $\Psi = \text{const}$ kann man leicht eine Anzahl von Stromlinien auftragen, wodurch man zu Abb. 22 gelangt, die ein anschauliches Bild des ganzen Strömungsvorgangs liefert.

Die Druckverteilung in der strömenden Wassermasse folgt nachträglich aus Gl. (372), nämlich

$$\tfrac{1}{2}\,\mu\,\mathfrak{v}^2 + V + p = C.$$

In der horizontalen Bewegungsebene ist hier überdies das Potential V der äußeren Kräfte, als die hier nur die Schwerkraft in Betracht kommt, konstant, so daß sich dieses Glied auch mit C zusammenfassen läßt. Der Druck p ist demnach an allen Stellen, die sich in größeren Abständen von dem Hindernisse befinden, konstant, etwa gleich p_0, so daß

$$\tfrac{1}{2}\,\mu\,a^2 + V + p_0 = C$$

wird. Daß dort kein Druckgefäll in der Strömungsrichtung besteht, hängt damit zusammen, daß wir die Flüssigkeitsbewegung als reibungsfrei vorausgesetzt haben. Aus der Verbindung der beiden vorhergehenden Gleichungen erhält man für den Druck an einer anderen Stelle, die auch in der Nähe des Hindernisses oder auf dem Umfange des Zylinders liegen kann,

$$p = p_0 + \tfrac{1}{2}\,\mu\,(a^2 - \mathfrak{v}^2). \tag{385}$$

Am größten wird daher der Druck mit $\mathfrak{v} = 0$ an den beiden auf der X-Achse liegenden Punkten des Kreisumfangs und den kleinsten Wert

$$p_{\min} = p_0 - \frac{3\,\mu}{2}\,a^2$$

nimmt er an den auf der Y-Achse liegenden Punkten des Kreisumfangs an.

Für zwei Punkte des Kreisumfangs, die symmetrisch zur Y-Achse oder zur X-Achse liegen, wird der Absolutbetrag von ζ, wie aus Gl. (384) hervorgeht, gleich groß. Daher ist an solchen Stellen auch der Absolutbetrag der Geschwindigkeit und demnach auch der Druck gleich groß. Daraus folgt, daß sich alle von der strömenden Flüssigkeit auf den Zylinder übertragenen Druckkräfte im Gleichgewichte miteinander halten, d. h. daß bei dem hier betrachteten Strömungsvorgange keine Kraft erforderlich wäre, um den Zylinder in der strömenden Flüssigkeit festzuhalten.

Dieses Ergebnis steht in Übereinstimmung mit der gleichen Schlußfolgerung, zu der wir schon im vierten Bande bei der Untersuchung der Strömung um eine Kugel gekommen waren (§ 57 der 5. Aufl. des 4. Bandes), und die Bemerkungen, die damals dazu gemacht wurden, treffen auch hier zu. Hiernach rührt der resultierende Druck, den das Hindernis tatsächlich von der strömenden Flüssigkeit erfährt, von der Reibung und namentlich von den Mischbewegungen her, durch die der Strömungsvorgang gegenüber dem hier vorausgesetzten abgeändert wird.

Bei geeigneten Versuchsbedingungen, die eine Ausbildung der Mischbewegungen und ihrer Folgen erschweren, kann man aber in der Tat eine Strömung feststellen, die mit der hier theoretisch gefundenen sehr gut übereinstimmt. Solche Versuche hat Professor Hele-Shaw in Liverpool angestellt. Eine Beschreibung davon findet der deutsche Leser am bequemsten in der Zeitschr. d. Vereins D. Ing. 1898, S. 1387. Zwei parallele rechteckige Glasplatten schlossen eine dünne Wasserschicht zwischen sich ein und das Hindernis, um das die Strömung herumfließen mußte, war zwischen die Glasplatten gebracht. Auf der einen Rechteckseite erfolgte der Wasserzufluß, auf der gegenüberliegenden der Wasserabfluß und die beiden anderen waren verschlossen. Auf der Zuflußseite wurde durch feine Öffnungen, die in gleichen Abständen verteilt waren, eine Farblösung in den Flüssigkeitsstrom eingeführt. Dadurch zeichneten sich die zugehörigen Stromlinien deutlich ab. Solange die Geschwindigkeit der Strömung nicht zu groß gewählt wurde, glich das Bild, das man erhielt, sehr nahe dem in Abb. 22 aus der Theorie abgeleiteten. Je dünner die Wasserschicht ist, desto größer darf die Geschwindigkeit ge-

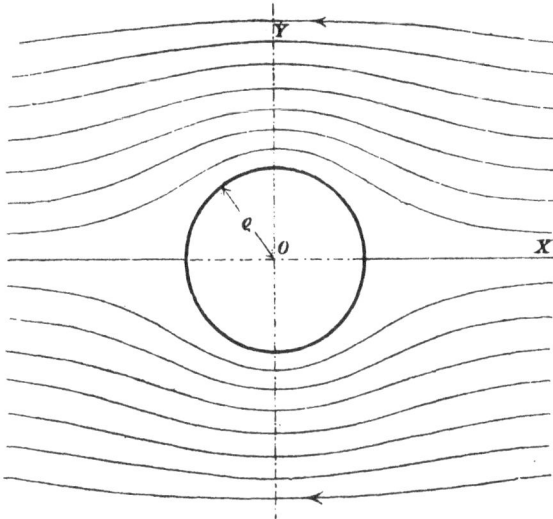

Abb. 22.

wählt werden, ohne daß merkliche Abweichungen davon eintreten. Durch die nahe beieinander stehenden parallelen Wände
wird nämlich die Ausbildung der Mischbewegungen erschwert.
In der Tat gelingt der Versuch auch noch besser, wenn man eine
zähere Flüssigkeit an Stelle des Wassers verwendet. Auch dies
ist darauf zurückzuführen, daß in einer zähen Flüssigkeit Mischbewegungen unter sonst gleichen Umständen weniger leicht auftreten.

Bei größeren Geschwindigkeiten oder bei einer größeren Dicke
der Wasserschicht treten dagegen ganz andere Bewegungen auf,
die zu einem Durcheinanderwirbeln der Flüssigkeit führen. Über
diesen zweiten und praktisch weitaus wichtigeren Bewegungsvorgang vermag dagegen die bisher besprochene Theorie nichts
auszusagen.

Dagegen ist es L. Prandtl gelungen, eine gut mit der Erfahrung übereinstimmende Theorie solcher Bewegungsvorgänge an-
zubahnen, indem er eine Flüssigkeit mit kleiner Reibung
voraussetzte. Dieser Ansatz kommt darauf hinaus, daß man in
größeren Abständen von einem Hindernisse die Reibung sowohl
als die Mischbewegung mit hinreichender Annäherung vernachlässigen, die Bewegung also als eine „Potentialbewegung", wie
sie hier besprochen wurde, ansehen darf, während man in der

23*

nächsten Nachbarschaft einer Wand auf die Reibung und die durch sie hervorgebrachten Erscheinungen, zu denen auch die Mischbewegung zu rechnen ist, jedenfalls achten muß. Bei der vorhergehenden Theorie war nämlich vorausgesetzt, daß die Flüssigkeit auch unmittelbar an der Zylinderwand ohne Reibung dahinzufließen vermöge, während aus dem üblichen Ansatze für die zähen Flüssigkeiten, der schon im vierten Bande eine kurze Besprechung erfahren hat, hervorgeht, daß selbst bei einem noch so kleinen Werte des Zähigkeitskoeffizienten ein Haften der unmittelbar an die Wand angrenzenden Flüssigkeitsteilchen an der Wand anzunehmen ist. In der Verletzung dieser auf jeden Fall zu berücksichtigenden Grenzbedingung an der Wand ist die Hauptursache für die in vielen Fällen sehr schlechte Übereinstimmung der älteren Theorie der reibungsfreien Flüssigkeit mit der Erfahrung zu erblicken.

Je geringer die Flüssigkeitsreibung ist, desto kleiner wird die Dicke der Grenzschicht, in der die Reibung zu berücksichtigen ist und in der die Geschwindigkeit der Strömung von dem normalen Werte, wie er der „Potentialbewegung" entspricht, bis auf den Wert Null an der feststehenden Wand abnimmt. Man darf es daher als eine gute Annäherung betrachten, wenn die Dicke der Grenzschicht als unendlich klein angesehen wird. Der Druck in der Grenzschicht ist dann überall durch den Druck der angrenzenden in der normalen Strömung begriffenen Flüssigkeit mit bestimmt. Je größer die Geschwindigkeit dieser Strömung ist, desto kleiner ist daher der Druck auch in der Grenzschicht. Wenn wir nun einer in der Nähe der Grenzschicht verlaufenden Stromlinie folgen und von Stellen höherer zu Stellen geringerer Geschwindigkeit fortschreiten, so ist damit ein Anstieg des Druckes bedingt. Durch den entgegenstehenden höheren Druck wird gerade die Verzögerung der Strömung herbeigeführt. Der Druckunterschied und damit die Verzögerung ist aber in der Grenzschicht ebenso groß, wie in der angrenzenden Stromlinie. Da nun in der Grenzschicht die Geschwindigkeiten von vornherein schon kleiner waren, als in der außen benachbarten Stromlinie, so wird bei gleicher Verzögerung die Geschwindigkeit in der Grenzschicht sehr bald nicht nur auf Null herabsinken, sondern auch das Vorzeichen wechseln, so daß in der Grenzschicht die Strömung in entgegengesetzter Richtung erfolgt, als in der benachbarten Stromlinie. Damit ist aber ein Wirbel entstanden, der zu einer Loslösung der äußeren Strömung von der als Hindernis dienenden Wand führt.

Nach dieser Theorie ist daher auf der der Strömung zugewendeten Seite des Hindernisses eine Flüssigkeitsbewegung anzunehmen, die mit der früher betrachteten Potentialströmung im wesentlichen übereinstimmt, während auf der abgewendeten Seite durch die Fortführung der an der Loslösungsstelle bestehenden Wirbel eine weitgehende Änderung eintritt. Diese Schlüsse werden auch durch die Beobachtung insofern unmittelbar bestätigt, als sich die in strömendem Wasser hinter feststehenden Körpern ausgebildeten Wirbel leicht wahrnehmen lassen.

Zwei Schüler von Prandtl haben an den Ansatz ihres Lehrers weitere Rechnungen geknüpft. H. Blasius behandelt in seiner Göttinger Dissertation „Grenzschichten in Flüssigkeiten mit kleiner Reibung" den Fall der ebenen Strömung um einen Zylinder (der nicht gerade ein Kreiszylinder zu sein braucht) und E. Boltze dehnt diese Untersuchung in seiner Dissertation „Grenzschichten an Rotationskörpern in Flüssigkeiten mit kleiner Reibung" auf die in der Überschrift genannten Fälle aus. Die Rechnungen werden sehr verwickelt. — Auf die Einzelheiten kann hier nicht näher eingegangen werden.

§ 64. Zusammenhang der Strömungsprobleme mit Problemen aus der Lehre vom Magnetismus.

Die Bedeutung der Hydrodynamik der reibungsfreien Flüssigkeit liegt nicht ausschließlich in der (oft sehr mangelhaften) Anwendungsfähigkeit auf wirkliche Flüssigkeitsströmungen, sondern sie beruht auch auf der Möglichkeit, die gefundenen Lösungen auf Aufgaben aus anderen Teilen der Physik zu übertragen, bei denen diese Lösungen oft weit besser zutreffen, als in dem ursprünglichen Anwendungsgebiete. Im vorhergehenden Paragraphen wurde schon auf eine solche Übertragung, nämlich auf eine Anwendung in der Theorie der Verdrehungselastizität hingewiesen. Hier soll von einer anderen, praktisch ebenfalls sehr bedeutsamen Anwendung die Rede sein.

Ein magnetisches Feld, das wir hier der Zeit nach als konstant voraussetzen, kann durch eine gerichtete Größe $\mathfrak{B}$, die magnetische Induktion, an jeder Stelle des Feldes gekennzeichnet werden. Zieht man Linien die der Richtung von $\mathfrak{B}$

überall folgen, so heißen diese „Induktionslinien". Häufig
werden sie auch kurzweg als „Kraftlinien" bezeichnet, obschon
dies nicht in Übereinstimmung mit dem in der Theorie des Magnetismus eingeführten Sprachgebrauche steht, wonach sich diese
Bezeichnung auf die dem Verlaufe des Vektors $\mathfrak{H}$ der magnetischen Kraft folgenden Linien bezieht.

Das magnetische Feld kann nun unter dem Bilde einer strömenden Flüssigkeit dargestellt werden, so daß die Geschwindig-
keit $\mathfrak{v}$ überall in die Richtung von $\mathfrak{B}$ fällt und der Größe nach
proportional damit ist. Man weiß ferner, daß der Induktionsfluß,
der in ein Raumelement eintritt, stets ebenso groß ist, als der
davon austretende, daß also die Geschwindigkeit $\mathfrak{v}$ der die Induktion abbildenden Strömung der Kontinuitätsbedingung ebenso genügt, wie bei einer unzusammendrückbaren Flüssigkeit. Dazu kommt noch, daß in „magnetisch weichen" Körpern, wenn sie
nicht von elektrischen Strömen durchzogen sind, das Feld wirbelfrei ist. Das Problem, den Induktionsfluß in einem solchen Falle
zu ermitteln, fällt daher in den wesentlichen geometrischen Bedingungen mit einem hydrodynamischen Probleme zusammen.

Von den Anwendungen, die durch diesen Zusammenhang ermöglicht sind, bespreche ich zunächst eine, die sich auf die Strömung einer reibungsfreien Flüssigkeit um eine Kugel bezieht,
also auf einen Fall, der schon in § 57 des 4. Bandes, 5. Aufl. behandelt wurde. Man betrachte ein homogenes magnetisches Feld,
d. h. ein Feld, bei dem $\mathfrak{B}$ und daher auch $\mathfrak{v}$ überall gleich groß
und gleichgerichtet sind. Dieses Feld bestehe in einer weichen
Eisenmasse von größerer Ausdehnung. In dieser sei aber an einer
Stelle ein kleiner kugelförmiger Hohlraum angebracht, und es
fragt sich jetzt, welche Störung das vorher homogene Feld dadurch erfährt.

Einige Induktionslinien gehen zwar immer noch durch den
mit Luft gefüllten kugelförmigen Hohlraum. Wegen der viel
größeren „Permeabilität" des Eisens gegenüber der Luft ist dies
aber nur ein ganz geringer Bruchteil und der Induktionsfluß erfolgt daher fast genau so, als wenn der Luftraum für ihn un-
durchdringlich wäre. Damit haben wir aber in allen wesentlichen
Punkten denselben Fall wie bei der Strömung der Flüssigkeit
um eine Kugel. Wir können daher das, was wir früher dafür
fanden, ohne weiteres benützen. Es zeigt sich also z. B., daß $\mathfrak{B}$
seinen größten Wert in dem durch die Kugel gestörten Felde

am Äquator der Kugel annimmt und daß $\mathfrak{B}$ dort $1\frac{1}{2}$ mal so groß ist als im ungestörten Felde

Durch eine nachträgliche kleine Änderung der früheren Lösung kann man übrigens sofort auch dem Umstande Rechnung tragen, daß ein kleiner Teil des Induktionsflusses doch noch durch den kugelförmigen Hohlraum geht. Dazu ist nur nötig, dem früheren Geschwindigkeitspotentiale (Gl. 243 des 4. Bandes)

$$\Phi = a z \left(\frac{\varrho^3}{2\,r^3} + 1\right)$$

noch ein Glied $b z$ beizufügen, womit es übergeht in

$$\Phi' = a z \left(\frac{\varrho^3}{2\,r^3} + 1\right) + b z,$$

gültig für den Außenraum. Unter b ist dabei eine noch näher zu ermittelnde Konstante zu verstehen. Von den Geschwindigkeitskomponenten wird durch die Beifügung des neuen Gliedes nur die in der Z-Richtung, also in der Strömungsrichtung des ungestörten Feldes gehende um den konstanten Summanden b vermehrt. Die Kontinuitätsbedingung ist immer noch erfüllt und auch die Bedingung an der Kugeloberfläche, wenn wir die Stromgeschwindigkeit im Luftraum der Kugel überall parallel zur Z-Achse und von der Größe b annehmen. Im ungestörten Felde des Außenraumes wird die Stromgeschwindigkeit jetzt durch $a + b$ angegeben.

Wie groß man b zu wählen hat, wenn die magnetische Permeabilität des Eisens gleich μ und die der Luft gleich Eins gesetzt wird, geht ebenfalls aus einer einfachen Betrachtung, die sich auf einen bekannten Satz aus der Lehre vom Magnetismus stützt, ohne weiteres hervor. Am Äquator der Kugel ist nämlich der Induktionsfluß im Eisenraume gleichgerichtet mit dem Induktionsflusse im Luftraume, indem beide in die Tangentialebene der Kugeloberfläche fallen, und nach jenem Satze müssen sich daher beide der Größe nach zueinander verhalten wie $\mu : 1$. Im Eisenraume wird aber an dieser Stelle die Stromgeschwindigkeit jetzt gleich $\frac{3\,a}{2} + b$ und man hat daher die Bedingungsgleichung

$$\frac{3\,a}{2} + b = \mu b,$$

woraus $$b = \frac{3\,a}{2(\mu - 1)} = \frac{3(a + b)}{2\mu + 1}$$

folgt. Da bei weichem Eisen und nicht zu starker Sättigung die
Verhältniszahl μ mindestens einige tausend ausmacht, beträgt b
nur einen ganz geringen Bruchteil der Stärke $a + b$ des ungestörten Feldes im Eisenraume.

Sehr eng verwandt mit der vorigen ist auch die folgende Aufgabe. Eine Kugel aus weichem Eisen von der Permeabilität μ
sei in einem von Luft erfüllten homogenen magnetischen Felde,
etwa im magnetischen Felde der Erde, aufgestellt. Man soll ermitteln, wie sich der Induktionsfluß in der Kugel zu dem ungestörten Felde im Luftraume verhält. Wir bilden zu diesem Zwecke
das Geschwindigkeitspotential für den Außenraum

$$\Phi'' = bz - az\left(\frac{\varrho^3}{2\,r^3} + 1\right),$$

das bei passender Wahl von a und b allen Anforderungen der
Aufgabe entspricht. Im ungestörten Felde, also für $r = \infty$, erlangt der wiederum parallel zur Z-Achse gerichtete Vektor des
Feldes die Größe $b - a$. In der Eisenkugel geht er überall parallel zur Z-Achse und hat die Größe b, und am Äquator der Kugel geht er im Luftraume ebenfalls in dieser Richtung und hat
die Größe $b - \frac{3\,a}{2}$. Dieselbe Überlegung wie vorher liefert die
Bedingung $b = \mu\left(b - \frac{3\,a}{2}\right)$ oder $b = \frac{3\,\mu(b - a)}{\mu + 2}$.

Da μ eine sehr große Zahl ist, kann man dafür genau genug auch

$$b = 3\,(b - a)$$

schreiben, d. h. der Induktionsfluß wird in der Eisenkugel
dreimal so groß als im ungestörten Felde des Luftraumes. Das ist ein sehr bekanntes und oft benutztes Ergebnis der Theorie des Magnetismus.

Selbstverständlich kann auch die im vorigen Paragraphen
behandelte ebene Flüssigkeitsströmung um einen Zylinder in derselben Weise auf die Lehre vom Magnetismus übertragen werden. Die Gleichung für das Geschwindigkeitspotential (Gl. 382)

$$\Phi = ax\left(\frac{\varrho^2}{r^2} + 1\right)$$

geht durch Beifügung eines Gliedes bx über in

$$\Phi' = ax\left(\frac{\varrho^2}{r^2} + 1\right) + bx$$

und entspricht alsdann dem Induktionsflusse im Außenraum um ein von Luft erfülltes zylindrisches Loch im Eisen, wenn die Zylinderachse senkrecht zu der jetzt in die Richtung der X-Achse fallenden Induktion des ungestörten Feldes steht. Auf der Y-Achse wird die Geschwindigkeit am Kreisumfange gleich $2a+b$ im Eisen und gleich b in der Luft, woraus

$$b = \frac{2a}{\mu-1} = \frac{2(a+b)}{\mu+1}$$

folgt. Da μ sehr groß ist, beträgt $2a+b$ nahezu das Doppelte des ungestörten Feldes $a+b$.

Für eine zylindrische Eisenstange, die senkrecht zu einem homogenen magnetischen Felde im Luftraum gestellt wird, gilt im Außenraum das Geschwindigkeitspotential

$$\Phi'' = bx - ax\left(\frac{\varrho^2}{r^2}+1\right).$$

Die Stärke des ungestörten Feldes im Luftraum wird durch $b-a$ und die Feldstärke im Eisen durch b angegeben. Zwischen den Konstanten a und b erhält man auf demselben Wege wie vorher die Bedingungsgleichung

$$b = \mu(b-2a),$$

woraus

$$b = \frac{2\mu(b-a)}{\mu+1}$$

gefunden wird. Wegen der Größe von μ kann dies genau genug dahin ausgesprochen werden, daß die Induktion in der zylindrischen Eisenstange doppelt so groß ist als die Induktion im ungestörten Felde des Luftraumes.

Selbstverständliche Voraussetzung für die Anwendung dieser Ergebnisse ist eine genügende Länge der Eisenstange im Verhältnisse zum Durchmesser und die Beschränkung auf die mittleren Teile dieser Länge, da in der Nähe der Zylinderenden ganz andere Bedingungen vorliegen.

§ 65. Die Flüssigkeitsstrahlen.

Die oft sehr mangelhafte Übereinstimmung zwischen den Ergebnissen der Theorie der wirbel- und reibungsfreien Flüssigkeitsströmungen mit den Erscheinungen der Wirklichkeit hat Helmholtz zu der Lehre von den Flüssigkeitsstrahlen geführt, die den Beobachtungen in vielen Fällen weit besser gerecht wird. Helmholtz wies z. B. darauf hin, daß die einem Schornsteine entströmende Rauchsäule bei ruhiger Luft oft auf große Strecken hin ganz geschlossen emporsteigt; so daß schon in geringer Entfernung davon die Luft fast in Ruhe bleibt, während bei wirbelfreier Bewegung der Rauch sich sofort nach dem Verlassen des Schornsteins nach allen Seiten hin ausbreiten müßte. Er bemerkte auch, daß man einen feinen Luftstrahl durch eine leuchtende Flamme hindurchblasen kann, so daß dadurch ein Loch aus der Flamme herausgeschnitten wird, ohne daß der übrige Teil der Flamme dadurch merklich in Mitleidenschaft gezogen würde.

Die Bewegung ist in solchen Fällen offenbar nicht mehr wirbelfrei. Man denke sich nämlich einen geschlossenen viereckigen Integrationsweg, von dem eine Seite ein Stück einer Strömungslinie des Strahls bildet, während die beiden anschließenden Seiten rechtwinklig zu den Stromlinien nach außen führen und dort durch eine in der ruhenden oder wenig bewegten Flüssigkeit gezogene vierte Seite miteinander verbunden werden. Das Linienintegral der Geschwindigkeit kann für diesen geschlossenen Integrationsweg nicht zu Null werden, denn die in die Stromlinie fallende Seite liefert zu dem Linienintegrale einen hohen Beitrag, die beiden anschließenden Seiten tragen dazu überhaupt nichts bei und die vierte Seite jedenfalls auch nur wenig.

Man schließt sich nun dem wirklichen Verhalten jedenfalls näher an, wenn man im Strahle und außerhalb des Strahles zwar immer noch von der Berücksichtigung der Wirbel absieht, also die Strömung dort wie eine wirbelfreie behandelt, dafür aber an der Grenze des Strahls eine Trennungsfläche annimmt, längs deren die Art der Bewegung sprungweise wechselt. Längs der Trennungsfläche ist die Bedingung für die wirbelfreie Bewegung nicht mehr erfüllt, sie bildet vielmehr den Sitz von Wirbeln und sie wird aus diesem Grunde als eine Wirbelfläche bezeichnet.

Aus den angeführten Beispielen geht hervor, daß sich ein durch die Wirbelfläche von der ganz oder nahezu ruhenden Flüssigkeit getrennter Strahl unter geeigneten Umständen auf längere Strecken hin ziemlich rein zu erhalten vermag. Mit der Zeit wird er freilich aufgelöst, da die starken Geschwindigkeitsunterschiede an benachbarten Stellen in der Nähe der Trennungsfläche eine Flüssigkeitsreibung hervorbringen, durch die die Wirbel immer weiter ausgebreitet werden, womit die Bewegungsart geändert wird.

Läßt man einen Wasserstrahl in den Luftraum übertreten, so sind die Reibungen an der Trennungsfläche zwischen Wasserstrahl und Luft unerheblich, so daß sie an der Bewegung nicht viel zu ändern vermögen. Dagegen kommt in diesem Falle die Schwere hinzu, die eine Ablenkung des Strahls nach unten bewirkt. Es ist aber nützlich, zu untersuchen, wie die Bewegung im Strahle erfolgen müßte, wenn die Schwere nicht einwirkte. Es kommt dies darauf hinaus, die schon im ersten Bande dieses Werkes besprochene Kontraktion eines aus einer Öffnung in dünner Wand hervortretenden Wasserstrahls noch etwas näher zu besprechen, als es dort geschehen konnte.

Um die Aufgabe lösen zu können, muß ferner noch angenommen werden, daß die Bewegung als eine ebene betrachtet werden kann, d. h. die Öffnung soll ein langer Schlitz von überall gleicher Breite sein, so daß durch jeden Querschnitt des Schlitzes die Bewegung in derselben Weise erfolgt. Auf die Untersuchung der damit umschriebenen Aufgabe werde ich mich hier beschränken, wobei ich bemerke, daß man die Bedingungen auch noch ein wenig anders wählen kann, ohne die Lösung dadurch unmöglich zu machen oder sie auch nur erheblich zu erschweren. Vorausschicken möchte ich indessen noch, daß die hier zu gebende Lösung immer noch keineswegs als physikalisch streng richtig betrachtet werden darf, da die Flüssigkeit auch bei ihr als reibungsfrei und die Flüssigkeitsbewegung im Innern des Strahls und im Innern des Gefäßes, aus dem der Strahl austritt, als wirbelfrei angesehen wird. Sie gibt aber jedenfalls einen besseren Aufschluß über die ganze Erscheinung, als die summarische Erörterung, mit der wir uns im ersten Bande begnügen mußten.

Die Lösung hängt auch hier davon ab, eine Funktion w der komplexen Variabeln z zu ermitteln, deren reeller Teil das Geschwindigkeitspotential Φ und deren imaginärer Teil die Stromfunktion Ψ im Gefäße und im freien Strahle angibt. Die Gestalt dieser Funktion w hängt von den Grenzbedingungen des Problems ab.

Die Wände des Gefäßes müssen mit Stromlinien zusammenfallen. Wenn wir uns das Gefäß jenseits der Wand, um die Aufgabe zu vereinfachen, sehr ausgedehnt im Vergleiche zur Quer-

seite des Ausflußschlitzes denken, muß die Geschwindigkeit im
Gefäße in größeren Abständen von der Ausflußöffnung sehr klein
und der Flüssigkeitsdruck daher dort überall konstant sein. Für
die Grenze des freien Strahles kommt dazu noch eine
andere Bedingung. Der Druck, den die angrenzende Luft
(oder allgemeiner die angrenzende ruhende Flüssigkeit) auf die
Oberfläche des Strahls ausübt, ist nämlich überall von der gleichen
Größe. Mit dem Drucke hängt aber die Geschwindigkeit nach
Gl. (372) zusammen und da hier das Potential V der äußeren
Kräfte wegfällt, muß dem konstanten Drucke auch ein
konstanter Absolutwert der Geschwindigkeit entsprechen. Analytisch gesprochen, muß daher längs der „Trennungsfläche", d. h. an der Grenze des Strahls der Differentialquotient von w oder auch die komplexe Größe ζ einen konstanten Modul haben. Da diese Bedingungen genügen, um das Problem physikalisch zu kennzeichnen, schließen wir, daß es nur
eine einzige Lösung haben kann. Wenn man also eine Lösung
angeben kann, die allen genannten Bedingungen entspricht, haben
wir damit auch die in Wirklichkeit zu erwartende Flüssigkeitsbewegung gefunden.

Man setze

$$\zeta = \frac{dz}{dw} = e^{-w} + \sqrt{e^{-2w} - 1}, \qquad (386)$$

woraus durch eine Integration, die sich leicht ausführen läßt,
auch z als Funktion von w gefunden werden kann. Ein Glied
des Ausdrucks, zu dem man hierbei gelangt, enthält aber einen
arc tg, also eine periodische Funktion und daraus erwachsen für
die weitere Behandlung gewisse Schwierigkeiten oder wenigstens
Umständlichkeiten, die man besser umgeht, indem man die weitere
Behandlung unmittelbar an Gl. (386) anknüpft. Allerdings ist
auch schon in Gl. (386) eine gewisse Vorsicht wegen des Wurzel-
vorzeichens geboten; daraus werden uns aber keine besonderen
Schwierigkeiten entstehen.

Für unsere Zwecke genügt es vollständig, wenn wir nur
wissen, daß durch Gl. (386) zugleich z als eine Funktion von w
und hiermit auch w als eine Funktion von z gegeben ist und
daß demnach der durch diese Gleichung gegebene Wert von ζ
einer möglichen Flüssigkeitsbewegung entspricht. Wie diese
Strömung im einzelnen erfolgt, läßt sich schon aus Gl. (386)
selbst ohne weiteres erkennen, wenn man sich erinnert, daß der

zur komplexen Variabeln ζ gehörige Vektor überall in die Richtung der Geschwindigkeit fällt und deren Größe umgekehrt proportional ist.

Es stört dabei nicht viel, daß der Ort in der Ebene, zu dem jedes ζ gehört, aus Gl. (386) nicht ohne weiteres durch seine Koordinaten ausgedrückt werden kann. Man kann nämlich einen bestimmten Ort in der Flüssigkeitsbewegung auch noch auf eine andere Art als durch seine rechtwinkligen Koordinaten beschreiben. Dazu genügt erstens die Angabe der Stromlinie, zu der der betreffende Punkt gehört, und zweitens die Angabe des zugehörigen Geschwindigkeitspotentials. Längs einer Stromlinie muß das Geschwindigkeitspotential seiner Definition nach in der Stromrichtung fortwährend wachsen und daher wird ein Punkt auf der Stromlinie durch die Angabe des zugehörigen Geschwindigkeitspotentials eindeutig bezeichnet. Jedem Werte von w entspricht aber zugleich ein bestimmter Wert von Ψ und von Φ und daher kann der Ort, auf den sich ζ bezieht, auch schon durch die Angabe der komplexen Variabeln w ausreichend gekennzeichnet werden.

Zur Veranschaulichung schicke ich hier schon eine Zeichnung in Abb. 23 voraus, die der durch Gl. (386) beschriebenen Bewegung entspricht und die einer Figur aus Holzmüller, „Ingenieur-Mathematik, Bd. II, Das Potential" (Leipzig, 1898) nachgebildet ist. $ABCD$ ist die dünne Wand, in der sich der Schlitz BC befindet. Oberhalb der Wand liegt das Gefäß, aus dem die Stromlinien durch die Öffnung austreten, und die die Stromlinien senkrecht schneidenden Kurven sind die Linien gleichen Geschwindigkeitspotentials. Die Grenzen des freien Strahls sind die Linien BE und CF. Die Symmetrieachse ist zur Y-Achse gewählt und die X-Achse fällt mit der Wand zusammen. — Ich habe freilich erst noch nachzuweisen, daß Gl. (386) zu einer solchen Bewegung führt.

Zunächst betrachte ich jene Stromlinie, für die $\Psi = 0$ ist. Hiermit wird $w = \Phi$ und Gl. (386) geht über in

$$\zeta = e^{-\Phi} + \sqrt{e^{-2\Phi} - 1}. \qquad (387)$$

Solange Φ negativ ist, bleibt ζ reell. Die Strömung geht alsdann in der Richtung der X-Achse und die Stromlinie $\Psi = 0$ ist für die Werte von $\Phi = -\infty$ bis $\Phi = 0$ eine in der Richtung der X-Achse gehende Grade. Hiernach entspricht der eine Teil

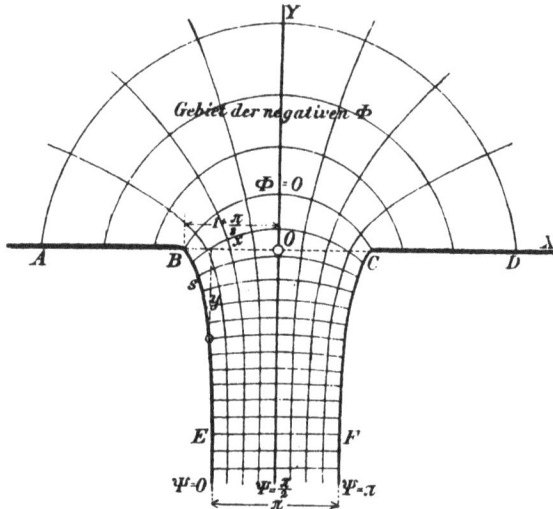

Abb. 23.

der Wand AB in Abb. 23 dem ersten Stücke der Stromlinie $\Psi = 0$.

Wenn Φ positiv ist, wird die Wurzel in Gl. (242) imaginär. Man schreibt dann besser dafür

$$\zeta = e^{-\Phi} - i\sqrt{1 - e^{-2\Phi}} \qquad (388)$$

Daß hierbei die Wurzel $\sqrt{-1}$ gleich $-i$ und nicht (was an und für sich am nächsten liegen würde) gleich $+i$ gesetzt ist, wird alsbald näher begründet werden.

Dieser Teil der Stromlinie $\Psi = 0$ entspricht der Grenze BE des freien Strahls. Daß die Linie von der Kante B der Ausflußöffnung, die zum Werte $\Phi = 0$ gehört, ausgeht, ist bereits bekannt. Es muß aber noch bewiesen werden, daß ζ zugleich die Bedingung für die freie Grenze eines Strahls erfüllt. Wie wir vorher sahen, besteht diese Bedingung darin, daß ζ überall längs der Grenze denselben Modul (oder der zugehörige Vektor denselben Absolutwert) hat. Das Quadrat des Moduls einer komplexen Zahl ist aber gleich der Quadratsumme aus dem reellen und dem imaginären Anteile und für ζ gibt dies nach Gl. (388) den Wert 1. Auch diese Grenzbedingung wird demnach erfüllt.

Für die Stromlinie $\Psi = 0$ setzten wir das Wurzelvorzeichen in Gl. (387) als positiv fest. Das Wurzelvorzeichen in anderen

Fällen ist hiernach so zu bestimmen, daß ein stetiger Übergang von jeder Stelle zur benachbarten stattfindet. Wir betrachten jetzt irgend eine andere Stromlinie, für die Ψ einen Wert zwischen 0 und $\frac{\pi}{2}$ hat. Mit $w = \Phi + i\Psi$ erhält man

$$e^{-w} = e^{-\Phi} \cdot e^{-i\Psi} = e^{-\Phi}(\cos\Psi - i\sin\Psi).$$

Setzt man dies in Gl. (386) ein, so erhält man

$$\zeta = e^{-\Phi}(\cos\Psi - i\sin\Psi) + \sqrt{e^{-2\Phi}(\cos 2\Psi - i\sin 2\Psi) - 1}\,.$$

Die Wurzel aus einer komplexen Größe kann ausgezogen werden mit Hilfe der Formel

$$\sqrt{a + bi} = \pm\sqrt{\frac{a}{2} + \frac{1}{2}\sqrt{a^2 + b^2}} \pm i\sqrt{-\frac{a}{2} + \frac{1}{2}\sqrt{a^2 + b^2}}\,.$$

Das Vorzeichen des reellen Gliedes kann hierbei zunächst beliebig genommen werden; dann muß aber, falls b positiv ist, das Vorzeichen des imaginären Gliedes ebenso gewählt werden, während bei negativem b beide Wurzelvorzeichen entgegengesetzt sein müssen. Nun war für $\Psi = 0$ und negatives Φ das positive Vorzeichen für das dann allein noch übrig bleibende reelle Glied gewählt. Für Werte von Ψ, die zwischen 0 und $\frac{\pi}{2}$ liegen, wird die zuvor mit b bezeichnete Größe negativ. Man hat daher für ζ

$$\zeta = e^{-\Phi}(\cos\Psi - i\sin\Psi) + \sqrt{\frac{a}{2} + \frac{1}{2}\sqrt{a^2 + b^2}}$$
$$- i\sqrt{-\frac{a}{2} + \frac{1}{2}\sqrt{a^2 + b^2}}\,,$$

wobei a und $a^2 + b^2$ zur Abkürzung für die Ausdrücke

$$a = e^{-2\Phi}\cos 2\Psi - 1$$
$$a^2 + b^2 = e^{-4\Phi} - 2e^{-2\Phi}\cos 2\Psi + 1$$

gesetzt sind. Hiermit erklärt sich auch die Wahl, die in Gl. (388) für das Wurzelvorzeichen getroffen werden mußte. — Wird ferner $\Psi = \frac{\pi}{2}$, so erhält man hiernach

$$\zeta = -ie^{-\Phi} - i\sqrt{e^{-2\Phi} + 1}\,,$$

d. h. ζ ist rein imaginär und die Strömung erfolgt längs der Stromlinie $\Psi = \frac{\pi}{2}$ überall parallel zur Y-Achse. Es macht dabei auch keinen Unterschied, ob Φ negativ, Null oder positiv ist,

d. h. diese Stromlinie ist ihrer ganzen Ausdehnung nach grad-linig. Sie fällt mit der Symmetrieachse der Abb. 23 zusammen

Wenn Ψ noch größer wird als $\frac{\pi}{2}$, wird der Ausdruck

$$b = - e^{-2\Phi} \sin 2\,\Psi$$

positiv und beim Ausziehen der Wurzel aus der komplexen Größe $a + bi$ müssen nun beide Glieder gleiche Vorzeichen erhalten. An der Stromlinie $\Psi = \frac{\pi}{2}$ hatte aber das imaginäre Glied ein negatives Vorzeichen und dieses muß es auch weiterhin behalten. Das reelle Glied verschwand an der Übergangsstelle und sein Vorzeichen jenseits derselben kann daher nur daraus geschlossen werden, daß es dem des imaginären Gliedes gleich gewählt werden muß. Daher ist für die zwischen $\Psi = \frac{\pi}{2}$ und $\Psi = \pi$ liegen-den Stromlinien

$$\zeta = e^{-\Phi}(\cos\Psi - i\sin\Psi) - \sqrt{\frac{a}{2} + \frac{1}{2}\sqrt{a^2 + b^2}}$$
$$- i\sqrt{-\frac{a}{2} + \frac{1}{2}\sqrt{a^2 + b^2}}$$

zu setzen. Für die Stromlinie $\Psi = \pi$ endlich geht dies über in

$$\zeta = - e^{-\Phi} - \sqrt{\frac{e^{-2\Phi} - 1}{2} + \frac{1}{2}\sqrt{(e^{-2\Phi} - 1)^2}}$$
$$- i\sqrt{\frac{1 - e^{-2\Phi}}{2} + \frac{1}{2}\sqrt{(e^{-2\Phi} - 1)^2}}.$$

Die innere Quadratwurzel ist hier noch nicht ausgezogen; es ge-schah deshalb nicht, weil das Vorzeichen dieser Wurzel auf jeden Fall so zu wählen ist, daß ein positiver Wert herauskommt. Wir haben daher zwei Fälle zu unterscheiden, je nachdem Φ negativ oder positiv ist. Ist Φ negativ, also $e^{-2\Phi}$ größer als Eins, so wird für den zugehörigen Teil der Stromlinie $\Psi = \pi$

$$\zeta = - e^{-\Phi} - \sqrt{e^{-2\Phi} - 1}, \tag{389}$$

d. h. ζ ist reell und die Stromlinie ist geradlinig und verläuft in der Richtung der X-Achse. Zugleich bemerkt man, daß dieser Wert von ζ das Negative des für die Stromlinie $\Psi = 0$ in Gl. (387) gefundenen ist. Das betreffende Stück der Stromlinie $\Psi = \pi$ entspricht daher dem anderen Teile CD der graden Wand des Gefäßes und die Geschwindigkeiten sind in entsprechenden Punkten beider Wandteile, wie auch schon aus Gründen der Symmetrie zu erwarten war, gleich groß und entgegengesetzt gerichtet.

Wird dagegen Φ positiv, so geht der Ausdruck für ζ über in

$$\zeta = - e^{-\Phi} - i \sqrt{1 - e^{-2\Phi}}. \qquad (390)$$

Dieser Teil der Stromlinie $\Psi = \pi$ entspricht der zweiten freien Grenzlinie CF des Strahls. Der imaginäre Anteil stimmt, wie ebenfalls aus Symmetriegründen zu erwarten war, mit dem von ζ in Gl. (388) für die erste Grenzlinie überein, und der reelle Anteil hat entgegengesetztes Vorzeichen wie dort. Daß der Modul von ζ überall längs der Grenzlinie den konstanten Wert 1 und daher auch die Geschwindigkeit überall den Absolutwert 1 hat, erkennt man auf dieselbe Weise wie vorher im Anschlusse an Gl. (388).

Es bleibt nur noch übrig die Flüssigkeitsbewegung in größeren Entfernungen von der Ausflußöffnung zu betrachten. Im Innern des Gefäßes, also für negative Werte von Φ, kann man in großer Entfernung von der Öffnung $e^{-\Phi} = \infty$ setzen. Auch e^{-w} ist dann eine komplexe Zahl von unendlich großem Modul und aus Gl. (386) folgt, daß dann auch ζ komplex unendlich groß ist. Die Geschwindigkeit ist aber dem Modul von ζ umgekehrt proportional und sie erlangt daher in großer Entfernung von der Öffnung einen unendlich kleinen Absolutwert, wie es unseren Grenzbedingungen entspricht. — Für positive Werte von Φ, die zu dem freien Strahle gehören, kann man in größerer Entfernung von der Öffnung $e^{-2\Phi} = 0$ setzen und e^{-w} verschwindet damit ebenfalls. Es bleibt daher

$$\zeta = \sqrt{-1} = - i,$$

wobei auch hier zur Begründung für das Wurzelvorzeichen auf die vorhergegangene Untersuchung über $\sqrt{a + bi}$ zu verweisen ist. In größerer Entfernung von der Öffnung erfolgt daher die Strömung in allen Stromlinien mit der Geschwindigkeit 1 (entgegen der positiven Y-Achse) und die Stromlinien werden dort zueinander parallel.

Der Nachweis, daß die durch Gl. (386) gegebene Lösung allen Grenzbedingungen unseres Problems entspricht, ist nun vollständig erbracht. Wir können jetzt noch dazu übergehen, die Form der Grenzlinie, also etwa die Gestalt der Stromlinie

$\Psi = 0$ vom Punkte $\Phi = 0$ an bis zu $\Phi = + \infty$ festzustellen und hiermit auch die Kontraktion des Strahls zu berechnen. Die Koordinaten eines Punktes dieser Stromlinie seien x und y und der Bogen vom Punkte $\Phi = 0$, also von der Kante der Ausfluß- öffnung an bis zum Punkte xy sei mit s bezeichnet. Da die Ge- schwindigkeit längs der Grenzlinie den konstanten Wert Eins hat, folgt

$$\frac{d\Phi}{ds} = 1 \quad \text{oder} \quad \Phi = s \quad \text{und auch} \quad w = s.$$

Aus Gl. (386) bzw. Gl. (388) wird daher hier

$$\zeta = \frac{dz}{ds} = e^{-s} - i\sqrt{1 - e^{-2s}}.$$

Wenn wir hier $z = x + yi$ setzen und die reellen und imaginären Teile trennen, zerfällt diese Gleichung in die beiden

$$\frac{dx}{ds} = e^{-s}; \quad \frac{dy}{ds} = -\sqrt{1 - e^{-2s}}, \qquad (391)$$

die sich leicht integrieren lassen. Aus der ersten erhalten wir

$$x = C - e^{-s}.$$

Die Bedeutung der Integrationskonstanten C folgt daraus, daß für $s = \infty$ die Abszisse x der Asymptote an die Grenzlinie gleich C wird. Für $s = 0$ ist dagegen $x = C - 1$, d. h. die Asymptote geht um die Strecke Eins an der Kante der Ausflußöffnung vor- über. Setzt man

$$e^{-s} = C - x$$

in die vorhergehenden Gleichungen ein, so erhält man für die Grenzlinie die Differentialgleichung

$$\frac{dy}{dx} = -\sqrt{\left(\frac{1}{C-x}\right)^2 - 1}, \qquad (392)$$

die ebenfalls leicht integriert werden kann. Zur Bestimmung der Integrationskonstanten C beachte man schließlich, daß nach den Gl. (376)

$$\frac{\partial \Psi}{\partial x} = -\frac{\partial \Phi}{\partial y}$$

ist. In größerer Entfernung von der Ausflußöffnung, wo die Strom- linien schon als parallel zur Y-Achse betrachtet werden können, ist überall

$$\frac{\partial \Phi}{\partial y} = -1$$

nämlich gleich der dort bestehenden Geschwindigkeit und damit

$$\frac{\partial \Psi}{\partial x} = 1 \quad \text{oder} \quad \Psi = \Psi_0 + x,$$

wenn mit Ψ_0 der Wert von Ψ auf der Y-Achse bezeichnet wird. Dieser ist aber, wie wir wissen, gleich $-\frac{\pi}{2}$ und für $x = C$ wird $\Psi = 0$. Hieraus folgt

$$C = -\frac{\pi}{2}.$$

Die ganze Breite des Strahls nach vollständiger Kontraktion ist daher gleich π und die Breite der Ausflußöffnung gleich $2\left(1 + \frac{\pi}{2}\right)$ $= 2 + \pi$. Der Kontraktionskoeffizient, d. h. das Verhältnis zwischen dem kontrahierten Querschnitte und dem Querschnitte der Ausflußöffnung wird daher gleich

$$\frac{\pi}{\pi + 2} = 0{,}61 \ldots$$

Die Größen ζ, w usf. treten in den vorhergehenden Rechnungen überall nur als absolute Zahlen auf, ohne Rücksicht auf die Dimensionen, die ihnen ihrer physikalischen Bedeutung nach zukämen. Man könnte dem zwar leicht abhelfen, indem man an Stelle von w überall ein Verhältnis $\frac{w}{w_0}$ setzte, wobei w_0 die konstante Einheit wäre, in der die w auszumessen sind, und ähnlich bei den übrigen Größen. Es ist aber einfacher, die Gleichungen so stehen zu lassen, wie sie lauten, und die Fundamentaleinheiten nachträglich passend zu wählen, so daß die Zahlen in den Formeln das richtige Maß für die Größen bilden, denen sie entsprechen. Zunächst muß die Einheit der Länge so gewählt werden, daß die Breite der Öffnung ($\pi + 2$) Längeneinheiten enthält. Zugleich muß ferner die Einheit der Zeit so bestimmt werden, daß im Strahle nach erfolgter Kontraktion während dieser Zeit die Längeneinheit zurückgelegt wird. Dann sind die vorhergehenden Formeln ohne weiteres auf jeden gegebenen Fall anwendbar; der Kontraktionskoeffizient, auf dessen Ableitung es besonders ankam, ist übrigens von diesen besonderen Festsetzungen unabhängig.

Schließlich sei noch einmal hervorgehoben, daß die Lehre von den Flüssigkeitsstrahlen an sich auch solche Fälle umfaßt, in denen der austretende Strahl in eine ruhende Flüssigkeit der gleichen Art eindringt, wie etwa ein Luftstrahl in den Luftraum oder wie ein unter Wasser ausmündender Wasserstrahl. Indessen liegt in diesen Fällen die Möglichkeit zur Auflösung des Strahls durch die Ausbreitung der Wirbel von der Trennungsfläche her infolge der Reibungen viel näher und die Entwicklungen werden daher von Anfang an weniger zuverlässig und schließlich in etwas größeren Abständen von der Ausflußöffnung ganz unbrauchbar.

Eine beachtenswerte Anwendung hat die Lehre von den Flüssigkeitsstrahlen zur Berechnung des Widerstandes gefunden, den eine Flüssigkeit einem relativ zu ihr bewegten Körper entgegensetzt. Wir sahen früher, daß eine vollkommene Flüssigkeit bei wirbelfreier Bewegung überhaupt keinen Widerstand leistet. Dagegen kann man einen solchen Widerstand herausrechnen, wenn man die Bewegung zwar sonst immer noch als wirbel- und reibungsfrei behandelt, dagegen eine Trennungsfläche annimmt, die sich in der Strömung hinter dem Hindernisse bildet.

Der Grund dafür, daß dann ein resultierender Wasserdruck herauskommen muß, ist leicht einzusehen. Wenn das Hindernis, das sich der Strömung entgegenstellt, etwa ein ebenes Brett ist, grenzt das ruhende Wasser auf der Rückseite des Brettes in der Wirbelfläche an die schnell strömende Flüssigkeit an, die sich um das Hindernis herumgebogen hatte. An der Grenzfläche des Strahls herrscht zu beiden Seiten derselbe Flüssigkeitsdruck; das ruhende Wasser auf der Rückseite des Brettes steht daher unter demselben Drucke wie das schnell strömende im Strahle längs der Grenzfläche. Andererseits soll aber die Bewegung jenseits der Trennungsfläche im Strahle und vor dem Hindernisse überall wirbelfrei sein. Innerhalb dieses Gebietes gilt daher überall die Beziehung, daß die Summe aus kinetischer Energie, potentieller Energie und Flüssigkeitsdruck konstant ist. Auf der Vorderseite des Brettes, in dessen nächster Nachbarschaft, sind die Geschwindigkeiten jedenfalls gering und daher ist der Druck dort viel größer, als in den Grenzlinien des Strahls oder also auch als auf der Rückseite des Brettes. Der Druckunterschied zwischen Vorderseite und Rückseite sucht das Brett in der Richtung der Strömung mit fortzureißen. — Man sieht hier deutlich, wie wesentlich die Trennungsfläche ist. In dieser springt die Geschwindigkeit von einem endlichen Werte plötzlich auf Null, ohne daß damit eine Druckabnahme verbunden wäre. Nur durch die Wirbelfläche wird es möglich, daß zu beiden Seiten des Brettes zur Geschwindigkeit Null ganz verschiedene Drücke gehören.

Die Ausführung der Rechnung gleicht vollständig der vorhergehenden. Lord Rayleigh hat auf diesem Wege die schon im
ersten Bande § 63 der 3. Aufl. erwähnte Formel für den Wind-
druck beim schiefen Stoße auf eine ebene Fläche abgeleitet. Die
theoretischen Erwägungen sind bei diesen Untersuchungen freilich nicht einwandfrei, da sie keine Rechenschaft darüber geben,
was schließlich in größerer Entfernung nach Vorübergang an
dem Hindernisse geschieht, oder vielmehr, weil das, was die Formeln hierüber aussagen, im offenbaren Widerspruche mit dem
wirklichen Verhalten steht. Ich gehe deshalb auch nicht weiter
darauf ein. Immerhin wurde aber durch die Berücksichtigung
der Trennungsfläche schon der erste und wichtigste Schritt gemacht, um zu einer den Tatsachen besser gerecht werdenden
Theorie zu gelangen; mit Rücksicht darauf durfte auch einstweilen zugelassen werden, daß die näheren Annahmen, die sich
auf die Trennungsfläche selbst beziehen, freilich noch durchaus
nicht zutreffend sind. Jedenfalls hat bereits jener erste Schritt
eine Winddruckformel abzuleiten gestattet, die mit der Wirklichkeit schon ziemlich gut übereinstimmt. — Auch der Wert
für den Kontraktionskoeffizienten, den die vorher durchgeführte
Rechnung lieferte, stimmt mit den Beobachtungen nicht schlecht
überein. Die Helmholtzsche Lehre von den Flüssigkeitsstrahlen
ist daher bereits als ein beachtenswerter Fortschritt der Hydrodynamik zu betrachten, wenn sie auch selbst in Hinsicht auf die
physikalische Genauigkeit noch viel zu wünschen übrig läßt.

Unter ganz ähnlichen Bedingungen wie das Brett, von dem vorher
die Rede war, befindet sich ferner auch der Flügel eines Flugzeugs,
das in schneller wagerechter Bewegung die zuvor ruhende Luft durch-
schneidet. Betrachtet man hierbei die Relativbewegung der Luft gegen
ein mit dem Flugzeuge verbundenes Koordinatensystem, so steht man zur
Ermittelung des Luftdruckes auf einen Flügel vor derselben Aufgabe,
die Rayleigh für das ebene Brett auf Grund der Lehre von den Flüssigkeitsstrahlen gelöst hat. Die Lösung, zu der man beim Flugzeuge gelangt ist, unterscheidet sich jedoch erheblich von der früheren; sie schließt
sich dem tatsächlichen Vorgange zweifellos viel enger an und stimmt
dementsprechend besser mit der Beobachtung und der Erfahrung überein.

Als wesentlicher Ausgangspunkt der heutigen Tragflügeltheorie
dient ebenso wie bei den vorhergehenden Betrachtungen die Überlegung,
daß in der reibungsfreien Flüssigkeit ein Widerstand gegen einen in ihr
gleichförmig bewegten Körper nur dadurch herauskommen kann, daß sich
Wirbelflächen in der Strömung ausbilden. Während man aber früher die
Wirbelflächen mit den Begrenzungen eines sich von dem Hindernis ab-
lösenden Strahles zusammenfallen ließ, erblickt man in der neueren Trag-

flügeltheorie den Sitz des Wirbels in den Flächen, die den Flügel selbst sowohl nach oben als nach unten hin begrenzen. Dafür läßt sich auch ein guter Grund anführen. Die geringe Reibung zwischen Luft und Flügel genügt nämlich, um das Entlanggleiten der Luft unmittelbar an der Flügeloberfläche zu verhindern, während man schon in ziemlich kleinen Abständen davon die Reibung genau genug vernachlässigen darf. Schuchowski und Kutta, die man als die Begründer der heutigen Tragflächentheorie anzusehen hat, haben gezeigt, daß unter diesen Umständen der am Flügel wirkende Auftrieb dem Linienintegrale der Strömungsgeschwindigkeit proportional ist, das über einen geschlossenen Integrationsweg erstreckt wird, der den Flügelquerschnitt in einem geringen Abstande umgibt, so nämlich, daß die Strömung überall außerhalb dieses Integrationsweges als wirbelfrei angesehen werden kann.

Bei diesen Bemerkungen ist zunächst an eine ebene Flüssigkeitsströmung gedacht. Wegen der endlichen Flügellänge müssen gegen die Flügelenden hin Abweichungen davon eintreten. Es bilden sich dort sogenannte „Wirbelzöpfe" aus, die sich vom Flügel ablösen und stets wieder neu zu bilden sind.

§ 66. Die Sätze von Helmholtz über die Wirbelbewegungen.

Eine der Hauptursachen für die Abweichungen zwischen der Dynamik der reibungsfreien Flüssigkeiten und den in Wirklichkeit stattfindenden Flüssigkeitsbewegungen besteht, wie schon aus den Untersuchungen des vorausgehenden Paragraphen folgt, in dem Auftreten von Wirbeln. Den physikalischen Grund für die Bildung der Wirbel erkennen wir in erster Linie (abgesehen nämlich von der Mischbewegung, soweit diese zugleich auch noch von anderen Ursachen abhängt) in der Flüssigkeitsreibung. Solange wir uns nicht dazu entschließen, das einfache Bild der reibungsfreien Flüssigkeit aufzugeben, vermögen wir daher über das Entstehen der Wirbel keine hinreichende Rechenschaft zu geben. Man kann sich dagegen die Aufgabe stellen, den weiteren Verlauf der Flüssigkeitsbewegung, nachdem einmal auf irgendeine Art Wirbel in ihr entstanden sind, unter der Voraussetzung zu untersuchen, daß die Flüssigkeit weiterhin als reibungsfrei angesehen werden könne. Jedenfalls wird damit ein wichtiger Schritt zur Erforschung des wahren Verhaltens der Flüssigkeiten getan, ohne daß man dabei sofort genötigt wäre, die für die theoretische Behandlung so wesentliche Vereinfachung zu opfern, die in der Vernachlässigung der Reibungen liegt.

Ich greife hier auf die Eulerschen Gleichungen (367) und (368) und auf die Differentialgleichung (370) für den Wirbelvektor $\mathfrak{w}$ zurück, die ich der Übersicht wegen hier nochmals zusammenstelle:

$$\frac{\partial v_1}{\partial x} + \frac{\partial v_2}{\partial y} + \frac{\partial v_3}{\partial z} = 0 \qquad [(367)]$$

$$\left.\begin{aligned}
\mu\left(\frac{\partial v_1}{\partial t} + v_1\frac{\partial v_1}{\partial x} + v_2\frac{\partial v_1}{\partial y} + v_3\frac{\partial v_1}{\partial z}\right) &= -\frac{\partial}{\partial x}(V+p) \\
\mu\left(\frac{\partial v_2}{dt} + v_1\frac{\partial v_2}{\partial x} + v_2\frac{\partial v_2}{\partial y} + v_3\frac{\partial v_2}{\partial z}\right) &= -\frac{\partial}{\partial y}(V+p) \\
\mu\left(\frac{\partial v_3}{\partial t} + v_1\frac{\partial v_3}{\partial x} + v_2\frac{\partial v_3}{\partial y} + v_3\frac{\partial v_3}{\partial z}\right) &= -\frac{\partial}{\partial z}(V+p)
\end{aligned}\right\} \qquad [(368)]$$

$$\mathfrak{w} = \mathfrak{i}\left(\frac{\partial v_3}{\partial y} - \frac{\partial v_2}{\partial z}\right) + \mathfrak{j}\left(\frac{\partial v_1}{\partial z} - \frac{\partial v_3}{\partial x}\right) + \mathfrak{k}\left(\frac{\partial v_2}{\partial x} - \frac{\partial v_1}{\partial y}\right). \qquad [(370)]$$

Im allgemeinen verschwindet der Wirbelvektor $\mathfrak{w}$ jetzt nirgends. In einem gegebenen Augenblicke möge innerhalb der Flüssigkeit eine Linie gezogen werden, die überall der Richtung von $\mathfrak{w}$ folgt. Eine solche Linie soll als eine Wirbellinie bezeichnet werden. Denkt man sich ferner an irgendeiner Stelle einer Wirbellinie ein Flächenelement dF senkrecht zur Wirbellinie gelegt und durch alle Punkte des Umfanges von dF Wirbellinien gezogen, so schließen diese einen Raum ein, von dem dF ein Querschnitt ist und den man als einen Wirbelfaden bezeichnet.

Um ein anschauliches Bild von der augenblicklichen Verteilung der Wirbel zu erhalten, kann man sich eine zweite Flüssigkeit vorstellen, die einen gleichgestalteten Raum einnimmt wie die erste und deren Geschwindigkeit in gleichgelegenen Punkten mit dem Wirbelvektor $\mathfrak{w}$ in der ersten Flüssigkeit der Richtung nach übereinstimmt und der Größe nach damit proportional ist. Dies ist nämlich möglich, ohne die Kontinuitätsbedingung in der zweiten Flüssigkeit zu verletzen, denn aus Gl. (370) folgt für die Komponenten von $\mathfrak{w}$

$$w_1 = \frac{\partial v_3}{\partial y} - \frac{\partial v_2}{\partial z}, \quad w_2 = \frac{\partial v_1}{\partial z} - \frac{\partial v_3}{\partial x}, \quad w_3 = \frac{\partial v_2}{\partial x} - \frac{\partial v_1}{\partial y},$$

und wenn man diese Werte in die Kontinuitätsgleichung einsetzt, erhält man in der Tat

$$\frac{\partial w_1}{\partial x} + \frac{\partial w_2}{\partial y} + \frac{\partial w_3}{\partial z} = 0. \qquad (393)$$

Die Wirbelfäden in der ersten Flüssigkeit entsprechen den Stromfäden in der zweiten und sie sind diesen kongruent. Daraus folgt auch, daß ein Wirbelfaden innerhalb der Flüssigkeit nicht auf-

hören kann: er muß entweder an den Grenzflächen der Flüssigkeit enden oder er muß in sich zurückkehren, so daß die Leit-
linie eine geschlossene Kurve bildet. Im letzten Falle wird der
Wirbelfaden auch als ein Wirbelring bezeichnet. Das Produkt
aus einem Querschnitte des Wirbelfadens und der Größe
des Wirbelvektors w an dieser Stelle muß längs des
ganzen Wirbelfadens einen konstanten Wert behalten,
denn bei der zweiten Flüssigkeit, die zur Erläuterung für die
Verteilung der Wirbel diente, entspricht dem Produkte $w\,dF$ die
durch den Querschnitt dF gehende Flüssigkeitsmenge und diese
muß der Kontinuitätsbedingung wegen für alle Querschnitte des
Stromfadens gleich groß sein. Das Produkt $w\,dF$ wird auch als
die Stärke des Wirbelfadens bezeichnet und wir können daher auch sagen, daß ein Wirbelfaden in allen Teilen seiner
Länge dieselbe Stärke hat.

Man betrachte ferner zwei materielle Punkte der Flüssigkeit,
die zur Zeit t unendlich benachbart auf der gleichen Wirbellinie
liegen mögen. Der Abstand zwischen beiden Punkten, also das
zwischen ihnen liegende Element der Wirbellinie, möge die Projektionen $\xi\,\eta\,\zeta$ auf die Koordinatenachsen haben. Man fragt nach
der Richtung und Größe der Verbindungsstrecke beider materieller Punkte nach Ablauf eines Zeitelementes dt. Der Anfangspunkt der Strecke verschiebt sich während dt in den Richtungen
der Koordinatenachsen um $v_1\,dt$, $v_2\,dt$, $v_3\,dt$; der Endpunkt dagegen in der Richtung der X-Achse um

$$\left\{ v_1 + \xi \frac{\partial v_1}{\partial x} + \eta \frac{\partial v_1}{\partial y} + \zeta \frac{\partial v_1}{\partial z} \right\} dt$$

und um entsprechende Strecken in den Richtungen der beiden
anderen Koordinatenachsen. Der Unterschied zwischen den Verschiebungen beider Endpunkte der Projektion ξ der Verbindungsstrecke gibt die Änderung an, die ξ während dt erfährt. Für die
totalen Differentialquotienten von $\xi\,\eta\,\zeta$ nach der Zeit erhält man
demnach

$$\left.\begin{aligned}
\frac{d\xi}{dt} &= \xi \frac{\partial v_1}{\partial x} + \eta \frac{\partial v_1}{\partial y} + \zeta \frac{\partial v_1}{\partial z} \\
\frac{d\eta}{dt} &= \xi \frac{\partial v_2}{\partial x} + \eta \frac{\partial v_2}{\partial y} + \zeta \frac{\partial v_2}{\partial z} \\
\frac{d\zeta}{dt} &= \xi \frac{\partial v_3}{\partial x} + \eta \frac{\partial v_3}{\partial y} + \zeta \frac{\partial v_3}{\partial z}
\end{aligned}\right\} \qquad (394)$$

Diese Gleichungen gelten für die Abstandsänderungen von irgendzwei benachbarten Punkten. Um noch auszudrücken, daß sie auf zwei zur gleichen Wirbellinie gehörige Punkte angewendet werden sollen, setze man zu Anfang des Zeitelements dt

$$\xi = \varepsilon w_1, \quad \eta = \varepsilon w_2, \quad \zeta = \varepsilon w_3, \tag{395}$$

wo nun ε irgendeine unendlich kleine Größe ist. Nach Division mit ε gehen dann die vorigen Gleichungen über in

$$\left. \begin{aligned} \frac{1}{\varepsilon}\frac{d\xi}{dt} &= w_1\frac{\partial v_1}{\partial x} + w_2\frac{\partial v_1}{\partial y} + w_3\frac{\partial v_1}{\partial z} \\ \frac{1}{\varepsilon}\frac{d\eta}{dt} &= w_1\frac{\partial v_2}{\partial x} + w_2\frac{\partial v_2}{\partial y} + w_3\frac{\partial v_2}{\partial z} \\ \frac{1}{\varepsilon}\frac{d\zeta}{dt} &= w_1\frac{\partial v_3}{\partial x} + w_2\frac{\partial v_3}{\partial y} + w_3\frac{\partial v_3}{\partial z} \end{aligned} \right\}. \tag{396}$$

Wir wollen jetzt ferner berechnen, um wieviel sich die Wirbelkomponenten $w_1 w_2 w_3$, die zum gleichen Flüssigkeitsteilchen gehören, während der Zeit dt ändern. Man muß sich dabei vor einigen naheliegenden Fehlern hüten: zunächst kann nämlich $\frac{dw_1}{dt}$ nicht etwa aus Gl. (395) in $\frac{d\xi}{dt}$ ausgedrückt werden, denn diese Gleichungen gelten nach Voraussetzung nur zu Anfang der Zeit dt und es bleibt vorläufig ganz zweifelhaft, ob sie auch späterhin noch bestehen bleiben. Außerdem darf $\frac{dw_1}{dt}$ nicht mit dem sich auf den konstanten Ort beziehenden $\frac{\partial w_1}{\partial t}$ verwechselt werden; zwischen beiden besteht vielmehr der Zusammenhang

$$\frac{dw_1}{dt} = \frac{\partial w_1}{\partial t} + v_1\frac{\partial w_1}{\partial x} + v_2\frac{\partial w_1}{\partial y} + v_3\frac{\partial w_1}{\partial z}.$$

Zur Berechnung von $\frac{dw_1}{dt}$ kann man natürlich nicht bloß durch geometrische Betrachtungen gelangen, denn die Flüssigkeitsbewegung hängt von dem dynamischen Grundgesetze ab und wir müssen daher von den Eulerschen Gleichungen (368) ausgehen, durch die dieses zum Ausdruck gebracht wird. Die dritte von diesen sei nach y, die zweite nach z partiell differentiiert und hierauf diese von jener subtrahiert. Dadurch heben sich die rechten Seiten voneinander fort und nach Wegheben des konstanten Faktors μ bleibt

$$\frac{\partial}{\partial y}\left(\frac{\partial v_3}{\partial t} + v_1\frac{\partial c_3}{\partial x} + v_2\frac{\partial v_3}{\partial y} + v_3\frac{\partial v_3}{\partial z}\right)$$

$$-\frac{\partial}{\partial z}\left(\frac{\partial v_2}{\partial t} + v_1\frac{\partial v_2}{\partial x} + v_2\frac{\partial v_2}{\partial y} + v_3\frac{\partial v_2}{\partial z}\right) = 0.$$

Beim Auflösen der Klammern entstehen je sieben Glieder und die einander entsprechenden aus beiden Klammern vereinigen wir in passender Weise miteinander. So wird z. B.

$$\frac{\partial^2 v_3}{\partial y\partial t} - \frac{\partial^2 v_2}{\partial z\partial z} = \frac{\partial}{\partial t}\left(\frac{\partial v_3}{\partial y} - \frac{\partial v_2}{\partial z}\right) = v_1\frac{\partial w_1}{\partial t}$$

$$v_1\frac{\partial^2 v_3}{\partial x\partial y} - v_1\frac{\partial^2 v_2}{\partial x\partial z} = v_1\frac{\partial}{\partial x}\left(\frac{\partial v_3}{\partial y} - \frac{\partial v_2}{\partial z}\right) = v_1\frac{\partial w_1}{\partial x}$$

usf. Hierdurch geht die vorige Gleichung zunächst über in

$$\frac{\partial w_1}{\partial t} + v_1\frac{\partial w_1}{\partial x} + v_2\frac{\partial w_1}{\partial y} + v_3\frac{\partial w_1}{\partial z} + \frac{\partial v_1}{\partial y}\frac{\partial v_2}{\partial x} + \frac{\partial v_2}{\partial y}\frac{\partial v_3}{\partial y} + \frac{\partial v_3}{\partial y}\frac{\partial v_3}{\partial z}$$

$$-\frac{\partial v_1}{\partial z}\frac{\partial v_2}{\partial x} - \frac{\partial v_2}{\partial z}\frac{\partial v_2}{\partial y} - \frac{\partial v_3}{\partial z}\frac{\partial v_2}{\partial z} = 0.$$

Die ersten vier Glieder bilden aber, wie wir schon sahen, den totalen Differentialquotienten von w_1 nach der Zeit. Die sechs übrigen bringen wir auf die rechte Seite und ordnen sie passend; nach einigen weiteren Umformungen, namentlich auf Grund der Kontinuitätsgleichung (367), erhalten wir hierauf der Reihe nach

$$\frac{\partial w_1}{dt} = \frac{\partial v_1}{\partial z}\frac{\partial v_2}{\partial x} - \frac{\partial v_1}{\partial y}\frac{\partial v_3}{\partial x} + \frac{\partial v_2}{\partial y}\left(\frac{\partial v_2}{\partial z} - \frac{\partial v_3}{\partial y}\right) + \frac{\partial v_3}{\partial z}\left(\frac{\partial v_2}{\partial z} - \frac{\partial v_3}{\partial y}\right)$$

$$= \frac{\partial v_1}{\partial z}\frac{\partial v_2}{\partial x} - \frac{\partial v_1}{\partial y}\frac{\partial v_3}{\partial x} - w_1\left(\frac{\partial v_2}{\partial y} + \frac{\partial v_3}{\partial z}\right)$$

$$= \frac{\partial v_1}{\partial z}\frac{\partial v_2}{\partial x} - \frac{\partial v_1}{\partial y}\frac{\partial v_3}{\partial x} + w_1\frac{\partial v_1}{\partial x}$$

$$= \frac{\partial v_1}{\partial z}\frac{\partial v_2}{\partial x} + \frac{\partial v_1}{\partial z}\frac{\partial v_3}{\partial y} - \frac{\partial v_1}{\partial z}\frac{\partial v_1}{\partial y} - \frac{\partial v_1}{\partial y}\frac{\partial v_3}{\partial x} + w_1\frac{\partial v_1}{\partial x}$$

$$= \frac{\partial v_1}{\partial y}\left(\frac{\partial v_1}{\partial z} - \frac{\partial v_3}{\partial x}\right) + \frac{\partial v_1}{\partial z}\left(\frac{\partial v_2}{\partial x} - \frac{\partial v_1}{\partial y}\right) + w_1\frac{\partial v_1}{\partial x}$$

$$= w_1\frac{\partial v_1}{\partial x} + w_2\frac{\partial v_1}{\partial y} + w_3\frac{\partial v_1}{\partial z}.$$

Für die Differentialquotienten der beiden anderen Komponenten von $\mathfrak{w}$ gelten entsprechende Gleichungen, die sich aus der letzten durch zyklische Vertauschung ableiten lassen. Im ganzen hat man daher

$$
\left.
\begin{aligned}
\frac{d w_1}{d t} &= w_1 \frac{\partial v_1}{\partial x} + w_2 \frac{\partial v_1}{\partial y} + w_3 \frac{\partial v_1}{\partial z} \\[4pt]
\frac{d w_2}{d t} &= w_1 \frac{\partial v_2}{\partial x} + w_2 \frac{\partial v_2}{\partial y} + w_3 \frac{\partial v_2}{\partial z} \\[4pt]
\frac{d w_3}{d t} &= w_1 \frac{\partial v_3}{\partial x} + w_2 \frac{\partial v_3}{\partial y} + w_3 \frac{\partial v_3}{\partial z}
\end{aligned}
\right\}
\qquad (397)
$$

Die rechten Seiten dieser Gleichungen stimmen aber genau mit jenen der Gleichungen (396) überein. Hiernach folgt auch

$$
\frac{d \xi}{d t} = \varepsilon \frac{d w_1}{d t}, \quad \frac{d \eta}{d t} = \varepsilon \frac{d w_2}{d t}, \quad \frac{d \zeta}{d t} = \varepsilon \frac{d w_3}{d t} \qquad (398)
$$

und der Vergleich mit den Gleichungen (395) lehrt, daß ε als eine der Zeit nach konstante Größe anzusehen ist und daß dann die zuerst nur für den Beginn des Zeitelements dt aufgestellten Gleichungen (395) auch weiterhin gültig bleiben. Nach Ablauf der Zeit dt ist nämlich, wie aus der Verbindung der Gleichungen (395) mit den Gleichungen (398) hervorgeht, auch noch

$$
\xi + d\xi = \varepsilon(w_1 + dw_1), \quad \eta + d\eta = \varepsilon(w_2 + dw_2),
$$
$$
\zeta + d\zeta = \varepsilon(w_3 + dw_3).
$$

Hieraus folgt, daß zwei benachbarte materielle Punkte der Flüssigkeit, die anfänglich auf einer Wirbellinie lagen, auch noch in jedem folgenden Augenblicke auf einer Wirbellinie enthalten sind. Jedem Wirbelfaden zu Anfang der Zeit entspricht daher auch nachher noch ein Wirbelfaden, der dieselben Teilchen der Flüssigkeit umfaßt. Ferner ist die Entfernung der beiden Punkte in jedem folgenden Augenblicke der Größe des Wirbelvektors proportional.

Betrachten wir nun ein Element des Wirbelfadens, das zu Anfang den Querschnitt dF hatte und dessen Länge gleich dem Abstande der beiden materiellen Punkte war. Alle Teilchen der Flüssigkeit, die zu Anfang in diesem Wirbelfadenelemente enthalten waren, bilden auch in jedem folgenden Augenblicke ein Wirbelfadenelement. Wegen der Unzusammendrückbarkeit der Flüssigkeit müssen beide Elemente gleiches Volumen haben. Wenn sich daher wegen der Veränderung der Größe des Wirbelvektors die Länge des Elements vergrößert oder verkleinert hat, so muß sich der Querschnitt entsprechend verkleinert oder vergrößert haben, so daß das Produkt $dF \cdot w$ konstant bleibt. Der Wirbelfaden besteht daher nicht nur stets aus denselben Teilchen, sondern er hat auch in jedem folgenden Augenblicke dieselbe „Stärke" wie zu Anfang.

Hiernach kann man jedem einmal in einer reibungsfreien Flüssigkeit bestehenden Wirbelfaden eine selbständige Existenz zuschreiben; er bewegt sich mit unveränderter Stärke in der Flüssigkeit samt den Teilchen der Flüssigkeit, an die er gebunden ist, weiter und kann nur entweder durch Reibungen in der Flüssigkeit oder durch äußere Kräfte, die sich nicht von einem Potentiale ableiten lassen, vernichtet (oder neu geschaffen) werden. Der letzte Fall ist übrigens bei den gewöhnlich vorkommenden Flüssigkeitsbewegungen ausgeschlossen, da als äußere Kraft bei diesen nur die Schwere in Betracht kommt, die zu einem Potentiale gehört.

Die Schlüsse, zu denen wir hier gelangten und die zuerst von Helmholtz in einer seiner berühmtesten Abhandlungen gezogen wurden, sind freilich immer noch an die Voraussetzung gebunden, daß die Flüssigkeitsreibung und die Mischbewegung vernachlässigt werden können. Eine genaue Übereinstimmung mit der Wirklichkeit ist daher auch von ihnen keineswegs zu erwarten. Immerhin stimmen sie aber in vielen Fällen schon sehr näherungsweise mit den Beobachtungen überein. Eine der bekanntesten Erscheinungen, die hierher gehören, bieten uns die Wirbelringe dar, die ein Raucher hervorzubringen vermag. Auf verhältnismäßig große Strecken hin halten diese Rauchringe gut zusammen und daß der Wirbelring dabei stets aus denselben Teilchen zusammengesetzt bleibt, wird in diesem Falle durch die Farbe des Rauchs gekennzeichnet. Sonst spielt der Rauch natürlich bei dem ganzen Vorgange keine Rolle; auch ohne Rauch kann man solche Wirbelringe in die Luft ausstoßen, sie entziehen sich dann nur der unmittelbaren Wahrnehmung.

Eine große Rolle spielen die Wirbel bei den großen Luftbewegungen in der Atmosphäre der Erde. In der Gegend der barometrischen Minima und Maxima bestehen Wirbel mit ungefähr senkrechter Achse, die auf der Erdoberfläche enden und nach oben hin in unbekannter Weise weiterlaufen, die sogenannten Zyklonen und Antizyklonen. Die verhältnismäßige Beständigkeit der Wirbel zeigt sich auch bei ihnen, indem sie sich oft tagelang erhalten, während sie über die Erde hinwegziehen. Sie schlagen dabei mit Vorliebe gewisse Bahnen ein, die sogenannten „Zugstraßen". Übrigens ist bei der Anwendung der Wirbellehre auf diese meteorologischen Vorgänge nicht außer acht zu lassen, daß sich unsere Mechanik zunächst immer nur auf den absoluten Raum bezieht, während hier die Drehung der Erde gegen den festen Raum eine wesentliche Rolle spielt. Man muß daher, um die Bewegung der Luftströmungen relativ zur Erde verfolgen zu können, die Ergänzungskräfte der Relativbewegung an den Luftteilchen als fernere äußere Kräfte anbringen. Dabei findet man aber, daß die „zweite" (Coriolissche) Ergänzungskraft nicht zu einem Potentiale gehört. Infolgedessen ist hier, auch abgesehen von Reibungen, ein Grund zum Entstehen (oder Verschwinden) von Wirbeln gegeben, der sehr wesentlich mitspricht.

Ein kreisförmiger Wirbelring (ähnlich einem der vorher erwähnten Rauchringe) vermöchte sich in einer reibungsfreien Flüssigkeit, solange nur solche Kräfte auftreten, die zu einem Potentiale gehören in unveränderter Gestalt und mit konstanter Geschwindigkeit in derselben Richtung beliebig lange fortzubewegen. Relativ zu einem Koordinatensysteme, das sich mit ihm bewegte, wäre die Bewegung stationär. Den Geschwindigkeiten der Flüssigkeitsteilchen, die hierbei in Bewegung begriffen sind, entspricht eine gewisse lebendige Kraft. Auch diese Energie bewegt sich demnach mit dem Wirbelringe voran und es gehört zu den bemerkenswertesten Eigenschaften der Wirbel, daß sie die kinetische Energie zusammenhalten und mit sich weiterführen können, ohne daß eine andere Zerstreuung derselben eintritt, als sie durch die Flüssigkeitsreibungen bedingt wird, die zu einem allmählichen Ausbreiten und zugleich zu einem Erlöschen der Wirbel führt.

§ 67. Wellenbewegungen.

Zu den bekanntesten Flüssigkeitsbewegungen gehören die Wellen, die sich nach Gleichgewichtsstörungen auf der Oberfläche weit ausgedehnter und tiefer Wasserbecken ausbilden. Ein kleines Stückchen Holz, das auf der Wasseroberfläche schwimmt und deren Bewegungen mitmacht, lehrt uns, daß die Wasserteilchen keineswegs in dauernd fortschreitender Bewegung begriffen sind, wie dies nach flüchtiger Beobachtung vermutet werden könnte, sondern daß sie — wenigstens bei regelmäßiger Ausbildung der Wellen — in sich zurücklaufende Kurven beschreiben. Im allgemeinen bleiben demnach die Wasserteilchen an ihrem Orte; sie heben sich, wenn ein Wellenkamm naht, um sich gleich darauf wieder zu

senken und beim Vorbeischreiten eines Wellentals ihren tiefsten
Stand zu erreichen. Nur die Erscheinung oder „Phase", d. h. die
geometrisch wohldefinierte Oberflächenform ist im Fortschreiten
begriffen, aber nicht der Stoff, aus dem sie gebildet ist.

Aus bloßen Hebungen und Senkungen kann indessen die Bewegung des Wassers in den Wellen nicht bestehen, da eine solche
Bewegung im Widerspruche mit der Kontinuitätsbedingung wäre.
Man denke sich nämlich durch eine lotrechte Mantelfläche einen
zylindrischen Wasserkörper von beliebiger Grundfläche, der bis
zum Boden hinreicht, abgegrenzt. Wenn keine Horizontalkomponenten der Geschwindigkeit vorkämen, würde aus diesem Raume
Wasser weder austreten noch eintreten und da das in ihm vor-
handene Wasser stets den gleichen Raum einnehmen muß, folgt,
daß bei festem Boden auch der Wasserspiegel — im Mittel wenigstens — stets die gleiche Höhe einnehmen müßte. Da dies nur
für jeden solchen Wasserzylinder gilt, kann ohne Horizontalkomponenten der Geschwindigkeit überhaupt keine Wellenbewegung
bestehen.

Jedes Wasserteilchen muß hiernach eine Bahn beschreiben,
die bei regelmäßiger Ausbildung der Wellen entweder genau oder
wenigstens nahezu als eine geschlossene ebene Kurve angenommen
werden kann, deren Ebene senkrecht zur Längsrichtung der Wellen,
d. h. senkrecht zu den horizontalen Erzeugenden der Zylinder-
fläche steht, die das Wasser nach oben hin begrenzt. Die Wellenbewegung kann daher als eine ebene Bewegung behandelt werden.
Als wirbelfrei dürfen wir sie aber nicht ansehen, falls wir an dem
aus der Beobachtung gezogenen Schlusse festhalten wollen, daß
die einzelnen Wasserteilchen geschlossene Bahnen beschreiben.
Freilich hat man auch eine recht umfangreiche Theorie der Wasserwellen ausgebildet, bei der die Bewegung von einem Geschwindigkeitspotentiale abgeleitet, also als wirbelfrei betrachtet wird.
Außer der einfacheren Behandlung, die durch diese Annahme ermöglicht wird, führt man häufig zu ihren Gunsten an, daß nach
dem für die reibungsfreie Flüssigkeit gültigen Satze von Lagrange
die Bewegung notwendig wirbelfrei sein müsse, da sie ursprünglich
aus dem Ruhestande hervorgegangen ist und dabei an den im
Innern gelegenen Flüssigkeitsteilchen andere äußere Kräfte als
die Schwere nicht mitgewirkt haben. Das ist zwar richtig, aber
ebenso steht fest, daß das Bild der reibungsfreien Flüssigkeit
ohne Mischbewegungen in vielen Fällen der Anwendung, zu denen

auch die hier zu betrachtenden Wasserwellen gehören, für sich
allein ganz unzulänglich ist. Nur soweit die daraus gezogenen
Schlüsse durch die Beobachtung genügend bestätigt werden, darf
man ihnen einen Wert beimessen; wo aber die Beobachtung zu
einer damit im Widerspruche stehenden Annahme nötigt, ist dieser
der Vorzug zu geben.

Der Techniker fragt vor allem nach den großen wohlausge-
bildeten Wellenzügen, die infolge eines heftigen Sturmes auf der
Oberfläche des Meeres oder eines größeren Sees auftreten. Diesen
hat auch der berühmte Wasserbaumeister Hagen seine Aufmerksamkeit zugewendet. Er fand durch Beobachtung, daß die Wasserteilchen bei ihnen stets ziemlich genau kreisförmige Bahnen beschrieben. Hiervon ließ er sich bei der theoretischen Untersuchung, die er daran knüpfte, leiten und die sich daraus ergebende
„Hagensche Theorie" der Wasserwellen hat lange Zeit als
die beste Lösung der Aufgabe gegolten. Übrigens war Gerstner
(1804) im wesentlichen schon auf die gleichen Betrachtungen
gekommen, wenn er sie auch nicht so weit durchgeführt hatte.
Ich begnüge mich hier auch jetzt noch mit der Wiedergabe der
Gerstner-Hagenschen Theorie, obschon sie in neuerer Zeit viel
Widerspruch erfahren hat, von dem mir allerdings immerhin noch
zweifelhaft erscheint, inwieweit er wirklich berechtigt ist. Jedenfalls bildet aber die Gerstner-Hagensche Theorie ein nach vielen
Richtungen hin lehrreiches Beispiel einer an sich durchaus möglichen Wellenbewegung, wenn sie auch vielleicht nicht mit jener
übereinstimmt, die unter gewöhnlichen Umständen zu erwarten
ist. Hierauf werde ich weiterhin noch zurückkommen.

Ehe mit der Rechnung begonnen wird, möge die Grundlage,
auf der sie beruhen soll, noch etwas näher besprochen werden.
Es soll sich also um eine ebene Bewegung handeln, die unter dem
Einflusse der Schwere erfolgt, während auf der freien Oberfläche
ein konstanter Druck — nämlich der Luftdruck — lastet. Das
Wasser soll tief im Vergleiche zu den Abmessungen der Wellen
sein und auch nach den Seiten hin soll es als unbegrenzt angenommen werden, um die Störungen, die von den Ufern her erfolgen,
hier aus dem Spiele lassen zu können. Vermutet wird ferner auf
Grund von Beobachtungen, daß die Wasserteilchen der Oberfläche
kreisförmige Bahnen durchlaufen. Abb. 24 gibt näher an, wie
hierbei die Wellenoberfläche zustande kommt. Ob dies genau
zutreffen kann, läßt sich auf Grund der Beobachtung allein nicht

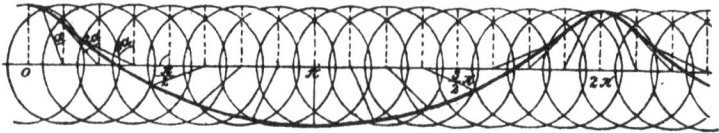

Abb. 24.

entscheiden; wir werden uns vielmehr davon überzeugen müssen,
ob eine solche Bewegung geometrisch und dynamisch möglich ist.
Ferner müssen wir nach den Bahnen fragen, die von den nicht
zur Oberfläche gehörenden Teilen eingeschlagen werden. Wir
denken uns in der Bewegungsebene eine horizontale Linie gezogen, die bei ruhendem Wasser eine gewisse Tiefe unter dem
Wasserspiegel hat. Wenn der vorher geradlinige Wasserspiegel
durch die Bewegung in eine Wellenlinie übergegangen ist, müssen
auch die Wasserteilchen, die im Gleichgewichtszustande auf jener
Geraden lagen, eine Wellenlinie bilden. Die Wellenhöhe dieser
Linie ist von der Tiefe abhängig, die sie unter dem Wasserspiegel
einnimmt. Ihren größten Wert nimmt die Wellenhöhe in der
Oberfläche selbst an und von da an wird sie nach der Tiefe zu
fortwährend abnehmen, so daß in größerer Tiefe überhaupt kaum
noch etwas von der Bewegung wahrzunehmen ist. Dies ist einerseits nötig, damit die Grenzbedingung an der Bodenfläche erfüllt
werden kann, und andererseits weiß man auch schon aus der Erfahrung, daß sich die Wellenbewegungen im wesentlichen nur in
der Nähe der Oberfläche abspielen und schon in einiger Tiefe
unter der Oberfläche fast unmerklich werden. Die Wasserteilchen
unter der Oberfläche werden sich daher im allgemeinen ähnlich
wie die an der Oberfläche selbst bewegen müssen, nur mit ge-
ringeren Ausschlägen. Wir werden daher zu der Vermutung
geführt, daß auch diese Wasserteilchen kreisförmige Bahnen beschreiben, daß aber der Halbmesser der Kreise nach unten hin
abnimmt. Wenn die Teilchen an der Oberfläche zum Gipfel eines
Wellenberges gehören, müssen der Kontinuitätsbedingung wegen
auch die Teilchen der tieferen Wasserschichten, die gerade darunter
liegen, entweder eine der höchsten benachbarte, wahrscheinlich
aber ebenfalls ihre höchste Lage einnehmen. Wir vermuten daher,
daß die Bewegungen in verschiedenen Tiefen einer Lotrechten
alle in gleicher Phase stehen. Hiernach beschreiben die tiefer
gelegenen Teilchen ihre Kreisbahnen mit derselben Winkelgeschwindigkeit, wie die an der Oberfläche, und der vom Mittel-

punkte der Kreisbahn aus nach dem
bewegten Punkte gezogene Radius
nimmt in jedem gegebenen Augenblicke für alle übereinanderliegenden
Teilchen die gleiche Richtung ein.

Alle diese Schlüsse sind Induktionsschlüsse, die als ein Muster dafür gelten können, wie man mit der
theoretischen Deutung einer aus der
Beobachtung bekannten Erscheinung beginnen soll. Inwieweit man
mit diesen Vermutungen das Rechte

Abb. 25.

getroffen hat, kann aber erst die nachfolgende deduktive Untersuchung lehren.

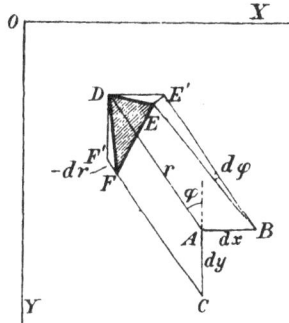

Für die Durchführung dieser Untersuchung empfiehlt sich
im vorliegenden Falle nicht das Verfahren von Euler, sondern
das von Lagrange. Denn bei dem Verfahren von Lagrange verfolgt
man das einzelne Wasserteilchen; wir können daher nach ihm
die Untersuchung in derselben Weise fortsetzen, wie sie vorher
begonnen war. Freilich fällt die Kontinuitätsgleichung nach dem
Verfahren von Lagrange erheblich verwickelter aus als nach dem
von Euler. Sie spricht nämlich aus, daß eine gewisse Determinante
konstant sein muß. Im Falle der ebenen Bewegung und namentlich
in dem hier vorliegenden Falle vereinfacht sich aber die Gleichung
bedeutend.

Wir ziehen in der Bewegungsebene eine horizontale X-Achse
und eine Y-Achse lotrecht nach abwärts. Dann nehmen wir drei
benachbarte Punkte an, von denen der zweite mit den ersten in
gleicher Höhe, der dritte mit dem ersten auf der gleichen Lotrechten liegt. Diese drei Punkte ABC in Abb. 25 betrachten
wir als die Mittelpunkte der kreisförmigen Bahnen von drei Wasserteilchen, deren Bewegung wir näher verfolgen wollen. In irgendeinem Augenblicke sei D die Lage jenes Teilchens, dessen Mittelpunkt in A liegt. Der Halbmesser AD der Kreisbahn sei mit r
bezeichnet; der Winkel, den AD mit der Lotrechten bildet und
den wir als den Phasenwinkel bezeichnen können, sei zur gegebenen Zeit gleich φ. Wir wollen annehmen, daß die Teilchen
ihre Bahnen in solchem Sinne durchlaufen, daß der in die Abbildung eingetragene Winkel φ mit der Zeit abnimmt; die Welle
pflanzt sich dann im Sinne der positiven X-Achse fort (voraus-

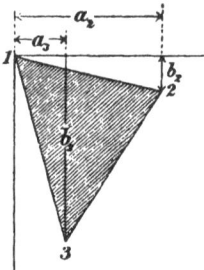

Abb. 25.

gesetzt, daß wie in der Figur schon angenommen, $\dfrac{d\varphi}{dx}$ positiv ist.)

Zum Mittelpunkte B gehört das Wasserteilchen E. Wenn die Phase von x unabhängig
wäre, hätte E die Lage E', so nämlich, daß
BE' gleich und parallel mit AD wäre. Nun
ist zwar BE immer noch gleich AD, weil der
Halbmesser der Bahnkreise für alle in derselben Schicht liegenden Teilchen dieselbe
Größe hat. Dagegen hat sich der Phasenwin-
kel φ um $d\varphi$ geändert. Da φ nur von x abhängig, von y aber
unabhängig ist, können wir

$$d\varphi = \frac{d\varphi}{dx}\, dx$$

setzen, falls die Strecke AB mit dx bezeichnet wird. — Zum
Mittelpunkte C endlich gehört der Flüssigkeitspunkt F. Um ihn
zu finden, trage man zunächst CF' gleich und parallel mit AD
auf und vermindere hierauf CF' um $F'F$ oder um $-dr$. Der
Halbmesser r ist nur von y abhängig und von x unabhängig und
man hat daher, wenn die Strecke AC mit dy bezeichnet wird,

$$dr = \frac{dr}{dy}\, dy.$$

Wir müssen erwarten, daß r mit wachsendem y abnimmt. Hier
setzen wir aber zunächst $\dfrac{dr}{dy}$ als positiv voraus; die Rechnung
muß uns dann von selbst lehren, daß es in Wirklichkeit negativ ist.

Man betrachte den Inhalt des in Abb. 25 durch Schraffierung
hervorgehobenen Dreiecks DEF. Wenn die Zeit fortschreitet,
verändert sich die Gestalt und die Lage dieses Dreiecks; für jeden
folgenden Augenblick läßt es sich aus den festliegenden Mittel-
punkten ABC ohne weiteres von neuem konstruieren. Das
Dreieck wird stets von denselben Flüssigkeitsteilchen
eingenommen; die Kontinuitätsbedingung verlangt daher, daß die Fläche des Dreiecks während der Bewegung
konstant bleibt.

Wir müssen also nun einen Ausdruck für den Flächeninhalt
des Dreiecks aufstellen. Um dabei nicht auf Lehren der analytischen Geometrie verweisen zu müssen, von denen ich nicht

wissen kann, ob sie dem Leser gerade noch im Gedächtnis geblieben sind, zeichne ich in Abb. 26 ein Dreieck aus den Punkten 1, 2, 3, deren Koordinaten eingeschrieben sind. Der Flächeninhalt dieses Dreiecks wird durch Zusammensetzen aus den einzelnen Bestandteilen gefunden zu

$$\triangle = \frac{1}{2} a_3 b_3 + (a_2 - a_3) \frac{b_2 + b_3}{2} - \frac{1}{2} a_2 b_2 = \frac{1}{2} (a_2 b_3 - a_3 b_2),$$

wofür man auch in der Derminantenform

$$\triangle = \frac{1}{2} \begin{vmatrix} a_2 & a_3 \\ b_2 & b_3 \end{vmatrix}$$

schreiben kann.

Um diese Formel für die Berechnung des Dreiecks DEF in Abb. 25 verwenden zu können, brauchen wir nur zu setzen

$$a_2 = dx - r\,d\varphi \cos \varphi,$$
$$b_2 = r\,d\varphi \sin \varphi,$$
$$a_3 = -\,d r \sin \varphi,$$
$$b_3 = dy - dr \cos \varphi.$$

Diese Werte ergeben sich nämlich aus Abb. 25 ohne weiteres, wenn man nur beachtet, daß $EE' = r\,d\varphi$ und $F'F = -\,dr$ ist, Wäre nämlich dr positiv, so läge F jenseits F', während es in der Figur zwischen F' und C angenommen ist. Für den Dreiecksinhalt $\triangle$ bekommt man demnach

$$\triangle = \tfrac{1}{2} \{ (dx - r\,d\varphi \cos \varphi)(dy - dr \cos \varphi) + dr \sin \varphi \cdot r\,d\varphi \sin \varphi \}$$
$$= \tfrac{1}{2} \{ dx\,dy - \cos \varphi(dx\,dr + r\,dy\,d\varphi) + r\,dr\,d\varphi \}$$

oder, wenn man für dr und $d\varphi$ die vorher festgestellten Ausdrücke einsetzt,

$$\triangle = \frac{1}{2} dx\,dy \Big\{ 1 - \cos \varphi \Big(\frac{dr}{dy} + r\frac{d\varphi}{dx} \Big) + r \frac{dr}{dy} \frac{d\varphi}{dx} \Big\}. \qquad (399)$$

Dieser Ausdruck muß der Zeit nach konstant sein. Der Halbmesser r und die Differentialquotienten von r und φ sind aber unabhängig von der Zeit und die einzige Größe, die in dem gefundenen Ausdrucke mit der Zeit veränderlich ist, ist $\cos \varphi$. Um die Kontinuitätsbedingung zu erfüllen, müssen wir daher den mit $\cos \varphi$ multiplizierten Klammerwert gleich Null setzen. Wir erhalten damit

$$\frac{dr}{dy} = -\,r\frac{d\varphi}{dx}. \qquad (400)$$

Da r unabhängig von x ist, kann auch $\frac{d\varphi}{dx}$ nicht von x abhängen. Wir können daher einen einfachen Ausdruck für diesen Differentialquotienten aufstellen. Die Länge der Welle, d. h. die Entfernung zwischen zwei Wellenkämmen, sei mit λ bezeichnet; dann ist der Phasenunterschied, der zu dem Abstande λ gehört, gleich 2π. Da nun der Phasenunterschied $d\varphi$, wie wir sahen, überall proportional zu dem horizontalen Abstande dx ist, folgt

$$d\varphi = \frac{2\pi}{\lambda} dx \qquad (401)$$

und die vorige Gleichung geht über in

$$\frac{dr}{dy} = -\frac{2\pi}{\lambda} r.$$

Aus dieser Differentialgleichung kann sofort r als Funktion von y berechnet werden. Durch Trennung der Variabeln erhält man

$$\frac{dr}{r} = -\frac{2\pi}{\lambda} dy$$

und hieraus durch Integration

$$\lg r = C - \frac{2\pi}{\lambda} y. \qquad (402)$$

Zur Bestimmung der Integrationskonstanten C dient die Bemerkung, daß für die Wasseroberfläche r gleich der Hälfte der Wellenhöhe h ist, wenn man darunter den Höhenunterschied zwischen dem Wellenkamme und dem tiefsten Punkte eines Wellentals versteht. Wir wollen ferner annehmen, daß die X-Achse in jener Höhe gezogen sei, auf der die Mittelpunkte der von den Punkten der Wellenoberfläche beschriebenen Kreisbahnen liegen. Dabei ist übrigens zu beachten, daß diese Linie nicht etwa mit dem Wasserspiegel des ruhenden Wassers zusammenfällt. Auf Grund dieser Festsetzung findet man für $y = 0$ aus Gl. (402)

$$C = \lg \frac{h}{2},$$

und wenn man dies einsetzt, geht die Gleichung über in

$$\lg \frac{h}{2r} = \frac{2\pi}{\lambda} y \quad \text{oder} \quad r = \frac{h}{2} e^{-\frac{2\pi}{\lambda} y}. \qquad (403)$$

Der Halbmesser r nimmt also nach einem Exponentialgesetze mit der Tiefe ab. Da

$$e^{-2\pi} = 0{,}00187$$

ist, macht r in einer Tiefe, die gleich der Wellenlänge λ ist, schon nicht mehr ganz zwei Tausendstel des Wertes an der Oberfläche aus und in einer doppelt so großen Tiefe zählt r nur noch nach Millionteln des Wertes an der Oberfläche. Wir finden damit bestätigt, daß sich die Wellenbewegung im wesentlichen nur in den oberflächlichen Schichten des Wassers abspielt, deren Dicke etwa von der Größenordnung der Wellenlänge ist. Unsere Lösung des Problems ist daher jedenfalls auch nur so lange brauchbar, als die Wassertiefe mindestens auch von dieser Größenordnung ist.

Da die Punkte ABC in Abb. 25 ganz willkürlich gewählt waren, ist bei Erfüllung der Gl. (400) oder der daraus abgeleiteten Integralgleichung (403) der Kontinuitätsbedingung (bei genügender Wassertiefe) überall genügt. Die auf induktivem Wege gefundene Bewegungsform stellt daher jedenfalls eine geometrisch mögliche Wasserbewegung dar. Es bleibt aber noch zu untersuchen, ob sie unter den gegebenen Bedingungen für die äußeren Kräfte auch dynamisch möglich ist.

Zu diesem Zwecke machen wir von dem d'Alembertschen Prinzip Gebrauch. Wenn wir zu den äußeren Kräften noch die Trägheitskräfte an den bewegten Wasserteilchen fügen, muß sich die Wassermasse in der augenblicklichen Gestalt, die sie besitzt, im Gleichgewichte halten, falls wir sie im ruhenden Zustande und in dieser Gestalt und Lage sich selbst überlassen. Die Trägheitskräfte reduzieren sich hier, da die Wasserteilchen alle kreisförmige Bahnen mit konstanter Geschwindigkeit beschreiben, auf Zentrifugalkräfte. Wir haben daher nur noch ein einfaches hydrostatisches Problem zu untersuchen.

Die Bedingung für das Gleichgewicht einer Flüssigkeit unter dem Einflusse gegebener Massenkräfte kommt aber darauf hinaus, daß die Flüssigkeitsoberfläche eine Niveaufläche bildet, d. h. daß die resultierende äußere Kraft dort senkrecht zur Oberfläche steht. Der Druck an irgendeiner Stelle im Innern regelt sich danach von selbst und kann nach den gewöhnlichen hydrostatischen Gesetzen leicht berechnet werden.

Die Koordinaten irgend eines Flüssigkeitsteilchens zur Zeit t seien mit $\xi\eta$, die des Mittelpunktes der von ihm beschriebenen Kreisbahn, wie vorher, mit xy bezeichnet (Abb. 27). Dann ist

$$\xi = x - r\sin\varphi, \quad \eta = y - r\cos\varphi.$$

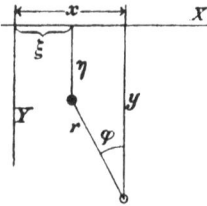

Abb. 27.

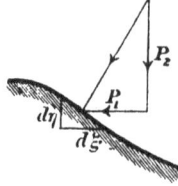

Abb. 28.

Setzt man hierin $y = 0$ und schreibt man für das zugehörige r, d. h. für $\frac{h}{2}$ jetzt der Kürze wegen r_0, so erhält man dafür

$$\xi = x - r_0 \sin \varphi,$$
$$\eta = - r_0 \cos \varphi, \qquad (404)$$

und wenn man aus diesen Gleichungen φ fortschafft, nachdem man zuvor x mit Hilfe von Gl. (401) in φ ausgedrückt hat, erhält man daraus die Gleichung der Wellenoberfläche zur Zeit t. Anstatt diese Rechnung auszuführen, können wir aber auch den Differentialquotienten $\frac{d\eta}{d\xi}$, auf den es allein ankommt, unmittelbar aus den Gleichungen (404) in Verbindung mit Gl. (401) ermitteln. Man hat nämlich

$$\frac{d\eta}{d\xi} = \frac{d\eta}{dx} : \frac{d\xi}{dx},$$

wobei nach den genannten Gleichungen

$$\frac{d\eta}{dx} = r_0 \sin \varphi \cdot \frac{d\varphi}{dx} = \frac{2\pi}{\lambda} r_0 \sin \varphi$$
$$\frac{d\xi}{dx} = 1 - r_0 \cos \varphi \cdot \frac{d\varphi}{dx} = 1 - \frac{2\pi}{\lambda} r_0 \cos \varphi$$

zu setzen ist. Hiernach wird

$$\frac{d\eta}{d\xi} = \frac{2\pi r_0 \sin \varphi}{\lambda - 2\pi r_0 \cos \varphi} \qquad (405)$$

und hiermit ist auch die Richtung der Tangente an die Wellenoberfläche an einer Stelle, die der Phase φ entspricht, bekannt.

Auf ein Wasserteilchen, das an dieser Stelle der Wellenoberfläche liegt, wirkt — abgesehen von dem Luftdrucke, der auf der Wasseroberfläche lastet und der überall als konstant und normal zur Oberfläche angesehen werden kann — die Schwerkraft und die als d'Alembertsche Hilfskraft beizufügende Zentrifugalkraft. Die Resultierende aus beiden Kräften muß senkrecht zur Wellenoberfläche stehen. Zerlegen wir also die Resultierende in eine vertikale Komponente P_2, wie es in Abb. 28, die ein Stückchen der Wellenoberfläche angibt, angedeutet ist, so muß sich verhalten

$$\frac{P_1}{P_2} = \frac{d\eta}{d\xi}. \qquad (406)$$

Wir werden also das Verhältnis der Komponenten P_1 und P_2 berechnen und seinen Wert mit dem des Differentialquotienten, der aus Gl. (405) bekannt ist, vergleichen müssen.

Die Masse des Teilchens, das wir betrachten, sei m. Dann ist die an ihm wirkende Zentrifugalkraft C

$$C = \frac{m v^2}{r_0} = m u^2 r_0.$$

Die Winkelgeschwindigkeit u, die hierin vorkommt, ist

$$u = \frac{d\varphi}{dt}. \tag{407}$$

Für P_1 erhalten wir daher

$$P_1 = C \sin \varphi = m \left(\frac{d\varphi}{dt}\right)^2 r_0 \sin \varphi, \tag{408}$$

wenn P_1 als positiv in jener Richtung gerechnet wird, die durch den Pfeil in Abb. 28 angezeigt ist. Bei P_2 kommt außer der Vertikalkomponente der Zentrifugalkraft noch das Gewicht mg des Teilchens in Betracht; man hat daher, wiederum unter Berücksichtigung der Vorzeichenfestsetzungen,

$$P_2 = mg - C \cos \varphi = mg - m \left(\frac{d\varphi}{dt}\right)^2 r_0 \cos \varphi.$$

Gl. (406) geht hiermit und unter Berücksichtigung von Gl. (405) über in

$$\frac{\left(\frac{d\varphi}{dt}\right)^2 r_0 \sin \varphi}{g - \left(\frac{d\varphi}{dt}\right)^2 r_0 \cos \varphi} = \frac{2\pi r_0 \sin \varphi}{\lambda - 2\pi r_0 \cos \varphi}$$

und diese Gleichung muß, wenn die Bewegung unter den gegebenen Umständen auch dynamisch möglich sein soll, für jeden Punkt der Wellenoberfläche, d. h. für jeden Wert von φ, erfüllt sein. Dies trifft, wie wir sehen, in der Tat zu, falls nur zwischen den in der Gleichung vorkommenden konstanten Größen die Bedingungsgleichung

$$\left(\frac{d\varphi}{dt}\right)^2 : g = 2\pi : \lambda \tag{409}$$

erfüllt ist. Um dieser Gleichung eine für die weitere Verwendung bequemere Form zu geben, führe ich ferner noch die Schwingungszeit τ ein, also jene Zeit, während deren jedes Flüssigkeitsteilchen seine kreisförmige Bahn einmal durchläuft. Es ist dies zugleich auch die Zeit, während deren sich ein Wellenkamm (oder überhaupt jede bestimmte Phase der Bewegung) in stetiger

Folge um die Wellenlänge λ fortbewegt hat. Bezeichnet man demnach die **Fortschreitungsgeschwindigkeit der Wellen** mit $\tilde{\omega}$, so ist auch

$$\tilde{\omega} = \frac{\lambda}{\tau} \cdot \qquad (410)$$

Andererseits läßt sich aber $\frac{d\varphi}{dt}$ in τ ausdrücken. In τ wächst nämlich φ um 2π und daher ist

$$\frac{d\varphi}{dt} = \frac{2\pi}{\tau} = \frac{2\pi\tilde{\omega}}{\lambda} \cdot$$

Setzt man dies in Gl. (409) ein, so erhält man

$$\lambda \cdot \left(\frac{2\pi\tilde{\omega}}{\lambda}\right)^2 = 2\pi \cdot g$$

und hierauf durch Auflösen nach $\tilde{\omega}$

$$\tilde{\omega} = \sqrt{\frac{g\lambda}{2\pi}} \cdot \qquad (411)$$

Wir sind damit im wesentlichen am Schlusse unserer Betrachtungen angekommen. Es zeigte sich, daß die zuerst auf Grund der unmittelbaren Beobachtung gebildete Vorstellung von der Art der Wellenbewegung insofern zutreffend war, als sie in der Tat im allgemeinen einer geometrisch und dynamisch möglichen Bewegungsform in der reibungsfreien Flüssigkeit entspricht. Es mußten dabei nur die Bedingungsgleichungen (403) und (411) erfüllt sein. Wir haben daher mehr gefunden, als eine bloße Bestätigung für die Zulässigkeit unserer Induktionsschlüsse, denn wir wissen jetzt auch, nach welchem Gesetze die Bewegung nach der Tiefe hin abnimmt und wie die Fortpflanzungsgeschwindigkeit mit der Wellenlänge zusammenhängt. Besonders beachtenswert ist hierbei, daß die langen Wellen nach Gl. (411) schneller fortschreiten als die kurzen, während es auf die Höhe der Wellen dabei nicht ankommt. Dieses Ergebnis ist durchaus verschieden von dem Gesetze, nach dem die Schallwellen in einem elastischen Körper fortschreiten, denn in diesem Falle ist die Fortpflanzungsgeschwindigkeit unabhängig von der Wellenlänge. Es steht aber mit der Erfahrung ganz gut in Übereinstimmung. Bei bewegtem Meeres- oder Seespiegel kann man oft neben längeren Wellen, die dann gewöhnlich auch von größerer Höhe sind, kleinere Kräuselungen beobachten, die zu Wellen von kleinerer

Länge gehören und die sich über die langen Wellenzüge ohne wesentliche gegenseitige Störung überlagern. Man wird dann stets bemerken, daß die langen Wellen viel schneller fortschreiten als die kurzen, die sie schnell hinter sich lassen.

Mit der hier betrachteten Wellenbewegung sind Wirbel verbunden. Die einzelnen Wirbelfäden sind geradlinig und senkrecht zur Bewegungsebene, also parallel zur Z-Achse gerichtet. Die Aufgabe, um die es sich hauptsächlich handelte, konnte zwar schon ohne weitere Beachtung der Wirbel gelöst werden; es ist aber nötig, nachträglich auch noch die Wirbel zu berechnen, um festzustellen, ob und inwiefern die Lösung auch in dieser Beziehung den Forderungen genügt, die man an sie zu stellen berechtigt ist.

Nach Gl. (370) war der Wirbelvektor $\mathfrak{w}$

$$\mathfrak{w} = \mathfrak{i}\left(\frac{\partial v_3}{\partial y} - \frac{\partial v_2}{\partial z}\right) + \mathfrak{j}\left(\frac{\partial v_1}{\partial z} - \frac{\partial v_3}{\partial x}\right) + \mathfrak{k}\left(\frac{\partial v_2}{\partial x} - \frac{\partial v_1}{\partial y}\right).$$

Hier ist $v_3 = 0$ und v_1 und v_2 sind unabhängig von z; daher vereinfacht sich $\mathfrak{w}$ zu

$$\mathfrak{w} = \mathfrak{k}\left(\frac{\partial v_2}{\partial x} - \frac{\partial v_1}{\partial y}\right),$$

d. h. $\mathfrak{w}$ ist, in Übereinstimmung mit einer zuvor schon gemachten Bemerkung, parallel zur Z-Achse. Es handelt sich daher nur noch um Größe und Vorzeichen von $\mathfrak{w}$, also um

$$w = \frac{\partial v_2}{\partial x} - \frac{\partial v_1}{\partial y}. \tag{411a}$$

Um diesen Wert zu ermitteln, kehren wir zur Betrachtung von Abb. 25 (S. 385) zurück. Im Punkte D des festen Raumes steht die Geschwindigkeit $\mathfrak{v}$ in dem Augenblicke, auf den sich die Abbildung bezieht, rechtwinklig zu AD und sie hat die Größe ru, wenn u wieder die Winkelgeschwindigkeit bezeichnet und zwar in jenem Umlaufsinn, wie er in Abb. 25 vorausgesetzt war. Wir nahmen nämlich früher an, daß die kreisförmigen Bahnen der einzelnen Wasserteilchen in solcher Richtung durchlaufen würden, daß φ mit der Zeit abnimmt, und wollen an dieser Annahme auch hier festhalten. Für die Geschwindigkeitskomponenten v_1 und v_2 im Punkte D erhalten wir dann

$$v_1 = ur\cos\varphi, \quad v_2 = -ur\sin\varphi.$$

Es fragt sich jetzt, um wieviel sich diese Komponenten in den Punkten E' und F' von denen im Punkte D zur gleichen Zeit unterscheiden. Unmittelbar bekannt ist die Geschwindigkeit in den Nachbarpunkten E und F von E' und F''. Die Projektionen der Strecke DE auf die Achsenrichtungen sind $dx - r\,d\varphi \cos\varphi$ und $r\,d\varphi \sin\varphi$. Die Änderung dv_1 der Geschwindigkeitskomponente v_1, die beim Fortschreiten vom Punkte D zum Punkte E entsteht, kann daher

$$dv_1 = \frac{\partial v_1}{\partial x}(dx - r\,d\varphi \cos\varphi) + \frac{\partial v_1}{\partial y} r\,d\varphi \sin\varphi$$

$$= dx\left\{ \frac{\partial v_1}{\partial x}\left(1 - \frac{2\pi r}{\lambda}\cos\varphi\right) + \frac{\partial v_1}{\partial y}\frac{2\pi r}{\lambda}\sin\varphi\right\}$$

gesetzt werden, wobei auf Gl. (401) zu achten war. Andererseits ist aber die Geschwindigkeit im Punkte E ebenso groß als im Punkte D und nur die Richtung hat sich um $d\varphi$ geändert. Man hat daher für dv_1 auch den Ausdruck

$$dv_1 = -ur\sin\varphi \cdot d\varphi = -u\frac{2\pi r}{\lambda}\sin\varphi \cdot dx.$$

Die Gleichsetzung beider Werte liefert die erste der vier folgenden Gleichungen

$$\frac{\partial v_1}{\partial x}\left(1 - \frac{2\pi r}{\lambda}\cos\varphi\right) + \frac{\partial v_1}{\partial y}\frac{2\pi r}{\lambda}\sin\varphi = -u\frac{2\pi r}{\lambda}\sin\varphi,$$

$$\frac{\partial v_2}{\partial x}\left(1 - \frac{2\pi r}{\lambda}\cos\varphi\right) + \frac{\partial v_2}{\partial y}\frac{2\pi r}{\lambda}\sin\varphi = -u\frac{2\pi r}{\lambda}\cos\varphi,$$

$$\frac{\partial v_1}{\partial x}\cdot\frac{2\pi r}{\lambda}\sin\varphi + \frac{\partial v_1}{\partial y}\left(1 + \frac{2\pi r}{\lambda}\cos\varphi\right) = -u\frac{2\pi r}{\lambda}\cos\varphi,$$

$$\frac{\partial v_2}{\partial x}\cdot\frac{2\pi r}{\lambda}\sin\varphi + \frac{\partial v_2}{\partial y}\left(1 + \frac{2\pi r}{\lambda}\cos\varphi\right) = u\frac{2\pi r}{\lambda}\sin\varphi.$$

Die zweite dieser Gleichungen wird nämlich gefunden, wenn man in derselben Weise die Änderung untersucht, die v_2 beim Übergange von D nach E erleidet, und die beiden letzten Gleichungen beziehen sich ebenso auf die Verschiebung von D nach F. Durch Auflösen der Gleichungen erhält man

$$\frac{\partial v_1}{\partial y} = u\left\{\frac{2\pi r}{\lambda}\cos\varphi - \left(\frac{2\pi r}{\lambda}\right)^2\right\} : \left[\left(\frac{2\pi r}{\lambda}\right)^2 - 1\right],$$

$$\frac{\partial v_2}{\partial x} = u\left\{\frac{2\pi r}{\lambda}\cos\varphi + \left(\frac{2\pi r}{\lambda}\right)^2\right\} : \left[\frac{2\pi r}{\lambda}\right)^2 - 1\right].$$

Für die Stärke des Wirbels findet man daher

$$w = 2u\left(\frac{2\pi r}{\lambda}\right)^2 : \left[\left(\frac{2\pi r}{\lambda}\right)^2 - 1\right]. \tag{412}$$

Der Wert von w hängt demnach bei einer gegebenen Wellenbewegung (d. h. bei gegebenem u und λ) nur noch von dem Halbmesser des Kreises ab, den das Teilchen beschreibt, das sich gerade an der betreffenden Stelle befindet. Dieses Ergebnis steht in Übereinstimmung mit dem früher allgemein bewiesenen Satze, daß in einer reibungsfreien Flüssigkeit die Wirbelfäden dauernd an dieselben Teilchen der Flüssigkeit gebunden sind und sich in unveränderter Stärke mit diesen bewegen. Jeder Wirbelfaden beschreibt hiernach ebenfalls eine kreisförmige Bahn.

Von Wichtigkeit ist ferner die Bemerkung, daß das Vorzeichen von w nach Gl. (412) negativ gefunden wird. Bei einer Wellenbewegung, wie wir sie hier betrachtet haben, muß nämlich $2\pi r_0$ jedenfalls kleiner sein als λ. Denn andernfalles würde die Wellenoberfläche nach den dafür aufgestellten Gleichungen oben eine Schleife bilden, was aber tatsächlich ausgeschlossen ist. Wenn aber schon $2\pi r_0$ kleiner ist als λ, so gilt dies erst recht von $2\pi r$ an allen tiefer liegenden Stellen. In der Tat wird also unter den im Übrigen hier getroffenen Vereinbarungen w nach Gl. (412) überall negativ gefunden. Dieser Umstand bildet, wie wir nachher sehen werden, den Haupteinwand gegen die Gerstner-Hagensche Theorie der Wellenbewegung.

Außerdem wird freilich häufig auch noch ein anderer Grund gegen sie geltend gemacht, auf den ich zunächst eingehen will. Man sagt nämlich, daß nach der Theorie der reibungsfreien Flüssigkeit durch einen Wind, der über die Oberfläche des Wassers dahin weht, überhaupt keine Wellenbewegung hervorgerufen werden könnte, die mit Wirbeln verbunden wäre. Das ist freilich richtig und für einen einzelnen Windstoß wird auch die Schlußfolgerung hinreichend genau zutreffen. Aber das Wasser ist keineswegs vollkommen reibungsfrei und es ist daher nicht nur möglich, sondern auch bestimmt zu erwarten, daß ein längere Zeit hindurch anhaltender Wind Wasserwellen hervorbringt, die mit Wirbeln behaftet sind. Nur schnelle Änderungen in der Wirbelstärke, die sich schon innerhalb einer Zeit, die mit der Schwingungsdauer τ von gleicher Größenordnung ist, deutlich bemerkbar machen könnten, sind auf keinen Fall zu erwarten, da das Wasser immerhin eine Flüssigkeit mit nur sehr kleiner Reibung ist. Dieser Forderung, die man allein zu stellen berechtigt ist, entspricht aber die vorher aufgestellte Lösung vollkommen.

Ganz anders ist es freilich mit dem anderen Einwande, der aus dem Vorzeichen von w abgeleitet ist. Man denke sich nämlich im Anschlusse an Abb. 25 und die damals getroffenen Vorzeichenfestsetzungen über den zunächst in Ruhe befindlichen Wasserspiegel einen Wind von links nach rechts hin wehend, also in jener Richtung, in der sich die vorher betrachteten Wellen fortpflanzten. Ein solcher Wind bringt durch Reibung an der Oberfläche nach einiger Zeit eine Geschwindigkeit v_1 hervor, die ebenfalls nach rechts gerichtet, also positiv zu zählen ist. Auch die etwas tiefer liegenden Schichten haben bis dahin bereits eine Geschwindigkeit v_1 in der gleichen Richtung angenommen, die aber kleiner ist als die an der Oberfläche. Hiernach wird bei der zunächst entstehenden Bewegung $\frac{\partial v_1}{\partial y}$ zweifellos negativ. Vertikale Geschwindigkeitskomponenten v_2 bestehen zunächst noch nicht und nach Gl. (411a) wird daher zum mindesten für den Anfang und als nächste Wirkung des Windes ein positiver Wert von w gefunden. Nach dieser Überlegung wäre daher bei der Wellenbewegung, die sich nach längerer Dauer des Windes ausbildet, eine Wirbelbewegung vom entgegengesetzten Sinne zu erwarten, als sie in der Gerstner-Hagenschen Theorie vorkommt.

Die von den englischen Forschern ausgebildete Theorie der Wasserwellen, die eine Potentialströmung voraussetzt, ist von diesem Vorwurfe allerdings frei und sie kann auch gar nicht im Vorzeichen von w fehlen, da sie überhaupt keinen Wirbel annimmt. Mir erscheint diese Annahme nun freilich beinahe ebenso bedenklich, wie der Widerspruch im Vorzeichen von w, der sich bei der vorhergehenden Überlegung herausstellte. Immerhin mag es aber sein, daß die Theorie der Engländer in vielen Fällen der Wahrheit näher kommt, als die alte Theorie von Gerstner und Hagen.

Im Übrigen kann aber meiner Meinung nach der aus dem Vorzeichen von w abgeleitete Einwand doch noch keineswegs als entscheidend für die Wahl zwischen beiden Theorien angesehen werden. Wenn der Wind längere Zeit hindurch über die Wellen bläst, bildet sich ein Bewegungszustand aus, über dessen genauere Einzelheiten keine der beiden Theorien zuverlässige Auskunft zu geben vermag. Über den Wellenkämmen nimmt die Windgeschwindigkeit zu und mit ihr auch die Reibung, die an

diesen Stellen mit der Bewegung der Wasserteilchen gleich gerichtet ist, während der Luftdruck abnimmt. Umgekehrt sinkt
in den Wellentälern die Luftgeschwindigkeit und die Reibung,
während der Luftdruck dort größer ist. Bisher wurde eine Theorie, die alle diese Umstände zugleich lückenlos umfaßte, nicht
aufgestellt und es läßt sich daher nicht mit Bestimmtheit voraussehen, zu welchen Ergebnissen sie führen würde. Man muß
sich daher damit begnügen, die einfacheren Bewegungsformen
zu untersuchen, die sich wenigstens dauernd in derselben Weise
weiter fortzusetzen vermögen, nachdem sie auf irgendeine Art
zustande gekommen sind, vorausgesetzt, daß weiterhin keine
Störungen durch Wind oder sonstige äußere Eingriffe mehr darauf einwirken.

Hierbei ist auch noch auf einen anderen Umstand wohl zu
achten. Die Theorie von Gerstner und die Theorie der
wirbelfreien Wellenbewegung liefern nämlich beide
dieselbe Formel für die Fortpflanzungsgeschwindigkeit ϖ und sie führen auch sonst zu ganz ähnlichen Ergebnissen. Es dürfte daher nicht leicht sein, auf Grund von
Beobachtungen oder Versuchen zwischen ihnen zu unterscheiden.
Wenn die Engländer eine gute Übereinstimmung ihrer Theorie
mit der Erfahrung feststellen konnten, läßt sich daher annehmen,
daß auch die Gerstnersche Theorie damit ganz wohl zu verein-
baren wäre.

Der Grund für die geringe Abweichung beider Theorien hinsichtlich ihrer Schlußergebnisse ist darin zu erblicken, daß in
beiden Fällen Schwingungsbewegungen innerhalb der Wassermasse behandelt werden, die an sich gleich gut möglich sind und
die sich, nachdem sie einmal bestanden haben, ungestört durch
äußere Eingriffe unter den gleichen Bedingungen weiterhin fortsetzen. Keine der beiden Theorien gibt Rechenschaft darüber,
wie die Schwingungen ursprünglich erregt wurden und die Unterschiede, die zwischen ihnen bestehen, rühren daher von Ursachen
her, die bereits abgelaufen sind, bevor in die Betrachtung des
weiteren Verlaufes eingetreten wird. So kommen sie ungefähr
zu denselben Folgerungen und sie stützen sich damit gegenseitig.
Da sie nämlich beide keineswegs ganz einwandfrei sind, dient
jedenfalls die Übereinstimmung zwischen ihren Ergebnissen trotz
ganz verschiedener Ausgangspunkte dazu, diese Ergebnisse um
so mehr als hinreichend zuverlässig erscheinen zu lassen.

Ganz ähnlich wie die bisher besprochenen fortschreitenden Wellen sind auch die stehenden Wellen zu beurteilen, die sich unterhalb eines Wehres oder eines ähnlichen Hindernisses in einem Flußlaufe ausbilden. Die Fortschreitungsgeschwindigkeit dieser Wellen relativ zur bewegten Wassermenge ist ebenso groß und entgegengesetzt gerichtet wie die Stromgeschwindigkeit, die die Wassermasse im ganzen genommen nach abwärts führt. Aus dieser Bedingung ergibt sich nach Gl. (411) die Länge der Wellen, wenn ϖ gegeben ist.

Anmerkung. Wenn es sich um sehr kleine Wellen handelt, wirkt außer der Schwere noch eine andere Kraft wesentlich mitbestimmend auf den Vorgang der Wellenbewegung ein: nämlich die an der Wasseroberfläche auftretende Kapillarkraft oder die Oberflächenspannung. Bei den leichten Kräuselungen der Oberfläche, wie sie auf einem Seespiegel durch einen sanften Wind hervorgerufen werden, überwiegt sogar die Kapillarkraft die Schwere bedeutend an Einfluß. Die Wellenbewegung ist in diesem Falle ganz anderen Gesetzen unterworfen, als bei den hier untersuchten und praktisch natürlich viel wichtigeren Wellen von größeren Abmessungen. Um den Unterschied hervorzuheben und zugleich auf die Ursache hinzuweisen, die diesen Unterschied bedingt, bezeichnet man die kleinen Wellen häufig als „Kapillarwellen". Außerdem hat Lord Kelvin, dem man ihre Theorie hauptsächlich verdankt, dafür den Namen „ripples" vorgeschlagen, den man mit geringer Änderung auch ins Deutsche als „Riffeln" übernommen hat.

Näher auf die Theorie der Kapillarwellen einzugeben, erscheint mir hier nicht nötig; ein Überblick über die Grundlage dieser Theorie soll jedoch nicht fehlen. — Die Wirkung der Kapillarkräfte an der Grenzfläche von zwei Flüssigkeiten überhaupt und insbesondere auch an der hier in Frage kommenden Wasseroberfläche, die an Luft angrenzt, kann dadurch genügend beschrieben werden, daß man in einer sehr dünnen Grenzschicht des Wassers eine nach allen zur Oberfläche parallelen Seiten hin gleiche, bei reinem Wasser nur von der Temperatur abhängige und sonst konstante Zugspannung annimmt, die man als die Oberflächenspannung bezeichnet. Bei einer Temperatur von 20° C beträgt diese Oberflächenspannung s etwa $74 \cdot 10^{-6}$ kg cm^{-1}. Die Dimension ist kg cm^{-1} und nicht kg cm^{-2}, weil es sich bei dieser Angabe um eine über die ganze Dicke der Grenzschicht erstreckte Summe handelt.

Vergrößert sich die Wasseroberfläche, so wird von den Kapillarkräften eine Arbeit geleistet, die ganz ähnlich wie eine Arbeit elastischer Kräfte als potentielle Energie und zwar innerhalb der Grenzschicht aufgespeichert wird. Streckt man ein rechteckiges Flächenelement von den Kantenlängen dx und dy in der einen Richtung, so daß die Kantenlänge dy auf dy' anwächst, so wird von den Oberflächenspannungen am Rande, die für den im Rechteck enthaltenen Teil der Grenzschicht äußere Kräfte sind, eine Arbeit

$$s\,dx\,(dy' - dy)$$

geleistet und zugleich erfährt die Oberfläche eine Vergrößerung um

$$dx\,(dy' - dy).$$

Aus dem Vergleiche folgt, daß s zugleich die in der Einheit der Oberfläche aufgespeicherte potentielle Energie angibt.

Wie sich eine gespannte Feder von selbst wieder gerade streckt, wenn sie nicht daran gehindert wird, nimmt auch die Flüssigkeit von selbst eine Gestalt an, bei der ihre Oberflächenenergie und daher die Oberfläche selbst möglich klein ist. Daher kommt es, daß ein Wassertropfen eine kugelförmige Gestalt annimmt und zwar bei der Mitwirkung anderer Kräfte um so genauer, je kleiner der Tropfen ist, weil die Oberfläche und daher die Oberflächenenergie im Verhältnisse zum Volumen der Kugel und den der Masse proportionalen Kräften um so größer wird, je kleiner der Kugelradius ist.

Dieselben Bedingungen treffen auch bei den Wasserwellen zu. Die Oberfläche einer Welle ist größer als die Oberfläche des ruhenden Wassers und die Wirkung der Kapillarkräfte kommt darauf hinaus, daß sie eine Rückbildung der Wellenoberfläche zu der dem Gleichgewichtszustande entsprechenden ebenen Oberfläche herbeizuführen suchen. In demselben Sinne wirkt auch die Schwere. Aber während die Schwere und die von ihr herrührende potentielle Energie der über den ursprünglichen Wasserspiegel gehobenen Wassermassen dem Volumen proportional ist, wenn man gleiche Hubhöhen voraussetzt, ist die Oberflächenenergie dem Flächeninhalte proportional und sie wächst daher, wie man schon ohne jede Rechnung einsieht, jener gegenüber um so mehr an, je kürzer man (bei gleicher Wellenhöhe) die Wellenlänge annimmt. Bei Wellen von einigen cm Länge überwiegt bereits die Wirkung der Schwere, bei Wellen von 1 cm oder darunter aber die Wirkung der Kapillarkräfte.

Bei der weiteren Ausführung der Theorie betrachtet man die Wasserbewegung als wirbelfrei und setzt ein Geschwindigkeitspotential an, das die Grenzbedingungen erfüllt, wobei man sich freilich mit einer Annäherung begnügen muß. Die Oberflächenspannung spricht sich bei der Grenzbedingung an der Wellenoberfläche darin aus, daß der Druck dort nicht mehr gleich dem als konstant anzusehenden Luftdrucke zu setzen ist, sondern größer oder kleiner, je nachdem die Wellenoberfläche an der betreffenden Stelle nach außen hin konvex oder konkav gekrümmt ist. Bezeichnet man nämlich die laufenden Koordinaten der Wellenoberfläche mit x und y und zwar y positiv, wenn es nach abwärts geht, und den Luftdruck mit p_0, so folgt aus dem Gleichgewichte eines dreieckigen Flüssigkeitselements von den Katheten dx und dy und einer zur Oberfläche gehörenden Hypotenuse gegen Verschieben in der senkrechten Richtung

$$p = p_0 + s\,\frac{d\,(\sin\varphi)}{dx},$$

wobei mit φ der Winkel bezeichnet ist, den die Hypotenuse mit der X-Achse bildet. Die d'Alembertschen Hilfskräfte und das Gewicht sind gegenüber den hier zu vergleichenden Kräften am Umfange des Elementes klein von höherer Ordnung, so daß sie nicht in Betracht kommen.

Wenn die Wellen ziemlich flach sind, der Winkel φ also klein bleibt, kann man $\sin \varphi$ durch $\operatorname{tg} \varphi$ und hiermit die vorhergehende Gleichung auch durch

$$p = p_0 + s\,\frac{d^2 y}{d x^2}$$

ersetzen; gültig für die Wellenoberfläche.

Auch aus dieser Gleichung erkennt man, ganz unabhängig von der vorher durchgeführten Energievergleichung, wie die Oberflächenspannung auf die Wellenbewegung einwirkt. Denn man kann sie sich hiernach ersetzt denken durch eine dem Krümmungsradius proportionale Steigerung des äußeren Druckes in den Wellenbergen und eine Druckminderung in den Wellentälern. Diese Druckunterschiede wirken ebenso wie die Schwere für sich genommen auf eine Rückkehr in die dem Ruhezustande entsprechende ebene Flüssigkeitsoberfläche hin.

§ 68. Gezeitenwellen.

Von ganz anderer Art als die vorher besprochenen Oberflächenwellen sind jene langgezogenen und daher ihrer Wellenform nach beim bloßen Anblicke nicht übersehbaren Schwingungsbewegungen, die sich in den Gezeiten, also in langsam erfolgenden periodischen Schwankungen des Wasserspiegels kundgeben. Dazu gehört zunächst die Ebbe- und Flutbewegung der Meere, von der man weiß, daß sie von der verschieden starken Anziehung herrührt, die nach dem Newtonschen Gesetze vom Monde (bezw. der Sonne) auf verschieden weit davon gelegene Punkte der Erde ausgeübt wird. Auch die unter dem Namen der „Seiches" bekannten, zuerst am Genfer See und später auch an anderen Seen beobachteten Seespiegelschwankungen befolgen, abgesehen davon, daß hier die die Schwingungen erregende Ursache eine andere ist, im wesentlichen das gleiche Gesetz. Ähnliche langsam verlaufende Pendelungen des Wasserspiegels kommen auch in langen Kanalhaltungen und in manchen andern Fällen vor. Die einfachsten Bedingungen für das Fortschreiten dieser Gezeitenwellen liegen in einem gradlinigen horizontalen Kanale von überall gleichem Querschnitte vor, der überdies noch von gemauerten senkrechten Seitenwänden begrenzt sein möge. Auf diesen Fall, der überdies dem Techniker besonders naheliegt, soll sich die hier durchzuführende Betrachtung in erster Linie beziehen.

Dabei mag ganz dahingestellt bleiben, wie die Gezeitenwelle ursprünglich hervorgerufen wurde. Wir wollen sie nur, nachdem sie auf irgendeine Art entstanden ist und nachdem die er-

regende Ursache zu wirken aufgehört hat, in ihrem weiteren ungestörten Fortschreiten verfolgen. Namentlich soll also hier nicht
auf die Entstehung der Ebbe- und Flutwelle im großen Ozean
eingegangen werden, während das Fortschreiten dieser vom Ozean
her eintreffenden Welle in einem langgezogenen kleineren Gewässer mit in den Bereich dieser Untersuchung gehört.

Die in der angegebenen Weise beschränkte Theorie der Gezeitenwellen ist erheblich einfacher als die Theorie der Oberflächenwellen und zwar weil bei diesen langsam erfolgenden
Schwingungen die Beschleunigungen der Wasserteilchen nur
sehr gering sind. Darum fallen auch die nach dem d'Alembertschen Prinzip zur Zurückführung des dynamischen Problems auf
ein statisches einzuführenden Trägheitskräfte und namentlich
deren Vertikalkomponenten, auf die es hierbei in erster Linie
ankommt, äußerst klein aus, so daß sie bei der Berechnung des
an irgendeiner Stelle der Flüssigkeit auftretenden Druckes ganz
vernachlässigt werden können. Der Druck hängt daher nur davon ab, wie tief diese Stelle gerade unter der jeweiligen Wasseroberfläche liegt und er ist ebenso groß wie der hydrostatische
Druck bei der gleichen Tiefe. Sieht man von dem als konstant
vorauszusetzenden Luftdrucke auf die Wasseroberfläche, der sonst
nur als ein konstanter Summand mitzuschleppen wäre, ab, so ist
der Druck p an irgendeiner Stelle in der Höhe y über der Kanalsohle

$$p = \gamma\,(h + \eta - y) \qquad (413)$$

zu setzen, wenn unter γ das Gewicht der Volumeneinheit, unter
h die Höhe des Wasserspiegels im ungestörten und unter $h + \eta$
im augenblicklichen Zustande verstanden wird. Unter η ist demnach die zur Zeit t stattfindende Erhebung des Wasserspiegels
über den normalen Stand infolge der Schwingungsbewegung zu
verstehen. Rechnet man die Abszissen x in der Richtung der
Kanalachse, so ist η eine unbekannte Funktion der beiden unabhängigen Variabeln x und t.

Für das Druckgefälle in horizontaler Richtung findet man
durch Differentiation

$$- \frac{\partial p}{\partial x} = - \gamma\,\frac{\partial \eta}{\partial x}; \qquad (414)$$

es ist daher unabhängig von der Tiefe unter dem Wasserspiegel
und ebenso wie η nur von x und t abhängig. Hiermit hängt
jene Eigentümlichkeit der Gezeitenwellen zusammen, durch die
sie sich am meisten von den Oberflächenwellen unterscheiden.

Die Unabhängigkeit des horizontalen Druckgefälles von der Wassertiefe hat nämlich zur Folge, daß auch die Horizontalkomponenten der Trägheitskräfte in allen Punkten eines Querschnitts jederzeit gleich groß sein müssen, da sich diese Horizontalkomponenten mit dem horizontalen Druckgefälle im Gleichgewichte halten müssen. Hierbei ist noch zu beachten, daß die Horizontalkomponenten der Trägheitskräfte, obschon sie ebenfalls nur sehr gering sind, nicht vernachlässigt werden dürfen, weil sie sich wegen der großen Längsausdehnung des Kanals schließlich doch zu größeren Beträgen summieren. Auch das horizontale Druckgefälle ist nur sehr gering; zwischen weit genug voneinander entfernten Querschnitten besteht aber doch ein merklicher Niveauunterschied und hiermit ein merklicher Druckunterschied zwischen gleich hoch liegenden Punkten beider Querschnitte. Dieser Druckunterschied ist gleich dem Linienintegrale der Trägheitskräfte längs der zwischen beiden Querschnitten liegenden Strecke der Kanalachse. Bezeichnet man die Horizontalkomponente der Geschwindigkeit mit v_1, so ist

$$\frac{\gamma}{g}\frac{\partial v_1}{\partial t} = -\frac{\partial p}{\partial x} = -\gamma\frac{\partial \eta}{\partial x},$$

denn die Beschleunigung $\dfrac{d v_1}{d t}$ kann hier ohne in Betracht kommenden Fehler durch $\dfrac{\partial v_1}{\partial t}$ ersetzt werden. Aus der Gleichung

$$\frac{\partial v_1}{\partial t} = -g\frac{\partial \eta}{\partial x}, \qquad (415)$$

die zu jeder Zeit erfüllt ist, folgt aber, daß ebenso wie η auch $\dfrac{\partial v_1}{\partial t}$ und hiernach auch v_1, wenn diese Geschwindigkeit lediglich infolge der Schwingungsbewegung aus dem anfänglichen Ruhezustande hervorgegangen ist, für alle Punkte eines Querschnitts zur gleichen Zeit denselben Wert hat. An der Wellenbewegung nehmen daher bei der Gezeitenwelle (abgesehen von den äußerst geringen, durch die hier vernachlässigten Vertikalkomponenten der Trägheitskräfte hervorgebrachten Unterschieden) im Gegensatze zu den Oberflächenwellen alle Wasserteilchen eines Querschnitts mit derselben Geschwindigkeit teil. Wegen dieser Eigenschaft bezeichnet man die Gezeitenwelle und überhaupt jede Welle von den hier zu besprechenden Gesetzmäßigkeiten häufig auch als eine „Grundwelle".

Zu Gl. (415) tritt noch die Kontinuitätsgleichung. Man betrachte den zwischen zwei aufeinander folgenden Querschnitten
liegenden Raum. Wenn $\frac{\partial v_1}{\partial x}$ positiv ist, strömt aus ihm in der
Zeiteinheit die Menge

$$b(h + \eta)\frac{\partial v_1}{\partial x} \cdot dx$$

mehr aus als ein, wenn die Breite des Querschnitts mit b bezeichnet wird, so daß $b(h + \eta)$ den Flächeninhalt des Querschnitts
angibt. Wenn mehr ausströmt als einströmt, muß der Wasserinhalt entsprechend abnehmen und dies kann nur dadurch geschehen, daß sich η entsprechend vermindert. Man erhält so die
Gleichung

$$b(h + \eta)\frac{\partial v_1}{\partial x} dx = - b dx \cdot \frac{\partial \eta}{\partial t}.$$

Streicht man auf beiden Seiten die gleichen Faktoren und nimmt
man ferner noch an, daß die Spiegelschwankungen η gering sind im Vergleiche zur Tiefe h des Kanals, so daß
η gegen h vernachlässigt werden kann, so erhält man die Kontinuitätsgleichung in der vereinfachten Form

$$h\frac{\partial v_1}{\partial x} = - \frac{\partial \eta}{\partial t}. \qquad (416)$$

Aus den beiden Differentialgleichungen (415) und (416) kann
man nun leicht eine der beiden Veränderlichen v_1 und η eliminieren, indem man die eine Gleichung nach x, die andere nach t
differentiiert und nach Multiplikation der einen oder anderen
mit g oder h beide voneinander subtrahiert. Man gelangt so zu
den Gleichungen

$$\left.\begin{array}{l}\frac{\partial^2 v_1}{\partial t^2} = g h \frac{\partial^2 v_1}{\partial x^2}\\[2mm]\frac{\partial^2 \eta}{\partial t^2} = g h \frac{\partial^2 \eta}{\partial x^2}\end{array}\right\} \qquad (417)$$

Die beiden Veränderlichen v_1 und η müssen daher derselben partiellen Differentialgleichung zweiter Ordnung genügen, die übrigens zu jenen wenigen gehört, deren allgemeine Lösung bekannt
ist. Versteht man unter F_1 und F_2 zwei Funktionen von beliebigem Bau, so ist

$$v_1 = F_1(x + ct) + F_2(x - ct) \qquad (418)$$

und dieselbe Lösung gilt auch der Form nach für η. Vorausgesetzt wird dabei, daß die Konstante c passend bestimmt wird,

und zwar findet man beim Einsetzen des Wertes in die Differentialgleichung, daß

$$c = \sqrt{gh} \qquad (419)$$

sein muß. Die Funktionen F_1 und F_2 erhalten ihre nähere Bestimmung durch die im Anfangszustande gegebenen Grenzbedingungen. Es ist aber gar nicht nötig, dies weiter auszuführen, da das Fortpflanzungsgesetz der Welle schon aus Gl. (418) deutlich genug erkannt werden kann und, wie aus dieser Gleichung hervorgeht, von der besonderen Wellenform ganz unabhängig ist. Die Gleichung stellt zwei sich übereinander lagernde und in entgegengesetzter Richtung ohne Formänderung fortschreitende Wellen dar. Betrachten wir zunächst die durch das zweite Glied dargestellte, in der Richtung der positiven X-Achse fortschreitende Welle, setzen also

$$v_1 = F_2(x - ct),$$

so erkennen wir, daß wir nach Ablauf einer Zeit $\triangle t$ überall wieder zu demselben Werte von v_1 gelangen wie vorher, wenn wir zugleich um eine Strecke $\triangle x$ fortschreiten, so daß

$$\frac{\triangle x}{\triangle t} = c$$

ist. Dasselbe gilt auch für η. Die Welle hat sich also in $\triangle t$ ohne jede weitere Änderung nur um $\triangle x$ verschoben und die durch Gl. (419) näher bestimmte Konstante c stellt die Fortschreitungsgeschwindigkeit der Welle dar, die natürlich von der Geschwindigkeit v_1 der Wasserteilchen wohl unterschieden werden muß. Damit ist aber die Aufgabe, die wir uns stellten, gelöst, denn man erkennt auf dieselbe Art, daß auch das erste Glied in Gl. (418) eine mit der gleichen Geschwindigkeit c, aber im Sinne der negativen X-Achse fortschreitende Welle von beliebiger Gestalt darstellt, die sich der ersten überlagert.

Die Fortschreitungsgeschwindigkeit ist nach Gl. (419) nur von der Tiefe des Gewässers abhängig und zwar ist sie so groß wie die Fallgeschwindigkeit, die ein Körper beim freien Fall aus einer Höhe annehmen würde, die gleich der halben Tiefe des Kanals ist.

Eine wichtige Folgerung läßt sich aus dieser Untersuchung für den Bewegungswiderstand eines Schiffes ziehen, das auf einem Kanale mit gleichförmiger Geschwindigkeit geschleppt wird. Trifft nämlich die Fahrgeschwindigkeit mit der Fortpflanzungsgeschwindigkeit c der Grundwelle auf diesem Kanale ganz oder nahezu zusammen, so bildet sich eine mit dem Schiffe fortschreitende Welle von besonders großer Höhe aus und damit fällt auch der Bewegungswiderstand besonders groß aus. Bei der Wahl der Schleppgeschwindigkeit auf Kanälen ist hierauf Rücksicht zu nehmen.

Ganz ähnliche Erscheinungen sind auch bei Probefahrten von Torpedobooten oder anderen Seeschiffen öfters beobachtet worden, wenn die Tiefe h des Fahrwassers mit der Fahrgeschwindigkeit c zufällig in dem durch Gl. (419) angegebenen Zusammenhange steht. Überhaupt macht sich der Einfluß der Gewässertiefe auf die bei gleicher Maschinenleistung erreichte Geschwindigkeit stets bemerklich, solange die Tiefe den aus Gl. (419) zu entnehmenden Wert nicht erheblich übersteigt.

§ 69. Die Eulerschen Bewegungsgleichungen in Zylinderkoordinaten.

In der Technik hat man häufig mit Wasserbewegungen zu tun, die zum mindesten näherungsweise um eine Umdrehungsachse ringsherum als symmetrisch angesehen werden können. Das wichtigste Beispiel dafür bilden die Turbinen mit lotrechter Umdrehungsachse und großer, voll beaufschlagter Schaufelzahl In solchen Fällen gelangt man zur einfachsten analytischen Darstellung des Bewegungsvorganges durch die Anwendung von Zylinderkoordinaten. Wir wollen daher die Eulerschen Gleichungen, die in § 61 für ein rechtwinkliges Koordinatensystem angeschrieben waren, jetzt in der Form aufstellen, wie sie für Zylinderkoordinaten gelten. Man könnte sie aus der früheren Form durch Vornahme einer Koordinatentransformation gewinnen; anstatt dessen ziehe ich aber vor, sie nochmals von neuem abzuleiten.

Die in der Richtung der Zylinderachse gehenden Koordinaten seien mit z bezeichnet. Wenn die Zylinderachse lotrecht steht, soll die positive Richtung der z nach abwärts gehen. Der Winkel ψ, den eine durch den betrachteten Punkt und die Zylinderachse gehende Ebene mit einer im Raume feststehenden Anfangslage bildet, sei in jenem Sinne herum positiv gezählt, der, von der positiven Z-Achse aus gesehen, mit der Uhrzeigerdrehung übereinstimmt. Der Abstand r von der Z-Achse soll stets als positiv betrachtet werden.

Die Geschwindigkeit $\mathfrak{v}$, bezogen auf das ruhende Koordinatensystem an der Stelle z, r, ψ, zerlege ich in drei Komponenten v_z, v_r, v_t in achsialer, radialer und tangentialer Richtung. Die Richtungen, in denen sie als positiv gelten, ergeben sich aus den vorhergehenden Festsetzungen. Im allgemeinsten Falle, den wir zuerst behandeln wollen, sind die drei Geschwindigkeitskomponenten Funktionen der Koordinaten z, r, ψ und der Zeit t.

Ich betrachte ein keilförmiges Volumenelement, dessen Kanten in den Richtungen von z, r, t gehen und die Längen dz, dr und $r\,d\psi$ haben. Durch die obere horizontale — oder allgemeiner gesagt zur Z-Achse senkrechte — Seitenfläche vom Inhalte $r\,d\psi\,dr$ strömt auf die Zeiteinheit bezogen die Wassermenge

$$r\,d\psi\,dr\,v_z$$

ein und durch die gegenüberliegende Seitenfläche fließt eine Wassermenge aus, die um

$$r\,d\psi\,dr\,\frac{\partial v_z}{\partial z}\,dz$$

größer ist, als die vorige. Ebenso tritt durch die beiden radialen Seitenflächen, deren Ebenen sich in der Z-Achse schneiden, mehr aus als ein, eine Wassermenge

$$dr\,dz\,\frac{\partial v_t}{\partial \psi}\,d\psi$$

und durch die beiden noch übrigen, zum Radius r senkrecht stehenden Seitenflächen die Menge

$$\frac{\partial}{\partial r}\,(r\,d\psi\,dz\,v_r)\,dr\,.$$

Setzt man die Summe dieser Ausdrücke gleich Null, so erhält man nach Streichen der gemeinsamen Faktoren die Kontinuitätsgleichung

$$r\,\frac{\partial v_z}{\partial z} + \frac{\partial}{\partial r}\,(v_r r) + \frac{\partial v_t}{\partial \psi} = 0. \qquad (420)$$

Etwas übersichtlicher kann man dafür auch schreiben

$$\frac{\partial (v_z r)}{\partial z} + \frac{\partial (v_r r)}{\partial r} + \frac{\partial (v_t r)}{r\,\partial \psi} = 0. \qquad (421)$$

Um ferner die aus der dynamischen Grundgleichung hervorgehenden Eulerschen Gleichungen abzuleiten, zerlege ich die Beschleunigung der Wasserbewegung an der Stelle z, r, ψ zur Zeit t in drei Komponenten b_z, b_r, b_t. Es handelt sich zunächst darum, diese Komponenten in den Differentialquotienten der Geschwindigkeitskomponenten auszudrücken. Die Änderung, die z. B. v_r für ein bestimmtes Wasserteilchen im Zeitelemente dt erfährt, kann zunächst geschrieben werden

$$dv_r = \frac{\partial v_r}{\partial t}\, dt + \frac{\partial v_r}{\partial z}\, dz + \frac{\partial v_r}{\partial r}\, dr + \frac{\partial v_r}{\partial \psi}\, d\psi,$$

wobei jedoch die Koordinatenänderungen dz usf. mit den Geschwindigkeitskomponenten, die zur Ortsveränderung führen, durch die Beziehungen

$$dz = v_z dt, \qquad dr = v_r dt, \qquad d\psi = \frac{v_t dt}{r}$$

zusammenhängen. Hieraus ergibt sich eine der drei nachstehenden Gleichungen, von denen die beiden anderen aus der gleichen Überlegung hervorgehen, nämlich

$$\left.\begin{aligned}
\frac{dv_z}{dt} &= \frac{\partial v_z}{\partial t} + v_z \frac{\partial v_z}{\partial z} + v_r \frac{\partial v_z}{\partial r} + v_t \frac{\partial v_z}{r\,\partial\psi} \\[1mm]
\frac{dv_r}{dt} &= \frac{\partial v_r}{\partial t} + v_z \frac{\partial v_r}{\partial z} + v_r \frac{\partial v_r}{\partial r} + v_t \frac{\partial v_r}{r\,\partial\psi} \\[1mm]
\frac{dv_t}{dt} &= \frac{\partial v_t}{\partial t} + v_z \frac{\partial v_t}{\partial z} + v_r \frac{\partial v_t}{\partial r} + v_t \frac{\partial v_t}{r\,\partial\psi}
\end{aligned}\right\} . \qquad (422)$$

Aber diese totalen Differentialquotienten nach der Zeit geben noch nicht die Beschleunigungskomponenten an, wenigstens nicht die beiden letzten. Man bedenke nämlich, daß auch dann, wenn die Geschwindigkeitskomponenten v_z, v_r, v_t eines bestimmten Wasserteilchens konstant bleiben, trotzdem eine Richtungsänderung der sich aus diesen Komponenten zusammensetzenden resultierenden Geschwindigkeit und daher eine Beschleunigung stattfindet, weil die Richtungen von v_r und v_t an der später erreichten Stelle andere sind als an dem früheren Platze. Die hier in Frage kommenden Richtungsänderungen hängen nur von der Verschiebung in tangentialer Richtung ab, während eine Verschiebung in achsialer oder radialer Richtung nichts dazu beiträgt. Im Zeitmomente dt drehen sich nämlich die Richtungen, nach denen die Komponenten v_r und v_t gerechnet werden, um einen Winkel $d\psi$, der schon vorher zu

$$d\psi = \frac{v_t dt}{r}$$

angegeben war. Um nun das der Zeit nach konstant bleibende v_r in die neue Richtung überzuführen, muß dazu ein in tangen-

tialer Richtung gehendes Differential von der Größe $v_r d\psi$ geometrisch addiert werden. Ebenso entspricht einer Drehung von
v_t um den Winkel $d\psi$ ein in radialer Richtung und zwar nach
innen, oder in negativer Richtung gehender Geschwindigkeits-
zuwachs von der Größe $v_t d\psi$. Diese Änderungen müssen den
in den Gleichungen (422) allein berücksichtigten Zuwüchsen
der Absolutwerte der Geschwindigkeitskomponenten zugefügt
werden, um daraus die Beschleunigungskomponenten zu erhalten.
Und zwar findet man auf Grund dieser Überlegung

$$\left. \begin{aligned} b_z &= \frac{dv_z}{dt} \\ b_r &= \frac{dv_r}{dt} - \frac{v_t^2}{r} \\ b_t &= \frac{dv_t}{dt} + \frac{v_r v_t}{r} \end{aligned} \right\} \qquad (423)$$

mit dem Vorbehalte, daß für die totalen Differentialquotienten
die in den Gleichungen (422) angeschriebenen Werte zu setzen
sind.

Wir wenden uns jetzt zur Betrachtung der Kräfte, die an
dem vorher angegebenen keilförmigen Volumenelemente angreifen. Die auf die Volumeneinheit bezogene Massenkraft zerlegen
wir in drei Komponenten P_z, P_r, P_t. Außerdem handelt es sich
noch um den auf die Seitenflächen wirkenden Flüssigkeitsdruck.
Dieser ist an jeder Stelle nach allen Richtungen hin gleich, da
die Flüssigkeit als reibungsfrei vorausgesetzt wird. Der Druck
p ist daher nur als eine Funktion von z, r, ψ und t und als
rechtwinklig zu den Seitenflächen des Volumenelements stehend
anzunehmen.

Auf die beiden horizontalen Seitenflächen kommt hiernach
ein in achsialer Richtung gehender Drucküberschuß von dem
Betrage

$$r\,d\psi\,dr \cdot \frac{\partial p}{\partial z}\,dz.$$

Für die achsiale Richtung erhält man daher nach der dynamischen Grundgleichung, wenn das Gewicht der Raumeinheit
der Flüssigkeit mit γ bezeichnet wird,

$$\frac{\gamma}{g}\,\frac{dv_z}{dt} = P_z - \frac{\partial p}{\partial z}. \qquad (424)$$

Für die radiale Richtung kommt zunächst der nach innen

oder in negativer Richtung gehende Drucküberschuß an den zu r rechtwinklig stehenden Seitenflächen vom Betrage

$$\frac{\partial}{\partial r}\,(r\,d\psi\,dz\,p)\,dr$$

in Betracht. Dazu kommt die ebenfalls radial gerichtete Resultierende der nicht genau in die gleiche Richtungslinie fallenden Druckkräfte an den beiden Keilflächen, die gleich

$$p\,dr\,dz\,d\psi$$

ist und nach außen, also in positiver Richtung geht. Beide Kräfte zusammen liefern

$$-\,r\,d\psi\,dz\,dr\,\frac{\partial p}{\partial r}$$

und die dynamische Grundgleichung für die radiale Richtung lautet demnach

$$\frac{\gamma}{g}\left(\frac{dv_r}{dt}-\frac{v_t^2}{r}\right)=P_r-\frac{\partial p}{\partial r}. \tag{425}$$

Endlich findet man in derselben Weise für die tangentiale Richtung

$$\frac{\gamma}{g}\left(\frac{dv_t}{dt}+\frac{v_r v_t}{r}\right)=P_t-\frac{\partial p}{r\,\partial \psi}. \tag{426}$$

Hiermit ist das zunächst gesteckte Ziel erreicht.

§ 70. Die Wirbelkomponenten in Zylinderkoordinaten.

Wenn die Flüssigkeitsbewegung wirbelfrei ist, läßt sie, wie wir bereits wissen, ein Geschwindigkeitspotential Φ zu, aus dem die Geschwindigkeitskomponente in irgendeiner Richtung durch Differentiation nach dieser Richtung abgeleitet werden kann. Für die wirbelfreie Bewegung hat man daher

$$v_z=\frac{\partial \Phi}{\partial z},\quad v_r=\frac{\partial \Phi}{\partial r},\quad v_t=\frac{\partial \Phi}{r\,\partial \psi}. \tag{427}$$

Bildet man die zweiten Differentialquotienten von Φ nach zwei der drei Variabeln in zwei verschiedenen Aufeinanderfolgen der Differentiationen und setzt die beiden zusammengehörigen einander gleich, so erhält man die folgenden Bedingungsgleichungen für eine wirbelfreie Bewegung

$$\left.\begin{aligned}\frac{\partial v_r}{r\,\partial \psi}-\frac{1}{r}\,\frac{\partial(v_t r)}{\partial r}&=0\\[2mm]\frac{\partial v_t}{\partial z}-\frac{\partial v_z}{r\,\partial \psi}&=0\\[2mm]\frac{\partial v_z}{\partial r}-\frac{\partial v_r}{\partial z}&=0\end{aligned}\right\}. \tag{428}$$

Wenn diese Gleichungen nicht erfüllt sind, ist die Bewegung eine wirbelbehaftete. In diesem Falle bilden wir einen Vektor $\mathfrak{w}$ mit den Komponenten w_z, w_r, w_t, indem wir setzen

$$
\left.
\begin{aligned}
w_z &= \frac{\partial v_r}{r\,\partial \psi} - \frac{1}{r}\frac{\partial(v_t r)}{\partial r} \\[2mm]
w_r &= \frac{\partial v_t}{\partial z} - \frac{\partial v_z}{r\,\partial \psi} \\[2mm]
w_t &= \frac{\partial v_z}{\partial r} - \frac{\partial v_r}{\partial z}
\end{aligned}
\right\}. \qquad (429)
$$

Der auf diese Weise definierte Vektor $\mathfrak{w}$ stimmt genau überein mit dem früher für rechtwinklige Koordinaten durch Gl. (370) S. 342 definierten Wirbelvektor $\mathfrak{w}$, wovon man sich durch eine Koordinatentransformation überzeugen kann. Wir können ihn daher ebenso wie früher zur Kennzeichnung des Wirbels an der Stelle z, r, ψ zur Zeit t nach Richtung und Größe benutzen. Dabei ist es gleichgültig, muß aber noch einmal erwähnt werden, daß von anderen Verfassern die Hälften dieser Werte als Wirbelkomponenten benutzt werden.

§ 71. Stationäre und achsensymmetrische Bewegung.

Die in den beiden vorhergehenden Paragraphen abgeleiteten Formeln gelten ganz allgemein für jede Bewegung einer reibungsfreien und raumbeständigen Flüssigkeit, wenn man sie auf Zylinderkoordinaten beziehen will, wozu man stets berechtigt ist. Der Vorteil der gewählten Darstellung tritt aber erst dann hervor, wenn es sich um eine Bewegung handelt, die um die Zylinderachse herum symmetrisch ist. Für diesen Fall vereinfachen sich die Gleichungen erheblich und zwar um so mehr, wenn wir überdies eine stationäre Strömung voraussetzen, bei der die partiellen Differtialquotienten der Geschwindigkeitskomponenten nach der Zeit gleich Null sind.

An Stelle von Gl. (421) erhalten wir in diesem Falle die Kontinuitätsgleichung
$$
\frac{\partial(v_z r)}{\partial z} + \frac{\partial(v_r r)}{\partial r} = 0. \qquad (430)
$$

Die Gleichungen (422) gehen über in

$$
\left.
\begin{aligned}
\frac{dv_z}{dt} &= v_z\frac{\partial v_z}{\partial z} + v_r\frac{\partial v_z}{\partial r} \\[2mm]
\frac{dv_r}{dt} &= v_z\frac{\partial v_r}{\partial z} + v_r\frac{\partial v_r}{\partial r} \\[2mm]
\frac{dv_t}{dt} &= v_z\frac{\partial v_t}{\partial z} + v_r\frac{\partial v_t}{\partial r}
\end{aligned}
\right\} \qquad (431)
$$

und die drei Gleichungen (424 bis 426) lauten, wenn man die soeben angegebenen Werte sofort einsetzt,

$$
\left.
\begin{aligned}
\frac{\gamma}{g}\left(v_z \frac{\partial v_z}{\partial z} + v_r \frac{\partial v_z}{\partial r}\right) &= P_z - \frac{\partial p}{\partial z} \\
\frac{\gamma}{g}\left(v_z \frac{\partial v_r}{\partial z} + v_r \frac{\partial v_r}{\partial r} - \frac{v_t^2}{r}\right) &= P_r - \frac{\partial p}{\partial r} \\
\frac{\gamma}{g}\left(v_z \frac{\partial v_t}{\partial z} + v_r \frac{\partial v_t}{\partial r} + \frac{v_r v_t}{r}\right) &= P_t
\end{aligned}
\right\} \cdot \qquad (432)
$$

Hierbei sind die Komponenten der äußeren Massenkraft noch willkürlich belassen, abgesehen davon, daß sie natürlich auch symmetrisch um die Zylinderachse herum verteilt sein müssen. Auch der Druck p muß unabhängig von ψ sein.

Die Gleichungen (429) für die Wirbelkomponenten endlich gehen über in

$$
\left.
\begin{aligned}
w_z &= -\frac{1}{r}\frac{\partial(v_t r)}{\partial r} \\
w_r &= \frac{\partial v_t}{\partial z} \\
w_t &= \frac{\partial v_z}{\partial r} - \frac{\partial v_r}{\partial z}
\end{aligned}
\right\} \cdot \qquad (433)
$$

Durch die Ausschaltung der Koordinate ψ haben wir es jetzt nur noch mit einem zweidimensionalen Problem zu tun, da der Bewegungszustand schon vollständig gegeben ist, wenn man die Komponenten v_z, v_r und v_t für alle Punkte irgendeines Meridianschnittes kennt.

Der Kontinuitätsgleichung (430) genügt man durch Einführung einer Stromfunktion Ψ, die zunächst eine beliebige Funktion von z und r sein kann, indem man setzt

$$
v_z r = \frac{\partial \Psi}{\partial r}, \quad v_r r = -\frac{\partial \Psi}{\partial z} \cdot \qquad (434)
$$

Um die für Ψ gebrauchte Bezeichnung als „Stromfunktion" zu rechtfertigen, betrachte man eine Linie in der Meridianebene, die der Gleichung
$$\Psi = C_1$$
genügt, in der C_1 irgendeine Konstante oder ein „Parameter" ist. Geht man auf dieser Linie um ein Längenelement weiter, so besteht zwischen den dazu gehörigen Koordinatenänderungen die Gleichung
$$\frac{\partial \Psi}{\partial z} dz + \frac{\partial \Psi}{\partial r} dr = 0.$$

Mit Rücksicht auf die Gleichungen (434) folgt daraus

$$- v_r\, dz + v_z\, dr = 0,$$

wofür man auch schreiben kann

$$\frac{dz}{dr} = \frac{v_z}{v_r}.$$

Diese Gleichung spricht aus, daß die Resultierende aus den in der Meridianebene enthaltenen Geschwindigkeitskomponenten v_z und v_r in jedem Punkt der Linie $\Psi = C_1$ in die Richtung der an diese Linie gelegten Tangente fällt. Die Gleichung $\Psi = C_1$ kann ferner auch als Gleichung einer Rotationsfläche angesehen werden, von der die vorher betrachtete Linie eine Meridiankurve bildet. Die Geschwindigkeitskomponente v_t fällt in die Richtung der Tangente eines Parallelkreises und die Gesamtgeschwindigkeit $\mathfrak{v}$, die sich aus v_z, v_r und v_t zusammensetzt, ist daher ebenfalls in der Tangentialebene an die Rotationsfläche enthalten. Hiermit ist bewiesen, daß die betrachtete Rotationsfläche an keiner Stelle von der Flüssigkeitsströmung durchsetzt wird, daß also alle Stromlinien, die einen Punkt mit ihr gemeinsam haben auch ganz auf ihr enthalten sind.

Wenn man eine beliebige Funktion von z und r als Stromfunktion wählt, gelangt man zu einer möglichen Flüssigkeitsbewegung. Die Gleichungen (432) dienen nur dazu, die Druckverteilung, die mit dieser Strömung verbunden ist, näher zu bestimmen, enthalten aber in sich keine einschränkende Bedingung. Wenn die Randbedingungen entsprechend gewählt werden, läßt sich daher jede durch irgendeine Stromfunktion Ψ angegebene Bewegung verwirklichen.

Gehört dagegen zu den Randbedingungen die Zuführung der Flüssigkeit im wirbelfreien Zustande, so darf man nach den Helmholtzschen Wirbelsätzen schließen, daß die Bewegung auch weiterhin wirbelfrei bleibt, falls die äußeren Massenkräfte $P_z P_r P_t$ zu einem Potentiale gehören, also etwa nur Komponenten des Eigengewichtes enthalten. Dann muß Ψ einer Differentialgleichung genügen, die sich aus der letzten der Gleichungen (433) mit $w_t = 0$ leicht ableiten läßt. Durch Einsetzen der Werte von v_z und v_r aus den Gleichungen (434) geht nämlich die Gleichung über in

$$\frac{\partial}{\partial r}\left(\frac{1}{r}\,\frac{\partial \Psi}{\partial r}\right) + \frac{1}{r}\,\frac{\partial^2 \Psi}{\partial z^2} = 0,$$

wofür man nach weiterer Ausrechnung auch schreiben kann

$$\frac{\partial^2 \Psi}{\partial z^2} + \frac{\partial^2 \Psi}{\partial r^2} - \frac{1}{r}\,\frac{\partial \Psi}{\partial r} = 0. \qquad (435)$$

Dieser Gleichung muß also Ψ schon dann genügen, wenn nur die tangentiale Wirbelkomponente w_t überall verschwindet, gleichgültig ob dies von w_z und w_r ebenfalls zutrifft oder nicht. Ist dagegen die Flüssigkeit vollkommen wirbelfrei, so folgt außerdem aus den beiden ersten der Gleichungen (433), daß entweder

$$v_t = 0$$

ist, oder auch allgemeiner $v_t = \dfrac{c}{r}$

sein kann, wenn c eine Integrationskonstante bedeutet.

Von den vorhergehenden Formeln lassen sich bereits manche nützliche Anwendungen machen. Professor Prasil in Zürich, dem das erhebliche Verdienst zukommt, die Eulerschen Gleichungen in Zylinderkoordinaten auf die Untersuchung von technisch wichtigen Flüssigkeitsbewegungen, namentlich auf die Theorie der Turbinen zuerst angewendet zu haben, hat z. B. von diesen Betrachtungen Gebrauch gemacht, um eine geeignete Gestalt für das Saugrohr einer Turbine daraus abzuleiten. Setzt man

$$\Psi = a r^2 (h - z), \tag{436}$$

worin a und h Konstanten bedeuten, so wird mit diesem Ansatze, wie die einfache Ausrechnung lehrt, Gl. (435) erfüllt. Für die Geschwindigkeitskomponenten erhält man nach den Gleichungen (434) $v_z = 2a(h - z), \quad v_r = ar,$

also eine nach abwärts und außen hin erfolgende Strömung bei der die vertikale Geschwindigkeitskomponente v_z und auch die resultierende Geschwindigkeit beim Abwärtssteigen immer mehr abnimmt. Hierin besteht gerade die Absicht, da es sich darum handelt, möglichst wenig kinetische Energie mit dem aus der Turbine und hierauf aus dem Saugrohre austretenden Wasser ungenützt entweichen zu lassen.

Die Gleichungen der Stromlinien lauten

$$a r^2 (h - z) = \text{const.}$$

Die Stromlinien sind also algebraische Kurven dritten Grades. Um den beabsichtigten Stromverlauf zu ermöglichen, muß man jedenfalls die Meridiankurve der Rohrwand mit einer dieser Kurven zusammenfallen lassen. Außerdem muß auch noch dafür gesorgt werden, daß das Wasser an beiden Rohrenden mit den von der Lösung verlangten Geschwindigkeiten zu- und abgeführt wird. — Auf weitere Einzelheiten gehe ich hier nicht ein; ich bemerke nur, daß man auch noch eine Anzahl weiterer Lösungen der partiellen Differentialgleichung (435) anzugeben vermag, von denen ein ähnlicher Gebrauch gemacht werden kann.

§ 72. Die Zwangsbeschleunigungen.

Ein wichtiger Fortschritt der von Prasil zuerst angebahnten neueren Turbinentheorie wurde von Professor H. Lorenz in Danzig durch die Aufstellung und Verwendung des Begriffes der sogenannten „Zwangsbeschleunigungen" herbeigeführt. Es handelt sich dabei um einen Kunstgriff, dessen Zulässigkeit anfänglich viel bestritten wurde, weil er auf Mißverständnisse stieß, der aber ganz wohl begründet ist.

Man betrachte die Wasserbewegung im Laufrade einer Turbine, etwa einer Francis-Turbine, die in der neueren Technik hauptsächlich angewendet wird. Das Laufrad der Turbine drehe sich um eine lotrechte Achse und die Kanäle seien alle gleichmäßig und voll beaufschlagt. In jedem Kanale ist die Wasserbewegung dieselbe wie in jedem anderen und da die Zahl der Kanäle groß ist, kann man sagen, daß wenigstens ungefähr die Bewegung ringsum symmetrisch um die Umdrehungsachse ist. Trotzdem sind aber die Voraussetzungen des vorigen Paragraphen keineswegs erfüllt und sie können es auch gar nicht sein. Innerhalb jedes Kanals ist nämlich die Symmetrie um die Umdrehungsachse gestört; namentlich aber findet man infolgedessen beim Übergange aus einem Kanal in den benachbarten nicht genau den gleichen Bewegungszustand in der unmittelbaren Nachbarschaft der Wand zu beiden Seiten vor, wie es bei einer ringsum streng symmetrischen Flüssigkeitsbewegung sein müßte. Mit der Dicke der Schaufel hat dies übrigens nichts zu tun. Wenn man sich die Schaufel unendlich dünn vorstellt, so behält sie immer noch die Bedeutung einer Unstetigkeitsfläche, bei deren Überschreitung die Geschwindigkeit und der Druck einen plötzlichen Sprung erfahren. Daß der Druck diesen Sprung jedenfalls erfahren muß, wenn die Turbine ihren Zweck erfüllen soll, ergibt sich sofort aus der Überlegung, daß gerade diese Druckunterschiede zu beiden Seiten der Schaufel das Laufrad in Bewegung erhalten und daß von ihnen die Arbeit herrührt, die von der Turbine nach außen hin abgegeben wird.

Um nun der Vereinfachungen nicht verlustig zu gehen, die

eine achsensymmetrische Bewegung auszeichnen, kann man an
Stelle der wirklichen Bewegung eine ideale setzen, die sich ihr
möglichst eng anschließt. Zu diesem Zwecke denke man sich zunächst die Zahl der Schaufeln oder vielmehr der Unstetigkeits-
flächen, die sie zu vertreten haben, unendlich groß. Je weiter
wir mit der Vermehrung der Schaufelzahl gehen, desto geringer
wird der Sprung sowohl der Geschwindigkeit als des Druckes,
der mit der Überschreitung einer Unstetigkeitsfläche verbunden
ist, also schließlich unendlich klein. Soweit es sich um die Geschwindigkeit handelt, verliert damit die Schaufelfläche die Bedeutung einer Unstetigkeitsfläche und behält nur noch die Bedeutung einer Stromfläche der Relativbewegung des Wassers
gegen den Raum des Schaufelrades. Zugleich freilich geht die
stetige Strömung, die wir auf diese Weise erhalten, in eine wirbelbehaftete über. Bei endlicher Schaufelzahl und Unstetigkeits-
flächen haben wir die Bewegung innerhalb jedes Kanals als wirbelfrei anzusehen, während die Unstetigkeitsfläche wegen des zu
beiden Seiten bestehenden Geschwindigkeitsunterschiedes eine
Wirbelfläche bildet. Wenn die Zahl der Schaufelflächen unbegrenzt vermehrt wird, verteilt sich der vorher nur in einzelnen
Flächen vereinigte Wirbel schließlich gleichmäßig über die ganze
strömende Flüssigkeit.

Nicht so einfach werden wir mit der Unstetigkeit des Druckes
an den Schaufelflächen fertig. Wenn wir die Wasserbewegung
in der Turbine durch eine Flüssigkeitsströmung ersetzen wollen,
in der keine trennenden Wände mehr vorkommen, die Schaufelflächen also nur noch die Bedeutung von Relativstromflächen
behalten sollen, muß der Druck zu beiden Seiten der Strom-
flächen gleich groß sein, d. h. $\frac{\partial p}{\partial \psi}$ muß gleich Null sein. Durch
die Vermehrung der Schaufelzahl allein kann dies aber, wie wir
vorher sahen, nicht erreicht werden. Um dem abzuhelfen, kann
man sich nun die ideelle Flüssigkeitsströmung einer äußeren
Massenkraft unterworfen denken, die bei der wirklich vorhandenen Turbine fehlt und die willkürlich zugefügt wird, gerade
so, wie etwa eine d'Alembertsche Trägheitskraft zugefügt wird,
um eine Aufgabe auf eine andere mit ihr verwandte zurückzuführen. Die einzige Bedingung, der wir diese hinzuzufügende
Massenkraft zu unterwerfen haben, besteht darin, daß die Strömung unter ihrer Mitwirkung in dem nicht mehr durch undurch-

dringliche Wände unterbrochenen Raume gerade so erfolgt, wie
in der Turbine mit unendlicher Schaufelzahl, bei der jede Schaufel
einen unendlich kleinen Druckunterschied aufzunehmen hat, der
jetzt durch die zugefügte Massenkraft ersetzt wird.

Da dieser ganz richtige und sehr fruchtbare Gedanke von
Lorenz so viele Anfechtungen erfahren hat, halte ich es für nützlich, zur besseren Erläuterung noch den folgenden Vergleich anzustellen. Man betrachte einen gewichtslosen Faden, an dem in
gleichen Abständen kleine Bleikugeln befestigt sind. Hängt man
diesen Faden an beiden Enden auf, so bildet er ein Seilpolygon.
Wenn die Zahl der Bleikugeln groß ist, wird sich das Seilpolygon nicht viel von einer Kurve unterscheiden. Diese Kurve findet
man, indem man sich die Bleikugeln entfernt und ihr Gewicht
gleichmäßig über die Fadenlänge verteilt denkt. An Stelle der
unstetigen Belastung, die man entfernt, bringt man also eine
stetig verteilte Massenkraft an, die vorher fehlte. Genau derselbe
Gedanke ist es, der auch dem Lorenzschen Ansatze zugrunde liegt.

Da die Zwangskräfte die Druckunterschiede an den Schaufeln
ersetzen, die Druckkräfte aber bei Vernachlässigung der Flüssigkeitsreibung senkrecht zu den Schaufelflächen stehen, folgt, daß
auch die Zwangskräfte jedenfalls senkrecht zu diesen Flächen
angenommen werden müssen.

Daß Lorenz nicht von „Zwangskräften" redet, wie ich es
hier der besseren Anschaulichkeit wegen getan habe, sondern
von „Zwangsbeschleunigungen", ist unwesentlich. Aus den
Zwangsbeschleunigungen findet man die Massenkräfte, von denen
vorher die Rede war, durch Multiplikation mit der auf die Raumeinheit bezogenen Masse.

Wir sind demnach berechtigt, die Formeln des vorhergehenden Paragraphen ohne weiteres auf die Flüssigkeitsbewegung
im Laufrade einer Turbine anzuwenden, wenn wir unter den P_z,
P_r, P_t die Komponenten der Resultierenden aus der tatsächlich
vorhandenen Massenkraft, also dem Gewichte und aus der willkürlich zugefügten Zwangskraft verstehen, mit dem Vorbehalte,
daß die Zwangskraft nachträglich so gewählt werden muß, daß
die verlangte Bewegung herauskommt. Übrigens kommt das Gewicht wegen der lotrechten Stellung der Z-Achse nur in P_z als
Anteil vor.

Die Zwangskräfte müssen wir uns von den Schaufelflächen
ausgehend denken, da diese es sind, die die besondere Bewegung

der Flüssigkeit erzwingen. Die Reaktionen der Zwangskräfte greifen daher an dem Schaufelrade an und liefern das die Turbine umtreibende Kräftepaar. Um das Moment dieses Kräftepaars zu berechnen, wählen wir die Umdrehungsachse als Momentenachse. Die Momente von P_z und P_r verschwinden für diese Achse und für das Moment M erhalten wir

$$M = \int P_t r \, d\tau , \qquad (437)$$

wenn unter $d\tau$ ein Volumenelement verstanden und die Integration über den ganzen, von der Flüssigkeit durchströmten Raum des Schaufelrades ausgedehnt wird. Für P_t kann man den aus der dritten der Gleichungen (432) hervorgehenden Wert

$$P_t = \frac{\gamma}{g} \left(v_z \frac{\partial v_t}{\partial z} + \frac{v_r}{r} \frac{\partial (v_t r)}{\partial r} \right) \qquad (438)$$

einsetzen, womit der Ausdruck für M übergeht in

$$M = \frac{\gamma}{g} \int \left(v_z \frac{\partial (v_t r)}{\partial z} + v_r \frac{\partial (v_t r)}{\partial r} \right) d\tau , \qquad (439)$$

der sich auch noch auf verschiedene Weise umformen läßt. Führt man mit Hilfe der Gleichungen (433) die Wirbelkomponenten ein, so erhält man

$$M = \frac{\gamma}{g} \int (v_z w_r - v_r w_z) r \, d\tau . \qquad (440)$$

In dieser Form läßt die Gleichung erkennen, daß die Strömung notwendig mit Wirbeln behaftet sein muß, wenn ein Drehmoment M herauskommen soll. Auf den „Ringwirbel", d. h. auf die tangentiale Komponente w_t des Wirbelvektors, kommt es dabei übrigens nicht an. Lorenz schließt auf Grund einer Überlegung, der ich jedoch nicht beizutreten vermag, daß der Ringwirbel w_t überhaupt gleich Null zu setzen sei. Daraus folgert er dann, daß die Stromfunktion Ψ der partiellen Differentialgleichung (435) genügen müsse. In den auf Gl. (435) folgenden Bemerkungen war ja auch schon darauf hingewiesen worden, daß das Verschwinden des „Ringwirbels" in der Tat zu dieser Gleichung führt, auch wenn w_r und w_z von Null verschieden sind. — Ich will aber hier dahingestellt sein lassen, ob es in der Tat richtig ist, w_t allgemein oder auch nur in dem besonderen Falle der Francis-Turbine gleich Null zu setzen.

Zu einer anderen Form der Gleichung für das Moment M gelangt man durch die folgende Überlegung. Man betrachte den

Drall der Wassermasse bezogen auf die Umdrehungsachse als Momentenachse. Die im Volumenelemente $d\tau$ enthaltene Masse liefert dazu den Beitrag

$$\frac{\gamma}{g}\, d\tau \cdot v_t r,$$

da das Moment der beiden anderen Geschwindigkeitskomponenten v_z und v_r für die Umdrehungsachse verschwindet. Der Drall der ganzen im Laufrade befindlichen Wassermasse wird daraus durch eine Integration über alle $d\tau$ gefunden. Dieser Drall ist in jedem späteren Augenblicke ebenso groß wie in einem vorhergehenden, wenn er jedesmal für die gerade im Laufrade befindlichen Wassermassen berechnet wird. Etwas anderes ist es aber, wenn man nach der Änderung fragt, die der Drall der etwa zur Zeit $t = 0$ im Laufrade enthaltenen Wassermassen in einem darauf folgenden Zeitteilchen erfährt. Bezeichnen wir den Drall mit B und den in diesem Sinne genommenen Differentialquotienten mit $\dfrac{dB}{dt}$, so ist nach den Flächensatz

$$M = \frac{dB}{dt}$$

oder, wenn man den Wert von B einsetzt,

$$M = \frac{\gamma}{g} \int \frac{d}{dt}(v_t r)\, d\tau. \tag{441}$$

Beachtet man aber, daß auf Grund der Überlegung, die bereits bei der Ableitung der Gleichungen (422) angestellt wurde,

$$\frac{d}{dt}(v_t r) = v_z \frac{\partial (v_t r)}{\partial z} + v_r \frac{\partial (v_t r)}{\partial z}$$

gesetzt werden kann, so erkennt man, daß Gl. (439) auch als gleichbedeutend mit der unmittelbar aus dem Flächensatze hergeleiteten Gl. (441) anzusehen ist. Soweit es sich nur um das durch Gl. (441) dargestellte wichtige Ergebnis handelt, wäre daher die ganze hydrodynamische Betrachtung entbehrlich gewesen; in der Tat ist dieses Ergebnis auch schon in Bd. IV, § 22 der 5. Aufl. vorweg genommen worden.

§ 73. Relativbewegung der Flüssigkeit gegen das Schaufelrad.

Man könnte die hydrodynamischen Gleichungen für die Relativbewegung aus den für den absoluten Raum geltenden durch Zufügung der Ergänzungskräfte der Relativbewegung ableiten. Aber das wäre ein Umweg. In § 8 haben wir uns bereits davon über-

zeugt, daß man auf diesem Wege genau zu denselben Bewegungsgleichungen gelangt, die man auch viel einfacher durch eine hier
sehr leicht auszuführende Koordinatentransformation erlangt. Als
relative Koordinaten verwenden wir wie damals z, r, φ. Dabei
stimmen z und r mit den gleichbezeichneten, auf den festen Raum
bezogenen Größen überein, während zwischen φ und ψ die Beziehung besteht
$$\psi = \varphi + ut. \tag{422}$$
Die Relativgeschwindigkeiten bezeichnen wir durch Beifügung
eines Striches zu den sich auf den festen Raum beziehenden Bezeichnungen. Dann ist
$$v_z = v_z', \quad v_r = v_r', \quad v_t = v_t' + ur. \tag{443}$$
Wir stellen zunächst fest, welche Änderungen die Ausdrücke für
die Wirbelkomponenten erfahren. Diese werden für die Relativbewegung durch dieselbe Rechenvorschrift aus den Relativgeschwindigkeiten gefunden, wie früher bei der absoluten Bewegung.
Für die stationäre und achsensymmetrische Relativbewegung erhalten wir daher nach Maßgabe der Gleichungen (433)
$$w_z' = -\frac{1}{r}\frac{\partial(v_t' r)}{\partial r},$$
$$w_r' = \frac{\partial v_t'}{\partial z},$$
$$w_t' = \frac{\partial v_z'}{\partial t} - \frac{\partial v_r'}{\partial z}.$$
Drücken wir hierin die Relativgeschwindigkeiten mit Hilfe
der vorhergehenden Gleichungen in den Absolutgeschwindigkeiten
aus, so finden wir
$$w_z' = w_z + 2u, \quad w_r' = w_r, \quad w_t' = w_t. \tag{444}$$
Hiernach unterscheidet sich nur die achsiale Wirbelkomponente um $2u$ von der auf den absoluten Raum bezogenen.
Hätte ich, wie es sonst gewöhnlich geschieht, nur die Hälfte der
w als Maß für die Stärke des Wirbels benutzt, so würde der Unterschied gleich der Winkelgeschwindigkeit u selbst sein.
Ersetzen wir ferner die Geschwindigkeitskomponenten in den
übrigen Gleichungen von § 71 durch ihre in den Gleichungen (443)
gegebenen Werte, so erhalten wir die Kontinuitätsgleichung in
der mit Gl. (430) übereinstimmenden Form
$$\frac{\partial(v_z' r)}{\partial z} + \frac{\partial(v_r' r)}{\partial r} = 0 \tag{445}$$

und die Gleichungen (432) gehen über in

$$
\left.
\begin{aligned}
\frac{\gamma}{g}\left(v_z'\frac{\partial v_z'}{\partial z} + v_r'\frac{\partial v_z'}{\partial r}\right) &= \gamma + P_z - \frac{\partial p}{\partial z} \\[2mm]
\frac{\gamma}{g}\left(v_z'\frac{\partial v_r'}{\partial z} + v_r'\frac{\partial v_r'}{\partial r} - \frac{(v_t' + ur)^2}{r}\right) &= P_r - \frac{\partial p}{\partial r} \\[2mm]
\frac{\gamma}{g}\left(v_z'\frac{\partial v_t'}{\partial z} + v_r'\frac{\partial v_t'}{\partial r} + \frac{v_r' v_t'}{r} + 2v_r'u\right) &= P_t
\end{aligned}
\right\} \cdot \quad (446)
$$

In der ersten Gleichung ist dabei auf der rechten Seite das Gewicht γ der Volumeneinheit besonders herausgehoben, so daß unter P_z, P_r, P_t jetzt nur noch die Komponenten der Lorenzschen Zwangskraft zu verstehen sind.

An der Stromfunktion Ψ und den Gleichungen (434) wird durch den Übergang zur Relativbewegung nichts geändert.

Multipliziert man die Gleichungen (446) der Reihe nach mit v_z', v_r' und v_t' und addiert sie hierauf, so erhält man eine Gleichung, **die die Veränderlichkeit des Druckes innerhalb eines Stromfadens kennen lehrt.** Schreibt man nämlich zur Abkürzung

$$v'^2 = v_z'^2 + v_r'^2 + v_t'^2,$$

versteht also unter v' den Absolutbetrag der Relativgeschwindigkeit und beachtet, daß

$$P_z v_z' + P_r v_r' + P_t v_t' = 0$$

ist, weil die Zwangskraft, wie wir schon früher feststellten, senkrecht zur Schaufelfläche, also auch senkrecht zur Relativgeschwindigkeit steht, so läßt sich die auf dem angegebenen Wege abgeleitete Gleichung nach geeigneter Zusammenziehung der Glieder schreiben

$$\frac{1}{2}\frac{\gamma}{g}\left(v_z'\frac{\partial v'^2}{\partial z} + v_r'\frac{\partial v'^2}{\partial r}\right) - \frac{\gamma}{g}v_r' u^2 r = \gamma v_z' - v_z'\frac{\partial p}{\partial z} - v_r'\frac{\partial p}{\partial r}.$$

Führen wir für die relative lebendige Kraft, bezogen auf die Volumeneinheit, die Beziehung L' ein, setzen also

$$L' = \frac{1}{2}\frac{\gamma}{g}v'^2$$

und bezeichnen mit dem Differentialzeichen d den Zuwachs, den die betreffende Größe beim Fortschreiten längs einer Stromlinie erfährt, so lautet die vorhergehende Gleichung

$$\frac{dL'}{dt} - \frac{\gamma}{g}v_r' u^2 r = \gamma v_z' - \frac{dp}{dt},$$

wofür man auch kürzer

$$dp + dL' - \frac{\gamma}{g} u^2 r\, dr - \gamma\, dz = 0$$

schreiben kann, woraus man durch eine Integration

$$p + L' - \frac{\gamma}{g} \frac{u^2 r^2}{2} - \gamma z = C \qquad (447)$$

erhält Eine solche Gleichung gilt für jede Stromlinie; die Integrationskonstante hat indessen für jede Stromlinie im allgemeinen einen anderen Wert.

Übrigens hätte zur Ableitung von Gl. (447) auch schon dieselbe einfache Überlegung genügt, die bereits in Band I, § 58 der 3. Aufl. zur Untersuchung der Veränderlichkeit des Druckes längs eines Stromfadens verwendet wurde. Mit der dort auf S. 365 abgeleiteten Gl. (139) stimmt nämlich Gl. (447) im wesentlichen überein, abgesehen davon, daß jetzt noch ein weiteres Glied hinzugetreten ist, das der Arbeit der Zentrifugalkraft entspricht.

§ 74 Die Strömungsaufgabe der Turbinentheorie.

Die nächstliegende Aufgabe der Theorie besteht in der Ermittelung der Flüssigkeitsbewegung in einer Turbine, deren Schaufelflächen gegeben sind. Als letztes Ziel aller dieser Betrachtungen gilt freilich gerade die Ermittelung der besten Form für diese Schaufelflächen. Um dieses Ziel erreichen zu können, muß man sich aber vorher klar darüber werden, wie die Wasserbewegung ausfällt, die durch eine beliebig angenommene Schaufelform hervorgebracht wird.

Diese Frage allgemein und vollständig zu lösen, ist bisher noch nicht gelungen. Man muß sich vielmehr zunächst damit begnügen, eine ziemlich verwickelte Differentialgleichung aufzustellen, von der diese Lösung abhängt. Nur für einfachere Fälle kommt man damit unmittelbar zum Ziele.

Die Gestalt einer der Schaufelflächen mag analytisch durch eine Gleichung zwischen den Koordinaten

$$\Omega(z, r, \varphi) = 0 \qquad (448)$$

gegeben sein. Zieht man vom Punkte z, r, φ aus ein Linienelement auf der Fläche in beliebiger Richtung, das zu den Koordinatenzuwüchsen dz, dr, $d\varphi$ führt, so gilt die vorhergehende Gleichung auch für die Koordinaten des Endpunktes und als Bedingung dafür, daß das Linienelement auf der Fläche enthalten ist, hat man daher die Gleichung

$$\frac{\partial \Omega}{\partial z} dz + \frac{\partial \Omega}{\partial r} dr + \frac{\partial \Omega}{\partial \varphi} d\varphi = 0.$$

Insbesondere gilt daher auch eine Gleichung von dieser Form für die Komponenten der Relativgeschwindigkeit, nämlich

$$\frac{\partial \Omega}{\partial z} v_z' + \frac{\partial \Omega}{\partial r} v_r' + \frac{\partial \Omega}{r \partial \varphi} v_t' = 0.$$

Für die weitere Untersuchung wird es aber in der Regel vorzuziehen sein, Gl. (448) nach vorhergehender Auflösung nach φ auf die Form

$$F(z, r) + \varphi + \alpha = 0 \qquad (449)$$

zu bringen, worin F eine bekannte Funktion von z und r allein und die Konstante α einen sogenannten Parameter bedeutet, nämlich eine Konstante, die verschieden gewählt werden kann, so daß jeder Wahl eine dadurch näher bestimmte Schaufelfläche entspricht und zwar jedem zwischen 0 und 2π liegenden Werte von α eine andere. Hiermit gehen die vorhergehenden Gleichungen über in

$$\frac{\partial F}{\partial z} dz + \frac{\partial F}{\partial r} dr + d\varphi = 0. \qquad (450)$$

$$\frac{\partial F}{\partial z} v_z' + \frac{\partial F}{\partial r} v_r' + \frac{v_t'}{r} = 0. \qquad (451)$$

Drückt man die axiale und die radiale Geschwindigkeitskomponente nach den Gleichungen (434) in der Stromfunktion Ψ aus, nämlich

$$v_z' = \frac{1}{r} \frac{\partial \Psi}{\partial r}, \qquad v_r' = - \frac{1}{r} \frac{\partial \Psi}{\partial z},$$

so erhält man durch Einsetzen dieser Werte in Gl. (451)

$$v_t' = \frac{\partial F}{\partial r} \frac{\partial \Psi}{\partial z} - \frac{\partial F}{\partial z} \frac{\partial \Psi}{\partial r}. \qquad (452)$$

Hiermit sind alle Geschwindigkeitskomponenten in der Stromfunktion ausgedrückt und die Lösung unserer Strömungsaufgabe kommt daher darauf hinaus, die Stromfunktion Ψ zu ermitteln.

In § 71 wurde schon erwähnt, daß Ψ der Differentialgleichung (435)

$$\frac{\partial^2 \Psi}{\partial z^2} + \frac{\partial^2 \Psi}{\partial r^2} - \frac{1}{r} \frac{\partial \Psi}{\partial r} = 0$$

genügen muß, wenn man voraussetzen darf, daß der Ringwirbel w_t oder auch, was nach den Gleichungen (444) auf dasselbe hinauskommt, die tangentiale Komponente w_t' des Relativwirbels verschwindet. Sowohl Prasil als Lorenz haben bei ihren Untersuchungen diese Annahme entweder willkürlich oder mit unzulänglicher Begründung gemacht, womit für sie die Frage des Stromverlaufs bei gegebener Schaufelform im wesentlichen bereits entschieden war. Aber schon in den auf Gl. (440) S. 417 folgenden Bemerkungen habe ich erklärt, daß ich mich dieser Annahme nicht anzuschließen vermöchte. Ich werde jetzt meinen Widerspruch näher begründen und eine Differentialgleichung für Ψ aufstellen, die meiner Ansicht nach an die Stelle der vorstehenden gesetzt werden muß.

Zu diesem Zwecke greife ich auf die einleitenden Betrachtungen von § 72 zurück. Dort wurde ausgeführt, daß die Absolutbewegung des Wassers in jedem Kanale und zwar sowohl des feststehenden Leitrades als des umlaufenden Schaufelrades zum mindesten näherungsweise als wirbelfrei anzusehen ist. Und zwar gilt dies so lange, als man noch nicht zur Annahme unendlich vieler Schaufeln übergegangen ist. Jede Schaufel ist dabei als eine Unstetigkeitsfläche zu betrachten, die zugleich eine Wirbelfläche ist, indem sie den Sitz von Wirbeln bildet, die aber nicht ins Innere der durch den Kanal strömenden Flüssigkeit hineinreichen. Nach den Helmholtzschen Wirbelsätzen wäre diese Aussage bei einer endlichen Schaufelzahl sogar als streng gültig zu betrachten, wenn die Flüssigkeit vollkommen reibungsfrei wäre. Wegen der Reibung an der Kanalwand wird nun freilich an die Stelle der Wirbelfläche zunächst eine der Kanalwand entlanglaufende dünne Wirbelschicht treten, die aber für eine hinlänglich genaue Beschreibung des ganzen Vorgangs immer noch durch jene Wirbelfläche vertreten werden kann.

Das gilt zunächst für das Leitrad. In dem umlaufenden Schaufelrade kommt noch hinzu, daß jede bereits im Leitrade ausgebildete Wirbelfläche sich auch in das Laufrad hinein fortsetzt. Wegen des stetigen Anschlusses verlaufen aber auch diese Wirbelflächen zum mindesten ungefähr parallel mit den Schaufelflächen.

Sobald man nun zur Vereinfachung der theoretischen Darstellung die Schaufelzahl unbegrenzt vermehrt und damit die Flüssigkeitsbewegung auf eine stetige und achsensymmetrische zurückführt, rücken die Wirbelflächen und die ihnen entsprechenden Wirbelschichten immer dichter zusammen und die idelle Flüssigkeitsbewegung, zu der man durch diesen Grenzübergang gelangt, ist daher notwendig mit Wirbeln behaftet. Das hat Lorenz schon vollständig klar erkannt und auch noch ausdrücklich nachgewiesen. Dagegen hat er den weiteren Schluß, der aus dieser Betrachtung ebenfalls folgt, und der meiner Meinung nach der Lösung der Strömungsaufgabe zugrunde gelegt werden muß, nicht mehr gezogen, obschon mir dieser Schluß ganz unvermeidlich und unanfechtbar erscheint. Aus dem vorgenommenen Grenzübergange folgt nämlich, daß die Wirbelflächen auch bei der ideellen Flüssigkeitsbewegung mit den Schaufelflächen zusammenfallen müssen. Ich war zu diesem Schlusse bei der Bearbeitung der ersten Auflage dieses Bandes gelangt, bemerkte aber nachträglich, daß er schon vor mir von Herrn R. v. Mises in seiner „Theorie der Wasserräder" vom Jahre 1909 gezogen worden war.

Diese Überlegung läßt sich entweder unter Benutzung der in Gl. (448) eingeführten Funktion Ω durch die Gleichung

$$\frac{\partial \Omega}{\partial z} w_z + \frac{\partial \Omega}{\partial r} w_r + \frac{\partial \Omega}{r \partial \varphi} w_t = 0$$

ausdrücken, oder auch, wenn Ω durch die in Gl. (449) eingeführte Funktion ersetzt wird, durch

$$\frac{\partial F}{\partial z} w_z + \frac{\partial F}{\partial r} w_r + \frac{w_t}{r} = 0. \tag{453}$$

Drückt man nach den Gleichungen (433) die Wirbelkomponenten in den Geschwindigkeitskomponenten der Absolutbewegung aus, so geht die Gleichung über in

$$-\frac{\partial F}{\partial z} \frac{1}{r} \frac{\partial (v_t r)}{\partial r} + \frac{\partial F}{\partial r} \frac{\partial v_t}{\partial z} + \frac{1}{r}\left(\frac{\partial v_z}{\partial r} - \frac{\partial v_r}{\partial z}\right) = 0. \tag{454}$$

Da nun die Geschwindigkeitskomponenten in der Stromfunktion Ψ ausgedrückt werden können, erhält man damit die gesuchte Differentialgleichung, die der Funktion Ψ genügen muß. Man hat nämlich

$$\left.\begin{aligned} v_z &= v_z{}' = \frac{1}{r}\frac{\partial \Psi}{\partial r} \\ v_r &= v_r{}' = -\frac{1}{r}\frac{\partial \Psi}{\partial z} \\ v_t &= v_t{}' + ur = ur + \frac{\partial F}{\partial r}\cdot\frac{\partial \Psi}{\partial z} - \frac{\partial F}{\partial z}\cdot\frac{\partial \Psi}{\partial r} \end{aligned}\right\}. \tag{455}$$

Es hätte keinen Zweck, Gl. (454) nach Einsetzen dieser Werte nochmals von neuem anzuschreiben. Man sieht schon, daß sie zu verwickelt ist, als daß man sie für ein beliebig gegebenes F

allgemein lösen könnte. In solchen Fällen bleibt nichts anderes übrig, als sich auf die Untersuchung von einfacheren Sonderfällen zu beschränken.

Als erstes Beispiel dafür betrachte ich ein sogenanntes Radialrad, nämlich ein Rad mit zylindrischen Schaufelflächen, deren gerade Erzeugende parallel zur Umdrehungsachse sind. In diesem Falle wird

$$\frac{\partial F}{\partial z} = 0$$

und Gl. (454) vereinfacht sich zu

$$\left(r^2\left(\frac{\partial F}{\partial r}\right)^2 + 1\right)\frac{\partial^2 \Psi}{\partial z^2} + \frac{\partial^2 \Psi}{\partial r^2} - \frac{1}{r}\frac{\partial \Psi}{\partial r} = 0. \qquad (456)$$

Je nach der Gestalt der Schaufel kann F noch eine beliebige Funktion von r sein. Man kann natürlich nachträglich auch umgekehrt danach fragen, wie F gewählt werden muß, damit eine bestimmte Strömung zustande kommt, die durch eine vorgeschriebene Stromfunktion Ψ gekennzeichnet wird.

Als zweites Beispiel betrachte ich den Fall einer schraubenförmigen Schaufelfläche, deren Gleichung in Zylinderkoordinaten, wenn c eine Konstante bedeutet,

$$cz + \varphi + \alpha = 0$$

lautet. Man hat daher in diesem Falle

$$\frac{\partial F}{\partial r} = 0, \qquad \frac{\partial F}{\partial z} = c$$

zu setzen und hiermit vereinfacht sich Gl. (454) zu

$$\frac{\partial^2 \Psi}{\partial z^2} + (1 + c^2 r^2)\frac{\partial^2 \Psi}{\partial r^2} - \frac{1}{r}\frac{\partial \Psi}{\partial r}(1 - c^2 r^2) - 2cur^2 = 0. \qquad (457)$$

Partikulare Lösungen, aus denen sich nützliche Schlüsse ziehen lassen, werden sich voraussichtlich leicht finden lassen; ich halte mich damit aber jetzt nicht auf.

Hier breche ich ab. Die in diesem Paragraphen besprochenen Fragen gehen schon etwas über die Grenzen hinaus, die diesem Lehrbuche von vornherein gesteckt waren. Ich wollte sie bei der Neubearbeitung nicht streichen, nachdem ich früher den Versuch unternommen hatte, damit eine weiter ausgeführte Turbinentheorie einzuleiten. Meine späteren Arbeiten haben sich aber nicht mehr nach dieser Richtung hin bewegt und es erscheint mir auch nicht angebracht, unter Benutzung der inzwischen erschienenen neueren Arbeiten jetzt ausführlicher auf diesen Gegenstand einzugehen.

§ 75. Die Bewegungsgleichungen für zähe Flüssigkeiten.

In Band IV, § 58 der 5. Aufl. habe ich bereits die Strömung einer Flüssigkeit in einer Rohrleitung besprochen und dabei auseinandergesetzt, daß man für geringere Geschwindigkeiten, bei denen die „Mischbewegung" zurücktritt, zu Folgerungen gelangt, die mit der Erfahrung recht gut übereinstimmen, wenn man die Eigenschaft der Zähigkeit durch einen Ansatz zum Ausdruck bringt, wonach Schubspannungen oder innere Reibungen in der fließenden Wassermasse anzunehmen sind, die dem Geschwindigkeitsgefäll an der betreffenden Stelle proportional gesetzt werden. Bildet man diesen Ansatz sinngemäß weiter aus, so daß er sich auf eine in beliebiger Weise bewegte Flüssigkeit bezieht, so gelangt man zu den Bewegungsgleichungen für zähe Flüssigkeiten. Man darf nach den darüber vorliegenden Erfahrungen annehmen, daß diese Gleichungen in allen Fällen, bei denen die Mischbewegung keine merkliche Störung der regelmäßigen Strömung herbeiführt, also namentlich bei kleinen Geschwindigkeiten, die übrigens um so größer werden dürfen, je zäher die Flüssigkeit an sich ist, eine der Wirklichkeit sehr nahe kommende Beschreibung des Strömungsvorganges liefern.

Beim Auftreten von Reibungen ist der Flüssigkeitsdruck nach verschiedenen Richtungen hin verschieden groß. Um die inneren Kräfte in übersichtlicher Weise zu bezeichnen, greift man daher am besten auf die aus der Festigkeitslehre her bekannte Darstellungsweise zurück. Für das Gleichgewicht eines Volumenelements erhielten wir in Band III, § 4 der 8. Aufl. die Bedingungsgleichungen

$$\frac{\partial \sigma_x}{\partial x} + \frac{\partial \tau_{yx}}{\partial y} + \frac{\partial \tau_{zx}}{\partial z} + X = 0,$$

$$\frac{\partial \sigma_y}{\partial y} + \frac{\partial \tau_{xy}}{\partial x} + \frac{\partial \tau_{zy}}{\partial z} + Y = 0,$$

$$\frac{\partial \sigma_z}{\partial z} + \frac{\partial \tau_{xz}}{\partial x} + \frac{\partial \tau_{yz}}{\partial y} + Z = 0.$$

Diese können auch hier sofort verwendet werden, wenn man den σ und τ ihre frühere Bedeutung läßt, unter den τ also die Komponenten der inneren Reibungen versteht. Zugleich ist in die Komponenten der äußeren Massenkraft XYZ die Trägheitskraft mit einzurechnen, die man beifügen muß, um das dynamische Problem auf ein statisches zurückzuführen.

Bei den Aufgaben, die man über die Flüssigkeitsbewegungen mit Berücksichtigung der Zähigkeit zu lösen hat, kommt es gewöhnlich auf die Schwere nicht an. Man fragt vielmehr nur danach, wie sich der Vorgang gestaltet, wenn das Gewicht außer acht gelassen wird. Dann sind unter XYZ nur noch die Komponenten der Trägheitskraft zu verstehen und die vorhergehenden Gleichungen gehen über in

$$\left.\begin{array}{l}
\mu \dfrac{d v_1}{d t} = \dfrac{\partial \sigma_x}{\partial x} + \dfrac{\partial \tau_{yx}}{\partial y} + \dfrac{\partial \tau_{zx}}{\partial z} \\[2mm]
\mu \dfrac{d v_2}{d t} = \dfrac{\partial \sigma_y}{\partial y} + \dfrac{\partial \tau_{xy}}{\partial x} + \dfrac{\partial \tau_{zy}}{\partial z} \\[2mm]
\mu \dfrac{d v_3}{d t} = \dfrac{\partial \sigma_z}{\partial z} + \dfrac{\partial \tau_{xz}}{\partial x} + \dfrac{\partial \tau_{yz}}{\partial y}
\end{array}\right\} \qquad (458)$$

Diese Gleichungen treten jetzt an die Stelle der Eulerschen Gleichungen (368), wenn man sich die totalen Differentialquotienten der Geschwindigkeitskomponenten v_1 v_2 v_3 in derselben Weise ausgedrückt denkt, wie es damals geschehen war. Daß sich das Vorzeichen von $\dfrac{\partial \sigma_x}{\partial x}$ gegenüber dem ihm entsprechenden Gliede $- \dfrac{\partial p}{\partial x}$ in den Gleichungen (368) umgekehrt hat, rührt davon her, daß in der Festigkeitslehre Zugspannungen positiv gerechnet werden, während in der Hydrodynamik ein positives p einen Druck bedeutet.

Wir haben jetzt die Annahme über den Zusammenhang zwischen den inneren Reibungen und den Geschwindigkeitsunterschieden, von dem vorher die Rede war, durch Gleichungen auszudrücken. Hierbei ist vor allem zu beachten, daß die aus der Festigkeitslehre bekannten Gleichungen zwischen den zugeordneten Schubspannungen

$$\tau_{xy} = \tau_{yx}, \qquad \tau_{xz} = \tau_{zx}, \qquad \tau_{yz} = \tau_{zy}$$

auch hier unverändert bestehen bleiben. Die innere Reibung τ_{xy} ist zunächst in Zusammenhang zu bringen mit dem Differentialquotienten $\dfrac{\partial v_2}{\partial x}$, denn v_2 ist gleichgerichtet mit τ_{xy}, und für diese Reibung kommt die Änderung in Betracht, die v_2 erfährt, wenn man in der Richtung der Flächennormalen, also in der Richtung von x weitergeht. Wenn aber eine Reibung τ_{xy} entsteht, so entspricht ihr zugleich eine gleichgroße Reibung τ_{yx} und umgekehrt. Andererseits steht die Reibung τ_{yz} nach unserer Annahme im nächsten Zusammenhange mit dem Differentialquotienten $\dfrac{\partial v_1}{\partial y}$. Wir erkennen hieraus, daß für den gemeinschaftlichen Wert von τ_{xy} und τ_{yx} beide Differentialquotienten maßgebend sind, und setzen demnach

$$\left.\begin{aligned}
\tau_{xy} = \tau_{yx} &= k\left(\frac{\partial v_1}{\partial y} + \frac{\partial v_2}{\partial x}\right)\\[1ex]
\tau_{xz} = \tau_{zx} &= k\left(\frac{\partial v_1}{\partial z} + \frac{\partial v_3}{\partial x}\right)\\[1ex]
\tau_{yz} = \tau_{zy} &= k\left(\frac{\partial v_2}{\partial z} + \frac{\partial v_3}{\partial y}\right)
\end{aligned}\right\} . \qquad (459)$$

Dieser Ansatz bildet daher nur eine sinngemäße und folgerichtige Ausgestaltung des schon in Band IV bei der Strömung in Röhren gewählten Reibungsgesetzes, das zuerst von Newton aufgestellt wurde.

Wenn die Schubspannungen von Null verschieden sind, können die Normalspannungen nicht mehr für alle Schnittrichtungen gleich groß sein. Wir wissen vielmehr bereits aus den in der Festigkeitslehre angestellten Betrachtungen über das Gleichgewicht an einem Volumenelemente, daß die Ausdrücke für die Normalspannungen von den für die Schubspannungen gegebenen abhängig sind. Anstatt diese Betrachtungen hier von neuem zu wiederholen, ist es am einfachsten, die Beziehungen zwischen den Spannungen durch einen Vergleich mit einem gleichbeschaffenen Spannungszustande in einem elastischen festen Körper abzuleiten. Dieser Weg empfiehlt sich um so mehr, als dabei zugleich eine sehr anschauliche Darstellung des in der strömenden Flüssigkeit bestehenden Spannungszustandes gewonnen wird.

Zu diesem Zwecke betrachten wir die Flüssigkeit zur Zeit t und in einem kurz darauf folgenden Augenblicke $t + t_0$. Während der kurzen Zeitdauer t_0 hat sich ein der Flüssigkeit angehöriger materieller Punkt um die Strecken $v_1 t_0,\ v_2 t_0,\ v_3 t_0$ in den Koordinatenrichtungen verschoben. Wir wollen uns nun einen elastischen Körper denken, der im spannungslosen Zustande genau mit der Gestalt der Flüssigkeit zur Zeit t übereinstimmt. Dieser Körper möge einer Gestaltänderung unterworfen werden, so daß die Verschiebungskomponenten $\xi \eta \zeta$ genau mit den Strecken übereinstimmen, um die sich die entsprechenden Punkte der Flüssigkeit während der Zeitdauer t_0 verschoben hatten. Wir setzen also

$$\xi = v_1 t_0, \quad \eta = v_2 t_0, \quad \zeta = v_3 t_0$$

und fragen nach den Spannungen, die in dem elastischen Körper infolge der angenommenen Gestaltänderung entstehen. Diese Spannungen ergeben sich nach dem Elastizitätsgesetze. Nach den Gleichungen (279) und (283) von Band III, S. 394 der 8. Aufl. hat man dafür die Ausdrücke

$$\tau_{xy} = \tau_{yx} = G\left(\frac{\partial \xi}{\partial y} + \frac{\partial \eta}{\partial x}\right) = G t_0 \left(\frac{\partial v_1}{\partial y} + \frac{\partial v_2}{\partial x}\right),$$

$$\tau_{xz} = \tau_{zx} = G\left(\frac{\partial \xi}{\partial z} + \frac{\partial \zeta}{\partial x}\right) = G t_0 \left(\frac{\partial v_1}{\partial z} + \frac{\partial v_3}{\partial x}\right),$$

$$\tau_{yz} = \tau_{zy} = G\left(\frac{\partial \eta}{\partial z} + \frac{\partial \zeta}{\partial y}\right) = G t_0 \left(\frac{\partial v_2}{\partial z} + \frac{\partial v_3}{\partial y}\right),$$

$$\sigma_x = 2 G\left(\frac{\partial \xi}{\partial x} + \frac{e}{m-2}\right) = 2 G t_0 \frac{\partial v_1}{\partial x},$$

$$\sigma_y = 2 G\left(\frac{\partial \eta}{\partial y} + \frac{e}{m-2}\right) = 2 G t_0 \frac{\partial v_2}{\partial y},$$

$$\sigma_z = 2 G\left(\frac{\partial \zeta}{\partial z} + \frac{e}{m-2}\right) = 2 G t_0 \frac{\partial v_3}{\partial z}.$$

Beim Einsetzen der Werte von $\xi \eta \zeta$ in diese Formeln war zu beachten, daß nach der Kontinuitätsgleichung

$$\frac{\partial v_1}{\partial x} + \frac{\partial v_2}{\partial y} + \frac{\partial v_3}{\partial z} = 0$$

ist und daß daher bei dem hier zu untersuchenden Formänderungszustand des elastischen Körpers die kubische Ausdehnung e ebenfalls verschwindet.

Wenn der Schubelastizitätsmodul G des elastischen Körpers beliebig gegeben ist, wird man die Zeit t_0 stets so wählen können, daß

$$G t_0 = k$$

wird. In diesem Falle stimmen, wie der Vergleich der Formeln lehrt, die Schubspannungskomponenten im elastischen Körper genau mit den inneren Reibungen in der Flüssigkeit überein.

Darum brauchen aber die beiden miteinander verglichenen Spannungszustände noch nicht in allen Stücken übereinzustimmen. Sie können sich noch voneinander unterscheiden in der Art, daß der Unterschied einem Spannungszustande entspricht, für den die Schubspannungen überall zu Null werden. Und zwar gelten die vorhergehenden Betrachtungen für jede beliebige Richtung der Koordinatenachsen, so daß also auch bei dem Differenz-

Spannungszustande die Schubspannungen für jede Schnittrich-
tung verschwinden müssen. Dazu gehört, daß jede Schnittrich-
tung eine Hauptschnittrichtung und jede Spannung eine Haupt-
spannung sein muß, d. h. der gesuchte Differenz-Spannungszu-
stand kann nur entweder in einer nach allen Richtungen hin
gleichen Flüssigkeitspressung p bestehen oder auch in einem Zustande der Zugspannung, wie er daraus hervorgeht, wenn man
p negativ setzt.

Auf Grund dieser Betrachtungen vermögen wir jetzt die Ausdrücke für die Normalspannungen in der zähen Flüssigkeit aus
den für den elastischen Körper gültigen herzuleiten, indem wir
das Glied $-p$ hinzufügen und $G t_0$ wiederum durch k ersetzen.
Damit erhalten wir

$$
\left.
\begin{aligned}
\sigma_x &= -p + 2k\frac{\partial v_1}{\partial x}\\[1mm]
\sigma_y &= -p + 2k\frac{\partial v_2}{\partial y}\\[1mm]
\sigma_z &= -p + 2k\frac{\partial v_3}{\partial z}
\end{aligned}
\right\}
\qquad (460)
$$

Die Bedeutung von p folgt hieraus leicht durch Addition der
drei Gleichungen unter Beachtung der Kontinuitätsbedingung;
man erhält nämlich

$$
p = -\frac{\sigma_x + \sigma_y + \sigma_z}{3},
$$

d. h. p ist der arithmetische Mittelwert des Flüssigkeitsdruckes
auf irgend drei zueinander senkrecht stehende Schnittflächen.
Die Glieder, die zu $-p$ hinzutreten, geben demnach die Abweichungen des Spannungszustandes in der bewegten zähen Flüssigkeit von der nach allen Seiten hin gleichen Pressung einer dafür
an die Stelle gesetzten reibungsfreien Flüssigkeit an.

Auch die Arbeiten, die von den Spannungskomponenten an
der Oberfläche eines Raumelements bei der vorher betrachteten
Formänderung der Flüssigkeit geleistet werden, können im wesentlichen nach derselben Formel berechnet werden wie die Formänderungsarbeit am elastischen Körper. Man muß nur beachten,
daß bei den Formeln der Festigkeitslehre für die Formänderungsarbeit überall der Faktor $\frac{1}{2}$ zu dem Produkt aus Kraft und zuge-
höriger Verschiebung beizufügen ist, weil die Kraft erst allmählich und proportional mit der Verschiebung anwächst, während
bei der Bewegung der zähen Flüssigkeit die Spannungen bei
der ganzen in der kurzen Zeit t_0 erfolgenden Formänderung

ihre Werte von Anfang an entweder ganz oder doch nahezu unverändert beibehalten. Die Gestaltänderungsarbeit in der zähen Flüssigkeit ist daher doppelt so groß als die Formänderungsarbeit, die bei den Verschiebungen $\xi\eta\zeta$ im elastischen Körper aufgespeichert wird. Freilich bedeutet die Gestaltänderungsarbeit für die Flüssigkeit keine aufgespeicherte mechanische Energie, sondern einen Verlust an mechanischer Energie, indem diese durch die Reibungen in Wärme verwandelt wird.

Wenn $k = 0$ ist, wird die Arbeit der Spannungen an jedem Raumelemente zu Null, d. h. in der reibungsfreien Flüssigkeit kann keine mechanische Energie verloren gehen. Man kann daher eine vollkommene Flüssigkeit auch geradezu durch die Eigenschaft definieren, daß in ihr bei regelmäßiger Strömung keine mechanische Energie in Wärme verwandelt werden kann. Aber dieser Satz ist mit Vorsicht anzuwenden, denn er hört auf, auch nur näherungsweise gültig zu bleiben, sobald in einer Flüssigkeit mit noch so kleiner Reibung Mischbewegungen vorkommen Bei einer Mischung von Flüssigkeitsteilchen, die verschiedene Geschwindigkeiten mitbringen, gleicht sich nämlich die Geschwindigkeit nach dem Schwerpunktssatze aus und damit ist allemal ein Verlust an lebendiger Kraft verbunden, von derselben Größe wie beim Stoße starrer Körper in der ersten Stoßperiode, da ja hierbei in der Tat auch nur der Geschwindigkeitsausgleich nach dem Schwerpunktssatze für den Verlust an lebendiger Kraft maßgebend ist. Die Mitwirkung einer, wenn auch nur sehr kleinen, Flüssigkeitsreibung ist übrigens zur Herbeiführung eines Geschwindigkeitsausgleichs der sich mischenden Flüssigkeitsteilchen auf jeden Fall erforderlich. Bei den weiterfolgenden Betrachtungen setzen wir aber einen regelmäßigen Stromverlauf voraus, der nicht mit Mischbewegungen verbun den ist.

Setzt man die Werte für die Spannungskomponenten in die erste der Gleichungen (458) ein, so erhält man

$$\mu\,\frac{dv_1}{dt} = -\,\frac{\partial p}{\partial x} + k\left(2\,\frac{\partial^2 v_1}{\partial x^2} + \frac{\partial^2 v_1}{\partial y^2} + \frac{\partial^2 v_2}{\partial x\,\partial y} + \frac{\partial^2 v_1}{\partial z^2} + \frac{\partial^2 v_3}{\partial x\,\partial z}\right)$$

Nach der Kontinuitätsgleichung ist aber

$$\frac{\partial v_1}{\partial x} + \frac{\partial v_2}{\partial y} + \frac{\partial v_3}{\partial z} = 0$$

und daher auch $\quad \dfrac{\partial^2 v_1}{\partial x^2} + \dfrac{\partial^2 v_2}{\partial x\,\partial y} + \dfrac{\partial^2 v_3}{\partial x\,\partial z} = 0$

Hiernach heben sich in der Klammer der vorhergehenden Gleichung drei Glieder gegeneinander fort. Mit Einführung des Zeichens ∇^2 für die Laplacesche Operation läßt sich daher die Gleichung schreiben

$$\mu \frac{d v_1}{d t} = -\frac{\partial p}{\partial x} + k \nabla^2 v_1. \tag{461}$$

Entsprechende Gleichungen gelten auch für die anderen Koordinatenrichtungen. Setzt man noch für die Beschleunigungskomponenten ihre ausführlicher angegebenen Werte ein, so erhält man die Bewegungsgleichungen für zähe Flüssigkeiten, um deren Ableitung es sich hier handelt, in der Form

$$\left. \begin{aligned} \mu \left(\frac{\partial v_1}{\partial t} + v_1 \frac{\partial v_1}{\partial x} + v_2 \frac{\partial v_1}{\partial y} + v_3 \frac{\partial v_1}{\partial z} \right) &= -\frac{\partial p}{\partial x} + k \nabla^2 v_1 \\ \mu \left(\frac{\partial v_2}{\partial t} + v_1 \frac{\partial v_2}{\partial x} + v_2 \frac{\partial v_2}{\partial y} + v_3 \frac{\partial v_2}{\partial z} \right) &= -\frac{\partial p}{\partial y} + k \nabla^2 v_2 \\ \mu \left(\frac{\partial v_3}{\partial t} + v_1 \frac{\partial v_3}{\partial x} + v_2 \frac{\partial v_3}{\partial y} + v_3 \frac{\partial v_3}{\partial z} \right) &= -\frac{\partial p}{\partial z} + k \nabla^2 v_3 \end{aligned} \right\} \cdot \tag{462}$$

Mit $k = 0$ umfassen diese Gleichungen zugleich die Eulerschen für die reibungsfreie Flüssigkeit. Man kann auch alle drei Gleichungen in eine einzige Vektorgleichung zusammenfassen, wie es früher mit den Eulerschen Gleichungen in Gl. (229), S. 385 der 5. Aufl. des 4. Bandes geschehen war. Diese Gleichung lautet hier

$$\mu \left(\frac{\partial \mathfrak{v}}{\partial t} + (\mathfrak{v} \nabla) \mathfrak{v} \right) = -\nabla p + k \nabla^2 \mathfrak{v} \tag{463}$$

Wegen der verwickelten Gestalt dieser Gleichungen macht die Lösung von Aufgaben über die Bewegung zäher Flüssigkeiten weit mehr Schwierigkeiten, als die Lösung der entsprechenden Aufgaben für reibungsfreie Flüssigkeiten. Um diese Schwierigkeiten zu vermindern, begnügt man sich meist damit, den Bewegungsvorgang nur unter der Voraussetzung zu untersuchen, daß die Geschwindigkeiten sehr klein seien. Diese Einschränkung hat zugleich den Vorteil, daß der störende Einfluß der Mischbewegungen dadurch um so sicherer ausgeschlossen wird.

Denkt man sich $\mathfrak{v}$ in der Grenze unendlich klein, so wird das Glied $(\mathfrak{v} \nabla) \mathfrak{v}$ in der vorhergehenden Gleichung von der zweiten Ordnung klein, so daß es gegenüber den im allgemeinen nur von der ersten Ordnung kleinen Gliedern $\frac{\partial \mathfrak{v}}{\partial t}$ und $\nabla^2 \mathfrak{v}$ vernachlässigt werden kann. Die Gleichung lautet dann

$$\mu \frac{\partial \mathfrak{v}}{\partial t} = - \nabla p + k \nabla^2 \mathfrak{v}.$$

Ist die Bewegung überdies auch noch stationär, so fällt die linke Seite ganz fort und man erhält

$$k \nabla^2 \mathfrak{v} = \nabla p, \tag{464}$$

wozu noch die Kontinuitätsgleichung kommt. Bei dieser Gleichung ist daher der auf die Beschleunigung entfallende Teil des Druckgefälles gegenüber dem für die Überwindung der Reibungen erforderlichen vernachlässigt. Ausführlicher angeschrieben zerfällt Gl. (464) in die drei Komponentengleichungen

$$k \nabla^2 v_1 = \frac{\partial p}{\partial x}, \quad k \nabla^2 v_2 = \frac{\partial p}{\partial y}, \quad k \nabla^2 v_3 = \frac{\partial p}{\partial z}. \tag{465}$$

Differentiiert man diese drei Gleichungen der Reihe nach nach xyz und addiert, so erhält man mit Berücksichtigung der Kontinuitätsgleichung

$$\nabla^2 p = 0. \tag{466}$$

Da p der einfachen Laplaceschen Gleichung genügt, vermag man beliebig viele partikuläre Lösungen dafür leicht anzugeben. Der Strömungszustand, der einer solchen Annahme entspricht, ist dann aus den Gleichungen (465) abzuleiten.

§ 76. Anwendungen.

Eine der bekanntesten Anwendungen der im vorhergehenden Paragraphen aufgestellten Gleichungen bezieht sich auf die langsame Bewegung einer Kugel in einer zähen Flüssigkeit. Diese Untersuchung schließt sich eng an die schon in Band IV, § 57 der 5. Aufl. für die Bewegung einer Kugel in einer vollkommenen Flüssigkeit durchgeführte an. Wie damals denken wir uns, um auf eine gleichwertige stationäre Strömung zu kommen, auch jetzt wieder die Kugel an ihrem Platze festgehalten, während die Flüssigkeit um sie herumströmt. Die Kraft, die zum Festhalten erforderlich ist, gibt dann zugleich den Widerstand an, den die Kugel bei gleichförmiger Bewegung in der in größeren Abständen von ihr ruhenden Flüssigkeit findet.

Die Lösung wird durch die folgenden Ausdrücke für die Geschwindigkeitskomponenten angegeben

$$v_1 = \frac{3}{4} a \frac{\varrho x z}{r^3} \left(\frac{\varrho^2}{r^2} - 1 \right)$$

$$v_2 = \frac{3}{4} a \frac{\varrho y z}{r^3} \left(\frac{\varrho^2}{r^2} - 1 \right) \qquad \Bigg\} \cdot \qquad (467)$$

$$v_3 = \frac{3}{4} a \frac{\varrho z^2}{r^3} \left(\frac{\varrho^2}{r^2} - 1 \right) + a - a \frac{\varrho}{4 r} \left(\frac{\varrho^2}{r^2} + 3 \right)$$

Für alle Punkte auf der Oberfläche der Kugel vom Halbmesser ϱ, also für $r = \varrho$ verschwinden diese Geschwindigkeitskomponenten. Für $r = \infty$ verschwinden v_1 und v_2, während $v_3 = a$ wird, d. h. die Flüssigkeit bewegt sich in größerer Entfernung von der Kugel parallel zur Z-Achse mit der Geschwindigkeit a. Für die Differentialquotienten der Komponenten $v_1 \ v_2 \ v_3$ erhält man

$$\frac{\partial v_1}{\partial x} = \frac{3}{4} a \varrho z \left(\frac{\varrho^2}{r^5} - \frac{1}{r^3} - 5 \frac{x^2}{r^7} \varrho^2 + 3 \frac{x^2}{r^5} \right)$$

$$\frac{\partial v_2}{\partial y} = \frac{3}{4} a \varrho z \left(\frac{\varrho^2}{r^5} - \frac{1}{r^3} - 5 \frac{y^2}{r^7} \varrho^2 + 3 \frac{y^2}{r^5} \right) \Bigg\} \cdot \qquad (468)$$

$$\frac{\partial v_3}{\partial z} = \frac{3}{4} a \varrho z \left(\frac{3 \varrho^2}{r^5} - \frac{1}{r^3} - 5 \frac{z^2}{r^7} \varrho^2 + 3 \frac{z^2}{r^5} \right)$$

Addiert man die drei Werte zueinander, so erhält man Null; die Kontinuitätsbedingung ist also erfüllt und durch die Gl. (467) wird in der Tat zunächst wenigstens eine geometrisch mögliche Flüssigkeitsbewegung beschrieben, die, wie wir vorher schon sahen, auch die Grenzbedingungen an der Oberfläche der ruhenden Kugel und im Unendlichen erfüllt.

Hierauf sind die Ausdrücke für die Geschwindigkeitskomponenten in die Gleichungen (465) einzusetzen. Zur Ausführung der Laplaceschen Operation ∇^2 sind etwas längere Rechnungen erforderlich. Es ergibt sich dabei, daß z. B.

$$\nabla^2 \frac{x z}{r^3} = - \frac{6 x z}{r^5}, \quad \nabla^2 \frac{x z}{r^5} = 0, \quad \nabla^2 \left(\frac{1}{r^5} \right) = \frac{20}{r^7}$$

ist. Dieselben Formeln gelten auch bei Vertauschung von x mit y.

Mit Rücksicht hierauf ergibt sich aus den Gleichungen (467)

$$\nabla^2 v_1 = \frac{9}{2} a \varrho \frac{x z}{r^5}, \qquad \nabla^2 v_2 = \frac{9}{2} a \varrho \frac{y z}{r^5},$$

$$\nabla^2 v_3 = \frac{9}{2} a \varrho \frac{z^2}{r^5} - \frac{3}{2} \frac{a \varrho}{r^3}.$$

Trägt man diese Werte in die Gl. (465) ein, so erhält man nach Ausführung der leicht zu bewerkstelligenden Integration

$$p = p_0 - \frac{3}{2} ak\varrho \frac{z}{r^3} \cdot \qquad (469)$$

Die Integrationskonstante p_0 bedeutet den Flüssigkeitsdruck in großem Abstande von der Kugel, auf den es aber im übrigen nicht ankommt. Hiermit ist der Beweis für die Richtigkeit des Ansatzes (467) erbracht.

Es fragt sich jetzt nur noch, wie groß der resultierende Druck ist, den die Flüssigkeit auf die ihr im Wege stehende Kugel ausübt. Aus Symmetriegründen muß diese Kraft parallel zur Z-Achse sein. Bezeichnen wir sie mit P, so ist zunächst

$$P = \int dF \cdot p_{nz},$$

wenn mit p_{nz} die Z-Komponente des bezogenen Flüssigkeitsdruckes im Oberflächenelemente dF der Kugel bezeichnet und die Integration über die ganze Kugelfläche erstreckt wird.

Für p_{nz} hat man aber nach Gl. (6), von Band III

$$p_{nz} = \sigma_z \cos(nz) + \tau_{xz} \cos(nx) + \tau_{yz} \cos(ny).$$

Dabei kann man die Richtungscosinus der Normalen zur Kugeloberfläche in unserem Falle leicht in den Koordinaten von dF ausdrücken, womit der vorige Ausdruck übergeht in

$$p_{nz} = \frac{z}{\varrho} \sigma_z + \frac{x}{\varrho} \tau_{xz} + \frac{y}{\varrho} \tau_{yz} \cdot$$

Für die Spannungskomponenten σ_z usf. an der Kugeloberfläche findet man aus den Gleichungen (459) und (460), nachdem man in diese die Geschwindigkeitskomponenten aus den Gleichungen (467) eingesetzt und hierauf $r = \varrho$ gemacht hat,

$$\sigma_z = -p_0 + \frac{3ak}{2}\left(\frac{3z}{\varrho^2} - \frac{2z^3}{\varrho^4}\right)$$

$$\tau_{xz} = \frac{3ak}{2}\left(\frac{x}{\varrho^2} - \frac{2xz^2}{\varrho^4}\right)$$

$$\tau_{yz} = \frac{3ak}{2}\left(\frac{y}{\varrho^2} - \frac{2yz^2}{\varrho^4}\right)$$

Hiermit wird endlich

$$P = \frac{1}{\varrho}\int dF\left\{-p_0 z + \frac{3ak}{2}\left[\frac{3z^2}{\varrho^2} - \frac{2z^4}{\varrho^4} + \frac{x^2}{\varrho^2} - \frac{2x^2z^2}{\varrho^4} + \frac{y^2}{\varrho^2} - \frac{2y^2z^2}{\varrho^4}\right]\right\} \cdot$$

Beachtet man, daß

$$\int dF \cdot z = 0$$

ist, und daß sich die Glieder in der eckigen Klammer zu 1 zusammenziehen, so vereinfacht sich dieser Ausdruck zu

$$P = \frac{1}{\varrho} \cdot \frac{3\,a\,k}{2} \int dF,$$

oder wenn man für die Kugeloberfläche $\int dF$ ihren Wert $4\pi\varrho^2$
einführt,

$$P = 6\pi a k \varrho, \qquad (470)$$

d. h. der resultierende Flüssigkeitsdruck wird proportional der ersten Potenz der Geschwindigkeit und zugleich auch proportional der ersten Potenz des Kugel-
halbmessers gefunden.

Bei der Anwendung dieser Formel darf man aber nicht vergessen, daß sie nur für kleine Geschwindigkeiten gültig ist, da
wir bei der Ableitung vorausgesetzt haben, daß der zur Beschleunigung erforderliche Anteil des Druckgefälles gegenüber
dem zur Überwindung der Reibung dienenden zu vernachlässigen
sei. Damit dies zutrifft, muß bei Wasser, das einen verhältnismäßig niedrigen Zähigkeitskoeffizienten hat, die Geschwindigkeit,
wie eine Überschlagsrechnung lehrt, jedenfalls sehr gering sein,
so daß das Anwendungsgebiet der Formel im Wasser sehr beschränkt ist, und man nur selten praktisch Gebrauch davon machen
kann. Erst bei sehr viel zäheren Flüssigkeiten, die indessen
praktisch ebenfalls von Wichtigkeit werden können, darf man
auch für etwas größere Geschwindigkeiten erwarten, daß die
Formel hinlänglich genau zutrifft.

Hierbei muß jedoch auf einen Fall noch besonders hingewiesen
werden, nämlich auf den, daß der Kugelhalbmesser sehr
klein ist. Man vergleiche etwa ein Kügelchen von 1 Mikron
Durchmesser mit einer größeren Kugel von 1 cm Durchmesser
und stelle sich vor, daß sich beide mit der gleichen Geschwindigkeit a durch die Flüssigkeit bewegen, so daß Gl. (470) anwendbar
bleibt. Nach dieser Gleichung macht der Widerstand P, den das
Kügelchen in der Flüssigkeit findet, den 10000 ten Teil des
Widerstandes der größeren Kugel aus. Dabei ist aber der Rauminhalt und auch das Gewicht der größeren Kugel 10^{12} mal größer
als der Rauminhalt oder das Gewicht des Kügelchens. Außerdem
stehen in demselben Verhältnisse wie die Rauminhalte der Kugeln

auch die Flüssigkeitsmengen und ihre lebendigen Kräfte zueinander, die um die Kugeln herumströmen. Der Anteil von P, der
auf die Beschleunigung verwendet wird, verhält sich daher in
beiden Fällen wie $1 : 10^{12}$ und das nach Gl. (470) berechnete P
wie $1 : 10^4$ und man erkennt daraus, daß man bei dem kleinen
Kügelchen selbst schon für ziemlich große Geschwindigkeiten nur
auf den zur Überwindung der Reibungen erforderlichen Anteil
von P zu achten braucht und daß daher in solchen Fällen die
Anwendung von Gl. (470) stets zulässig ist. Ein kleines Queck-
silbertröpfchen etwa, dessen Durchmesser einen Bruchteil eines
Mikrons betragen möge, fällt in der Luft infolge seines Eigengewichtes nur äußerst langsam mit einer gleichförmigen Geschwindigkeit a herab, die nach Gl. (470) berechnet werden kann.

Eine andere Anwendung der Theorie der zähen Flüssigkeiten,
die eine nähere Betrachtung verdient, bezieht sich auf die Zapfenreibung bei „vollkommener" Schmierung, nämlich bei
einer Schmierung, die ausreicht, um den Zapfen von den Lagerschalen durch die Ölschicht vollständig zu trennen, so daß der
Zapfen im Öle schwimmt. In Band I, § 35 der 3. Aufl. habe ich
bereits auseinandergesetzt, daß die Zapfenreibung bei dieser
Schmierung ganz anders und viel niedriger ausfällt, als wenn eine
unmittelbare Berührung zwischen Zapfen und Lagerschalen eintritt. Die Reibung kann nämlich bei vollkommener Schmierung
nur durch die Schmierschicht selbst übertragen werden und befolgt
daher die Gesetze der Flüssigkeitsreibung, die von denen der
Reibung zwischen festen Körpern ganz verschieden sind. Der
Hauptunterschied besteht darin, daß die Reibung bei der vollkommenen Schmierung vom Drucke, also von der Belastung des
Zapfens wenigstens unmittelbar nicht abhängt und mittelbar nur
insofern, als die Dicke der Schmierschicht durch den Druck, der
sich darin überträgt und der die Flüssigkeit seitlich zu verdrängen
sucht, eine Verminderung erfahren kann.

Wenn auch der Fortschritt in der Konstruktion möglichst
reibungsfreier Zapfenlager in erster Linie durch die Anstellung
von Versuchen und die Verwertung ihrer Ergebnisse herbeigeführt
worden ist, wird es doch für den mit diesen Dingen Beschäftigten
von Nutzen sein, auf die Flüssigkeitsbewegungen in der Schmierschicht theoretisch noch etwas näher einzugehen. Dazu mögen
die folgenden Betrachtungen eine Anleitung geben.

Abb. 29 gibt in starker Vergrößerung ein kleines Stück vom

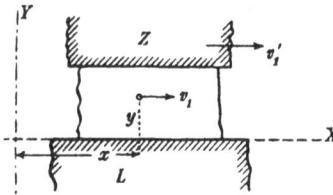

Abb. 29.

Querschnitt der Schmierschicht eines Tragzapfens an. Mit Z ist der Zapfen, mit L die Lagerschale bezeichnet und zwischen beiden liegt die Ölschicht von der sehr geringen Dicke h. Eigentlich sind die Oberflächen von Z und L kreisförmig gebogen. Der Halbmesser des Kreisbogens ist aber bei dem in der Zeichnung angewendeten Maßstabe so groß, daß auf die kurze Strecke, die in der Abbildung herausgegriffen ist, die Krümmung nicht merklich wird, so daß Z und L als geradlinig begrenzt angesehen werden können.

Die Lagerschale L liegt fest und an ihr haftet die daran grenzende Flüssigkeit, während Z mit einer Geschwindigkeit $v_1{}'$, nämlich mit der gegebenen Umfangsgeschwindigkeit des Zapfens im Sinne der X-Achse und zwar nach rechts hin bewegt sein möge. Die an Z unmittelbar angrenzende Flüssigkeit haftet an Z und wird davon mit der Geschwindigkeit $v_1{}'$ mitgenommen. An irgendeiner Stelle im Abstande y von L hat die Flüssigkeit eine Geschwindigkeit v_1 im Sinne der X-Achse, die voraussichtlich zwischen 0 und $v_1{}'$ liegen wird. Eine Bewegung im Sinne der Y-Achse ist nicht zu erwarten und außerdem wollen wir uns hier auch auf die Untersuchung des Falles beschränken, daß die Flüssigkeit keine Bewegung senkrecht zur Querschnittsebene, also in der Richtung der Zapfenachse ausführt.

Wir haben demnach hier

$$v_2 = 0, \qquad v_3 = 0, \qquad \frac{\partial v_1}{\partial x} = 0, \qquad \frac{\partial v_1}{\partial z} = 0 \qquad (471)$$

zu setzen und außerdem anzunehmen, daß es sich um eine stationäre Bewegung handelt. Von den Bewegungsgleichungen (462) vereinfacht sich mit diesen Annahmen die erste zu

$$\frac{\partial p}{\partial x} = k \frac{\partial^2 v_1}{\partial y^2}, \qquad (472)$$

während die beiden anderen

$$\frac{\partial p}{\partial y} = 0, \qquad \frac{\partial p}{\partial z} = 0 \qquad (473)$$

liefern. Differentiiert man Gl. (472) nach y und beachtet die erste der Gleichungen (473), so folgt

$$\frac{\partial^2 v_1}{\partial y^2} = 0.$$

Durch Integration erhält man daraus

$$v_1 = ay^2 + by + c.$$

Da v_1 für $y = 0$ verschwinden muß, folgt $c = 0$ und die andere Grenzbedingung liefert

$$v_1' = ah^2 + bh.$$

Entnimmt man hieraus b, so folgt

$$v_1 = ay^2 + \left(\frac{v_1'}{h} - ah\right)y. \tag{474}$$

Die Bedeutung der noch stehen gebliebenen Integrationskonstanten a ergibt sich durch Einsetzen des Wertes in Gl. (472). Man hat

$$\frac{\partial p}{\partial x} = 2ak \tag{475}$$

und a ist demnach proportional mit dem Druckanstieg in der X-Richtung.

Die Flüssigkeitsmenge, die in der Zeiteinheit durch einen Querschnitt fließt, dessen eine Seite die Dicke h der Schmierschicht ist, während die andere senkrecht zur Zeichenebene in Abb. 29 stehende Seite gleich der Längeneinheit sein möge, sei mit Q bezeichnet. Man findet dafür

$$Q = \int_0^h v_1 \, dy = \frac{ah^3}{3} + \left(\frac{v_1'}{h} - ah\right)\frac{h^2}{2}$$

oder kürzer und mit Einsetzen des Wertes von a aus Gl. (475)

$$Q = \frac{v_1' h}{2} - \frac{h^3}{12k}\frac{dp}{dx}. \tag{476}$$

Nach diesen Vorbereitungen wollen wir jetzt den Fall betrachten, daß der Zapfen genau konzentrisch mit der Lagerschale liegt, so daß die Schmierschicht ringsum dieselbe Dicke h hat. Dann ist alles ringsum symmetrisch und es kann daher kein Druckanstieg $\frac{dp}{dx}$ bestehen. Wenn p überall gleich ist, wird aber die Resultierende der Flüssigkeitsdrucke auf den Zapfen zu Null, d. h. dieser Zustand ist nur für den unbelasteten Zapfen möglich. Dabei ist von den geringen Druckunterschieden, die durch die

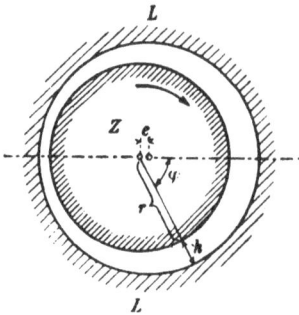

Abb. 30.

Schwere der Flüssigkeit in verschiedenen Höhen des horizontal liegenden Zapfens hervorgebracht werden, abgesehen worden.

Wenn der Zapfen eine Belastung zu übertragen hat, muß die Resultierende der Flüssigkeitsdrucke am Zapfenumfange mit dieser Belastung Gleichgewicht halten. Daher kann $\frac{dp}{dx}$ nicht überall Null und h nicht überall gleich groß sein. Der Querschnitt der Schmierschicht muß daher durch zwei exzentrisch zueinander liegende Kreise begrenzt sein. In Abb. 30 sind diese Kreise angegeben, wobei der Deutlichkeit wegen die Dicke der Schmierschicht viel größer gezeichnet wurde, als sie in Wirklichkeit anzunehmen ist. Man kann sowohl die Differenz der beiden Radien δ als die Exzentrizität e der Kreise und hiermit alle h genau genug als unendlich klein gegen jeden der beiden Radien ansehen.

Unter diesen Umständen läßt sich genau genug h als Funktion des in der Abbildung angegebenen Richtungswinkels φ durch die Gleichung

$$h = \delta + e \cos \varphi \qquad (477)$$

darstellen. Da auch der Differentialquotient von h nach φ klein von derselben Ordnung ist, sind an jeder Stelle die die Ölschicht begrenzenden Wände nahezu parallel miteinander und wir dürfen daher die vorher für parallele Wände abgeleitete Gl. (476) für die zum Winkel φ gehörige Durchflußmenge Q hier ebenfalls anwenden. Dabei ist $dx = r\,d\varphi$ und daher

$$\frac{dp}{dx} = \frac{1}{r} \frac{dp}{d\varphi}$$

zu setzen. Aus Gl. (476) erhalten wir daher

$$\frac{dp}{d\varphi} = \frac{12\,k\,r}{h^3} \left(\frac{v_1'\,h}{2} - Q \right). \qquad (478)$$

In dieser Gleichung ist auf der rechten Seite alles bekannt bis auf die der Kontinuitätsbedingung wegen konstante Durchflußmenge Q. Um diese zu erhalten, benutzen wir die Bedingung, daß

$$\int_0^{2\pi} \frac{dp}{d\varphi}\, d\varphi = 0$$

sein muß. Setzt man für h seinen Wert aus Gl. (477) ein, so geht die Gleichung über in

$$\frac{v_1{}'}{2} \int\limits_0^{2\pi} \frac{d\varphi}{(\delta + e \cos\varphi)^2} - Q \int\limits_0^{2\pi} \frac{d\varphi}{(\delta + e \cos\varphi)^3} = 0.$$

Um die bestimmten Integrale zu berechnen, ermittle ich zuerst das Integral

$$J_1 = \int\limits_0^{2\pi} \frac{d\varphi}{\delta + e \cos\varphi} = \frac{1}{e}\left[\frac{2}{\sqrt{\dfrac{\delta^2}{e^2}-1}} \operatorname{arctg}\left(\sqrt{\frac{\delta - e}{\delta + e}}\, \operatorname{tg} \frac{\varphi}{2} \right) \right]_0^{2\pi}$$

$$J_1 = \frac{2\pi}{\sqrt{\delta^2 - e^2}}.$$

Daraus erhält man durch Differentiation nach δ

$$\int\limits_0^{2\pi} \frac{d\varphi}{(\delta + e \cos\varphi)^2} = -\frac{dJ_1}{d\delta} = \frac{2\pi\delta}{\sqrt{(\delta^2 - e^2)^3}}$$

und in derselben Weise wird auch

$$\int\limits_0^{2\pi} \frac{d\varphi}{(\delta + e \cos\varphi)^3} = \frac{\pi(2\delta^2 + e^2)}{\sqrt{(\delta^2 - e^2)^5}}$$

gefunden. Setzt man diese Werte in die vorhergehende Gleichung ein und löst sie nach Q auf, so erhält man

$$Q = v_1{}' \frac{\delta(\delta^2 - e^2)}{2\delta^2 + e^2}, \tag{479}$$

womit Q in lauter gegebenen Größen ausgedrückt ist. Zur Probe für die Richtigkeit der Rechnung kann es dienen, daß Q für $e = 0$ zu $\frac{1}{2} v_1{}' \delta$ und für $e = \delta$ gleich Null wird, wie es sein muß.

Setzt man Q in Gl. (478) ein, so ist damit die Druckverteilung rings um den Zapfen bis auf die Ausführung der Integration, die man aber genau genug auch durch eine mechanische Quadratur ersetzen kann, vollständig bestimmt. Um die Stellen zu erhalten, an denen p ein Maximum oder Minimum wird, setzen wir $\dfrac{dp}{d\varphi} = 0$ und erhalten dafür nach Gl. (478) die Bedingungsgleichung

$$\cos\varphi = -\frac{3\delta e}{2\delta^2 + e^2}. \tag{480}$$

Bei einem schwach belasteten Zapfen, für den e klein gegen δ ist, liegen die beiden Stellen des kleinsten und des größten Flüssigkeitsdruckes nahezu diametral einander gegenüber. Bei einem Zapfen, der so stark belastet ist, daß die Flüssigkeit an der engsten Stelle schon fast ganz verdrängt ist, wird e nahezu gleich δ und hiermit $\cos\varphi$ nahezu gleich -1, d. h. der größte und der kleinste Flüssigkeitsdruck tritt zu beiden Seiten der engsten Stelle ganz in deren Nähe auf. Da an den engsten Stellen große Gleitgeschwindigkeiten (oder genauer gesagt große Werte von $\dfrac{dv_1}{dy}$) auftreten müssen, denen große Reibungen entsprechen, folgt aus dieser Theorie, daß die Zapfenreibung auch bei vollkommener Schmierung von der Zapfenbelastung nicht unabhängig sein kann, obschon die Flüssigkeitsreibung an sich unabhängig vom Druck ist.

Für eine Einführung in den Gegenstand reichen die hier abgeleiteten Ergebnisse bereits aus. Ich sehe daher von einer weiteren Besprechung der gefundenen Lösung, die mehr Schwierigkeiten verursacht, ab und verweise den Leser, der sich mit dem Gegenstande noch weiter beschäftigen möchte, auf die Abhandlung von Prof. Sommerfeld „Hydrodynamische Theorie der Schmiermittelreibung", Zeitschr. f. Math. u. Phys. Bd. 50, S. 97, 1904. Ich füge hinzu, daß ich mich in den vorhergehenden Entwicklungen ebenfalls schon an diese Arbeit angeschlossen habe.

§ 77. Der Satz von Carnot über den Verlust an lebendiger Kraft in der technischen Hydraulik.

Bei einer Reihe von Fragen über Flüssigkeitbewegungen, die beim heutigen Stande unseres Wissens keine genauere Beantwortung zulassen, stützt man sich, um wenigstens zu einer näherungsweise zutreffenden Lösung zu gelangen, häufig auf eine Annahme, die in manchen Fällen bis zu einem gewissen Grade durch unmittelbare Versuchsergebnisse gerechtfertigt erscheint, auf andere Fälle aber zugleich in ziemlich willkürlicher Weise übertragen wird. Diese Annahme ist unter der Bezeichnung des Carnotschen Satzes bekannt. Für den Fall des Stoßes plastisch-starrer Körper wurde der Satz von Carnot über den Stoßverlust in § 60 besprochen und bewiesen. Er ergab sich für den dort vorausgesetzten Fall als eine streng beweisbare Folgerung aus den zuverlässigsten Grundgesetzen der Mechanik. Hierdurch

wird leicht die Meinung er-
weckt, als ob dem Satze auch
bei den Anwendungen, die er
in der Hydrodynamik findet,
eine ähnliche Bedeutung zu-
komme. Davor ist aber entschieden zu warnen. Vielmehr
sind alle Versuche, die man
unternommen hat, den Carnotschen Satz für Flüssigkeitbewegungen aus den Grundgesetzen der Mechanik abzuleiten, miß-
glückt; die angeblichen Beweise sind nur Scheinbeweise, insofern als dabei Annahmen mit unterlaufen, die selbst wieder ebenso willkürlich und unberechtigt sind, als der Satz selbst, den
man beweisen will.

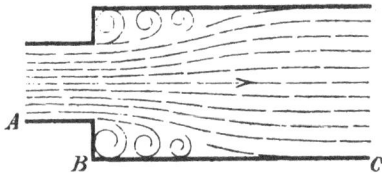

Abb. 31.

Es ist nötig, daß man sich hierüber im klaren ist, um sich
vor einer Überschätzung der Zuverlässigkeit der aus dem Carnotschen Satze abgeleiteten Rechnungen zu bewahren. Dagegen
ist es ganz gerechtfertigt, in Fällen, bei denen es an einem brauch-
baren anderen Ansatze fehlt, die Rechnung zunächst einmal
unter Annahme des Carnotschen Satzes durchzuführen, wenn
man sich nur vorbehält, an der Genauigkeit der Ergebnisse, zu
denen man dabei gelangt, so lange zu zweifeln, als ihre Richtigkeit nicht durch Versuche oder sonst auf einem anderen geeigneten Wege nachgeprüft werden kann. Eine selbst nur ganz
bedingungsweise und ungefähr zutreffende Theorie ist, sofern man
sie nur mit der nötigen Vorsicht benutzt, immer noch besser als
gar keine.

Die einfachste Erscheinung, auf die man den Carnotschen
Satz anzuwenden pflegt und für die er auch durch die darüber
vorliegenden Versuchsergebnisse als hinlänglich bestätigt zu er-
achten ist, besteht in dem Druckhöhenverluste, der infolge einer
plötzlichen Erweiterung des Rohrquerschnitts beim Strömen des
Wassers in einer Rohrleitung eintritt.

In Abb. 31 sei AB ein Längsschnitt durch das engere, BC
ein Schnitt durch das weitere Rohr, das sich bei B in schroffem
Übergange an jenes ansetzt. In den Querschnitten A und C der
beiden Rohre, die weit genug von der Übergangsstelle abliegen,
erfolgt die Strömung, abgesehen von den auch dort vorkommenden Mischbewegungen, ungefähr in parallelen Stromfäden. Bei
B gehen die Stromfäden, wie man annimmt, etwa in der aus der

Abbildung ersichtlichen Weise auseinander. Zwischen den äußersten Stromfäden dieses Bündels und den Rohrwänden liegt an der Übergangsstelle ein Raum, dessen Wasserinhalt an der fortschreitenden Wasserströmung nicht teilnimmt, sondern in wirbelnder Bewegung begriffen ist, die einerseits durch die Reibung der angrenzenden Stromfäden fortdauernd unterhalten wird, während andererseits die Energie dieser wirbelnden Bewegung durch die inneren Reibungen der Wassermasse und durch die Reibungen an der Gefäßwand aufgezehrt wird. Wenn der Vorgang auch nicht von ganz so einfacher Art sein kann, wie er in dieser Schilderung dargestellt wird, spielt er sich doch, wie unmittelbare Beobachtungen erkennen lassen, ungefähr in der angegebenen Weise ab und namentlich kann kein Zweifel darüber erhoben werden, daß der tatsächlich nachweisbare Verlust an mechanischer Energie bei der Erweiterungsstelle auf Rechnung der wirbelnden Bewegungen zu setzen ist, die dort eintreten.

Bei einem ganz allmählichen Übergange des engeren Rohrquerschnitts in den weiteren wird dieser Energieverlust vermieden; nur jener, im Vergleiche dazu wesentlich kleinere Energieverlust bleibt auch hier noch bestehen, der schon in den zylindrischen Teilen der Rohrleitung überall auftritt. Von diesem möge der Einfachheit halber jetzt abgesehen werden; er läßt sich nachträglich ohnehin leicht berücksichtigen. Bezeichnet man dann mit v_0 und p_0 die Geschwindigkeit und den Druck im engeren Rohre beim Querschnitte A, mit v_1 und p_1 dieselben Größen für den Querschnitt C des weiteren Rohres und mit h den etwa bestehenden Höhenunterschied zwischen beiden Querschnitten (wobei C tiefer liegen soll als A, wenn h positiv ist), so besteht für den Fall eines allmählichen Übergangs aus dem engeren in den weiteren Rohrquerschnitt nach Gl. (139) des ersten Bandes zwischen diesen Größen die Beziehung

$$p_1 + \frac{\gamma v_1^2}{2g} = p_0 + \frac{\gamma v_0^2}{2g} + \gamma h. \qquad (481)$$

Für den Fall des durch Abb. 31 dargestellten schroffen Übergangs wird dagegen der Druck p' im weiteren Rohre kleiner, als das nach dieser Gleichung berechnete p_1 und der Unterschied $p_1 - p'$ gibt den durch die plötzliche Erweiterung hervorgebrachten Druckverlust an.

Jeder Druck p kann übrigens mit Hilfe der Beziehung

$$p = \gamma H$$

stets auch in einer ihm zugehörigen Druckhöhe H ausgedrückt werden und der Unterschied

$$H_1 - H' = \frac{p_1 - p'}{\gamma}$$

gibt den Druckhöhenverlust an, wenn unter γ, wie schon in der vorigen Gleichung, das Gewicht der Raumeinheit der Flüssigkeit verstanden wird. Auch der zugehörige Energieverlust Verl läßt sich in den vorigen Größen sofort ausdrücken, indem der dem Herabsinken einer Wassermasse M vom Gewichte Mg um die Höhe $H_1 - H'$ entsprechende Energieunterschied

$$\text{Verl} = Mg(H_1 - H') = \frac{Mg}{\gamma}(p_1 - p') \qquad (482)$$

ist. — Zur Berechnung des Druckes p' fehlt es im vorliegenden Falle an einer einwandfreien Unterlage; man bedient sich daher hierzu der Hypothese, daß der Energieverlust bei dem Geschwindigkeitswechsel von v_0 auf v_1 ebenso groß sei, wie beim Stoße plastisch-starrer Körper nach der Carnotschen Formel. Man setzt also

$$\text{Verl} = \frac{M(v_0 - v_1)^2}{2} \qquad (483)$$

und diese Gleichung gestattet, in Verbindung mit den vorhergehenden, sowohl $p_1 - p'$, als p' selbst zu berechnen. Zunächst erhält man aus dem Vergleiche von (483) mit (482)

$$p_1 - p' = \frac{\gamma(v_0 - v_1)^2}{2g},$$

woraus nach Einsetzen von p_1 aus Gl. (481)

$$\begin{aligned} p' &= p_0 + \frac{\gamma(v_0{}^2 - v_1{}^2)}{2g} + \gamma h - \frac{\gamma(v_0 - v_1)^2}{2g} \\ &= p_0 + \gamma h + \frac{\gamma}{g}v_1(v_0 - v_1) \end{aligned} \qquad (484)$$

gefunden wird. Die Geschwindigkeiten v_0 und v_1 sind als gegeben zu betrachten, wobei nur zu beachten ist, daß sich beide umgekehrt wie die zugehörigen Querschnittsflächen verhalten. Liegen beide Rohrquerschnitte A und C in gleicher Höhe wie in Abb. 31, so ist das Glied γh zu streichen.

Um ferner zu zeigen, in welcher Weise man gewöhnlich eine Begründung für den hier willkürlich eingeführten Ansatz in Gl. (483) zu geben versucht, wähle ich eine Darstellung, die ge-

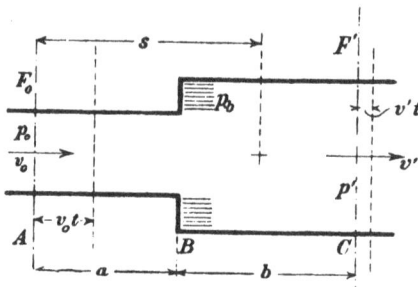

Abb. 32.

eignet ist, den Kern der Sache möglichst deutlich hervortreten zu lassen. In Abb. 32, die sich auf denselben Fall bezieht, wie schon Abb. 31, seien wieder zwei Querschnitte A und C im engeren und weiteren Rohre von den Flächeninhalten F_0 und F' ausgewählt, die man jetzt am besten in ziemlich großem Abstande von der Erweiterungsstelle B annimmt. Wir betrachten die ganze Wassermasse, die in einem gegebenen Augenblicke zwischen den Querschnitten F_0 und F' enthalten ist, und berechnen den Abstand s_0 des Schwerpunktes dieser Masse vom Anfangsquerschnitte F_0. Dieser wird leicht zu

$$s_0 = \frac{a F_0 \cdot \frac{a}{2} + b F' \left(a + \frac{b}{2}\right)}{a F_0 + b F'}$$

gefunden. Nach Ablauf einer Zeit t, die nicht zu groß gewählt werden darf, befindet sich dieselbe Wassermasse, wenn von Geschwindigkeitsunterschieden der parallelen Stromfäden innerhalb der Querschnitte A und C abgesehen werden kann, zwischen zwei anderen Querschnitten, die sich gegen die Anfangslage um $v_0 t$ bzw. $v't$ verschoben haben. Berechnet man auch jetzt wieder den Schwerpunktsabstand s derselben Wassermasse von dem ursprünglichen Anfangsquerschnitte, so erhält man

$$s(a F_0 + b F') = (a - v_0 t) F_0 \cdot \frac{a + v_0 t}{2} + (b + v't) F' \cdot \left(a + \frac{b + v't}{2}\right).$$

Durch diese Gleichung wird der Schwerpunktsweg s der ins Auge gefaßten Wassermenge als Funktion der Zeit t dargestellt. Durch zweimalige Differentiation nach der Zeit erhält man daraus die Beschleunigung (bzw. Verzögerung), die der Schwerpunkt erfährt. Man findet

$$(a F_0 + b F') \frac{d^2 s}{d t^2} = - v_0^2 F_0 + v'^2 F'$$

oder wenn man mit der spezifischen Masse $\frac{\gamma}{g}$ beiderseits multipliziert und auf der linken Seite die zwischen beiden Querschnitten enthaltene Wassermasse, auf die sich die Gleichung bezieht, der

Kürze halber mit m bezeichnet,

$$m \frac{d^2s}{dt^2} = - \gamma \left(\frac{v_0{}^2 F_0 - v'^2 F'}{g} \right). \qquad (485)$$

Hierbei ist noch zu beachten, daß $v_0 F_0 = v' F'$ ist, da jedes dieser Produkte das in der Zeiteinheit die Röhre durchfließende Wasservolumen darstellt. Bezeichnet man daher, wie schon in den früheren Entwickelungen, die Masse dieses Volumens mit M so geht die Gleichung auch über in

$$m \frac{d^2s}{dt^2} = - M(v_0 - v'). \qquad (486)$$

Nach dem Satze von der Bewegung des Schwerpunkts ist das auf der linken Seite stehende Produkt gleich der Summe aller äußeren Kräfte, die auf die gesamte Wassermasse einwirken. Dabei brauchen wir nur auf jene Komponenten der äußeren Kräfte zu achten, die in die Bewegungsrichtung fallen. Der Bewegung entgegen wirkt der Druck $F'p'$ der im Querschnitte C als äußere Kraft auf die betrachtete Wassermasse übertragen wird. Gleichgerichtet mit der Bewegung ist der Druck $F_0 p_0$ im Querschnitte A und der Druck, den die zur Rohrachse senkrechte Abschlußwand an der Erweiterungsstelle B auf die Wassermasse ausübt. Der Flächeninhalt dieser Abschlußwand ist gleich $F' - F_0$. Wie sich der Flüssigkeitsdruck über diese Wand verteilt, ist unbekannt. Bezeichnen wir den ebenfalls unbekannten Mittelwert dieses Flüssigkeitsdruckes mit p_b, so ist der von der Abschlußwand B herrührende Druck auf die Wassermasse gleich $(F' - F_0)p_b$. Sieht man, wie es zunächst geschehen sollte, von der Reibung zwischen der Flüssigkeit und den Rohrwänden ab, so steht an allen anderen Stellen der von der Rohrwand auf die Flüssigkeit ausgeübte Druck senkrecht zur Rohrachse und liefert keine Komponente in der Richtung der Schwerpunktsbewegung. Wenn das Rohr, wie hier ferner angenommen werden soll, horizontal liegt, hat auch das Eigengewicht keine Komponente in der Bewegungsrichtung und der Satz von der Bewegung des Schwerpunkts führt daher zu der Gleichung

$$m \frac{d^2s}{dt^2} = - F'p' + F_0 p_0 + (F' - F_0)p_b, \qquad (487)$$

aus der durch Vergleich mit Gl. (486) folgt

$$F'p' - F_0 p_0 - (F' - F_0)p_b = M(v_0 - v'). \qquad (488)$$

Abgesehen von der vorher zur Vereinfachung der Betrachtungen eingeführten Annahme, daß auf die Geschwindigkeitsunterschiede zwischen den parallelen Wasserfäden innerhalb der Querschnitte A und C nicht geachtet zu werden brauche (welche Annahme aber an sich unwesentlich ist und leicht auch vermieden werden könnte), sowie der vorläufig als zulässig angenommenen Vernachlässigung der Reibung des Wassers an den Rohrwänden, läßt sich gegen die strenge Gültigkeit dieser Betrachtungen bis hierher in der Tat nichts einwenden. Zur Ermittelung der Unbekannten p' ist aber Gl. (488) noch nicht verwendbar, da in ihr außerdem noch die zweite Unbekannte p_b vorkommt. Hier muß nun, um zu einem greifbaren Resultate zu gelangen, außerdem noch eine willkürliche Annahme hinzutreten. Man setzt willkürlich voraus, daß

$$p_b = p_0 \qquad (489)$$

gesetzt werden könne. Schließen wir uns dem an, so finden wir aus Gl. 488)

$$p' = p_0 + \frac{M}{F}(v_0 - v') = p_0 + \frac{\gamma v'}{g}(v_0 - v') \qquad (490)$$

in Übereinstimmung mit der aus der Carnotschen Annahme abgeleiteten Gleichung (484). Natürlich kann, nachdem diese Gleichung auf solche Art gefunden ist, daraus auch rückwärts wieder die Carnotsche Formel (483) hergeleitet werden, von der die Gleichung früher als eine Folgerung erschien. Die durch Gl. (489) ausgesprochene Annahme ist daher gleichbedeutend mit der Voraussetzung der Gültigkeit der Carnotschen Formel (483); die eine ist aber ebenso willkürlich als die andere und ein Beweis des Carnotschen Satzes, der sich auf die Annahme (489) stützt, ist daher nicht nur wertlos, sondern auch schädlich, da er solche, die den Fehler nicht merken, zu weiteren falschen Schlüssen verführen kann.

Hierzu bemerke ich noch, daß man den Beweisgang im einzelnen noch mannigfach verändern kann, ohne daß davon der Kern der Sache berührt würde. Man kann z. B. zur Herleitung von Gl. (490) an Stelle des Satzes von der Bewegung des Schwerpunkts auch den Satz vom Antrieb benutzen, wodurch die Entwickelung zudem noch etwas abgekürzt wird. Aber auch in diesem Falle bildet die willkürliche Annahme, die durch

Gl. (489) ausgesprochen wird, die wesentliche Unterlage des
Schlußergebnisses.

Die vorhergehenden Betrachtungen beziehen sich ausschließlich auf den Fall, daß das Wasser aus dem engeren Rohre in das
weitere übertritt. Auf den Fall der umgekehrten Strömungsrichtung sind die aufgestellten Formeln nicht anwendbar Man
hilft sich, um für diesen Fall eine Näherungsformel für den Druckverlust zu erhalten, damit, daß man zunächst die Kontraktion
ins Auge faßt, die der Strahl beim Übergange in das engere Rohr
erfährt. Im engsten Querschnitte des kontrahierten Strahls ist
die Geschwindigkeit am größten und von da ab nimmt sie in
dem Maße wieder ab, als sich der Strahlquerschnitt vergrößert,
bis er nach einiger Zeit den vollen Querschnitt des engeren
Rohres ausfüllt. Der Energieverlust, der dem Übergange aus der
größten Geschwindigkeit in die normale Geschwindigkeit im
engeren Rohre entspricht, wird dann wiederum nach der Carnotschen Formel berechnet. Unter der Voraussetzung, daß der Kontraktionskoeffizient bekannt ist, steht der Durchführung dieser
Rechnung, die sich ganz so abspielt, wie im vorigen Falle, kein
Hindernis im Wege.

Auch in einer Reihe von anderen Fällen über Wasserbewegungen gelangt man in ganz ähnlicher Art unter Zugrundelegung
des Carnotschen Satzes zu einer annähernden Lösung. Als Beispiel hierfür möge noch die Berechnung eines Strahlapparates
angeführt werden. Mischen sich nämlich zwei Wasserstrahlen,
die in parallelen Richtungen zugeführt werden und von denen
der eine vorher mit der Geschwindigkeit v_1 unter dem Drucke p_1
strömte, während sich die Buchstaben $v_2 p_2$ auf den zweiten Strahl
und vp auf den vereinigten Strahl beziehen sollen, so setzt man
den Verlust an mechanischer Energie bei der Vereinigung, dem
Carnotschen Satze entsprechend zu

$$\text{Verl} = m_1 \frac{(v_1 - v)^2}{2} + m_2 \frac{(v - v_2)^2}{2}$$

an. Dabei bedeuten m_1 und m_2 die auf die Zeiteinheit bezogenen
Wassermassen beider Strahlen, die sich selbst wieder in den Geschwindigkeiten v_1 und v_2 und den Querschnitten der beiden Zu-
führungsrohre ausdrücken lassen. An der Vereinigungsstelle ist
$p_1 = p_2$ zu setzen und der Druck p nach der Vereinigung (am
Ende des „Mischungsraumes", wie man sich ausdrückt) kann auf

Grund des gewählten Ansatzes so wie vorher berechnet werden. Wegen der weiteren Ausrechnung, auf die hier nicht eingegangen werden kann, sei auf das Werk von Zeuner über die Theorie der Turbinen, Leipzig 1899, verwiesen.

§ 78. Grundwasserströmungen.

Wesentlich verschieden von den bisher besprochenen Fällen ist die Bewegung des Wassers durch ein Filter oder durch eine wasserdurchlässige Bodenschicht, die gleichfalls als ein Filter betrachtet werden kann. Am nächsten verwandt ist diese Bewegung mit der schon in Band IV besprochenen Strömung durch ein sehr enges Rohr. Die Wasserteilchen müssen sich durch die engen und unregelmäßig aufeinander folgenden Hohlräume des Filters hindurchwinden und können auch bei großen Druckunterschieden wegen der Reibung an den dicht beieinanderliegenden Sandkörnern o. dgl. verhältnismäßig nur sehr geringe Geschwindigkeiten annehmen.

Wenn zum Zwecke der Wassergewinnung ein Schacht in eine wasserführende Schicht des Bodens abgeteuft und das Wasser durch eine Pumpe daraus stetig entnommen wird, senkt sich der Grundwasserspiegel an dieser Stelle. Hierdurch entsteht ein Gefäll nach dem Brunnen hin von solcher Größe, daß der dadurch bewirkte Zufluß des Grundwassers im Beharrungszustande ebenso groß ist, als die Wasserentnahme aus dem Brunnen. Die Zuflußgeschwindigkeit übersteigt hierbei selten einige Meter in der Stunde und ist in einiger Entfernung vom Brunnen noch erheblich geringer. Die lebendige Kraft des strömenden Wassers ist daher sehr gering und die durch die Spiegelsenkung ausgelöste potentielle Energie wird fast ausschließlich zur Überwindung der Reibungen verbraucht.

Es läßt sich hiernach schon vermuten, daß das zur Aufrechterhaltung der Strömung erforderliche Druckgefäll wie bei den engen Röhren, die mit geringer Geschwindigkeit durchströmt werden, der ersten Potenz der Geschwindigkeit proportional ist. Dies steht auch nach der Mehrzahl der darüber vorliegenden Berichte in guter Übereinstimmung mit der Erfahrung. Insbesondere gelangte Darcy auf Grund seiner Versuche zu diesem Schlusse und man bezeichnet diese Aussage daher auch als das Darcysche Gesetz. Im übrigen

kommt es natürlich we-
sentlich auf die Zusam-
mensetzung des Filters,
auf die Größe, Gestalt und
Lagerung der Sandkörner
usf. an, wie groß das zu
einer gegebenen Strö-
mungsgeschwindigkeit er-
forderliche Druckgefäll
sein muß. Die Zusammen-
setzung des Bodens kann
ferner längs der wasser-
führenden Schicht star-
ken und unregelmäßigen

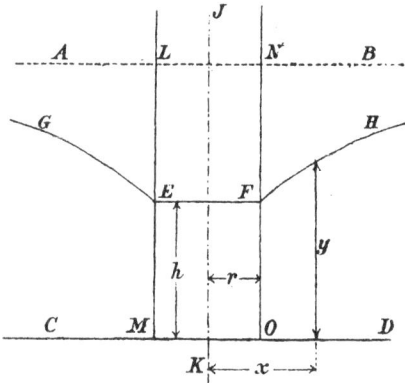

Abb. 33.

Schwankungen unterworfen sein, durch die Abweichungen in der
Wasserbewegung herbeigeführt werden, die sich nicht voraussehen lassen, so daß man eine genaue Übereinstimmung zwischen
Theorie und Beobachtung in allen Fällen überhaupt nicht erwarten darf. Immerhin wird man sich zunächst ein Urteil darüber
verschaffen müssen, welche Bewegung unter regelmäßigen Umständen zustande käme.

Wie man Aufgaben dieser Art gewöhnlich behandelt, wird
sich aus dem folgenden einfachen Beispiele ergeben, auf dessen
Untersuchung ich mich hier beschränke. In Abb. 33 sei AB der
horizontale Grundwasserspiegel vor dem Betriebe des Brunnens
Die Erdoberfläche ist gleichgültig und daher in der Abbildung
weggelassen. CD sei die Oberfläche der undurchlässigen Schicht,
die den Grundwasserstrom nach unten hin begrenzt. Die Oberfläche CD möge eine horizontale Ebene bilden. JK sei die Achse
und LM, NO seien die Seitenwände des im Grundrisse kreisförmigen Brunnenschachtes. EF sei der Wasserspiegel im Brunnen,
der sich im Beharrungszustande einstellt, wenn die Wassermenge
Q in der Zeiteinheit entnommen wird. FH und EG sind Teile
des gesenkten Grundwasserspiegels im Beharrungszustande.

Da wir überall gleiche Bodenbeschaffenheit voraussetzen,
bildet der gesenkte Grundwasserspiegel eine Rotationsfläche,
deren Achse JK ist. Die Geschwindigkeit v der Grundwasser-
strömung im Abstande x von der Achse kann nach unserer Annahme

$$v = k \frac{dy}{dx} \tag{491}$$

29*

gesetzt werden, wenn k einen von der Bodenbeschaffenheit abhängigen Koeffizienten bedeutet, der im einzelnen Falle aus besonderen Versuchen zu ermitteln ist. Die Geschwindigkeit v ist übrigens in allen auf derselben Lotrechten liegenden Punkten als gleich groß anzusehen, da überall der dem Spiegelgefäll entsprechende Druckabfall herrscht. Für die Wassermenge Q, die von außen her durch den Zylindermantel vom Halbmesser x strömt, hat man daher

$$Q = 2\pi x y v = 2\pi k x y \frac{dy}{dx}.$$

Der Kontinuitätsbedingung wegen muß durch jeden Zylindermantel von einem beliebigen Halbmesser x, der größer ist als r, dieselbe Menge strömen. In der vorausgehenden Gleichung ist daher Q eine Konstante. Schreiben wir die Gleichung in der Form

$$\frac{dx}{x} = \frac{2\pi k}{Q} y \, dy,$$

so kann sie ohne weiteres integriert werden und liefert

$$\lg x = C + \frac{\pi k}{Q} y^2. \qquad (492)$$

Für $x = r$ wird $y = h$, d. h. gleich der Höhe des Wasserspiegels im Brunnen über der undurchlässigen Schicht. Daraus folgt für die Integrationskonstante C

$$C = \lg r - \frac{\pi k}{Q} h^2.$$

Setzt man das ein und löst nach Q auf, so erhält man

$$Q = \pi k \cdot \frac{y^2 - h^2}{\lg \dfrac{x}{r}}. \qquad (493)$$

In einem Abstande R vom Brunnenschachte sei ein Bohrloch niedergetrieben, in dem man die Höhe H des Grundwasserspiegels beobachtet. Das gesamte Gefäll $H - h$ vom Bohrloche bis zum Brunnen sei ferner noch zur Abkürzung mit s bezeichnet. Dann liefert die vorige Gleichung mit $x = R$ und $y = H$

$$Q = \pi k \frac{H^2 - h^2}{\lg \dfrac{R}{r}} = \frac{\pi k}{\lg \dfrac{R}{r}} s(2H - s). \qquad (494)$$

Aus dieser Gleichung erkennt man den Zusammenhang zwischen dem Gefälle s und der Ergiebigkeit des Brunnens. Wenn die undurchlässige Schicht CD sehr tief liegt, H also sehr groß gegen s ist, wächst die Ergiebigkeit des Brunnens zunächst proportional mit der Spiegelsenkung.

Es möge schließlich noch darauf hingewiesen werden, daß man zu ungereimten Folgerungen käme, wenn man die Spiegelkurve FH auf Grund der vorausgehenden Gleichungen bis ins Unendliche verfolgen wollte. Das ist auch ganz selbstverständlich. Denn nach unserem Ansatz wurde nirgends ein Zufluß zum Grundwasser vorausgesetzt, vielmehr so gerechnet, als ob der Grundwasserspiegel vor Betrieb des Brunnens überall horizontal und das Grundwasser ohne eigene Bewegung gewesen sei. Wenn dies so wäre, könnte aber nach Betrieb des Brunnens ein Beharrungszustand überhaupt nicht eintreten, da die fortgeschaffte Wassermenge durch stets weiter fortschreitende und sich schließlich bis auf die größten Entfernungen hin merklich machende Spiegelsenkungen ausgeglichen werden müßte. In Wirklichkeit wird vielmehr in größerer Entfernung vom Bohrloche durch den Zusammenhang mit anderen Gewässern eine Speisung des Grundwassers stattfinden, die den Abgang ohne merkliche fernere Spiegelsenkung stets wieder ersetzt. Das Bohrloch, von dem vorher die Rede war, sollte demnach nur eine Stelle bezeichnen, bis zu der hin die Gültigkeit der gemachten Voraussetzungen noch genau genug angenommen werden kann.

Von Smreker wurde übrigens noch eine andere Theorie der Grundwasserbewegung aufgestellt, die ebenfalls manche Anhänger zählt. Die Theorie von Smreker verwirft die das Darcysche Gesetz zum Ausdruck bringende Ausgangsgleichung (491) und ersetzt sie durch eine andere Annahme, wonach das Druckgefäll an irgend einer Stelle der zweiten Potenz oder jedenfalls einer höheren als der ersten Potenz der Geschwindigkeit proportional sein soll. Im Zusammenhange damit hat man gegen die sich auf das Darcysche Gesetz stützenden Entwickelungen, die vorher wiedergegeben wurden, theoretische Bedenken geltend gemacht, die ich jedoch nach genauer Prüfung nicht als stichhaltig anerkennen kann. Die Beobachtungstatsachen, die sich zu Gunsten der einen oder anderen Annahme anführen lassen, sind mir freilich nicht genügend bekannt. Jedenfalls vermag ich aber nicht zu bezweifeln, daß sich die auf Gl. (491) gestützte Theorie in zahlreichen Fällen gut bewährt haben muß. Ich schließe dies daraus, daß A. Thiem, der um die Jahrhundertwende als der erste Fachmann auf dem Gebiete der Wasserversorgung angesehen wurde, stets nach ihr gerechnet hat und daß sich seine Voraussagen meistens als richtig erwiesen haben. Insbesondere möchte ich auf einen Vortrag von A. Thiem hinweisen, der in „Schillings Journal für Gasbeleuchtung und Wasserversorgung" Jahrgang 1898 erschienen ist und einen Satz daraus anführen. der mir sehr geeignet erscheint, dieses Buch abzuschließen.

Nach der Beschreibung einer Wasserfassung, die er bei Essen a. d. Ruhr ausführte, sagt Thiem:

„Es möge dieser Vorgang als Beispiel dafür dienen, daß der Theoretiker mit Hilfe eines zuverlässigen Gesetzes und der daraus gewonnenen Ableitungen auch auf dem Gebiete der Hydrologie mit Sicherheit und sehenden Auges Wege beschreiten kann, die der bloße Praktiker nur mit verbundenen Augen tastend zurücklegt. wenn ihm dies überhaupt gelingt."

Sachverzeichnis.

Vorlesungen über technische Mechanik

Von Prof. Dr. phil. Dr.-Ing. Aug. Föppl.

Bd. I. **Einführung in die Mechanik.** 10. Auflage, 430 Seiten, 104 Abbildungen. 1941. In Leinen RM. 12.—

Bd. II. **Graphische Statik.** 9. Auflage, 416 Seiten, 209 Abbildungen. 1942. In Leinen RM. 12.—.

Bd. III. **Festigkeitslehre.** 13. Auflage, 465 Seiten, 114 Abbildungen. 1942. In Leinen RM. 12.—.

Bd. IV. **Dynamik.** 9. Auflage, 456 Seiten, 86 Abbildungen. 1942. In Leinen RM. 12.—.

Bd. V. Vergriffen, erscheint nicht neu. An seine Stelle trat das Werk „Drang und Zwang".

Bd. VI. **Die wichtigsten Lehren der höheren Dynamik.** 5. Auflage, erscheint 1943.

Lebenserinnerungen

Rückblick auf meine Lehr- und Aufstiegjahre. Von August Föppl. 158 Seiten. 1925. In Leinen RM. 5.40.

Drang und Zwang. Eine höhere Festigkeitslehre für Ingenieure

Von Prof. Dr. phil. Dr.-Ing. Aug. Föppl und Prof. Dr. Ludwig Föppl. 3. Auflage.

Bd. I. 370 Seiten, 71 Abbild. 1924. In Leinen RM. 15.70.

Bd. II. 390 Seiten, 79 Abbild. 1928. In Leinen RM. 15.70.

Bd. III. Erscheint 1943.

Aufgaben aus technischer Mechanik

Von Prof. Dr. Ludwig Föppl.

Unterstufe: Statik, Festigkeitslehre, Dynamik. 3. Auflage, 202 Seiten, 317 Abbildungen. 1942. RM. 10.—.

Oberstufe: Höhere Festigkeitslehre, Flugmechanik, Ähnlichkeitsmechanik, Dynamik der Wellen. 112 Seiten, 74 Abbildungen. 1932. RM. 7.—.

Festigkeitslehre mittels Spannungsoptik

Von Prof. Dr. Ludwig Föppl und Dr.-Ing. Heinz Neuber. 115 Seiten, 80 Abbildungen. 1935. RM. 6.60.

R. OLDENBOURG · MÜNCHEN I UND BERLIN

.

www.ingramcontent.com/pod-product-compliance
Lightning Source LLC
Chambersburg PA
CBHW031430180326
41458CB00002B/501